FUNDAMENTOS DA USINAGEM DOS METAIS

Blucher

DINO FERRARESI

*Diretor do Centro de Tecnologia da Universidade Estadual de Campinas;
Professor da Faculdade de Engenharia da UNICAMP e Doutor em Mecânica pela
Technische Hochschule München*

USINAGEM DOS METAIS

FUNDAMENTOS
DA USINAGEM DOS METAIS

Fundamentos da usinagem dos metais
© 1970 Dino Ferraresi
18ª reimpressão – 2018
Editora Edgard Blücher Ltda.

Blucher

Rua Pedroso Alvarenga, 1245, 4º andar
04531-934 – São Paulo – SP – Brasil
Tel.: 55 11 3078-5366
contato@blucher.com.br
www.blucher.com.br

É proibida a reprodução total ou parcial por quaisquer
meios sem autorização escrita da editora.

Todos os direitos reservados pela Editora
Edgard Blücher Ltda.

FICHA CATALOGRÁFICA

F426u	Ferraresi, Dino Fundamentos da usinagem dos metais/ Dino Ferraresi – São Paulo : Blucher, 1970.

Bibliografia.
ISBN 978-85-212-0859-4

1. Usinagem do metais I. Título. II. Título :
Fundamentos da usinagem dos metais.

77-0947	CDD-671

Índices para catálogo sistemático:
1. Metais : Manufaturas   671
2. Usinagem dos metais   671

AOS MEUS PAIS
cumpridores dedicados de seus deveres
À MINHA ESPOSA
companheira constante de trabalho
À MINHA FILHA
um modesto exemplo de trabalho

PREFÁCIO

Entendemos que o desenvolvimento de uma tecnologia mecânica dificilmente se processa sem o conhecimento científico dos fatôres que nela intervêm. O domínio dêste conhecimento possibilita uma industrialização racional, a qual permite produtividade maior e custo operacional menor. Com êste ponto de vista, temos trabalhado com dedicação, pensando contribuir com alguma parcela positiva no desenvolvimento tecnológico da Indústria Mecânica.

A falta de literatura especializada no campo das máquinas ferramentas, a necessidade de um livro texto para utilização nos cursos de engenharia mecânica e a possibilidade do fornecimento de dados para a solução de problemas relacionados com a usinagem dos metais, nos incentivaram a elaborar êste trabalho.

Esta obra baseia-se em trabalhos anteriormente publicados, pesquisas realizadas pelo autor nos Laboratórios de Máquinas Ferramentas da *"Technische Hochschule München"* e da *Escola de Engenharia de São Carlos, da U. S. P.* e numa intensiva pesquisa bibliográfica sôbre o assunto.

Subdividimos êste trabalho em três partes:

> *1.º Volume — Fundamentos da usinagem dos metais*
> *2.º Volume — Ferramentas de corte*
> *3.º Volume — Máquinas ferramentas*

No volume *Fundamentos da Usinagem dos Metais* são tratados os conceitos fundamentais, as principais teorias e dados experimentais que possibilitam o conhecimento e utilização racional dos processos de usinagem, bem como suas implicações econômicas. Dada a importância que os materiais empregados nas ferramentas de corte desempenham no estudo da usinagem, êsse assunto foi tratado neste volume. Deu-se especial relêvo à parte de ensaios e seus aparelhamentos, com o fim de familiarizar o leitor com as técnicas de medida das grandezas envolvidas neste campo.

No volume *Ferramentas de Corte* serão abordadas tôdas as ferramentas de corte, agrupadas segundo características comuns. Em cada grupo serão estudadas a geometria, afiação, fôrças e potências de corte, vida da ferramenta e condições econômicas de seu desempenho. Será estudada a seleção dos metais, no ponto de vista da usinabilidade, sua correlação com a ferramenta e o processo de usinagem utilizado.

No volume *Máquinas Ferramentas* serão estudadas as partes constituintes comuns a essas máquinas. Para cada parte constituinte serão tratados os

FUNDAMENTOS DA USINAGEM DOS METAIS

aspectos funcional e dimensional. A composição e o comportamento dinâmico dos principais tipos de máquinas ferramentas serão também analisados, buscando uma solução econômica que atende ao fabricante e usuário.

São desenvolvidos nesta coleção, assuntos que constam nos programas de ensino das escolas de engenharia mecânica, de produção e operação. Aos engenheiros e técnicos industriais, possibilitam uma melhor compreensão dos problemas de usinagem dos metais.

Agradecemos a colaboração dos colegas Prof. Dr. VICENTE CHIAVERINI, Dr. Eng.º HORST A. DAAR, Eng.º ROSALVO T. RUFFINO e Eng.º CARLOS A. PALLEROSI. Aos funcionários e secretários da *Escola de Engenharia de São Carlos* que colaboraram nos trabalhos de datilografia e desenhos, assim como ao *Editor,* pelo apoio e incentivo, expressamos os nossos agradecimentos. Aos leitores que, mantendo o objetivo dêste trabalho, contribuam para seu melhoramento através de sugestões e críticas, agradecemos antecipadamente.

São Carlos, agôsto de 1969.

DINO FERRARESI

ÍNDICE

Introdução .... **XXV**

I — CONCEITOS BÁSICOS SÔBRE OS MOVIMENTOS E AS RELAÇÕES GEOMÉTRICAS DO PROCESSO DE USINAGEM 1

1.1 — Generalidades 1

1.2 — Movimentos entre a peça e a aresta cortante 2

    1.2.1 — Movimento de corte 2

    1.2.2 — Movimento de avanço 2

    1.2.3 — Movimento efetivo de corte 3

    1.2.4 — Movimento de posicionamento 3

    1.2.5 — Movimento de profundidade 3

    1.2.6 — Movimento de ajuste 3

1.3 — Direções dos movimentos 3

    1.3.1 — Direção de corte 3

    1.3.2 — Direção de avanço 4

    1.3.3 — Direção efetiva de corte 4

1.4 — Percurso da ferramenta em frente da peça 4

    1.4.1 — Percurso de corte l_c 4

    1.4.2 — Percurso de avanço l_a 4

    1.4.3 — Percurso efetivo de corte l_r 4

1.5 — Velocidades 4

    1.5.1 — Velocidade de corte v 5

    1.5.2 — Velocidade de avanço v_a 5

    1.5.3 — Velocidade efetiva de corte v_r 5

1.6 — Conceitos auxiliares 5

    1.6.1 — Plano de trabalho 5

FUNDAMENTOS DA USINAGEM DOS METAIS

    1.6.2 — Ângulo φ da direção de avanço 6

    1.6.3 — Ângulo η da direção efetiva de corte 7

1.7 — Superfícies de corte 9

    1.7.1 — Superfície principal de corte 9

    1.7.2 — Superfície lateral de corte 9

1.8 — Grandezas de corte 9

    1.8.1 — Avanço a 9

    1.8.2 — Avanço por dente a_d 10

    1.8.3 — Profundidade ou largura de corte p 10

    1.8.4 — Espessura de penetração e 13

1.9 — Grandezas relativas ao cavaco 13

    1.9.1 — Comprimento de corte b 13

    1.9.2 — Comprimento efetivo de corte b_e 13

    1.9.3 — Espessura de corte h 15

    1.9.4 — Espessura efetiva de corte h_e 15

    1.9.5 — Área da secção de corte s 15

1.10 — Bibliografia 16

II — GEOMETRIA NA CUNHA CORTANTE DAS FERRAMENTAS DE USINAGEM 17

2.1 — Generalidades 17

2.2 — Superfícies, arestas e pontas da cunha cortante 18

    2.2.1 — Superfícies 18

    2.2.2 — Arestas 19

    2.2.3 — Pontas 19

2.3 — Sistemas de referência utilizados na determinação dos ângulos da cunha cortante 21

    2.3.1 — Planos de referência 25

    2.3.2 — Plano de corte 26

    2.3.3 — Plano de medida 26

ÍNDICE

XI

2.3.4 — Plano de trabalho 26

2.4 — Ângulos na cunha cortante 27

2.4.1 — Ângulos medidos no plano de referência 27

2.4.2 — Ângulos medidos no plano de corte 27

2.4.3 — Ângulos medidos no plano de medida da cunha cortante ... 27

2.4.4 — Ângulos medidos em planos diferentes do plano de medida da cunha cortante 31

2.5 — Relações geométricas entre os ângulos 32

2.5.1 — Relações geométricas entre os ângulos de diferentes planos de medida num mesmo sistema de referência 32

2.5.2 — Relações entre os ângulos efetivos ou de trabalho e os correspondentes ângulos da ferramenta 38

2.6 — Ângulos da ferramenta segundo as normas americanas 49

2.6.1 — Ângulos da ferramenta 50

2.6.2 — Ângulos de Trabalho 55

2.6.3 — Ângulos empregados nas fresas 58

2.7 — Conversão de ângulos da ferramenta segundo a norma DIN 6581 aos ângulos especificados pelas normas americanas e vice-versa 60

2.7.1 — Exemplos de aplicação 60

2.8 — Bibliografia 65

III — NOÇÕES SÔBRE A TEORIA CRISTALOGRÁFICA DOS METAIS   67

3.1 — Estrutura do átomo 67

3.2 — Ligação metálica 69

3.3 — Cristalografia 70

3.3.1 — Sistemas cristalinos 71

3.3.2 — Cristais metálicos 71

3.4 — Deformação dos cristais 74

3.5 — Origem das estruturas metálicas 77

3.5.1 — Solidificação de Metais puros 77

3.5.2 — Solidificação de Metais com impurezas 77

FUNDAMENTOS DA USINAGEM DOS METAIS

3.6 — *Ruptura dos materiais cristalinos* 78

3.7 — *Discordâncias* 79

3.8 — *Mecanismo da deformação plástica* 83

3.9 — *Movimento das discordâncias* 85

3.10 — *Efeito de liga na resistência* 85

3.11 — *Ruptura dos materiais dúteis e frágeis* 86

3.12 — *Escoamento em metal policristalino* 87

3.13 — *Bibliografia* 88

IV — MECANISMO DA FORMAÇÃO DO CAVACO 89

4.1 — *Generalidades* 89

4.2 — *Características dos cavacos* 97

    4.2.1 — Tipos de cavaco 97

    4.2.2 — Formas de cavaco 101

4.3 — *Corte ortogonal* 106

    4.3.1 — Generalidades 106

    4.3.2 — Relações geométricas 109

    4.3.3 — Relações cinemáticas 110

    4.3.4 — Grau de deformação ϵ_0 e considerações complementares ... 111

    4.3.5 — Fôrças na cunha cortante. Considerações energéticas 119

    4.3.6 — Atrito na superfície de saída e no plano de cisalhamento .. 122

    4.3.7 — Tensões no plano de cisalhamento 123

4.4 — *Determinação do ângulo de cisalhamento* 124

    4.4.1 — Teoria de *Ernst e Merchant* 124

    4.4.2 — Teoria de *Lee e Shaffer* 127

    4.4.3 — Teoria de *Shaw, Cook e Finnie* 130

    4.4.4 — Teoria de *Hucks* 131

    4.4.5 — Comentários das teorias citadas 138

4.5 — *Temperatura de corte* 140

    4.5.1 — Generalidades 140

ÍNDICE   XIII

4.5.2 — Balanço energético 140

4.5.3 — Medida da Temperatura de Corte 144

4.5.3.1 — Medida da temperatura de cavaco pelo método
calorimètrico 144

4.5.3.2 — Medida da temperatura do gume cortante através
de termo-pares colocados na ferramenta 145

4.5.3.3 — Determinação da temperatura de corte pelo termo-
par peça-ferramenta 146

4.5.3.4 — Determinação da temperatura de corte através de
vernizes térmicas 150

4.5.3.5 — Determinação da temperatura de corte através da
medida da irradiação térmica 151

4.6 — *Bibliografia* 152

V — FÔRÇAS E POTÊNCIAS DE USINAGEM 155

5.1 — *Generalidades* 155

5.2 — *Fôrças durante a usinagem* 155

5.2.1 — Fôrça de usinagem P_u 155

5.2.2 — Componentes da fôrça de usinagem 155

5.2.2.1 — Componentes da fôrça de usinagem no plano de
trabalho 156

5.2.2.2 — Componentes da fôrça de usinagem no plano efetivo de referência 158

5.3 — *Potências de usinagem* 159

5.3.1 — Potência de corte N_c 159

5.3.2 — Potência de avanço N_a 159

5.3.3 — Potência efetiva de corte N_e 159

5.3.4 — Relação entre a potência de corte e de avanço 159

5.3.5 — Potência fornecida pelo motor 160

5.4 — *Variação das componentes da fôrça de usinagem com as condições de
trabalho* 161

5.4.1 — Fôrça principal de corte. Pressão específica de côrte 163

XIV   FUNDAMENTOS DA USINAGEM DOS METAIS

5.4.2 — Fatôres que influem sôbre a pressão específica de corte k_s .. 163

5.4.3 — Cálculo da pressão específica de corte 173

5.4.4 — Exemplo numérico 188

5.4.5 — Fôrça de avanço P_a e de profundidade P_p 193

5.4.6 — Exemplo numérico 202

5.5 — *Bibliografia* 203

VI — MEDIDA DA FÔRÇA DE USINAGEM 205

6.1 — *Generalidades* 205

6.2 — *Requisitos que devem satisfazer os dinamômetros* 205

6.2.1 — Sensibilidade 206

6.2.2 — Precisão 207

6.2.3 — Rigidez 209

6.2.4 — Exatidão de reprodução de fôrças variáveis com o tempo .. 210

6.2.5 — Insensibilidade quanto à variação de temperatura e à umidade 210

6.3 — *Princípios de medida* 211

6.3.1 — Princípio mecânico 212

6.3.2 — Princípio pneumático 213

6.3.3 — Princípio hidráulico 214

6.3.4 — Princípio da variação da indutância 215

6.3.5 — Princípio da variação da capacitância 219

6.3.6 — Princípio da variação da resistência elétrica 219

6.3.7 — Princípio da piezo-eletricidade 232

6.3.8 — Princípio da magneto-extricção 234

6.4 — *Medida dinâmica da fôrça de usinagem* 234

6.4.1 — Considerações gerais 234

6.4.2 — Escolha da freqüência natural f_n e do grau de amortecimento β 240

6.4.3 — Medida da fôrça de corte P_c na operação de torneamento .. 243

6.5 — *Dinamômetros empregados na medida dinâmica da fôrça de torneamento* 246

6.5.1 — Dinamômetro modêlo *Ferraresi* 248

ÍNDICE XV

6.5.1.1 — Cálculo da freqüência natural mais baixa para o dinamômetro oscilando livremente 250

6.5.1.2 — Aferição estática do dinamômetro 255

6.5.1.3 — Aferição dinâmica para o caso do dinamômetro oscilando livremente (não em operação) 259

6.5.1.4 — Medidas com o dinamômetro 264

6.5.2 — Dinamômetro *Berthold* 265

6.5.3 — Fenômenos transitórios que ocorrem durante a medida da fôrça de corte na usinagem dos metais 268

6.6 — *Bibliografia* 275

VII — MATERIAIS PARA FERRAMENTAS 277

7.1 — *Introdução* 277

7.2 — *Classificação dos materiais para ferramentas* 279

7.2.1 — Aços-carbono para ferramentas 285

7.2.2 — Aços rápidos 296

7.2.2.1 — Introdução 296

7.2.2.2 — Fatôres de que depende a seleção de aços para ferramentas 300

7.2.2.3 — Classificação dos aços rápidos 302

7.2.2.4 — Efeito dos elementos de liga nos aços rápidos .. 305

7.2.2.5 — Propriedades dos aços rápidos 308

7.2.2.6 — Tratamentos térmicos dos aços rápidos 314

7.2.2.7 — Seleção dos aços rápidos 325

7.2.2.8 — Aços semi-rápidos 325

7.2.3 — Ligas fundidas para ferramentas 328

7.2.4 — Metal duro 330

7.2.4.1 — Noções de fabricação do metal duro 331

7.2.4.2 — Características gerais do metal duro 333

7.2.4.3 — Classes ou tipos de metal duro 337

7.2.4.4 — Seleção do metal duro 339

XVI   FUNDAMENTOS DA USINAGEM DOS METAIS

       7.2.5 — Materiais cerâmicos 344

       7.2.6 — Outros materiais para ferramentas 347

7.3 — *Conclusões* 348

7.4 — *Bibliografia* 350

VIII — AVARIAS E DESGASTES DA FERRAMENTA 352

8.1 — *Avarias da ferramenta* 352

       8.1.1 — Quebra 352

       8.1.2 — Trincas devidas às variações de temperatura 352

       8.1.3 — Sulcos distribuidos em forma de pente 354

8.2 — *Desgastes da ferramenta* 360

       8.2.1 — Desgastes convencionais 360

       8.2.2 — Medida dos desgastes 362

8.3 — *O mecanismo do desgaste das ferramentas de usinagem* 366

       8.3.1 — O mecanismo do desgaste das ferramentas de metal duro .. 366

            8.3.1.1 — Curvas "desgaste-velocidade de corte" 367

            8.3.1.2 — Aresta postiça de corte 368

            8.3.1.3 — Mecanismo do desgaste da ferramenta na presença de uma aresta postiça de corte 380

            8.3.1.4 — Condições físicas que reinam nas zonas de contato do material usinado com a ferramenta, em altas velocidades de corte 382

            8.3.1.5 — Mecanismo do desgaste da superfície de saída da ferramenta, segundo *Trigger e Chao* 388

            8.3.1.6 — Mecanismo do desgaste da superfície de folga da ferramenta, segundo *Takeyama e Murata* 392

            8.3.1.7 — Transformação $\alpha - \gamma$ dos aços e mecanismo do desgaste, segundo *H. Opitz, G. Ostermann, M. Gappisch* 397

            8.3.1.8 — Difusão nas zonas de contato e desgaste das ferramentas, segundo *E. Schaller e G. Vieregge* 401

            8.3.1.9 — Oxidação das ferramentas nas zonas de contato .. 409

       8.3.2 — Mecanismo do desgaste das ferramentas de aço rápido 410

ÍNDICE

XVII

8.3.2.1 — Influência da velocidade de corte sôbre o desgaste da ferramenta 411

8.3.2.2 — Influência do avanço sôbre o desgaste da ferramenta 412

8.3.2.3 — Influência da geometria da ferramenta sôbre o desgaste da ferramenta 412

8.3.2.4 — Influência do refrigerante sôbre o desgaste da ferramenta 413

8.3.2.5 — Influência dos materiais da peça e da ferramenta sôbre o desgaste da ferramenta 417

8.3.2.6 — Os fenômenos físico-químicos responsáveis pelo desgaste das ferramentas de aço rápido 419

8.4 — *Bibliografia* 422

IX — DESGASTE E VIDA DA FERRAMENTA 424

9.1 — *Generalidades* 424

9.2 — *Desgaste de ferramentas de metal duro em operação de desbaste* 426

9.3 — *Desgaste de ferramentas de metal duro em operação de acabamento* .. 436

9.4 — *Desgaste de ferramentas de aço rápido em operação de desbaste* 439

9.5 — *Desgaste de ferramentas de aço rápido em operação de acabamento* .. 440

9.6 — *Desgaste de ferramentas de material cerâmico* 441

9.7 — *Bibliografia* 454

X — CURVA DE VIDA DE UMA FERRAMENTA E FATÔRES QUE INFLUEM NA SUA FORMA 456

10.1 — *Generalidades* 456

10.2 — *Fatôres que influem na vida da ferramenta* 465

10.2.1 — Variação dos parâmetros C e y da fórmula de *Taylor* com o material da peça e da ferramenta 465

10.2.2 — Variação do parâmetro C da fórmula de *Taylor* com a dureza Brinell do material da peça 474

10.2.3 — Influência da forma e da área da secção de corte 475

10.2.3.1 — Influência da área da secção de corte 476

10.2.3.2 — Influência da forma da secção de corte 478

XVIII   FUNDAMENTOS DA USINAGEM DOS METAIS

10.2.4 — Comentários 481

    10.2.4.1 — Exemplo numérico 485

    10.2.4.2 — Escolha do avanço e da profundidade de corte .. 496

10.2.5 — Influência dos ângulos da ferramenta na velocidade ótima de corte 500

    10.2.5.1 — Ângulo de posição χ 500

    10.2.5.2 — Ângulo de ponta ϵ 502

    10.2.5.3 — Ângulo de saída γ 503

    10.2.5.4 — Ângulo de folga α 505

    10.2.5.5 — Ângulo de inclinação λ 507

10.2.6 — Influência do raio de curvatura da ponta r 509

10.3 — *Bibliografia* 510

XP — FLUIDOS DE CORTE 512

11.1 — *Introdução* 512

11.2 — *Histórico* 512

11.3 — *Funções dos fluidos de corte* 513

11.3.1 — Atrito na região ferramenta-cavaco 514

11.3.2 — Expulsão do cavaco da região de corte 515

11.3.3 — Refrigeração da ferramenta 516

11.3.4 — Refrigeração da peça em usinagem 518

11.3.5 — Melhorar o acabamento superficial da peça usinada 518

11.3.6 — Refrigeração da máquina ferramenta 520

11.3.7 — Redução do consumo de energia de corte 521

11.3.8 — Redução no custo da ferramenta na operação 521

11.3.9 — Impedimento da corrosão da peça em usinagem 521

11.4 — *Penetração do fluido de corte* 522

11.4.1 — Penetração dos sólidos 522

11.4.2 — Penetração dos líquidos 522

11.4.3 — Penetração dos gases 523

ÍNDICE   XIX

11.5 — *Ação dos fluidos de corte* 523

    11.5.1 — Ação dos sólidos 524

    11.5.2 — Ação dos líquidos 524

    11.5.3 — Ação dos gases 526

11.6 — *Tipos de fluidos de corte* 526

    11.6.1 — Sólidos 526

    11.6.2 — Líquidos 527

        11.6.2.1 — Óleos de corte puros 527

        11.6.2.2 — Óleos emulsionáveis (ou óleos solúveis) 531

        11.6.2.3 — Fluidos de corte químicos 533

        11.6.2.4 — Mercúrio 535

    11.6.3 — Fluídos de corte gasosos 536

        11.6.3.1 — Ar 536

        11.6.3.2 — Dióxido de carbono (CO_2) 536

        11.6.3.3 — Outros gases 537

    11.6.4 — Outros sistemas de refrigeração 538

11.7 — *Operações de corte* 539

    11.7.1 — Brochamento 539

    11.7.2 — Roscamento com macho e roscamento com cossinete 540

    11.7.3 — Usinagem dos dentes de engrenagens 540

    11.7.4 — Usinagem em tornos automáticos 540

    11.7.5 — Usinagem em fresadoras 541

    11.7.6 — Furação 542

    11.7.7 — Torneamento 542

    11.7.8 — Mandrilamento 543

    11.7.9 — Aplainamento com plaina limadora 543

    11.7.10 — Serramento 543

    11.7.11 — Laminação de rôsca ....

    11.7.12 — Retificação de rôsca 543

    11.7.13 — Retificação 544

XX FUNDAMENTOS DA USINAGEM DOS METAIS

11.8 — Materiais em usinagem 544

    11.8.1 — Escolha do fluido de corte 549

        11.8.1.1 — Aços 549

        11.8.1.2 — Ferro-fundido 553

        11.8.1.3 — Alumínio e suas ligas 554

        11.8.1.4 — Magnésio e suas ligas 555

        11.8.1.5 — Cobre e suas ligas 555

        11.8.1.6 — Níquel e suas ligas 557

        11.8.1.7 — Ligas resistentes ao calor 557

        11.8.1.8 — Materiais não metálicos 559

11.9 — Aplicação e manuseio dos fluidos de corte 559

    11.9.1 — Aplicação do fluido de corte 559

    11.9.2 — Manutenção dos fluidos de corte 561

        11.9.2.1 — Óleos de corte 561

        11.9.2.2 — Óleos emulsionáveis e fluidos químicos 562

        11.9.2.3 — Cuidados na operação 563

11.10 — Bibliografia 563

XII — ENSAIOS DE USINABILIDADE DOS METAIS 566

12.1 — Generalidade 566

    12.1.1 — Principais fatôres que influem na determinação do índice de usinabilidade dos metais 568

    12.1.2 — Critérios empregados nos ensaios de usinabilidade 569

    12.1.3 — Padrão de usinabilidade 570

    12.1.4 — Relações entre a usinabilidade e determinadas propriedades tecnológicas de um metal 571

12.2 — Ensaios de usinabilidade baseados na vida da ferramenta 575

    12.2.1 — Método de ensaio de longa duração 575

    12.2.2 — Métodos de ensaio de curta duração 577

        12.2.2.1 — Método do comprimento usinado (1938) 577

ÍNDICE   XXI

12.2.2.2 — Método do faceamento de *Brandsma* (1936) .. 578

12.2.2.3 — Método do aumento progressivo da velocidade de corte no torneamento cilíndrico 583

12.2.2.4 — Ensaio de sangramento com ferramenta bedame · 585

12.2.2.5 — Método radioativo de medida do desgaste 587

12.3 — Ensaios de usinabilidade baseados na fôrça de usinagem 588

12.3.1 — Método da pressão específica de corte 589

12.3.2 — Método da tensão de cisalhamento 590

12.3.3 — Método da fôrça de avanço constante 592

12.4 — Ensaios de usinabilidade baseados no acabamento superficial 595

12.4.1 — Generalidades 595

12.4.2 — Características geométricas das formas das superfícies 596

12.4.3 — Principais fatôres que influem sôbre a rugosidade superficial 601

12.4.3.1 — Avanço e raio de curvatura da ponta da ferramenta 601

12.4.3.2 — Velocidade de corte 603

12.4.3.3 — Ângulos da ferramenta 605

12.4.4 — Influência do processo de usinagem no acabamento superficial 608

12.4.5 — Influência de vibrações durante a usinagem 609

12.4.6 — Influência do fluido de corte 609

12.4.7 — A rugosidade de superfície como índice de usinabilidade .. 609

12.5 — Ensaios de usinabilidade baseado na produtividade 610

12.6 — Ensaio de usinabilidade baseado na análise dimensional 615

12.6.1 — Generalidades 615

12.6.2 — Aplicação da análise dimensional no cálculo do desgaste k e da velocidade de corte de uma ferramenta, correspondentes a uma determinada vida 618

12.6.2.1 — Aplicação do método 618

12.6.2.2 — Procedimento no ensaio de usinabilidade 623

12.6.2.3 — Aplicações práticas. Exemplos de cálculo 623

XXII — FUNDAMENTOS DA USINAGEM DOS METAIS

12.6.3 — Cálculo da temperatura média na zona de contato ferramenta-peça 625

    12.6.3.1 — Aplicação do método 625

    12.6.3.2 — Obtenção de dados experimentais 627

    12.6.3.3 — Cálculo da temperatura 628

    12.6.3.4 — Procedimento no ensaio de usinabilidade 629

12.7 — *Considerações sôbre alguns ensaios de usinabilidade de curta duração* 630

12.8 — *Ensaios de usinabilidade baseados em critérios específicos* 632

  12.8.1 — Método baseado na temperatura de corte 632

  12.8.2 — Método baseado nas características do cavaco 635

    12.8.2.1 — Grau de recalque 635

    12.8.2.2 — Coeficiente volumétrico e forma do cavaco 636

    12.8.2.3 — Freqüência e amplitude de vibração da fôrça de usinagem 638

  12.8.3 — Método Pendular 638

12.9 — *Bibliografia* 644

XIII — DETERMINAÇÃO DAS CONDIÇÕES ECONÔMICAS DE USINAGEM 646

13.1 — *Generalidades* 646

13.2 — *Ciclo e tempos de usinagem* 647

13.3 — *Velocidade de corte para máxima produção* 649

13.4 — *Custos de produção* 653

13.5 — *Velocidade econômica de corte para o caso de máquina operatriz com uma única ferramenta de corte* 656

  13.5.1 — Cálculo para o avanço e a profundidade de corte constantes 656

  13.5.2 — Cálculo da velocidade econômico de corte para o caso do avanço variável 659

  13.5.3 — Influência da profundidade de corte sôbre o mínimo custo 662

  13.5.4 — Influência dos têrmos x e K da fórmula de *Taylor* sôbre o custo de usinagem 663

  13.5.5 — Influência de fatôres secundários sôbre as curvas de custo 666

ÍNDICE

XXIII

13.5.6 — Determinação da rotação da peça na operação de faceamento 667

13.5.7 — Determinação da rotação da peça, quando a mesma é torneada em diferentes diâmetros com uma única ferramenta 669

13.6 — *Intervalo de máxima eficiência* 671

13.7 — *Determinação do campo de trabalho eficiente da máquina para um determinado par ferramenta-peça* 673

13.8 — *Determinação das condições econômicas de usinagem e de máxima produção para o caso de várias ferramentas de corte* 676

13.8.1 — Generalidades 676

13.8.2 — Cálculo da velocidade de corte e da vida da ferramenta para a máxima produção 676

13.8.2.1 — Cada ferramenta trabalha com um determinado avanço, profundidade e velocidade de corte (condição de máxima produção) 676

13.8.2.2 — As ferramentas trabalham simultâneamente com o mesmo avanço e rotação da peça (condição de máxima produção) 679

13.8.2.3 — Determinados grupos de ferramentas múltiplas trabalham com o mesmo avanço e rotação da peça (condição de máxima produção) 683

13.8.3 — Cálculo da velocidade de corte e da vida da ferramenta para a condição de mínimo custo 684

13.8.3.1 — Cada ferramenta trabalha com um determinado avanço, profundidade e velocidade de corte (condições de mínimo custo) 684

13.8.3.2 — As ferramentas trabalham simultâneamente com o mesmo avanço e rotação da peça (condição de mínimo custo) 685

13.8.3.3 — Determinados grupos de ferramentas múltiplas trabalham com o mesmo avanço e rotação da peça (condições de mínimo custo) 685

13.9 — *Determinação do desgaste econômico da ferramenta* 685

13.9.1 — Generalidades 685

13.9.2 — Custo da ferramenta por peça 686

13.9.3 — Custo de afiação 687

XXIV   FUNDAMENTOS DA USINAGEM DOS METAIS

13.9.4 — Número de afiações da ferramenta 689

13.9.5 — Determinação do desgaste econômico da ferramenta 689

13.9.6 — Considerações sôbre a quebra prematura da ferramenta .. 693

13.10 — *Exemplos de aplicação* 697

13.10.1 — Exemplo n.º 1 697

13.10.2 — Exemplo n.º 2 705

13.10.3 — Exemplo n.º 3 709

13.10.4 — Exemplo n.º 4 720

13.10.5 — Exemplo n.º 5 727

13.11 — *Bibliografia* 735

APÊNDICE 737

A — *Tabelas de materiais* 737

B — *Considerações sôbre a norma de rugosidade das superfícies NB-93
da ABNT* 747

INTRODUÇÃO

No estudo das operações dos metais, distinguem-se duas grandes classes de trabalho:

As operações de usinagem
As operações de conformação

Como *operações de usinagem* entendemos aquelas que, ao conferir à peça a forma, ou as dimensões ou o acabamento, ou ainda uma combinação qualquer dêstes três itens, produzem *cavaco*. Definimos cavaco, a porção de material da peça, retirada pela ferramenta, caracterizando-se por apresentar forma geométrica irregular. Além desta característica, estão envolvidos no mecanismo da formação do cavaco alguns fenômenos particulares, tais como o *recalque*, a *aresta postiça de corte*, a *craterização* na superfície de saída da ferramenta e a *formação periódica do cavaco* (dentro de determinado campo de variação da velocidade de corte)*.

Como *operações de conformação* entendemos aquelas que visam conferir à peça a forma ou as dimensões, ou o acabamento específico, ou ainda qualquer combinação dêstes três itens, através da deformação plástica do metal. Devido ao fato da operação de *corte em chapas* estar ligada aos processos de estampagem profunda, dobra e curvatura de chapas, essa operação é estudada no grupo de operações de conformação dos metais.

A inexistência de nomenclatura padronizada e de normas sôbre a usinagem dos metais e suas máquinas, conduziu-nos a sugerir à *Associação Brasileira de Normas Técnicas* a instalação de uma comissão para elaborar tais estudos. Esta comissão, instituída com o nome de *Comissão de Máquinas Operatrizes* e presidida pelo autor, tem como objetivos:

Nomenclatura e classificação dos processos de usinagem dos metais.

Normas sôbre a geometria da ferramenta e dos movimentos relativos ao processo de usinagem.

Normas sôbre ferramentas de corte; nomenclatura e classificação.

Normas sôbre máquinas ferramentas e seus elementos; nomenclatura e classificação.

Ensaios de recepção em máquinas ferramentas.

Normas de segurança de trabalho com máquinas ferramentas.

---

* Vide capítulos IV, VII, VIII e IX.

XXVI   FUNDAMENTOS DA USINAGEM DOS METAIS

Com relação a *Nomenclatura e classificação dos processos de usinagem dos metais,* a Comissão já elaborou o primeiro trabalho, e, por ser de interêsse imediato para êste livro, apresentamos em seguida um estudo baseado nesse trabalho.

Classificação e nomenclatura dos processos mecânicos de usinagem

1 — TORNEAMENTO — Processo mecânico de usinagem destinado a obtenção de superfícies de revolução com auxílio de uma ou mais ferramentas monocortantes*. Para tanto, a peça gira em tôrno do eixo principal de rotação da máquina e a ferramenta se desloca simultâneamente segundo uma trajetória coplanar com o referido eixo.

Quanto à forma da trajetória, o torneamento pode ser *retilíneo* ou *curvilíneo.*

1.1 — Torneamento retilíneo — Processo de torneamento no qual a ferramenta se desloca segundo uma trajetória retilínea. O torneamento retilíneo pode ser:

1.1.1 — Torneamento cilíndrico — Processo de torneamento no qual a ferramenta se desloca segundo uma trajetória paralela ao eixo principal de rotação da máquina. Pode ser *externo* (figura 1) ou *interno* (figura 2).

Quando o torneamento cilíndrico visa obter na peça um entalhe circular, na face perpendicular ao eixo principal de rotação da máquina, o torneamento é denominado *sangramento axial* (figura 3).

1.1.2 — Torneamento cônico — Processo de torneamento no qual a ferramenta se desloca segundo uma trajetória retilínea, inclinada em relação ao eixo principal de rotação da máquina. Pode ser *externo* (figura 4) ou *interno* (figura 5).

1.1.3 — Torneamento radial — Processo de torneamento no qual a ferramenta se desloca segundo uma trajetória retilínea, perpendicular ao eixo principal de rotação da máquina.

Quando o torneamento radial visa a obtenção de uma superfície plana, o torneamento é denominado *torneamento de faceamento* (figura 6). Quando o torneamento radial visa a obtenção de um entalhe circular, o torneamento é denominado *sangramento radial* (figura 7).

1.1.4 — Perfilamento — Processo de torneamento no qual a ferramenta se desloca segundo uma trajetória retilínea radial (figura 8) ou axial (figura 9), visando a obtenção de uma forma definida, determinada pelo perfil da ferramenta.

---

* Denomina-se *ferramenta de usinagem mecânica* a ferramenta destinada à remoção de cavaco. No caso de possuir uma única superfície de saída, a ferramenta é chamada *ferramenta mono-cortante;* quando possuir mais de uma superfície de saída, é chamada *ferramenta multicortante.* Para a definição de superfície de saída, vide § 2.2 do Capítulo II — *Geometria na cunha, cortante das ferramentas de usinagem.*

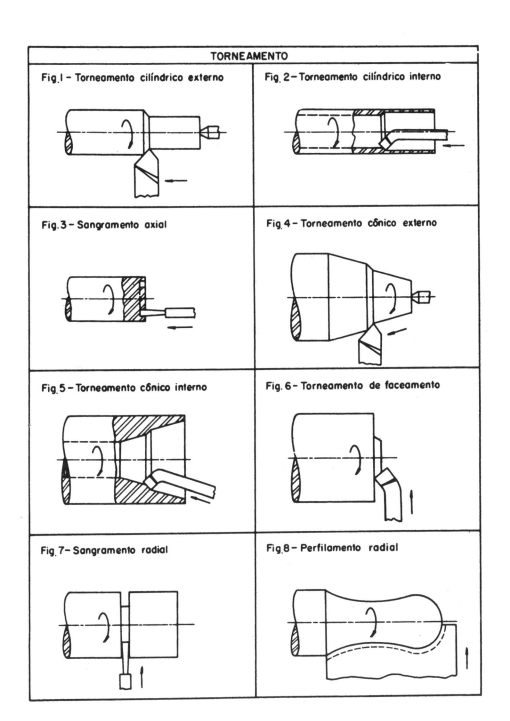

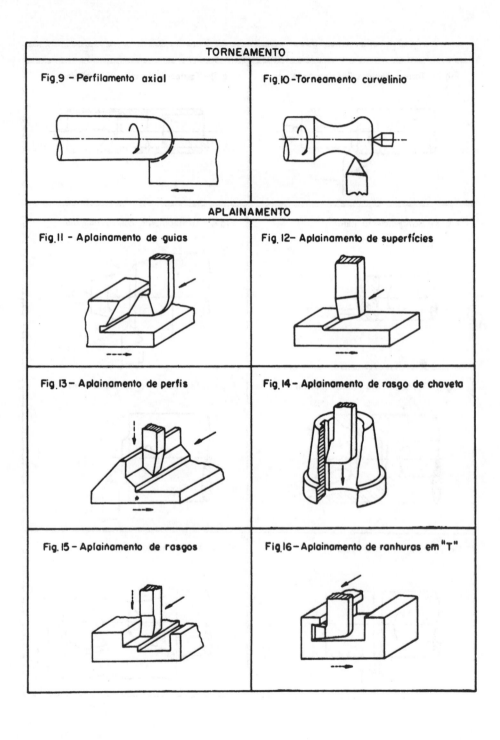

INTRODUÇÃO   XXIX

1.2 — Torneamento curvilíneo — Processo de torneamento, no qual a ferramenta se desloca segundo uma trajetória curvilínea (figura 10).

Quanto à finalidade, as operações de torneamento podem ser classificadas ainda em *torneamento de desbaste* e *torneamento de acabamento*. Entende-se por acabamento a operação de usinagem destinada a obter na peça as dimensões finais, ou um acabamento superficial especificado, ou ambos. O desbaste é a operação de usinagem, anterior a de acabamento, visando a obter na peça a forma e dimensões próximas das finais.

2 — APLAINAMENTO — Processo mecânico de usinagem destinado a obtenção de superfícies regradas, geradas por um movimento retilíneo alternativo da peça ou da ferramenta. O aplainamento pode ser *horizontal* ou *vertical* (figuras 11 a 18). Quanto à finalidade, as operações de aplainamento podem ser classificadas ainda em *aplainamento de desbaste* e *aplainamento de acabamento*.

3 — FURAÇÃO — Processo mecânico de usinagem destinado a obtenção de um furo geralmente cilíndrico numa peça, com auxílio de uma ferramenta geralmente multicortante. Para tanto, a ferramenta ou a peça giram e simultâneamente a ferramenta ou a peça se deslocam segundo uma trajetória retilínea, coincidente ou paralela ao eixo principal da máquina. A furação subdivide-se nas operações:

3.1 — Furação em cheio — Processo de furação destinado à abertura de um furo cilíndrico numa peça, removendo todo o material compreendido no volume do furo final, na forma de cavaco (figura 19). No caso de furos de grande profundidade há necessidade de ferramenta especial (figura 23).

3.2 — Escareamento — Processo de furação destinado à abertura de um furo cilíndrico numa peça pré-furada (figura 20).

3.3 — Furação escalonada — Processo de furação destinado à obtenção de um furo com dois ou mais diâmetros, simultâneamente (figura 21):

3.4 — Furação de centros — Processo de furação destinado à obtenção de furos de centro, visando uma operação posterior na peça (figura 22).

3.5 — Trepanação — Processo de furação em que apenas uma parte de material compreendido no volume do furo final é reduzida a cavaco, permanecendo um núcleo maciço (figura 24).

4 — ALARGAMENTO — Processo mecânico de usinagem destinado ao desbaste ou ao acabamento de furos cilíndricos ou cônicos, com auxílio de ferramenta geralmente multicortante. Para tanto, a ferramenta ou a peça giram e a ferramenta ou a peça se deslocam segundo uma trajetória retilínea, coincidente ou paralela ao eixo de rotação da ferramenta. O alargamento pode ser:

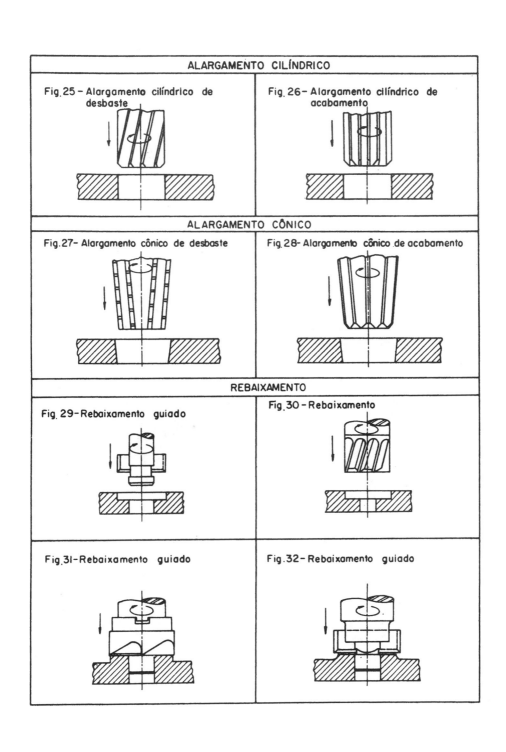

REBAIXAMENTO

Fig. 33- Rebaixamento guiado

Fig. 34- Rebaixamento

MANDRILAMENTO

Fig. 35 - Mandrilamento cilíndrico

Fig. 36- Mandrilamento radial

Fig. 37- Mandrilamento cônico

Fig. 38- Mandrilamento esférico

FRESAMENTO

Fig. 39- Fresamento cilíndrico tangencial

Concordante

Fig. 40- Fresamento cilíndrico tangencial

Discordante

Introdução   XXXIII

4.1 — Alargamento de desbaste — Processo de alargamento destinado ao desbaste da parede de um furo cilíndrico (figura 25) ou cônico (figura 27).

4.2 — Alargamento de acabamento — Processo de alargamento destinado ao acabamento da parede de um furo cilíndrico (figura 26) ou cônico (figura 28).

5 — REBAIXAMENTO — Processo mecânico de usinagem destinado à obtenção de uma forma qualquer na extremidade de um furo. Para tanto, a ferramenta ou a peça giram e a ferramenta ou a peça se deslocam segundo uma trajetória retilínea, coincidente ou paralela ao eixo de rotação da ferramenta (figuras 29 a 34)*.

6 — MANDRILAMENTO — Processo mecânico de usinagem destinado à obtenção de superfícies de revolução com auxílio de uma ou várias ferramentas de barra. Para tanto, a ferramenta gira e a peça ou a ferramenta se deslocam simultâneamente segundo uma trajetória determinda.

6.1 — Madrilamento cilíndrico — Processo de mandrilamento no qual a superfície usinada é cilíndrica de revolução, cujo eixo coincide com o eixo em tôrno do qual gira a ferramenta (figura 35).

6.2 — Mandrilamento radial — Processo de mandrilamento no qual a superfície usinada é plana e perpendicular ao eixo em tôrno do qual gira a ferramenta (figura 36).

6.3 — Mandrilamento cônico — Processo de mandrilamento no qual a superfície usinada é cônica de revolução, cujo eixo coincide com o eixo em tôrno do qual gira a ferramenta (figura 37).

6.4 — Mandrilamento de superfícies especiais — Processo de mandrilamento no qual a superfície usinada é uma superfície de revolução, diferente das anteriores, cujo eixo coincide com o eixo em tôrno do qual gira a ferramenta. Exemplos: *mandrilamento esférico* (figura 38), *mandrilamento de sangramento,* etc.

Quanto à finalidade, as operações de mandrilamento podem ser classificadas ainda em *mandrilamento de desbaste* e *mandrilamento de acabamento.*

7 — FRESAMENTO — Processo mecânico de usinagem destinado à obtenção de superfícies quaisquer com o auxílio de ferramentas geralmente multicortantes. Para tanto, a ferramenta gira e a peça ou a ferramenta se deslocam segundo uma trajetória qualquer. Distinguem-se dois tipos básicos de fresamento:

7.1 — Fresamento cilíndrico tangencial — Processo de fresamento destinado à obtenção de superfície plana paralela ao eixo de rotação da ferramenta (figuras 39, 40 e 42). Quando a superfície obtida não fôr plana ou o

---

* As operações indicadas nas figuras 33 e 34 são denominadas por alguns autores, de *escareamento.*

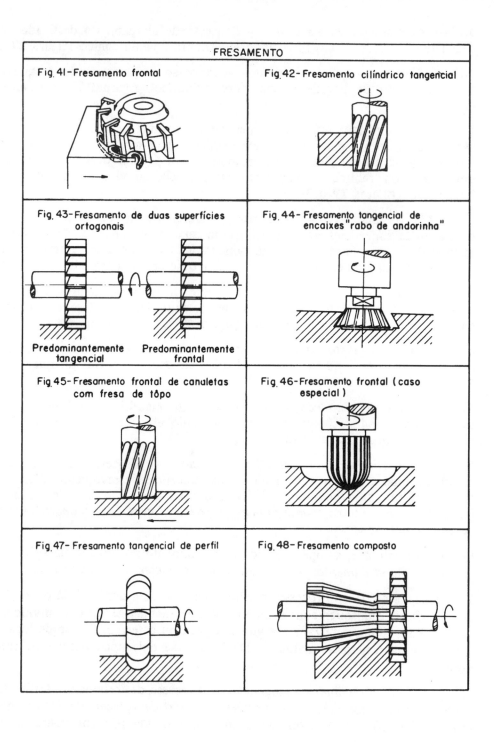

INTRODUÇÃO   XXXV

eixo de rotação da ferramenta fôr inclinado em relação à superfície originada na peça, será considerado um processo especial de fresamento tangencial (figuras 44 e 47).

7.2 — Fresamento frontal — Processo de fresamento destinado à obtenção de superfície plana perpendicular ao eixo de rotação da ferramenta (figuras 41 e 45). O caso de fresamento indicado na figura 46 é considerado como um caso especial de fresamento frontal.

Há casos que os dois tipos básicos de fresamento comparecem simultâneamente, podendo haver ou não predominância de um sôbre outro (figura 43). A operação indicada na figura 48 pode ser considerada como um fresamento composto.

8 — SERRAMENTO — Processo mecânico de usinagem destinado ao seccionamento ou recorte com auxílio de ferramentas multicortantes de pequena espessura. Para tanto, a ferramenta gira ou se desloca, ou executa ambos os movimentos e a peça se desloca ou se mantém parada. O serramento pode ser:

8.1 — Serramento retilíneo — Processo de serramento no qual a ferramenta se desloca segundo uma trajetória retilínea, com movimento alternativo ou não. No primeiro caso, o serramento é *retilíneo alternativo* (figura 49); no segundo caso, o serramento é *retilíneo contínuo* (figuras 50 e 51).

8.2 — Serramento circular — Processo de serramento no qual a ferramenta gira ao redor de seu eixo e a peça ou ferramenta se desloca (figuras 52 a 54).

9 — BROCHAMENTO — Processo mecânico de usinagem destinado à obtenção de superfícies quaisquer com auxílio de ferramentas multicortantes. Para tanto, a ferramenta ou a peça se deslocam segundo uma trajetória retilínea, coincidente ou paralela ao eixo da ferramenta. O brochamento pode ser:

9.1 — Brochamento interno — Processo de brochamento executado num furo passante da peça (figura 55).

9.2 — Brochamento externo — Processo de brochamento executado numa superfície externa da peça (figura 56).

10 — ROSCAMENTO — Processo mecânico de usinagem destinado à obtenção de filetes, por meio da abertura de um ou vários sulcos helicoidais de passo uniforme, em superfícies cilíndricas ou cônicas de revolução. Para tanto, a peça ou a ferramenta gira e uma delas se desloca simultâneamente segundo uma trajetória retilínea paralela ou inclinada ao eixo de rotação. O roscamento pode ser *interno* ou *externo*.

10.1 — Roscamento interno — Processo de roscamento executado em superfícies internas cilíndricas ou cônicas de revolução (figuras 57 a 60).

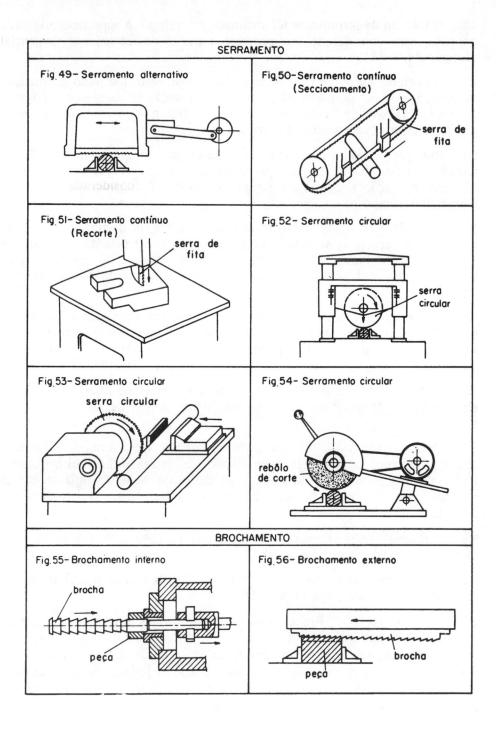

INTRODUÇÃO   XXXVII

10.2 — Roscamento externo — Processo de roscamento executado em superfícies externas cilíndricas ou cônicas de revolução (figuras 61 a 66).

11 — LIMAGEM — Processo mecânico de usinagem destinado a obtenção de superfícies quaisquer com auxílio de ferramentas multicortantes (elaboradas por picagem) de movimento contínuo ou alternativo (figuras 67 e 68).

12 — RASQUETEAMENTO — Processo manual de usinagem destinado à ajustagem de superfícies com auxílio de ferramenta monocortante(figura 69).

13 — TAMBORAMENTO — Processo mecânico de usinagem no qual as peças são colocadas no interior de um tambor rotativo, juntamente ou não com materiais especiais, para serem rebarbadas ou receberem um acabamento (figura 70).

14 — RETIFICAÇÃO — Processo de usinagem por abrasão destinado à obtenção de superfícies com auxílio de ferramenta abrasiva de revolução*. Para tanto, a ferramenta gira e a peça ou a ferramenta se desloca segundo uma trajetória determinada, podendo a peça girar ou não.

A retificação pode ser *tangencial* ou *frontal*.

14.1 — Retificação tangencial — Processo de retificação executado com a superfície de revolução da ferramenta (figura 71). Pode ser:

14.1.1 — Retificação cilídrica — Processo de retificação tangencial no qual a superfície usinada é uma superfície cilíndrica (figuras 71 a 74). Esta superfície pode ser *externa* ou *interna, de revolução ou não*.

Quanto ao avanço automático da ferramenta ou da peça, a retificação cilíndrica pode ser *com avanço longitudinal da peça* (figura 71), *com avanço radial do rebôlo* (figura 73), *com avanço circular do rebôlo* (figura 74) ou *com avanço longitudinal do rebôlo**.

14.1.2 — Retificação cônica — Processo de retificação tangencial no qual a superfície usinada é uma superfície cônica (figura 75). Esta superfície pode ser *interna* ou *externa*.

Quanto ao avanço automático da ferramenta ou da peça, a retificação cônica pode ser *com avanço longitudinal da peça* (figura 75), *com avanço radial do rebôlo, com avanço circular do rebôlo* ou *com avanço longitudinal do rebôlo*.

---

* Denomina-se de *usinagem por abrasão* ao processo mecânico de usinagem no qual são empregados *abrasivos* ligados ou soltos. Segundo a *Norma PB-26 — Ferramentas Abrasivas* da *A. B. N. T.*, denomina-se *ferramenta abrasiva* a ferramenta constituída de grãos abrasivos ligados por aglutinante, com formas e dimensões definidas. A ferramenta abrasiva com a forma de superfície de revolução, adaptável a um eixo, é denominada *rebôlo abrasivo*. Não são considerados *rebôlos abrasivos* rodas ou discos de metal, madeira, tecido, papel, tendo uma ou várias camadas de abrasivos na superfície.

** Vide Capítulo 1 — *Conceitos básicos sôbre os movimentos e as relações geométricas do processo de usinagem.*

ROSCAMENTO

Fig. 57 – Roscamento interno com ferramenta de perfil único

Fig. 58 – Roscamento interno com ferramenta de perfil múltiplo

Fig. 59 – Roscamento interno com macho

Fig. 60 – Roscamento interno com fresa

Fig. 61 – Roscamento externo com ferramenta de perfil único

Fig. 62 – Roscamento externo com ferramenta de perfil múltiplo

Fig. 63 – Roscamento externo com cossinete

Fig. 64 – Roscamento externo com jôgo de pentes

INTRODUÇÃO

XXXIX

14.1.3 — Retificação de perfis — Processo de retificação tangencial no qual a superfície usinada é uma superfície qualquer gerada pelo perfil do rebôlo (figuras 76 e 77).

14.1.4 — Retificação tangencial plana — Processo de retificação tangencial no qual a superfície usinada é uma superfície plana (figura 78).

14.1.5 — Retificação cilíndrica sem centros — Processo de retificação cilíndrica no qual a peça sem fixação axial é usinada por ferramentas abrasivas de revolução, com ou sem movimento longitudinal da peça (figuras 79 a 82).

A retificação sem centros pode ser com avanço longitudinal da peça (retificação de passagem) ou *com avanço radial do rebôlo* (retificação em mergulho) (figuras 80 a 82).

14.2 — Retificação frontal — Processo de retificação executado com a face do rebôlo. É geralmente executada na superfície plana da peça, perpendicularmente ao eixo do rebôlo.

A retificação frontal pode ser *com avanço retilíneo da peça* (figura 83), ou *com avanço circular da peça* (figura 84).

15 — BRUNIMENTO — Processo mecânico de usinagem por abrasão empregado no acabamento de furos cilíndricos de revolução, no qual todos os grãos ativos da ferramenta abrasiva estão em constante contato com a superfície da peça e descrevem trajetórias helicoidais (figura 85). Para tanto, a ferramenta ou a peça gira e se desloca axialmente com movimento alternativo.

16 — SUPERACABAMENTO — Processo mecânico de usinagem por abrasão empregado no acabamento de peças, no qual os grãos ativos da ferramenta abrasiva estão em constante contato com a superfície da peça. Para tanto, a peça gira lentamente e a ferramenta se desloca com movimento alternativo de pequena amplitude e freqüência relativamente grande (figuras 87 e 88).

17 — LAPIDAÇÃO — Processo mecânico de usinagem por abrasão executado com abrasivo aplicado por porta-ferramenta adequado, com objetivo de se obter dimensões especificadas da peça (figura 86)*.

18 — ESPELHAMENTO — Processo mecânico de usinagem por abrasão no qual é dado o acabamento final da peça por meio de abrasivos, associados a um porta-ferramenta específico para cada tipo de operação, com o fim de se obter uma superfície especular.

19 — POLIMENTO — Processo mecânico de usinagem por abrasão no qual a ferramenta é constituída por um disco ou conglomerado de discos revestidos de substâncias abrasivas (figura 89 e 90).

---

* Segundo a *Padronização Brasileira* PB-26 da A. B. N. T., abrasivo é um produto natural ou sintético, granulado, usado de várias formas, com a finalidade de remover o material das superfícies das peças até o desejado.

ROSCAMENTO

Fig. 65 – Roscamento externo com fresa de perfil múltiplo

Fig. 66 – Roscamento externo com fresa de perfil único

LIMAGEM

Fig. 67 – Limagem contínua

lima de disco
peça

Fig. 68 – Limagem contínua

lima de segmentos

peça

RASQUETEAMENTO

Fig. 69 – Rasqueteamento

rasquete

peça

TAMBORAMENTO

Fig. 70 – Tamboramento

tambor

peça

RETIFICAÇÃO

Fig. 71 – Retificação cilíndrica externa com avanço longitudinal

rebôlo

peça

superfície periférica

Fig. 72 – Retificação cilíndrica interna com avanço longitudinal

peça

rebôlo

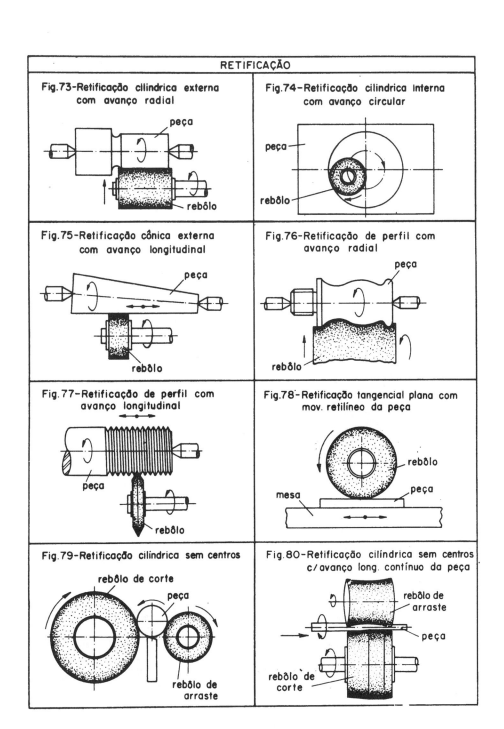

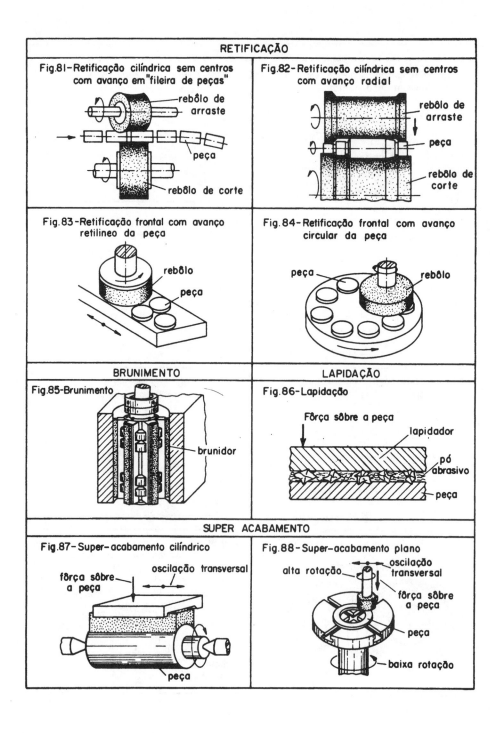

INTRODUÇÃO

XLIII

20 — LIXAMENTO — Processo mecânico de usinagem por abrasão executado por abrasivo aderido a uma tela e movimentado com pressão contra a peça (figuras 91 e 92).

21 — JATEAMENTO — Processo mecânico de usinagem por abrasão no qual as peças são submetidas a um jato abrasivo, para serem rebarbadas, asperizadas ou receberem um acabamento (figura 93).

22 — AFIAÇÃO — Processo mecânico de usinagem por abrasão, no qual é dado o acabamento das superfícies da cunha cortante da ferramenta, com o fim de habilitá-la desempenhar sua função. Desta forma, são obtidos os ângulos finais da ferramenta (figura 94)*.

23 — DENTEAMENTO — Processo mecânico de usinagem destinado à obtenção de elementos denteados. Pode ser conseguido bàsicamente de duas maneiras: *formação* e *geração*.

A *formação* emprega uma ferramenta que transmite a forma do seu perfil à peça com os movimentos normais de corte e avanço.

A *geração* emprega uma ferramenta de perfil determinado, que com os movimentos normais de corte, associados aos característicos de geração, produz um perfil desejado na peça.

O estudo dêste processo não é feito aqui, por fugir do nosso objetivo de fornecer os conhecimentos gerais dos processos de usinagem.

---

* Vide Capítulo II — *Geometria da Cunha Cortante das Ferramentas de Usinagem.*

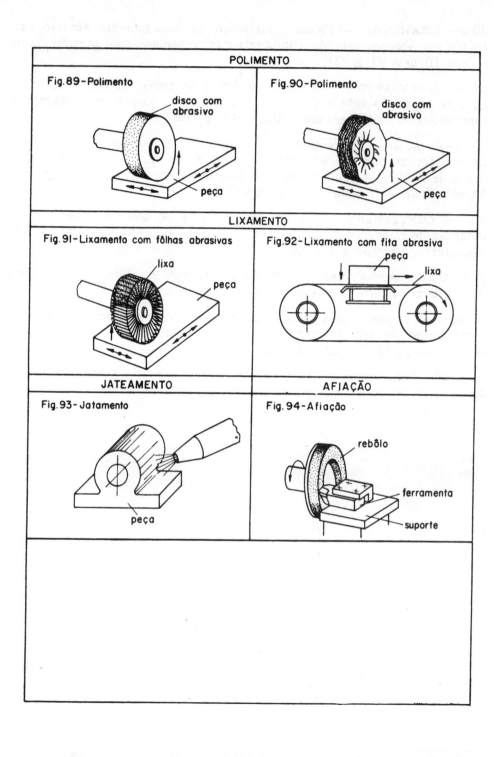

I

CONCEITOS BÁSICOS SÔBRE OS MOVIMENTOS E AS RELAÇÕES GEOMÉTRICAS DO PROCESSO DE USINAGEM

1.1 — GENERALIDADES

Para o estudo racional dos ângulos das ferramentas de corte, das fôrças de corte e das condições de usinagem é imprescindível a fixação de conceitos básicos sôbre os movimentos e as relações geométricas do processo de usinagem. Êstes conceitos devem ser seguidos pelos técnicos e engenheiros que se dedicam à usinagem, à fabricação das ferramentas de corte e máquinas operatrizes. Desta forma, torna-se necessária a uniformização de tais conceitos, objeto das associações de normas técnicas. Cada país industrializado tem assim as suas normas sôbre ângulos das ferramentas, formas e dimensões das mesmas, etc. Na falta de norma brasileira sôbre êsse assunto, vamos seguir a norma DIN 6580 [1], a qual, a nosso ver, é a mais completa e a que melhor se aplica aos diferentes processos de usinagem.

A norma DIN 6580, objeto do presente estudo, substitui a antiga norma DIN 768 — *Conceitos sôbre ferramentas de corte* [2], a qual não satisfaz mais às necessidades atuais da prática industrial, que exige conceitos gerais válidos para todos os processos de usinagem. A recente norma DIN contém os fundamentos sôbre uma sistemática uniforme de usinagem, constituindo a base para uma série de normas referentes ao corte dos metais. Aplica-se fundamentalmente a todos os processos de usinagem. Quando resultam limitações através de particularidades sôbre certas ferramentas (por exemplo, ferramentas abrasivas), as mesmas são indicadas através de anotações. A numerosidade de conceitos, que servem sòmente para uma ferramenta ou um processo de corte, não é tratada nesta norma. Por outro lado, a validade universal do conceito para todos os processos de usinagem fornece a possibilidade de reduzir ao mínimo a quantidade de conceitos necessários à prática.

Os conceitos tratados nessa norma se referem a um ponto genérico da aresta cortante, dito *ponto de referência*. Nas ferramentas de barra êste ponto é fixado na parte da aresta cortante próximo à ponta da ferramenta.

1.2 — MOVIMENTOS ENTRE A PEÇA E A ARESTA CORTANTE

Os movimentos no processo de usinagem são movimentos relativos entre a peça e a aresta cortante. *Êstes movimentos são referidos à peça*, considerada como parada.

Devem-se distinguir duas espécies de movimentos: os que causam diretamente a saída de cavaco e aquêles que não tomam parte direta na formação do cavaco. Origina diretamente a saída de cavaco o *movimento efetivo de corte*, o qual na maioria das vêzes é o resultante do *movimento de corte* e do *movimento de avanço*.

1.2.1 — Movimento de corte

O movimento de corte é o movimento entre a peça e a ferramenta, o qual sem o movimento de avanço origina sòmente uma única remoção de cavaco, durante uma volta ou um curso (figuras 1.1, 1.2 e 1.3).

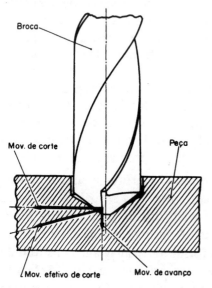

Fig. 1.1 — Furação com broca helicoidal, mostrando os movimentos de corte e avanço.

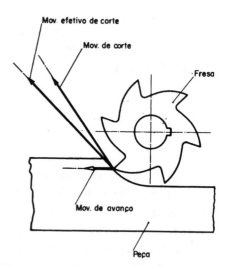

Fig. 1.2 — Fresamento com fresa cilíndrica, mostrando os movimentos de corte e avanço.

1.2.2 — Movimento de avanço

O movimento de avanço é o movimento entre a peça e a ferramenta, que, juntamente com o movimento de corte, origina um levantamento repetido ou contínuo de cavaco, durante várias revoluções ou cursos (figuras 1.1, 1.2 e 1.3).

O movimento de avanço pode ser o resultante de vários movimentos componentes, como por exemplo o *movimento de avanço principal* e o *movimento de avanço lateral* (figura 1.4).

CONCEITOS BÁSICOS SÔBRE OS MOVIMENTOS

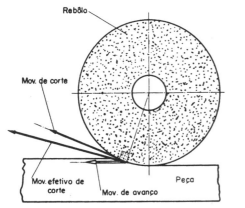

FIG. 1.3 — Retificação plana tangencial mostrando os movimentos de corte e avanço.

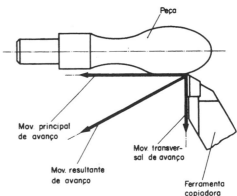

FIG. 1.4 — Copiagem de uma peça mostrando as componentes do movimento de avanço: avanço principal e avanço lateral.

1.2.3 — Movimento efetivo de corte

O movimento efetivo de corte é o resultante dos movimentos de corte e de avanço, realizados ao mesmo tempo.

Não tomam parte direta na formação do cavaco o *movimento de posicionamento*, o *movimento de profundidade* e o *movimento de ajuste*.

1.2.4 — Movimento de posicionamento

É o movimento entre a peça e a ferramenta, com o qual a ferramenta, antes da usinagem, é aproximada à peça. Exemplo: a broca é levada à posição em que deve ser feito o furo.

1.2.5 — Movimento de profundidade

É o movimento entre a peça e a ferramenta, no qual a espessura da camada de material a ser retirada é determinada de antemão. Exemplo: fixação, no tôrno, da profundidade p (figura 1.11) da ferramenta.

1.2.6 — Movimento de ajuste

É o movimento de correção entre a peça e a ferramenta, no qual o desgaste da ferramenta deve ser compensado. Exemplo: movimento de ajuste para compensar o desgaste do rebôlo na retificação.

1.3 — DIREÇÕES DOS MOVIMENTOS

Devem-se distinguir a *direção de corte*, *direção de avanço* e *direção efetiva de corte*.

1.3.1 — Direção de corte

É a direção instantânea do movimento de corte.

1.3.2 — Direção de avanço

É a direção instantânea do movimento de avanço.

1.3.3 — Direção efetiva de corte

É a direção instantânea do movimento efetivo de corte.

1.4 — PERCURSO DA FERRAMENTA EM FRENTE DA PEÇA*

Devem-se distinguir o *percurso de corte*, o *percurso de avanço* e o *percurso efetivo de corte*.

1.4.1 — Percurso de corte l_c

O percurso de corte l_c é o espaço percorrido sôbre a peça pelo *ponto de referência*** da aresta cortante, segundo a *direção de corte* (fig. 1.5).

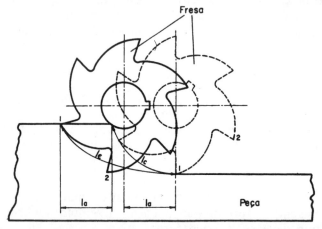

FIG. 1.5 — Fresamento tangencial com fresa cilíndrica. Percurso de corte l_c; percurso efetivo de corte l_e; percurso de avanço l_a. (Os dentes 1 e 2 mostram o movimento da fresa).

1.4.2 — Percurso de avanço l_a

O percurso de avanço l_a é o espaço percorrido pela *ferramenta*, segundo a *direção de avanço* (fig. 1.5). Devem-se distinguir as diferentes componentes do movimento de avanço (fig. 1.4).

1.4.3 — Percurso efetivo de corte l_e

O percurso efetivo de corte l_e é o espaço percorrido pelo *ponto de referência* da aresta cortante, segundo a *direção efetiva de corte* (fig. 1.5).

1.5 — VELOCIDADES

Devem-se distinguir a *velocidade de corte*, a *velocidade de avanço* e a *velocidade efetiva de corte*.

---
* O percurso da ferramenta pode receber a denominação de trajeto.
** Ver § 1.1.

CONCEITOS BÁSICOS SÔBRE OS MOVIMENTOS

1.5.1 — Velocidade de corte v

A velocidade de corte v é a velocidade instantânea do *ponto de referência* da aresta cortante, segundo a direção e sentido de corte.

1.5.2 — Velocidade de avanço v_a

A velocidade de avanço v_a é a velocidade instantânea da *ferramenta* segundo a direção e sentido de avanço.

1.5.3 — Velocidade efetiva de corte v_e

A velocidade efetiva de corte v_e é a velocidade instantânea do *ponto de referência* da aresta cortante, segundo a direção efetiva de corte.
Podem-se ter ainda, conforme o parágrafo 1.2, as velocidades de *posicionamento*, de *profundidade* e de *ajuste*.

1.6 — CONCEITOS AUXILIARES

Para a uniformidade dos conceitos relativos aos diferentes processos de usinagem é necessária a introdução de alguns *conceitos auxiliares:*

1.6.1 — Plano de trabalho

O plano de trabalho é o plano que contém as direções de corte e de avanço (passando pelo ponto de referência da aresta cortante). Neste plano se realizam, portanto, todos os movimentos que tomam parte na formação do cavaco (figuras 1.6, 1.7 e 1.8).

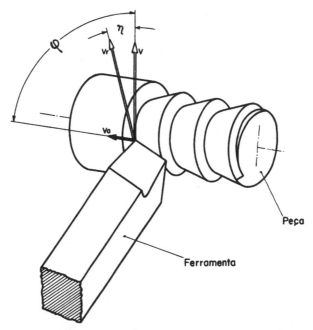

Fig. 1.6 — Torneamento com ferramenta de barra. Plano de trabalho contendo o ângulo φ da direção de avanço e o ângulo η da direção efetiva de corte.

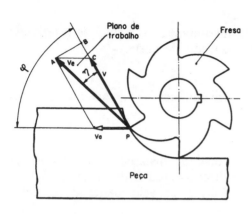
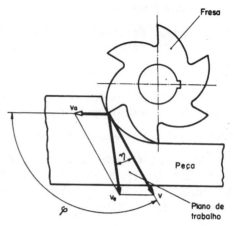

FIG. 1.7 — Fresamento tangencial com movimento discordante. Plano de trabalho com o ângulo φ da direção de avanço e o ângulo η da direção efetiva de corte ($\varphi < 90°$).

FIG. 1.8 — Fresamento tangencial com movimento concordante. Plano de trabalho com o ângulo φ da direção de avanço e η da direção efetiva de corte ($\varphi > 90°$).

1.6.2 — Ângulo φ da direção de avanço

O ângulo φ da direção de avanço é o ângulo entre a direção de avanço e a direção de corte (ver figuras 1.6 a 1.10).

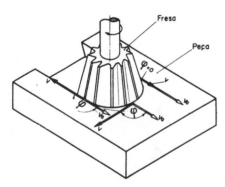
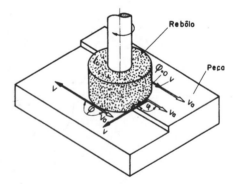

FIG. 1.9 — Fresamento frontal. Variação do ângulo φ da direção de avanço.

FIG. 1.10 — Retificação plana frontal. Variação do ângulo φ da direção de avanço.

Esta norma trata sobretudo do caso geral de usinagem, no qual a direção de avanço nem sempre é perpendicular à direção de corte. Assim, por exemplo, no fresamento (figuras 1.7 e 1.8) o ângulo φ varia durante o corte. O caso do torneamento (figura 1.6), em que φ é constante e igual a 90°, é aqui apenas um caso particular.

CONCEITOS BÁSICOS SÔBRE OS MOVIMENTOS

1.6.3 — Ângulo η da direção efetiva de corte

O ângulo η da direção efetiva de corte é o ângulo entre a *direção efetiva de corte* e a *direção de corte* (ver figuras 1.6, 1.7 e 1.8).
De acôrdo com a figura 1.7 tem-se:

$$\operatorname{tg} \eta = \frac{AB}{BC+v} = \frac{v_a \cdot \operatorname{sen} \varphi}{v_a \cdot \cos \varphi + v}, \text{ logo}$$

$$\operatorname{tg} \eta = \frac{\operatorname{sen} \varphi}{\cos \varphi + \dfrac{v}{v_a}}. \qquad (1.1)$$

Como geralmente a velocidade de avanço v_a é pequena em relação à velocidade de corte v, êste ângulo é, na maioria dos casos, desprezível. Assim, nas operaçoẽs comuns de torneamento, pode-se tomar $\eta = 0$. Porém, no roscamento com passo grande φ não é desprezível, pois representa o ângulo de inclinação da rôsca*. A tabela I.1 apresenta os valôres dêste ângulo para o torneamento com diferentes avanços** em diferentes diâmetros da peça. Tais valôres servirão para calcular posteriormente os ângulos da ferramenta em função dos ângulos efetivos de trabalho.

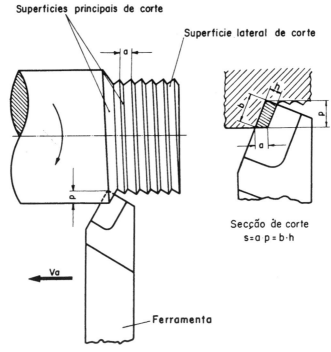

FIG. 1.11 — Torneamento. Superfície principal e lateral de corte.

---
* Com a introdução dos novos conceitos *ângulo da direção de avanço* φ, *ângulo da direção efetiva de corte* η e *plano de trabalho*, constroem-se os *conceitos básicos* válidos de um modo geral a todos os processos de usinagem.
** Ver § 1.8.

TABELA I.1

Ângulo da direção efetiva de corte no torneamento de peças de diferentes diâmetros com diferentes avanços por volta

Diâmetro da peça (mm)	Avanço		ângulo (° ')		tg η
	(mm/volta)*	(fios/polegada)			
6,3	0,125	200		22'	0,0063
	0,250	100		43'	0,0126
	0,500	50	1°	27'	0,0252
	1,000	25	2°	53'	0,0505
	2,000	12,5	5°	46'	0,1010
10	0,125	200		14'	0,0040
	0,250	100		28'	0,0080
	0,500	50		55'	0,0159
	1,000	25	1°	49'	0,0318
	2,000	12,5	3°	39'	0,0637
16	0,250	100		17'	0,0050
	0,500	50		34'	0,0099
	1,000	25	1°	8'	0,0199
	2,000	12,5	2°	17'	0,0398
	4,000	6,3	4°	27'	0,0795
25	0,250	100		11'	0,0032
	0,500	50		22'	0,0064
	1,000	25		44'	0,0127
	2,000	12,5	1°	28'	0,0255
	4,000	6,3	2°	55'	0,0510
40	0,500	50		14'	0,0040
	1,000	25		28'	0,0080
	2,000	12,5		55'	0,0159
	4,000	6,3	1°	49'	0,0318
	8,000	3,2	3°	39'	0,0637
63	0,500	50		9'	0,0025
	1,000	25		18'	0,0051
	2,000	12,5		35'	0,0102
	4,000	6,3	1°	9'	0,0202
	8,000	3,2	2°	19'	0,0404
100	1,000	25		11'	0,0032
	2,000	12,5		22'	0,0064
	4,000	6,3		44'	0,0127
	8,000	3,2	1°	28'	0,0255
	16,000	1,6	2°	55'	0,0510
160	1,000	25		7'	0,0020
	2,000	12,5		14'	0,0040
	4,000	6,3		28'	0,0080
	8,000	3,2		55'	0,0159
	16,000	1,6	1°	49'	0,0318
250	2,000	12,5		9'	0,0025
	4,000	6,3		18'	0,0051
	8,000	3,2		35'	0,0102
	16,000	1,6	1°	9'	0,0202
	31,500	0,8	2°	17'	0,0400

* Avanços normalizados segundo a norma DIN 803.

CONCEITOS BÁSICOS SÔBRE OS MOVIMENTOS

1.7 — SUPERFÍCIE DE CORTE

As superfícies de corte são as superfícies geradas na peça pela ferramenta. As superfícies de corte que permanecem na peça constituirão as *superfícies trabalhadas* (figura 1.11).

1.7.1 — Superfície principal de corte

É a superfície de corte gerada pela aresta principal de corte da ferramenta (figura 1.11). Ver capítulo 2.2.

1.7.2 — Superfície lateral de corte

É a superfície de corte gerada pela aresta lateral de corte da ferramenta (figura 1.11).
Como na retificação não é possível, de antemão, distinguir no grão abrasivo a aresta principal da aresta lateral de corte, o rebôlo é estudado à parte no que diz respeito ao conceito de superfície de corte

1.8 — GRANDEZAS DE CORTE

As grandezas de corte são as grandezas que devem ser ajustadas na máquina direta ou indiretamente para a retirada do cavaco.

1.8.1 — Avanço a

O avanço a é o *percurso de avanço* em cada volta (figura 1.11) ou em cada curso (figura 1.15).

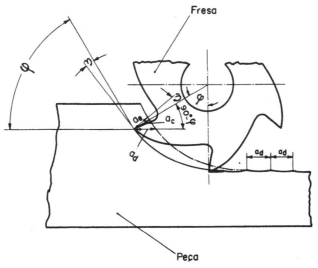

FIG. 1.12 — Fresamento discordante. Avanço por dente a_d; avanço de corte a_c; avanço efetivo de corte a_e.

10 FUNDAMENTOS DA USINAGEM DOS METAIS

1.8.2 — Avanço por dente a_d

O avanço por dente a_d é o percurso de avanço de cada dente, *medido na direção do avanço da ferramenta,* e corresponde à geração de duas superfícies de corte consecutivos (figura 1.12). Tem-se assim:

$$a = a_d \cdot Z \qquad (1.2)$$

onde Z é o número de dentes ou arestas cortantes.

Quando $Z = 1$, por exemplo em fresas com um único dente ou em ferramentas de barra, tem-se $a = a_d$.

Nas brocas heliocoidais tem-se: $a = 2 \, a_d$.

Nas brochas o avanço por dente corresponde ao escalonamento dos dentes sucessivos (figura 1.17).

Do avanço por dente derivam o *avanço de corte* a_c e o *avanço efetivo de corte* a_e. O *avanço de corte* a_c é a distância entre duas superfícies de corte consecutivas, medida no plano de trabalho e perpendicular à direção de corte (figura 1.12). Tem-se:

$$a_c \approx a_d \cdot \text{sen } \varphi^*. \qquad (1.3)$$

Na usinagem com $\varphi = 90^\circ$ (por exemplo, no torneamento e no aplainamento) resulta $a_c = a_d = a$.

O *avanço efetivo de corte* é a distância entre duas superfícies de corte consecutivas formadas, medida no plano de trabalho e perpendicular à direção efetiva de corte (figura 1.12). Tem-se

$$\dot{a}_e \approx a_d \cdot \text{sen } (\varphi - \eta)^{**}. \qquad (1.4)$$

Em muitos casos a relação v_a/v é tão pequena que η é desprezível. Desta forma, tem-se com suficiente aproximação

$$a_e \approx a_d \cdot \text{sen } \varphi \cong a_c \qquad (1.5)$$

Na retificação as grandezas a_d, a_c e a_e podem também ser definidas, porém de forma aproximada.

1.8.3 — Profundidade ou largura de corte p

É a profundidade ou largura de penetração da aresta principal de corte, *medida numa direção perpendicular ao plano de trabalho* (figuras 1.11 e 1.13 a 1.19).

---

* Como no fresamento a_d é muito pequeno, em face do diâmetro da fresa, pode-se tomar aproximadamente $a_c = a_d \cdot \text{sen } \varphi$

** Como no fresamento a_d é muito pequeno, em face do diâmetro da fresa, podemos tomar aproximadamente $a_e = a_d \cdot \text{sen } \varphi$.

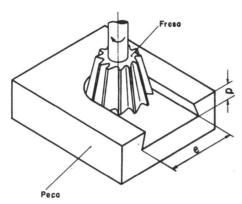

Fig. 1.13 — Fresamento tangencial. Largura de corte *p*; espessura de penetração *e*.

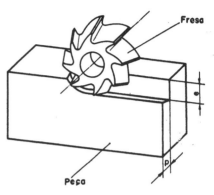

Fig. 1.14 — Fresamento frontal. Profundidade de corte *p*; espessura de penetração *e*.

No torneamento pròpriamente dito, faceamento, aplainamento, fresamento frontal e retificação frontal (ver tabela da Introdução), *p* corresponde à *profundidade de corte* (figuras 1.11, 1.14, 1.15 e 1.16).

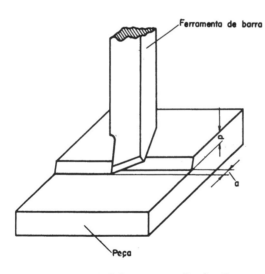

Fig. 1.15 — Aplainamento. Profundidade de corte *p*; avanço $a = a_c$.

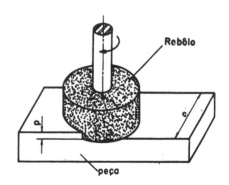

Fig. 1.16 — Retificação frontal. Profundidade de corte *p*; espessura de penetração *e*.

No sangramento, brochamento, fresamento tangencial (em particular fresamento cilíndrico) e retificação tangencial (ver tabela da Introdução), *p* corresponde à largura de corte (figuras 1.13, 1.17 e 1.18).

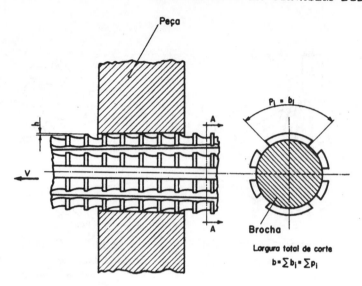

FIG. 1.17 — Brochamento. Largura de corte por dente p_i. Largura de corte total
$$p = \Sigma p_i.$$

Na furação (sem pré-furação), p corresponde à metade do diâmetro da broca (figura 1.19).

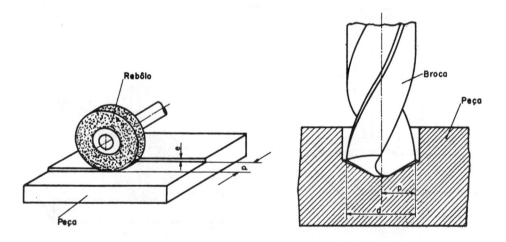

FIG. 1.18 — Retificação plana tangencial. Largra due corte p, espessura de penetração e.

FIG. 1.19 — Furação. Largura de corte
$$p = \frac{d}{2}.$$

A *grandeza* p é sempre aquela que, multiplicada pelo avanço de corte a_c, origina a área da secção de corte s (ver § 1.19). Ela é medida num plano perpendicular ao plano de trabalho, enquanto que o avanço de corte a_c

CONCEITOS BÁSICOS SÔBRE OS MOVIMENTOS 13

é medido sempre no plano de trabalho. Em alguns casos recebe a denominação de *profundidade de corte* (figuras 1.11, 1.14, 1.15 e 1.16), enquanto que noutros casos recebe a denominação de *largura de corte* (figuras 1.13, 1.17 e 1.18); porém, é sempre representada pela letra *p*.

1.8.4 — Espessura de penetração e

A espessura de penetração *e* é de importância predominante no fresamento e na retificação (figuras 1.13, 1.14, 1.16 e 1.18). É a espessura de corte em cada curso ou revolução, *medida no plano de trabalho e numa direção perpendicular à direção de avanço.*

1.9 — GRANDEZAS RELATIVAS AO CAVACO

Estas grandezas são derivadas das grandezas de corte e são obtidas através de cálculo. Porém, não são idênticas às obtidas através da medição do cavaco, que no momento não nos interessam.

1.9.1 — Comprimento de corte b

O comprimento de corte *b* é o comprimento de cavaco a ser retirado, medido na superfície de corte, segundo a direção normal à direção de corte (figura 1.20).

É, portanto, medido na intersecção da superfície de corte com o plano normal à velocidade de corte, passando pelo ponto de referência da aresta cortante. Em ferramentas com aresta cortante retilínea e sem curvatura na ponta, tem-se (figura 1.20)

$$b = AP = \frac{p}{\operatorname{sen} \chi} \qquad (1.6)$$

onde χ é o *ângulo de posição* da aresta principal de corte (ver § 2.3).

1.9.2 — Comprimento efetivo de corte bₑ

O comprimento efetivo de corte b_e é o comprimento de cavaco a ser retirado, medido na superfície de corte, segundo a direção normal à direção efetiva de corte (figura 1.20). Tem-se na figura as relações:

$$b_e = AE = AP \cdot \cos \delta = AP \cdot \sqrt{1 - \operatorname{sen}^2 \delta}$$

$$\operatorname{sen} \delta = \frac{EP}{AP} = \frac{QP \cdot \operatorname{sen} \eta}{AP}$$

$$\operatorname{sen} \delta = \operatorname{sen} \eta \cdot \cos \chi$$

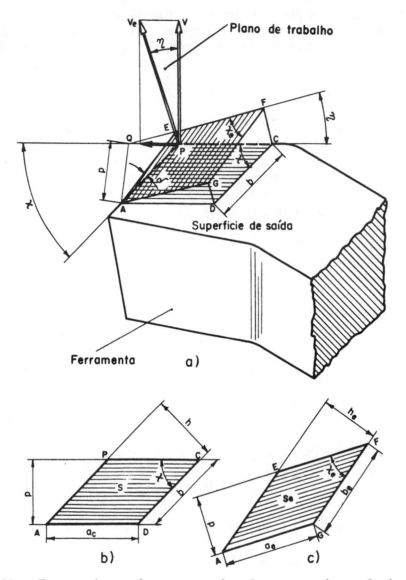

FIG. 1.20 — Esquema de uma ferramenta, onde estão representados: seção de corte s (normal à velocidade de corte v); seção efetiva de corte s_e (normal à velocidade efetiva de corte v_e); comprimento de corte $b = AP = DC$; comprimento efetivo de corte $b = AE - GF$; avanço de corte a_c; avanço efetivo de corte a_e; profundidade de corte p; espessura de corte h; espessura efetiva de corte h_e.

$$b_e = b \cdot \sqrt{1 - \operatorname{sen}^2 \eta \cdot \cos^2 \chi}. \tag{1.7}$$

Em muitos casos a relação v_a/v é tão pequena que η é desprezível. Logo, com suficiente aproximação, tem-se $b_e = b$.

CONCEITOS BÁSICOS SÔBRE OS MOVIMENTOS

1.9.3 — Espessura de corte h

A espessura de corte h é a espessura calculada* do cavaco a ser retirado, medida normalmente à superfície de corte e segundo a direção perpendicular à direção de corte (figura 1.20).

Em ferramentas com aresta cortante retilínea e sem curvatura da ponta, tem-se:

$$h = a_c . \operatorname{sen} \chi \tag{1.8}$$

1.9.4 — Espessura efetiva de corte h_e

A espessura efetiva de corte h_e é a espessura calculada do cavaco a ser retirado, medida normalmente à superfície de corte e segundo a direção perpendicular à direção efetiva de corte.

Tem-se nas figuras 1.20b, 1.20c e 1.20a as relações:

$$h = AD . \operatorname{sen} \chi = AD . \frac{p}{b},$$

$$h_e = AG . \operatorname{sen} \chi_e = AD . \cos \eta . \frac{p}{b_e}.$$

Logo

$$h_e = \frac{h . b . \cos \eta}{b_e}$$

ou ainda pela fórmula (1.7)

$$h_e = \frac{h}{\sqrt{1 + \operatorname{sen}^2 \chi . \operatorname{tg}^2 \eta}}$$

Em muitos casos, a relação v_a/v é tão pequena que η é desprezível. Logo, com suficiente aproximação $h_e = h$.

Para $\chi = 90°$ tem-se $h = a_c$ e $h_e = a_e$
Logo

$$h_e = h . \cos \eta \tag{1.9}$$

1.9.5 — Área da secção de corte s

A área da secção de corte s (ou simplesmente secção de corte) é a área calculada** da secção de cavaco a ser retirado, medida no plano normal à direção de corte.

---

* A espessura calculada de cavaco não deve ser confundida com a espessura de cavaco h' obtida pela medição (com instrumento de medida: micrômetro, paquímetro, etc.). A primeira é obtida por cálculo trigonométrico, conforme a fórmula (1.8).

* A área calculada da secção de cavaco não deve ser confundida com a área da secção de cavaco a qual é obtida pela medição do cavaco através de instrumentos de medida.

16 FUNDAMENTOS DA USINAGEM DOS METAIS

A *área da secção efetiva de corte* s_e (ou simplesmente secção efetiva de corte) é a área calculada da secção de cavaco a ser retirado, medido no plano normal à direção efetiva de corte.
Na maioria dos casos tem-se

$$s = p \cdot a_c \qquad s_e = p \cdot a_e \qquad (1.10/11)$$

Em ferramentas sem arredondamento na ponta da aresta cortante

$$s = b \cdot h \qquad s_e = b_e \cdot h_e \qquad (1.12/13)$$

No torneamento e aplainamento ($\varphi = 90^\circ$) tem-se

$$s = p \cdot a. \qquad (1.14)$$

1.10 — BIBLIOGRAFIA

[1] DIN-6580. *Begriffe der Zerspantechnik, Bewegungen und Geometrie des Zerspanvorganges.* Berlin. Beuth-Vertrieb GmbH. abril. 1963.

[2] DIN-768. *Schneid Stähle.* Berlin, Ed. Beuth, 1936.

II

GEOMETRIA NA CUNHA CORTANTE DAS FERRAMENTAS DE USINAGEM

2.1 — GENERALIDADES

Neste capítulo trataremos em particular dos ângulos das ferramentas de corte.

As primeiras normas sôbre êste assunto foram estabelecidas baseando-se nas ferramentas de barra (para torneamento). Assim, em 1930 aparece a norma DIN 768 — "Fundamentos sôbre as ferramentas de corte" [1] e posteriormente a norma ASA B 5.13 de 1939 — "Terminologia e definições de ferramentas monocortantes [2]. Com o desenvolvimento das máquinas operatrizes e dos processos de usinagem, estas duas especificações, assim como outras normas elaboradas noutros países, não correspondiam mais às exigências da prática.

Posteriormente, em 1950 foi aprovada pela Comissão B5 da ASA a norma sôbre "Ferramentas de barra e suportes" (ASA B5.22) [3], a qual substitui a ASA B5.13 de 1939 e inclui a norma sôbre "Cabos e suportes" (ASA B5.2 de 1943). Nesta nova norma já há uma tentativa de separação entre os *ângulos da ferramenta* e os *ângulos de trabalho*, isto é, procura-se mostrar de certa forma a influência da posição da ferramenta em relação à peça sôbre os ângulos de corte. Estando porém a norma baseada na ASA B5.13 (executada para ferramentas de barra) ela apresenta dificuldades de emprêgo em outras ferramentas, tais como brocas, alargadores e fresas helicoidais.

As normas sôbre a técnica de usinagem devem em geral obedecer as seguintes diretrizes:

a) Ser aplicáveis a tôdas operações de usinagem.

b) Os conceitos devem apresentar-se numa dependência lógica geométrica.

c) Os conceitos tradicionais, já existentes, deveriam ser levados em consideração à medida do possível.

Para satisfazer as exigências *a*) e *b*) é inevitável a introdução de novas considerações, que inicialmente parecerão estranhas e não serão adotadas de imediato nas fábricas e oficinas. Porém as desvantagens, devido à necessidade de assimilação de novos conceitos, serão fàcilmente compen-

18   FUNDAMENTOS DA USINAGEM DOS METAIS

sadas pela clareza e lógica obtidas. A igual validade dos conceitos para tôdas as operações de usinagem cria a possibilidade de limitar ao mínimo o número de conceitos para a prática.

Com êsse objetivo, foram apresentados vários estudos por diferentes pesquisadores, tais como BICKEL, na Suíça [4]; RÖHLKE, KIENZLE, SCHMIDT, WITTHOFF, na Alemanha, [5] a [9]; KRONENBERG nos Estados Unidos [10]. Como conclusão de tais estudos, foi elaborado em 1960 pela DIN um projeto de norma sôbre "Fundamentos da usinagem, conceitos e designações das ferramentas" [11]. Êste projeto foi aprovado em maio de 1966 como norma DIN 6581, com a denominação "Geometria na cunha cortante das ferramentas" [12].

Esta norma, descrita em seguida, obedece às diretrizes acima mencionadas e trata do assunto de maneira uniforme a tôdas as ferramentas. Na mesma é feita a distinção entre os *ângulos da ferramenta* e os *ângulos efetivos ou de trabalho*. Os primeiros são obtidos pela medida direta na ferramenta, através de instrumentos de medição; são invariáveis com a mudança de posição da ferramenta e independem das condições de usinagem. Os ângulos efetivos ou de trabalho se referem à ferramenta em operação. Enquanto os *ângulos da ferramenta* interessam à execução e manutenção da ferramenta, os *ângulos efetivos* são de grande importância na operação de corte. Para o estudo racional dos dois tipos de ângulos, a norma DIN 6581 introduz dois sistemas de referência, o *sistema de referência da ferramenta* e o *sistema efetivo de referência*. Pode-se converter um ângulo da ferramenta no seu correspondente ângulo de trabalho, ou vice-versa, através das condições de usinagem, por meio de transformações trigonométricas (vide § 2.5.2).

Todos os conceitos firmados no presente estudo se referem a um ponto fixado sôbre a aresta cortante, dito ponto de referência.

Estando também bastante difundidas entre nós as normas americanas, transcrevemos no fim do capítulo a norma ASA B5.22 — 1950, assim como a conversão dos ângulos desta norma para a norma DIN.

2.2 — SUPERFÍCIES, ARESTAS E PONTAS DA CUNHA CORTANTE

Denomina-se *cunha cortante* (ou gume cortante) a parte da ferramenta na qual o cavaco se origina, através do movimento relativo entre ferramenta e peça. As arestas que limitam as superfícies da cunha são *arestas de corte*. Estas podem ser retilíneas, angulares ou curvilíneas.

2.2.1 — Superfícies
Superfícies de folga

As superfícies de folga são as superfícies da cunha cortante que defrontam com as superfícies de corte (ver § 1.7). São também chamadas *superfícies de incidência* (figuras 2.1, 2.2 e 2.3).

Estas superfícies podem ter um *chanfro* (ou bisel) junto à aresta de corte. A largura do chanfro é representada pelo símbolo l_α (figuras 2.1 a 2.4).

Superfície de saída

A superfície de saída é a superfície da cunha cortante, sôbre a qual o cavaco se forma (figuras 2.1, 2.2 e 2.3).
Como no caso anterior, esta superfície pode ter um chanfro, cuja largura é representada pelo símbolo l_γ (figuras 2.1 e 2.4).

2.2.2 — Arestas
Aresta principal de corte

A aresta principal de corte é a aresta de corte cuja cunha de corte correspondente indica a direção de avanço no plano de trabalho (figuras 2.1, 2.2, 2.3 e 2.5). Ver § 1.6.

Aresta lateral de corte

A aresta lateral de corte é a aresta de corte, cuja cunha de corte correspondente não indica a direção de avanço no plano de trabalho (figuras 2.1, 2.2, 2.3 e 2.5).

OBSERVAÇÃO: Estas definições de aresta principal e lateral de corte pressupõem no fresamento um ângulo da direção de avanço φ da ordem de 90°.

2.2.3 — Pontas
Ponta de corte

A ponta de corte é a ponta na qual se encontram a aresta principal e a lateral de corte de uma mesma superfície de saída (figuras 2.1 e 2.3).

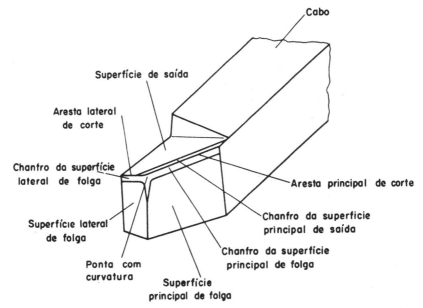

FIG. 2.1 — Superfícies, arestas e ponta de corte de uma ferramenta de barra.

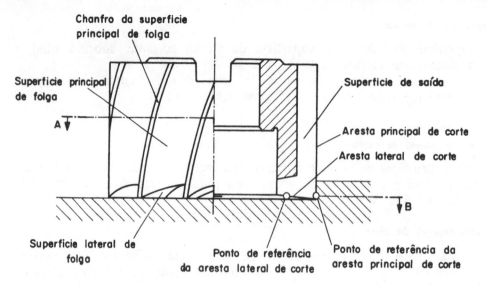

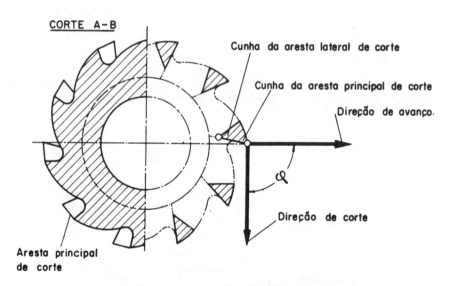

Fig. 2.2 — Superfícies, arestas e ponta de corte de uma fresa.

Arredondamento da ponta

O arredondamento da ponta de corte é feito com um raio r, medido no plano de referência da ferramenta (ver figura 2.6).

Chanframento da ponta

No lugar do arredondamento da ponta de corte é executado um chanframento de largura l_ϵ, medido na superfície de saída (ver figura 2.6).

2.3 — SISTEMAS DE REFERÊNCIA UTILIZADOS NA DETERMINAÇÃO DOS ÂNGULOS DA CUNHA CORTANTE

Para a determinação dos ângulos na cunha cortante emprega-se um sistema de referência. Êste sistema de referência é constituído por três planos ortogonais, passando pelo ponto de referência da aresta cortante. São êles:

plano de referência

plano de corte

plano de medida

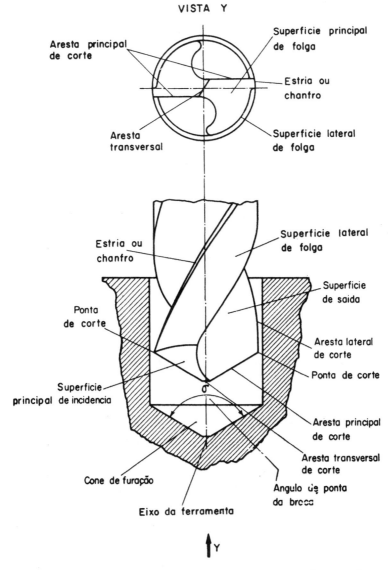

FIG. 2.3 — Superfícies, arestas e pontas de corte de uma broca.

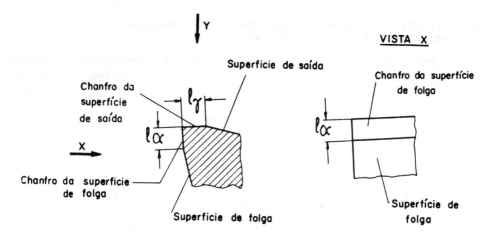

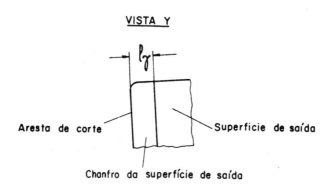

Fig. 2.4 — Superfície de folga e de saída do chanfro.

O *plano de trabalho*, definido no capítulo anterior, é utilizado como plano auxiliar.

Para um estudo racional dos *ângulos da ferramenta* e dos *ângulos efetivos ou de trabalho*, devem-se distinguir dois sistemas de referência (ver figuras 2.7 a 2.10).

Sistema de referência da ferramenta

Sistema efetivo de referência

O sistema de referência da ferramenta tem aplicação na execução e reparo das ferramentas. O sistema efetivo de referência tem significado na determinação das condições de usinagem.

Os conceitos que se seguem valem em geral para os dois sistemas de referência. Para o trabalho com as ferramentas, isto é, no emprêgo do sistema efetivo de referência, as denominções são escritas juntamente com a palavra *efetivo* e os símbolos com o índice e (e = efetivo). Para a caracterização dos ângulos das ferramentas, as denominações levam a palavra *ferramenta**.

Quando não especificado de forma diferente, êstes conceitos se referem sempre à aresta principal de corte. Caso fôr necessário indicar também os ângulos da aresta lateral, coloca-se nos símbolos representativos dêstes ângulos o índice *l*.

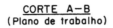

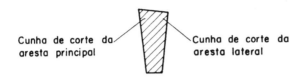

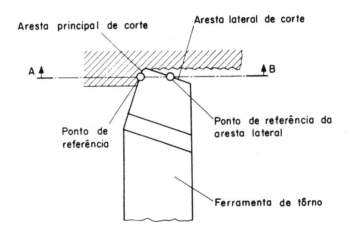

Fig. 2.5 — Aresta principal, aresta lateral e cunha de corte de uma ferramenta de barra.

Fig. 2.6 — Arredondamento e chanframento da ponta.

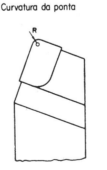

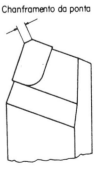

---

* Quando a diferença entre os ângulos efetivos e os ângulos da ferramenta fôr desprezível, pode-se omitir esta distinção.

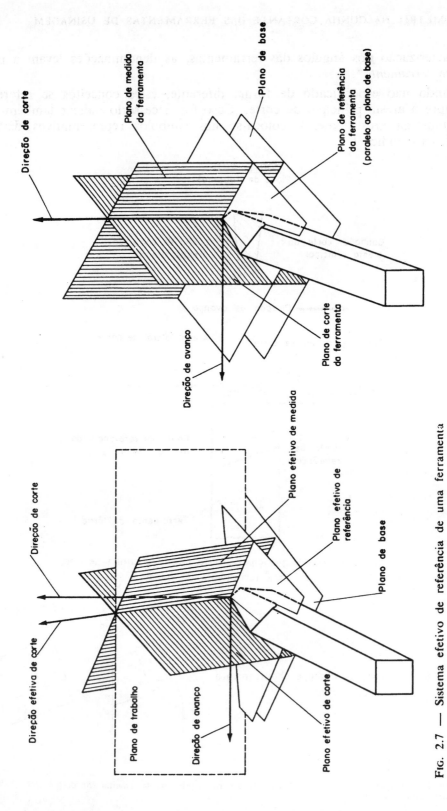

FIG. 2.7 — Sistema efetivo de referência de uma ferramenta de tôrno.

FIG. 2.8 — Sistema de referência da ferramenta de tôrno.

2.3.1 — Planos de referência

Plano efetivo de referência

O plano efetivo de referência é um plano perpendicular à *direção efetiva* de corte (ver § 1.3.3), passando pelo *ponto de referência* (ver figuras 2.7 e 2.8).

OBSERVAÇÃO: Nos casos em que o ângulo da direção *efetiva* de corte η fôr desprezível, pode-se substituir êste plano por um plano perpendicular à direção de corte (ver § 1.3.1 e 1.6.3).

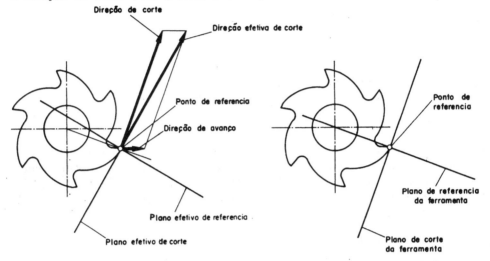

FIG. 2.9 — Sistema efetivo de referência numa fresa, para $\chi = 90°$.

FIG. 2.10 — Sistema de referência da ferramenta numa fresa, para $\chi = 90°$.

Plano de referência da ferramenta

O plano de referência da ferramenta é um plano que, passando pelo ponto de referência, seja quanto possível perpendicular à direção de corte, porém orientado segundo um plano, eixo ou aresta da ferramenta (ver figuras 2.7 e 2.10).

OBSERVAÇÕES:

1) Para as ferramentas de torneamento e aplainamento, êste plano é geralmente paralelo à base da ferramenta*; para as fresas e brocas êste plano passa pelo eixo de rotação e pelo ponto de referência; nas brochas êste plano é perpendicular ao eixo longitudinal da ferramenta.

2) Há dois casos de torneamento, nos quais o plano de referência da ferramenta (paralelo à base) não é perpendicular à direção de corte: a ferramenta é prêsa inclinada na máquina; a ferramenta é fixada com sua ponta acima do centro de rotação da peça a usinar (ver figura 2.11).

---

* Excetuam-se os casos de ferramentas de barra curvas.

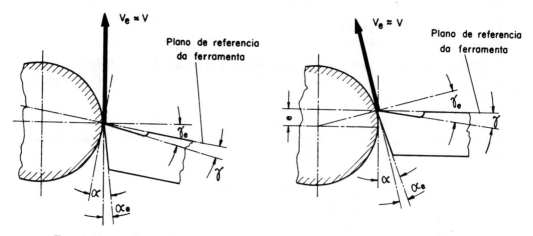

Fig. 2.11 — Casos em que o plano de referência da ferramenta de barra não é perpendicular à direção de corte (dada pela velocidade de corte).

2.3.2 — Plano de corte

O plano efetivo de corte ou plano de corte da ferramenta é o plano que, passando pela aresta de corte, é *perpendicular ao plano efetivo de referência* ou ao *plano de referência da ferramenta* (ver figuras 2.7 a 2.10). No caso de arestas de corte curvas êste plano é tangente à aresta, passando pelo ponto de referência.

2.3.3 — Plano de medida

O plano efetivo de medida ou plano de medida da ferramenta é um plano *perpendicular ao plano de corte e perpendicular ao plano efetivo de referência* ou *plano de referência da ferramenta.*

2.3.4 — Plano de trabalho

Plano de trabalho no sistema efetivo de referência

Conforme se viu anteriormente (§ 1.6), o plano de trabalho é um plano que contém a direção de corte e avanço e passa pelo ponto de referência. Nêle realizam-se os movimentos que geram a saída do cavaco (figuras 2.7 e 2.9).

Plano de trabalho no sistema de referência da ferramenta

Considera-se *plano de trabalho da ferramenta* o plano que, passando pelo ponto de referência, é *perpendicular ao plano de referência da ferramenta* e é orientado segundo um plano, eixo ou aresta da ferramenta, contendo sempre que possível a direção de avanço.

OBSERVAÇÃO: Para as ferramentas de torneamento e aplainamento êste plano é geralmente perpendicular ao cabo*; para as brocas e brochas é paralelo ao cabo ou ao eixo; para as fresas é perpendicular ao eixo.

---

* Excetuam-se os casos de ferramentas de barra curvas.

GEOMETRIA NA CUNHA CORTANTE DAS FERRAMENTAS DE USINAGEM

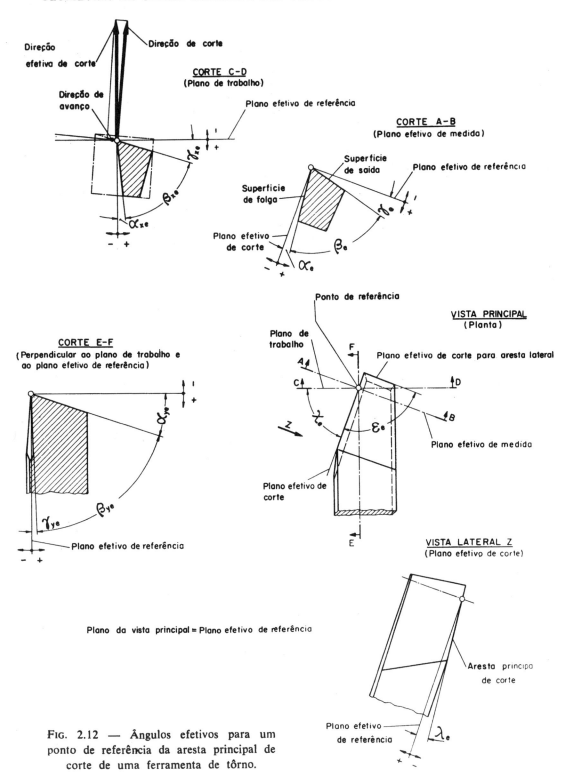

FIG. 2.12 — Ângulos efetivos para um ponto de referência da aresta principal de corte de uma ferramenta de tôrno.

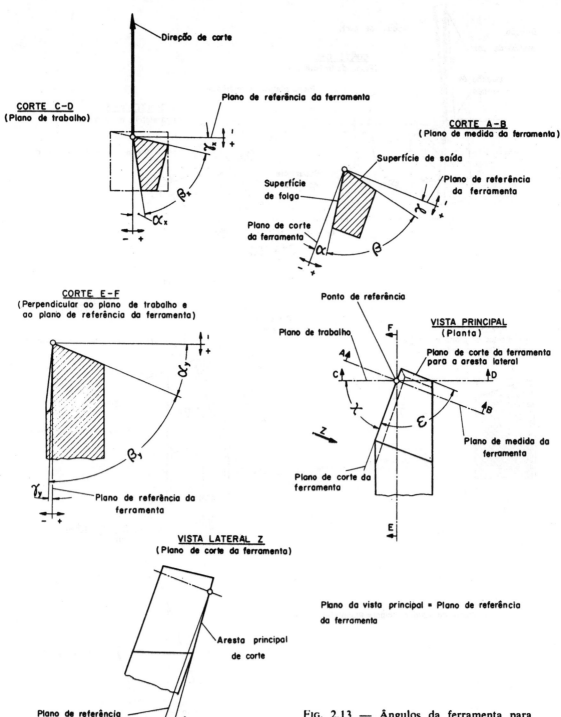

FIG. 2.13 — Ângulos da ferramenta para um ponto de referência da aresta principal de corte de uma ferramenta de tôrno.

GEOMETRIA NA CUNHA CORTANTE DAS FERRAMENTAS DE USINAGEM 29

2.4 — ÂNGULOS NA CUNHA CORTANTE

Os ângulos na cunha de corte servem para a determinação da posição e da forma da cunha cortante.
Devem-se distinguir os ângulos das arestas principal e lateral de corte. Para identificação coloca-se o índice *l* nos símbolos dos ângulos da aresta lateral de corte.
Devem-se distinguir também os ângulos do sistema efetivo de referência e os ângulos do sistema de referência da ferramenta. Os símbolos dos ângulos do sistema efetivo de referência levam o índice *e**.

2.4.1 — Ângulos medidos no plano de referência
Ângulo de posição χ

O ângulo de posição χ é o ângulo entre o plano de corte e o plano de trabalho, medido no plano de referência (ver figuras 2.12, 2.13, 2.16, 2.17). O ângulo de posição é sempre positivo e situa-se sempre fora da cunha de corte, de forma que o seu vértice indica a ponta de corte. No caso de haver várias ou nenhuma ponta de corte, o lugar do ângulo de posição é fixado em particular.

Ângulo de ponta ϵ

O ângulo de ponta ϵ é o ângulo entre os planos de corte correspondentes — *planos principal e lateral de corte* —, medido no plano de referência (ver figuras 2.12, 2.13, 2.16, 2.17).

$$\chi + \epsilon + \chi_l = 180º \qquad (2.1)$$

2.4.2 — Ângulos medidos no plano de corte
Ângulo de inclinação λ

O ângulo de inclinação λ é o ângulo entre a aresta de corte e o plano de referência, medido no plano de corte (ver figuras 2.12, 2.13, 2.16, e 2.17). O ângulo de inclinação situa-se sempre de forma que o seu vértice indica a ponta de corte. É positivo quando a interseção de um plano paralelo ao de referência (que passa pela ponta da ferramenta) com o plano de corte fica fora da cunha cortante. A ponta de corte adianta-se em relação aos outros pontos da aresta cortante, no sentido da velocidade de corte. No caso de haver várias ou nenhuma ponta de corte, a posição do ângulo de inclinação é fixada em particular.

2.4.3 — Ângulos medidos no plano de medida da cunha cortante
Ângulo de folga α

O ângulo de folga α, também chamado ângulo de incidência, é o *ângulo entre a superfície de folga e o plano de corte,* medido no plano de medida da cunha cortante (ver figuras 2.12, 2.13, 2.16, e 2.17).

---

* Quando a diferença entre os ângulos efetivos e os ângulos da ferramenta fôr desprezível, pode-se omitir o índice *e*.

O ângulo de folga é positivo, quando a intersecção do plano de corte com o plano de medida fica fora da cunha cortante (ver figura 2.14). No caso da superfície de incidência ser chanfrada, o ângulo de folga correspondente será chamado ângulo de folga do chanfro α_c (ver figura 2.15).

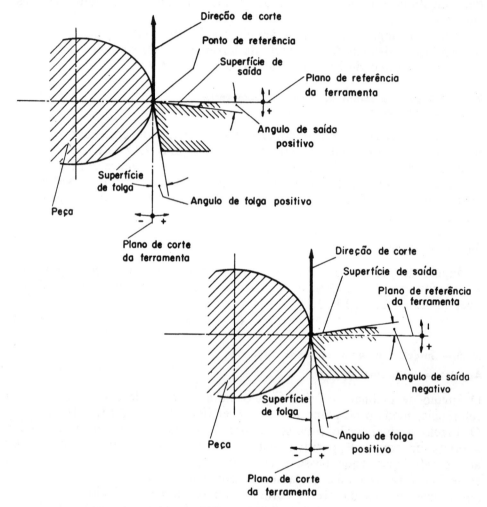

FIG. 2.14 — Designação dos ângulos de folga e de saída.

Ângulo de cunha β

O ângulo de cunha β é o *ângulo entre a superfície de folga e a superfície de saída*, medido no plano de medida da cunha cortante (ver figuras 2.12, 2.13, 2.16 e 2.17). No caso das superfícies serem chanfradas o ângulo de cunha correspondente é chamado *ângulo de cunha do chanfro* β_c (ver figura 2.15).

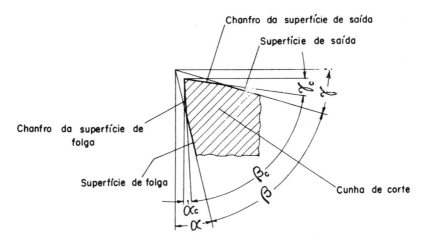

FIG. 2.15 — Superfícies e ângulos da cunha de corte para o caso de chanframento das superfícies de folga e de saída.

Ângulo de saída γ

O ângulo de saída γ e o *ângulo entre a superfície de saída e o plano de referência,* medido no plano de medida da cunha cortante (ver figuras 2.12, 2.13, 2.16 e 2.17).

O ângulo de saída é positivo quando a intersecção do plano de referência (que passa pelo ponto de referência) com o plano de medida fica fora da cunha cortante. A aresta de corte adianta-se portanto em relação à superfície de saída, no sentido da velocidade de corte (figura 2.14). No caso de haver um chanfro na superfície de saída, o ângulo de saída correspondente será chamado *ângulo de saída do chanfro* γ_c (figura 2.15). Para os ângulos de folga, de cunha e de saída vale sempre:

$$\alpha + \beta + \gamma = 90°, \tag{2.2}$$

$$\alpha_c + \beta_c + \gamma_c = 90°. \tag{2.3}$$

2.4.4 — Ângulos medidos em planos diferentes do plano de medida da cunha cortante

A inclinação da superfície de folga e de saída pode ser medida também em outros planos, diferentes do plano de medida da cunha cortante. De especial significado apresentam os ângulos medidos no *plano de trabalho* e no plano perpendicular a êste.

Ângulos medidos no plano de trabalho (ângulos laterais)

No plano de trabalho são medidos os seguintes ângulos:

ângulo lateral de folga α_x

ângulo lateral de cunha β_x

ângulo lateral de saída γ_x.

32 FUNDAMENTOS DA USINAGEM DOS METAIS

Anàlogamente ao caso anterior tem-se:

$$\alpha_x + \beta_x + \gamma_x = 90^o. \tag{2.4}$$

Ver figuras 2.12, 2.13, 2.16 e 2.17.
Êstes ângulos eram chamados ângulos radiais nas fresas. Prefere-se a denominação de ângulos laterais pelo fato de ser mais geral, pois os ângulos medidos no plano de trabalho devem ser independentes da posição do eixo da ferramenta. Sòmente nas fresas o plano de trabalho é perpendicular ao eixo de rotação; nas brocas êle é paralelo ao eixo de rotação; nas fresas copiadoras a posição do plano de trabalho em relação ao eixo é variável. Geralmente empregam-se êstes ângulos sòmente no sistema de referência da ferramenta. Valem as mesmas considerações de sinal vistas anteriormente.

Ângulos medidos num plano perpendicular ao plano de trabalho e de referência (ângulos faciais)

Num plano perpendicular aos planos de trabalho e de referência são medidos os ângulos:

ângulo faceal de folga α_y

ângulo faceal de cunha β_y

ângulo faceal de saída γ_y.

Tem-se também aqui a relação:

$$\alpha_y + \beta_y + \gamma_y = 90^o. \tag{2.5}$$

Ver figuras 2.12, 2.13 e 2.16.
Êstes ângulos eram chamados nas fresas de faceamento de *ângulos axiais*. Valem as mesmas considerações vistas no parágrafo anterior.

2.5 — RELAÇÕES GEOMÉTRICAS ENTRE OS ÂNGULOS

Em vários casos torna-se necessário, conhecendo-se um ângulo definido num plano de medida, determinar o ângulo correspondente noutro plano de medida, *para o mesmo sistema de referência*. Outras vêzes, conhecendo-se os *ângulos efetivos ou de trabalho* para uma determinada operação de usinagem, necessita-se conhecer (para a execução ou afiação da ferramenta) quais os correspondentes *ângulos da ferramenta*. Neste segundo caso tem-se a mudança de um ângulo, definido num sistema de referência, para o correspondente ângulo definido noutro sistema de referência.

2.5.1 — Relações geométricas entre os ângulos de diferentes planos de medida num mesmo sistema de referência

Ângulos na superfície de saída

Para a superfície de saída tem-se as seguintes relações trigonométricas [5]:

$$\operatorname{tg} \gamma = \operatorname{sen} \chi \cdot \operatorname{tg} \gamma_x + \cos \chi \cdot \operatorname{tg} \gamma_y \tag{2.6}$$

$$\operatorname{tg} \lambda = -\cos \chi \cdot \operatorname{tg} \gamma_x + \operatorname{sen} \chi \cdot \operatorname{tg} \gamma_y \tag{2.7}$$

$$\operatorname{tg} \gamma_x = \operatorname{sen} \chi \cdot \operatorname{tg} \gamma - \cos \chi \cdot \operatorname{tg} \lambda \tag{2.8}$$

$$\operatorname{tg} \gamma_y = \cos \chi \cdot \operatorname{tg} \gamma + \operatorname{sen} \chi \cdot \operatorname{tg} \lambda \tag{2.9}$$

GEOMETRIA NA CUNHA CORTANTE DAS FERRAMENTAS DE USINAGEM

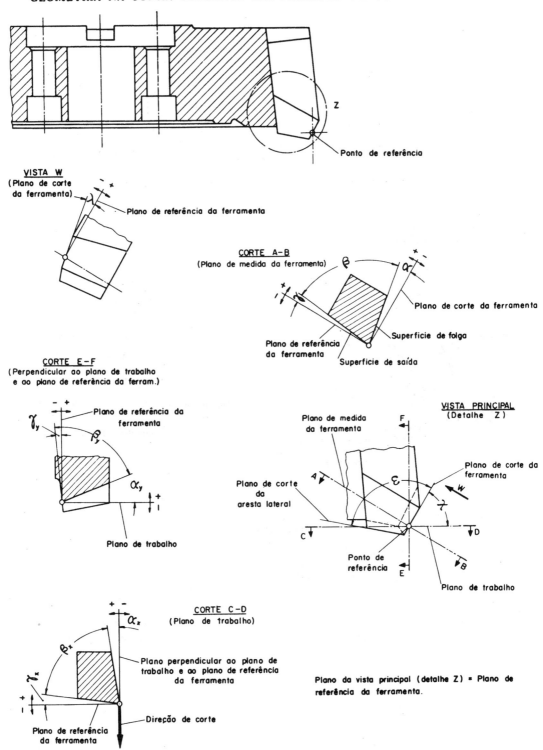

FIG. 2.16 — Ângulos da ferramenta de uma fresa de faceamento.

34 — FUNDAMENTOS DA USINAGEM DOS METAIS

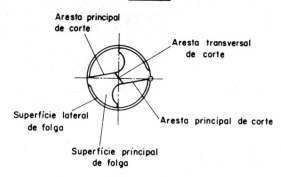

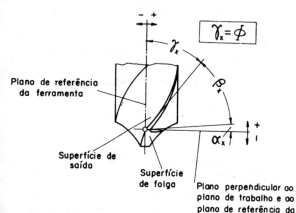

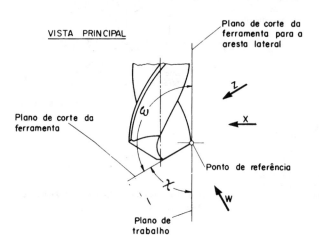

Fig. 2.17 — Ângulos da ferramenta numa broca helicoidal.

GEOMETRIA NA CUNHA CORTANTE DAS FERRAMENTAS DE USINAGEM   35

As figuras 2.18 e 2.19 apresentam os nomogramas de KRONEMBERG [5], os quais permitem a obtenção rápida dos ângulos expressos nas equações anteriores.

Exemplos numéricos

a) *Determinação dos ângulos γ e λ através dos ângulos γ_x, γ_y e χ (figura 2.18).*

Sejam $\gamma_x = 20^o$, $\gamma_y = -10^o$ e $\chi = 60^o$.

Determinação de γ: Une-se o ponto 20° à esquerda do nomograma (na parte superior) ao ponto -10° à direita por meio de uma reta. O ponto de cruzamento desta reta com a vertical, passando pelo ponto $\chi = 60^o$ nos fornece o ângulo de saída $\gamma = 13^o$.
Pelo cálculo, com auxílio da equação (2.6) obtém-se o valor $\gamma = 12{,}8^o$.

Determinação de λ: Une-se o ponto 20° à esquerda no nomograma (na parte inferior) ao ponto -10° à direita por meio de uma reta. O ponto de cruzamento desta reta com a vertical, passando pelo ponto $\chi = 60^o$ nos fornece o ângulo de inclinação $\lambda = -18{,}5^o$.
Calculando-se com auxílio da equação (2.7) obtém-se o valor $\lambda = -18{,}5^o$.

b) *Determinação dos ângulos γ_x e γ_y através dos ângulos γ, λ e χ (figura 2.19).*

Sejam os ângulos $\gamma = 10^o$, $\lambda = 20^o$ e $\chi = 60^o$.

Determinação de γ_x: Une-se o ponto 20° à esquerda do nomograma (na parte inferior) ao ponto 10° à direita por meio de uma reta. O ponto de cruzamento desta reta com a vertical passando pelo ponto $\chi = 60^o$ nos fornece o ângulo lateral de saída $\gamma_x = -1{,}5^o$.
Calculando-se com auxílio da equação (2.8) obtém-se o valor $\gamma_x = -1{,}6^o$.

Determinação de γ_y: Une-se o ponto 20° à esquerda do nomograma (na parte superior) ao ponto 10° à direita por meio de uma reta. O ponto de cruzamento desta reta com a vertical passando pelo ponto $\chi = 60^o$ nos fornece o ângulo facial de saída $\gamma_y = 22^o$.
Calculando-se com auxílio da equação (2.9) obtém-se o valor $\gamma_y = 22^o$.

Ângulos na superfície de folga ou incidência

Para a superfície de folga ou incidência tem-se as seguintes relações trigonométricas:

$$\cot \alpha \;=\; \operatorname{sen} \chi \cdot \cot \alpha_x + \cos \chi \cdot \cot \alpha_y \qquad (2.10)$$

$$\operatorname{tg} \lambda \;=\; -\cos \chi \cdot \cot \alpha_x + \operatorname{sen} \chi \cdot \cot \alpha_y \qquad (2.11)$$

$$\cot \alpha_x \;=\; \operatorname{sen} \chi \cdot \cot \alpha - \cos \chi \cdot \operatorname{tg} \lambda \qquad (2.12)$$

$$\cot \alpha_y \;=\; \cos \chi \cdot \cot \alpha + \operatorname{sen} \chi \cdot \operatorname{tg} \lambda. \qquad (2.13)$$

FUNDAMENTOS DA USINAGEM DOS METAIS

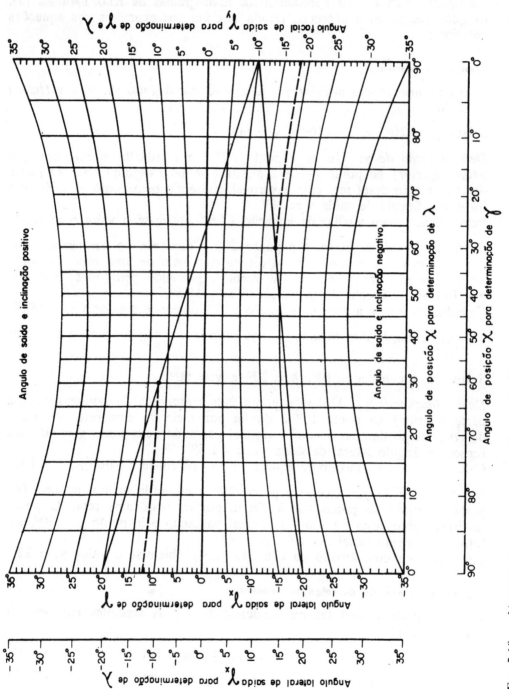

Fig. 2.18 — Nomograma para conversão dos ângulos facial de saída γ_y e lateral de saída γ_x nos ângulos de saída γ e de inclinação λ.

GEOMETRIA NA CUNHA CORTANTE DAS FERRAMENTAS DE USINAGEM

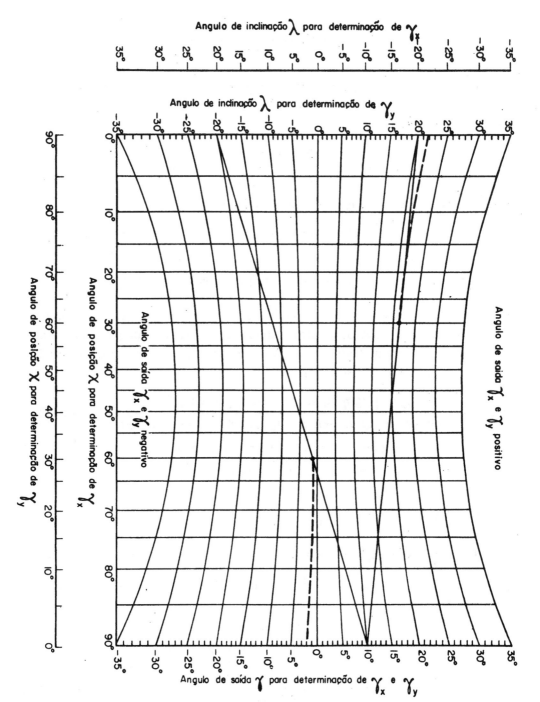

FIG. 2.19 — Nomograma para conversão dos ângulos de saída γ e de inclinação λ nos ângulos de saída γ_x e γ_y.

2.5.2 — Relações entre os ângulos efetivos ou de trabalho e os correspondentes ângulos da ferramenta

Geralmente, nas operações de torneamento o ângulo η da direção efetiva de corte (ângulo da hélice do torneamento) é sempre menor que $2,5^\circ$ e o ângulo de posição χ é igual ou superior a 45°. Neste caso valem as relações aproximadas

$$\alpha \cong \alpha_e + \eta \qquad (2.14)$$

$$\gamma \cong \gamma_e - \eta. \qquad (2.15)$$

Para o ângulo de inclinação λ tem-se a equação

$$\operatorname{tg}\lambda = \operatorname{tg}\lambda_e + \operatorname{tg}\eta \cdot \cos\chi. \qquad (2.16)$$

Em operações de roscamento com passo grande, onde $\eta > 3,5^\circ$, devem ser empregadas fórmulas mais rigorosas que as equações (2.14) e (2.15).

O estudo das relações entre os ângulos de um sistema de referência com os correspondentes ângulos noutro sistema de referência foi realizado por H. Daar [13]. Para tanto, êste autor empregou um processo vetorial original, chegando aos resultados:

$$\operatorname{tg}\alpha_e = \frac{\operatorname{tg}\alpha + \operatorname{tg}\eta\,(\operatorname{tg}\alpha \cdot \operatorname{tg}\lambda \cdot \cos\chi - \operatorname{sen}\chi)}{1 + \operatorname{tg}\eta\,(\operatorname{tg}\alpha \cdot \operatorname{tg}^2\lambda \cdot \operatorname{sen}\chi + \operatorname{tg}\lambda \cdot \cos\chi + \operatorname{tg}\alpha \cdot \operatorname{sen}\chi)} \cdot C \qquad (2.17)$$

$$\operatorname{tg}\gamma_e = \frac{\operatorname{tg}\gamma + \operatorname{tg}\eta\,(\operatorname{sen}\chi + \operatorname{tg}\gamma \cdot \operatorname{tg}\lambda \cdot \cos\chi + \operatorname{tg}^2\lambda \cdot \operatorname{sen}\chi)}{1 + \operatorname{tg}\eta\,(3\operatorname{tg}\lambda \cdot \cos\chi - \operatorname{tg}\gamma \cdot \operatorname{sen}\chi)} \cdot C \qquad (2.18)$$

$$\operatorname{tg}\lambda_e = (\operatorname{tg}\lambda - \operatorname{tg}\eta \cdot \cos\chi) \cdot \frac{1}{C} \qquad (2.19)$$

onde $C = \sqrt{1 + 2\operatorname{tg}\eta \cdot \operatorname{tg}\lambda \cdot \cos\chi}.$ \qquad (2.20)

Para $\eta \leqslant 11^\circ$, $|\lambda| \leqslant |\pm 15^\circ|$ e $\chi \geqslant 45^\circ$ tem-se as relações aproximadas:

$$\operatorname{tg}\alpha_e \cong \frac{\operatorname{tg}\alpha - \operatorname{tg}\eta \cdot \operatorname{sen}\chi}{1 + \operatorname{tg}\eta\,(\operatorname{tg}\lambda \cdot \cos\chi + \operatorname{tg}\alpha \cdot \operatorname{sen}\chi)} \qquad (2.21)$$

$$\operatorname{tg}\gamma_e \cong \frac{\operatorname{tg}\gamma + \operatorname{tg}\eta \cdot \operatorname{sen}\chi}{1 + \operatorname{tg}\eta\,(3\operatorname{tg}\lambda \cdot \cos\chi - \operatorname{tg}\gamma \cdot \operatorname{sen}\chi)} \qquad (2.22)$$

$$\operatorname{tg}\lambda_e \cong \operatorname{tg}\lambda - \operatorname{tg}\eta \cdot \cos\chi. \qquad (2.23)$$

Para χ próximo de 90° tem-se

TABELA II.1

Condições de torneamento com metal duro para diferentes materiais. (Adaptação da tabela da VDI 3335 [14])

	MATERIAL		Secção de corte		CONDIÇÕES DE CORTE												
					Rígido sem interrupção				Interrompido				Não rígido[3]			
						Ângulos efetivos (Graus)				Ângulos efetivos (Graus)				Ângulos efetivos (Graus)		
N.º	Especificação	Tensão de Ruptura σt (kg/mm²)	Profundidade de corte p (mm)	Avanço a (mm/giro)	Material da Ferramenta[2]	α_e / α_{ce}	γ_e	γ_{ce}	λ_e	Material da ferramenta[2]	γ_e	γ_{ce}	λ_e	Material da ferramenta[2]	γ_e	γ_{ce}	λ_e
	Coluna 1	2	3	4	5	6	7	8	9	10	11	12	13	14	15	16	17

Aço e aço fundido[1]

N.º	Especificação	σt (kg/mm²)	p (mm)	a (mm/giro)	[5]	α_e/α_{ce}	γ_e	γ_{ce}	λ_e	[10]	γ_e	γ_{ce}	λ_e	[14]	γ_e	γ_{ce}	λ_e
1	Aço comum de construção mecânica / Aço de cementação[4]	Até 50	0,5	0,1	P 10 K 10	5	12	—	0	P 10 K 10	6	—	0	—	—	—	—
			3	0,3	P 10 K 10	5	até			P 20 K 20	12	3		P 20 K 20	12	3	−4
			6	0,6	P 20 K 20	até				P 20 K 25				P 25 P 30			até
			10	1,5	P 30	10	18	6	−4	P 30 P 40	18	0	−4	P 30 P 40	18	0	−10
			>10	>1,5	P 40					P 40 P 50				P 40 P 50			
2	Aço comum de construção mecânica / Aço de têmpera e cementação / Aço carbono para ferramenta	50 até 70	0,5	0,1	P 01	5	6	—	0	P 10	6	—	0	—	—	—	—
			3	0,3	P 10	5				P 20	12	0	−4	P 20	12	0	−4
			6	0,6	P 20 P 25	até	12	3	−4	P 25		−3		P 25		−3	até
			10	1,5	P 30	8				P 30 P 40				P 30 P 40			−10
			>10	>1,5	P 40					P 40 P 50				P 40 P 50			
3	Aço comum de construção e aço beneficiado	70 até 100	0,5	0,1	P 01	5	6	—	0	P 10	6	—	0	—	—	—	—
			3	0,3	P 10	5				P 20	12	0	−4	P 20 P 25	12	−3	−3
		Aço liga beneficiado: 70 até 90	6	0,6	P 20	até	12	3	−4	P 25 P 30		−3	−8	P 30 P 25		−6	até
			10	1,5	P 30 P 25	8		0		P 30 P 40				P 30 P 40			−10
			>10	>1,5	P 30					P 40				P 40			

TABELA II.1

Condições de torneamento com metal duro para diferentes materiais (continuação)

N.º	Coluna 1	2	3	4	5		6	7	8	9	10		11	12	13	14		15	16	17
4	Aços de ferramenta	90 até 140	0.5	0,1	P 01		5	0	—	0	P 10		0	—	0	—		—	—	—
			3	0,3	P 10		5		0	— 4	P 20			— 3		P 30				— 4
			6	0,6	P 10	P 20	até	6			P 30		6		— 8	P 30		6	— 6	até
	Aços beneficiados		10	1,5	P 20	P 30	8		— 3	— 8	P 30			— 6		—				— 10
			—	—	—		—		—	—	—		—	—		—		—	—	—
5	Aços ligas de ferramenta	Acima de 140	0.5	0,1	P 01	K 05	5	— 6	—	0	K 10	M 10				—				
			3	0,3	K 10	M 10	5			— 8	K 10	M 10				—				
	Aços temperados		6	0,6	K 10	M 10	até	6	— 3		K 10	M 10	6	— 6	— 8	—		—	—	—
			—		—		8				—					—				
	Aços beneficiados		—		—		—		—		—		—			—				
6	Aço fundido[4]	Até 50	0,5	0,1	P 01	P 10	5	6	—	0	P 10	M 10	6	—	0	—		—	—	—
			3	0,3	P 10	M 10			3		P 20	M 20		0		P 20	M 20		0	— 4
			6	0,6	P 20	P 25	5	12		— 4	P 30	P 25	12		— 4	P 30	P 25	12		até
			10	1,5	P 30	M 20	até		0		P 30			— 3		P 30			— 3	— 10
			> 10	> 1,5	P 30	M 20	8				P 40					P 40				
7	Aço fundido	50 até 70	0,5	0,1	P 01	P 10	5	0	—	0	P 10	M 10	0	—	0	—		—	—	—
			3	0,3	P 10	P 20	5	6	0	— 4	P 20	M 20	6	— 3	— 4	P 20	M 20	6	— 3	— 4
			6	0,6	P 25	M 20	até				P 30					P 30				até
			10	1,5	P 30	M 20	8	12	— 3	— 8	P 30		12	— 6	— 8	P 30		12		— 10
			> 10	> 1,5	P 30	P 40					P 40					P 40			— 6	
8	Aço fundido	Acima de 70	0,5	0,1	P 10	M 10	5	0	—	0	P 10	M 10	0	—	0	—		—	—	—
			3	0,3	P 20	M 20	5	6	0	— 4	P 20	M 20	6	— 3	— 4	P 20	M 20	6	— 3	— 4
			6	0,6	P 30	P 25	até				P 30		6			P 30		6		até
			10	1,5	P 30		8	12	— 3	— 8	P 30		até	— 6	— 8	P 30		até	— 6	— 10
			> 10	> 1,5	P 30	P 40					P 40		12			P 40		12		

TABELA II.1
Condições de torneamento com metal duro para diferentes materiais (continuação)

N.º	Coluna 1	2	3	4	5	6	7	8	9	10	11	12	13	14	15	16	17
	Aço nitretado	45	—		—	—	—	—	—	0	—	—	—	—	—	—	—	—
9	Aço de alta liga de Cr⁵	até 95	3	0,3	P10 M 10	5 até 8	12	6	até −3	P 20 M 20 / P 30 / P 40	12	−3	−4 até −6 / −8	P 20 M 20 / P 30 / P 40 P 50	12	0 / 3	0 até −4
			6	0,6	P 20 M 20												
			10	1,5	P 30												
					—	—	—	—	—	—	—	—	—	—	—	—	—
	Aço nitretado	50	—		—	—	—	—	—		—	—	—	—	—	—	—
10	Aço de alta liga de Ni⁵	até 90	3	0,3	M 10 K 10	5 a 8	12	3	0	M 20 / P 30 P 40	12	−3	0 / −4	M 20 / P 30 P 40	12	0	0
			6	0,6	M 20												
					—												
	Aço manganês 12 e	65	—		—	—	—	—	—	0							
11	18% de Mn⁵	até 110	3	0,3	M 10	5 a 8	4	−3		M 20 P 30	4	−10	0				
			6	0,6	M 20					M 20 P 30							
	Aços de corte livre não beneficiado e beneficiado	até 70	0,5	0,1	K 10 K 20	8 até 10	12	6	0 até +4	—	—	—		—			—
12			3	0,3	M 40		20 até 30										
		acima de 70	0,5	0,1	K 10		12	6	0 até −4								
			3	0,3	P 20		12 até 20										

OBSERVAÇÕES:

1. No torneamento de aços e aços fundidos, com secções de corte $s < 3.0,3$ mm² as arestas cortantes deverão ser afiadas com cuidado especial.
2. O material da ferramenta que deve ser usado de preferência encontra-se do lado esquerdo das colunas 5. 10 e 14.
3. Em condições de corte não rígidas o ângulo de posição x deve situar-se entre 75 e 90°.
4. Em casos especiais, principalmente em velocidades de corte baixas deve-se usar metal duro dos tipos K10 ou K20. Esta observação é válida apenas para os materiais das linhas de 1 a 6:
5. Avanços abaixo de 0,1mm/volta devem ser evitados (observação válida apenas para os materiais das linhas 9. 10 e 11).

TABELA II.1

Condições de torneamento com metal duro para diferentes materiais (continuação)

	PARA TÔDAS AS CONDIÇÕES DE CORTE							
	Material		**Secção de corte**		**Material da Ferramenta**	**Ângulos efetivos**		
N.º	*Especificação*	*Dureza*	*Profundidade de corte p (mm)*	*Avanço a (mm/giro)*		α_e α_{ce}	γ_e γ_{ce} (graus)	λ_e
Coluna 1		2	3	4	5	6	7	8
Fofo cinzento — Fofo maleável — Fofo branco								
13	Fofo cinzento comum GG 12 GG 14	HB até 170 kg/mm²	0,5 3 6 10	0,1 0,3 0,6 1.5	K 10 K 20 K 20 P 30 K 20 P 30	5 5 até 8	6 6 até 12	0 — 4
14	Fofo cinzento comum GG 18 até GG 30	HB 170 até 230 kg/mm²	0,5 3 6 10	0,1 0,3 0,6 1,5	K 05 K 10 K 10 K 20 P 30 K 20 P 30	5 5 até 8	0 6 6 a 8	0 — 4
15	Fofo cinzento liga	HB acima de 230 kg/mm²	0,5 3 6 10	0,1 0,3 0,6 1,5	K 05 K 01 K 10 M 10 K 10 M 10 K 10	5 5 até 8	0 0 até 6	0 — 4
16	Fofo maleável branco GTW	HB 185 até 240 kg/mm²	0,5 3 6 —	0,1 0,3 0,6 —	M 10 K 10 M 10 P 20 M 20 P 20 —	5 5 a 8 —	0 0 a 6 —	0 — 4 —
17	Fofo maleável prêto GTS Fofo modular GGG 38 até GGG 70	HB 120 até 140 HB 135 até 280	0,5 3 6 —	0,1 0.3 0,6 —	M 10 M 10 K 10 M 10 P 20 —	5 5 a 8 —	0 6 a 12 —	0 — 4 —
18	Fofo branco	shore 65 até 90	0.5 3 6	0,1 0,3 0,6	K 05 K10 K 10 K 05 K 10	8	0	0
Cobre e ligas de cobre								
19	Cobre Latão mole	HB 35 até 45 kg/mm²	3 6	0,3 0,6	K 20 K 10	10	12 até 15	0 até +4
20	Latão Bronze vermelho Bronze	HB 45 até 85 kg/mm²	3 6	0,3 0,6	K 20 K 10	10	8 até 12	0

TABELA II.1

Condições de torneamento com metal duro para diferentes materiais (continuação)

N.º	Coluna 1	2	3	4	5		6	7	8
21	Latão Bronze	HB 85 até 200 kg/mm²	3 / 6	0,3 / 0,6	K 10		8	6 até 8	0
			Metais leves						
22	Alumínio Ligas de Al maleáveis Ligas de magnésio	HB até 60 kg/mm²	3 / 6	0,3 / 0,6	K 20		10	35 até 20	+4 até 0
23	Ligas de alumínio	HB 60 até 110 kg/mm²	0,5 / 3 / 6	0,1 / 0,3 / 0,6	K 10 K 20		8	12 20 até 12	+4 até 0
24	Ligas de Alumínio com teor Si 9 — 13%	—	0.5 / 3 / 6	0,1 / 0,3 / 0,6	K 05 K 10		8	6 12	0 até — 4
25	Ligas de alumínio p/ pistões teor Si > 13%	—	0,5 / 3 / 6	0,1 / 0,3 / 0,6	K 05 K 01 K 10		8	0 6	0 0 até — 4
			Materiais sintéticos						
26	Resinas sintéticas (duroplásticos) Resinas sintéticas com inclusões granulares ou lamelares	—	0,5 / 3 / 6	0,1 / 0,3 / 0,6	K 01 K 05 / K 10 K 05 / K 10		10 12	6 12	0 0 até — 4
27	Plásticos de polimerização (terinoplásticos)	—	0,5 / 3 / 6	0,1 / 0,3 / 0,6	K 10 K 20 K 30		10 12	0 até 6 20 até 30	0 +4
28	Materiais sintéticos prensados. Fibra vulcanizada	—	0,5 / 3 / 6	0,1 / 0,3 / 0,6	K 10		10 8 até 12	0 6	0 0 até — 4

TABELA II.1

Condições de torneamento com metal duro para diferentes materiais (continuação)

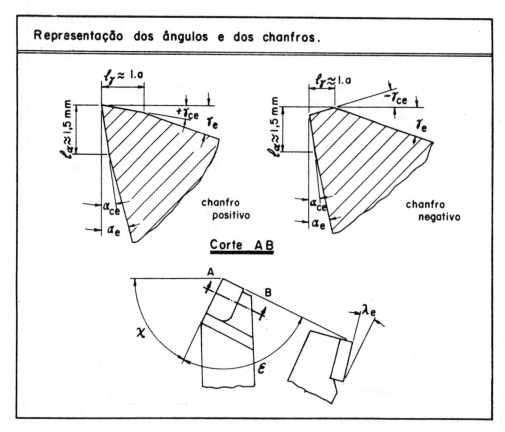

Representação dos ângulos e dos chanfros.

$$\alpha_e \cong \alpha - \eta$$
$$\gamma_e \cong \gamma + \eta$$

Das relações (2.18), (2.19) e (2.20) obtém-se as fórmulas práticas

$$\operatorname{tg} \lambda \cong \operatorname{tg} \lambda_e + \operatorname{tg} \eta \cdot \cos \chi \tag{2.16}$$

$$\operatorname{tg} \alpha \cong \frac{\operatorname{tg} \alpha_e + \operatorname{tg} \eta \,(\operatorname{tg} \alpha_e \cdot \operatorname{tg} \lambda \cos \chi + \operatorname{sen} \chi)}{1 - \operatorname{tg} \alpha_e \cdot \operatorname{tg} \eta \cdot \operatorname{sen} \chi} \tag{2.24}$$

$$\operatorname{tg} \gamma \cong \frac{\operatorname{tg} \gamma_e + \operatorname{tg} \eta \,(3 \operatorname{tg} \gamma_e \operatorname{tg} \lambda \cdot \cos \chi - \operatorname{sen} \chi)}{1 + \operatorname{tg} \gamma_e \cdot \operatorname{tg} \eta \cdot \operatorname{sen} \chi} \tag{2.25}$$

Exemplo 1

Deseja-se usinar uma rôsca trapezoidal (DIN 103), de diâmetro 40 mm e passo 7 mm em aço ABNT 1045, empregando-se uma única ferramenta, com pastilha de metal duro. Determinar os ângulos da ferramenta.

Solução

Pela tabela II.1 tem-se para usinagem em aço de construção, com $\sigma_t = 50$ a 70 kg/mm², corte rígido sem interrupção, os seguintes ângulos de trabalho (fig. 2.20):

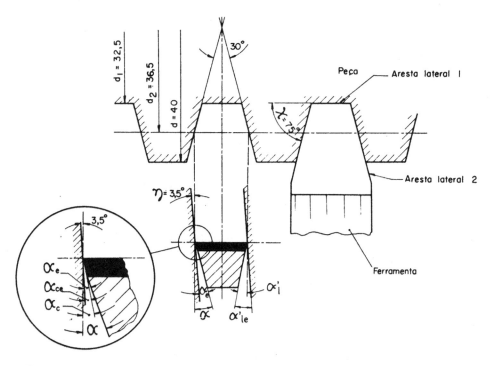

FIG. 2.20 — Esquema da rôsca e da ferramenta empregada na sua execução.

ângulo de folga do chanfro α_{ce} .... $\cong 5^\circ$

ângulo de folga α_e .... $\cong 7^\circ$

ângulo de saída γ_e .... $= 12^\circ$

ângulo de saída do chanfro γ_{ce} .... $= 3^\circ$

ângulo de inclinação λ_e .... $= -4^\circ$

Tratando-se de usinagem de rôsca trapezoidal com uma única ferramenta, emprega-se geralmente (para não haver deformação do perfil da rôsca) $\gamma = 0^\circ$ e $\lambda = 0^\circ$*. Logo, deve-se calcular sòmente os ângulos de folga da ferramenta.

---

* É possível executar ferramentas de roscamento com γ e λ diferentes de zero, porém, a forma da ferramenta deve ser calculada de maneira que os erros de perfil estejam dentro das tolerâncias especificadas pelas normas. O objetivo dos exemplos numéricos aqui citados é sòmente para mostrar o emprêgo das fórmulas de conversão dos ângulos.

Pela norma DIN 103 de rôscas trapezoidais tem-se os seguintes dados (fig. 2.18):

diâmetro nominal (maior) .... $d = 40mm$

diâmetro menor .... $d_1 = 32,5mm$

diâmetro efetivo .... $d_2 = 36,5mm$

passo .... $p = 7mm$

O ângulo η da direção efetiva de corte (§ 1.6.3) será:

$$\text{tg } \eta = \frac{p}{\pi \cdot d_2} = \frac{7}{\pi \cdot 36,5} = 0,06104 \quad \therefore \quad \eta = 3,5^\circ$$

Logo, para a *aresta principal de corte* tem-se

$$\chi = 75^\circ; \qquad \eta = 3,5^\circ; \qquad \alpha_{ce} = 5^\circ$$
$$\gamma = 0^\circ; \qquad \lambda = 0^\circ.$$

Aplicando-se a fórmula 2.24 para o chanfro da superfície principal de folga, resulta, para $\lambda = 0$:

$$\text{tg } \alpha_c = \frac{\text{tg } \alpha_{ce} + \text{tg } \eta \cdot \text{sen } \chi}{1 - \text{tg } \alpha_{ce} \cdot \text{tg } \eta \cdot \text{sen } \chi}$$

$$\text{tg } \alpha_c = \frac{\text{tg } 5 + \text{tg } 3,5 \cdot \text{sen } 75}{1 - \text{tg } 5 \cdot \text{tg } 3,5 \cdot \text{sen } 75} = 0,1473 \quad \therefore \quad \alpha_c = 8,5^\circ$$

Pela fórmula (2.14) chega-se neste caso ao mesmo valor:

$$\alpha_c \cong \alpha_{ce} + \eta \quad \therefore \quad \alpha_c \cong 5 + 3,5 \cong 8,5^\circ$$

O ângulo de folga da aresta principal poderá ser admitido, somando-se 2° ao ângulo de folga do chanfro:

$$\alpha = \alpha_c + 2$$
$$\alpha = 8,5 + 2 = 10,5^\circ.$$

Para a aresta lateral de corte 2, à direita da ferramenta (fig. 2.19), tem-se anàlogamente:

$$\alpha'_{lc} \cong \alpha'_{lce} - \eta$$
$$\alpha'_{lc} \cong 5 - 3,5 = 1,5^\circ$$
$$\alpha'_1 \cong \alpha_{ec} + 2$$
$$\alpha'_1 \cong 1,5 + 2 = 3.5^\circ$$

GEOMETRIA NA CUNHA CORTANTE DAS FERRAMENTAS DE USINAGEM   47

Quadro dos resultados						
Designação	**Aresta principal**		**Aresta lateral 1**		**Aresta lateral 2**	
Ângulo de folga	$\alpha_e = 7^o$	$\alpha = 10,5^o$	$\alpha_{1e} = 7^o$	$\alpha_1 = 7^o$	$\alpha'_{1e} = 7^o$	$\alpha'_e = 3,5^o$
Ângulo de folga do chanfro ...	$\alpha_{ce} = 5^o$	$\alpha_c = 8,5^o$	$\alpha_{1ce} = 5^o$	$\alpha_{1c} = 5^o$	$\alpha'_{1ce} = 5^o$	$\alpha'_{1c} = 1,5^o$
Ângulo de saída	$\gamma_e = 3,5^o$	$\gamma = 0^o$	$\gamma_{1e} = 0^o$	$\gamma_1 = 0^o$	$\gamma'_{1e} = 3,5^o$	$\gamma'_1 = 0^o$
Ângulo de inclinação	$\lambda_e = -0,9^o$	$\lambda = 0^o$	$\lambda_{1e} = 3,5^o$	$\lambda_1 = 0^o$	$\lambda'_{1e} = 0,9^o$	$\lambda'_1 = 0^o$

OBSERVAÇÃO: De acôrdo com esta solução os ângulos efetivos de saída γ_e e γ'_{1e} passam a ter os valôres $\gamma_e \cong 0 + 3,5^o$; $\gamma'_{1e} \cong 0 - 3.5^o$. Outra solução consistiria em inclinar a ferramenta de um ângulo $\eta = 3,5^o$. Neste caso teríamos $\gamma_e = \gamma'_{1e} \cong 0^o$; a forma da ferramenta deveria ser corrigida para evitar a deformação do perfil da rôsca (vide fórmulas corretivas em manuais de tecnologia).

Exemplo 2

Na construção de uma prensa de fricção, de capacidade de 250 toneladas, empregou-se um parafuso com rôsca dente de serra (norma DIN-515) de características:

diâmetro nominal (maior) .... $d = 200mm$

diâmetro menor .... $d_1 = 144,462mm$

diâmetro efetivo .... $d_2 = 178,179mm$

passo .... $p = 3.32 = 96mm$ (3 entradas)

Material do parafuso .... aço ABNT 1045

Material da ferramenta .... metal duro P40 e P30.

Para a execução da rôsca do parafuso empregou-se uma ferramenta de sangramento, uma ferramenta de desbaste e acabamento da superfície inclinada de 30° e uma ferramenta de acabamento da superfície inclinada de 3° (figs. 2.21a, b e c). Determinar os ângulos das ferramentas.

Solução

Pela tabela II.1 tem-se os ângulos:

ângulo de folga do chanfro .... $\alpha_{ce} \cong 5^o$

ângulo de folga .... $\alpha_e \cong 7^o$

ângulo de saída do chanfro .... $\gamma_{ce} = 3^o$

ângulo de saída .... $\gamma_e = 12^o$

ângulo de inclinação .... $\lambda_e = -4^o$

FUNDAMENTOS DA USINAGEM DOS METAIS

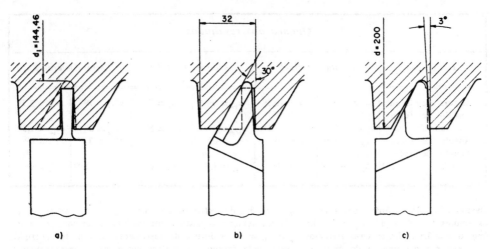

FIG. 2.21 — Esquema da rôsca e das ferramentas empregadas na sua execução.

Para as ferramentas *a* e *c* a determinação dos ângulos da ferramenta é imediata, pois $\chi = 90°$ e $87°$ respectivamente; os resultados encontram-se na tabela que se segue. Vejamos o cálculo dos ângulos da ferramenta *b* utilizada para desbaste e acabamento, com ângulo de posição $\chi = 60°$. A rôsca sendo de três entradas, o ângulo η da direção efetiva de corte vale:

$$\operatorname{tg} \eta = \frac{3 \cdot p}{\pi \cdot d_2} = \frac{3.32}{\pi \cdot 178,2} = 0,1715 \quad \therefore \quad \eta = 9.8°$$

O ângulo de inclinação da ferramenta será*:

$$\operatorname{tg} \lambda = \operatorname{tg} \lambda_e + \operatorname{tg} \eta \cdot \cos \chi$$

$$\operatorname{tg} \lambda = -\operatorname{tg} 4° + \operatorname{tg} 9,8 \cdot \cos 60$$

$$\operatorname{tg} \lambda = 0,0158 \quad \therefore \quad \lambda = 0,9°$$

O ângulo de folga do chanfro da aresta principal será de acôrdo com a fórmula (2.24):

$$\operatorname{tg} \alpha_c = \frac{\operatorname{tg} \alpha_{ce} + \operatorname{tg} \eta \,(\operatorname{tg} \alpha_{ce} \cdot \operatorname{tg} \lambda \cdot \cos \chi + \operatorname{sen} \chi)}{1 - \operatorname{tg} \alpha_{ce} \cdot \operatorname{tg} \eta \cdot \operatorname{sen} \chi}$$

$$\operatorname{tg} \alpha_e = \frac{\operatorname{tg} 5 + \operatorname{tg} 9,8 \cdot (\operatorname{tg} 5 \cdot \operatorname{tg} 0,9 \cdot \cos 60 + \operatorname{sen} 60)}{1 - \operatorname{tg} 5 \cdot \operatorname{tg} 9,8 \cdot \operatorname{sen} 60} \quad \therefore \quad \alpha_c = 14°$$

---

* A deformação na superfície inclinada da rôsca, causada pela usinagem com ferramenta de ângulo $\lambda \neq 0$ não oferece qualquer problema, pois esta superfície do parafuso não trabalha quando a prensa está em carga. Existe um certo jôgo entre o parafuso e a porca.

Pela fórmula (2.25) tem-se para o ângulo de saída do chanfro da aresta principal:

$$\operatorname{tg} \gamma_c = \frac{\operatorname{tg} \gamma_{ce} + \operatorname{tg} \eta \ (3 \cdot \operatorname{tg} \gamma_{ce} \cdot \operatorname{tg} \lambda \cdot \cos \chi - \operatorname{sen} \chi)}{1 + \operatorname{tg} \gamma_{ce} \cdot \operatorname{tg} \eta \cdot \operatorname{sen} \chi}$$

$$\operatorname{tg} \gamma_c = \frac{\operatorname{tg} 3 + \operatorname{tg} 9{,}8 \ (3 \cdot \operatorname{tg} 3 \cdot \operatorname{tg} 0{,}9 \cdot \cos 60 - \operatorname{sen} 60)}{1 + \operatorname{tg} 3 \cdot \operatorname{tg} 9{,}8 \cdot \operatorname{sen} 60} \qquad \therefore \quad \gamma_c = -5{,}3^o.$$

Para o ângulo γ tem-se anàlogamente

$$\operatorname{tg} \gamma = \frac{\operatorname{tg} 12 + \operatorname{tg} 9{,}8 \ (3 \cdot \operatorname{tg} 12 \cdot \operatorname{tg} 0{,}9 \cdot \cos 60 - \operatorname{sen} 60)}{1 + \operatorname{tg} 12 \cdot \operatorname{tg} 9{,}8 \cdot \operatorname{sen} 60} \qquad \therefore \quad \gamma = 3{,}6^o.$$

O quadro que se segue dá os resultados finais.

Quadro dos ângulos das ferramentas						
Designação	**Ferramenta a** $\chi = 90^o$ (ferr. p/sangrar)		**Ferramenta b** $\chi = 60^o$		**Ferramenta c** $\chi = 87^o$	
Ângulo de folga	$\alpha_e = 7^o$	$\alpha = 16{,}8^o$	$\alpha_e = 7^o$	$\alpha = 16^o$	$\alpha_e = 7^o$	$\alpha = -2{,}8^o$
Ângulo de folga do chanfro ...	$\alpha_{ce} = 5^o$	$\alpha_c = 14{,}8^o$	$\alpha_{ce} = 5^o$	$\alpha_c = 14^o$	$\alpha_{ce} = 5^o$	$\alpha_c = -4{,}8^o$
Ângulo de saída	$\gamma_e = 0^o$	$\gamma = -9{,}8^o$	$\gamma_e = 12^o$	$\gamma = 3{,}6^o$	$\gamma_e = 6^o$	$\gamma = 16^o$ [1]
Ângulo de saída do chanfro ...	—	—	$\gamma_{ce} = 3^o$	$\gamma_{ce} = -5{,}3^o$	—	—
Ângulo de inclinação	$\lambda_e = 0^o$	$\lambda = 0^o$	$\lambda_e = -4^o$	$\lambda = 0{,}9^o$	—	$\lambda = 0^o$ [2]
Ângulo lateral de folga	$\alpha_{le} = 7^o$ $\alpha'_{le} = 7^o$	$\alpha_l = 7^o$ $\alpha'_l = -2{,}8^o$	—	—	—	—
Ângulo lateral de folga do chanfro	$\alpha_{lce} = 5^o$ $\alpha'_{lce} = 5^o$	$\alpha_{lc} = 5^o$ $\alpha'_{lc} = -4{,}8^o$	—	—	—	—
Ângulo lateral de saída	$\gamma_{le} = 0^o$ $\gamma'_{le} = 0^o$	$\gamma_l = 0^o$ $\gamma'_l = 9{,}8$	—	—	—	—

1) Não foi empregado chanframento na superfície de saída da ferramenta *c* em virtude da operação ser de acabamento e para não enfraquecer a ferramenta. 2) Utiliza-se $\lambda = 0^o$ para não deformar a superfície de trabalho do parafuso. 3) A parte anterior da ferramenta *a* foi inclinada de um ângulo $\eta = 9{,}8^o$. Os ângulos acima podem ser arredondados a números inteiros de graus; conservou-se êsses valôres para efeito didático.

2.6 — ÂNGULOS DA FERRAMENTA SEGUNDO AS NORMAS AMERICANAS

A Comissão Técnica n.º 2 do grupo B5 da ASA, que elaborou em 1950 a norma sôbre *Ferramentas de barra e seus suportes* [3], foi posterior-

50 FUNDAMENTOS DA USINAGEM DOS METAIS

mente em 1955 subdividida em três subcomissões, para tratar dos seguintes assuntos:

Comissão TC-14 — "Bits" e seus suportes
Comissão TC-15 — Pastilhas e ferramentas de metal duro
Comissão TC-16 — Nomenclatura de ferramentas de barra.

As comissões TC 14 e 15 já elaboraram respectivamente as normas ASA B5.29 — 1959 [15] e ASA B5.36 de 1957 [16], as quais serão transcritas no segundo volume dêste trabalho.

2.6.1 — Ângulos da ferramenta

Segundo a norma ASA B5.22 de 1950 têm-se os seguintes ângulos das ferramentas:

1) *Tool-holder angle*

"É o ângulo entre o plano de assentamento do "bit" no suporte e o plano de base do suporte." (figura 2.22.)

2) *Shank angle*

"É o ângulo entre o eixo da porção anterior e o eixo da porção posterior (ou cabo) da ferramenta." (figura 2.23.)

3) *Back rake angle*

"É o ângulo entre a superfície de saída e a reta paralela à base do cabo ou do suporte, medido num plano paralelo ao eixo da porção anterior da ferramenta e perpendicular à base. É positivo quando a aresta cortante estiver inclinada para baixo, a partir da ponta em direção ao cabo." (figuras 2.22 e 2.24.)

OBSERVAÇÃO: Conforme se constata nos desenhos da norma ASA B5.36 de 1957 sôbre *Pastilhas e ferramentas de metal duro,* o plano de medida para a medição do *back rake angle* foi alterado, passando a ser paralelo à aresta principal de corte e perpendicular à base da ferramenta (figura 2.25). Tal observação se constata também no *Tool Engineers Handbook* [17 e 18]: enquanto a definição *back rake angle* na edição de 1949 tinha a redação acima (baseada no projeto da norma ASA B5.22), na edição de 1959 a redação desta definição apresenta a nova posição do plano de medida (paralelo à aresta principal de corte). Desta forma êste ângulo equivale ao *ângulo de inclinação* λ da ferramenta, definido pela norma DIN 6581.

4) *Side rake angle*

"É o ângulo entre a superfície de saída e uma reta paralela à base da ferramenta. É medido num plano perpendicular à base e perpendicular ao eixo da porção anterior da ferramenta (figuras 2.22 e 2.24)."

GEOMETRIA NA CUNHA CORTANTE DAS FERRAMENTAS DE USINAGEM

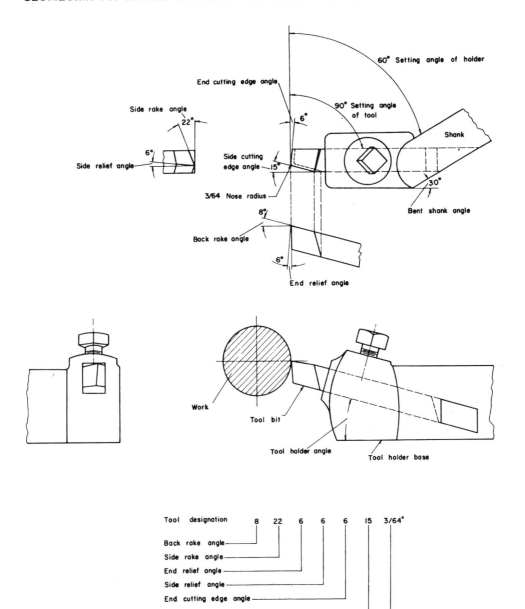

FIG. 2.22 — Ângulos e designações da ferramenta segundo a norma ASA B 5.22 de 1950 [3].

"Para facilitar a afiação o *rake angle* pode ser medido num plano perpendicular à aresta principal e lateral de corte, recebendo as denominações *normal side rake* e *normal back rake angle*." (figura 2.24.)

OBSERVAÇÃO: Conforme se constata na norma ASA B5.36, o *normal side rake angle* recebe atualmente a denominação de *side rake angle* (figura 2.25). Verifica-se porém que êste ângulo é medido num plano normal à base da ferramenta e perpendicular à projeção da aresta principal de corte sôbre o plano da base da ferramenta; equivale portanto ao ângulo de saída da ferramenta, segundo a norma DIN 6581.

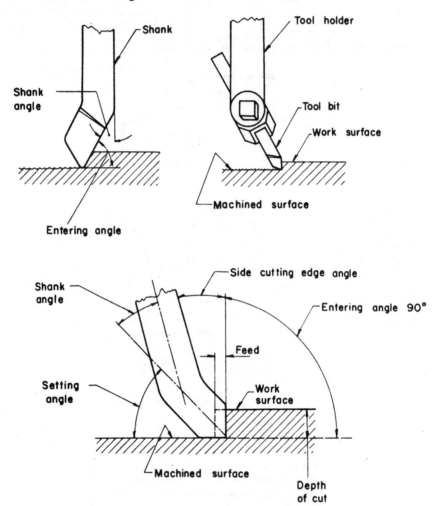

FIG. 2.23 — Ângulos da ferramenta e designações segundo a norma ASA B 5.22 de 1950 [3].

5) *Side relief angle*

"É o ângulo entre a porção da superfície principal de folga, imediatamente abaixo da aresta de corte, e uma reta passando pela aresta de corte, perpendicular à base da ferramenta ou suporte. É medido num plano normal

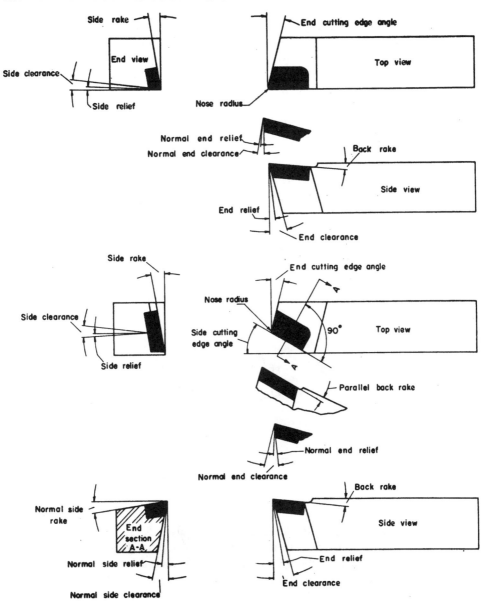

FIG. 2.24 — Ângulos de uma ferramenta de barra segundo a norma ASA B 5.22 de 1950. (Obtido do catálogo n.º GT-310. 1956 — Carboloy Cemented, Carbides, General Electric Company.)

ao eixo da porção anterior da ferramenta. O *normal side relief angle* é medido num plano perpendicular à base do cabo e à aresta principal de corte." (figuras 2.22 e 2.24.)*

---

* Verifica-se sempre nestas normas a falta de precisão nas definições dos ângulos.

OBSERVAÇÃO: Segundo a norma ASA B5.36, o *normal side relief angle* é chamado simplesmente *side relief angle* (figura 2.25).

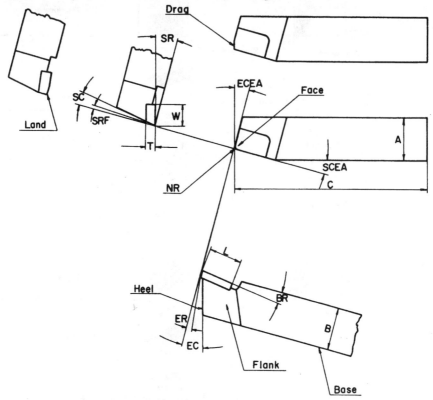

FIG. 2.25 — Ângulos de uma ferramenta de barra segundo o desenho da norma ASA B 5.36 — 1957.

6) *End relief angle*

"É o ângulo entre a porção da superfície lateral de folga, imediatamente abaixo da aresta de corte, e uma reta passando pela aresta de corte, perpendicular à base da ferramenta ou suporte. É medido num plano paralelo ao eixo da porção anterior da ferramenta. O *normal end relief angle* é medido num plano perpendicular à base do cabo e à aresta lateral de corte." (Figuras 2.22 e 2.24.)*

OBSERVAÇÃO: Conforme a observação anterior, o *normal end relief angle* é chamado atualmente *end relief angle* (figura 2.25).

7) *Clearance angle*

"O *clearance angle* é maior que o *relief angle*. É o ângulo entre o plano perpendicular à base da ferramenta e a porção da superfície da folga ime-

---

* Verifica-se sempre nestas normas a falta de precisão nas definições dos ângulos.

GEOMETRIA NA CUNHA CORTANTE DAS FERRAMENTAS DE USINAGEM 55

diatamente abaixo da chanfradura. O *side clearance angle* é medido no plano do *side rake angle*. O *end-clearance angle* é medido no plano do *back rake angle*." (figura 2.24.) O *clearance angle* pode ser medido no plano perpendicular à projeção da aresta de corte sôbre a base da ferramenta, recebendo a denominação de *normal clearance* (figura 2.25).

8) *Side cutting-edge angle*

"É o ângulo entre a aresta principal de corte e a superfície lateral do cabo." (figuras 2.22 a 2.25.)

9) *End cutting-edge angle*

"É o ângulo entre a aresta lateral de corte e a reta perpendicular à superfície lateral do cabo da ferramenta." (figura 2.24 e 2.25.)

Quando a ferramenta *bit* estiver fixada num porta ferramenta curvo, as arestas de corte, para efeito das definições acima são referidas à parte dianteira da ferramenta.

10) *Nose angle*

"É o ângulo entre a aresta principal de corte (*side cutting edge*) e a aresta lateral de corte (*end cutting edge*)."

11) *Tool character*

Os ângulos da ferramenta de barra podem ser designados de modo simplificado, constituindo o *tool character*, como indicam as figuras 2.21 e 2.26.

2.6.2 — Ângulos de Trabalho

São os ângulos entre a ferramenta e a peça, que dependem não sòmente do formato da ferramenta como também da sua posição relativa à peça. Mudando-se a posição da ferramenta, êstes ângulos se alteram, enquanto os ângulos da ferramenta permanecem constantes.

Êstes ângulos (*working angles*) não devem ser confundidos com os ângulos efetivos da norma DIN 6581, os quais levam em conta também o ângulo η da direção efetiva de corte (§ 1.6 e 2.4).

Segundo a norma ASA B5.22 — 1950 [3] tem-se os seguintes ângulos de trabalho:

1) *Setting angle*

É o ângulo entre a porção reta da ferramenta e a superfície trabalhada da peça (*muchined surface*)." (figuras 2.22 e 2.23.)

2) *Entering angle*

"É o ângulo entre a aresta principal de corte e a superfície trabalhada da peça." (figura 2.23.)

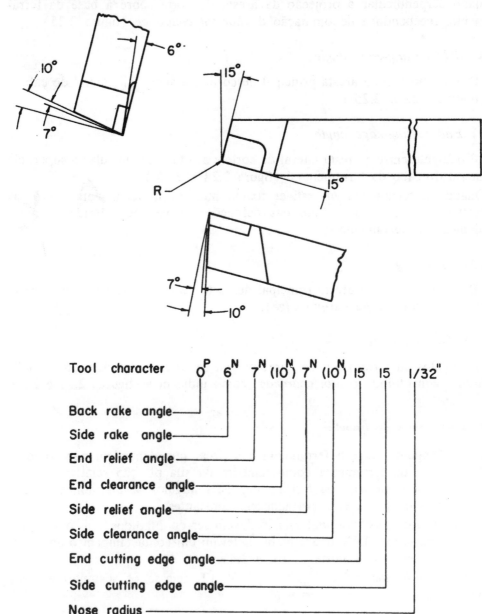

FIG. 2.26 — Designação dos ângulos da ferramenta — *tool character* — segundo as modificações apresentadas nos desenhos da norma ASA B 5.36 — 1957, adotada ùltimamente pela A. S. M. E. (*Tool Engineers Handbook*, 2.ª edição).

3) *True rake angle (on top rake)*

"É o ângulo entre a superfície de saída e a base da ferramenta, medido num plano que contém a direção de saída do cavaco e é perpendicular a base da ferramenta" (figura 2.27). Em primeira aproximação pode ser confundido com o ângulo de saída γ da ferramenta, segundo a norma DIN 6581. Êste ângulo γ é chamado pelos americanos de *velocity rake angle*." (figura 2.28.)

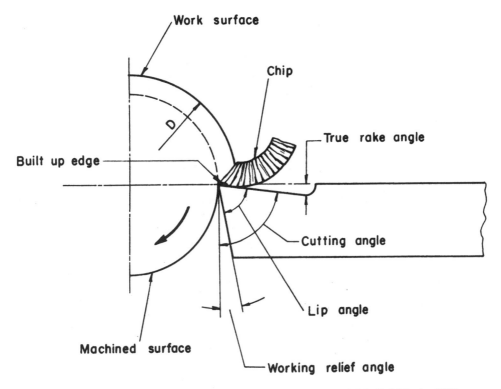

FIG. 2.27 — Ângulos de trabalho segundo a norma ASA B 5.22 de 1950.

4) *Cutting angle*

"É o ângulo entre a superfície de saída e uma tangente à superfície de corte, passando pelo ponto de referência da aresta cortante." É o complemento do *true rake angle* (figura 2.27).

5) *Lip angle*

"É o ângulo entre a chanfradura da superfície de incidência e a superfície de saída da ferramenta, medido num plano normal à aresta cortante. É chamado de *end lip angle*, quando fôr medido num plano perpendicular à aresta lateral de corte. É chamado *true lip angle*, quando fôr medido no plano de saída do cavaco." (Figura 2.27.)

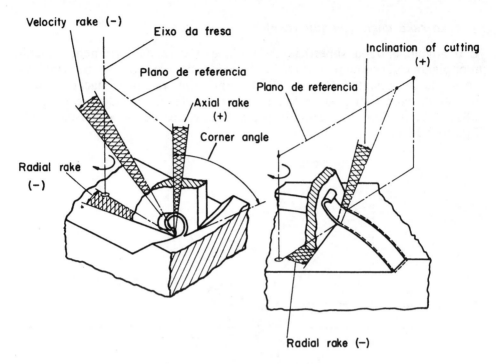

FIG. 2.28 — Ângulos de uma fresa de faceamento segundo as especificações americanas.

6) *Working relief angle*

"É o ângulo formado entre a chanfradura da superfície de incidência e uma reta tangente à superfície de corte, passando pelo ponto de referência da aresta cortante." (Figura 2.27.)

7) *Working end cutting edge angle*

"É o ângulo entre a aresta lateral de corte e um plano tangente à superfície trabalhada, passando pela ponta da ferramenta."

2.6.3 — Ângulos empregados nas fresas

Encontra-se nas normas e nos manuais americanos uma série de ângulos, especiais para cada ferramenta. Assim por exemplo nas fresas, a nomenclatura, os ângulos e as principais dimensões são especificadas pela norma ASA B5.3 — 1959 [19]*.

Os principais ângulos da ferramenta segundo esta norma são:

---

* Isto constitui um sério problema para o estudo dos ângulos das diferentes ferramentas, segundo as normas e especificações americanas. Para cada ferramenta tem-se um grupo de ângulos particulares.

GEOMETRIA NA CUNHA CORTANTE DAS FERRAMENTAS DE USINAGEM   59

1) *Axial rake angle (ou helical rake angle)*

Corresponde ao ângulo facial de saída γ_y (figura 2.28 e 2.29) segundo a norma DIN 6581. Valem a mesma definição e convenção de sinal vistas no § 2.4.4.

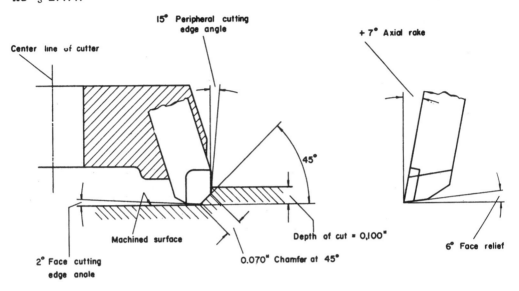

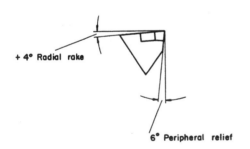

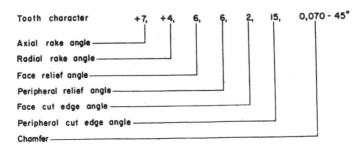

Fig. 2.29 — Ângulos de uma fresa segundo a norma ASA B 5.3 — 1959

60 FUNDAMENTOS DA USINAGEM DOS METAIS

2) *Radial rake angle*

Corresponde ao ângulo lateral de saída γ_x (figura 2.28 e 2.29). Valem a mesma definição e convenção vistas no § 2.4.4.

3) *Face relief angle*

Corresponde ao ângulo facial de folga α_y (figura 2.29).

4) *Peripheral relief angle*

Corresponde ao ângulo lateral de folga α_x (figura 2.29). Valem a mesma definição e convenção de sinal vistas no § 2.4.4.

5) *Peripheral cutting edge angle*

Corresponde a um segundo ângulo de posição χ' (figura 2.29). Ver § 2.4.4.

2.7 — CONVERSÃO DE ÂNGULOS DA FERRAMENTA SEGUNDO A NORMA DIN 6581 AOS ÂNGULOS ESPECIFICADOS PELAS NORMAS AMERICANAS E VICE-VERSA

A tabela II.2 apresenta a equivalência entre os ângulos da ferramenta segundo a norma DIN 6581 e os ângulos das ferramentas de barra, especificados pelas normas ASA B5.22 — 1950 e ASA B5.36 — 1957 (§ 2.6).

2.7.1 — Exemplos de aplicação*

Exemplo 1

Na operação de desbaste de uma peça de ferro fundido, empregou-se ferramenta de barra com pastilha de metal duro, marca CARBOLOY [20]. Os ângulos recomendados por êste fabricante seguem a nomenclatura da ASA B5.22 — 1950 (figura 2.24 — § 2.6.1) e para a operação designada valem:

$$
\begin{aligned}
&\text{BR} &&= back\ rake\ angle &&\dots\dots\dots\dots\dots &&0^\circ \\
&\text{SR} &&= side\ rake\ angle &&\dots\dots\dots\dots\dots &&8^\circ \\
&\text{ER} &&= end\ relief\ angle &&\dots\dots\dots\dots\dots &&7^\circ \\
&\text{EC} &&= end\ clearance\ angle &&\dots\dots\dots\dots &&10^\circ \\
&\text{SRF} &&= side\ relief\ angle &&\dots\dots\dots\dots\dots &&7^\circ \\
&\text{SC} &&= side\ clearance\ angle &&\dots\dots\dots\dots &&10^\circ \\
&\text{ECEA} &&= end\ cutting\ edge\ angle &&\dots\dots\dots\dots &&15^\circ \\
&\text{SCEA} &&= side\ cutting\ edge\ angle &&\dots\dots\dots\dots &&15^\circ \\
&\text{NR} &&= nose\ radius &&\dots\dots\dots\dots\dots\dots &&1/32''
\end{aligned}
$$

---

* Os exemplos de conversão de ângulos em brocas, fresas, serras, brochas serão dados no 2.º volume dêste trabalho, "Ferramentas de corte".

GEOMETRIA NA CUNHA CORTANTE DAS FERRAMENTAS DE USINAGEM

TABELA II.2

Equivalência entre os ângulos da ferramenta segundo a norma DIN 6581 e os ângulos das ferramentas de barra especificados pelas normas americanas

DIN 6581	Modificação apresentada na norma ASA B 5.22 pela ASA B 5.36 — 1957	ASA B 5.22 — 1950
ângulo de folga α	side clearance angle	normal side clearance angle 1
ângulo de folga do chanfro α_c	side relief angle	normal side relief angle 2
ângulo de folga da aresta lateral α_l	end clearance angle	normal end clearance angle 3
ângulo de folga do chanfro da aresta lateral α_{lc}	end relief angle	normal end relief angle
ângulo lateral de folga do chanfro α_{xc}		side relief angle
ângulo lateral de folga α_x		side clearance angle
ângulo facial de folga do chanfro da aresta lateral α_{lyc}		end relief angle
ângulo facial de folga da aresta lateral α_{ly}		end clearance angle
ângulo de cunha β	true lip angle 1	true lip angle 1
ângulo de saída γ	side rake angle 2	normal side rake angle 2
ângulo de saída do chanfro γ_c 3		3
ângulo lateral de saída γ_x	4, 5	side rake angle 4
ângulo facial de saída γ_y		back rake angle 5
ângulo de inclinação λ	back rake angle 6	parallel back rake angle 6
complemento do ângulo de posição $(90 - \chi)$	side cutting edge angle 7	side cutting edge angle 7
ângulo de posição da aresta lateral χ_l	end cutting edge angle	end cutting edge angle
ângulo de posição χ	entering angle	entering angle

1 O *true lip angle* (medido no plano que contém a direção de saída do cavaco), considerado como ângulo de trabalho pela ASA, corresponde ao ângulo de cunha β.

2 Equivale ao *velocity rake angle* das fresas e corresponde ao *true rake angle*.

3 O chanfro ainda não está previsto na ASA B 5.36 ou B 5.22, porém se encontra na literatura inglêsa o nome *side rake land*.

4 Equivale ao *radial rake angle* das fresas.

5 Equivale ao *axial rake angle* das fresas.

6 Equivale à *inclination of cutting edge* das fresas.

7 Equivale ao *corner angles* das fresas.

62 FUNDAMENTOS DA USINAGEM DOS METAIS

Determinar quais os ângulos das ferramentas segundo a norma DIN 6581 e quais os ângulos segundo as convenções da ASA B5.36 — 1957.

Solução

De acôrdo com a tabela II.2, pode-se escrever os seguintes ângulos da norma DIN:

$$\gamma_y = BR = 0^o$$
$$\gamma_x = SR = 8^o$$
$$\alpha_{lyc} = ER = 7^o$$
$$\alpha_{ly} = EC = 10^o$$
$$\alpha_{xc} = SRF = 7^o$$
$$\alpha_x = SR = 10^o$$
$$\chi_l = ECEA = 15^o$$
$$\chi = 90\text{-}SCEA = 90 - 15 = 75^o$$
$$r = NR = 0,79mm$$

Com relação à superfície de saída da ferramenta, falta determinar os ângulos: γ e λ. Pelo nomograma de KRONENBERG (fig. 2.18), tem-se para $\chi = 75^o$, $\gamma_x = 8^o$ e $\gamma_y = 0^o$:

$$\gamma = 7,7^o \qquad \lambda = -2,1^o.$$

Com relação à superfície principal de incidência da ferramenta falta determinar os ângulos: α_c, α. Através da equação (2.12) tem-se

$$\cot g\, \alpha = \frac{\cot g\, \alpha_x}{\operatorname{sen} \chi} + \operatorname{tg} \lambda \cdot \cot g\, \chi.$$

Logo

$$\cot g\, \alpha = \frac{\cot g\, 10}{\operatorname{sen} 75} - \operatorname{tg} 2,1 \cdot \cot g\, 75$$

$$\alpha = 9,7^o.$$

Anàlogamente, para o chanfro tem-se:

$$\cot g\, \alpha_c = \frac{\cot g\, \alpha_{xc}}{\operatorname{sen} \chi} + \operatorname{tg} \lambda \cdot \cot g\, \chi$$

$$\cot g\, \alpha_c = \frac{\cot g\, 7}{\operatorname{sen} 75} - \operatorname{tg} 2,1 \cdot \cot g\, 75$$

$$\alpha_c = 6,8^o.$$

Para a aresta lateral tem-se os dados $\chi = 15^o$, $-\gamma_x = \gamma_{lx} = -8^o$ e $\gamma_{ly} = \gamma_y = 0^o$. Através do nomograma de KRONENBERG obtém-se

$$\gamma_l \cong -2,1^o \qquad \lambda_l \cong 7,7^o.$$

Para a superfície lateral de incidência, obtém-se com auxílio da fórmula (2.13)

$$\alpha_l \cong 9.7^o \qquad \alpha_{lc} \cong 6.8^o.$$

Os ângulos segundo a convenção da ASA B5.36 — 1957 são fàcilmente determináveis através do quadro de conversão II-2. Chega-se aos valôres:

$$-2.1^P \quad 7.7^N \quad 6.8^N \quad 9.7^N \quad 6.8^N \quad 9.7^N \quad 15 \quad 15 \quad 1/32"$$

Back rake angle —

Side rake angle ————

End relief angle ————

End clearance angle ————

Side relief angle ————

Side clearance angle ————

End cutting edge angle ————

Side cutting edge angle ————

Nose radius ————

Exemplo II

No torneamento de peças de aço ABNT 1035 recozido, de diâmetro 80mm, empregou-se pastilha de metal duro de tipo TT30 da firma Fried Krupp Widia-Fabrik, Essen (Alemanha) [21]. As condições de usinagem foram:

$$a = 0.71 \text{mm/volta}$$

$$p = 4\text{mm}$$

$$v = 63\text{m/min.}$$

Os ângulos efetivos de trabalho, recomendados pelo fabricante da pastilha, para as condições de usinagem acima, foram (fig. 2.30):

$$\alpha'_e = 8^o*$$

$$\alpha_e = 6^o$$

$$\alpha_{ce} = 5^o$$

$$\gamma_e = 12^o$$

$$\gamma_{ce} = 3^o$$

$$\lambda_e = -4^o.$$

---

* A ferramenta utilizada foi afiada com rebôlo de diamante e, para tanto, empregaram-se três ângulos de folga: um para o cabo e dois para a pastilha. Sòmente o chanfro da pastilha foi afiado com rebôlo de diamante.

O cabo da ferramenta utilizado foi de dimensões recomendadas pela ISO com $\chi = 70°$ e $\epsilon = 90°$.

Determinar quais os ângulos da ferramenta, especificados pela norma ASA B5.36 — 1957.

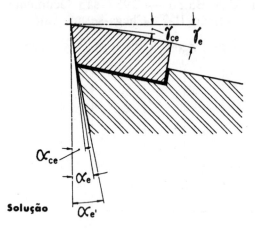

Fig. 2.30 — Representação dos ângulos efetivos no plano efetivo de medida da ferramenta.

Solução

De acôrdo com as condições de usinagem do problema, o ângulo η da direção efetiva de corte, obtido através da tabela I.1 é aproximadamente 12'. Logo os ângulos reais de trabalho coincidem pràticamente com os ângulos da ferramenta.

Com auxílio da tabela II.2 pode-se escrever diretamente:

Side clearance angle (shank) .... 8°
Side clearance angle .... 6°
Side relief angle .... 5°
Side rake angle .... 12°
Side rake Land angle .... 3°*
Back rake angle .... —4°
Side cutting edge angle .... 20°
End cutting edge angle .... 20°.

Para facilitar a execução e afiação do arredondamento da ponta da ferramenta, a superfície lateral de incidência apresenta geralmente os mesmos ângulos de folga da superfície principal de incidência. Logo, os ângulos da norma ASA B5.35 — 1957 para esta superfície são:

End clearance angle (shank) .... 8°
End clearance angle .... 6°
End relief angle .... 5°

---

* Designação encontrada na literatura americana para indicar o ângulo de saída do chanfro. Vide nota 3 da tabela II.2.

GEOMETRIA NA CUNHA CORTANTE DAS FERRAMENTAS DE USINAGEM   65

O *tool character,* segundo esta norma será:

—4[P]   12[N]   5[N]   (6)[N]   5[N]   (6)[N]   20   20.

2.8 — BIBLIOGRAFIA

[1] DIN 768. *Shneidstähle, Begriffe.* Berlin, Ed. Beuth, 1936.

[2] ASA — AMERICAN STANDARD — B 5.13 — 1939. *Terminology and Definitions for Single-point Cutting Tools.* New York 18, The American Society of Mechanical Engineers, 1939.

[3] ASA — AMERICAN STANDARD — B 5.22 — 1950. *Single Point Tools and Tools Posts.* New York 18, The American Society of Mechanical Engineers, 1950.

[4] BICKEL, E. "Geometrie der Schneid". *Industrielle Organisation.* Zurich, 18 (1/4), 1949.

[5] RÖHLKE, G. "Bergriffe und Beziehungen an spanabhebenden Werkzeugen". *Werkstatt und Betrieb.* Müchen, 86: 335-341, 1953.

[6] RÖHLKE, G., "Die Zerspanung in kinematischen Bezugssystem". *Das Industrieblatt.* Essen, 59: 36-42, 1959.

[7] KIENZLE, O. "Bestimmung von Kräften und Leistungen an spanenden Werkzeugen und Werkzeugmaschinen". *V. D. I.* Berlin, 94: 299-305, 1952.

[8] SCHMIDT, W., "Eine Systematik der spanenden Formung". *VDI.* Berlin, 95 (10), 1953.

[9] WITTHOF, H. "Kennzeichnung der Winkel an spanabhebenden Werkzeug". *Werkstatt und Betrieb.* München, 62: 40-60, 1949.

[10] KRONENBERG, M., *Grundzüge der Zerspanungslehre.* Berlin, Springer Verlag, 1954, v. 1.

[11] DIN 6581 — ENTWURF. *Grundbergriffe der Zerspantechnik, Begriffe und Bezeichnungen am Werkzeug.* Berlin, Beuth-Vertrieb GmbH, agôsto 1960.

[12] DIN 6581. *Geometrie am Schneidkeil des Werkzeuges.* Berlin, Beuth-Vertrieb GmbH, maio 1966.

[13] DAAR, H. "Relações entre os ângulos de uma ferramenta de tôrno e os ângulos reais de trabalho". *Revista CAASO.* São Carlos, 2, 1968.

[14] VEREIN DEUTSCHE INGENIEURE — 3335. *Zerspanungs-Anwendungsgruppen und Arbeitswinkel beim Drehen mit Hartmetalwerkzeugen.* Berlin, Beuth Vertrieb GmbH, 1960.

[15] ASA — AMERICAN STANDARD — B 5.29 — 1959. *High Speed Steel and Cast Non-Ferrous Single Point Tools and Tool Holders.* New York, The American Society of Mechanical Engineers, 1959.

[16] ASA — AMERICAN STANDARD — B 5.36 — 1957. *Carbide Blanks and Cutting Tools.* New York, The American Society of Mechanical Engineers, 1957.

[17] ASTE. *Tool Engineers Handbook.* New York, McGraw-Hill Book Co. Inc., 1949.

[18] ASTME. *Tool Engineers Handbook,* 2d. Edition. New York, McGraw-Hill Book Co. Inc., 1959.

FUNDAMENTOS DA USINAGEM DOS METAIS

[19] ASA — AMERICAN STANDARD — B 5.3 — 1960. *Milling Cutters, Nomenclature, Principal Dimensions*. New York, The American Society of Mechanical Engineers, 1967.

[20] GENERAL ELECTRIC COMPANY, Catálogo n.º GT-310. *Carboloy Cemented Carbides*. New York, 1959.

[21] FRIED. KRUPP WIDIA — FABRIK, Catálogo n.º 624. *Zerspanen mit Widia Hartmetall*. Essen, 1960.

III

NOÇÕES SÔBRE A TEORIA CRISTALOGRÁFICA DOS METAIS

Engenheiro ROSALVO TIAGO RUFFINO*

As características de um metal dependem das *propriedades dos cristais* de que é formado, e êstes dependem, por sua vez, da *constituição dos átomos* [1].

Nesta ordem de idéias, qualquer estudo dos metais deve ser precedido pelos fundamentos da estrutura atômica e da estrutura cristalográfica.

3.1 — ESTRUTURA DO ÁTOMO

Para o estudo da usinagem dos metais, não é necessário tratar com profundidade a teoria atômica, e sim dos conceitos básicos da constituição do átomo.

Os átomos são unidades estruturais de todos os sólidos, líquidos e gases [2]. São de tamanho microscópico, cêrca de 2 a 5 Å (1 Å = 1 *Angströn* = 10^{-8} cm).

Cada átomo consta de um *núcleo* e de um ou mais *elétrons*. O núcleo, com um tamanho da ordem de 1×10^{-4} Å, contém a quase totalidade da massa do átomo e é elètricamente positivo. O elétron, por sua vez é elètricamente negativo. Desta associação, núcleo e seus elétrons, resulta um átomo elètricamente neutro. Os elétrons, no átomo, são atraídos pelo núcleo e se movem ràpidamente num espaço de poucos Å de diâmetro em tôrno dêle; os elétrons, dada sua alta velocidade, girando em tôrno do núcleo, preenchem de maneira efetiva o espaço, de tal forma que repelem qualquer outro átomo que se lhe aproxime, dentro do dito diâmetro [2]. Isto explica a denominação de nuvens eletrônicas ao redor do núcleo, cuja representação é feita através de zonas envoltórias que são o lugar geométrico de tôdas as trajetórias possíveis dos elétrons de mesmo nível energético.

O mais simples átomo que se conhece é o do Hidrogênio — composto apenas do núcleo e de um elétron (apenas um nível energético de elétrons).

---

* Assistente da Cadeira de Máquinas Operatrizes e de Transporte da Escola de Engenharia de São Carlos. S. P.

Sua representação mais simplista, é feita considerando o elétron como apanhado em um instantâneo, figura 3.1-a, enquanto sua representação na figura 3.1-b se situa mais próxima da realidade.

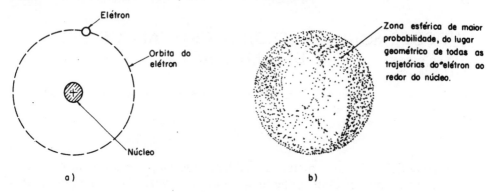

FIG. 3.1 — Representação de um átomo de hidrogênio, composto do núcleo e um elétron.

Tais zonas de maior probabilidade das trajetórias dos elétrons nem sempre se apresentam com a forma esférica, porém variam segundo os níveis energéticos dos elétrons de que são constituídas.

Outro exemplo: o átomo de ferro apresenta 26 elétrons dispostos em 4 níveis energéticos: dois elétrons na primeira camada a partir do núcleo; oito na segunda; quatorze na terceira e dois elétrons na quarta camada. Êstes últimos dois elétrons, da camada mais externa, são chamados *elétrons de valência,* enquanto os mais próximos do núcleo são ditos *elétrons centrais.* Uma representação simplificada do átomo de ferro é a figura 3.2.

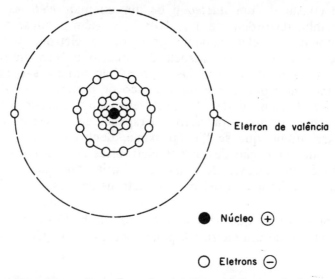

FIG. 3.2 — Representação simplista do átomo de ferro.

Para visualizarmos grupos de átomos, é bastante cômodo representar cada átomo por uma esfera cujo diâmetro inclua até a camada mais externa de elétrons. Dentro dêste esquema [1] a disposição dos átomos em um gás, em um líquido e em um sólido, pode ser esquematizada em duas dimensões como na figura 3.3. a, b, c, respectivamente.

Realmente, a distribuição de tais átomos é tridimensional e não apenas em duas dimensões. Por outro lado, os esquemas (a) e (b) da figura 3.3 mostram apenas uma disposição média estatística dos átomos, uma vez que êstes estão contìnuamente em movimento nos gases e líquidos. Em (c) (figura 3.3), os átomos são mostrados como que regularmente empacotados, o que constitui um arranjo ideal de átomos num sólido.

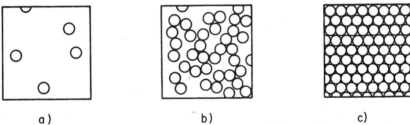

Fig 3.3 — Disposição dos átomos num matérial em diferentes estado:
a) gás: b) líquido; c) sólido.

3.2 — LIGAÇÃO METÁLICA

Há quatro tipos de ligações que mantêm os átomos dos sólidos sempre unidos [1]:

1 — iônica

2 — covalente

3 — Van der Waals

4 — metálica

Geralmente, vários dêstes tipos de ligações são encontradas num sólido; entretanto, a ligação metálica é a predominante nos metais, e, como temos 81 elementos metálicos, nos 102 elementos hoje conhecidos [3], trataremos em especial dêsse tipo de ligação.

Para a visualização da ligação metálica, tomemos como exemplo o átomo de ferro, cujo esquema é o da figura 3.2.

Já é sabido que os elétrons da camada mais externa (*orbital dos elétrons de valência*) são o determinante de muitas propriedades físicas e químicas do metal [1]. Êste fato decorre do seguinte: os elétrons de valência, no sistema atômico estão bastante afastados do núcleo e portanto sofrem menor atração do núcleo do que os elétrons das camadas interiores. Com isto tais elétrons de valência têm probabilidade bastante alta de abandonar o orbital do átomo de que faz parte, para constituir parte integrante dum átomo vizinho. Ora, tal *mudança de casa* do elétron provoca uma redução na carga elétrica negativa do átomo de que fazia parte. Disto resulta um átomo desbalanceado elètricamente, constituindo um *íon*, e neste caso um *íon positivo*, pois a carga elétrica positiva ficou com superioridade em relação à negativa (elétrons), que perdeu uma parcela.

Se por um lado é bastante provável um átomo de metal perder um ou mais elétrons-valência de seu sistema, por outro é bastante fácil receber também um ou mais elétrons-valência de seus átomos vizinhos. Pode ocorrer ainda o caso de um átomo dividir elétrons-valência com os átomos vizinhos.

Da análise dêsses fatos pode-se concluir que o átomo de um metal se acha contìnuamente nos estados de: *perder elétrons-valência, ganhar elétrons-valência* e *dividir elétrons-valência* com os átomos adjacentes. Desta maneira, há nos metais grande número de elétrons-valência que estão contìnuamente em movimento de um átomo para outro, dando um aspecto de uma nuvem de elétrons, na qual se acham imersos os átomos, conforme esquematizado na figura 3.4.

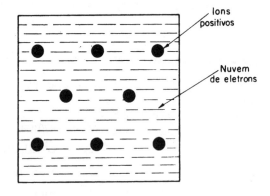

FIG. 3.4 — Na ligação metálica os átomos se acham imersos numa nuvem eletrônica.

Cada íon tem sua posição ordenada num modêlo tridimensional imerso na nuvem de elétrons, de maneira que uma atração elétrica dos íons positivos para os elétrons negativos liga fortemente o metal, balanceando as fôrças repulsivas entre os íons positivos e entre os elétrons.

A mais notável característica da ligação que mantém unidos os átomos num agregado metálico é a *mobilidade dos elétrons-valência*, que é a razão da alta condutibilidade térmica e elétrica dos metais [4].

3.3 — CRISTALOGRAFIA

Ao se analisar uma substância sólida, sob o ponto de vista da disposição relativa de seus átomos, podem ser verificados dois estados característicos [5]:

NOÇÕES SÔBRE A TEORIA CRISTALOGRÁFICA DOS METAIS

a) as posições médias dos átomos se apresentam numa disposição ordenada, constituindo assim o que se chama *substância de estrutura cristalina;*

b) as posições médias dos átomos não apresentam uma lei de formação, e assim constituem o que se chama *substância amorfa ou vítrea.*

Todos os metais, quando no estado sólido, se apresentam com estrutura cristalina, ou seja, com os centros de oscilação de seus átomos numa disposição ordenada*.

A oscilação dos átomos é variável com a temperatura e quando esta atinge determinado valor, a energia de oscilação é tal que provoca a ocorrência do fenômeno denominado *difusão sólida* [5]. E, quando a freqüência de oscilação do átomo atinge a freqüência de ressonância dêste em relação aos demais da rêde, o crescimento demasiado da amplitude do movimento vibratório supera a distância máxima permitida na ligação com os átomos vizinhos, provocando o fenômeno da *fusão* nesse ponto.

Os sólidos cuja estrutura cristalina não é regular** apresentam o fenômeno da *anisotropia*, que consiste em ter propriedades variáveis com a direção [6].

3.3.1 — Sistemas cristalinos

Definimos *célula unitária* como sendo o mais simples modêlo tridimensional, cuja repetição no espaço gera a estrutura cristalina [6], [9], [10].

Existem quatorze possíveis células unitárias. Estas podem ser enquadradas em sete *sistemas cristalinos,* segundo a tabela III.1.

3.3.2 — Cristais metálicos

Para o estudo da quase totalidade dos metais, entretanto, não há mais do que três células unitárias:

    1. *cubo de corpo centrado*

    2. *cubo de face centrada*

    3. *hexágono compacto*

O *cristal cúbico de corpo centrado* possui um centro de oscilação em cada vértice e um no centro geométrico (figura 3.5).

O *cristal cúbico de face centrada* possui um centro de oscilação em cada vértice e um no centro de cada face (figura 3.6).

O *cristal hexagonal compacto* possui um centro de oscilação em cada vértice, um no centro de cada base e um no centro geométrico de cada um dos três prismas triangulares alternos (figura 3.7).

---

* Os centros de oscilação são as posições de equilíbrio que teriam os átomos no cristal se deixassem de vibrar [5].

** Estrutura cristalina regular em nosso caso é a do sistema cúbico.

TABELA III.1
Células unitárias e sistemas cristalinos

Células unitárias (Células de Bravais)	Sistemas cristalinos
1. Triclínica	Triclínico
2. Monoclínica simples 3. Monoclínica com bases centradas	Monoclínico
4. Rômbica simples 5. Rômbica com bases centradas 6. Rômbica de corpo centrado 7. Rômbica com faces centradas	Ortorrômbico
8. Hexagonal 9. Romboédral	Hexagonal Romboédral
10. Tetragonal simples 11. Tetragonal de corpo centrado	Tetragonal
12. Cúbica simples 13. Cúbica de faces centradas 14. Cúbica de corpo centrado	Cúbico

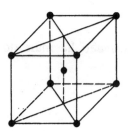 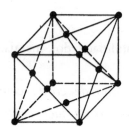 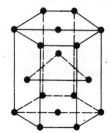

FIG. 3.5 — Célula unitária do tipo cúbico de corpo centrado.

FIG. 3.6 — Célula unitária do tipo cúbico de face centrada.

FIG. 3.7 — Célula unitária do tipo hexagonal compacto.

A tabela III.2 apresenta os principais elementos metálicos com as respectivas formas de célula unitária [5].

Como se pode verificar, alguns metais se apresentam sob várias formas alotrópicas, α, β, γ, etc. Isto se passa em função da temperatura. Assim, por exemplo, tomemos o caso do ferro: acima de 1.539ºC o metal se acha no estado líquido; no resfriamento o metal inicia o processo de solidificação (1.539ºC), apresentando-se sob a forma alotrópica denominada *ferro delta* (Fe δ), cristalizado no tipo *cúbico de corpo centrado*. Prosseguindo no

NOÇÕES SÔBRE A TEORIA CRISTALOGRÁFICA DOS METAIS

TABELA III.2

Células unitárias dos principais elementos metálicos

Cúbica de corpo centrado:

Li, Na, K, Ti, V, Cr, Feα, Feδ, Rb, Mo, Cs, Ba, Eu, Ta, W, Tl, Zrβ, Nb, Tlβ.

Cúbica de faces centradas:

Al, Caβ, Sc, Feγ, Coα, Ni, Cu, S, Rh, Pd, Ag, Ir, Pt, Au, Pb, Th, Laβ, Ceβ, Paβ, Yb.

Hexagonal compacta:

Be, Mg, Ca, Sc, Ti, Crβ, Coβ, Ni, Zn, Yt, Ru, Cd, Prα, Nd, Gd, Ho, Er, Hf, Zrγ, Laα, Ceα, Tb, Dy, Tm, Lu, Re, Os, Tlα.

---

resfriamento, a 1.410°C o ferro se transforma, passando para a forma cristalina alotrópica denominada *ferro gama* (Fe γ), cristalizada no tipo *cúbico de faces centradas.*

Prosseguindo, a 910°C nova transformação se processa, e então o ferro gama desaparece para dar lugar ao *ferro alfa* (Fe α), cristalizado no tipo *cúbico de corpo centrado.*

Por completar o processo de resfriamento, citamos ainda o *ponto Curie,* a 768°C, onde o *ferro alfa não-magnético* se transforma no *ferro alfa magnético.*

Tôdas estas transformações alotrópicas são de grande importância nos tratamentos térmicos dos aços e ferros fundidos. Como ilustração, acompanhemos o processo de transformação alotrópica do ferro [7]:

A célula unitária do tipo cúbico de corpo centrado, caso do *ferro alfa,* tem para comprimento das arestas do cubo ~2,9 Å. A 910°C, o *ferro alfa* se transforma no *ferro gama,* que apresenta célula unitária do tipo cúbico de face centrada, o que tem para comprimento das arestas do cubo ~3,6 Å. Ainda que a aresta do cubo de face centrada seja maior que a do *ferro alfa,* o *ferro gama* tem uma estrutura mais densa que a daquele.

Com efeito, cada átomo do vértice de um cubo pertence a oito cubos da estrutura; cada átomo do centro da face pertence a dois cubos da estrutura; e finalmente cada átomo do centro geométrico do cubo pertence a um só cubo. Logo, pode-se estabelecer a seguinte relação de átomo por célula cristalina:

Ferro alfa: 1 célula corresponde $1 + 8 \cdot (\frac{1}{8}) = 2$ átomos.

Ferro gama: 1 célula corresponde a $6 \cdot (\frac{1}{2}) + 8 \cdot (\frac{1}{8}) = 4$ átomos

74 FUNDAMENTOS DA USINAGEM DOS METAIS

Os volumes das células cristalinas do *ferro alfa* e *gama* são respectivamente $2,9^3 \cong 24,4 \text{ Å}^3$ e $3,6^3 \cong 46,7 \text{ Å}^3$. Logo no *ferro alfa* há 12,2 Å por átomo, enquanto que no *ferro gama* há 11,7 Å por átomo.

A experiência demonstra realmente isto, pôsto que a transformação alfa para gama se faz com *contração*.

Os fenômenos se complicam um pouco quando se liga carbono ao ferro [7]. Normalmente, à temperatura ambiente, o carbono e o ferro tendem a formar a *cementita*, cuja fórmula é Fe_3C. Com isto, cada átomo de carbono será combinado com três átomos de ferro para formar uma molécula Fe_3C; estas moléculas são aglomeradas para formar os cristais de cementita. Normalmente, à temperatura ambiente, o aço é formado de cristais de ferro (também chamados *ferrita*) misturados com cristais de cementita.

Todavia, à temperatura suficientemente elevada, os cristais de cementita desaparecem como os cristais do sal marinho desaparecem na água, constituindo então uma solução sólida de carbono no ferro, que chamamos *austenita*. Sua constituição é a seguinte: o ferro está na forma de ferro gama integral, enquanto que o carbono provindo da molécula de cementita (Fe_3C) se aloja nos interstícios das malhas dos cristais do ferro gama.

Da mesma maneira que o sal marinho dissolvido nágua abaixa o ponto de solidificação da solução, o carbono dissolvido no ferro gama (caso da austenita), abaixa o ponto de transformação do ferro gama ao ferro alfa.

Êstes fatos nos dão uma idéia de como se relacionam as propriedades físicas dos metais com o tipo de célula unitária dos cristais de que são constituídos.

No capítulo referente a *Materiais Empregados em Ferramentas de Corte e seus Tratamentos Térmicos,* estudamos com maior profundidade os diferentes constituintes dos aços, nas suas estruturas metalográficas.

3.4 — DEFORMAÇÃO DOS CRISTAIS

Dada a natureza do arranjo físico dos átomos num cristal, encontra-se uma forte resistência ao deslocamento de qualquer um de seus átomos, quer na operação de compressão, quer na operação de tração. Pode-se visualizar tal fato imaginando-se que entre os átomos existem, ligando-os, não as linhas das figuras 3.5, 3.6 e 3.7 mas sim fortes molas helicoidais (figura 3.8). A separação de quaisquer dois átomos equivaleria a distender a mola que imporia a sua resistência; da mesma forma aproximar dois átomos quaisquer equivaleria a comprimir a mola que, mais uma vez, imporia sua resistência.

Em qualquer cristal os átomos estão situados em planos geométricos naturais [1]. Por exemplo, no cristal do tipo cúbico de face centrada há três planos típicos, mostrados em hachuras nos esquemas (a), (b) e (c) da figura 3.9.

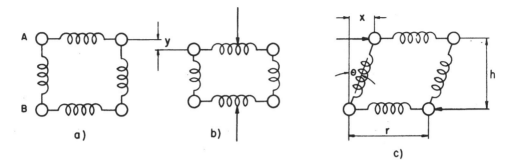

FIG. 3.8 — Representação das fôrças interatômicas através de molas helicoidais: *a*) cristal livre de ação externa; *b*) cristal sob ação normal à base; *c*) cristal sob ação de cisalhamento.

Considerando-se que tais planos contêm números diferentes de átomos e que também suas áreas são diferentes, resulta evidente que a *densidade de átomos* em cada plano é diferente. Devido às fôrças coesivas que mantêm unidos os átomos nos planos de alta densidade atômica, êstes apresentam maior resistência ao seu desagregamento. Os demais planos situados entre êstes apresentam òbviamente menor resistência (devido a menor densidade atômica). Êstes planos intermediários são chamados *planos de cisalhamento*. Suponhamos um cristal com planos de cisalhamento horizontais, como esquematizado na figura 3.10. Quando o cristal está sujeito a *fôrças normais aos planos de cisalhamento*, como na figura 3.10 (a), sua deformação não é apreciável devido às grandes fôrças interatômicas, que pràticamente conservam as posições relativas dos átomos no reticulado. Entretanto, quando o cristal está sujeito a *fôrças paralelas aos planos de cisalhamento*, como em (b), há uma deformação paralelamente aos planos de cisalhamento. Se tais fôrças forem moderadas, isto é, abaixo do *limite de escoamento*, o cristal retomará sua forma primitiva, tão logo cesse a ação das fôrças. Se tais fôrças superarem o limite de escoamento, haverá

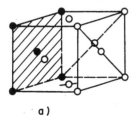
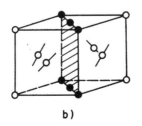
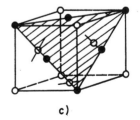

FIG. 3.9 — Planos cristalográficos num cristal cúbico de face centrada. Átomos em prêto são os situados no plano hachuriado.

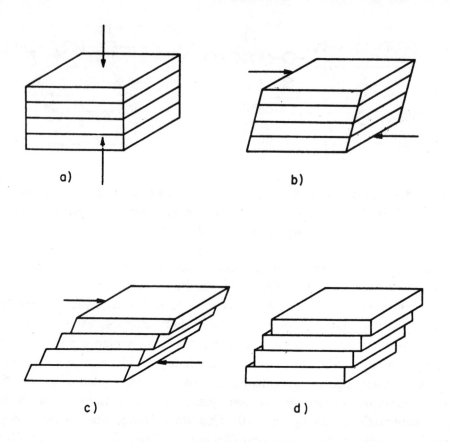

Fig. 3.10 — Deformação de um cristal.

um *escorregamento de planos* como mostra a figura 3.10 (c), e tão logo cesse a ação das fôrças, o cristal tomará a forma mostrada em (d). A maneira pela qual ocorre o escorregamento, paralelamente aos planos de cisalhamento, pode ser visualizada, considerando-se que os átomos nos planos de alta densidade atômica (*planos deslizantes*) sejam esferas rígidas, como esquematizado na figura 3.11. Suponhamos dois planos de átomos como em (a), sem qualquer solicitação externa. Se um esfôrço moderado fôr aplicado conforme mostra a figura 3.11 (b), cada átomo da camada inferior exercerá uma fôrça contra o átomo vizinho esquerdo da camada superior, como mostram as setas. Removendo-se a ação externa, os átomos retomam o estado (a) original. Se todavia, a ação externa ultrapassar determinado valor (*limite de escoamento*), os átomos da camada superior podem deslizar uma distância atômica *r* (distância entre os centros de átomos adjacentes) para a direita, como aparece em (c). Esta é a nova posição relativa dos átomos, mesmo após retirado o esfôrço externo.

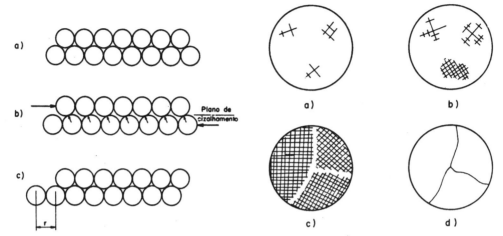

FIG. 3.11 — Deslizamento de átomos paralelamente ao plano de cisalhamento num cristal.

FIG. 3.12 — Crescimento dos grãos cristalinos numa estrutura metálica.

3.5 — ORIGEM DAS ESTRUTURAS METÁLICAS

3.5.1 — Solidificação de Metais puros

Durante a solidificação, os cristais se formam a partir do crescimento de *núcleos ou centros de cristalização*, que aparecem em condições propícias, nos pontos de mais baixa energia [5]. A velocidade de crescimento pode variar com a direção no espaço, dando lugar à possibilidade de formação de cristais de formas externamente diferentes (figura 3.12). Dado tal crescimento dos cristais, o encontro de cristais, que podem ter orientações diferentes (e êste é o caso geral), determina o fim do processo de solidificação. Em uma tal *fronteira*, os cristais se acomodam e a essa região de acomodação damos o nome de *contôrno dos grãos* [1]. Êstes contornos servem para as representações esquemáticas de estruturas metálicas (figura 3.12 (d)). Nos exames metalográficos, os reagentes químicos atacam mais fortemente os contornos dos grãos, advindo disso uma identificação rápida e precisa dessas fronteiras cristalinas.

3.5.2 — Solidificação de Metais com impurezas

Neste caso as impurezas podem ficar na parte líquida, que se solidifica no final do processo, e se concentram nos contornos dos grãos formados anteriormente. Como êsses contornos são de parede muito fina, uma pequena quantidade de impureza é suficiente para alterar (na maioria das vêzes) as propriedades do metal. Assim, o acréscimo de um átomo de boro a cada 10^5 átomos de silício, aumenta a condutividade dêste, em relação ao estado puro, de 10^3 vêzes [5].

3.6 — RUPTURA DOS MATERIAIS CRISTALINOS

Aplicando-se a uma barra uma fôrça de tração segundo a direção do seu eixo (caso de *solicitação simples à tração*) a mesma estará submetida a tensões (figura 3.13). Através do estudo da *Resistência dos Materiais* sabe-se que o valor máximo da tensão de tração se dá numa secção perpendicular ao eixo da barra, enquanto que o valor máximo da tensão de cisalhamento é para a secção que forme um ângulo de 45° com o eixo da barra.

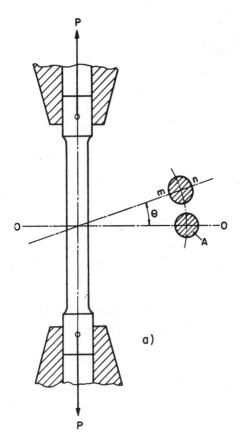

FIG. 3.13 — Corpo de prova submetido à tração.

Prosseguindo em nosso estudo, o próximo passo a dar é considerar a relação entre os planos de máxima tensão (já vistos acima) e os planos de menor resistência dos cristais do material de que é feita a barra.

Analisemos a secção O-O da barra (figura 3.13), na qual ocorre a máxima tensão normal σ_n. Os cristais situados nessa secção tem seus planos de cisalhamento com orientação as mais diferentes, conforme mostra a figura 3.14 (a).

Nos materiais dúcteis os cristais apresentam alta resistência ao escoamento na *tração* (ou *compressão*); desta forma, a ruptura na secção O-O é pouco provável.

A figura 3.14 (b) mostra o plano de máxima tensão de cisalhamento, formando um ângulo de 45° com o eixo da barra. Ao longo dêsse plano haverá cristal — como C — cuja orientação dos planos de cisalhamento é a 45° como o eixo da barra. O escorregamento dêstes cristais ocorrerá segundo o ilustrado na figura 3.9.

O escorregamento dêsses cristais causará distorções severas nos cristais adjacentes, e êstes por sua vez irão partir-se segundo o seu próprio plano de cisalhamento, ainda que êste plano de cisalhamento apresente orientação diversa.

Num corpo de prova de material dútil, a ruptura ocorrerá ao longo do plano a 45° segundo a figura 3.15. Em (b) e (c), as linhas de ação da

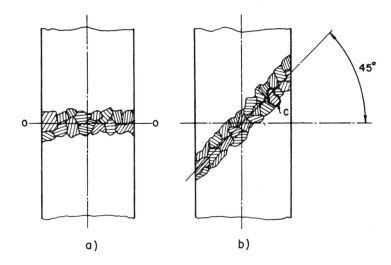

FIG. 3.14 — Planos de máxima tensão no corpo de prova: *a*) máxima tensão normal; *b*) máxima tensão de cisalhamento. Os cristais têm orientações ao acaso.

carga aplicada estão deslocadas devido ao escorregamento oblíquo. Êste desalinhamento causa uma pequena rotação dos planos para realinhar as cargas aplicadas (d).

Para efeito didático os planos de cisalhamento, mostrados na figura 3.15, são perpendiculares ao plano da figura. Todavia êste fenômeno deve ser entendido no espaço.

Da discussão precedente, o fato mais importante do ponto de vista da usinagem dos metais é que os materiais dúteis, quando submetidos a uma simples carga, cisalham segundo a secção que tem a máxima tensão de cisalhamento.

3.7 — DISCORDÂNCIAS

Resultados experimentais comprovaram que a resistência dos metais é muito diferente dos valôres calculados em base à energia de ligação entre os átomos [5].

De fato, como se explica o fenômeno da deformação dos metais? A deformação de um cristal, foi dito, ocorre pelo escorregamento de planos cristalinos, uns sôbre os outros. Os cálculos teóricos a partir dessa interpretação deram valôres muito elevados em relação aos encontrados nas experiências [5].

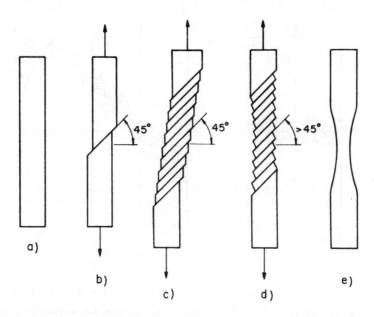

FIG. 3.15 — Ruptura de um corpo de prova pelo escorregamento ao longo do plano de cisalhamento, aproximadamente a 45º.

Num plano cristalino há aproximadamente 10^{16} átomos por cm² e calculando-se o esfôrço para se processar o escorregamento, chega-se a valôres da ordem de 100 a 1.000 vêzes maiores que os obtidos experimentalmente. Tal desencontro, da teoria com a experiência, obrigou a busca de uma razão que o explicasse.

Foi suposta então a existência de *descontinuidades de planos atômicos nos cristais,* isto é, alguns planos de átomos na rêde cristalina apareceriam truncados em sua continuidade.

Êsse fato faz aparecer na região descontínua uma certa tensão interna. O lugar geométrico dos pontos onde aparece essa tensão é chamado de *discordância em cunha.*

A *teoria das discordâncias* admite que:

a) todos os cristais são imperfeitos;

b) devido essas imperfeições, os cristais apresentam discordâncias;

c) a aplicação de esforços que causam deformações no cristal ocasionam novas discordâncias.

Uma visualização dêsse fenômeno pode ser feita segundo o artifício de BRAGG e NYE, utilizando-se uma camada de bôlhas de sabão disposta na

NOÇÕES SÔBRE A TEORIA CRISTALOGRÁFICA DOS METAIS

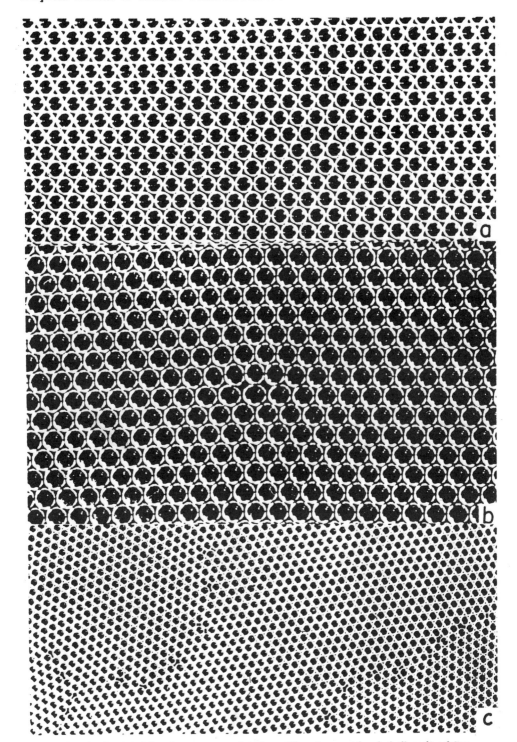

Fig. 3.16 — Modelos de estrutura cristalina utilizando camadas de bolhas de sabão: *a*) cristal perfeito; *b*) com discordância; *c*) com contornos dos grãos.

superfície de um líquido (figura 3.16). Com êste artifício pode-se conseguir uma disposição regular, uma imagem do cristal perfeito (figura 3.16(a)).

A retirada (ou o acréscimo) de uma bôlha provocaria uma discordância (figura 3.16 (b), no centro). Na figura 3.16 (c) são mostradas discordâncias nos contornos dos grãos.

O efeito das discordâncias nos cristais é o de reduzir a tensão externa necessária para produzir um escorregamento no cristal. Isto pode ser explicado pelo que segue: [1]

A figura 3.17 (a) mostra duas camadas adjacentes de átomos. Como já foi discutido no item *Deformação dos Cristais*, uma fôrça ou tensão aplicada na camada superior, dirigida da esquerda para a direita, encontrará uma resistência.

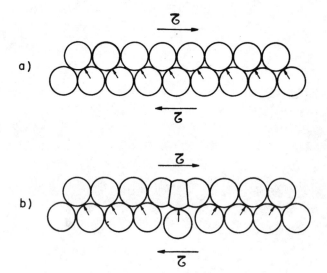

FIG. 3.17 — Efeito da discordância nas tensões para produzir escorregamento num cristal.

Esta resistência é devida a tensões de cada átomo desta camada com os átomos da camada adjacente inferior.

Essas tensões resistentes atuarão da direita para a esquerda, conforme as setas da figura 3.17(a).

Na figura 3.17 (b) aparece um átomo a mais na camada superior. Êste fato provoca a existência de tensões de alguns átomos da camada inferior sôbre alguns da camada superior.

NOÇÕES SÔBRE A TEORIA CRISTALOGRÁFICA DOS METAIS

Isto significa que uma menor tensão externa será necessária para se proceder ao escorregamento de uma camada sôbre outra. Dizemos então que o cristal que apresenta discordância é mais frágil que o cristal perfeito.

3.8 — MECANISMO DA DEFORMAÇÃO PLÁSTICA

No parágrafo 3.4 foi suposta a deformação do cristal, para o caso de cristais perfeitos, sem se considerar a intervenção de discordâncias. Imagine-se agora uma pequena tensão de cisalhamento τ aplicada na camada superior de átomos da figura 3.18 (a). A configuração tomará o aspecto esquematizado em (b). Sendo pequena a tensão, o cristal retornará à forma primitiva, tão logo cesse a causa de sua deformação. Se, no entanto, a tensão fôr mais alta, haverá um escorregamento como é visto em (c); desta forma ter-se-á um deslocamento para a direita, da camada superior, de uma distância atômica. Observa-se, porém, que não há ainda deslocamento na parte direita da figura 3.18 (c). Vê-se que o primeiro estágio da deformação plástica (c) afeta poucos átomos ao longo do plano de deslizamento, e pode ser conseguida por uma tensão de cisalhamento τ muito mais baixa do que a que seria necessária, se todos os átomos ao longo do plano de deslizamento fôssem deslocados ao mesmo tempo, como é mostrado na figura 3.11. Não obstante iniciou-se a deformação plástica e o deslocamento resultante é indicado pelo traço forte em (c). Nesta região aparece, portanto, uma discordância, e devido a êste fenômeno sòmente uma pequena tensão τ será suficiente para prosseguir a deformação do cristal (como explicado no item 3.7). Êste deslocamento formado mover-se-á para a direita conforme se vê em (d) e (e) até completar em (f). Conseqüentemente, a tensão de escoamento pode ser considerada como a tensão necessária para fazer o deslocamento de uma discordância*.

O movimento de um deslocamento de uma extremidade à outra de um cristal, e a necessária tensão para realizá-lo, pode ser fàcilmente entendido observando-se como se faz para movimentar um tapête pesado, quando estendido no chão: o modo mais fácil é formar uma *ruga* numa das extremidades, como mostra a figura 3.19 (b) e fazer esta ruga deslocar para a direita (no caso de nossa figura) até completar a primeira fase da movimentação (f). Assim procedendo podemos levar o tapête, pouco a pouco, a qualquer posição, sem dispendermos grande esfôrço.

É interessante notar que o tapête não perdeu o contato com o chão; de maneira análoga o movimento de uma discordância (ruga) ocorre no cristal, sem que haja uma separação de átomos ao longo do par de planos de deslizamento (tapête e chão).

---

* Para um estudo mais profundo consultar [12] da bibliografia.

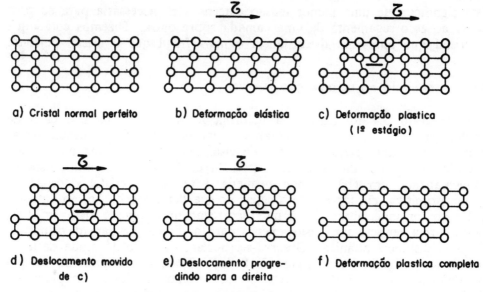

Fig. 3.18 — Deformação dos cristais.

Cada fase do movimento produz o avanço de apenas uma distância atômica. Devido a isto é preciso um número muito grande de fases para que a deformação do cristal possa ser medida no sentido da técnica de engenharia. Lembre-se que as distâncias são da ordem de 10^{-8} cm, o que significa a necessidade de milhões de deslocamentos do tipo estudado, para que se possa, v. g., medir uma deformação com extensômetros elétricos.

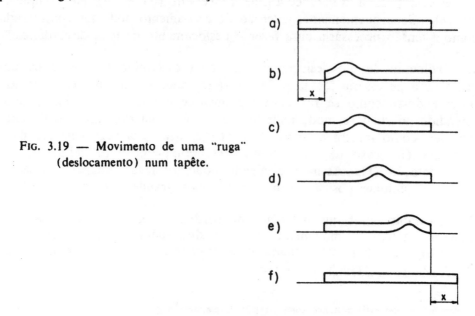

Fig. 3.19 — Movimento de uma "ruga" (deslocamento) num tapête.

NOÇÕES SÔBRE A TEORIA CRISTALOGRÁFICA DOS METAIS

3.9 — MOVIMENTO DAS DISCORDÂNCIAS

Foi desenvolvida uma técnica, em 1958, para investigar o movimento das discordâncias nos cristais, devido à deformação plástica. A técnica consiste em se aproveitar o fato seguinte: um ácido reagente ataca fracamente a face de um cristal perfeito, e ataca mais ativamente a face de um cristal deformado, no local onde há intersecção com uma linha de discordância — local onde aparecerá uma pequena depressão que poderá ser fotografada. Então, se se aumenta a tensão no cristal, a linha de discordância mover-se-á para uma nova posição e, no ataque com ácido reagente, a depressão formar-se-á na nova posição.

Desta forma podem ser fotografados os pontos pelos quais caminha a discordância [1]. Êstes pontos identificados mostram exatamente a trajetória da discordância.

3.10 — EFEITO DE LIGA NA RESISTÊNCIA

No capítulo 3.8 foi definida a resistência ao escoamento como sendo a tensão necessária para mover uma discordância. Consideremos agora o *efeito de átomos de uma liga* sôbre o movimento de discordâncias.

Durante a solidificação de uma liga*, quando se forma uma discordância, os átomos maiores do elemento de liga tendem a se colar a uma discordância, devido ao fato de aí encontrar maior espaço do que em outro lugar [1]. Por isso se afirma que as discordâncias têm atração pelos elementos de liga, assim como pelas impurezas. Nestes casos, depois da liga atingir a temperatura ambiente, e então sofrer uma tensão, o movimento da discordância será bloqueado pelo elemento de liga (ou impureza). Assim a resistência ao escoamento da liga fica aumentada, significando isso a necessidade de uma maior tensão para produzir o movimento da discordância. Uma vez começado o escoamento do metal, êste poderá amolecer um pouco. Isto se explica pelo fato seguinte: quebrando-se o vínculo da discordância com a impureza, o deslizamento será mais fácil [1].

Quanto maior o átomo do elemento de liga, maior será o acréscimo de resistência na liga. Se o átomo do elemento de liga fôsse da mesma dimensão do átomo do elemento base da liga, a disposição final pouco ou nada alteraria e a estrutura cristalina teria a mesma resistência.

A figura 3.20 mostra o aumento de resistência da liga em função das dimensões dos átomos e dos elementos, segundo Paul BLACK [1].

---

* Ou mesmo após a solidificação, em certas ligas.

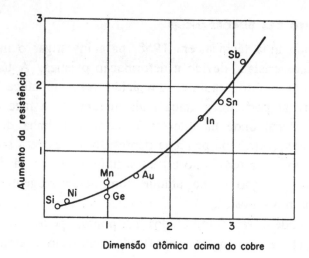

FIG. 3.20 — Aumento da resistência do cristal de cobre devido a 1% de elemento de liga de dimensão atômica acima do cobre. [1].

3.11 — RUPTURA DOS MATERIAIS DÚTEIS E FRÁGEIS

A ruptura de um material cristalino sob cargas estáticas pode ocorrer:

  a) excedendo a resistência ao cisalhamento;
  b) excedendo a resistência à tração.

Quando um corpo de prova está sob uma determinada carga, a ocorrência de a) ou b) depende das resistências coesivas do material, assim como das eventuais discordâncias, impurezas ou trincas.

Quando o corpo apresenta irregularidades na estrutura cristalina, a resistência oferecida aos esforços externos é bem menor do que a resistência teórica, como já foi visto. Se a ruptura se faz pelo processo a), tal ocorrência é precedida de uma deformação considerável [1]; neste caso diz-se que o *material* é dútil. Se a ruptura se faz pelo processo b), tal ocorrência é brusca, com pequena deformação; neste caso diz-se que o *material é frágil*. Atualmente prefere-se referir ao material no *estado dútil* ou no *estado frágil,* tendo em vista o fato de alguns materiais se portarem como *frágeis* numa determinada temperatura e como *dúteis* em outra temperatura.

O ferro puro ou aço de baixo carbono comporta-se como material dútil porque o deslizamento ocorre fàcilmente. Com pequenas irregularidades na rêde cristalina, ou pouca impureza, ainda é material dútil, porque o deslizamento não é bloqueado e a ruptura é muito mais por cisalhamento do que por tração.

Entretanto, se houver átomos de dimensões diversas como nos casos de aço-liga, ou se houver inclusões ou precipitados endurecidos, o movimento das discordâncias poderá ser bloqueado. A figura 3.21 mostra uma inclusão endurecida numa rêde cristalina submetida a uma tensão τ. Em *a*) vê-se um acúmulo de discordâncais ($\perp$) à esquerda da inclusão. Em *b*) vê-se o estágio seguinte, aparecendo agora a cavidade C originada por um acúmulo de tensões.

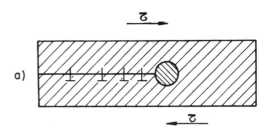

FIG. 3.21 — Discordância em cunha produzindo uma cavidade "C" e movimento da discordância, prosseguindo para a direita.

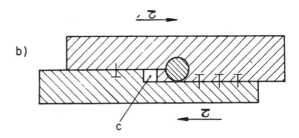

3.12 — ESCOAMENTO EM METAL POLICRISTALINO

O exposto até agora diz respeito apenas à resistência de metais, referida a simples cristais. Quanto ao caso de metais policristalinos, entretanto, pouco progresso se tem feito. Há inúmeras dificuldades, devido às seguintes razões:

a) *a orientação ao acaso dos grãos cristalinos.* Necessitam-se por isso de cálculos estatísticos para se achar as propriedades do cristal;

b) *o efeito dos contornos dos grãos cristalinos,* assemelhando-se a um muro de discordâncias;

c) *a variação de dimensão dos grãos;*

d) *um simples cristal em um ensaio pode se deformar livremente numa direção perpendicular à direção da carga, ao passo que num agregado tal deformação é dificultada, se não impossível.*

CHALMERS, em 1937, fazendo ensaios com dois cristais de estanho, constatou que a tensão de escoamento é consideràvelmente influenciada pelas orientações relativas dos dois cristais. Quando as orientações são próximas, os resultados são também próximos dos resultados de um monocristal [8]. Quanto maior a diferença de orientações, tanto maiores as discrepâncias em relação ao monocristal.

3.13 — BIBLIOGRAFIA

[1] BLACK, Paul H. *Theory of Metal Cutting.* New York, McGraw-Hill Book Co. Inc., 1961.

[2] PAULING, Linus. *Química General.* Madrid, Aguilar, 1960.

[3] ANDREWS, D. H. e KOKES, R. J. *Fundamental Chemistry.* New York, J. Wiley & Sons Inc. 1962.

[4] PAULING, Linus. *The Nature of the Chemical Bond.* New York, Cornell University Press, 1960.

[5] LIMA PEREIRA, R., GARLIPP, W. e KITICE, T. *Curso de Metalurgia.* Seção de Publicações da Escola de Engenharia de São Carlos, USP, 1960.

[6] PARTINGTOM, J. R. *An Advanced Treatise of Physical Chemistry — Vol. three: The Properties of Solids.* London, Longmans, Green and Co. 1952.

[7] MICHEL, André. *Aciers à outils.* Paris, Dunod, 1950.

[8] SHOCKLEY, W. *Imperfections in Nearly Perfect Crystals.* New York, John Wiley & Sons, Inc., 1952.

[9] COTTRELL, A. H. *The Mechanical Properties of Matter.* London, John Wiley & Sons Inc., 1964.

[10] MOFFAT, W. G., PEARSALL, G. W. e WULFF, J. *Structure and Properties of Materials, vol. I Structure.* New York, John Wiley & Sons Inc. 1964.

[11] SHAW, M. C. *Metal Cutting Principles.* Massachusetts, The MIT Press, 1965.

[12] COTTRELL, A. H. *Theory of Crystal Dislocations.* London, Gordon and Breach, 1965.

IV

MECANISMO DA FORMAÇÃO DO CAVACO

4.1 — GENERALIDADES

Para uma explicação científica das diferentes grandezas relacionadas com a usinagem dos metais, tais como *desgaste da ferramenta e suas causas, fôrça de corte, aresta postiça de corte*, etc.,* é necessário um estudo minucioso do processo de formação do cavaco. Porém foge dos objetivos do presente trabalho um tratamento pormenorizado das diversas teorias sôbre o mecanismo da formação do cavaco [1 a 8]; limitar-nos-emos a uma apresentação do estado atual do desenvolvimento da pesquisa neste campo.

O estudo experimental da usinagem é de essencial importância, pois a *teoria da plasticidade* não permite explicar satisfatòriamente os fenômenos observados. No processo de formação do cavaco, as velocidades e as deformações que ocorrem são muito grandes, comparadas com aquelas tratadas na teoria da plasticidade.

Em geral, a formação de cavaco, nas condições normais de usinagem com ferramentas de metal duro ou de aço rápido**, se processa da seguinte forma:

a) Durante a usinagem, devido a penetração da ferramenta na peça, uma pequena porção de material (ainda solidária à peça) é recalcada contra a superfície de saída da ferramenta.

b) O material recalcado sofre uma deformação plástica, a qual aumenta progressivamente, até que as tensões de cisalhamento se tornem suficientemente grandes, de modo a se iniciar um *deslizamento* (sem que haja com isto uma perda de coesão) entre a porção de material recalcado e a peça. Êste deslizamento se realiza segundo os *planos de cisalhamento* dos cristais da porção de material recalcada***. Durante a usinagem, êstes planos instantâneos irão definir uma certa região entre a peça e o cavaco, dita *região de cisalhamento*. Para facilitar o trata-

---

* Propomos aqui êste têrmo para designar o *Aufbauschneide* da literatura alemã, correspondendo ao *built up edge* da literatura inglêsa.

** Verifica-se que em altíssimas velocidades de corte o fenômeno da formação do cavaco se assemelha mais a um fenômeno de escoamento de fluido, se afastando completamente às considerações que serão tratadas neste capítulo.

*** Ver Capítulo III, *Noções sôbre a teoria cristalográfica dos metais.*

mento matemático dado à formação do cavaco, esta região é assimilada a um plano, dito simplesmente *plano de cisalhamento* (figura 4.1). Êste plano é tomado quanto possível paralelo aos planos de cisalhamento dos cristais dessa região e é definido pelo *ângulo de cisalhamento* ϕ.

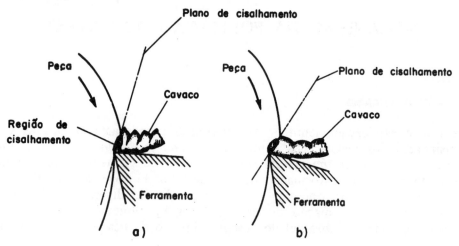

FIG. 4.1 — Formação do cavaco: *a*) cavaco de cisalhamento; *b*) cavaco contínuo.

c) Continuando a penetração da ferramenta em relação à peça, haverá uma *ruptura parcial ou completa* na região de cisalhamento, dependendo naturalmente da dutilidade do material e das condições de usinagem. Para os *materiais altamente deformáveis,* a ruptura se realiza sòmente nas imediações da aresta cortante (figura 4.1*b*), o cavaco originado é denominado *cavaco contínuo*. Para os *materiais frágeis* (figura 4.1 *a*), se origina o *cavaco de cisalhamento ou de ruptura*.

d) Prosseguindo, devido ao movimento relativo entre a ferramenta e a peça, inicia-se um escorregamento da porção de material deformada e cisalhada (cavaco) sôbre a superfície de saída da ferramenta. Enquanto tal ocorre, uma nova porção de material (imediatamente adjacente à porção anterior) está-se formando e cisalhando. Esta nova porção de material irá também escorregar sôbre a superfície de saída da ferramenta, repetindo novamente o fenômeno.

Do exposto conclui-se que o *fenômeno da formação do cavaco,* nas condições normais de trabalho com ferramenta de metal duro ou de aço rápido *é um fenômeno periódico,* inclusive a formação do cavaco contínuo. Tem-se alternadamente uma fase de recalque e uma fase de escorregamento, para cada pequena porção de material removido [9].
Esta afirmação da periodicidade do fenômeno foi comprovada experimentalmente por meio de filmagem e por meio da medida da freqüência e da amplitude da variação da intensidade da fôrça de usinagem.

MECANISMO DA FORMAÇÃO DO CAVACO

Filmagem da formação do cavaco

O mecanismo da formação do cavaco foi filmado diversas vêzes, porém apenas com velocidades de corte baixas. Sòmente em 1954 E. BICKEL [10], do Instituto de Máquinas Operatrizes da E. T. H. de Zurique, conseguiu filmar a formação do cavaco com velocidades de corte altas, isto é, velocidades correspondentes às condições normais de trabalho.

BICKEL empregou uma câmara filmadora de alta velocidade, construída especialmente para essa pesquisa, permitindo filmar com velocidade do filme de até 7.500 quadros por segundo. Para possibilitar um melhor estudo do fenômeno, a operação de corte empregada foi o torneamento ortogonal (ângulo de posição $\chi = 90°$) em tubo riscado axialmente, com uma distância de 1mm entre cada risco (figura 4.2). Os materiais ensaiados foram o aço St-50.11* e o ferro fundido de qualidade média, torneados

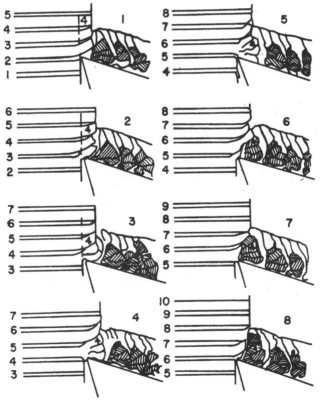

FIG. 4.2 — Esquemas da formação de um elemento de cavaco segundo BICKEL [10]. As superfícies hachuriadas não são superfícies de corte, mas sim as faces laterais de elementos de cavaco rasgados e deformados.

---

* Para conversão dos materiais normalizados pela DIN aos correspondentes materiais da norma ABNT, ou ASA, consultar o apêndice.

92 FUNDAMENTOS DA USINAGEM DOS METAIS

com ferramentas de aço rápido e metal duro. As condições de ensaios variaram nos seguintes limites:

velocidade de corte .... $v = 20$ a 140m/min

avanço .... $a = 0,34$ a 1mm/volta

ângulo de saída .... $\gamma = 6$ a 15^0

ângulo de folga .... $\alpha = 7^0$

ângulo de inclinação .... $\lambda = 0^0$

profundidade de corte (espessura da parede do tubo) .... $p = 6$mm.

Cada filmagem durou aproximadamente 0,9 segundos. A figura 4.2 apresenta oito esquemas baseados num dos filmes; entre dois esquemas consecutivos há um grande número de quadros de filme. Essa filmagem corresponde a um ensaio realizado com $v = 20$m/min, $a = 1$mm/volta, em aço St-50.11, com ferramenta de aço rápido. Os demais ensaios realizados com velocidades de corte maiores revelaram que o fenômeno se processa de modo análogo, apenas com maior rapidez.

Em seus comentários sôbre o estudo dêstes filmes, observados em câmara lenta, o professor BICKEL formula conclusões muito interessantes, devendo-se assinalar as seguintes:

1 — "Também o chamado cavaco contínuo forma-se descontìnuamente, através da formação de elementos discretos."

2 — "Entre os cavacos cisalhados e contínuos não existe uma diferença básica, mas sim uma diferença gradual."

3 — "Na formação de um elemento de cavaco origina-se uma fissura (figura 4.1), cuja extensão é aproximadamente igual em ambas as faces laterais do cavaco (faces normais à aresta de corte) no corte ortogonal. Dependendo do material da peça e das condições de usinagem, essa fissura pode ser bastante profunda, provocando a perda de coesão e conseqüentemente a saída do cavaco em forma de pedaços."

4 — "O esquema do baralho de cartas (figura 4.3). freqüentemente encontrado na literatura americana [11], para ilustrar a formação do cavaco contínuo, não corresponde exatamente aos fenômenos reais, pois não considera a deformação plástica antes do início do deslizamento."

5 — "Além do deslocamento retilíneo ou curvilíneo do elemento de cavaco, também se observa, nas faces laterais do cavaco, um certo movimento de rolamento, mediante o qual partículas da superfície da peça podem penetrar no interior do cavaco (figura 4.2)..." Esta ocorrência explica o aumento da espessura de cavaco, denominado de *recalque* (figura 4.4).

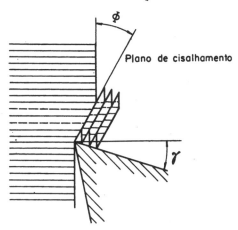
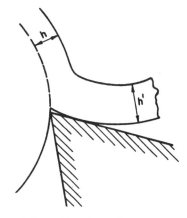

FIG. 4.3 — Baralho de PIISPANEN [11] para ilustrar a formação do cavaco.

FIG. 4.4 — Recalque do cavaco.
$R_c = h'/h$

6 — "É interessante observar, através da filmagem da parte superior do cavaco, as fissuras e as superfícies de cisalhamento; ambas não se distribuem em linhas retas perpendiculares à direção de escoamento do cavaco, mas sim em disposição de escama de peixe, ou seja, as partes laterais se adiantam em relação às centrais (figura 4.5). Com isto aumenta ligeiramente a largura do cavaco..."

FIG. 4.5 — Formação de escamas de peixe no cavaco contínuo.

7 — "A velocidade de saída do cavaco não é constante ao longo de sua espessura. Observa-se nìtidamente no filme, através dos traços riscados sôbre a peça, que há partes de elementos de cavaco que temporàriamente não possuem movimento algum com relação à superfície de saída da ferramenta, ou seja, no trecho de contato entre cavaco e superfície de saída não há temporàriamente desligamento..."

Medida da freqüência e da amplitude de variação da fôrça de usinagem

A medida da freqüência de variação da fôrça de corte também tem sido ùltimamente estudada. P. LANDBERG [12] já realizara em 1955 pesquisas dessa natureza. Para tanto LANDBERG adaptou à uma ferramenta de barra um captador, o qual permitia, com auxílio de um amplificador, verificar num osciloscópio a vibração da ferramenta devida à formação do cavaco, em certas condições de usinagem. Em 1957 B. BORISSOW [13] procurou medir a freqüência de formação do cavaco através da corrente produzida

94 FUNDAMENTOS DA USINAGEM DOS METAIS

pelo par térmico ferramenta-peça. A variação da fôrça e da velocidade de corte produziam uma variação da corrente elétrica, recebida num osciloscópio.

Porém, para determinar nas condições normais de torneamento as freqüências e amplitudes de variação da fôrça de usinagem, tornava-se necessário construir um aparelho especial de medida da fôrça. Era de interêsse, também, que o dinamômetro construído pudesse medir pelo menos duas componentes da fôrça de usinagem (a fôrça principal de corte e a de penetração ou de avanço), para verificar se as correspondentes vibrações das fôrças estavam em fase.

As dificuldades da construção dêsse aparelho residiam no fato de que a freqüência de formação do cavaco f_c, nos casos normais de usinagem com ferramentas de metal duro, é acima de 1.500 c. p. s. e a amplitude de variação da fôrça é inferior a 5% do valor médio da fôrça. Para o torneamento com produção de cavaco contínuo, em freqüências abaixo de 1.500 c. p. s, a amplitude de variação da fôrça é ainda inferior a 3% do valor médio.

Tem-se, assim, duas exigências construtivas: *alta freqüência da fôrça pulsante a ser medida e pequena amplitude de vibração*. Como será visto nos §§ 6.1 a 6.3, o princípio de medida melhor indicado para êsse tipo de ensaio é o da medida da deformação de molas. Construindo-se um aparelho baseado nesse princípio, verificou-se que, para um determinado grau de amortecimento, a freqüência natural de vibração mais baixa do sistema oscilante f_n deveria ser igual ou superior a três vêzes a freqüência a ser medida f_c (ver § 6.4), caso contrário as medidas da freqüência e amplitude da fôrça seriam dificultadas. Além disso, os deslocamentos medidos devem ser suficientemente reduzidos, para que os movimentos vibratórios da ferramenta dinamométrica sejam iguais ou inferiores aos de uma ferramenta de uso prático (ver § 6.2). Do ponto de vista construtivo, isto implica em dinamômetros com elementos elásticos, os mais rígidos possíveis e de massas mínimas. Por outro lado, a necessidade de uma grande sensibilidade do aparelho, para permitir medidas de variação muito pequena da fôrça de corte, exigia a construção de medidores de deformação adequados.

Em 1959 foi construído pelo autor um dinamômetro (ver § 6.5), o qual permitia medir simultâneamente duas componentes da fôrça de usinagem [14 e 15]. Graças à forma construtiva, à extrema rigidez, à disposição e escolha adequada dos elementos de medida, foi possível obter uma freqüência natural $f_n = 7.000$ c. p. s e uma sensibilidade de 2,3mm/kg* na leitura do aparelho indicador. Os medidores empregados foram do tipo indutivo (ver § 6.3.4).

Com êste dinamômetro foi possível medir-se a freqüência e amplitude de variação das componentes da fôrça de usinagem, pois o dinamômetro de

Ensaio nº 52 – Medida da frequência da fôrça P_c por comparação a uma frequência conhecida de 800 c.p.s

Material 25 Cr Mo 4; v = 100 m/min
a·p = 0,53·2,5 mm²; f_c = 1330 c.p.s
v_c = 84,6 cm/s; n = 15,6 esc/cm

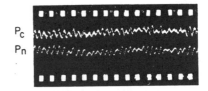

Ensaio nº 74 – Verificação se as fôrças P_c e P_n oscilam em fase.

Material 25 Cr Mo 4; v = 104 m/min
a·p = 0,75·2,5 mm²; f_c = 1380 c.p.s
v_c = 95 cm/s; n = 14,5 esc/cm
P_c = 320 kg*; P_n = 140 kg*

Ensaio nº 79 – Medida da frequência e amplitude da fôrça P_c

Material 25 Cr Mo 4; v = 125 m/min
a·p = 0,75·2,5 mm²; f_c = 1950 c.p.s
P_c = 318 kg*; Δp = 9,6 kg*

Ensaio nº 141 – Medida da frequência e amplitude da fôrça P_c

Material 30 Cr MoV9; v = 150 m/min
a·p = 0,75·2,5 mm²; f_c = 2800 c.p.s
P_c = 330 kg*; Δp = 9 kg

Ensaio nº 43 – Medida da frequência e amplitude da fôrça P_n

Material 25 Cr Mo 4; v = 80 m/min
a·p = 0,75·2,5 mm²; f_c = 610 c.p.s
P_n = 150 kg*; Δp = 2,8 kg*

Ensaio nº 141 – Aferição na medida da amplitude Δp, com sinal na ponte amplificadora correspondente à 17 kg*

FIG. 4.6 — Medidas dinâmicas das fôrças de usinagem no torneamento.

maior freqüência natural construído até essa época era o de TEN HORN e SCHÜRMAN (ver pág. 227), com $f_n = 2.600$ c. p. s, o qual não possibilitava comprovar dinâmicamente a periodicidade do fenômeno da formação do cavaco.

A figura 6.59 apresenta esquemàticamente a aparelhagem empregada pelo autor na medida dinâmica de duas componentes da fôrça de usinagem. Consta de um dinamômetro, o qual transforma as fôrças de usinagem em deslocamentos, medidos por captadores indutivos; através da variação da indução tem-se uma variação de tensão, que é amplificada em *duas pontes amplificadoras* (uma para cada componente); a tensão amplificada vai para *um osciloscópio de duplo feixe,* o qual, por meio de *uma câmara filmadora,* permite registrar no filme as variações das fôrças. Os valôres médios das fôrças são lidos nos galvanômetros das pontes amplificadoras. A figura 4.6 mostra vários filmes obtidos em diferentes condições de usinagem. A figura 4.7 ilustra os resultados obtidos num ensaio.

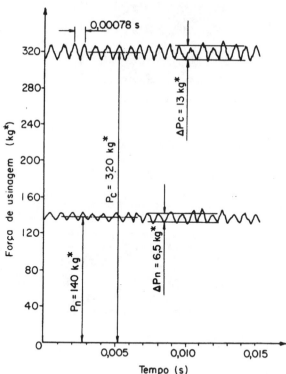

FIG. 4.7 — Esquema ilustrativo das fôrças medidas em função do tempo.

Através dêstes ensaios, pode-se comprovar a periodicidade da formação do cavaco, mesmo no *cavaco contínuo* (ver § 4.2). Esta freqüência de formação pode ser determinada em condições particulares de usinagem, contando-se o número *n* de escamas do cavaco por unidade de comprimento. Tem-se assim

$$f_c = n \cdot v_c \qquad (4.1)$$

onde v_c é a velocidade de saída do cavaco*. A figura 6.60 apresenta dois ensaios de usinagem em aço 25CrMo4. Com a velocidade de corte $v =$ 100m/min, pode-se contar fàcilmente o número de escamas por cm de cavaco, verificando-se uma coincidência perfeita entre a freqüência f_c calculada desta forma e a freqüência obtida através do filme. Já para a velocidade $v = 60$m/min a contagem do número de escamas é impraticável; a comprovação da periodicidade do fenômeno da formação do cavaco só pode ser realizada diretamente através da medida dinâmica.

Com êste dinamômetro foi realizado pelo autor uma série de ensaios em diferentes materiais sob diferentes condições de usinagem [14 e 15]. As figuras 4.8 a 4.11 apresentam alguns gráficos obtidos através dos ensaios. Não se deve confundir esta freqüência de formação de cavaco com as freqüências provenientes da trepidação da ferramenta. Estas últimas são devidas a vários fatôres, relacionados com o conjunto *peça-ferramenta-máquina*. Enquanto que a freqüência de formação do cavaco é relativamente elevada, as outras freqüências são sensìvelmente mais baixas [16]. Êste assunto será desenvolvido posteriormente.

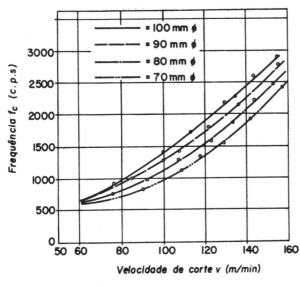

FIG. 4.8 — Freqüência de formação do cavaco em função da velocidade de corte, para diferentes diâmetros da peça usinada. Material 25 CrMo4; pastilha de metal duro P 10 e P 30; $a.p = 0,53.2,5$ mm²; $\alpha = 8°$; $\gamma = 5°$; $\lambda = -6°$; $\chi = 62°$; $\epsilon = 90°$; $r = 1$ mm.

4.2 — CARACTERÍSTICAS DOS CAVACOS

4.2.1 — Tipos de cavaco.

Diversas classificações de cavaco têm sido propostas pelos pesquisadores. Uma das mais comuns, citada tanto na literatura alemã como na americana, consiste na subdivisão em três tipos de cavaco [3 e 17]:

---

* A velocidade v_c de saída do cavaco pode ser obtida medindo-se o comprimento de cavaco usinado num determinado tempo.

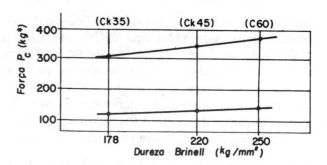

FIG. 4.9 — Influência do material da peça sôbre a fôrça de corte P_c, a amplitude ΔP_c e a freqüência de variação da fôrça de corte f_c. $v = 100$ m/min; $d = 103$ mm; $a.p = 0,75.2,5$ mm^2; $\alpha = 8°$; $\gamma = 5°$; $\lambda = -6°$; $\chi = 62°$; $\epsilon = 90°$; $r = 1$ mm.

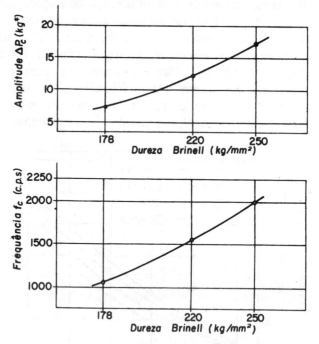

a) *Cavaco contínuo**. Apresenta-se constituído de *lamelas* justapostas numa disposição contínua e agrupadas em *grupos lamelares* (figura 4.12 a).

Reserva-se a palavra *lamela* para definir a camada de material de cavaco, constituída pelos grãos cristalinos (vide § 3.5 e seguintes) deformados (figura 4.13). Aos agrupamentos distintos de lamelas, denomina-se *grupos lamelares, elementos de cavaco ou escamas*. No cavaco contínuo, a distinção entre êstes grupos lamelares não é tão nítida, como nos outros tipos de cavaco; há apenas um deslizamento dêstes elementos de cavaco. Êste deslizamento é, porém, nìtidamente observado através da medida da variação da fôrça de usinagem.

---

* Em alemão *"Flisspan"*; em inglês *"Flow Chip"*.

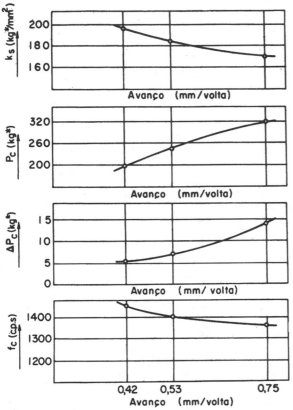

FIG. 4.10 — Influência do avanço sôbre a fôrça de corte P_c, a amplitude ΔP_c, a pressão específica de corte k_s e a freqüência da variação da fôrça de corte f_c. Material 25 CrMo4; pastilha de metal duro P 10 e P 30; $v = 100$ m/min; $p = 2,5$ mm; $d = 100$ mm; $\alpha = 8°$; $\gamma = 5°$; $\epsilon = 90°$; $\lambda = -6°$; $\chi = 62°$; $\epsilon = 90°$; $r = 1$ mm.

O cavaco contínuo forma-se na usinagem de materiais dúteis e homogêneos, com pequeno e médio avanço, não havendo interferência devido a vibrações externas ou à variação das condições de atrito na superfície de saída da ferramenta. A velocidade de corte é geralmente superior a 60 m/min.

FIG. 4.11 — Influência da velocidade de corte sôbre a amplitude de variação da fôrça de corte. Material 25 CrMo4; pastilha de metal duro P 10 e P 30; $\alpha = 8°$; $\gamma = 5°$; $\lambda = -6°$; $\chi = 62°$; $\epsilon = 90°$; $r = 1$ mm.

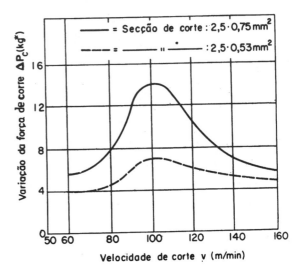

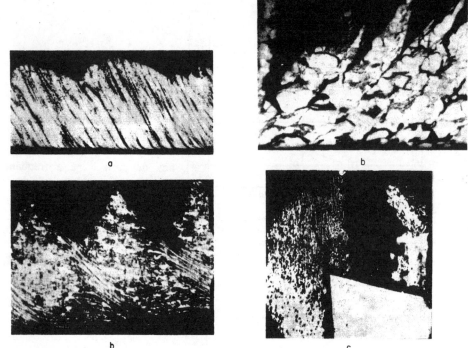

FIG. 4.12 Tipos de cavaco: *a*) cavaco contínuo; *b*) e *b'*) cavaco de cisalhamento; *c*) cavaco de ruptura.

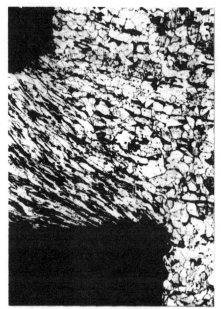

FIG. 4.13 — Micrografia de uma raiz de cavaco de aço-carbono.

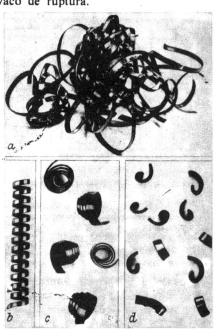

FIG. 4.14 — Formas de cavaco segundo VIEREGGE [5]: *a*) cavaco em fita; *b*) cavaco helicoidal; *c*) cavaco espiral; *d*) cavaco em lascas.

MECANISMO DA FORMAÇÃO DO CAVACO

b) *Cavaco de cisalhamento**. Apresenta-se constituído de grupos lamelares bem distintos e justapostos. Êstes elementos de cavaco foram cisalhados na região de cisalhamento e parcialmente soldados em seguida (figura 12b e b').

Forma-se quando houver diminuição da resistência do material no plano de cisalhamento, devido ao aumento da deformação, à heterogeneidade da estrutura metalográfica, ou a vibrações externas que conduzem às variações da espessura de cavaco.

Êste tipo de cavaco também se forma empregando-se grandes avanços, velocidades de corte geralmente inferiores a 100m/min e ângulo de saída pequeno.

c) *Cavaco de ruptura***. Apresenta-se constituído de fragmentos arrancados da peça usinada (figura 12c). Há uma ruptura completa do material em grupos lamelares (na região de cisalhamento), os quais permanecem separados.

Forma-se na usinagem de materiais frágeis ou de estrutura heterogênea, tais como ferro fundido ou latão.

Verifica-se que não há uma distinção perfeitamente nítida entre os tipos *a* e *b* de cavaco. Conforme as condições de usinagem (avanço, velocidade de corte, ângulo de saída) pode-se passar do cavaco contínuo ao de cisalhamento ou vice-versa. Tal observação já foi apresentada nas conclusões de BICKEL, após a filmagem da formação do cavaco.

4.2.2 — Formas de cavaco.

Além dos três tipos de cavaco, pode-se diferenciá-lo quanto à sua forma. Certas formas de cavaco dificultam a operação de usinagem, prejudicam o acabamento superficial da peça e desgastam mais ou menos a ferramenta. Segundo VIEREGGE [5] tem-se quatro formas de cavaco (figura 4.14):

a) *cavaco em fita,*
b) *cavaco helicoidal,*
c) *cavaco espiral,*
d) *cavaco em lascas ou pedaços.*

O *cavaco em fita* pode provocar acidentes, ocupa muito espaço e é difícil de ser transportado. Geralmente a forma de cavaco mais conveniente é a *helicoidal;* o *cavaco em lascas* é preferido sòmente quando houver pouco espaço disponível, ou quando o cavaco deve ser removido por fluido refrigerante, como no caso da furação profunda.

---

* Em alemão *"Scherspan"*; em inglês *"Tear Chip"*.
** Em alemão *"Reisspan"*; em inglês *"Shear Chip"*.

Define-se *coeficiente volumétrico* de cavaco ω a relação entre o volume ocupado pelo cavaco V_e e o volume correspondente ao seu pêso V_p.

$$\omega = \frac{V_e}{V_p} = \frac{\rho \cdot V_e}{P \cdot 1.000}, \qquad (4.2)$$

onde

V_e = volume ocupado pelo cavaco, em cm³,
P = pêso do cavaco, em kg*,
ρ = pêso específico do material usinado, em g*/cm³.

Êste coeficiente fornece apenas um valor relativo das diferentes formas de cavaco, pois depende da maneira com que o mesmo é armazenado. A figura 4.15 fornece os valôres de ω para diferentes formas de cavaco, segundo WULF, SAGREZKI e EFRON [18]; para a determinação de V_e foi considerado o armazenamento manual de cavaco. A figura 4.16 dá uma idéia bastante clara da influência da forma do cavaco no volume V_e.

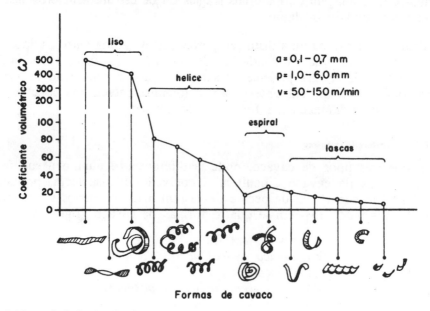

FIG. 4.15 — Influência da forma de cavaco no valor do coeficiente volumétrico ω. segundo WULF, SAGREZKI e EFRON [18].

Pode-se provocar a mudança de forma do cavaco sob diferentes maneiras:

a) *alterando-se as condições de usinagem;*
b) *dando-se uma forma especial à superfície de saída da ferramenta;*
c) *colocando-se elementos adicionais na superfície de saída.*

FIG. 4.16 — Volumes de cavacos obtidos sob diferentes formas, após 60 minutos de usinagem com área de secção de corte $a.p = 0,25.2$ mm²: a) cavaco em fita; b) cavaco helicoidal; c) cavaco em pedaços.

O aumento da capacidade de quebra do cavaco, para materiais não demasiadamente tenazes, pode ser obtido através do aumento da deformação do cavaco no plano de cisalhamento, isto é através das seguintes alterações:

— *diminuição do ângulo de saída e de inclinação da ferramenta, ou o emprêgo de ambos com valôres negativos* (figura 4.17);
— *aumento da espessura h de corte e diminuição da velocidade de corte.*

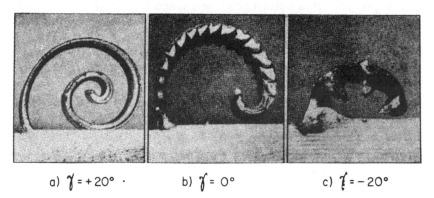

FIG. 4.17 — Influência do ângulo de saída γ sôbre a forma de cavaco na usinagem de aço, segundo VIEREGGE [5]: a) $\gamma = + 20°$; b) $\gamma = 0°$; c) $\gamma = - 20°$.

Êste processo de mudança das condições de usinagem, com o fim especial de obter uma forma adequada de cavaco, deve ser o quanto possível evitado. A velocidade de corte e o avanço devem ser fixados pelas *condições econômicas de usinagem*, como será visto posteriormente. Os ângulos negativos de saída e de inclinação, quando exagerados, aumentam a fôrça de corte, podendo ocasionar vibrações na ferramenta.

A execução dos chamados *quebra-cavacos* na superfície de saída da ferramenta permite obter os cavacos helicoidais e em pedaços. VIEREGGE [5] recomenda quatro tipos de quebra-cavacos, representados na figura 4.18. A forma de quebra-cavaco da figura 4.18 *a* tem o aspecto das crateras de desgaste, que se originam em altas velocidades de corte. Para guiar o cavaco convenientemente, a largura b' deve ser 3 a 5 vêzes a espessura de corte h e a profundidade t' deve ser pelo menos 0,4 a 0,5 h. Esta forma apresenta dois inconvenientes: o aumento exagerado do ângulo de saída γ e o aumento da fragilidade da ponta da ferramenta.

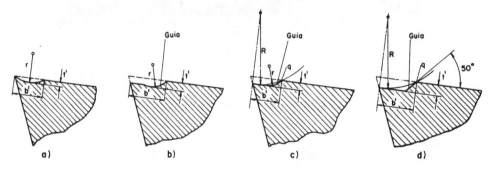

FIG. 4.18 — Diferentes tipos de quebra-cavaco, executados na própria cunha cortante, segundo VIEREGGE [5].

Para ferramentas de metal duro a forma *b* da figura 4.18 é a mais apropriada. Ela provoca uma deformação de cavaco bem maior que nas formas *c* e *d*, porém estas duas últimas formas são de obtenção mais fácil.

A curvatura do cavaco helicoidal depende naturalmente das dimensões do quebra-cavaco. Usa-se como grandeza de referência para as formas *c* e *d* o raio R, dado pela fórmula:

$$R = \frac{b'^2}{2t'} + \frac{t'}{2} \qquad (4.3)$$

cujas grandezas b' e t' são funções da espessura de corte h. Essa equação encontra-se representada na figura 4.19.

O cavaco é deformado plástica e elàsticamente no *quebra-cavaco*. Devido a deformação elástica haverá no cavaco, ao sair do bordo q do quebra-cavaco (figura 4.18 *c* e *d*), um *recuo elástico* (efeito de mola), isto é, o raio de curvatura da hélice formada pelo cavaco será maior que o raio de curvatura inicial R, obtido através da forma do quebra-cavaco. Se a espessura h' do cavaco fôr pequena, isto é, se a relação R/h' fôr muito grande, a parte de deformação elástica será grande e o raio da hélice do cavaco será bem maior que R. Por outro lado, se a espessura de cavaco h' fôr grande, ter-se-á maior deformação plástica do que elástica, e o raio de curvatura da hélice do cavaco será menor que no caso anterior.

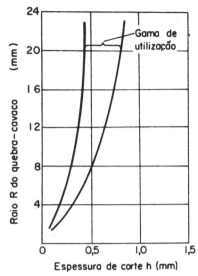

FIG. 4.19 — Raios de quebra-cavacos R em função da espessura h de corte para usinagem de aço VCMo4 recozido.

O quebra-cavaco só terá ótimo efeito quando suas dimensões mantiverem uma proporção determinada com a espessura de cavaco h'. Se b' fôr muito pequeno, o bordo do quebra-cavaco recalca o cavaco, resultando o aparecimento de trepidações e o desgaste rápido da ferramenta. Por outro lado, quanto mais dútil fôr o material usinado, maior é a necessidade do quebra-cavaco e maior deve ser a profundidade t'. Aumentando-se gradativamente o valor de b', a partir de um valor pequeno, obtém-se primeiramente o *cavaco em pedaços,* em seguida o *cavaco helicoidal* e finalmente o *cavaco em fita.* Para se obter o cavaco helicoidal, a largura b' do quebra-cavaco deverá ser

$$b' = 1 + 4 h \text{ (mm)}. \qquad (4.4)$$

A tabela IV.1 apresenta os valôres aproximados de b' e t' para diferentes tipos de aço, segundo VIEREGGE.

TABELA IV.1

Valôres práticos das dimensões b' e t' de quebra-cavacos (figura 4.18 c e d)

Espessura de corte h (mm)	Aço austenítico ou aço recozido $t' \times b'$ (mm)	Aço de pequeno alongamento $t' \times b'$ (mm)
0,08 — 0,15 0,15 — 0,30 0,30 — 0,60	$0,8 \times 1,0$ $0,8 \times 1,5$ $0,8 \times 2,5$	$0,6 \times 1,5$ $0,6 \times 2,0$ $0,6 \times 3,0$

Muitas vêzes o bordo do quebra-cavaco forma um ângulo χ' com a aresta cortante (figura 4.20). O valor dêste ângulo pode variar de $+20°$ a $-20°$. Recomenda-se $\chi' = 5$ a $10°$ para o torneamento externo e $\chi' = -5°$ a $-10°$ para o torneamento interno.

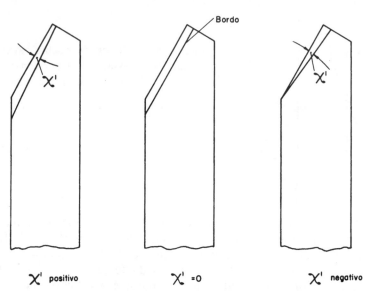

FIG. 4.20 — Quebra-cavacos executados na ferramenta com diferentes ângulos de bordo χ'.

As dimensões do quebra-cavaco executado na superfície de saída da ferramenta estão ìntimamente relacionadas com a espessura de corte h, com a velocidade de corte e com o material usinado. Esta dependência diminui a versatilidade de emprêgo da ferramenta. Outra desvantagem dêste tipo de quebra-cavaco é o aumento de custo de afiação da ferramenta.

Nos *quebra-cavacos postiços,* fixados sôbre a ferramenta (figura 4.21), pode-se variar a distância b' de acôrdo com as condições de usinagem e com o material empregado. Existem vários tipos de quebra-cavaco postiço; o mesmo pode ser *fixado na ferramenta, ou entre a ferramenta e o suporte, ou fixado diretamente no suporte.* Êste estudo será desenvolvido no capítulo *Ferramentas de barra,* do 2.º volume.

A figura 4.22 apresenta a influência da forma do quebra-cavaco sôbre a fôrça de corte, o volume específico de cavaco e a vida da ferramenta, segundo WULF, SAGREZKI e EFRON [18].

4.3 — CORTE ORTOGONAL

4.3.1 — Generalidades

O mecanismo da formação do cavaco é de compreensão mais fácil e mais acessível a cálculos matemáticos quando se considera o *corte ortogonal*

MECANISMO DA FORMAÇÃO DO CAVACO 107

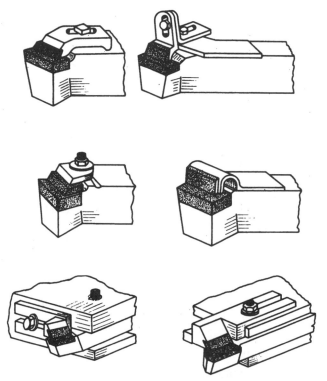

FIG. 4.21 — Diferentes tipos de quebra-cavaco postiço.

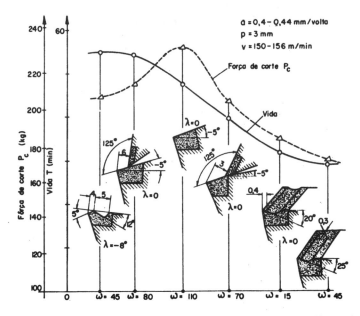

FIG. 4.22 — Influência da forma do quebra-cavaco sôbre a fôrça de corte, o volume específico de cavaco e a vida da ferramenta [18].

com formação contínua de cavaco (figura 4.23). A formação do cavaco é considerada aqui um fenômeno bidimensional, o qual se realiza num plano normal à aresta cortante, isto é, no *plano de trabalho*. Esta simplificação não altera porém a essência do fenômeno, pois as conclusões obtidas nesta teoria são aplicáveis ao corte tridimensional.

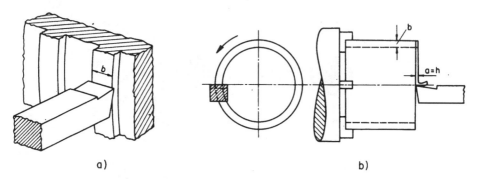

a) b)

FIG. 4.23 — Exemplos de corte ortogonal: *a*) usinagem de peça preparada; *b*) usinagem de um tubo.

Vimos anteriormente que, com o movimento da ferramenta em relação à peça, uma porção de material desta é recalcada até que as tensões de cisalhamento se tornem suficientemente grandes para provocar um deslizamento entre a porção de material recalcado e a peça. Êsse deslizamento se processa na *região de cisalhamento;* porém, para simplificar o estudo da formação do cavaco, assimila-se essa região a um plano — *plano de cisalhamento*.

Nesse estudo pode-se admitir uma formação lamelar de cavaco, como a apresentada pelo baralho de PIISPANEN (figura 4.3). Estas lamelas, uma vez formadas no plano de cisalhamento, deslizam sôbre a superfície de saída da ferramenta. Considera-se ainda que o trabalho total, consumido durante a usinagem, seja dado pela soma das *energias de deformação e de cisalhamento,* desenvolvidas no plano de cisalhamento, e da *energia de atrito,* originada na superfície de saída da ferramenta. Na realidade há ainda outras energias, de menor importância, desenvolvidas durante a usinagem (Vide § 4.3.5 e 4.5.2).

Para um tratamento analítico simplificado, objeto da *teoria do corte ortogonal,* admite-se, além das considerações acima, as seguintes:

— O tipo de cavaco formado é contínuo, sem formação da aresta postiça de corte.

MECANISMO DA FORMAÇÃO DO CAVACO

— A ferramenta é suficientemente afiada, tendo uma única aresta cortante, a qual é retilínea e perpendicular ao plano de trabalho ($\chi = 90°$ e $\lambda = 0°$).

— Não existe contato entre a superfície de folga da ferramenta e a peça usinada.

— A espessura de corte h (neste caso igual ao avanço a) é pequena em relação a largura de corte b.

— A aresta cortante é maior que a largura de corte b.

— A espessura de corte e a velocidade de corte são constantes com o tempo.

— A largura b de corte e a largura b' do cavaco são idênticas.

Sob estas considerações, pode-se deduzir uma série de relações, que serão apresentadas em seguida.

4.3.2 — Relações geométricas

Na figura 4.24 distinguem-se os seguintes planos:

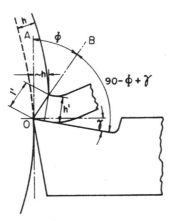

FIG. 4.24 — Dependências entre as grandezas h, h' e o ângulo de cisalhamento ϕ.

— *plano de corte*, representado pelo traço OA;
— *plano de cisalhamento*, formando o ângulo de cisalhamento ϕ com o plano de corte;
— *superfície de saída da ferramenta*, definida pelo ângulo de saída γ*.

---

* Para simplificar o estudo, considera-se o ângulo η da direção efetiva de corte relativamente pequeno, de maneira a se confundir os *ângulos efetivos da ferramenta* com os *ângulos da ferramenta* (vide § 1.6.3 e 2.3). Desta forma omite-se o índice e na representação dos ângulos.

O ângulo de cisalhamento ϕ pode ser fàcilmente obtido através do ângulo de saída γ e do grau de recalque, definido pela relação

$$R_c = \frac{h'}{h}. \qquad (4.5)$$

De acôrdo com a figura 4.24 tem-se aproximadamente:

$$\text{sen } \phi = \frac{h}{l'} \qquad (4.6)$$

$$\text{sen } (90 - \phi + \gamma) = \frac{h'}{l'} \qquad (4.7)$$

e tirando o valor de ϕ, tem-se

$$\text{tg } \phi = \frac{\cos \gamma}{R_c - \text{sen } \gamma}. \qquad (4.8)$$

Esta relação encontra-se representada gràficamente na figura 4.25, para os valôres $\gamma = +10°$ e $\gamma = -10°$.

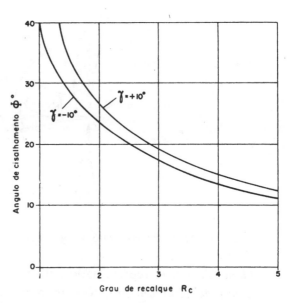

FIG. 4.25 — Ângulo de cisalhamento ϕ em função do recalque, para $\gamma = 10°$ e $\gamma = -10°$.

4.3.3 — Relações cinemáticas

Correspondendo aos três planos acima assinalados, pode-se distinguir as três velocidades relativas:

— *Velocidade de corte v* — velocidade entre a aresta cortante e a peça (vide § 1.5.1);
— *Velocidade de cisalhamento v_z* — velocidade entre o cavaco e a peça.

MECANISMO DA FORMAÇÃO DO CAVACO

— *Velocidade de saída do cavaco* v_c — velocidade entre o cavaco e a ferramenta.

De acôrdo com a figura 4.26 tem-se, através da lei dos senos, as relações:

$$v_c = v \cdot \frac{\text{sen } \phi}{\cos (\phi - \gamma)} \qquad (4.9)$$

$$v_z = v \cdot \frac{\cos \gamma}{\cos (\phi - \gamma)}. \qquad (4.10)$$

Quanto maior fôr o ângulo de cisalhamento ϕ. maiores serão as velocidades v_c e v_z.

Comparando-se as equações (4.8) e (4.9) resulta

$$v_c = \frac{v}{R_c}. \qquad (4.11)$$

Tem-se assim dois processos para a obtenção do recalque R_c:

1) Através das grandezas h e h', conforme a equação (4.5). A espessura de cavaco h' obtém-se pela medida direta do cavaco, por meio de micrômetros com pontas finas ou esféricas. A grandeza h obtém-se pelas condições de usinagem ($h = a \cdot \text{sen } \chi$).

2) Através da velocidade de corte v e do cálculo da velocidade de saída do cavaco (equação 4.11). Êste é realizado com auxílio da medida de um comprimento de cavaco num tempo determinado.

Ambos os processos de obtenção de R_c dão resultados bem próximos*.

4.3.4 — Grau de deformação ϵ_o e considerações complementares

Para a representação do mecanismo da formação do cavaco, MERCHANT [19] utilizou-se do modêlo apresentado na figura 4.3. As lamelas (lâminas) de cavaco podem ser substituídas pelas cartas de um baralho, as quais deslizam sôbre a superfície de saída, durante a formação do cavaco.

Define-se grau de deformação ϵ_o a relação

$$\epsilon_o = \frac{\Delta_z}{\Delta_x}, \qquad (4.12)$$

onde Δ_z é a deformação da lâmina de cavaco, medida no plano de cisalhamento, e Δ_x é a sua espessura, medida em direção perpendicular ao plano de cisalhamento (figura 4.27).

---

* De acôrdo com os ensaios realizados no *Laboratório de Máquinas Operatrizes de São Carlos*, os resultados obtidos pelo primeiro e pelo segundo processo de medida de R_c não variaram mais que 6%.

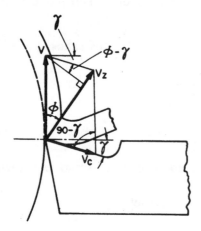

FIG. 4.26 — Triângulo de velocidades no corte ortogonal: $v =$ velocidade de corte; $v_c =$ velocidade de saída de cavaco; $v_z =$ velocidade de cisalhamento.

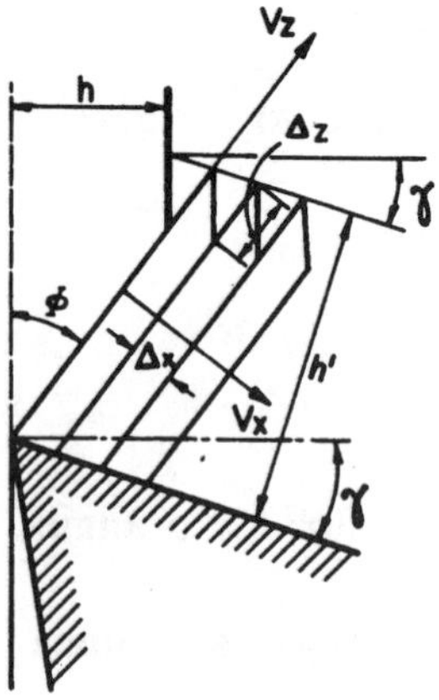

FIG. 4.27 — Deslocamento e deformação dos elementos de cavaco.

ϵ_0 pode ser fàcilmente calculado a partir do ângulo de cisalhamento ϕ e do ângulo de saída γ. De acôrdo com a equação (4.12) pode-se escrever

$$\epsilon_0 = \frac{\Delta_z/\Delta_t}{\Delta_x/\Delta_t} = \frac{v_z}{v_x}, \qquad (4.13)$$

onde v_z é a velocidade de cisalhamento do cavaco, já definida anteriormente, e v_x é a velocidade de deslocamento dos elementos de cavaco em direção normal ao plano de cisalhamento (figura 4.27).
Na figura 4.26 tem-se:

$$v_z = v \cdot \cos \phi + v_c \cdot \operatorname{sen}(\phi - \gamma), \qquad (4.14)$$

$$v_x = v \cdot \operatorname{sen} \phi \qquad (4.15)$$

Substituindo-se (4.14) e (4.15) em (4.13) e através do valor de v_c fornecido pela equação (4.9) tem-se

$$\epsilon_0 = \cot \phi + \operatorname{tg}(\phi - \gamma). \qquad (4.16)$$

Com auxílio da equação (4.8) tem-se ainda

$$\epsilon_0 = \frac{1 + R_c^2 - 2 \cdot R_c \cdot \operatorname{sen} \gamma}{R_c \cdot \cos \gamma}. \qquad (4.17)$$

Desta forma pode-se exprimir a deformação do cavaco por duas equações: a equação (4.16) que fornece o valor do grau de deformação ϵ_0 no plano de cisalhamento e a equação (4.8), que fornece as relações entre o grau de recalque R_c e os ângulos de cisalhamento ϕ e de saída γ. A figura 4.28 apresenta os valôres das grandezas ϕ e ϵ_0 em função do grau de recalque para $\gamma = 10°$ e $\gamma = -10°$. Os valôres de R_c para diferentes materiais, em função da espessura de corte h e da velocidade de corte v, encontram-se respectivamente nos gráficos 4.29 e 4.30 [5].

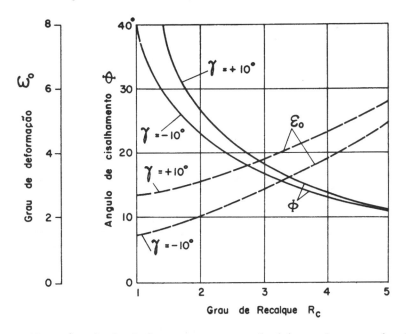

FIG. 4.28 — Ângulo de cisalhamento ϕ e grau de deformação ϵ_0 em função do grau de recalque R_c para $\gamma = 10°$ e $\gamma = -10°$.

Além da deformação ϵ_0, certos autores definem *velocidade de deformação* a expressão

$$\dot{\epsilon}_0 = \frac{d\epsilon_0}{dt}. \quad (4.18)$$

Tomando-se $\epsilon_0 = \dfrac{dz}{dx}$, tem-se

$$\dot{\epsilon}_0 = \frac{\partial z}{\partial x \cdot \partial t}. \quad (4.19)$$

Sendo $\dfrac{dz}{dt} = v_z$ e aproximando-se dx à Δx, obtém-se, com auxílio da equação (4.10):

$$\dot{\epsilon}_0 = \frac{v \cdot \cos \gamma}{\cos (\phi - \gamma)} \frac{1}{\Delta x}. \quad (4.20)$$

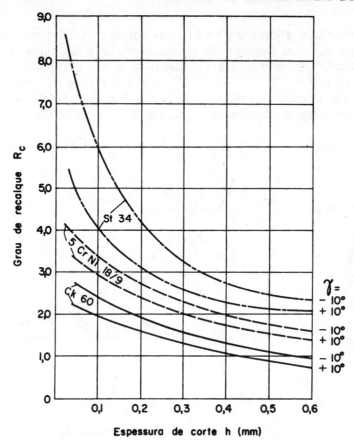

FIG. 4.29 — Grau de recalque R_c em função da espessura de corte h, para diferentes materiais. $v = 120$ m/min; $p = 2$ mm; $\chi = 60°$; $\alpha = 5°$; $r = 1$ mm.

Êste valor na operação de usinagem é extremamente grande, comparado com a maioria das outras operações. Assim, segundo SHAW [4] $\Delta_x = 0,0025$mm, e admitindo-se $v = 100$m/min, $\gamma = 10°$ e $\phi = 20°$ resulta $\epsilon_o = 6,7.10^5$ s^{-1}. Nos ensaios normais de compressão ϵ_o é da ordem de 10^{-3} s^{-1}, e nos ensaios de choques mais rápidos $\epsilon_o = 10^3$ s^{-1}. Além da alta velocidade de deformação do cavaco, o fenômeno se realiza numa temperatura muito elevada, como será tratado posteriormente.

Como foi visto no § 4.1, a freqüência f_c de formação dos agrupamentos lamelares (escamas) é muito alta. A figura 4.31 apresenta os valôres de f_c, ϵ_o, R_c e n em função da velocidade de corte v, para o aço 25 Cr Mo 4 [14 e 15]. O aumento de f_c com a velocidade de corte é justificado pelo aumento do número de escamas n por unidade de comprimento de cavaco e pela diminuição do grau de recalque R_c com a velocidade de corte. Tem-se a expressão:

$$f_c = v_c \cdot n = \frac{v}{R_c} n. \qquad (4.21)$$

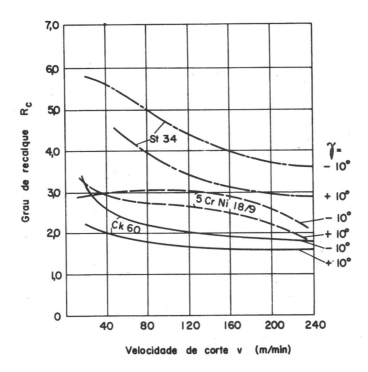

Fig. 4.30 — Grau de recalque R_c em função da velocidade de corte v.
$h = 0.19$ mm; $p = 2$ mm; $\chi = 60°$; $\alpha = 5°$; $r = 1$ mm

Enquanto n e R_c são determinados através de medidas geométricas no cavaco, o valor de f_c é obtido pela medida da freqüência de variação da fôrça de corte (medida dinâmica).

A figura 4.32 apresenta os valôres de ϵ_o, R_c, n e f_c em função da espessura de corte, para o aço 25 CrMo 4 [14 e 15]. Verifica-se experimentalmente uma diminuição do recalque com o aumento da espessura de cavaco. A freqüência de formação das escamas permanece quase constante, pois com o aumento da espessura de cavaco, o número n de escamas por unidade de comprimento diminui. Os valôres de ϵ_o, R_c, n e f_c, em função da profundidade de corte p, encontram-se na figura 4.33 [14 e 15].

O material e o acabamento da ferramenta influem também no grau de recalque R_c e, conseqüentemente, no grau de deformação ϵ_o. Segundo LEYENSETTER a variação de R_c em função da velocidade de corte para ferramentas de aço rápido é bastante diferente da variação de R_c para ferramentas de metal duro, principalmente em velocidades de corte inferiores a 50m/min.

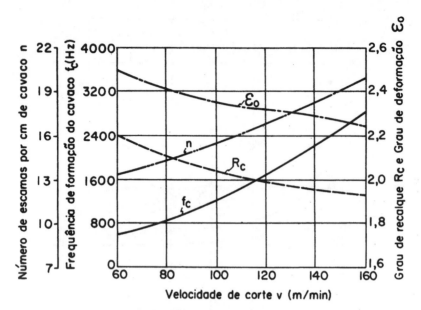

FIG. 4.31 — Valôres das grandezas R_c, ϵ_o, f_c e n em função da velocidade de corte v [14 e 15]. Material da peça 25 CrMo4; diâmetro da peça $d = 90$ mm; ferramenta de metal duro P10; $a.p = 0,53.2,5$ mm²; $\alpha = 5°$; $\lambda = -6°$; $\chi = 62°$.

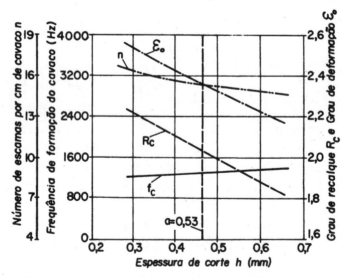

FIG. 4.32 — Valôres das grandezas R_c, ϵ_o, f_c e n em função da espessura de corte h [14 e 15]. Material da peça 25 CrMo4; diâmetro da peça $d = 90$ mm; ferramenta de metal duro P10; $v = 100$ m/min; $p = 2,5$ mm; $\alpha = 5°$; $\lambda = -6°$; $\chi = 62°$.

A hipótese da formação lamelar do cavaco contínuo (baralho de PIISPANEN), e o conseqüente desenvolvimento analítico, encontra uma explicação através

MECANISMO DA FORMAÇÃO DO CAVACO

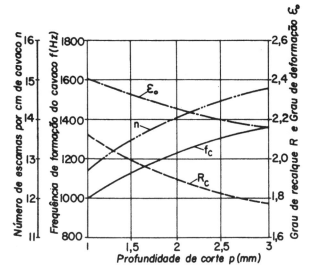

Fig. 4.33 — Valôres das grandezas R_c, ϵ_0, f_c e n em função da profundidade de corte p [14 e 15]. Material da peça 25 CrMo4; ferramenta de metal duro P 10. $a = 0{,}75$ mm/volta; $v = 100$ m/min; $\alpha = 5°$; $\lambda = -6°$; $\chi = 62°$.

do exame micrográfico da *raiz de cavaco* (figura 4.13)*. Pode-se imaginar a estrutura cristalográfica do material a ser usinado, como representada por uma série de círculos justapostos (figura 4.34 a). Tais círculos, durante a usinagem, sofrem um deslizamento relativo e estarão submetidos a uma tensão de cisalhamento. Sob esta tensão os círculos se deformam em elipses e os eixos principais destas elipses determinarão a direção principal de deformação. Esta direção forma com o plano de cisalhamento um ângulo ψ, o qual define a posição das lamelas no cavaco. Por esta razão ψ é definido como *ângulo de estrutura*.

O ângulo de estrutura ψ é determinável pelo exame micrográfico da raiz de cavaco (figura 4.13). Em muitas micrografias verifica-se que a direção das lamelas ao longo da espessura de cavaco não é constante; tais cavacos mostram duas zonas de deformação, uma (na parte de contato com a ferramenta) bastante acentuada, com ψ grande, e outra zona com ψ menor.

Através do grau de deformação ϵ_0, pode-se, segundo MERCHANT, determinar o ângulo ψ. Para tanto, admite-se que um agrupamento cristalino tenha a forma quadrática ABCD, antes de atingir o plano de cisalhamento (figura 4.34 b). Tal agrupamento se desloca durante a usinagem com a velocidade v, atinge o plano de cisalhamento (posição A'B'C'D'), e se deforma ao atravessar êste plano; no cavaco terá a forma A"B"C"D", cuja direção estrutural A"C" forma com o plano de cisalhamento o ângulo ψ. Através da figura 4.34 b tem-se

$$\epsilon_0 = \frac{D"E}{\Delta} = \frac{A"E - \Delta}{\Delta} = \frac{\Delta \cdot \cotg \psi - \Delta}{\Delta}.$$

Logo

$$\cotg \psi = \epsilon_0 + 1. \tag{4.22}$$

---
* Chama-se raiz de cavaco a porção de material constituída pela parte inicial de cavaco e a região deformada da peça, nas imediações da aresta cortante (figura 4.34).

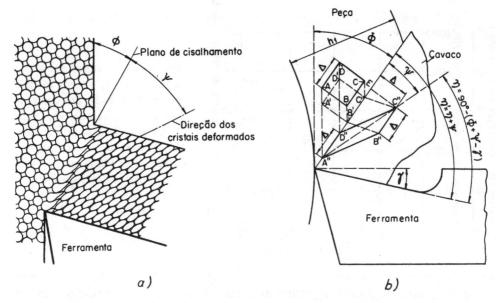

Fig. 4.34 — Raiz de cavaco: *a*) esquema segundo Piispanen; *b*) determinação do ângulo de estrutura ψ segundo Merchant.

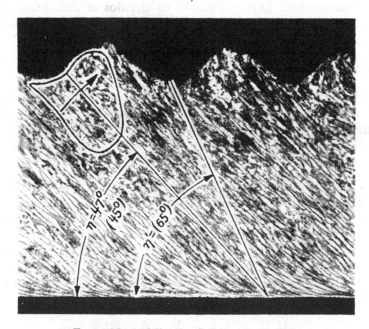

Fig. 4.35 — Micrografia de um cavaco.

Conhecendo-se o ângulo ψ tem-se o ângulo η, o qual pode ser reconhecido na micrografia do cavaco (figura 4.35).

Através da fórmula (4.11) pode-se calcular a distância *e* entre cada escama de cavaco*.

$$e = \frac{v_c}{f_c} = \frac{v}{f_c \cdot R_c}$$

Verifica-se experimentalmente que a distância *e* varia linearmente com a espessura média de cavaco *h'*, para diferentes valôres da profundidade de

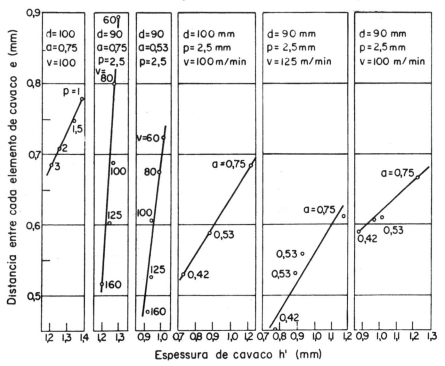

Fig. 4.36 — Variação da distância *e* entre duas escamas de cavaco em função da espessura de cavaco *h'* para diferentes valôres dos parâmetros, *p*, *v*, *a*; material: aço 25 CrMo4, ferramenta de metal duro P10 e P30.

corte *p*, velocidade de corte *v* e avanço *a* (figura 4.36). Êstes ensaios foram realizados em 1959 pelo autor e comprovados por ERICH EDER em 1965 no *Instituto de Tecnologia Mecânica II* da Escola Técnica Superior de Viena (*Technische Hochschule Wien*).

4.3.5 — Fôrças na cunha cortante. Considerações energéticas

A energia consumida num processo de usinagem pode ser dada pela soma:

$$E = E_e + E_d + E_m + E_z + E_{a1} + E_{a2} \tag{4.23}$$

---

* Não confundir a distância *e* entre cada escama com a espessura *Δ* do grão cristalino.

onde:

E_e = trabalho devido as deformações elásticas da peça, da ferramenta e da porção de cavaco ainda solidária à peça.

E_d = trabalho para deslocar os grãos cristalinos da superfície da peça para o interior do cavaco, aumentar a superfície dos grãos deformados e vencer as tensões superficiais.

E_m = trabalho para modificar a estrutura cristalográfica do material, devido à pressão e aquecimento.

E_z = trabalho devido as deformações plásticas e ao cisalhamento.

E_{a1} = trabalho devido ao atrito do cavaco com a superfície de saída da ferramenta.

E_{a2} = trabalho devido ao atrito entre a peça e a superfície de folga da ferramenta.

Os três primeiros itens (E_e, E_d e E_m) são relativamente pequenos, comparados com os demais, podendo ser desprezados. O trabalho de atrito E_{a2} entre a peça e a superfície de folga pode ser também desprezado, quando a espessura de corte não fôr pequena. Para aços carbono, a figura abaixo apresenta os valôres aproximados destas energias, em porcento da total, para diferentes espessuras de corte. Em primeira aproximação, para espessuras de corte $h > 0,51$mm, pode-se escrever

$$E \cong E_z + E_{a1}. \qquad (4.24)$$

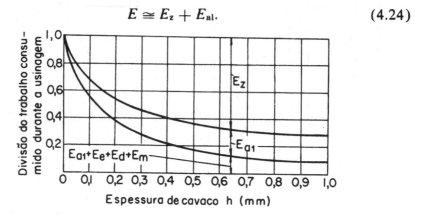

Esta simplificação é feita no desenvolvimento teórico do *corte ortogonal*, objeto do presente estudo.

Com o fim de tornar mais acessível o estudo da formação do cavaco, pode-se assemelhar a raiz de cavaco a uma *cunha* (figura 4.37 *a*).
Considerando-se como consumidas no processo de usinagem sòmente as energias E_z e E_{a1}, pode-se subdividir as fôrças que agem na raiz do cavaco em dois grupos: as fôrças provenientes da *ação da ferramenta* sôbre a superfície inferior da cunha de cavaco e as fôrças provenientes da *ação da peça* sôbre o plano de cisalhamento. Admitindo-se o cavaco indeformável, durante o seu movimento de deslizamento sôbre a superfície de saída da

MECANISMO DA FORMAÇÃO DO CAVACO

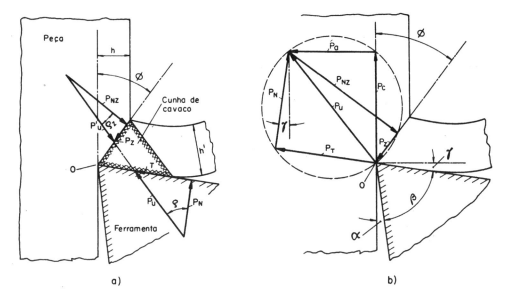

Fig. 4.37 — Representação das fôrças agentes na cunha de cavaco.

ferramenta (cunha de cavaco indeformável), e considerando-se as velocidades v, v_z e v_c constantes, as resultantes das fôrças de cada grupo, *ação da ferramenta* e *ação da peça*, estarão em equilíbrio. De acôrdo com a figura 4.37a tem-se

$$\vec{P}_u + \vec{P'}_u = 0. \qquad (4.25)$$

A resultante P_u pode ser decomposta na fôrça P_T, segundo a intersecção da superfície de saída com o plano de trabalho, e na fôrça P_N, normal à superfície de saída. Anàlogamente a resultante P'_u pode ser decomposta nas componentes P_Z e P_{NZ} segundo a intersecção do plano de cisalhamento com o plano de trabalho e segundo a direção perpendicular ao plano de cisalhamento respectivamente.

Transportando-se a linha de ação das resultantes para a aresta cortante (ponto 0 da figura 4.37), pode-se representar êste sistema de fôrças no chamado *círculo de Merchant* (figura 4.37 b), onde P_u é o diâmetro do círculo. Tem-se as relações:

$$\begin{aligned}
&P_T = P_u \cdot \operatorname{sen} \rho; &\quad &P_N = P_u \cdot \cos \rho; \\
&P_c = P_u \cdot \cos (\rho - \gamma); &\quad &P_a = P_u \cdot \operatorname{sen} (\rho - \gamma); \\
&P_Z = P_u \cdot \cos (\phi + \rho - \gamma); &\quad &P_{NZ} = P_u \cdot \operatorname{sen} (\phi + \rho - \gamma)
\end{aligned} \qquad (4.26)$$

Tratando-se do corte ortogonal, a resultante P_u é dada pela soma da fôrça de corte P_c (segundo a direção da velocidade de corte) e da fôrça de avanço P_a (segundo a direção de avanço), contidas no plano de trabalho, que neste caso coincide com o plano de medida. Tais componentes podem ser determinadas diretamente com auxílio de um dinamômetro (ver Capítulo VI — *Medida da fôrça de usinagem*).

Através da figura 4.38 tem-se as relações:

$$\begin{aligned} P_T &= P_c . \operatorname{sen} \gamma + P_a . \cos \gamma \\ P_N &= P_c . \cos \gamma - P_a . \operatorname{sen} \gamma \\ P_Z &= P_c . \cos \phi - P_a . \operatorname{sen} \phi \\ P_{NZ} &= P_c . \operatorname{sen} \phi + P_a . \cos \phi. \end{aligned} \qquad (4.27)$$

Exprimindo-se as energias E, E_z e E_{al} em função destas fôrças, tem-se

$$\begin{aligned} E &= v . P_c . t; \; E_z = v_z . P_Z . t \\ E_{al} &= v_c . P_T . t. \end{aligned} \qquad (4.28)$$

Substituindo-se os valôres de v_c e v_z pelos fornecidos nas equações (4.9) e (4.10) resulta, com auxílio das equações (4.26):

$$E = P_u . t . v . \cos (\rho - \gamma) \qquad (4.29)$$

$$E_z = P_u . t . v . \frac{\cos (\phi + \rho - \gamma) . \cos \gamma}{\cos (\phi - \gamma)} \qquad (4.30)$$

$$E_{al} = P_u . t . v . \frac{\operatorname{sen} \rho . \operatorname{sen} \phi}{\cos (\phi - \gamma)}. \qquad (4.31)$$

A soma das equações (4.30) e (4.31) fornece exatamente o valor da equação (4.29), como era de se esperar. $E = E_z + E_{al}$.

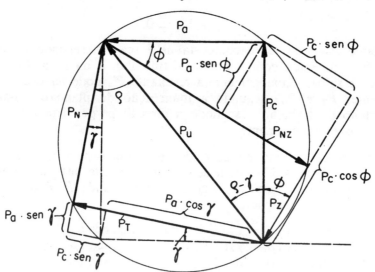

FIG. 4.38 — Determinação geométrica das componentes da fôrça de usinagem, em função da fôrça de corte e avanço.

4.3.6 — Atrito na superfície de saída e no plano de cisalhamento

O cavaco, que desliza sôbre a superfície de saída da ferramenta, está sob a ação da fôrça perpendicular P_N; a fôrça tangencial P_T adjacente pode

MECANISMO DA FORMAÇÃO DO CAVACO

ser considerada como uma fôrça de atrito na superfície de saída, dada pela relação

$$P_T = \mu \cdot P_N, \tag{4.32}$$

onde μ representa o *coeficiente de atrito do cavaco sôbre a ferramenta.*

$$\mu = \frac{P_T}{P_N} = \text{tg } \rho. \tag{4.33}$$

Com auxílio das equações (4.27) resulta

$$\mu = \frac{P_T}{P_N} = \frac{P_a + P_c \cdot \text{tg } \gamma}{P_c - P_a \cdot \text{tg } \gamma}. \tag{4.34}$$

Anàlogamente define-se *coeficiente de atrito interno de deslizamento do cavaco sôbre o plano de cisalhamento,* a relação

$$\mu_z = \frac{P_Z}{P_{NZ}} = \text{tg } \rho_z. \tag{4.35}$$

Através das equações (4.27) obtém-se

$$\mu_z = \frac{P_Z}{P_{NZ}} = \frac{P_c - P_a \cdot \text{tg } \gamma}{P_a + P_c \cdot \text{tg } \gamma}. \tag{4.36}$$

4.3.7 — Tensões no plano de cisalhamento

Admitindo-se uma distribuição igual das tensões no plano de cisalhamento, tem-se as relações

$$\tau_z = \frac{P_Z}{s_z} = \frac{P_Z}{s} \text{ sen } \phi, \tag{4.37}$$

$$\sigma_z = \frac{P_{NZ}}{s_z} = \frac{P_{NZ}}{s} \text{ sen } \phi, \tag{4.38}$$

onde

$$s_z = \frac{s}{\text{sen } \phi} = \frac{b \cdot h}{\text{sen } \phi}.$$

τ_z e σ_z representam as tensões médias de cisalhamento e compressão no plano de cisalhamento.

Substituindo-se os valôres de P_Z e P_{NZ} pelos das equações (4.26) resulta:

$$\tau_z = \frac{P_u}{s} \cdot \cos (\phi + \rho - \gamma) \text{ sen } \phi \tag{4.39}$$

$$\sigma_z = \frac{P_u}{s} \cdot \text{sen } (\phi + \rho - \gamma) \text{ sen } \phi. \tag{4.40}$$

124 FUNDAMENTOS DA USINAGEM DOS METAIS

Exprimindo-se a energia de deformação por cisalhamento E_z na unidade de tempo e de volume de cavaco, obtém-se

$$e_z = \frac{E_z}{h \cdot b \cdot v \cdot t} = \frac{P_Z \cdot v_z}{h \cdot b \cdot v} = \frac{\tau_z \cdot v_z}{\operatorname{sen} \phi \cdot v},$$

e através das fórmulas (4.13) e (4.15) resulta

$$e_z = \tau_Z \cdot \epsilon_0. \tag{4.41}$$

Esta fórmula é correta desde que esteja baseada nas hipóteses anteriormente apresentadas.

A energia unitária e_z pode ser dada pela equação

$$e_z = \int_0^{\epsilon_0} \tau \cdot d\epsilon, \tag{4.42}$$

onde a curva $\tau = f(\epsilon)$ deve ser obtida em condições idênticas àquelas durante o ensaio.

4.4 — DETERMINAÇÃO DO ÂNGULO DE CISALHAMENTO

Vários pesquisadores têm procurado estabelecer relações práticas entre o ângulo de cisalhamento ϕ e certos parâmetros característicos da usinagem dos metais. Como foi visto anteriormente, não se tem na realidade um plano de cisalhamento, mas sim uma região de cisalhamento, porém pode-se sempre tomar um plano de base (imaginário) para se realizar os estudos dos diagramas de fôrças e velocidades, citados nos parágrafos anteriores. Transcrevemos aqui os estudos mais conhecidos sôbre a determinação do ângulo de cisalhamento ϕ, para o corte ortogonal.

4.4.1 — Teoria de Ernst e Merchant [19]

O fundamento desta teoria consiste em procurar um valor do ângulo ϕ, para o qual a tensão no plano de cisalhamento seja máxima. Êstes pesquisadores, baseados na teoria do corte ortogonal com formação contínua de cavaco, admitem ainda a hipótese de τ_z ser função apenas do material usinado.

Desenvolvendo-se a equação (4.39) tem-se

$$\tau_z = \frac{P_u}{s} \left[\operatorname{sen} \phi \cdot \cos \phi \cdot \cos(\rho - \gamma) - \operatorname{sen}^2 \phi \cdot \operatorname{sen}(\rho - \gamma) \right].$$

Para se obter o valor máximo de τ_z, para P_u, s, ρ e γ constantes, basta diferenciar τ_z em relação a ϕ:

$$\frac{d\tau_z}{d\phi} = \frac{P_u}{s} \left[\cos^2 \phi \cdot \cos(\rho - \gamma) - \operatorname{sen}^2 \phi \cdot \cos(\rho - \gamma) - \right.$$

$$\left. - 2 \operatorname{sen} \phi \cdot \cos \phi \cdot \operatorname{sen}(\rho - \gamma) \right] = 0.$$

MECANISMO DA FORMAÇÃO DO CAVACO

Sendo que $P_u/s \neq 0$ resulta

$$\phi = 45^\circ + \frac{\gamma}{2} - \frac{\rho}{2}. \tag{4.43}$$

Posteriormente MERCHANT [20] verificou que as observações experimentais eram pouco concordes com as previstas pela equação (4.43), salvo casos muito especiais. A figura 4.39 *a* e *b* apresenta os resultados obtidos por MERCHANT em ensaios de corte em aço SAE 9445 e 4340. Na figura 4.39 *a* verifica-se que a reta expressa pela equação

$$\phi = 38,5^\circ + \frac{\gamma}{2} - \frac{\rho}{2} \tag{4.44}$$

estaria mais próxima da realidade do que a reta dada pela fórmula (4.43). O mesmo acontece com a equação

$$\phi = 40^\circ + \frac{\gamma}{2} - \frac{\rho}{2}. \tag{4.45}$$

para o caso da figura 4.39 *b*.

Analisando uma série de parâmetros que poderiam acarretar as discrepâncias acima, tais como temperatura, velocidade de corte, deformação por cisalhamento, encruamento e influência da tensão normal sôbre o plano de cisalhamento, MERCHANT concluiu ser êste último fator o que mais influenciava sôbre o valor de ϕ. Para tanto baseou-se nos trabalhos de P. W. BRIDGMAN, o qual investigou os efeitos das tensões normais de compressão sôbre a tensão de cisalhamento dos metais. Segundo êste autor a tensão de cisalhamento τ_z pode ser escrita pela fórmula (figura 4.40):

$$\tau_z = \tau_0 + k \cdot \sigma_z \tag{4.46}$$

Através das equações (4.39) e (4.40) tem-se

$$\frac{\sigma_z}{\tau_z} = \frac{P_{NZ}}{P_Z} = \mathrm{tg}\,(\phi + \rho - \gamma). \tag{4.47}$$

Substituindo-se (4.47) em (4.46) resulta

$$\tau_z = \frac{\tau_0}{1 - k \cdot \mathrm{tg}\,(\phi + \rho - \gamma)}. \tag{4.48}$$

Através das equações (4.26) tem-se

$$\frac{P_c}{P_Z} = \frac{\cos\,(\rho - \gamma)}{\cos\,(\phi + \rho - \gamma)}. \tag{4.49}$$

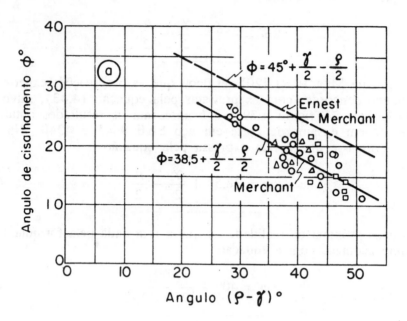

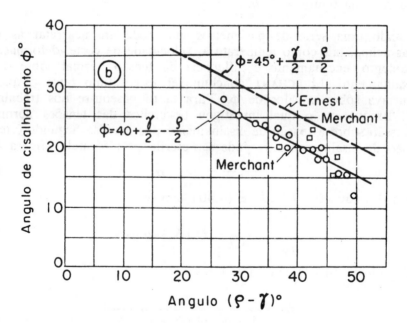

Fig. 4.39 — Ensaios experimentais de MERCHANT para verificação das fórmulas que fornecem o ângulo de cisalhamento ϕ a) Aço SAE 9445; b) Aço SAE 4340. Velocidade de corte $v = 60$ à $460 m/min$; avanço $a = 0,013$ à $0,2$ mm/volta; ângulo de saída $\gamma = -10°$ à $+10.°$

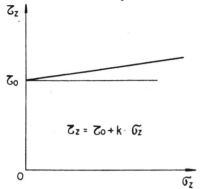

FIG. 4.40 — Variação da tensão de cisalhamento σ_z, segundo BRIDGMAN.

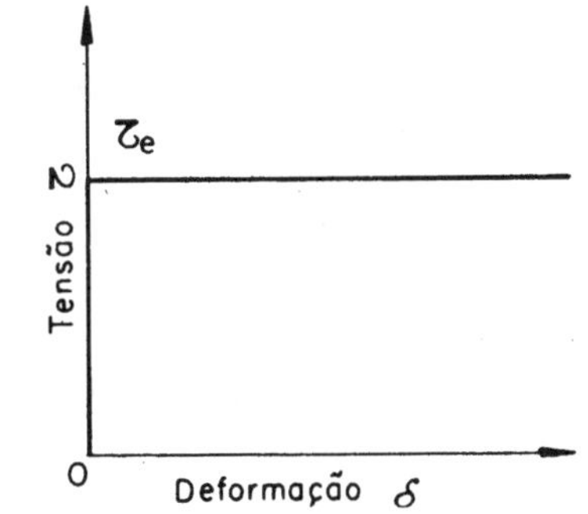

FIG. 4.41 — Curva da tensão-deformação para um material plástico ideal.

Logo

$$P_c = \frac{\tau_z \cdot s}{\operatorname{sen} \phi} \cdot \frac{\cos(\rho - \gamma)}{\cos(\phi + \rho - \gamma)}. \qquad (4.50)$$

Substituindo-se τ_z pelo seu valor em (4.48) resulta

$$P_c = \frac{\tau_0 \cdot s \cdot \cos(\rho - \gamma)}{\operatorname{sen} \phi \cdot \cos(\phi + \rho - \gamma) \cdot [1 - k \cdot \operatorname{tg}(\phi + \rho - \gamma)]} \qquad (4.51)$$

Fundamentando-se na hipótese do trabalho mínimo de corte e admitindo-se que êste seja proporcional à fôrça de corte, o ângulo de cisalhamento deverá ser tal que a fôrça de corte seja mínima. Admitindo-se τ_0 e k constantes para um determinado material e s, ρ e γ constantes na operação de corte tem-se

$$\frac{dP_c}{d\phi} = 0, \qquad (4.52)$$

resultando a expressão

$$\phi = \frac{C}{2} + \frac{\gamma}{2} - \frac{\rho}{2}, \qquad (4.53)$$

onde

$$C = \operatorname{arc\,cotg} k. \qquad (4.54)$$

4.4.2 — Teoria de Lee e Shaffer [21]

A teoria de LEE e SHAFFER resulta de uma aplicação da teoria da plasticidade ao corte ortogonal. Na aplicação da teoria da plasticidade deve-se fazer certas considerações com relação ao comportamento do material, tais sejam:

a) O material é um *plástico ideal*, no qual a deformação elástica é considerada negligenciável durante a aplicação da carga, e uma vez atingido o limite de escoamento, a tensão não aumenta com a deformação (figura 4.41). *O material não encrua.*

b) O comportamento do material independe do grau de deformação.

c) Os efeitos do aumento da temperatura durante a deformação não são considerados.

d) Desprezam-se os efeitos de inércia devidos à aceleração do material durante a deformação.

Se o material se comporta como um plástico ideal haverá na região de cisalhamento uma distribuição uniforme das tensões, que permitirá a aplicação de certos princípios válidos num plano, onde a tensão de cisalhamento τ é máxima. A hipótese de LEE e SHAFFER, para o corte ortogonal com formação contínua de cavaco, admite que êste plano (onde $\tau = \tau_{zmx}$) seja o plano de cisalhamento OA da figura 4.42 a.

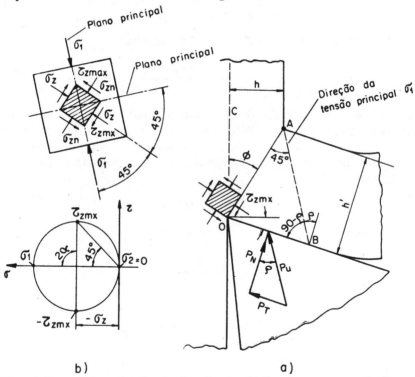

FIG. 4.42 — Determinação do ângulo de cisalhamento ϕ segundo LEE e SHAFFER. a) Tensões num elemento de cavaco junto a aresta cortante.
b) Círculo de MOHR para determinação das tensões principais.

Pelo círculo de MOHR (figura 4.42 b) verifica-se que nos planos ortogonais, a 45° com o plano de cisalhamento máximo, atuam as *tensões principais*

MECANISMO DA FORMAÇÃO DO CAVACO

σ_1 e σ_2*. Nestes dois planos, ditos *planos principais,* a tensão de cisalhamento é nula e as tensões principais têm os valôres máximos e mínimos. Admitindo-se $\sigma_2 = 0$, a fôrça resultante de usinagem P_u, transmitida ao plano de cisalhamento através da cunha de cavaco** será paralela à tensão principal σ_1. De acôrdo com a figura 4.42 *a* tem-se

$$A\hat{O}B = 180^o - 45^o - (90^o - \rho) = 45^o + \rho$$

$$C\hat{O}B = \phi + A\hat{O}B = \phi + 45^o + \rho.$$

Mas

$$C\hat{O}B = 90^o + \gamma,$$

logo

$$\phi + 45^o + \rho = 90^o + \gamma$$

ou

$$\phi = 45^o - \rho + \gamma. \tag{4.55}$$

Com auxílio desta expressão pode-se calcular a tensão τ_z no plano de cisalhamento (4.26):

$$\tau_z = \frac{P_z}{s_z} = \frac{P_u \cdot \cos(\phi + \rho - \gamma)}{s_z}$$

$$\tau_z = \frac{P_{NZ}}{s_z} \frac{\cos(\phi + \rho - \gamma)}{\text{sen}(\phi + \rho - \gamma)} = \sigma_z \cdot \frac{\cos 45^o}{\text{sen } 45^o} = \sigma_z. \tag{4.56}$$

Esta conclusão deduz-se fàcilmente pelo círculo de Mohr (figura 4.42 *b*). Desde que o processo de corte se desenvolve num material plástico ideal, a tensão de cisalhamento τ_z no plano de cisalhamento e a tensão σ_z sôbre êste mesmo plano são iguais. No entanto os resultados experimentais mostram uma discrepância com os resultados obtidos por êste cálculo (figura 4.43). Para explicar estas discrepâncias, Lee e Shaffer introduziram o conceito da existência de uma aresta postiça de corte, responsável pela divergência dos resultados (figura 4.44). Neste caso a cunha de cavaco seria constituída de duas partes; uma rígida *ABC* e outra *ABD,* de tensão variável. Admitindo-se a teoria do plástico ideal, a região *ABD* teria a mesma tensão de cisalhamento, mas a tensão normal deveria variar com θ. Com estas considerações pode-se escrever

$$90^o + \gamma = \phi - \theta + (45^o + \rho)$$
$$\phi = 45^o - \rho + \gamma - \theta \tag{4.57}$$

Quando não existe a aresta postiça de corte tem-se $\theta = 0$, e as equações (4.55) e (4.57) coincidem.

---

* Ver *Resistência dos Materiais — Tensões, de Telemaco van Langendonck* [22]. Capítulo I — Estado duplo de tensão.
** Pela consideração *a* de plástico ideal, a cunha de cavaco *OAB* é considerada indeformável até que o material atinja o escoamento (figura 4.41).

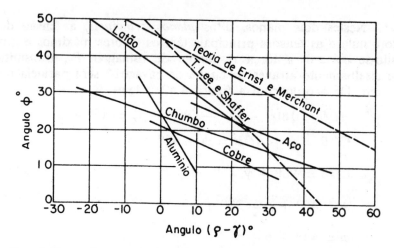

Fig. 4.43 — Comparação dos resultados teóricos e experimentais na determinação do ângulo ϕ.

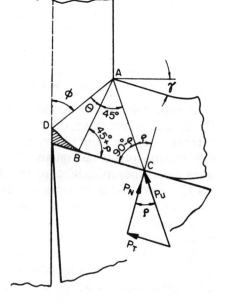

Fig. 4.44 — Correção do ângulo ϕ através da consideração da aresta postiça de corte, segundo LEE e SHAFFER [21].

Outros pesquisadores, aceitando as hipóteses admitidas por LEE e SHAFFER, procuraram modificar a equação fundamental (4.57), numa tentativa de conseguir maior aproximação entre os resultados teóricos e os obtidos experimentalmente. Entre êstes pesquisadores cita-se SHAW, COOK e FINNIE.

4.4.3 — Teoria de Shaw, Cook e Finnie [23]

Êstes pesquisadores deram especial atenção à inter-relação existente entre o atrito cavaco-ferramenta e o processo de cisalhamento desenvolvido na formação do cavaco. Verificaram experimentalmente que o coeficiente de

MECANISMO DA FORMAÇÃO DO CAVACO 131

atrito μ oscila com a variação do ângulo de saída γ. Com base nestas considerações, concluíram que durante a usinagem o coeficiente de atrito μ é influenciado pela zona de tensões no plano de cisalhamento. Assim sendo, não é permissível a aplicação de coeficientes de atrito, obtidos em ensaios normais de escorregamento, aos processos de corte, dada a complexidade do fenômeno da formação do cavaco.

Shaw, Cook e Finnie, admitindo as considerações acima, apresentaram duas hipóteses:

a) O coeficiente de atrito não é independente do ângulo de cisalhamento.

b) O plano de cisalhamento não está na direção de cisalhamento máximo.

A expressão geral obtida por êstes autores é

$$\phi = 45^{\circ} - \rho + \gamma + \eta, \tag{4.58}$$

onde a variável η é o *ângulo de desvio* entre a direção do plano de cisalhamento e a direção da tensão máxima de cisalhamento.

4.4.4 — Teoria de Hucks [24 a 26]

Hucks procura determinar o ângulo de cisalhamento ϕ e as fôrças de corte e de avanço do processo de corte ortogonal, baseado no estado duplo de tensões e na teoria da *envoltória de Mohr*. Segundo esta teoria, o círculo representativo do estado de tensões (*círculo de Mohr*) deve situar-se no interior de uma curva, a qual é a *envoltória* dos círculos obtidos experimentalmente, relativos a estados limites [27 e 28].

Envoltória de Mohr. Experimentalmente foi constatado que a cada valor da tensão normal σ corresponde um valor da tensão de cisalhamento τ, que dá origem à ruptura ou escoamento, no ponto que êste par de tensões se aplica. Assim, para cada material dútil se traçou, em um sistema de coordenadas (σ, τ), uma curva $\tau = f(\sigma)$, representativa das condições limites de escoamento, e para cada material frágil se traçou, no mesmo sistema de coordenadas, uma curva $\tau = f(\sigma)$, representativa das condições limites de ruptura. Essas curvas são denominadas *envoltórias de Mohr*, e são simétricas em relação ao eixo das abcissas σ (curva E da figura 4.45 *b*).

As tensões do *estado duplo de tensões* (que é o que se verifica no corte ortogonal) podem ser representadas gràficamente pelo *círculo de Mohr* [22, 27 e 28]. Sempre que o círculo de Mohr tangenciar a curva $\tau = f(\sigma)$ em um ponto T, tal ponto representará o par de tensões (σ, τ) que darão o início ao escoamento do material dútil ou à ruptura do material frágil. No caso do escoamento tem-se ainda a indicação do plano onde êle se verifica, ou seja, o plano de cisalhamento. Como o círculo de Mohr tangencia a envoltoria nos pontos T e T', conclui-se que o escoamento se dá em dois planos simultâneos.

Seja ds (figura 4.45 a) um elemento de superfície da secção longitudinal do cavaco formado, que contenha o ponto P da aresta cortante. Sôbre êste elemento ds a superfície de saída da ferramenta exerce uma fôrça que dá origem às tensões σ_s de compressão e τ_s de cisalhamento. Segundo HUCKS, a relação entre τ_s e σ_s é o coeficiente de atrito μ entre o cavaco e a ferramenta.

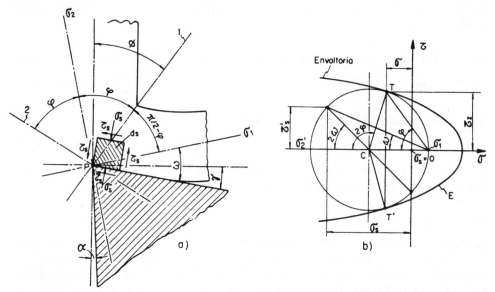

FIG. 4.45 — Determinação do ângulo de cisalhamento ϕ segundo HUCKS: a) tensões num elemento de cavaco, junto a aresta de corte; b) determinação do plano de cisalhamento de um material através da envoltória e do círculo de MOHR [24].

Não havendo resistência à saída do cavaco na direção paralela a superfície de saída da ferramenta, pode-se afirmar que pràticamente não há *tensão normal* agente sôbre os lados do elemento ds, perpendiculares à superfície de saída. Logo, sôbre êstes lados age apenas a tensão de cisalhamento, que pelas leis da Resistência dos Materiais é igual a τ_s. Lembrando ainda que o círculo de MOHR, representativo do estado duplo de tensões reinantes no ponto P durante a formação de cavaco, deve tangenciar a envoltória de MOHR, relativa ao escoamento do material dútil usinado, torna-se possível traçar o citado círculo e por meio dêle determinar, segundo HUCKS:

a) as tensões σ_s e τ_s.
b) as tensões principais σ_1 e σ_2,
c) o ângulo ω que a superfície de saída da ferramenta faz com a direção principal σ_1,
d) os pontos T e T', representativos das tensões σ_z e τ_z agentes nos planos de escoamento,
e) as próprias tensões normal σ_z e de cisalhamento τ_z, agentes sôbre o plano de escoamento,

MECANISMO DA FORMAÇÃO DO CAVACO

f) o ângulo φ que os planos de escoamento formam com a direção principal σ_2.

Desta forma, pode-se traçar na raiz do cavaco (figura 4.45 a) as direções das tensões principais σ_1 e σ_2. Em seguida traçam-se os planos de escoamento 1 e 2 que formam o ângulo $\pm\varphi$ com a direção de σ_2. Pela figura 4.45 a pode-se determinar fàcilmente o ângulo de cisalhamento ϕ:

$$\phi + (\pi/2 - \varphi) + (\omega - \gamma) = \pi/2$$

ou

$$\phi = \varphi + \gamma - \omega \tag{4.59}$$

Através da figura 4.45 b tem-se ainda

$$\text{tg } 2\omega = \frac{\tau_s \cdot 2}{\sigma_s} = 2\mu. \tag{4.60}$$

Logo

$$\phi = \varphi + \gamma - \frac{1}{2} \text{ arc tg } 2\mu. \tag{4.61}$$

Desta forma o ângulo de cisalhamento ϕ depende do material usinado (através da *envoltória de Mohr,* da qual é função o ângulo φ), do ângulo de saída γ e do coeficiente de atrito μ entre o cavaco e a ferramenta [obtido com auxílio da fórmula (4.34)].

A *envoltória de Mohr* correspondente ao escoamento que se dá na usinagem de metais dúteis, não é determinada apenas em ensaios de corpos de prova submetidos a torção e tração ou compressão simultâneas, pois ela depende dos seguintes fatôres [26]:

a) Deformação do material usinado, antes de ser atingido pela ferramenta. Se o material sofre uma deformação prévia (ou seja, um encruamento) superior ao patamar de escoamento do diagrama *tensão-deformação,* a envoltória correspondente ao escoamento tende a se afastar do eixo das abscissas σ do diagrama (τ, σ), tendo-se finalmente a envoltória correspondente à ruptura do material. A figura 4.46 a apresenta as envoltórias de MOHR para diferentes deformações permanentes.

Certos deslocamentos da envoltória relativa ao escoamento podem, entretanto, ser provocados pela deformação do material usinado, sofrida durante a usinagem, anteriormente ao contato com a aresta de corte. No caso do corte ortogonal, tal deslocamento pode ser aproximadamente determinado, transpondo-se para a usinagem resultados de ensaios de corpos de prova prèviamente deformados e submetidos simultâneamente a torção e tração ou compressão.

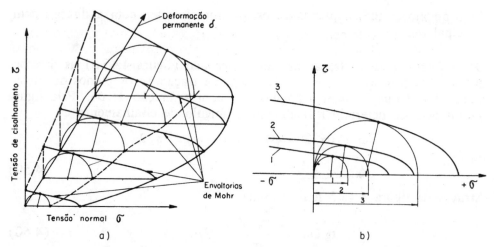

FIG. 4.46 — Variação da envoltória de MOHR: *a*) influência da deformação permanente δ; *b*) influência do tratamento térmico, *1* = material recozido, *2* = material temperado e revenido a 650ºC, *3* = material temperado e revenido a 350ºC [26].

b) Tratamento térmico do material. A figura 4.46 *b* apresenta as envoltórias de MOHR correspondentes a três tratamentos de um aço-liga à base de níquel (C = 0,36; Ni = 2,95; Mn = 0,48; Si = 0,02), conforme o quadro abaixo [26].

N.º	Tratamento			Tensão de escoamento kg*/mm²	Tensão de ruptura kg*/mm²
	Recoz.	Têmpera	Revenido		
3	—	900ºC	350ºC	135,0	143,9
2	—	900ºC	650ºC	64,3	70,9
1	900ºC	—	—	46,1	64,3

c) Velocidade de deformação e temperatura. O aumento da velocidade de deformação afasta as envoltórias do eixo das abscissas, porém as altas temperaturas de usinagem provocam efeitos contrários. Inúmeras pesquisas foram conduzidas sôbre êste assunto e vários autores procuraram estabelecer fórmulas que permitem avaliar quantitativamente a variação das tensões σ e τ em função da variação da temperatura e da velocidade de deformação $\dot{\epsilon}$ [28]. Verifica-se aproximadamente, para a maioria dos aços dúteis, uma compensação entre o aumento das tensões com o aumento da velocidade de deformação e a diminuição das tensões com o aumento da temperatura de corte.

d) Deformação do material durante a usinagem. A deformação do material pode ser traduzida pelo grau de recalque R_c (4.4). Logo, quanto maior o grau de recalque, maior será a deformação permanente do material e a envoltória de MOHR se afastará do eixo das abscissas (figura 4.47).

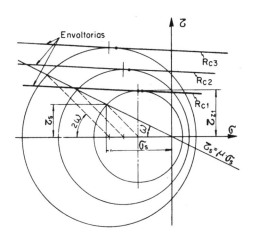

FIG. 4.47 — Variação das tensões no plano de cisalhamento em função do grau de recalque R_c.

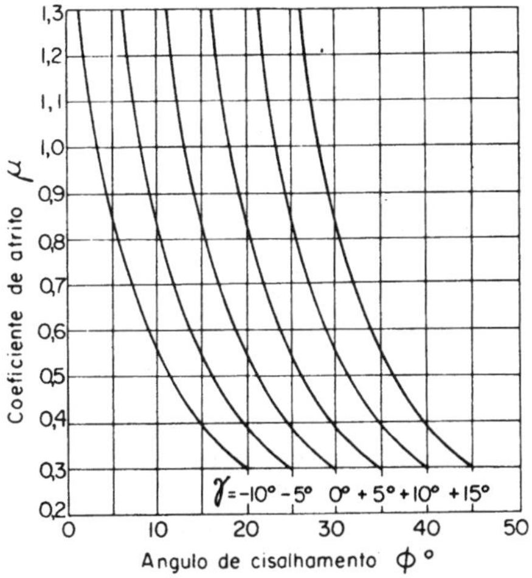

FIG. 4.48 — Ângulo de cisalhamento ϕ em função do coeficiente de atrito, segundo a fórmula (4.62).

A envoltória de MOHR relativa ao escoamento de vários aços dúteis é uma reta paralela ou aproximadamente paralela ao eixo das abscissas (σ), de modo que $\varphi \cong 42$ a 45°. Neste caso a fórmula (4.61) pode ser simplificada,

$$\phi \cong 45° + \gamma - \frac{1}{2} \operatorname{arc\,tg} \frac{\mu}{2}. \qquad (4.62)$$

A figura 4.48 mostra a variação do ângulo ϕ em função do coeficiente de atrito para diferentes valôres de γ, segundo HUCKS. A tabela IV.2 apresenta os valôres de μ e ϕ, obtidos através de ensaios realizados por MERCHANT, e os valôres de ϕ calculados pela fórmula (4.62) em alguns aços, para diferentes avanços e velocidades de corte. Verifica-se que para êsses materiais o êrro cometido no valor calculado de ϕ é da ordem de 2° nos piores casos, porém para certos materiais o êrro cometido pode ser bem maior.

O *coeficiente de atrito* μ depende dos seguintes fatôres:

a) Material usinado e material da ferramenta.

b) Velocidade e temperatura de corte. O aumento da velocidade de corte, e conseqüentemente o aumento da temperatura de corte, provoca uma diminuição de μ.

TABELA IV.2

Comparação entre os valôres de φ ensaiados e calculados pela fórmula (4.62) [24] para alguns aços

Material	H (kg*/mm²)	v (m/min)	a (mm)	μ	φ ens. (º)	φ calc. (º)
SAE 1035	148	68,5	0,061	0,75	21,3	22,5
" 9442	230	112	0,096	0,95	23,9	22,2
" 9445	240	112	0,096	1,0	23,3	22,6
" 9445	186	112	0,096	1,05	22,9	20,5
" 9445	186	112	0,094	1,11	22,1	19,0
" 9445	186	165	0,028	1,12	22	19
" 9445	186	165	0,0595	1,08	22,4	18,5
" 9445	186	165	0,094	0,91	23,75	21,5
" 9445	186	165	0,198	0,76	26,65	25
" 9445	186	195	0,094	0,95	23,9	21,5
" 9445	186	361	0,094	0,81	25,85	25

c) Avanço. O aumento do avanço, e o conseqüente aumento da pressão de contato do cavaco sôbre a ferramenta, provoca uma diminuição do coeficiente de atrito (figura 4.49) [24].

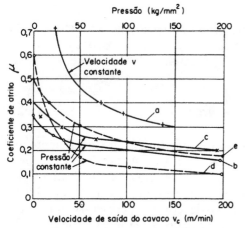

FIG. 4.49 — Variação do coeficiente de atrito μ em função da velocidade de escorregamento e da pressão específica: *a*) curva p/ $v = 30$ m/min; material: aço SM com ferr. metal duro S 1; *b* ... *e*) curva p/ $p = 100$ kg*/mm²; *b*) aço SM c/ metal duro S 1; *c*) aço SM c/ metal duro G 1; *d*) ferro fundido c/ metal duro S 1; *c*) ferro fundido com metal duro G 1 [24].

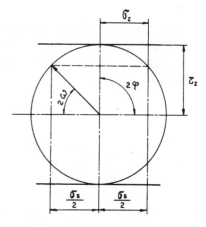

FIG. 4.50 — Simplificação da envoltória de MOHR para duas retas paralelas ao eixo das abscissas, no campo de compressão do material.

MECANISMO DA FORMAÇÃO DO CAVACO

d) Outros fatôres, como por exemplo o ângulo de saída γ, fluido de corte, acabamento superficial, etc.

Sendo pequena a secção de cavaco contida no plano de cisalhamento, cuja posição foi acima determinada através do ângulo de cisalhamento ϕ, pode-se supor que todos os seus pontos estão sujeitos às mesmas tensões σ_z e τ_z. Esta hipótese foi comprovada pelos ensaios de KOBAYASHI e THOMSEN [30].

Através das fórmulas (4.27) ou pela figura 4.38 tem-se:

$$P_c = P_Z . \cos \phi + P_{NZ} . \text{sen } \phi$$
$$P_a = P_{NZ} . \cos \phi - P_Z . \text{sen } \phi \tag{4.63}$$

Com auxílio das fórmulas (4.37) e (4.38) resulta:

$$P_c = \tau_Z . b . h \frac{\cos \phi}{\text{sen } \phi} + \sigma_Z . b . h \frac{\text{sen } \phi}{\text{sen } \phi}$$

$$P_a = \sigma_Z . b . h \frac{\cos \phi}{\text{sen } \phi} - \tau_Z . b . h \frac{\text{sen } \phi}{\text{sen } \phi}. \tag{4.64}$$

Admitindo-se $\varphi = 45^o$ tem-se pelo *círculo de Mohr* (figura 4.50)

$$\sigma_Z = \frac{\sigma_s}{2} = \tau_Z . \cos 2 \omega$$

ou

$$\sigma_Z = \tau_Z \frac{1}{\sqrt{1 + \text{tg}^2 2\omega}}$$

e pela fórmula (4.59) tem-se:

$$\sigma_Z = \tau_Z \frac{1}{\sqrt{1 + 4\mu^2}} \tag{4.65}$$

Substituindo-se (4.65) em (4.64) resulta:

$$P_c = \tau_Z . b . h . \left[\cot \phi + \frac{1}{\sqrt{1 + 4\mu^2}} \right] \tag{4.66}$$

$$P_a = \tau_Z . b . h . \left[\frac{\cot \phi}{\sqrt{1 + 4\mu^2}} - 1 \right]. \tag{4.67}$$

Substituindo-se (4.8) e (4.62) em (4.64) resulta ainda:

$$P_c = \tau_Z \cdot b \cdot h \cdot \left\{ \cfrac{1}{\sqrt{1 + \text{tg}^2 \left[90^o + 2\gamma - 2 \left(\text{arc cotg} \dfrac{R_c - \text{sen }\gamma}{\cos \gamma} \right) \right]}} + \right.$$

$$\left. + \frac{R_c - \text{sen }\gamma}{\cos \gamma} \right\} . \qquad (4.68)$$

As equações (4.65 e 4.68) podem ser resumidas na expressão:

$$P_c = \tau_Z \cdot b \cdot h \cdot K, \qquad (4.69)$$

ou ainda

$$P_c = k_s \cdot b \cdot h, \qquad (4.70)$$

onde o coeficiente k_s, denominado *pressão específica de corte,* é dado pela relação

$$k_s = \tau_Z \cdot K. \qquad (4.71)$$

A veracidade dessa equação foi comprovada experimentalmente por HUCKS em vários aços. A figura 4.51 apresenta os valôres de K em função de R_c para diferentes ângulos de saída γ, para o caso de $\varphi = 45^o$. A tensão τ_Z, como foi dito anteriormente, varia com a deformação do material, ou seja, com o grau de recalque R_c (figura 4.47); τ_Z deverá ser obtida em ensaios experimentais. Em vários casos pode-se tomar aproximadamente como a tensão de cisalhamento na ruptura, obtida em ensaio de torção.

4.4.5 — Comentários das teorias citadas

Além das teorias de ERNST & MERCHANT, LEE & SHAFFER, SHAW-COOK & FINNIE e HUCKS, numerosos pesquisadores, tais como KOBAYASHI & THOMSEN [30 a 32], HILL [33], PUG [34], OXLEY & WELSH [35], procuraram estabelecer fórmulas que relacionam o ângulo de cisalhamento ϕ com diferentes parâmetros característicos das condições de usinagem e do material ensaiado. Tais fórmulas, baseadas em considerações teóricas e ensaios experimentais, fornecem em muitos casos valôres de ϕ bastante próximos da realidade. Porém, em vários materiais os valôres calculados de ϕ se afastam dos valôres fornecidos pelos ensaios. As razões destas discrepâncias foram apontadas nas teorias apresentadas neste capítulo. A nosso ver, o estudo melhor fundamentado é o de HUCKS, baseado na *envoltória de Mohr.*

A fórmula geral de HUCKS (4.61),

$$\phi = \varphi + \gamma - \frac{1}{2} \text{ arc tg } 2\mu,$$

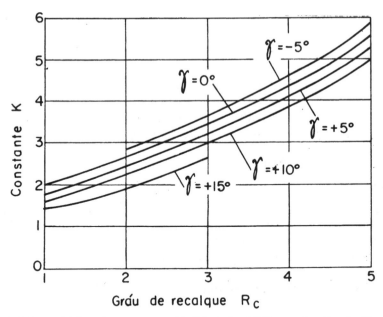

FIG. 4.51 — Valor da constante K (fórmula 4.71) em função de R_c para diferentes ângulos de saída γ, segundo HUCKS [26].

necessita da construção da envoltória de MOHR para o material usinado (em condições de ensaio bem semelhantes às da usinagem) e da determinação do coeficiente de atrito, obtido através de ensaios de usinagem. Em tais condições o cálculo de ϕ perde o interêsse prático. Porém, em vários casos de aços dúteis, o ângulo φ se aproxima de 45°, permitindo uma avaliação mais rápida do ângulo ϕ. Resta, ainda, a determinação do coeficiente de atrito μ, de acôrdo com as considerações vistas.

Os trabalhos de HUCKS foram prosseguidos por KATTWINKEL [36], o qual, através de estudos em modelos com auxílio da foto-elasticidade, conseguiu determinar a distribuição das tensões na ferramenta, junto à raiz de cavaco.

Muito mais importante que a determinação de ϕ é o cálculo da fôrça de corte. A fórmula (4.69) de HUCKS permite avaliar a fôrça de corte P_c, através da tensão de cisalhamento τ_z no plano de cisalhamento e do coeficiente K. A determinação dêste coeficiente é simples (figura 4.51), quando se considera $\varphi = 45°$ (equação 4.68). O grau de recalque R_c (do qual depende o valor de K) obtém-se pela relação entre a espessura de cavaco h' (medida) e a espessura de corte h.

Estas fórmulas não levam em conta, porém, a influência do atrito entre a superfície de incidência da ferramenta e a peça, não sendo aplicáveis para pequenos avanços, onde o êrro torna-se mais significativo.

No corte tridimensional, que constitui a maioria dos casos na prática, deve ser levado em conta a influência da aresta lateral de corte, tornando o

140 FUNDAMENTOS DA USINAGEM DOS METAIS

estudo bem mais complicado [37]. Verifica-se, porém, que quando a largura de corte b é superior a 8 vêzes a espessura de corte h pode-se aplicar as fórmulas vistas acima, sem êrro apreciável.

Na prática prefere-se determinar as componentes P_c, P_a e P_p da fôrça de usinagem, através de fórmulas semelhantes a (4.70), onde a pressão específica de corte k_s é determinada experimentalmente através das condições de usinagem para diferentes materiais (vide capítulo V — *Fôrça de Usinagem*).

4.5 — TEMPERATURA DE CORTE

4.5.1 — Generalidades

Verifica-se experimentalmente que os trabalhos provenientes da deformação da raiz do cavaco durante a usinagem, do atrito entre o cavaco e a ferramenta e do atrito entre a peça e a ferramenta são transformados em calor. Conseqüentemente a temperatura da ferramenta de corte se elevará, de acôrdo com o calor específico e a condutibilidade dos corpos em contato, além das dimensões das secções onde se escoa o calor.

Os efeitos de formação e transmissão do calor no corte de metais são muito complexos, pois com o aumento da temperatura mudam as características físicas e mecânicas do metal em trabalho. A temperatura, influindo no desgaste das ferramentas, limita a aplicação de regimes de corte mais altos, fixando, portanto, as condições máximas de produtividade e duração das ferramentas.

O estudo das condições de formação de calor e suas condições de transmissão, em função de diferentes fatôres de corte, permite determinar as dimensões e as formas mais convenientes das ferramentas, além de um melhor regime de trabalho e durabilidade de corte entre duas afiações, isto é, a *vida da ferramenta*.

4.5.2 — Balanço energético

As principais fontes de calor no processo da formação do cavaco são devidas:

1) à deformação plástica do cavaco na região de cisalhamento;

2) ao atrito do cavaco com a superfície de saída da ferramenta;

3) ao atrito da peça com a superfície de incidência da ferramenta (ou as superfícies de incidência para o corte tridimensional).

A quantidade de calor produzida por estas fontes energéticas é dissipada através do cavaco, da peça, da ferramenta e do meio ambiente (figura 4.52). Logo, o balanço energético do processo de corte pode ser expresso pela seguinte equação:

MECANISMO DA FORMAÇÃO DO CAVACO

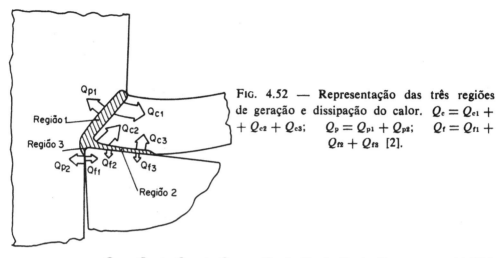

FIG. 4.52 — Representação das três regiões de geração e dissipação do calor. $Q_c = Q_{c1} + Q_{c2} + Q_{c3}$; $Q_p = Q_{p1} + Q_{p2}$; $Q_f = Q_{f1} + Q_{f2} + Q_{f3}$ [2].

$$Q = Q_z + Q_{a1} + Q_{a2} = Q_c + Q_p + Q_f + Q_{ma}, \qquad (4.72)$$

onde:

$Q_z\ $ = quantidade de calor produzida pela deformação e pelo cisalhamento do cavaco;

Q_{a1} = quantidade de calor produzida pelo atrito do cavaco com a ferramenta;

Q_{a2} = quantidade de calor produzida pelo atrito entre a peça e a ferramenta;

$Q_c\ $ = quantidade de calor dissipada pelo cavaco;

$Q_p\ $ = quantidade de calor dissipada pela peça;

$Q_f\ $ = quantidade de calor dissipada pela ferramenta;

Q_{ma} = quantidade de calor dissipada pelo meio ambiente.

Os valôres numéricos das grandezas acima e as suas proporções entre si variam com o tipo de usinagem (torneamento, fresamento, brochamento, etc.), o material da peça e da ferramenta, as condições de usinagem e a forma da ferramenta. Na usinagem de aços de construção, com velocidade de corte até 50m/min, a quantidade de calor gerada pela deformação plástica é de aproximadamente 75% da total, ao passo que com $v = 200$m/min, essa quantidade de calor diminui para 25% da total. Logo, nos regimes de corte altos o atrito é a fonte básica de calor. A figura 4.53 apresenta esquemàticamente os valôres destas proporções e a tabela IV.3 apresenta a variação destas proporções em função da velocidade de corte, para alguns materiais [38]. Enquanto no torneamento a maior parte do calor vai para o cavaco, na furação a maior parte do calor vai para a peça.

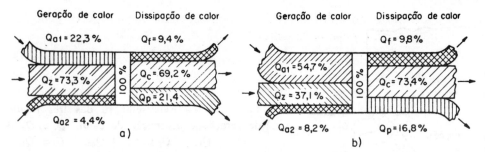

FIG. 4.53 — Representação esquemática do balanço energético: *a*) torneamento de aço 1045, ferr. metal duro, $v = 30$ m/min, $a = 0,3$ mm/volta; *b*) torneamento de titânio, ferr. metal duro, $v = 30$ m/min, $a = 0,3$ mm/volta [38].

TABELA IV.3

Distribuição do calor entre o cavaco, peça e ferramenta no torneamento de alguns materiais com $v = 100$ *e* 20 m/min [38]

Material	Calor dissipado em % $p/v = 100$ m/min			Calor dissipado em % $p/v = 20$ m/min		
	Cavaco	Peça	Ferram.	Cavaco	Peça	Ferram.
Aço 0,4 C, 0,1 Cr	71	26	1,9	74	22	1,2
Fofo	42	50	1,5	50	39	0,8
Alumínio	21	73	2,2	—	—	—

Verifica-se experimentalmente que quase todo o trabalho de usinagem (87 a 90%) se transforma em calor. Logo, a quantidade de calor, em quilocalorias por minuto, é aproximadamente equivalente ao trabalho de usinagem num minuto. Pode-se determinar, com bastante aproximação, a quantidade de calor produzida na usinagem através da fórmula

$$Q = \frac{P_c \cdot v}{E} \text{ (k cal/min)}, \qquad (4.73)$$

onde

$P_c =$ fôrça de corte, em kg*;
$v =$ velocidade de corte, em m/min;
$E =$ equivalente mecânico do calor, $E = 427$ kg*m/k cal.

CONCLUSÕES

a) Como as deformações e as fôrças de atrito se distribuem irregularmente, o calor produzido também se distribui de forma irregular.

b) Grande parte do calor é recebido pelo cavaco, menor parte pela peça e ainda menor pela ferramenta (figura 4.52 e 4.53).

c) A quantidade de calor devida ao atrito do cavaco com a sup. de saída, e *que vai à ferramenta,* é relativamente pequena. Porém, como esta superfície de contato é reduzida, desenvolvem-se ali temperaturas significantes (figura 4.54).

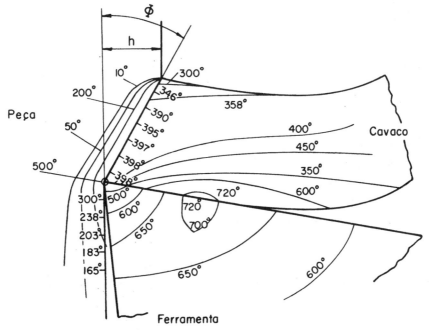

FIG. 4.54 — Distribuição da temperatura na ferramenta, no cavaco e na peça, durante a usinagem de aço. Ferramenta de metal duro P 20; $v = 60$ m/min; $h = 0,32$ mm; $k_s = 230$ kg/mm^2; $\mu = 0,4$ [5].

d) Através da fórmula (4.73) verifica-se que a quantidade de calor gerada durante a usinagem aumenta com a velocidade e com a fôrça de corte. Conseqüentemente, a temperatura cresce com o aumento da velocidade de corte, do avanço e da profundidade. Êste aumento de temperatura é acelerado com o desgaste da ferramenta, o qual aumenta o valor do coeficiente de atrito e conseqüentemente a fôrça de corte.

Com o aumento da temperatura, além do ponto de transformação da estrutura do material, as ferramentas perdem a sua dureza, desgastam-se ràpidamente e tornam-se improdutivas. (Êste assunto será visto com detalhe no capítulo VIII.)

Por outro lado, para aumentar a produtividade da ferramenta deve-se aumentar a velocidade, o avanço e a profundidade de corte. Todos êstes três fatôres aumentam a temperatura. Portanto, o tecnólogo deve investigar todos os meios para diminuir a temperatura, além de empregar materiais de corte resistentes a altas temperaturas e ao desgaste. O meio mais barato para a diminuição da temperatura de corte é o emprêgo de refrigerante e lubrificante de corte.

4.5.3 — Medida da Temperatura de Corte

4.5.3.1 — Medida da temperatura de cavaco pelo método calorimétrico

A temperatura média do cavaco pode ser determinada aproximadamente pelo calorímetro de água, representado esquemàticamente na figura 4.55.

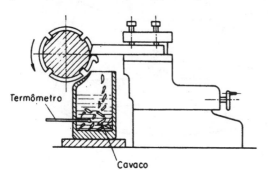

FIG. 4.55 — Determinação da temperatura do cavaco através do calorímetro.

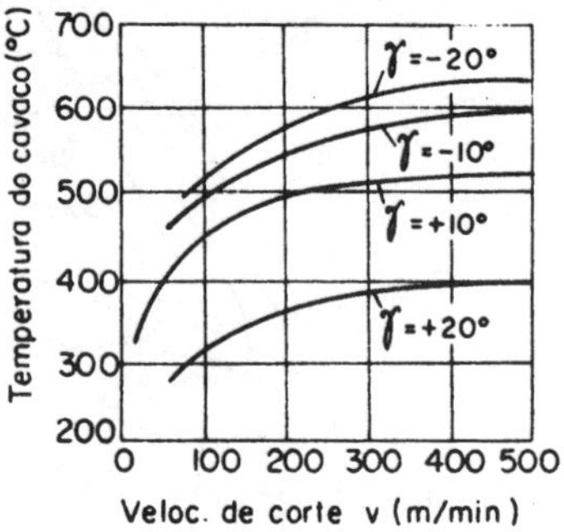

FIG. 4.56 — Temperatura do cavaco em função da velocidade de corte, para diferentes ângulos de saída.

Para tanto, mede-se a temperatura inicial da água; usina-se a peça com rasgos axiais (para haver quebra de cavaco); mede-se a temperatura final da água após um tempo prèviamente determinado; pesa-se o cavaco após a sua secagem. A temperatura do cavaco é determinada pela equação do calorímetro [39 e 40]:

$$M_c \cdot c \, (t_c - t_2) = (M_a + M_e \cdot c_e) \, (t_2 - t_1), \qquad (4.74)$$

onde:

M_c = massa de cavaco, em gr;
c = calor específico do cavaco;
t_c = temperatura do cavaco, a ser determinada, em °C;
t_2 = temperatura final da água, do cavaco e do calorímetro, em °C;
M_a = massa da água no calorímetro, em gr;
M_e = massa equivalente do calorímetro, em g
c_e = calor específico do calorímetro;
t_1 = temperatura inicial da água e do calorímetro, em °C.

Logo

$$t_c = \frac{(M_a + M_e \cdot c_e)(t_2 - t_1)}{M_c \cdot c} + t_2. \qquad (4.75)$$

EXEMPLO: Num ensaio achou-se $M_c = 1200$ gr, $M_a = 1500$ gr, $t_1 = 20°C$, $t_2 = 60°C$, $c = 0,115$, $M_e \cdot c_e \cong 0$. A temperatura do cavaco, ao entrar no calorímetro, será:

$$t_c = \frac{1500\,(60 - 20)}{1200.0,115} + 60$$

$$t_c = 495°C.$$

A figura 4.56 apresenta a temperatura do cavaco em função da velocidade de corte, através de ensaios obtidos pelo método calorimétrico.
Por êste método pode-se determinar também a quantidade de calor fornecida à ferramenta.

4.5.3.2 — Medida da temperatura do gume cortante através de termo-pares colocados na ferramenta

Êste método permite registrar a variação da temperatura com o tempo, em diferentes pontos da ferramenta. Para tanto são executados na ferramenta (através do processo de eletro-erosão) furos de diâmetros pequeníssimos, onde são colocados os termo-pares (figura 4.57). A tabela IV.4 apresenta alguns tipos de termo-pares de fabricação da firma *Philips;* tais termo-pares são fornecidos nos diâmetros externos 0,25, 0,34, 0,5, 1,0, 1,5, 2mm [41 e 52].

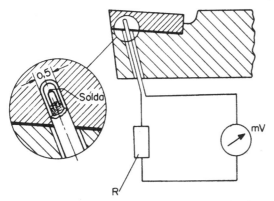
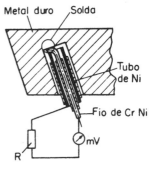

FIG. 4.57 — Medida da temperatura da ferramenta através de termo-pares de procedência da firma PHILIPS [41].

FIG. 4.58 — Medida da temperatura da ferramenta através de termo-pares, segundo KÜSTER [43].

J. KÜSTER [43] empregou termo-pares constituídos por um tubo de níquel (de $\phi_{ex} = 0,2$mm e $\phi_{in} = 0,14$mm) e internamente um fio de cromo-níquel de diâmetro 0,07mm. Tais termo-pares foram isolados com verniz à base de silicon (figura 4.58). Êsse pesquisador realizou 400 furos de diâmetro

146   FUNDAMENTOS DA USINAGEM DOS METAIS

TABELA IV.4

Características de alguns tipos de termo-pares "Thermocoax" de fabricação da firma Philips [41]

Combinação	Campo de temperatura (°C)	Tensão em μ V/°C para temperatura de trabalho		
		0-100°C	500-600°C	1000-1100°C
Platina c/ Pt c/10% Rh*	0 ... 1700	6,4	10	11,7
Platina c/ Pt c/13% Rh**	0 ... 1700	6,5	11	13,5
Cromel c/ Alumel	− 200 ... 1370	41	42,6	38,5
Ferro c/ Constantan	− 200 ... 760	52,7	57,2	—

* Liga de platina com 10% Rhodium. ** Liga de platina com 13% Rhodium.

0,3mm, em diferentes ferramentas, a fim de conseguir as curvas isotérmicas em diferentes seções da ferramenta, sob diferentes condições de ensaio. Os furos foram realizados de maneira a se obter pontos da medida de temperatura bem próximos das superfícies periféricas da ferramenta (até a distância 0,2mm da periferia). Desta forma foi possível extrapolar as curvas isotérmicas para as superfícies de incidência e de saída da ferramenta (figura 4.59).

4.5.3.3 — Determinação da temperatura de corte pelo termo-par peça-ferramenta

Acredita-se que SHORE foi o primeiro a utilizar êste método, na medida da temperatura de corte, em 1924. Desde então o seu uso e desenvolvimento pelos investigadores tem sido acentuado, até para estudos do fenômeno de atrito. A temperatura medida no termo-par ferramenta-peça, caracteriza-se não sòmente por ser a maior conseguida entre todos os tipos de medição mas, também, por estabilizar-se ràpidamente, no curso de 10 a 20 segundos.

Pelo efeito SEEBECK, no aquecimento da solda de metais diferentes, surge uma *fôrça eletromotriz,* a qual é proporcional (dentro de certos limites) à temperatura. Na observação das superfícies em contato, cavaco e ferramenta, estabeleceu-se que existem fôrças moleculares de agarramento. Dessa maneira, na usinagem dos metais, o contato ferramenta-peça representa uma analogia çom a solda aquecida. Logo, se às extremidades dos condu-

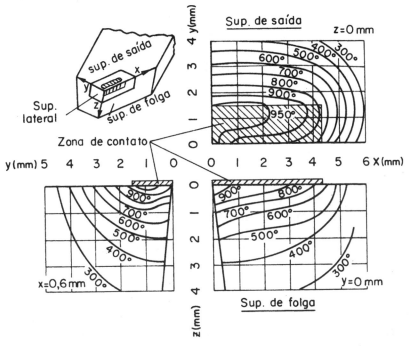

FIG. 4.59 — Distribuição da temperatura nas superfícies de uma ferramenta. Aço 30 Mn 4, ferr. metal duro, $v = 95$ m/min, $s = 3 \times 0,74$ mm² [43].

tores, ligados à ferramenta e à peça, prendermos os terminais de um galvanômetro, o seu indicador mostrará a existência de corrente.

Deve-se notar porém que essa solda (contato ferramenta-peça) durante a usinagem é instável e desigual nos diferentes lugares de contato, visto que em escala microscópica os contatos ferramenta-cavaco e ferramenta-peça não são contínuos. As superfícies apresentam uma série de picos e vales, ocorrendo naturalmente os contatos nos picos. Em conseqüência da diferença de pressões nesses contatos, haverá diferentes temperaturas e diferentes *fôrças eletro-motrizes*. Cada contato constitui uma junção termo-par e, visto que essas junções são tôdas em paralelo, a $f.e.m$ observada representa um valor médio. Por isso o indicador do galvanômetro mostrará, não a maior temperatura de contato, mas sim a média das temperaturas. Entretanto isto não representa uma desvantagem, porque a temperatura média aqui obtida é a de maior interêsse prático. As análises confirmam que as regiões de temperatura mais elevadas concentram-se acentuadamente nas superfícies de contato cavaco-ferramenta e peça-ferramenta[*].

As leis dos circuitos termoelétricos aplicáveis aqui são as seguintes:

---

[*] Devido ao fato de a superfície de contato cavaco-ferramenta ser maior que a superfície peça-ferramenta, a temperatura obtida por êste processo de medida se aproxima mais da temperatura média da superfície de contato cavaco-ferramenta. Esta temperatura é denominada por vários pesquisadores de *temperatura de corte*.

1.º) A $f.e.m$ no circuito termoelétrico depende sòmente da diferença de temperatura entre as junções quente e fria, e independe do gradiente nas partes componentes do sistema.

2.º) A $f.e.m$ gerada independe da bitola e resistência dos condutores.

3.º) Se a junção dos dois metais está a uma temperatura uniforme, a $f.e.m$ gerada não é afetada se um terceiro metal, que está a essa mesma temperatura, fôr usado para juntar os dois primeiros.

A figura 4.60 apresenta esquemàticamente uma instalação da medida da temperatura de corte, baseada nestes princípios. O ponto de contato Q do cavaco com a ferramenta constitui a *junção quente*, enquanto A e B representam as *junções frias* (que estão à temperatura ambiente). O contato de mercúrio M é usado para estabelecer o contato elétrico da peça com o milivoltímetro V, sem introduzir voltagens estranhas, que póderiam surgir com o emprêgo de escôvas e anéis deslizantes. Os fios C e D podem ser de cobre, desde que ambos os extremos sejam mantidos à mesma temperatura; desta forma não terão influência na $f.e.m$ gerada em Q (3.ª regra), como também na medida em V. É importante que o milivoltímetro seja acompanhado de um potenciômetro.

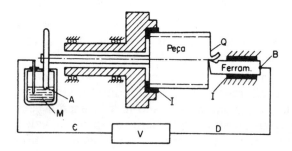 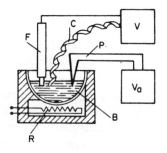

Fig. 4.60 — Esquema da aparelhagem de medida da temperatura através do termo-par *ferramenta-peça-cavaco*.

Fig. 4.61 — Esquema da aparelhagem de calibração do termo-par *ferramenta-peça-cavaco*.

O método mais simples de *calibração*, e provàvelmente o mais preciso, é o mostrado na figura 4.61. A forma mais conveniente da peça para calibração é obtida através do emprêgo do próprio cavaco C. A extremidade da ferramenta F, imersa no banho B, é construída com um diâmetro de 1/8", para garantir uma temperatura uniforme e para limitar a quantidade de calor transferida à extremidade fria da ferramenta. Para manter esta extremidade à temperatura ambiente, é aconselhável usar uma ferramenta comprida. Se a peça em usinagem não produz cavaco longo, deve ser preparada uma peça longa semelhante a ferramenta. De acôrdo com a terceira lei da termoelètricidade, a presença do banho de chumbo B não afetará a $f.e.m$ medida, desde que êsse banho tenha témperatura uniforme.

Esta temperatura é medida por um par *Cromel-Alumel* padrão *P;* o banho de chumbo é aquecido através de uma resistência *R*.

A figura 4.62 *a* apresenta a curva típica de aferição para ferramenta de aço rápido, enquanto que a figura 4.62 *b* refere-se ao caso de ferramenta de metal duro; ambas as curvas de aferição referem-se à usinagem de aço de corte fácil. A figura 4.63 apresenta as temperaturas de corte medidas em função da velocidade de corte e da profundidade de corte, para o caso de corte ortogonal com ferramenta de aço rápido e metal duro, segundo M. SHAW [4]. A figura 4.64 apresenta a influência do fluido de corte segundo SCHALLBROCH, WALLICHS e BETHMANN [44].

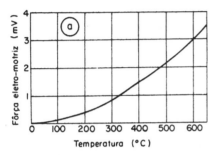 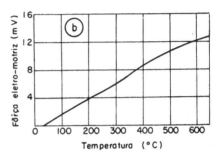

FIG. 4.62 — Curvas de calibração do par termoelétrico *ferramenta-peça-cavaco:* *a*) ferramenta de aço rápido; *b*) ferramenta de metal duro [4].

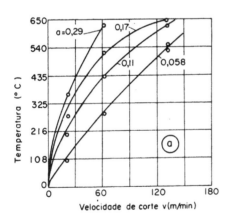 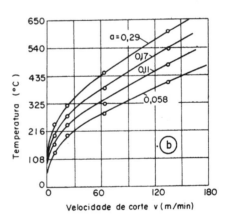

FIG. 4.63 — Temperaturas de corte medidas na usinagem bidimensional a sêco de aço carbono de baixa liga B-1112. *a*) ferramenta de aço rápido 18-4-1. *b*) ferramenta de metal duro.

Êste método de determinação da temperatura de corte pelo termo-par *ferramenta-peça-cavaco* pode ser realizado empregando-se duas ferramentas (figura 4.66) [44]. Tais ferramentas deverão ser de materiais diferentes (por exemplo aço rápido e metal duro), porém deverão trabalhar em condições de usinagem idênticas. A fôrça eletromotriz medida pelo mili-

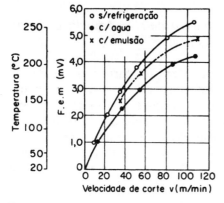

Fig. 4.64 — Influência do fluido de corte na medida da temperatura de corte. Material: liga de alumínio Al-Si-Mg, $a.p = 0{,}2.1{,}0$ mm², $\gamma = 20°$ [44].

Fig. 4.65 — Medida da temperatura de corte, através de dois termo-pares *ferramenta-peça-cavaco*, para diferentes materiais [44].

voltímetro mV será a diferença das fôrças eletromotrizes obtidas separadamente, empregando-se o método anterior para cada termo-par (ferramenta-peça-cavaco). Êste nôvo método apresenta a vantagem de não necessitar escôvas de contato ou tanque de mercúrio, porém as temperaturas fornecidas representam valôres relativos em relação à temperatura de um par ferramenta-peça, tomado como padrão. A figura 4.65 apresenta os resultados dos ensaios obtidos por SCHALLBROCH, WALLICHS e BETHMANN [44].

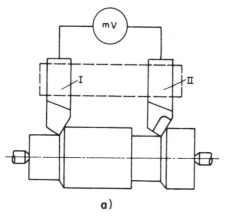
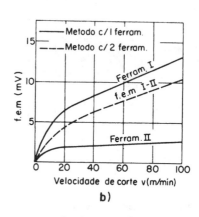

Fig. 4.66 — Medida da temperatura de corte através de dois termo-pares *ferramenta-peça-cavaco: a)* esquema da instalação; *b)* diagrama da *f. e. m.* em função da velocidade de corte, para um e dois termo-pares [44].

4.5.3.4 — Determinação de temperatura de corte através de vernizes térmicos

Segundo êste método, a ponta da ferramenta é revestida com um material especial que apresenta a propriedade de mudar de côr com a temperatura.

MECANISMO DA FORMAÇÃO DO CAVACO

Êste revestimento pode ser realizado com lápis indicador de temperatura. Com auxílio dêste método, pode-se controlar a vida das ferramentas pluricortantes (fresas, alargadores, brocas). Tal contrôle se baseia no princípio seguinte:

cargas iguais na arestas das ferramentas pluricortantes originam iguais temperaturas; a aresta mais carregada aquece-se mais, a menos carregada aquece-se menos.

O aumento de carga na aresta cortante, isto é, o aumento das secções de cavaco tirado por cada aresta, reduz a sua vida. A aresta de corte de uma ferramenta pluricortante que se aquecer mais estará submetida a uma carga maior, e se gastará mais ràpidamente.

Desta maneira, avaliando-se a temperatura das arestas cortantes no início de trabalho, pode-se verificar se estão carregadas igualmente e predeterminar quais as que se gastarão mais depressa.

A desigualdade de carga nas arestas das ferramentas pluricortantes depende não sòmente da desigualdade de afiação da ferramenta, como também da sua colocação correta no fuso porta-ferramentas.

4.5.3.5 — Determinação da temperatura de corte através da medida da irradiação térmica

Segundo êste princípio, a irradiação térmica de uma pequena área da raiz de cavaco ou da ponta da ferramenta é projetada, através de um sistema de lentes, a um termo-par. A $f.e.m.$ gerada por êste termo-par é medida num milivoltímetro (figura 4.67 a). O aparelho é aferido de maneira que a leitura no milivoltímetro é dada diretamente em °C.

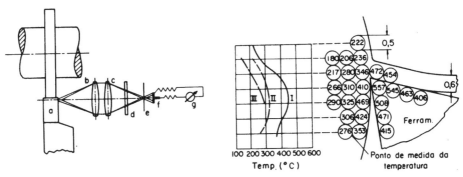

FIG. 4.67 — Medida da temperatura de corte através de irradiação térmica: a) esquema da instalação: a — ferramenta, b e c — lentes, d — fêcho, e — diafragma, f — termo-elemento, g — milivoltímetro; b) determinação das isotérmicas para o caso: ferramenta de metal duro, peça de aço St 42.11, $v = 140$ m/min, $a = 0,2$ mm/volta, $\gamma = 15°$, $\lambda = 4°$ [3].

152 FUNDAMENTOS DA USINAGEM DOS METAIS

Com êste pirômetro pode-se medir, quase que puntiforme (diâmetro do círculo de medida em cada ponto 0,5mm), um trecho grande da região ferramenta-peça-cavaco. A figura 4.67 b apresenta uma medida efetuada neste princípio; com auxílio dos valôres das temperaturas em cada ponto de medida, pode-se construir as linhas isotérmicas [3].

O inconveniente dêste método reside na preparação das peças de ensaio — *o corte é ortogonal*.

4.6 — BIBLIOGRAFIA

[1] ZOREV, N. N. *Metal Cutting Mechanics.* (Tradução do original russo.) Oxford. Pergmon Press, 1966.

[2] LOLADSE, T. N. *Spanbildung beim Schneiden von Metallen.* (Tradução do original russo.) Berlim, VEB Verlag Technik, 1954.

[3] SCHWERD, F. *Spanende Werkzeugmaschinen.* Berlim, Springer Verlag, 1956.

[4] SHAW, Milton C. *Metal Cutting Principles.* Cambridge, The M. I. Press, 1965.

[5] VIEREGGE, Gustav. *Zerspanung der Eisenwerkstoffe.* Düsseldorf. Verlag Stahleisen M. B. H., 1959.

[6] A. S. T. M. E. *Machining with carbides and oxides.* New York, McGraw-Hill Book Company Inc., 1962.

[7] COOK, H. Nathan. *Manufacturing Analisis.* Massachusetts, Addison-Wesley Publishing Company, Inc., 1966.

[8] BOOTHROYD, G. *Fundamentals of Metal Machining.* London, Edward Arnold Ltd., 1965.

[9] BASTIEN, P. e WEISS, M. "Die Beziehungen zwischen den durch Beugung der Roentgenstrahlen bestimmten Faserstrukturen und den Formänderungsmechanismen im Schnitt von Metallen". *Microtecnic.* Zurique, 10(2): 57-63, 1956 e 10(3): 122-128, 1956.

[10] BICKEL, E. "Einleitungsreferat zu den hochfrequenten Zeitlupenaufnahmen (Spanbildung) des Werkzeugmaschinen-Laboratoriums ETH Zürich". *Les annales du CIRP.* Zurique, 3: 90-1, 1954.

[11] PIISPANEN, V. "Theory of Formation of Metal Chips". *J. Appl. Physics,* USA, 10: 876-81, outubro de 1948.

[12] LANDBERG, P. "Durch die Spanbildung verursachte Schwingungen". *Microtecnic.* Zurique, 10(5): 225-27, 1956.

[13] BORISSOW, B. J. "Temperatur und Vibration beim Zerspanen von Metallen". (Tradução do original russo.) *Westnik machinostrojenija.* Moscou, 9: 40-42, 1957.

[14] FERRARESI, D. "Medidas dinâmicas da fôrça de usinagem durante o torneamento". *Revista CAASO.* São Carlos, 1(1): 41-66, 1965.

[15] FERRARESI, D. "Dynamische Schnittkraftmessungen beim Drehen". *Maschinenmarkt.* Würzburg, 97: 33-43, dezembro 1960.

[16] SADOWY, M. "Rattern und dynamische Steifigkeit von Werkzeugmaschinen". *Der Maschinenmarkt.* Würzburg, n.ºˢ 26, 43 e 83 de 1956.

MECANISMO DA FORMAÇÃO DO CAVACO

[17] SIBEL, E. *Handbuch der Werkstoffprüfung, Die Prüfung der metallischen Werkstoffe.* Berlim, Springer Verlag, 1955. 2.º vol.

[18] DIVERSOS AUTORES. *Neuzeitliche Zerspanungswerkzeuge.* Leipzig, Fachbuchverlag Leipzig, 1956.

[19] ERNEST, H. e MERCHANT, M. E. "Chip Formation, Friction and High Quality Machined Surfaces". *Surface treatment of metals.* (Trans. American Soc. Metals.) USA, 29: 299-378, 1941.

[20] MERCHANT, M. E. "Mechanics of Metal Cutting Process" 1.ª Parte: Orthogonal Cutting, *J. Appl. Phys,* 16: 267-275, maio 1945. 2.ª Parte: Plasticity Conditions in Orthogonal Cutting, *J. Appl. Phys,* USA, 6: 318-324, junho, 1945.

[21] LEE, E. H. e SHAFFER, B. W. "The Theory of Plasticity Applied to a Problem of Machining." *J. Appl. Mech., Trans. A.S.M.E.,* USA, 73: 405-413, 1951.

[22] LANGENDONCK, van T. *Resistência dos materiais — Tensões,* Rio de Janeiro, Editôra Científica, 1956.

[23] SHAW, COOK e FINNIE. "The Shear-Angle Relationship in Metal Cutting. *Trans. A.S.M.E.,* USA, 75: 273-288, 1953.

[24] HUCKS, H. "Plastizitäts mecanische Theorie der Spanbildung". *Werkstatt und Betrieb,* Darmstadt, 1 (85): 1-6, Janeiro, 1952.

[25] HUCKS, H. "Der Zerspanungsvorgang als Problem der Mohr'schen Gleitflächentheorie für den zwei-und dreiachsigen Spannungszustand". *Werkstattstechnik und Maschinenbau,* 6(43): 253-260, junho, 1953.

[26] HUCKS, H. "Zerspanungskräfte und werkstoffmechanik". *Industrie Anzeiger,* Essen, 27(18): 365-370, abril, 1955.

[27] FERREIRA DA SILVA, J. J. *Resistência dos materiais,* Rio de Janeiro, Ao Livro Técnico, 1962.

[28] TIMOSHENKO, S. *Strength of Materials,* Toronto, D. Van Nostrand Company Inc., 1949. 2 V.

[29] THOMSEN, E. G., et alli. "Anwendung der Plastizitätsmechanik auf den Zerspanungsvorgang". *Industrie-Anzeiger,* Essen, (46(85): 967-974, junho, 1963.

[30] KOBAYASHI, S. e THOMSEN, E. G. "Some Observations on the Shearing Process in Metal Cutting". *Journal of Engineering for Industry,* USA, 251-262, agôsto, 1959.

[31] KOBAYASHI, S. e THOMSEN, E. G. "Metal Cutting Analysis — I. Reevaluation and New Method of Presentation of Theories". *Journal of Engineering for Industry,* USA: 63-70, fevereiro, 1962.

[32] KOBAYASHI, S. e THOMSEN, E. G. "Metal Cutting Analysis — New Parameters". *Journal of Engineering for Industry,* USA: 71-80, fevereiro, 1962.

[33] HILL, R. "The Mechanics of Machining — A New Approach". *Journal of the Mechanics and Physics of Solids,* USA, 3: 47-53, 1954.

[34] PUG, \H. L. D. "Mechanics of the Cutting Process". *The Institution of Mechanical Engineers-Conference on Tecnology of Engineering Manufature. 1. Mech Engineering,* London, 273-278, março, 1958.

FUNDAMENTOS DA USINAGEM DOS METAIS

[35] OXLEY, P. L. B. e WELSH, M. J. M. "Calculating the Shear Angle in "Orthogonal Metal Cutting from Fundamental Stress-Strain-Strain Rate Properties of the Work Material". *In* TOBIAS, S. A. e F. KOENIGSBERGER. *Advances in Machine Tool Design and Research-4th International M. T. D. R. Conference.* Oxford. Pergamon Press, 1964.

[36] KATTWINKEL, W. "Untersuchungen an Schneiden spanender Werkzeuge mit Hilfe der Spannungsoptik". *Industrie-Anzeiger*, Essen, 36: 525-532, maio, 1957.

[37] LANGENDONCK, C. "Processo de cálculo das fôrças de corte em função de propriedades físicas do material usinado". Seminário apresentado no Curso de Pós-Graduação *Materiais para ferramentas e sua aplicação na usinagem dos metais*, a cargo dos professôres D. Ferraresi e V. Chiaverini. Os originais se encontram na Biblioteca da Escola Politécnica da U. S. P. e Escola de Engenharia de São Carlos da U. S. P., São Paulo, 1967.

[38] KOLENKINE, G. "Estudo da temperatura de corte durante a usinagem; balanço energético". Seminário apresentado no Curso de Pós-Graduação *Materiais para Ferramentas e sua Aplicação na Usinagem dos Metais*, a cargo dos professôres D. Ferraresi e V. Chiaverini. Os originais se encontram na Biblioteca da Escola Politécnica da U. S. P. e Escola de Engenharia de São Carlos da U. S. P., São Paulo, 1967.

[39] BRUHAT, G. *Cours de phisique générale — Thermodynamique.* Paris, Masson & C. Éditeurs, 1942.

[40] WATSON, W. *Práticas de física.* Buenos Aires, Editorial Labor S. A., 1939.

[41] PHILIPS INDUSTRIES ELEKTRONIK. "Temperaturmessungen mit Philips Miniatur-Mantel — Thermoelementen Thermocoax". *Philips Technischemitteilung.* Hamburg.

[42] PHILIPS. *Heavy-Duty Miniature Thermocouples — Thermocoax.* Netherlands. 760557 BE.

[43] KÜSTER, K. J. "Temperaturen im Schneidkeil spanender Werkzeuge". *Industrie-Anzeiger*, Essen, 89: 1337-1340, novembro, 1956.

[44] SCHALLBROCH, H. e H. BETHMANN. *Kurzprüfverfahren der Zerspanbarkeit.* Leipzig, B. G. Teubner Verlagsgesellschaft, 1950.

V

FÔRÇAS E POTÊNCIAS DE USINAGEM

5.1 — GENERALIDADES

Anàlogamente ao que se fêz no capítulo II — *Geometria na cunha cortante das ferramentas de corte,* iniciaremos o presente com os conceitos básicos fornecidos pelas normas técnicas. Sôbre êste assunto a norma mais completa é o *projeto de norma DIN 6584,* elaborado em outubro de 1963 [1]*. Como simplificação consideram-se as fôrças atuantes num ponto, se bem que na realidade atuem sôbre uma certa área. As definições desta norma se aplicam a todos os processos de usinagem.

5.2 — FÔRÇAS DURANTE A USINAGEM

As fôrças de usinagem serão consideradas agindo em direção e sentido *sôbre a ferramenta.*

5.2.1 — Fôrça de usinagem P_u

A fôrça de usinagem é a fôrça total que atua sôbre uma cunha cortante durante a usinagem.

No processo de *usinagem por abrasão,* a fôrça de usinagem pràticamente não pode ser referida a uma aresta cortante única, devendo portanto ser referida à parte ativa do rebôlo num dado instante.

5.2.2 — Componentes da fôrça de usinagem

A componente da fôrça de usinagem num plano ou numa direção qualquer é obtida mediante a projeção da fôrça de usinagem P_u sôbre êsse plano ou direção, isto é, mediante uma decomposição ortogonal.

Pràticamente assumem importância especial aquelas componentes que estão contidas no *plano de trabalho* e no *plano efetivo de referência* (§ 1.6.1 e § 2.3.1). Baseando-se na técnica empregada na medida dessas fôrças, o plano efetivo de referência é freqüentemente confundido com o plano perpendicular à direção de corte.

As componentes da fôrça de usinagem que não são obtidas através de uma decomposição geométrica da fôrça de usinagem P_u, e sim por intermédio

---

* Os parágrafos 5.1 a 5.3.3 correspondem à tradução da norma DIN 6584.

de considerações tecnológicas e físicas da formação do cavaco, devem ser definidas numa norma especial.

5.2.2.1 — Componentes da fôrça de usinagem no plano de trabalho

Tôdas as componentes da fôrça de usinagem no plano de trabalho contribuem para a *potência de usinagem*.

FÔRÇA ATIVA P_t: A fôrça ativa P_t é a projeção da fôrça de usinagem P_u sôbre o *plano de trabalho* (figuras 5.1 e 5.2).

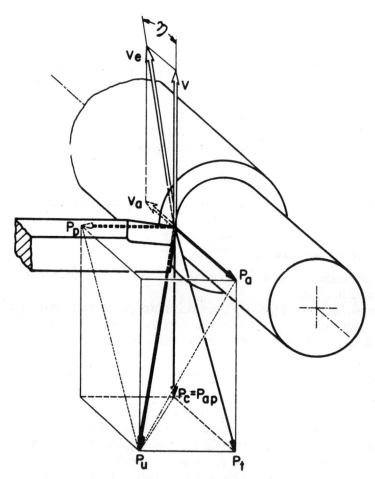

FIG. 5.1 — Componentes da fôrça de usinagem no torneamento, segundo a norma DIN 6584 [1].

FÔRÇA DE CORTE P_c: A fôrça de corte P_c (também conhecida por *fôrça principal de corte*) é a projeção da fôrça de usinagem P_u sôbre a *direção de corte* (dada pela velocidade de corte).

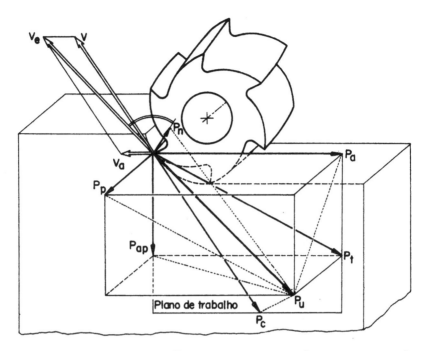

FIG. 5.2 — Componentes da fôrça de usinagem no fresamento, segundo a norma DIN 6584 [1].

FÔRÇA DE AVANÇO P_a: A fôrça de avanço P_a é a projeção da fôrça de usinagem P_u sôbre a direção de avanço (figuras 5.1 e 5.2).

FÔRÇA DE APOIO P_{ap}: A fôrça de apoio P_{ap} é a projeção da fôrça de usinagem P_u sôbre a direção *perpendicular à direção de avanço, situada no plano de trabalho* (figura 5.2).
Entre a fôrça ativa P_t, a fôrça de apoio P_{ap} e a fôrça de avanço P_a vale a relação

$$P_t = \sqrt{P_{ap}^2 + P_a^2}. \tag{5.1}$$

Logo,

$$P_{ap} = \sqrt{P_t^2 - P_a^2} \tag{5.2}$$

Nos casos em que o ângulo φ da direção de avanço (ver § 1.6.2) fôr igual a 90°, por exemplo no torneamento, a fôrça de apoio P_{ap} confunde-se com a fôrça de corte P_c. Sòmente *nestes casos valem as relações:*

$$P_t = \sqrt{P_c^2 + P_a^2} \tag{5.3}$$

$$P_c = \sqrt{P_t^2 - P_a^2} \tag{5.4}$$

FÔRÇA EFETIVA DE CORTE P_e: A fôrça efetiva de corte é a projeção da fôrça da usinagem P_u sôbre a *direção efetiva de corte* (figura 5.3).

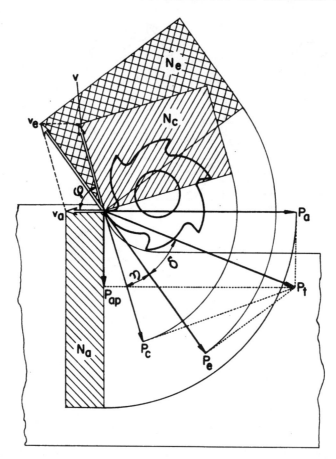

Fig. 5.3 — Representação das fôrças e velocidades que tomam parte ativa na potência de usinagem [1].

5.2.2.2 — Componentes da fôrça de usinagem no plano efetivo de referência

Tôdas as componentes da fôrça de usinagem situadas no plano efetivo de referência *não contribuem na potência de usinagem*.

FÔRÇA PASSIVA P_p: A fôrça passiva P_p (também conhecida por *fôrça de profundidade*) é a projeção da fôrça de usinagem P_u sôbre uma *perpendicular ao plano de trabalho*.
Vale a relação

$$P_p = \sqrt{P_u^2 - P_t^2}. \qquad (5.5)$$

Substituindo-se P_t pelo seu valor dado na equação 5.1 tem-se

$$P_p = \sqrt{P_u^2 - (P_{ap}^2 + P_a^2)}. \qquad (5.6)$$

Sòmente nos casos em que $\varphi = 90°$, por exemplo no torneamento, vale a relação

FÔRÇAS E POTÊNCIAS DE USINAGEM

$$P_p = \sqrt{P_u^2 - (P_c^2 + P_a^2)}, \tag{5.7}$$

obtida pela substituição de (5.3) em (5.5).

FÔRÇA DE COMPRESSÃO P_n: A fôrça de compressão P_n é a projeção da fôrça de usinagem P_u sôbre uma direção perpendicular à superfície principal de corte (figura 5.2).

5.3 — POTÊNCIAS DE USINAGEM

As potências necessárias para a usinagem resultam como produtos das componentes da fôrça de usinagem pelas respectivas componentes da velocidade de corte.

5.3.1 — Potência de corte N_c

A potência de corte N_c é o produto da fôrça de corte P_c com a velocidade de corte v (figura 5.3).
Para P_c em kg* e v em m/min tem-se

$$N_c = \frac{P_c \cdot v}{60.75} \, CV. \tag{5.8}$$

5.3.2 — Potência de avanço N_a

A potência de avanço N_a é o produto da fôrça de avanço P_a com a velocidade de avanço v_a (figura 5.3).
Para P_a em kg* e v_a em mm/min tem-se

$$N_a = \frac{P_a \cdot v_a}{1000 \cdot 60 \cdot 75} \, CV. \tag{5.9}$$

5.3.3 — Potência efetiva de corte N_e

A potência efetiva de corte N_e é o produto da fôrça efetiva de corte P_e pela velocidade efetiva de corte v_e (figura 5.3). É portanto igual à soma das potências de corte e avanço.

$$N_e = N_c + N_a. \tag{5.10}$$

Para P_e em kg* e v_e em m/min tem-se

$$N_e = \frac{P_e \cdot v_e}{60.75} \, CV. \tag{5.11}$$

5.3.4 — Relação entre a potência de corte e de avanço

Através das equações (5.8) e (5.9) tem-se

$$\frac{N_c}{N_a} = 1000 \cdot \frac{P_c \cdot v}{P_a \cdot v_a}. \tag{5.12}$$

160 FUNDAMENTOS DA USINAGEM DOS METAIS

TORNEAMENTO: Para a operação de torneamento resulta

$$\frac{N_c}{N_a} = \frac{P_c}{P_a} \cdot \frac{\pi \cdot d \cdot n}{a \cdot n},$$

onde:

$d =$ diâmetro da peça, em mm

$a =$ avanço, em mm/volta

$n =$ rotação, em r. p. m.

Aproximadamente tem-se no torneamento $P_c \cong 4,5\,P_a$ (Ver § 5.4), e tomando-se por exemplo $d = 50$mm e $a = 1$mm/volta resulta

$$\frac{N_c}{N_a} \simeq 4,5\,\frac{\pi \cdot 50}{1} \simeq 770. \qquad (5.13)$$

FRESAMENTO: Na operação com fresas cilíndricas tangenciais temos aproximadamente as relações médias

$$P_a \simeq 1,2\,P_c$$
$$v_a \simeq 5\,v^*.$$

Logo, substituindo-se em (5.12) resulta

$$\frac{N_c}{N_a} \simeq 1000\,\frac{1}{1,2} \cdot \frac{1}{5} \simeq 170. \qquad (5.14)$$

Através das relações (5.13) e (5.14) vê-se que a maior parcela da potência efetiva de corte N_e é fornecida pela potência de corte N_c. Para as outras operações de fresamento, como também na furação e retificação, a relação N_c/N_a é considerável. Logo, no cálculo da potência efetiva de corte N_e pode-se admitir com suficiente aproximação

$$N_e \simeq N_c. \qquad (5.15)$$

Por esta razão a fôrça de corte P_c, constituinte da maior parcela da potência de usinagem, é chamada *fôrça principal de corte*.

5.3.5 — Potência fornecida pelo motor

Nas máquinas operatrizes que apresentam um único motor para o movimento de corte e avanço, a potência fornecida pelo motor vale, de acôrdo com a consideração acima,

$$N_m = \frac{N_c}{\eta}, \qquad (5.16)$$

onde η é o *rendimento da máquina operatriz*, igual a 60 a 80%.

No caso de haver um motor para cada movimento, o cálculo parcelado das potências fornecidas pelos motores pode ser realizado com um rendimento maior.

---

* Para v_a em mm/min e v em m/min.

5.4 — VARIAÇÃO DAS COMPONENTES DA FÔRÇA DE USINAGEM COM AS CONDIÇÕES DE TRABALHO

A fôrça de usinagem P_u depende de uma série de fatôres:

material da peça,
área da secção de corte,
espessura de corte h,
geometria da ferramenta e ângulo de posição,
estado de afiação da ferramenta,
material da ferramenta
lubrificação,
velocidade de corte.

O estudo pormenorizado é feito analisando-se a influência dêstes fatôres sôbre as componentes da fôrça de usinagem na operação de torneamento. A figura 5.4 apresenta a variação das componentes da fôrça de usinagem em função da secção de corte para três materiais, segundo SCHLESINGER [2]. Através da mesma pode-se calcular as relações *fôrça de corte/fôrça de profundidade* e *fôrça de corte/fôrça de avanço*, conforme tabela V.1.

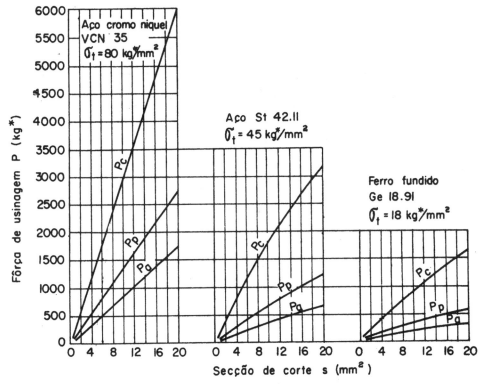

FIG. 5.4 — Relação entre as componentes da fôrça de usinagem em função da área da secção de corte, segundo SCHLESINGER [2]. P_c = fôrça de corte; P_a = fôrça de avanço; P_p = fôrça de profundidade; $\gamma = 15°$; $\chi = 43°$.

TABELA V.1

Relações da fôrça de corte com a fôrça de profundidade e avanço, segundo Schlesinger

Material	Secção de corte $s = 5mm^2$		Secção de corte $s = 15mm^2$	
	P_c/P_p	P_c/P_a	P_c/P_p	P_c/P_a
VCN 35*	2,1	4,0	1,9	3,1
St 42.11	3,0	7,1	2,9	5,9
St 18.91	3,4	6,6	3,8	8,3

Estas relações variam, porém, com o ângulo de posição χ e com os ângulos da ferramenta, como se pode constatar nas figuras 5.5 e 5.6. Aproximadamente tem-se para os aços a relação média:

$$P_c : P_p : P_a \approx 4,5 : 2,5 : 1. \qquad (5.17)$$

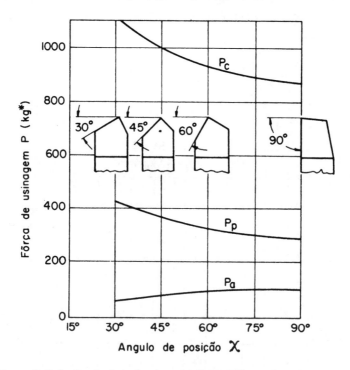

FIG. 5.5 — Influência do ângulo de posição na fôrça de usinagem, segundo SCHLESINGER [2]. Material: aço $\sigma_r = 70\text{-}80 kg/mm^2$; $v = 16 m/min$; $a.p = 1.4 mm^2$; ferramenta de aço rápido.

---

* Para conversão dos materiais normalizados pela DIN aos correspondentes da norma ASA ou ABNT, consultar o apêndice.

FÔRÇAS E POTÊNCIAS DE USINAGEM

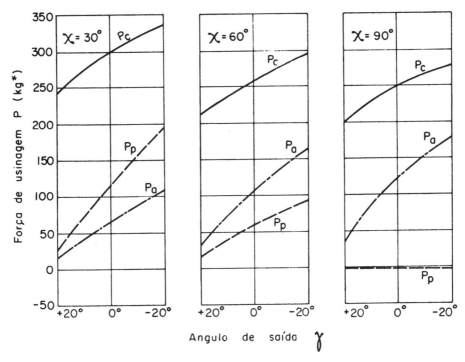

FIG. 5.6 — Variação das componentes da fôrça de usinagem em função dos ângulos de posição χ e de saída γ, segundo VIEREGGE [3]. Material aço 50 NiCr 13; $a.p = 1mm^2$; $\lambda = 0°$; $\epsilon = 80°$.

5.4.1 — Fôrça principal de corte. Pressão específica de corte

A fôrça de corte pode ser expressa pela relação

$$P_c = k_s . s, \qquad (5.18)$$

onde

s = área da secção de corte,

k_s = pressão específica de corte, isto é, a fôrça de corte para a unidade de área da secção de corte.

A área da secção de corte é dada pelo produto da *profundidade ou largura de corte p* com o *avanço* a_c (Ver § 1.9.5). Em ferramentas sem arredondamento da ponta da aresta cortante tem-se (figura 5.7):

$$s = p . a_c = b . h. \qquad (5.19)$$

Para o torneamento e aplainamento $a_c = a$.

5.4.2 — Fatôres que influem sôbre a pressão específica de corte k_s

Verificou-se experimentalmente que a pressão específica de corte depende dos seguintes fatôres:

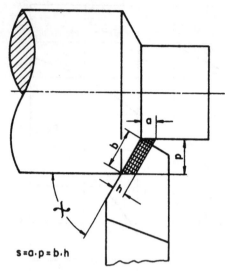

FIG. 5.7 — Secção de corte para o torneamento.

$s = a \cdot p = b \cdot h$

MATERIAL DA PEÇA: A *composição química do material* exerce notável influência sôbre o valor de k_s; assim para os aços carbono e os aços de corte fácil, o aumento da porcentagem de carbono acarreta um aumento da pressão específica de corte. O aumento da porcentagem de fósforo diminui porém o valor de k_s.

A dependência do valor de k_s com a *resistência mecânica do material* pode ser explicada através das considerações vistas na *teoria do corte ortogonal* (§ 4.4.4). Entre a *tensão de cisalhamento na ruptura* do material τ_r*, o *grau de recalque* R_c e a *pressão específica de corte* k_s existe a relação aproximada

$$k_s \cong k \cdot \tau_r \cdot R_c, \qquad (5.20)$$

onde k é uma constante.
Esta equação explica o fato de que o aumento de k_s não é diretamente proporcional ao aumento de τ_r. Com o aumento da resistência do material, a sua plasticidade diminui e o valor de R_c se torna menor (figura 4.29). Assim, em iguais condições de usinagem, o valor de k_s de um aço com $\sigma_r = 100$ kg*/mm² não é o dôbro do valor de k_s para um aço com $\sigma_r = 50$ kg*/mm².

O *recozimento do material* não apresenta influência significante sôbre o valor de k_s. A tabela V.2 fornece os valôres de k_s para alguns materiais, segundo KIENZLE & VICTOR [4].

SECÇÃO DE CORTE: Verifica-se experimentalmente que a *pressão específica de* corte diminui com o aumento da área da secção de corte (figura 5.8).

---

* $\tau_r =$ tensão de cisalhamento limite, dada num ensaio de torção.

TABELA V.2

Valôres de k_s em kg^*/mm^2 para alguns materiais em função do tipo de recozimento [4]

Tratamento	Material			
	C 20	34 CrMo4	C 35	20 Mn Cr5
Estado de fornecimento ..	178	176	174	153
Recozido	178	164	160	—
Normalizado	178	181	174	171
Recozido com granulação grosseira	171	166	174	160
Beneficiado	178	181	183	156

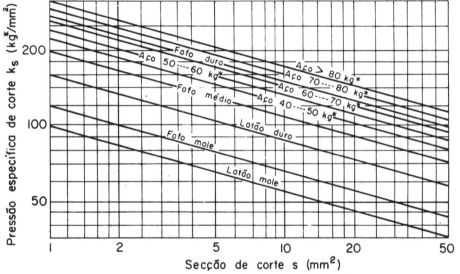

FIG. 5.8 — Variação da pressão específica de corte com a área da seção de corte, para diferentes materiais, segundo HIPPLER. Representação em coordenadas logarítmicas.

Esta diminuição de k_s é devida principalmente ao aumento do avanço a, como se pode constatar através das figuras 5.9 e 5.10.

O aumento do avanço diminui o grau de recalque (figuras 4.29 e 4.32), e pela equação (5.20) resulta uma diminuição de k_s. O aumento da profundidade de corte pràticamente não altera o valor de k_s, a não ser para pequenos valôres de p. Geralmente tomam-se na prática relações p/a superiores a 5, de maneira que a influência da aresta lateral de corte sôbre a aresta principal é pequena. Sòmente para pequenos valôres de p se verifica a influência da aresta lateral de corte, a influência do arredondamento da ponta da aresta cortante e a influência do atrito entre a peça e a superfície de folga da ferramenta.

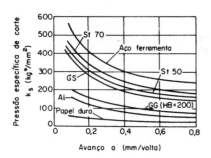
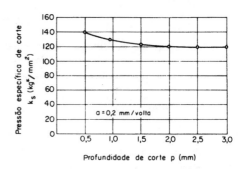

FIG. 5.9 — Variação da pressão específica de corte com o avanço, segundo a AWF 158.

FIG. 5.10 — Variação da pressão específica de corte com a profundidade p, segundo SCHALLBROCH & BETHMANN [5] (a = 0,2mm/volta; r = 1mm).

O arredondamento da ponta da aresta cortante, quando considerável, acarreta uma variação dos valôres das componentes da fôrça de usinagem, como se verifica na figura 5.11.

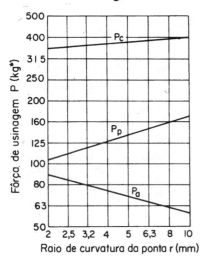
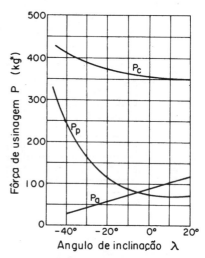

FIG. 5.11 — Influência do arredondamento da ponta da aresta cortante sôbre as componentes da fôrça de usinagem, segundo ABENDROTH & MENZEL [6].

FIG. 5.12 — Influência do ângulo de inclinação λ sôbre a fôrça de usinagem, segundo ABENDROTH & MENZEL [6]. Material C 45; a = 0,6mm/volta; p = = 3mm.

GEOMETRIA DA FERRAMENTA: A influência do *ângulo de saída* sôbre a pressão específica de corte pode ser observada na figura 5.6. Quanto maior o valor de γ, tanto menor o valor de k_s. Deve-se notar, porém, que o aumento de γ diminui a resistência da ferramenta e aumenta a sua sensibilidade aos choques*.

---

* Para simplificar o texto, confunde-se os ângulos da ferramenta com os ângulos efetivos.

A diminuição de k_s com o aumento de γ é fàcilmente explicada pela equação (5.20) e pela figura 4.28, que apresenta a variação do grau de recalque R_c com o ângulo γ.

O *ângulo de folga* α, quando muito pequeno, tende a aumentar o valor de k_s. Há um aumento do atrito entre a peça e a superfície de incidência da ferramenta. Se, porém, α fôr exagerado, haverá um enfraquecimento desnecessário do ângulo de cunha β, e, portanto, um enfraquecimento da ferramenta.

A influência do *ângulo de inclinação* λ é verificada sòmente para valôres negativos elevados, como se constata na figura 5.12. Nestes casos a fôrça em profundidade P_p aumenta consideràvelmente, podendo fletir a peça usinada ou mesmo deslocar transversalmente a ferramenta.
A escolha dos ângulos da ferramenta depende ainda de outros fatôres, que serão abordados posteriormente.

ÂNGULO DE POSIÇÃO χ: A influência do valor de χ pode ser verificada através das figuras 5.5 e 5.6. A fôrça principal de corte diminui com o aumento de χ, desde que não haja interferência da aresta lateral de corte com a superfície trabalhada da peça, isto é, para $\chi_1 > 5°$.
A figura 5.13 mostra a influência do ângulo de posição χ no valor de k_s para o caso de usinagem com ferramenta de ângulo de ponta $\epsilon = 90°$. Na mesma figura encontram-se dois casos de operação: *a*) usinagem ùnicamente com a aresta principal de corte (usinagem de um tubo); *b*) usinagem com ambas arestas em trabalho. Nesse último caso nota-se que o valor total de k_s aumenta consideràvelmente com χ a partir de 80°, devido à influência da aresta lateral de corte.

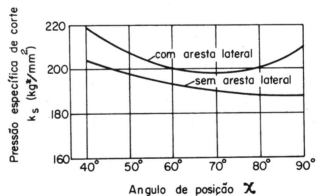

FIG. 5.13 — Influência do ângulo de posição na pressão específica de corte, para usinagem com uma única aresta cortante e com as duas arestas cortantes, segundo A. RICHTER [7] ($a = 0{,}34$ mm/volta; $p = 2$ mm; $r = 1$ mm; $\gamma = 6°$; $\epsilon = 90°$; $v = 300$ m/min; aço St 50).

Geralmente χ é tomado entre 45 e 75°. O ângulo de ponta ϵ é normalizado para 90°; valôres menores enfraquecem a ferramenta.

AFIAÇÃO DA FERRAMENTA: O estado de afiação da ferramenta exerce notável influência sôbre o valor de k_s. Dentro da faixa de desgaste admissível da ferramenta, a fôrça de corte pode chegar a valôres 25% maiores. A figura 5.14 apresenta o aumento das fôrças de usinagem P_c, P_a e P_p com o tempo de torneamento segundo MEYER [8]. Na mesma figura estão representados os valôres dos desgastes da ferramenta I_1 e C_p em função do tempo (ver § 7.2).

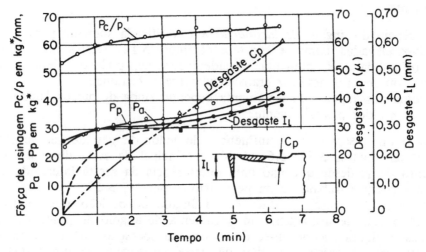

FIG. 5.14 — Variação das fôrças de usinagem P_c, P_a e P_p com o tempo de torneamento [8]. Material aço Ck53 N; ferramenta metal duro P30; velocidade de corte $v = 125$m/min; secção de corte $a.p = 0,25.3$mm², geometria da ferramenta $\alpha = 8°$, $\gamma = 10°$, $\lambda = 0°$, $\chi = 90°$, $\epsilon = 85°$, $r = 0,5$mm.

O acabamento das superfícies de saída e de folga influi também sôbre os valôres iniciais das fôrças de usinagem.

VELOCIDADE DE CORTE: Verifica-se que, na faixa da velocidade de trabalho de vários metais com ferramenta de metal duro, a pressão específica de corte diminui com o aumento da velocidade de corte.

A figura 5.15 apresenta as fôrças de usinagem P_c, P_a e P_p em comparação com o grau de recalque R_c e com os desgastes I_1 e C_p da ferramenta, em função da velocidade de corte, para usinagem do aço Ck 53N [9]. Nesta figura verifica-se o seguinte:

Trecho "a" da curva P (v) — Nas velocidades de corte muito baixas, os valôres médios das fôrças de usinagem permanecem inicialmente constantes e posteriormente diminuem com o aumento de v. Nesta região tem-se inicialmente formação de *cavaco lamelar*, passando finalmente a *cavaco contínuo* com formação da aresta postiça de corte (Ver §§ 8.3.1.2 e seguintes).

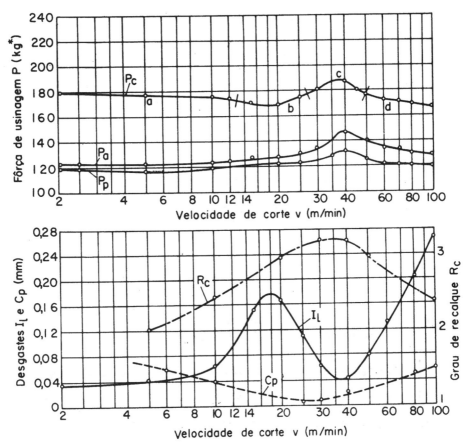

FIG. 5.15 — Variação das forças de usinagem P_c, P_a, P_p, do grau de recalque R_c e dos desgastes I_1 e C_p da ferramenta com a velocidade de corte [9]. Material Ck53N; ferramenta de metal duro P30; secção de corte $a.p = 0,315.2$mm² tempo de usinagem 20min; $\chi = 60°$; $\alpha = 8°$; $\gamma = 10°$; $\lambda = 4°$; $\epsilon = 90°$; $r = 0,5$mm.

Trecho "b" da curva P (v) — Para uma determinada velocidade de corte, as fôrças de usinagem chegam a um valor mínimo. A amplitude da variação da fôrça de usinagem, em tôrno do valor médio, é relativamente alta, enquanto que a freqüência é baixa (figura 5.16). Há um aumento das dimensões da aresta postiça de corte e o desgaste I_1 da superfície de incidência atinge um valor máximo. Uma explicação clara desta diminuição da fôrça de usinagem ainda não se tem. Atribui-se que tal ocorrência seja devida a três fatôres: aumento do ângulo de saída devido à aresta postiça de corte; diminuição da dureza do cavaco devida ao aumento da temperatura de corte; variação do atrito entre o cavaco e a ferramenta [9]. A figura 5.17 mostra a dureza dos aços carbono com a temperatura; na mesma verifica-se uma diminuição da dureza a partir de 450°C, temperatura na qual provàvelmente se processa a formação de cavaco contínuo no início do trecho *"b"* da curva *P (v)* [10].

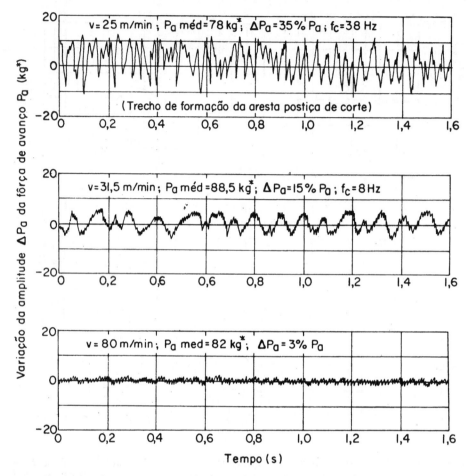

FIG. 5.16 — Variação da amplitude e da freqüência da fôrça de avanço com a velocidade de corte [8]. Material Ck53 N; ferramenta de metal duro P30; seção de corte $a.p = 0,25.3\text{mm}^2$; $\alpha = 8°$; $\gamma = 10°$; $\lambda = 0°$; $\epsilon = 85°$; $\chi = 90°$; $r = 0,5\text{mm}$.

Trecho "c" da curva P (v) — Nesta região tem-se um aumento sensível da fôrça de usinagem. Não há mais formação da aresta postiça de corte, podendo ser evidenciado pelo desgaste I_1, que atinge o valor mínimo (figura 5.15)*. Segundo OSTERMANN e GAPPISH [10], o aumento da fôrça de corte é atribuído ao aumento da dureza do material do cavaco na mudança de fase α-γ e ao aumento do grau de recalque R_c, proveniente provàvelmente da variação do coeficiente de atrito e do ângulo de saída γ. Na figura 5.17 verifica-se um aumento de dureza à 720°C devido à mudança de fase do material. A dependência de k_s com a dureza do material e com o grau de recalque pode ser constatada através da fórmula (5.20).

---

* Vide § 8.3.1.

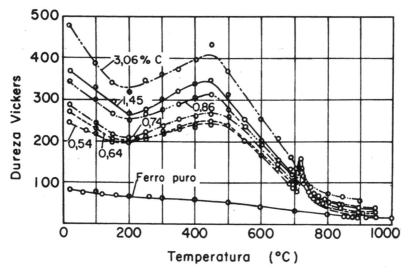

FIG. 5.17 — Variação da dureza dos aços carbono com a temperatura [10].

Trecho "d" da curva P (v) — Finalmente as fôrças de usinagem caem progressivamente com o aumento da velocidade de corte. Atribui-se como razão a diminuição do grau de recalque e da dureza do material do cavaco com a temperatura.

A figura 5.18 mostra a dependência da pressão específica de corte k_s em função da velocidade de corte para os aços C 60, Ck 35 e 16 MnCr 5. O comportamento é semelhante ao descrito acima.

A variação das fôrças de avanço P_a e de profundidade P_p com a velocidade é bem maior que a da fôrça de corte P_c. Tal ocorrência se pode constatar através das figuras 5.19 e 5.20 [8]. Nestas verifica-se que com o aumento do avanço a (e o consequente aumento da temperatura de corte), o valor máximo das fôrças P_a e P_p é deslocado para a esquerda do gráfico.

A figura 5.21 apresenta os valôres de k_s em função da velocidade de corte para vários materiais, segundo VIEREGGE [3]. Verifica-se em ligas de magnésio e de alumínio que k_s aumenta levemente com v.

FLUIDO DE CORTE: Sòmente em velocidades de corte baixas os fluidos de corte contribuem para o abaixamento da fôrça de usinagem. Esta diminuição é tanto maior quanto mais eficiente fôr a penetração do fluido na zona de contato cavaco-ferramenta. Resultados satisfatórios obtêm-se com lubrificação sob pressão, na qual o lubrificante é injetado entre a superfície de folga e a peça, com uma pressão de 30 atmosferas.

Em velocidades de corte altas torna-se difícil a penetração do fluido na zona de contato. Geralmente a lubrificação e a refrigeração são utilizadas, não para diminuir a fôrça de corte, porém para diminuir o desgaste da ferramenta e permitir maiores velocidades de corte.

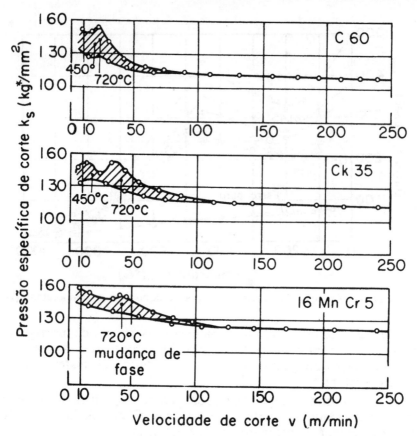

FIG. 5.18 — Variação da pressão específica de corte k_s com avelocidade de corte [10]. Materiais C60, Ck35 e 16 MnCr 5; ferramenta de metal duro P20; seção de corte $a.p = 0,315.2\text{mm}^2$. O trecho hachuriado das curvas representa a faixa de dispersão dos resultados da medida da fôrça.

A figura 5.22 mostra a influência da emulsão de óleo solúvel 1:40 sôbre as fôrças de usinagem P_a e P_p segundo MEYER [8]. Verifica-se para velocidades de corte superiores a 63m/min um aumento das componentes das fôrças de usinagem, devido a uma diminuição da temperatura de corte, proveniente da ação do fluido de corte. A aplicação do bissulfêto de molibdênio na superfície de saída e de incidência da ferramenta permite uma diminuição das fôrças de usinagem (figura 5.23), porém a sua ação é por curto tempo de trabalho.

RIGIDEZ DA FERRAMENTA: Segundo ensaios de BERTHOLD em DRESDEN [11], a rigidez da ferramenta, quando pequena, acarreta um aumento da fôrça de usinagem. BERTHOLD realizou medidas da fôrça de corte com dinamômetros de diferentes freqüências naturais, chegando à conclusão que quando $f_n < 6.000\ c.p.s$, a fôrça de usinagem é sensìvelmente maior, conforme mostram as figuras 5.24 e 5.25 (ver § 6.4.3).

FÔRÇAS E POTÊNCIAS DE USINAGEM 173

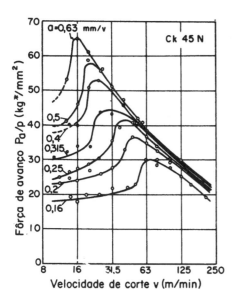

FIG. 5.19 — Variação da fôrça de avanço P_a com a velocidade de corte, para diferentes avanços. Material Ck 45 N; ferramenta de metal duro P 30.

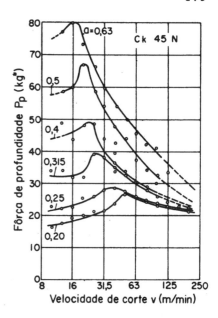

FIG. 5.20 — Variação da fôrça de profundidade P_p com a velocidade de corte, para diferentes avanços. Material Ck 45 N; ferramenta de metal duro P 30.

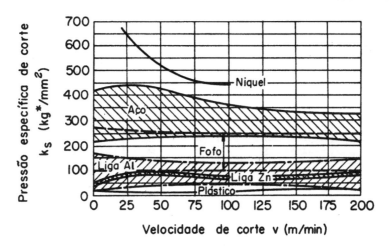

FIG. 5.21 — Variação da pressão específica de corte com a velocidade de corte em diferentes materiais, segundo VIEREGGE [3].

5.4.3 — Cálculo da pressão específica de corte

Baseados nos resultados experimentais apresentados no parágrafo anterior, vários pesquisadores propuseram fórmulas analíticas, relacionando a pressão específica de corte com as diversas grandezas que a influenciam.

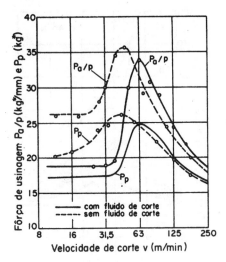

FIG. 5.22 — Influência da emulsão de óleo solúvel 1:40 sôbre as fôrças de usinagem P_a e P_p segundo MEYER [8]. Material Ck 53 N; ferramenta de metal duro P 30; seção de corte $a.p = 0,25.3 mm^2$; geometria $\alpha = 8°$, $\gamma = 10°$, $\lambda = 0°$, $\chi = 90°$, $\epsilon = 85°$, $r = 0,5mm$.

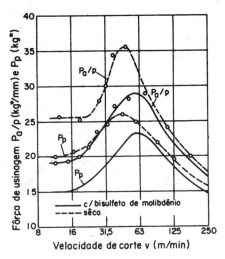

FIG. 5.23 — Influência da aplicação de bissulfêto de molibdênio na ferramenta de metal duro, segundo MEYER [8]. Material Ck 53 N; ferramenta de metal duro P 30; secção de corte $a.p = 0,25.3 mm^2$; geometria $\alpha = 8°$, $\gamma = 10°$, $\lambda = 0°$, $\chi = 90°$. $\epsilon = 85°$, $r = 0,5mm$.

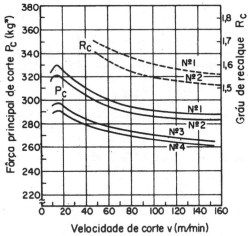

FIG. 5.24 — Influência da freqüência natural do dinamômetro na medida da fôrça de corte P_c e no grau de recalque R_c. Dinamômetro n.º 1 — $f_n = 600 \, c.p.s$; Dinam. n.º 2 — $f_n = 940 \, c.p.s$; Dinam. n.º 3 — $f_n = 2.850 \, c.p.s$; Dinam. n.º 4 — $f_n = 11.000 \, c.p.s$ [11].

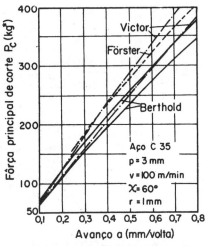

FIG. 5.25 — Influência dos dinamômetros construídos por diferentes pesquisadores na medida da fôrça de corte. Construção VICTOR — $f_n = 900 \, c.p.s$; construção FÔSTER — $f_n = 600 \, c.p.s$; construção BERTHOLD — $f_n = 2.850 \, e \, 11.000 \, c.p.s$ [11].

FÔRÇAS E POTÊNCIAS DE USINAGEM 175

Para um dado material a ser usinado com uma dada ferramenta, geralmente os ângulos efetivos de trabalho já se acham tabelados, isto é, já foram determinados, baseados de certa forma em condições econômicas. Como foi visto anteriormente, a influência da velocidade de corte sôbre a pressão específica k_s é pequena, de maneira que para um dado par *ferramenta-peça* resta saber como varia k_s em função da área e da forma da secção de corte.

Um dos primeiros pesquisadores que procurou expressar anàliticamente a dependência acima, foi TAYLOR (1908). Suas fórmulas foram as seguintes:

$$k_s = \frac{88}{a^{0,25} \cdot p^{0,07}} \quad \text{para fofo cinzento,} \qquad (5.21)$$

$$k_s = \frac{138}{a^{0,25} \cdot p^{0,07}} \quad \text{para fofo branco,} \qquad (5.22)$$

$$k_s = \frac{200}{a^{0,07}} \quad \text{para aço semidoce.} \qquad (5.23)$$

Após TAYLOR seguiram-se vários pesquisadores, tais como SCHLESINGER, FRIEDRICH, HIPPLER, AWF, ASME, KRONENBERG, BOSTON & KRAUS, SCHALLBROCH, OKOSHI & OKOCHI, HUCKS, OPITZ & VICTOR, KIENZLE. Merecem particular interêsse os trabalhos dos seguintes autores:

ASME — A *Américan Society of Mechanical Engineers* apresenta no *Manual on Cutting of Metals* [12] várias tabelas da velocidade e da potência de corte (por unidade de volume de cavaco e por minuto) para diferentes materiais e diferentes ferramentas. Calculando-se o valor de k_s através dêstes dados, verifica-se que o mesmo obedece a fórmula geral:

$$k_s = \frac{C_a}{a^n}, \qquad (5.24)$$

onde:

$C_a = $ constante do material

$a = $ avanço

$n = 0,2$ para aços

$= 0,3$ para ferro fundido.

Nesta fórmula figura sòmente o valor de a como variável, devido o fato de ser êste o elemento que mais influi no valor de k_s.

A tabela V.3 apresenta o valor de C_a de diferentes materiais para ferramentas de aço rápido (18% W, 4% Cr, 1% V) com ângulo de posição $\chi = 60°$ e características geométricas (segundo a ASA B5.22 — 1950): *back rake = 8°, relief = 6°, side rake = 14°, end cutting-edge angle = 6°, side-cutting-edge angle = 30°, nose radius ¼ "*. Para ferramentas de ma-

TABELA V.3

Valôres das constantes das fórmulas da pressão específica de corte segundo a ASME e AWF (equações 5.24 e 5.25)[1]

Material	Dureza Brinell	C_a [2]	C_w [3]
Aços de construção			
SAE 1020 e 1025 ou St 37.11 e 42.11	127	182	120
SAE X 1020 — EF[4]	156	190	—
SAE 1035 ou St 50.11	174	201	140
SAE 1045 ou St 60.11	187	215	145
SAE 1050 — LQ	201	224	—
SAE 1060 ou St 70.11	217	245	150
SAE 1095 ou St 85	280	280	160
Aços de corte fácil			
SAE 1112 — LQ, B	130	104	—
SAE 1112 — EF, B	167	125	—
SAE X 1112 — EF	183	125	—
Aços manganês			
SAE X 1315 — LQ	120	108	—
SAE X 1315 — EF	161	105	—
SAE T 1340 — LQ	217	240	—
Aços níquel			
SAE 2315 — N	192	182	—
SAE 2330 — EF	223	202	—
SAE 2340 — N	223	202	—
SAE 2512 — N	—	182	—
Aços cromo-níquel			
SAE 3115 — N	128	132	—
SAE 3115 — EF	163	138	—
SAE 3130 — EF	210	197	—
SAE 3140 — T	285	228	—
SAE 3140 — R	207	178	—
SAE 3240 — R	170	145	—
Aços molibdênio			
SAE 4340 — T	400	310	—
SAE 4340 — R	302	233	—
SAE 4310	415	304	—
SAE 4615 — EF	212	182	—
SAE 4815 — N	187	175	—
SAE 4640 — N	248	197	—
Aços cromo			
SAE 5120 — N	149	155	—
SAE 5135 — R	207	172	—
SAE 52100 — R	187	185	—

FÔRÇAS E POTÊNCIAS DE USINAGEM

TABELA V.3

Valôres das constantes das fórmulas da pressão específica de corte segundo a ASME e AWF (equações 5.24 e 5.25) (continuação)

Material	Dureza Brinell	C_a [2]	C_w [3]
Aços cromo vanádio mang.			
SAE 6115 — N	170	182	—
SAE 6140 — R	187	240	—
Aços liga alemães			
Aço Liga 70/85	—	—	160
Aço Liga 100/140 e inox.	—	—	180
Aço Liga 140/180	—	—	195
Ferro fundido			
Fofo mole	126	60	—
Fofo médio	181	122	—
Fofo duro	241	142	—
Ge 12.91 e 14.91	—	—	64
Ge 18.91 e 26.91	200-250	—	94
Fofo esferoidal	—	127	—
Fofo esferoidal (trat.)	—	114	—
Fofo acicular	263	142	—
Fofo ligado	250-400	—	110
Aço fundido			
Aço fundido mole	—	—	110
Aço fundido médio	—	—	120
Não-ferrosos			
Latão	—	—	54
Cobre	—	—	72
Alumínio puro	—	—	36
Liga magnésio	—	—	20
Liga AL c/ Si	5	—	46
Al fundido	5	—	46
Plásticos			
Borracha dura, Ebonite	—	—	15,5
Bakelite, Pertinax	—	—	16,2

1 Para a equivalência de materiais consultar o apêndice.

2 Ferramenta de aço rápido (18% W, 4% Cr, 1% V) com ângulos (segundo a ASA B 5.22 — 1950): *back rake* 8°, *relief* 6°, *side rake* 14°, *end cutting-edge angle* 6°, *side-cutting-edge angle* 30°, *nose radius* ¼".

3 Ferramenta com ângulo de posição $x = 45°$.

4 EF = estirado a frio, LQ = laminado a quente, B = produzido em forno Bessemer, N = normalizado, R = recozido.

5 Tensão de ruptura 30 a 42 kg*/mm².

teriais diferentes e geometria diferente, o manual da ASME, citado acima, apresenta gráficos de correção. O valor de C_a da tabela V.3 é para k_s em kg/mm² e a em mm/volta.

AWF — A *Associação de Produção Econômica** da Alemanha apresenta, através de sua *Comissão n.º 158* [13], uma tabela de k_s para diferentes materiais. Êsse valor corresponde à fórmula

$$k_s = \frac{C_w}{a^{0,477}}, \qquad (5.25)$$

onde:

C_w = constante do material
a = avanço.

A tabela V.3 apresenta o valor de C_w de diferentes materiais para ferramentas com ângulo de posição $\chi = 45º$. Quanto ao material e os ângulos da ferramenta, para os quais foram realizados os ensaios, a AWF não faz referência; apenas recomenda os ângulos para o trabalho com metal duro e aço rápido.

Representando-se as fórmulas (5.24) e (5.25) em papel dilogarítmico, tem-se retas com inclinações diferentes (figura 5.26), devido ao fato de serem diferentes os expoentes de a nessas fórmulas.

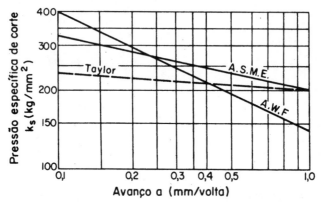

FIG. 5.26 — Representação em escala dilogarítmica de k_s em função do avanço, segundo diferentes pesquisadores.

HUCKS, baseado na teoria da plasticidade e em ensaios experimentais, chegou à fórmula (vide § 4.4.4, fórmula 4.71)

$$k_s = \tau_r . K \qquad (5.26)$$

---

* *AWF — Ausschuss für Wirtschaftliche Fertigung.*

onde

$\tau_r \simeq$ tensão de cisalhamento na ruptura do material

$$K = \cfrac{1}{\sqrt{\operatorname{tg}^2\left[90^o + 2\gamma - 2\left(\operatorname{arc\,cotg}\dfrac{R_c - \operatorname{sen}\gamma}{\cos\gamma}\right)\right] + 1}} + \frac{R_c - \operatorname{sen}\gamma}{\cos\gamma}$$

KRONENBERG, baseado nos ensaios experimentais de diferentes pesquisadores, estabeleceu a fórmula [15]

$$k_s = \frac{C}{a^{ps} \cdot p^{qs}} = \frac{C_{ks} \cdot \left(\dfrac{G}{5}\right)^{gs}}{s^{fs}}, \qquad (5.27)$$

onde:

$G = \dfrac{p}{a} = $ índice de esbeltez,

s = área da secção de corte,

C, C_{ks}, ps, qs, gs e fs são constantes que dependem do material da peça e da ferramenta.

Em seguida KRONENBERG aplica essa fórmula aos resultados de diferentes pesquisadores e calcula os coeficientes C_{ks}, gs e fs, a fim de realizar um estudo comparativo dos mesmos. Êste autor estuda também a influência do ângulo de saída γ sôbre o valor de C_{ks} e estabelece os gráficos 5.27 e 5.28, que fornecem respectivamente os valôres médios de C_{ks} para diferentes aços e ferro fundidos. Os valôres da fôrça de corte P_c se obtêm multiplicando-se C_{ks} pelos coeficientes corretivos F_1 e F_2:

	Aços	Ferro fundido
$F_1 = s^{(1-fs)}$	$F_1 = s^{0,803}$	$F_1 = s^{0,863}$
$F_2 = \left(\dfrac{G}{5}\right)^{gs}$	$F_2 = \left(\dfrac{G}{5}\right)^{0,160}$	$F_2 = \left(\dfrac{G}{5}\right)^{0,120}$

Os gráficos 5.29 e 5.30 fornecem os valôres de F_1 e F_2 para os aços e ferros fundidos.

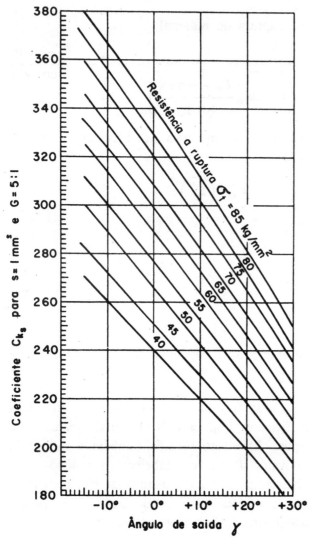

FIG. 5.27 — Coeficiente C_{ks} da fórmula de KRONENBERG em função do ângulo de saída para aços [15]. Secção de corte 1mm²; índice de esbeltez $G = 5$.

Observa-se neste estudo que KRONENBERG classifica os aços sòmente pela tensão de ruptura σ_t. Porém em certos casos de aços-liga os resultados se afastam da realidade (vide exemplos numéricos).

KIENZLE apresenta em 1951 [16] uma fórmula bastante simples e suficientemente precisa para os cálculos práticos da fôrça de usinagem. Na sua fórmula k_s figura como função da espessura de corte h e não como função do avanço a. Esta propriedade permite aplicar fàcilmente a fórmula de KIENZLE a tôdas as operações de usinagem, como será visto no 2.º volume do presente trabalho — *Ferramentas de corte*. O aumento de k_s com a diminuição de h é uma propriedade geral, que vale para tôdas as operações de usinagem, conforme mostra a figura 5.31 [3].

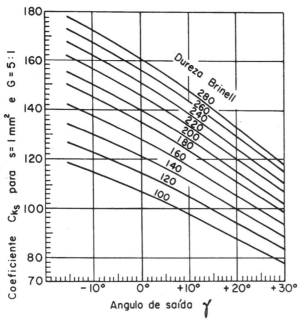

FIG. 5.28 — Coeficiente C_{k_s} da fórmula de KRONENBERG em função do ângulo de saída para ferro fundido [15]. Secção de corte 1mm²; índice de esbeltez $G = 5$.

A figura 5.32 mostra a representação gráfica do valor de k_s em função de h para um determinado par *ferramenta-peça*. Passando-se à representação num sistema de coordenadas bilogarítmicas (figura 5.33), verifica-se que os pontos se alinham numa reta, a qual permite estabelecer a equação:

$$y = b + mx,$$

ou seja

$$\log k_s = \log k_{s1} - z \cdot \log h,$$

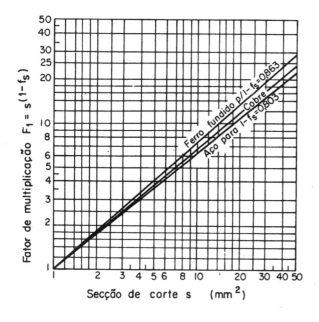

FIG. 5.29 — Fator de multiplicação F_1 para determinação de P_c, para secção de corte diferente de 1mm², segundo KRONENBERG [15].

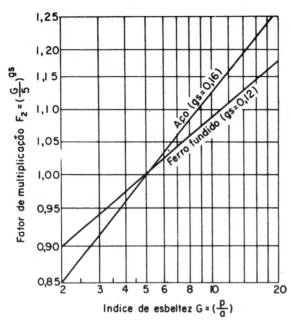

FIG. 5.30 — Fator de multiplicação F_2 para a determinação de P_c para diferentes relações p/a, segundo KRONENBERG.

ou ainda

$$k_s = \frac{k_{s1}}{h^z}, \quad (5.28)$$

onde:

k_{s1} = constante específica do metal para uma secção de corte de 1mm de espessura por 1mm de largura;
z = coeficiente angular da reta.

Para a fôrça principal de corte P_c resulta a expressão:

$$P_c = k_s \cdot h \cdot b = k_{s1} \cdot h^{1-z} \cdot b \quad (5.29)$$

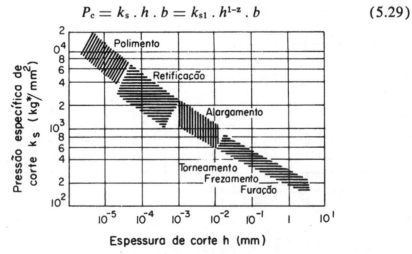

FIG. 5.31 — Variação da pressão específica de corte k_s com a espessura de corte h para diferentes operações de usinagem [3].

FÔRÇAS E POTÊNCIAS DE USINAGEM

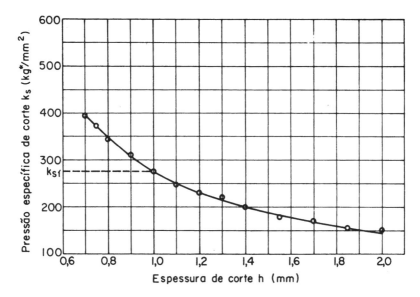

FIG. 5.32 — Variação da pressão específica de corte k_s em função da espessura de corte h.

Esta equação confirma os ensaios experimentais, nos quais verificou-se que, para uma espessura de corte h constante, e para uma relação $P/a > 4$ tem-se P_c diretamente proporcional com b (figura 5.34).

Nas fórmulas anteriormente apresentadas, a pressão específica de corte k_s dependia do ângulo de posição χ da ferramenta, isto é, k_s é válido para

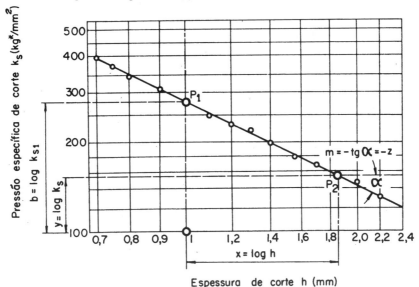

FIG. 5.33 — Representação em papel dilogarítmico da pressão específica de corte k_s em função de h.

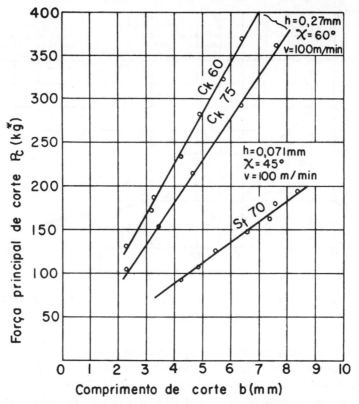

FIG. 5.34 — Fôrça principal de corte P_c em função do comprimento de corte b para diferentes pares ferramenta-peça.

um determinado valor de χ. Na expressão de KIENZLE, verifica-se através dos ensaios que, para χ compreendido entre 30 e 75°* e para uma relação p/a superior a 4, a pressão específica de corte permanece pràticamente constante, independente do ângulo de posição. O valor de k_s das secções de corte de igual espessura h, representadas no esquema 5.35, é pràticamente o mesmo.

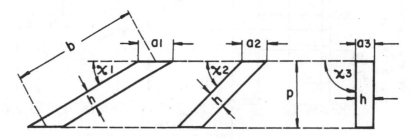

FIG. 5.35 — Secções de corte com iguais espessuras de corte h.

---

* Para $\chi > 75°$ e $\epsilon = 90°$ tem-se a influência da aresta lateral da ferramenta sôbre o valor de P_c, como se observa na figura 5.13.

FÔRÇAS E POTÊNCIAS DE USINAGEM 185

Ao invés do papel dilogarítmico para a representação destas funções exponenciais, é mais cômoda a utilização de papel milimetrado. Para tanto, empregam-se nos eixos das abscissas e ordenadas escalas em progressões geométricas normalizadas*, de maneira a permanecerem constantes no gráfico as distâncias entre os números das progressões. A figura 5.36 mostra uma representação dessa natureza, a qual serviu para a determinação das constantes k_{s1} e z do material 34 CrMo 4 [4]. Em virtude das diferenças do material (provenientes da entrega de fornecedores ou de corridas diferentes), dos desgastes das ferramentas, como também de erros e outras influências durante o ensaio, os pontos obtidos estão representados numa certa faixa de dispersão (figura 5.36). KIENZLE, ao invés de traçar uma reta média, seguindo o método estatístico do desvio mínimo, preferiu traçar uma faixa contendo 90% dos pontos obtidos no ensaio (permanecendo 5% dos pontos acima da faixa e 5% abaixo). A reta para exprimir a função $P_c/b = k_{s1} \cdot h^{1-z}$ foi tomada aquela que limita superiormente esta faixa (reta AD da figura 5.36), permitindo assim uma segurança de 95%

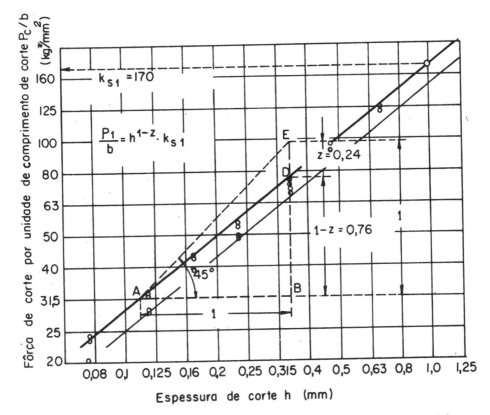

FIG. 5.36 — Determinação gráfica das constantes k_{s1} e z do material 34 CrMo 4, segundo KIENZLE [4].

---

* Vide *Norma Brasileira NB-71* — *Números normalizados*.

no valor da constante k_{s1} com relação ao valor real. Um valor da força 5% maior ao calculado poderia ser suprido pelo fator de serviço do motor. Na figura (5.36) foi traçada a reta AE, correspondente a um coeficiente angular tg 45° = 1. Desta forma os têrmos z e 1-z da fórmula de KIENZLE correspondem exatamente aos segmentos ED e DB da figura. O têrmo k_{s1} corresponde ao valor de P_c/b para $h = 1$.

A tabela V.4 apresenta os valôres k_{s1} e z dos materiais ensaiados por KIENZLE [17]. As condições de ensaio foram as seguintes:

velocidade de corte variando de 90 a 125m/min
espessura de corte variando de 0,1 a 1,4mm
(extrapolação permissível até $h = 0,05$mm e $h = 2,5$mm)
ferramenta de metal duro sem fluido de corte

geometria da ferramenta	$\alpha°$	$\beta°$	$\gamma°$	$\lambda°$	$\epsilon°$	$\chi°$	r (mm)
usinagem em aço:	5	79	6	—4	90	45	1
usinagem em fofo:	5	83	2	—4	90	45	1

ferramenta afiada (para ferramentas com desgaste, no fim da vida, considerar um aumento de k_{s1} até 30%)

Com relação à influência do ângulo de saída sôbre o valor da pressão específica de corte, KIENZLE sugere um aumento ou diminuição de 1 a 2% de k_s para cada diminuição ou aumento de 1° do ângulo γ respectivamente. Segundo HAIDT [18], o valor de k_s pode ser diminuído de 5 a 10% para o caso do emprêgo de ferramentas com chanfro:

$\gamma_c = 6°$; $\gamma = 12°$; $l_\gamma = 2 \ldots 5h$ (tabela V.4). A figura 5.37 mostra a influência do chanfro da superfície de saída sôbre a fôrça de corte [18].

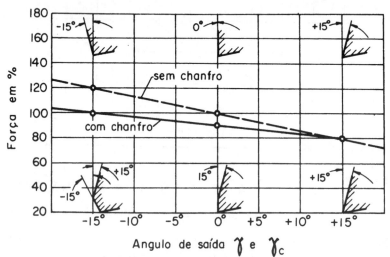

FIG. 5.37 — Influência do chanfro da superfície de saída sôbre a fôrça de corte, segundo HAIDT [18].

FÔRÇAS E POTÊNCIAS DE USINAGEM

TABELA V.4

Constante específica de corte k_{s1} e coeficiente 1-z da fórmula de Kienzle para o torneamento de diferentes materiais [17][1]

Material[2]	σ_t (kg/mm²)	1-z	k_{s1}	k_{s1} [3]
St 50.11	52	0,74	199	190
St 60.11	62	0,83	211	200
St 70.11	72	0,70	226	215
Ck 45	67	0,86	222	215
Ck 60	77	0,82	213	205
16 MnCr 5	77	0,74	210	200
18 CrNi 6	63	0,70	226	215
42 CrMo 4	73	0,74	250	240
34 CrMo 4	60	0,79	224	215
50 Cr V4	60	0,74	222	215
55 NiCrMo V6 [4]	94	0,76	174	165
55 NiCrMo V6 [5]	HB = 352	0,76	192	185
EC Mo 80	59	0,83	229	220
Meehanite A	36	0,74	127	115
Ferro fundido duro	HR$_c$ = 46	0,81	206	185
GG 26	HB = 200	0,74	116	105

1 Para as condições de ensaio vide pág. 186.
2 Para conversão dos materiais da *DIN* em materiais especificados pela *ASA* ou *ABNT*, consultar o apêndice.
3 Valôres 5 a 10% mais baixos para o caso de ferramentas com chanfro ($\gamma_e = 6°$ e $\gamma = 12°$), segundo *H. Haidt* [18]
4 Recozido.
5 Revenido.

Com relação à influência da velocidade de corte sôbre k_s, vimos que na faixa de trabalho com metal duro, a fôrça de corte diminui lentamente com a velocidade. Pode-se porém admitir que no trecho $v = 50$ a 150m/min, k_s seja aproximadamente constante (figura 5.38). Já na usinagem com ferramenta de *aço rápido,* com velocidade de corte $v = 10$ a 30m/min o

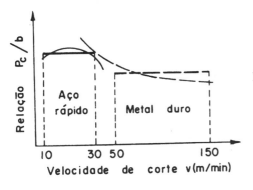

FIG. 5.38 — Esquema da influência da velocidade de corte na fôrça P_c [4].

valor médio de k_s é sensivelmente maior, podendo-se tomar um patamar superior ao de k_s para metal duro (5 a 30% maior, dependendo do material).

A representação gráfica da tabela V.4 encontra-se na figura 5.39 *a* e *b*. Adaptando-se a tabela de KIENZLE aos materiais nacionais e completando-se em alguns casos com a tabela da *ASME,* chegou-se ao nomograma da

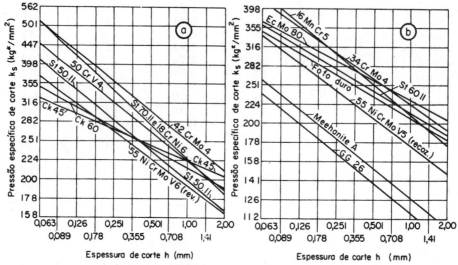

FIG. 5.39 — Pressão específica de corte k_s para diferentes materiais, obtida através da tabela V-4.

figura 5.40, que fornece o valor da fôrça de corte em função das dimensões da secção de corte*. A figura 5.41 apresenta os valôres da potência de corte, conhecendo-se a velocidade e a fôrça de corte.

5.4.4 — Exemplo numérico

Pretende-se tornear um eixo de aço *ABNT* 1035, de diâmetro 100mm, profundidade de corte $p = 4$mm, avanço $a = 0{,}56$mm/volta, rotação 320 r. p. m.

Para tanto empregou-se uma ferramenta de metal duro P20 de características geométricas $\chi = 60°$, $\alpha = 6°$, $\gamma = 15$ $\lambda = 0°$ $r = 0{,}5$mm.

Calcular a fôrça e a potência de corte segundo a *ASME, AWF,* KRONENBERG e KIENZLE.

---

* Na presente edição não nos foi possível colocar os valôres de k_{s1} e z da fórmula de *Kienzle* para os materiais nacionais, obtidos através dos ensaios. Estão sendo conduzidos no Laboratório de *Máquinas Operatrizes de São Carlos* uma série de ensaios em diferentes materiais e brevemente serão publicados os resultados.

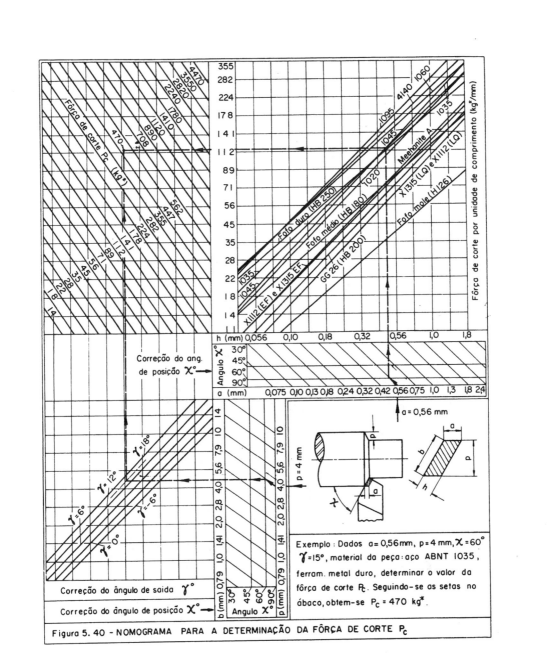

Figura 5.40 - NOMOGRAMA PARA A DETERMINAÇÃO DA FÔRÇA DE CORTE P_c

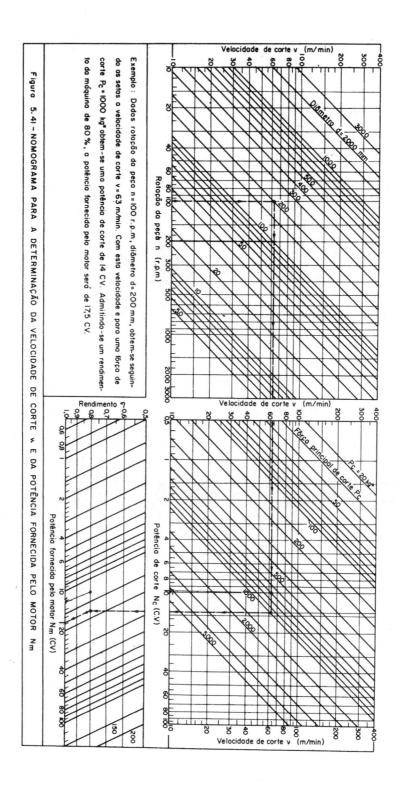

Figura 5.41 - NOMOGRAMA PARA A DETERMINAÇÃO DA VELOCIDADE DE CORTE v E DA POTÊNCIA FORNECIDA PELO MOTOR Nm

Exemplo: Dados rotação da peça n = 100 r.p.m, diâmetro d = 200 mm, obtem-se seguindo as setas a velocidade de corte v = 63 m/min. Com esta velocidade e para uma força de corte P_c = 1000 kg* obtem-se uma potência de corte de 14 CV. Admitindo-se um rendimento da máquina de 80%, a potência fornecida pelo motor será de 17,5 CV.

FÔRÇAS E POTÊNCIAS DE USINAGEM

Solução

a) *Cálculo pela ASME*

Os ângulos da ferramenta empregados correspondem aos ângulos da *ASME* utilizados no cálculo de C_a da tabela V.3. Nesta tabela tem-se para o aço SAE 1035, $C_a = 201$. Pela fórmula (5.24) resulta

$$k_s = \frac{C_a}{a^n} = \frac{201}{0,56^{0,2}} = 225 kg*/mm^2.$$

A fôrça de corte será

$$P_c = k_s \cdot a \cdot p$$
$$P_c = 225 \cdot 0,56 \cdot 4 \cong 505 kg*.$$

A velocidade de corte, no diâmetro externo da peça é*

$$v = \frac{\pi \cdot d \cdot n}{1000} = \frac{\pi \cdot 100 \cdot 320}{1000} = 100 m/min.$$

Logo a potência de corte será

$$N_c = \frac{P_c \cdot v}{60 \cdot 75} = \frac{505 \cdot 100}{60 \cdot 75} = 11,2 \, CV.$$

b) *Cálculo pela AWF*

A tabela da *AWF 158* não apresenta fatôres de correção da fôrça de corte para ângulos da ferramenta e ângulo de posição χ diferentes dos empregados na execução da tabela. Nesta tem-se para o aço St 50.11 (correspondente ao 1035) $C_w = 140$. Substituindo-se na fórmula (5.25) tem-se

$$k_s = \frac{C_w}{a^{0,477}} = \frac{140}{0,56^{0,477}} = 169 kg*/mm^2.$$

A fôrça de corte é

$$P_c = k_s \cdot a \cdot p$$
$$P_c = 169 \cdot 0,56 \cdot 4 = 379 kg*.$$

A potência de corte será

$$N_c = \frac{P_c \cdot v}{60 \cdot 75} = \frac{379 \cdot 100}{60 \cdot 75} \simeq 8,5 \, CV.$$

---

* Para profundidade de corte até 4 mm, calcula-se geralmente a velocidade de corte no diâmetro externo da peça; para profundidades maiores, toma-se o diâmetro médio da peça.

192 FUNDAMENTOS DA USINAGEM DOS METAIS

c) *Cálculo pelos ábacos de Kronenberg*

Segundo KRONENBERG tem-se

$$P_c = C_{ks} . F_1 . F_2,$$

onde

C_{ks} = coeficiente fornecido pelo nomograma 5.27
$\quad = 231$ (para $\gamma = 15°$ e $\sigma_t = 50kg/mm^2$)
$F_1 \quad$ = fator de correção fornecido pelo nomograma 5.29
$\quad = 1,9$ (para $s = 0,56 . 4mm^2$)
$F_2 \quad$ = fator de correção fornecido pelo nomograma 5.30
$\quad = 1,06$ (para $G = p/a = 7,15$).

Substituindo-se,

$$P_c = 231 . 1,9 . 1,06 = 465kg*.$$

A potência de corte será

$$N_c = \frac{465 . 100}{60 . 75} = 10,3 \text{ CV}.$$

d) *Cálculo pela fórmula de Kienzle*

De acôrdo com a fórmula 5.29 tem-se

$$P_c = k_{s1} . h^{1-z} . b.$$

Pela tabela V.4 tem-se, para o aço St 50.11, $k_{s1} = 199$ e $1 - z = 0,74$.
A espessura e largura de corte valem respectivamente

$$h = a . \text{sen } \chi = 0,56 . \text{sen } 60° = 0,486mm$$

$$b = \frac{p}{\text{sen } \chi} = \frac{4}{\text{sen } 60°} = 4,62mm.$$

Substituindo-se, resulta

$$P_c = 199 . 0,486^{0,74} . 4,62 = 536kg*.$$

Correção devido ao ângulo γ = Segundo KIENZLE deve-se diminuir o
valor de P_c de 1 a 2% para o aumento de 1° no valor de γ. Logo,
a correção de P_c deverá ser de

$$(15° - 6°) . (1 \text{ a } 2\%) \cong 9 . 1,5\% \cong 13\%.$$

A fôrça de corte será

$$P_c = 536 . 0,87 = 466kg*.$$

A potência de corte correspondente é

$$N_c = \frac{466 . 100}{60 . 75} = 10,4 \text{ CV}.$$

FÔRÇAS E POTÊNCIAS DE USINAGEM 193

Os gráficos 5.40 e 5.41 fornecem aproximadamente os mesmos valôres.

e) *Conclusão*

No quadro comparativo abaixo verifica-se que o valor da *AWF* é o que mais se afasta da média. Tal ocorrência já foi evidenciada pela figura 5.26, onde se nota que para $a > 0,23$mm/volta, os valôres de k_s fornecidos pela *AWF* são menores que os fornecidos pela *ASME*.

Autor	Valor achado	Afastamento da média
A. S. M. E.	11,2 CV	+ 10,9%
A. W. F.	8,5 CV	− 15,8%
Kronenberg	10,3 CV	+ 1,9%
Kienzle	10,4 CV	+ 2,9%
Média	10,1 CV	——

A nosso ver, a fórmula mais prática e que mais se aproxima da realidade é a de KIENZLE, de acôrdo com as razões apresentadas anteriormente. Os estudos que se seguem serão com base nessa fórmula.

5.4.5 — Fôrça de avanço P_a e de profundidade P_p

Vimos anteriormente que a fôrça de profundidade P_p não toma parte ativa na determinação da potência da máquina operatriz, e que a fôrça de avanço P_a não influi pràticamente sôbre o valor da potência de usinagem N_u (vide § 5.3). Porém estas fôrças são de grande importância no projeto e na estabilidade dinâmica da máquina operatriz.

Ùltimamente têm sido conduzidas várias pesquisas sôbre os fatôres que influem nos valôres das fôrças P_a e P_p, assim como têm sido estudadas fórmulas práticas que permitem determinar estas fôrças em função das condições de usinagem do par ferramenta-peça. Enquanto que no cálculo de P_c não se levava em conta a influência do raio de curvatura, do ângulo de inclinação λ da ferramenta e da velocidade de corte, verificou-se experimentalmente que estas grandezas influem consideràvelmente sôbre P_a e P_p.

Para se levar em conta o raio de curvatura no cálculo de P_a e P_p, divide-se a secção de corte em duas partes: uma retilínea de comprimento b_1 e outra curvilínea, definida pelo raio de curvatura r e pelo ângulo de posição χ (figura 5.42).

A fôrça de avanço será:

$$P_a = P_{a1} + P_{a2} \qquad (5.30)$$

$$P_a = P_{n1} \cdot \operatorname{sen} \chi + P_{n2} \cdot \operatorname{sen} \chi \qquad (5.31)$$

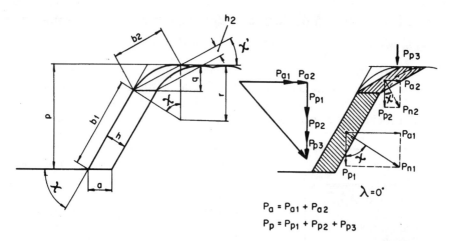

FIG. 5.42 — Divisão da secção de corte para o estudo das componentes das fôrças de avanço P_a e de profundidade P_p.

Para o caso de $\lambda = 0$, a formação do cavaco no trecho b_1 da figura 5.42 se processa num plano perpendicular à aresta de corte, tendo-se neste plano sòmente a fôrça de corte P_{c1} e a fôrça de compressão P_{n1}.
A fórmula de KIENZLE pode ser aplicada na determinação de P_{n1}, tendo-se

$$P_{n1} = k_{s1}' \cdot (a \cdot \operatorname{sen} \chi)^{1-z'} \cdot b_1 \qquad (5.32)$$

onde as constantes k_{s1}' e z' são determinadas experimentalmente para cada par ferramenta-peça, usinando-se a peça em forma de tubo ($r = 0$).

A grandeza b_1 é fàcilmente calculável:

$$b_1 = \frac{p-q}{\operatorname{sen} \chi} = \frac{p - r(1 - \cos \chi)}{\operatorname{sen} \chi}. \qquad (5.33)$$

Aproximando-se o trecho curvilíneo da secção de corte a um paralelograma de espessura $h_2 = a \cdot \operatorname{sen} \chi'$ (figura 5.42), tem-se

$$P_{n2} = k_{s1}' \cdot (a \operatorname{sen} \chi')^{1-z'} \cdot b_2, \qquad (5.34)$$

onde

$$b_2 = \frac{q}{\operatorname{sen} \chi'} = \frac{r(1-\cos \chi)}{\operatorname{sen} \chi'}. \qquad (5.35)$$

Substituindo-se (5.32), (5.33), (5.34) e (5.35) em (5.31) e simplificando-se resulta

$$P_a = k_{s1}' \cdot (a \operatorname{sen} \chi)^{1-z'} \cdot p \cdot \left[1 - \frac{r}{p}(1 - \cos \chi)(1 - \theta^{1-z'}) \right] \qquad (5.36)$$

onde

$$\theta = \frac{1 - \cos \chi}{\operatorname{sen} \chi \cdot \sqrt{2 - 2 \cdot \cos \chi}}.$$

FÔRÇAS E POTÊNCIAS DE USINAGEM

A veracidade desta fórmula foi comprovada pelos ensaios de MEYER [19]. As figuras 5.43 e 5.44 mostram a representação gráfica desta equação, assim como os pontos obtidos nos ensaios.

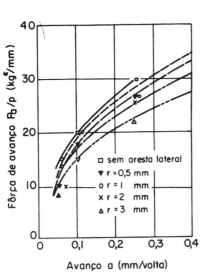
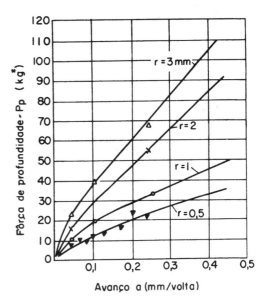

FIG. 5.43 — Variação da fôrça de avanço P_a/p e de profundidade P_p em função do avanço, para diferentes raios de curvatura da ferramenta [19]. Material aço Ck 53 N; ferramenta de metal duro P30; profundidade de corte $p = 3$mm; velocidade de corte $v = 125$m/min; geometria da ferramenta: $\alpha = 8°$, $\gamma = 10°$, $\lambda = 0°$, $\chi = 90°$, $\epsilon = 85°$.

A fôrça de profundidade P_p, para o caso de $\lambda = 0$, é dada pela expressão:

$$P_p = P_{p1} + P_{p2} + P_{p3} \tag{5.37}$$

$$P_p = P_{n1} \cdot \cos \chi + P_{n2} \cdot \cos \chi' + P_{p3}. \tag{5.38}$$

Admitindo-se inicialmente as grandezas γ, α e λ constantes, a fôrça P_{p3} — devida à aresta lateral de corte — depende pràticamente do avanço a. Verifica-se experimentalmente a relação [19]

$$P_{p3} = k_{s1}'' \cdot a^{1-z''}. \tag{5.39}$$

Substituindo-se os valôres das componentes de P_p em (5.38) resulta

$$P_p = k_{s1}'' \cdot a^{1-z''} + k_{s1}' \cdot (a \operatorname{sen} \chi)^{1-z'} \cdot p \cdot \left\{ \left[1 - \frac{r}{p}(1 - \cos \chi) \right] + \cot \chi + \frac{r}{p} \cdot \operatorname{sen} \chi \cdot \theta^{1-z'} \right\} \tag{5.40}$$

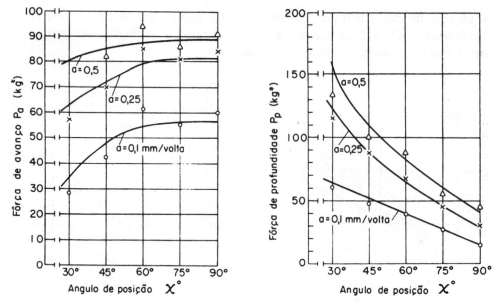

FIG. 5.44 — Variação da fôrça de avanço P_a/p e de profundidade P_p com ângulo de posição χ e com o avanço a [19]. Condições de usinagem as mesmas que na fig. 5.43.

onde

$$\theta = \frac{1 - \cos \chi}{\operatorname{sen} \chi \cdot \sqrt{2 - 2\cos \chi}}.$$

A representação gráfica desta equação encontra-se nas figuras 5.43 e 5.44.

Para se levar em conta a influência do ângulo de inclinação λ nos valôres de P_a e P_p, deve-se determinar primeiramente a componente P_q ao longo da aresta de corte, devida ao valor de $\lambda \neq 0$. Segundo KATTWINKEL e RÖHLKE a parte da fôrça principal de corte P_c que age sôbre a superfície de saída da ferramenta é de aproximadamente 70%. Logo o valor da componente P_q é (figura 5.45)

$$P_q = -0{,}7 \cdot P_c \cdot \operatorname{tg} \lambda. \tag{5.41}$$

Os fatôres que deverão ser acrescentados nas fórmulas 5.36 e 5.40 para levar a influência do ângulo λ serão, respectivamente:

$$\begin{aligned}
P_{a4} &= -P_q \cdot \cos \chi \\
P_{a4} &= 0{,}7 \cdot P_c \cdot \operatorname{tg} \lambda \cdot \cos \chi \\
P_{p4} &= P_q \cdot \operatorname{sen} \chi \\
P_{p4} &= -0{,}7 \cdot P_c \cdot \operatorname{tg} \lambda \cdot \operatorname{sen} \chi.
\end{aligned} \tag{5.42}$$
$$\tag{5.43}$$

A figura 5.46 mostra a influência de λ sôbre o valor de P_p, segundo MEYER [19]. A influência do ângulo de saída γ e da velocidade de corte v é evidenciada pelas figuras 5.47, 5.19 e 5.20.

FÔRÇAS E POTÊNCIAS DE USINAGEM

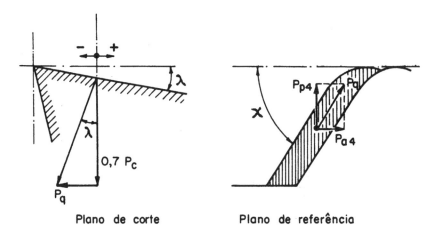

FIG. 5.45 — Componentes da fôrça de usinagem devido ao ângulo λ.

Para o cálculo da fôrça de avanço P_a e profundidade P_p de um modo mais simples e prático, prefere-se multiplicar as fôrças P_a' e P_p', calculadas simplesmente através do avanço e da profundidade, por coeficientes corretivos tabelados ou obtidos em gráficos. Para a fôrça de avanço tem-se:

$$P_a = P_a' \cdot C_r \cdot C_\chi \cdot C_\lambda \cdot C_\gamma \cdot C_v \qquad (5.44)$$

$$P_a' = k_{s1}' \cdot a^{1-z'} \cdot p. \qquad (5.45)$$

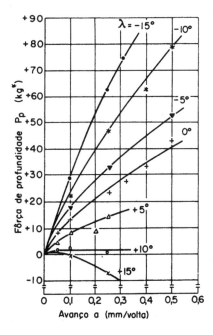

FIG. 5.46 — Influência do ângulo λ sôbre a fôrça de profundidade P_p. Condições de usinagem as mesmas que na figura 5.43.

P_a' é determinado para um ângulo de posição $\chi = 90°$, na usinagem de peça em forma de tubo $(r = 0)$, com uma velocidade de corte na qual

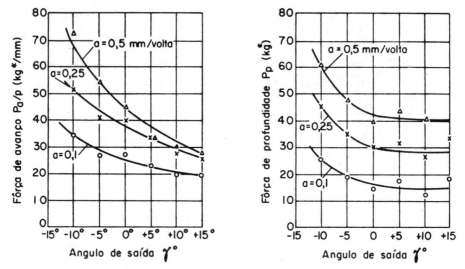

FIG. 5.47 — Influência do ângulo γ sôbre as fôrças P_a e P_p. Condições de usinagem as mesmas que na figura 5.43.

P_a' é máxima. A tabela V.5 fornece os valôres de P_a' para diferentes materiais, segundo MEYER, e o nomograma da figura 5.48 permite uma determinação gráfica de todos os fatôres da fórmula (5.44) [19].
Para a fôrça de profundidade tem-se:

$$P_p = P_p' \cdot C_{\gamma}' \cdot C_v' (C_p) + P_{p2} + P_{p3} \qquad (5.46)$$

$$P'_p \cong k_{s1}'' \cdot a^{1-z''} \cdot (1 + 1{,}6\,r). \qquad (5.47)$$

TABELA V.5

Valôres das fôrças P_a' e P_p' para diferentes materiais ensaiados por Meyer [19][1]

Material[2]	σ_t kg*/mm²	δ_5 %	P_a'/p kg*/mm	P_p'[3] kg*
Ck 45N	70	28	$118 \cdot a^{0,73}$	$129 \cdot a^{1,0}$
Ck 53N	72	25	$110 \cdot a^{0,73}$	$108 \cdot a^{0,95}$
16 Mn Cr 5 BG	53	36	$113 \cdot a^{0,74}$	$142 \cdot a^{1,0}$
30 CrNiMo 8V	96	20	$160 \cdot a^{0,74}$	$153 \cdot a^{0,93}$
ATS 5 (0,07% C, 20% Co, 16% Cr, 20% Ni)	75	27	$105 \cdot a^{0,65}$	$92 \cdot a^{0,7}$
9 S 20	60	11	$70 \cdot a^{0,83}$	$54 \cdot a^{0,88}$
GGL-25	26	0,5	$36 \cdot a^{0,5}$	$59 \cdot a^{0,58}$
Ms 58	40	25	$9{,}5 \cdot a^{0,7}$	$16 \cdot a^{1,0}$

[1] Condições de usinagem: ferramenta de metal duro P30 e K10; profundidade de corte $p = 3$mm; $\alpha = 8°$; $\gamma = 10°$; $\lambda = 0°$; $\chi = 90°$; $\epsilon = 85°$.
[2] Para conversão de materiais especificados pela *DIN* aos materiais da *SAE* ou *ABNT*, consultar o apêndice.
[3] Para $r = 0{,}5$mm.

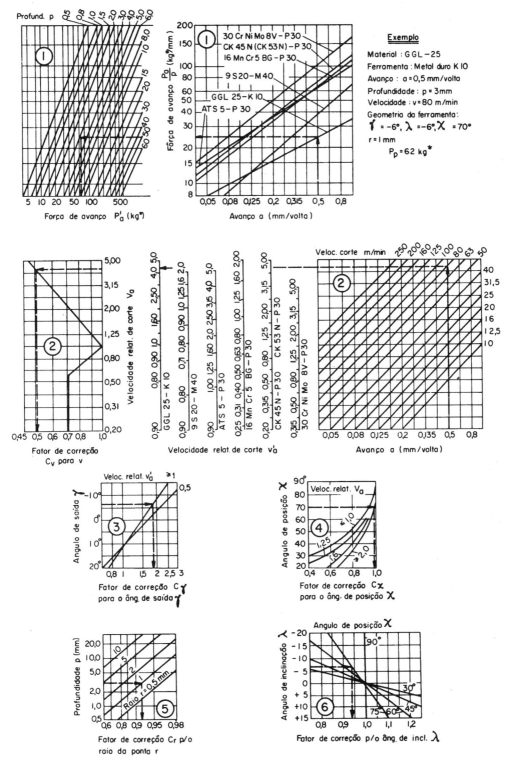

FIG. 5.48 — Nomograma para a determinação da fôrça de avanço P_a segundo MEYER [19] (Vide fórmula (5.44).

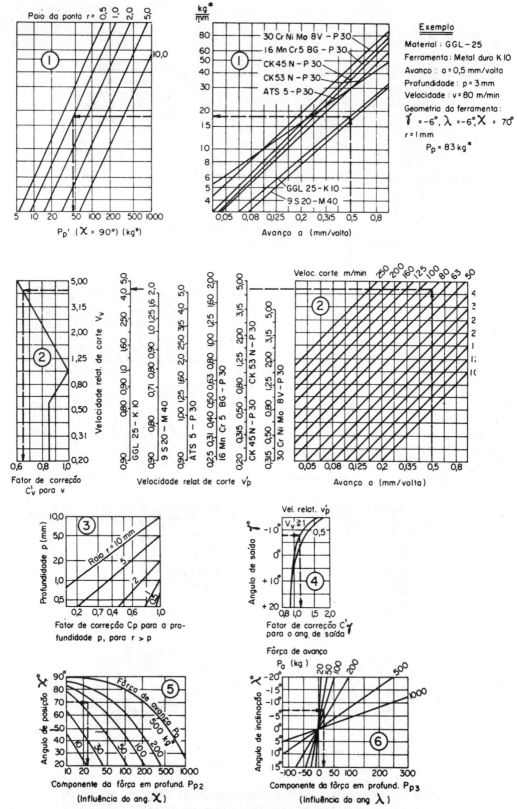

FIG. 5.49 — Nomograma para a determinação da fôrça de profundidade P_p segundo MEYER [19]. (Vide fórmula 5.46).

P_p' é determinado para um ângulo de posição $\chi = 90°$, para uma velocidade de corte na qual P_p' é máximo; contém a influência do avanço e do raio de curvatura r, para $p > r$. Os valôres de P_p' encontram-se na tabela V.5 e no nomograma da figura 5.49, que permite determinar gràficamente os elementos da fórmula (5.46).

Além dos fatôres mencionados acima, verifica-se que o material da ferramenta exerce uma influência apreciável na fôrça de avanço P_a (figura 5.50). Atribui-se que a composição do material da ferramenta influa sôbre o atrito e o processo de deformação do cavaco, na zona de contato ferramenta-peça; a tensão de cisalhamento τ_z no plano de cisalhamento não se altera. Com relação à fôrça de profundidade P_p e à fôrça de corte P_c, a influência do material da ferramenta é desprezível.

Outro fator que influi sôbre a fôrça de avanço P_a é o tratamento térmico do material da peça, conforme mostra a figura 5.51.

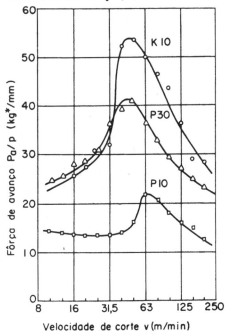

FIG. 5.50 — Influência do material da ferramenta sôbre a fôrça de avanço [8].

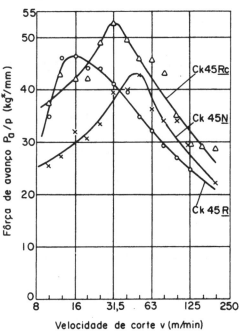

FIG. 5.51 — Influência do tratamento térmico do material da peça sôbre a fôrça de avanço [19] (N = normalizado; R = = revenido, R_c = recozido).

Para se levar em conta no valor de P_a êstes dois últimos fatôres, o cálculo seria muito trabalhoso, perdendo a sua objetividade prática. Os aços da tabela V.5 e dos ábacos 5.48 e 5.49 foram usinados com ferramenta de metal duro P30.

202 FUNDAMENTOS DA USINAGEM DOS METAIS

5.4.6 — Exemplo numérico

Calcular as componentes da fôrça de usinagem P_c, P_a e P_p para o torneamento de ferro fundido especificado pela norma *DIN* GGL 25. Condições de usinagem: ferramenta de metal duro K 10; avanço $a = 0,5\text{mm/volta}$; profundidade $p = 3\text{mm}$; velocidade de corte $v = 80\text{m/min}$; geometria da ferramenta $\alpha = 8^o$, $\gamma = -6^o$, $\chi = 70^o$, $r = 1\text{mm}$.

Solução

a) *Cálculo da fôrça de corte P_c*

O ferro fundido *DIN* GGL 25, com limite de resistência 25kg/mm^2, corresponde aproximadamente ao GG 26 da mesma norma. Pelo nomograma da figura 5.40 tem-se

$$P_c \cong 200\text{kg*}.$$

b) *Cálculo da fôrça de avanço P_a*

Pelo nomograma da figura 5.48 tem-se para $a = 0,5\text{mm/volta}$ e $p = 3\text{mm}$ (parte 1 do diagrama)

$$P_a' = 80\text{kg*}.$$

Na parte 2 dêste nomograma, para $a = 0,5\text{mm/volta}$ $v = 80\text{m/min}$ e usinagem em GGL 25, tem-se a velocidade relativa de corte $v_a' = 4,2$. Com êste valor determina-se o fator de correção $C_v = 0,51$. Na parte 3 do nomograma tem-se, para $v_a' > 1$ e $\gamma = -6^o$, o fator de correção $C_\gamma = 1,8$. Para um ângulo de posição $\chi = 70^o$, $v_a' > 2$, tem-se na parte 4 do nomograma o fator $C_\chi = 0,99$. Para uma profundidade $p = 3\text{mm}$ e um raio de curvatura $r = 1\text{mm}$, tem-se na parte 5 do nomograma $C_r = 0,92$. E finalmente para $\lambda = -6^o$ e $\chi = 70^o$, $C_\lambda = 0,93$. Substituindo-se êstes valôres na expressão

$$P_a = P_a' \cdot C_r \cdot C_\chi \cdot C_\lambda \cdot C_\gamma \cdot C_v,$$

tem-se

$$P_a = 80 \cdot 0,92 \cdot 0,99 \cdot 0,93 \cdot 1,8 \cdot 0,51$$

$$P_a \cong 62\text{kg*}$$

c) *Cálculo da fôrça de profundidade P_p*

Tem-se a fórmula

$$P_p = P_p' \cdot C_\gamma' \cdot C_v' + P_{p2} + P_{p3}$$

Pelo nomograma da figura 5.49 tem-se, para as condições de usinagem do problema, $P_p' = 48\text{kg*}$, $v_p = 4,2$, $C_v' = 0,64$, $C_\gamma' = 1,2$, $P_{p2} = 26\text{kg*}$ e $P_{p3} = 0,20\text{kg*}$.

FÔRÇAS E POTÊNCIAS DE USINAGEM 203

Substituindo-se na fórmula acima resulta

$$P_p = 48 \cdot 1{,}2 \cdot 0{,}64 + 26 + 20$$

$$P_p \cong 83 \text{kg}*.$$

d) *Relação entre as componentes da fôrça* P_u

$$P_c : P_p : P_a = 3{,}2 : 1{,}34 : 1.$$

5.5 — BIBLIOGRAFIA

[1] DIN 6584 (ENTWRF). *Kräfte und Leistungen.* Berlim, Beuthvertrieb GmbH, outubro, 1963.

[2] SCHLESINGER, G. *Die Werkzeugmaschinen.* Berlim, Verlag von Julios Springer, 1936.

[3] VIEREGGE, G. *Zerspanung der Eisenwerkstoffe.* Düsseldorf, Verlag Stahleisen M. B. H., 1959.

[4] KIENZLE, O. e VICTOR, H. "Einfluss der Wärmebehandlung von Stählen auf die Hauptschnittkraft beim Drehen." *Stahl und Eisen.* 74(9): 530-39 e 549-51, abril 1954.

[5] SCHALLBROCH, H., e H. BETHMANN. *Kurzprüfverfahren der Zerspanbarkeit.* Leipzig, Teubner Verlaggesellschaft, 1950.

[6] ABENDROTH, A. e MENZEL, G. *Grundlagen der Zerspanungslehre.* Leipzig, Fachbuchverlag, 1960, v. 1.

[7] HÜTTE. *Taschenbuch für Betriebsinginieure.* Berlim, Verlag von Wilhelm Ernst & Sohn, 1964, v. 1.

[8] MAYER, F. "Der Einfluss der Bearbeitungsbedingungen auf die Vorschub und Rückkräfte beim Drehen". *Industrie-Anzeiger.* Essen, 31, abril, 1964.

[9] GAPPISH, W. et alli. "Die Aufbauschneidenbildung bei der Spanabhebenden Bearbeitung". *Industrie-Anzeiger.* Essen, 69, agôsto 1965.

[10] OPITZ, H. et alli. *Untersuchung der Ursachen des Werkzeugverschleisses.* Colonia, Westdeutscher Verlag, 1961.

[11] BERTHOLD, H. "Das Messen der Schnitträfte beim Drehen". *Wissenschaftliche Zeitschrift der Technischen Hochschulen Dresden.* Dresden, 8(4), publ. n.º 105, 1960.

[12] ASME. *Manual on Cutting of Metals.* USA, The American Society of Mechanical Engineers, 1952.

[13] AWF 158. *Kurzausgabe der AWF-Blätter Nr. 100-111, 119-125, 141, 775 u. 756.* Berlim, Ausschuss für wirschaftliche Fertigung, julho, 1949.

[14] HUCKS, H. "Die Mechanik der Zerspanung". *Fertigungstechnik.* Essen, 4, 1956.

[15] KRONENBERG, M. *Grundzüge der Zerspanungslehre.* Berlim, Springer Verlag, 1954, v. 1.

[16] KIENZLE, O. "Die Bestimung von Kräften und Leistungen an spanenden Werkzeugen und Werkzeugmaschinen". *VDI.* Hannover, 94: 299-305, abril, 1952.

204 FUNDAMENTOS DA USINAGEM DOS METAIS

[17] KIENZLE, O. e VICTOR, H. "Spezifische Schnittkrafte bei der Metallbearbeitung". *Werkstattstechnik und Maschinenbau.* 47(5): 224-5, maio, 1957.

[18] HAIDT, H. "Der Leistungsbedarf bei der spanenden Formung". *Das Industrieblat.* Stuttgart, 87-94, fevereiro, 1960.

[19] MEYER, K. F. "Der Einfluss der Werkzeuggeometrie und des Werkstoffes auf die Vorschub — und Rückkraft beim Drehen". *Industrie Anzeiger.* Essen, 45, junho, 1964.

VI

MEDIDA DA FÔRÇA DE USINAGEM

6.1 — GENERALIDADES

Tanto na prática como na pesquisa é de grande importância o conhecimento das fôrças de corte na usinagem. Estas fôrças encontram aplicação no cálculo da estrutura e dos mecanismos de acionamento das máquinas operatrizes; permitem o cálculo da potência de usinagem e conseqüentemente a determinação do rendimento da máquina, para diferentes cargas e velocidades de trabalho.

Para as aplicações acima, geralmente é suficiente a determinação das *fôrças de corte médias*. Porém para o mecanismo da formação do cavaco, para estudos da estabilidade dinâmica da máquina operatriz, é necessária a medida da *variação da fôrça de corte*. No primeiro caso dizemos que se trata de uma *medida estática*, enquanto no segundo tem-se a *medida dinâmica* da fôrça de usinagem. Aqui a medida da variação da fôrça é registrada em oscilógrafos, enquanto que na medida estática a leitura pode ser realizada diretamente, por exemplo num mostrador de uma ponte amplificadora.

A vibração da fôrça de corte em freqüências altas* é proveniente do próprio fenômeno da formação do cavaco, enquanto que a variação da fôrça nas baixas freqüências é devida aos diferentes processos de corte (corte interrompido na operação de fresamento, brochamento etc.) e às irregularidades do sistema de acionamento (peças rotativas desbalanceadas, defeitos de engrenagens, correias, etc.). Neste caso deve ser considerado o fenômeno de ressonância entre uma das fontes perturbadoras com um dos modos naturais de vibração da máquina. O próprio fenômeno de corte, em determinadas condições, pode provocar vibrações *auto-excitadas,* fazendo a máquina vibrar com freqüência próxima de uma de suas freqüências naturais. Êste assunto será melhor estudado no capítulo referente a estabilidade das máquinas operatrizes (III volume).

6.2 — REQUISITOS QUE DEVEM SATISFAZER OS DINAMÔMETROS

De modo geral os dinamômetros devem satisfazer os seguintes requisitos:

---

* No campo das máquinas operatrizes, consideramos altas freqüências aquelas que forem iguais ou superiores a 1.000 c.p.s.

6.2.1 — Sensibilidade

Define-se como sensibilidade S de um instrumento de medida a relação entre a variação da indicação dL e a variação da grandeza a medir dP.

$$S = \frac{dL}{dP} \qquad (6.1)$$

Nos dinamômetros a dimensão de S é dada em divisões da escala (ou em microdeformações) por unidade de fôrça.

É interessante que a sensibilidade S seja constante em tôda escala do aparelho indicador. A linearidade da curva característica do dinamômetro *leitura/fôrça* facilita a interpretação dos resultados, principalmente nas medidas dinâmicas da fôrça de usinagem, através dos oscilógrafos. Neste caso a sensibilidade pode ser dada pela relação entre a indicação L e a fôrça P medida.

Nos dinamômetros empregados na determinação da fôrça de usinagem em ferramenta de barra, e baseados na medida do deslocamento de molas metálicas (vide § 6.3), pode-se escrever a equação geral

$$S = \frac{L}{P} = \frac{Z}{P} \cdot \frac{Z'}{Z} \cdot \frac{L}{Z'}, \qquad (6.1')$$

onde

$Z =$ deslocamento da ponta da ferramenta, onde atua a fôrça P a ser medida;

$Z' =$ deformação ou deslocamento na região de medida do dinamômetro, acusado através de meios elétricos, pneumáticos, hidráulicos ou mecânicos (figura 6.1).

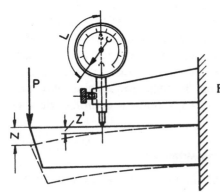

FIG. 6.1 — Princípio de medida de dinamômetros baseados em deslocamento de molas.

A relação Z/P representa o *índice de flexibilidade* do dinamômetro. Para uma fôrça P estática, êste índice é o inverso da constante de mola k do

MEDIDA DA FÔRÇA DE USINAGEM 207

dinamômetro. Porém para uma medida dinâmica, êste índice vai depender, além da constante de mola, do *fator de amplificação* do dinamômetro (vide § 6.4).

O têrmo Z'/Z é chamado *deslocamento relativo* d_r do dinamômetro, isto é, a relação entre o deslocamento (ou deformação) medido e o deslocamento da ponta da ferramenta. É importante que êste índice seja o maior possível, aumentando assim a sensibilidade do dinamômetro. Devido às exigências quanto a problemas construtivos e quanto a rigidez do dinamômetro, geralmente não se consegue um valor de d_r maior que a unidade.

A relação L/Z' representa a *sensibilidade da aparelhagem de medida* do deslocamento ou da deformação do dinamômetro. Empregando-se meios eletrônicos de medida, consegue-se várias escalas de amplificação, isto é, várias relações L/Z'.

O aumento de *sensibilidade* não deve ser confundido com o aumento de *precisão* de um aparelho. Assim, pela equação (6.1') verifica-se que S pode ser aumentado, por exemplo através do aumento da relação L/Z', isto é, através do aumento da amplificação do instrumento de medida de deslocamento. Porém os erros existentes na parte do dinamômetro onde é aplicada a fôrça (por ex. deformações devidas a variação de temperatura), os erros devidos a deformação da estrutura do dinomômetro, também serão ampliados, não havendo portanto aumento de precisão.

A sensibilidade máxima (para a máxima relação L/Z') dos dinamômetros varia com a construção e com o princípio de medida (ver § 6.3). Assim, nos dinamômetros empregados na operação de torneamento, baseados na medida do deslocamento de molas pela variação da indução elétrica, a sensibilidade máxima Lmx/P varia de 0,5 a 1mm/kg*.

6.2.2 — Precisão

Entende-se por *precisão de um instrumento de medida* a qualidade global na qual o instrumento é tanto mais preciso quanto fôr a coincidência do resultado da medição com o valor verdadeiro da grandeza a medir, excluindo os erros do *padrão* ou da *grandeza de referência**. Esta precisão, dita *precisão "a priori"*, é caracterizada por uma soma de erros possíveis; cada êrro é determinado através do exame das partes do instrumento ou através do exame do aparelho em condições particulares, escolhidas de maneira que os outros erros se tornem negligenciáveis em cada condição (na determinação de cada êrro a influência dos demais deve ser inferior a um quinto

---

* Esta definição exclui os erros de aferição — erros existentes nos padrões ou grandezas de referência e erros do próprio processo de aferição: assim, um instrumento de medida pode ser bastante preciso mas possuir um êrro sistemático proveniente do padrão de referência. Reserva-se o têrmo *exatidão* para incluir os erros de aferição numa leitura.

do êrro em questão). A *precisão "a posteriori"* é determinada através da aplicação das regras do cálculo das probabilidades a uma série de medidas efetuadas com o instrumento de medida**.

Os erros que caracterizam a *precisão "a priori"* são [1]:

Êrro de leitura — Entende-se por êrro de leitura de um dinamômetro o êrro de indicação devido a construção do sistema indicador *escala-ponteiro* ou *papel-marcador*. Compreende os erros de paralaxe, de trepidação do ponteiro indicador de graduação da escala, deslocamento transversal do papel de um oscilógrafo registrador, variação da velocidade do papel, etc.

Êrro de fidelidade — Um instrumento é tanto mais fiel quanto os resultados das medidas, feitas várias vêzes para o mesmo valor da grandeza a medir, sejam concordantes entre si. O êrro de fidelidade é dado pela metade do afastamento máximo entre duas indicações obtidas para o mesmo valor da grandeza a medir.

Êrro de mobilidade — O êrro de mobilidade é dado pela menor variação da grandeza a medir para produzir um deslocamento do órgão indicador. As principais causas dêste êrro são os atritos, os jogos mecânicos e as descontinuidades (ex.: distribuição das espiras num potenciômetro).

Êrro de histerese — Um instrumento de medida se diz possuir êrro de histerese, quando há uma diferença de indicação, segundo as medições são

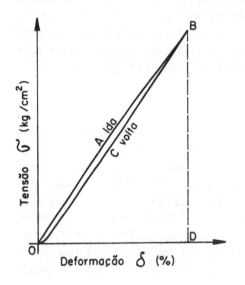

FIG. 6.2 — Efeito de histerese na deformação de uma mola.

** Para o cálculo dos erros de medida recomenda-se consultar a seguinte bibliografia:
Aguiar da Silva Leme. R., — *Curso de Estatística*, volume II, Escola Politécnica da USP, 1958.
Cintra do Prado, L., *Medidas físicas* — Repercussão dos erros. Publicação do Dep. de Física da EPUSP, 1956.
Deltheil, R., *Erreurs et moindres carres*, Gauthier-Villars Editeurs. Paris, 1930.

MEDIDA DA FÔRÇA DE USINAGEM

realizadas com valôres crescentes ou decrescentes da grandeza a medir [2]. A experiência mostra que quando uma carga é aplicada a uma barra metálica, a mesma se deforma de acôrdo com uma curva característica $\sigma = f(\delta)$, (por ex.: curva OAB da figura 6.2); retirando-se a carga ràpidamente verifica-se que a curva característica da volta não é a mesma da de ida. A êste fenômeno denomina-se *histerese-elástica* e atribui-se que o mesmo é devido principalmente a orientações desfavoráveis dos cristais do material, atritos internos e efeito de temperatura [3]. A área $OABD$ representa o trabalho realizado no processo de carregamento; a área $OCBD$ o trabalho recuperado no descarregamento e a área $OABC$ representa o trabalho perdido no ciclo. Esta quantidade é pequena nos aços, principalmente nos aços-liga empregados na construção de molas*.

Êrro sôbre o zero — Como a medida é uma diferença entre duas leituras, e uma delas é freqüentemente o zero, qualquer êrro desta será transferido sôbre a medida. Uma das operações iniciais nas medidas dinamométricas consiste na *ajustagem do zero* (trazer o ponteiro sôbre o zero da indicação, para o dinamômetro sem carga).

6.2.3 — Rigidez

Além das qualidades vistas acima — *sensibilidade e precisão* — um instrumento de medida não deve influenciar a grandeza a medir. Assim, na medida da fôrça de torneamento a operação de corte não deve ser influenciada pelo deslocamento excessivo da ferramenta de medição. Diz-se neste caso que o dinamômetro é suficientemente *rígido*. Geralmente tal ocorre quando o deslocamento máximo da ferramenta é inferior a 15 μ m.

A rigidez implica portanto num valor alto da constante de mola k, o qual acarreta o abaixamento do índice de flexibilidade Z/P, isto é, o abaixamento da sensibilidade S do dinamômetro.

Freqüentemente o critério para a medida da rigidez dinâmica do dinamômetro é o baseado na sua *freqüência natural de oscilação* f_n. Com o fim de analisarmos simplesmente o fenômeno, pode-se reduzir o dinamômetro a um sistema equivalente, constituído de uma *massa m* suportada por uma mola. A freqüência natural de um tal sistema é

$$f_n = \frac{1}{2\pi} \sqrt{\frac{k}{m}} \ (\text{c.p.s}). \qquad (6.2)$$

Para que o sistema seja suficientemente rígido, isto é, a deformação da ferramenta seja pequena, a constante de mola do dinamômetro deverá ser alta, e conseqüentemente a freqüência de oscilação livre do dinamômetro deverá ser elevada.

---

* Obteve-se ótimos resultados na construção de dinamômetros com o emprêgo do aço ABNT 4340 tratado tèrmicamente.

210 FUNDAMENTOS DA USINAGEM DOS METAIS

Conforme se viu no parágrafo 5.4.2, quando a freqüência natural de um dinamômetro, para a medida das fôrças de torneamento, fôr inferior a 6.000 c.p.s, haverá um aumento do valor médio da fôrça de usinagem (figuras 5.24 e 5.25). A explicação provável desta ocorrência será dada no parágrafo 6.4.3 [4].

6.2.4 — Exatidão de reprodução de fôrças variáveis com o tempo

Uma das exigências de um aparelho para a medida dinâmica da fôrça, isto é, para o registro da variação da fôrça com o tempo, é a exatidão de reprodução (sem *distorção*) do fenômeno, dentro de um êrro especificado. Denomina-se de um modo geral *distorção* de um instrumento de medida a deformação que êle origina à reprodução da lei de variação do fenômeno. Êste assunto será tratado no § 6.4 — *Medida dinâmica da fôrça de usinagem*.

Nos dinamômetros esta exigência está limitada pela *inércia* das massas em movimento e pelo *amortecimento*. Veremos posteriormente que êste requisito obriga os dinamômetros a possuírem um grau de amortecimento adequado e uma freqüência natural (a mais baixa do sistema) alta. Isto implica uma *rigidez* elevada do sistema, estando de acôrdo com o que foi dito no parágrafo anterior.

6.2.5 — Insensibilidade quanto à variação de temperatura e à umidade

No § 6.2.2 vimos que um dos erros que afetava a precisão dos instrumentos de medida era o *êrro de fidelidade*. Êste êrro é devido às chamadas *grandezas de influência,* isto é, as grandezas estranhas (todos os parâmetros, com exceção da grandeza a medir) que exerçam certa influência sôbre o funcionamento do instrumento.

Nos aparelhos empregados na medida da fôrça de usinagem, tem-se geralmente como grandezas de influência:

a) Variação de temperatura da ferramenta.
b) Umidade ambiente.
c) Vibração da máquina operatriz de ensaio.
d) Vibração da peça a usinar (por ex. desbalanceamento).
e) Acabamento da superfície da peça a usinar.
f) Vibração da ferramenta devida a condições de usinagem desfavoráveis.
g) Desgaste da ferramenta.

As grandezas *c* a *f* poderão provocar uma vibração no dinamômetro, alterando os resultados de medida. Êstes parâmetros porém podem ser eliminados escolhendo-se máquina de ensaio apropriada, peças de ensaio devidamente preparadas e condições de usinagem apropriadas.

Com relação às grandezas de influência *aumento da temperatura da ferramenta* e *umidade ambiente,* as mesmas não podem ser evitadas. O dinamômetro deve ser construído de tal forma que seja insensível a estas grandezas. Como a temperatura de corte durante a usinagem é elevada, e como a medida dinâmica necessita maior tempo de ensaio (a fim de permitir o registro da curva de variação da fôrça de corte), os dinamômetros empregados para êste fim são geralmente refrigerados a água, possibilitando uma temperatura constante na região de medida do dinamômetro.

Os dinamômetros que empregam, como elemento de medida, extensômetros, células de piezo-quartzo e bobinas de indução devem possuir uma vedação especial quanto à umidade.

No presente volume trataremos dos dinamômetros empregados no torneamento, reservando-se para o segundo volume o estudo dos dinamômetros destinados à operação de furação e fresamento.

Na operação de torneamento empregam-se dinamômetros de uma a três componentes. Para a medida estática, os dinamômetros de três componentes são melhores, pois permitem determinar as fôrças de usinagem P_c, P_a e P_p simultâneamente. Na medida dinâmica em freqüência alta, bastam duas componentes, pois geralmente neste caso nos interessa estudar sòmente os fatôres relacionados à formação do cavaco; escolhe-se como componentes a fôrça principal de corte P_c e a fôrça de penetração P_n (aproximadamente segundo a direção da saída de cavaco).

6.3 — PRINCÍPIOS DE MEDIDA

A medida da fôrça de usinagem pode ser *direta* ou *indireta*. Entende-se como medida indireta a realizada através do deslocamento de molas, utilizando-se meios de medida *mecânicos, pneumáticos, hidráulicos e elétricos*. Nestes últimos tem-se a medida pela *variação da indutância, da capacitância e da resistência elétrica*.

Como métodos diretos da medida da fôrça de usinagem tem-se o baseado na *piezoeletricidade* e o baseado na *magneto-estricção* ou *magneto-elasticidade*.

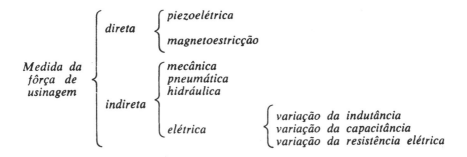

6.3.1 — Princípio mecânico

Os dinamômetros baseados na medida de deslocamento de molas através de relógios comparadores foram muito utilizados no início dêste século (figuras 6.3 e 6.4). São de construção relativamente simples, porém não permitem a medida dinâmica da fôrça de usinagem, mas sim a determinação de um valor médio de P. O sistema de registro da fôrça em diagrama é complicado e apresenta grande inércia.

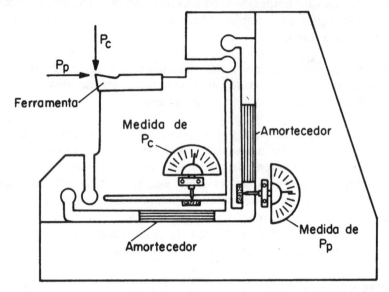

FIG. 6.3 — Dinamômetro para medida de duas componentes da fôrça de usinagem, segundo MERCHANT e ZLATIN (USA — 1946).

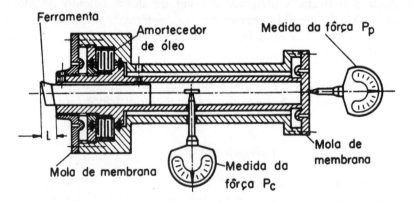

FIG. 6.4 — Dinamômetro para medida das três componentes da fôrça de usinagem, segundo EISELE (Alemanha).

Como a freqüência natural dêstes dinamômetros é relativamente baixa, as fôrças de usinagem medidas são sempre superiores às reais (vide § 6.4.3).

Servem porém para se obter um valor aproximado da fôrça de usinagem em oficina.

6.3.2 — Princípio pneumático

A medida pneumática da fôrça de usinagem está baseada no princípio SOLEX (figura 6.5). A deformação de uma mola, provocada pela fôrça de usinagem, origina o deslocamento relativo de duas paredes P_1 e P_2; conseqüentemente tem-se uma variação da vasão de ar em S, provocando uma variação de pressão, medida num manômetro sensível M.

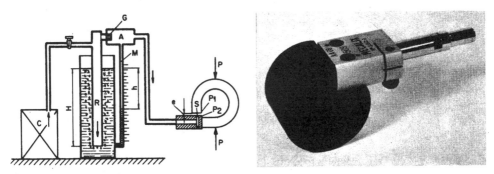

FIG. 6.5 — Princípio do medidor SOLEX e vista da mola dinamométrica MECALIX.

O ar proveniente de um compressor C é injetado num reservatório R, cuja finalidade é manter a pressão constante H (o excesso de ar borbulha nesse reservatório). Em seguida o ar atravessa um orifício calibrado G (*"gicleur" de entrada*), para expandir-se numa câmara A, antes de escapar pelo orifício S (*"gicleur" de saída*). Quando a saída de ar em S é livre, a pressão h da câmara A, medida pelo manômetro M, é pràticamente nula. Por outro lado, quando se dificulta a saída de ar em S, a pressão h aumenta progressivamente na câmara A. Logo, as variações da espessura e da lâmina de ar entre as paredes P_1 e P_2 provocam variações correspondentes do nível de água.

Quando o orifício G fôr muito pequeno, necessita-se uma variação muito pequena da espessura e, para que a pressão h varie dentro de proporções bastante grandes, tendo-se grande sensibilidade.

As figuras 6.6 e 6.7 apresentam duas construções de dinamômetros da firma Mecalix [5], para uma e duas componentes da fôrça de usinagem, baseadas no princípio acima. Na figura 6.6 a ferramenta G é solidária a um suporte C através de três parafusos B. Êste suporte pode girar em relação à estrutura I, através de um eixo imaginário passando pelo centro de dois rolamentos autocompensadores montados nos eixos A e F. A ponta da ferramenta está a uma distância fixa do eixo H do dinamômetro, de maneira que o aparelho pode estar graduado para leituras diretas do esfôrço de corte. O parafuso E permite aplicar uma precarga ao dinamômetro e a ajustagem do zero.

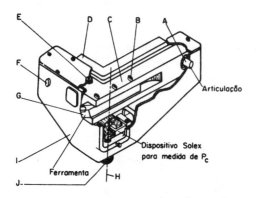

FG. 6.6 — Dinamômetro MECALIX para medida da fôrça de corte P_c [5].

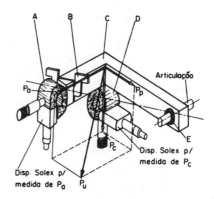

FIG. 6.7 — Dinamômetro MECALIX para medida das componentes P_c e P_a da fôrça de usinagem [5].

A figura 6.7 difere um pouco da figura 6.6; um dos rolamentos é substituído pela lâmina elástica B, conferindo assim um segundo grau de liberdade. Um segundo dinamômetro A mede desta forma a componente P_a, da fôrça de usinagem, enquanto que a componente P_c é medida pelo dinamômetro D. A componente P_p é suportada pelo rolamento autocompensador E.
A rigidez dêstes dinamômetros é superior à dos dinamômetros apontados anteriormente, porém a freqüência natural f_n é menor que 6.000 Hz, apresentando portanto o defeito das leituras serem ligeiramente acima das reais.

6.3.3 — Princípio hidráulico

O primeiro dinamômetro para a medida da fôrça de corte foi construído por JOHN T. NICOLSON em *Manchester*, no ano de 1904. NICOLSON baseou-se no princípio hidráulico, no qual uma ferramenta de barra transmitia a fôrça de corte através de um sistema de alavancas a uma membrana, que comprimia o óleo de um reservatório a um manômetro. Em 1905 êsse autor melhorou e modificou a sua construção para a medida das três componentes da fôrça de usinagem.
Após NICOLSON seguiram-se outros autores, tais como SCHLESINGER e WALLICHS [6], que utilizaram também sistema mecânico-hidráulico para a medida da fôrça de usinagem.

Êste princípio de medida apresenta o inconveniente de permitir grandes deslocamentos da ponta da ferramenta (de 0,2 a 1mm), alterando enormemente os resultados da medida. Atualmente êsses dinamômetros só merecem um valor histórico.

6.3.4 — Princípio da variação da indutância

Um princípio de medida de deslocamento atualmente muito usado consiste na variação da indutância de duas bobinas, pela mudança de posição de um núcleo de ferro no seu interior. Êste núcleo é fixado através de uma haste à ferramenta, permitindo medir deslocamentos mínimos desta. As bobinas constituem a metade de uma ponte de WHEATSTONE (figura 6.8). A outra metade da ponte de medição encontra-se num amplificador de medida, ao qual as bobinas estão ligadas. O desequilíbrio da ponte de medição é diretamente proporcional à variação de indução das bobinas e pode ser lido num instrumento de medida. Esta proporcionalidade entre o deslocamento do núcleo de ferro e a leitura no amplificador se dá num grande campo linear de deslocamento do núcleo, de maneira que êste processo de medida satisfaz plenamente não só a medida estática como também a medida dinâmica da fôrça de usinagem.

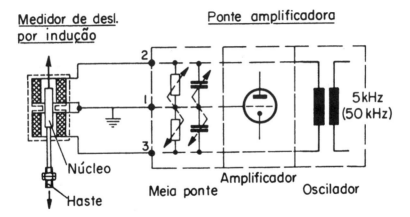

FIG. 6.8 — Princípio de medida de deslocamento por variação de indução.

A figura 6.9 apresenta um medidor de deslocamento por indução, tipo Wlk da firma *Hottinger-Baldwin Messtechnik GmbH* — Alemanha [7]. Êste dispositivo, com auxílio da ponte amplificadora KWS-II, de fabricação também desta firma, permite realizar leituras até 10^{-5}mm, para a máxima amplificação da ponte. A ponte amplificadora KWS-II é fornecida com freqüência portadora 5kHz ou 50kHz, permitindo neste último caso realizar a medição da variação da fôrça de usinagem até uma freqüência de 15kHz. A figura 6.10 mostra a aplicação do medidor de deslocamento acima a um dinamômetro, estudado pelo autor [8 e 9], para a medida de duas componentes da fôrça de usinagem. Consta de um tubo que se deforma sob a ação das fôrças P_c e P_n, aplicadas a uma pastilha de metal duro fixada mecânicamente. Com o fim de evitar a influência da variação de temperatura na medida, está prevista a circulação de água no interior do tubo. Para uma carga $P_c = 400$kg* calculou-se um deslocamento da ponta

FUNDAMENTOS DA USINAGEM DOS METAIS

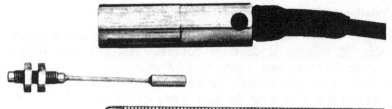

FIG. 6.9 — Medidor de deslocamento por indução tipo Wlk da firma *Hottinger-Baldwin Messtechnik*. Deslocamento linear numa faixa de 1mm, mínima leitura 10^{-5}mm [7].

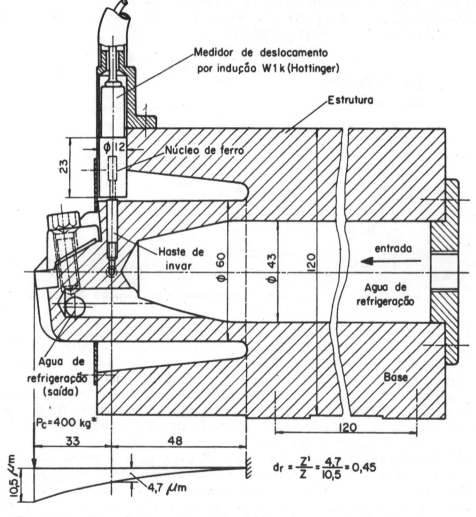

FIG. 6.10 — Dinamômetro para medida de duas componentes da fôrça de corte. Estudo realizado pelo autor em 1958 [8].

da pastilha cortante $Z = 10{,}5\mu m$ e um deslocamento de medida (na posição do elemento de medida) $Z' = 4{,}7\mu m$. A freqüência natural mais baixa, calculada através do método de Rayleigh, foi 6.300 c.p.s. Preferiu-se porém construir o dinamômetro representado na figura 6.44, em virtude do primeiro apresentar os seguintes inconvenientes:

a) pequeno deslocamento relativo,

$$d_\mathrm{r} = \frac{Z'}{Z} = \frac{4{,}7}{10{,}5} = 0{,}45;$$

b) possível ovalização do tubo sob a ação da fôrça de corte, acarretando uma possível influência na leitura do valor de uma componente da fôrça de corte sôbre a outra;

c) freqüência natural inferior à da construção da figura 6.44;

d) refrigeração menos eficiente à da construção da figura 6.44.

Outra modalidade do princípio de medida por variação de indução é o realizado através da variação do entreferro δ de dois núcleos de ferro f_1 e f_2 percorridos pelo fluxo gerado por uma bobina. A figura 6.11 mostra um dinamômetro construído por SCHALLBROCH e SCHAUMANN em 1940 [10]. Devido à ação da fôrça de corte P_c na ferramenta, a mola m se deforma, ocasionando um aumento do entreferro δ. A variação de indução pode ser medida através de um miliamperímetro. A mola m apresenta dois apois P_1 e P_2, permitindo assim duas escalas de trabalho. Êste dinamômetro, além de possuir pequena rigidez (deslocamentos da ponta da ferramenta até 0,2mm) e grande inércia, apresenta o inconveniente de sua curva característica *leitura/fôrça* não ser linear.

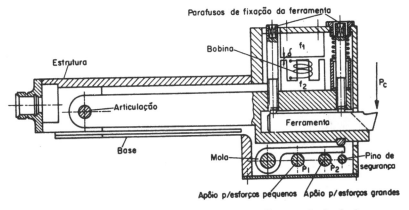

FIG. 6.11 — Dinamômetro para medida da fôrça principal de corte segundo SCHALLBROCH e SCHAUMANN [10].

A figura 6.12 mostra esquemàticamente o emprêgo de um sistema diferencial constituído por duas bobinas, ligadas em meia ponte. Êste sistema apresenta a vantagem de ser mais sensível, além da leitura da ponte amplificadora ser linear com o deslocamento δ. As bobinas podem ser de tamanho muito reduzido (figura 6.13) [7], facilitando a construção dos aparelhos de medida. A figura 6.14 mostra algumas aplicações dêstes elementos de medida.

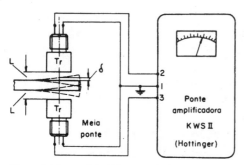

FIG. 6.12 — Medida de deslocamento através de bobinas separadas, ligadas em meia ponte.

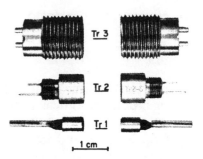

FIG. 6.13 — Bobinas de medida de deslocamento por indução tipo *Tr* da firma *Hottinger Baldwin Messtechnik*.

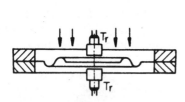

Medida do deslocamento de uma membrana.

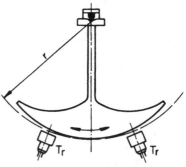

Medida da posição de um pêndulo

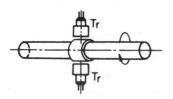

Medida da amplitude de vibração radial de um eixo.

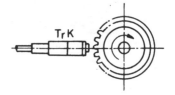

Medida da rotação de uma engrenagem.

FIG. 6.14 — Diferentes aplicações das bobinas de medida de deslocamento por indução.

6.3.5 — Princípio da variação da capacitância

Êste princípio consiste na medida da variação da capacidade de um condensador, proveniente da variação da distância entre suas armaduras.
A medida da variação da capacidade pode ser realizada, num caso simples, através de um miliamperímetro e de um voltímetro eletrônico (fig. 6.15) [11]. Para medidas dinâmicas, a ligação é feita preferìvelmente em ponte WHEATSTONE, utilizando-se pontes amplificadoras com freqüência portadora de 5 kHz. A figura 6.16 mostra uma balança dinamométrica, baseada neste princípio, construída pela firma *Siemens & Halske A. G.* (Alemanha).

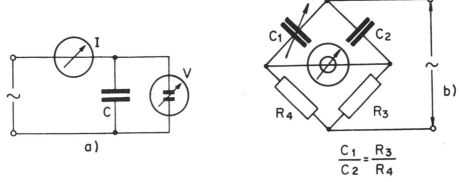

FIG. 6.15 — Medida da capacidade de um condensador [11]: *a*) medida da corrente e tensão; *b*) medida em ponte WEATSTONE.

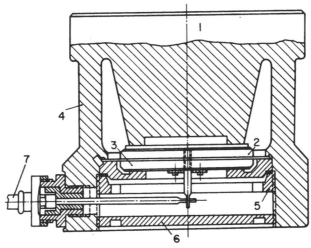

FIG. 6.16 — Dinamômetro para medida de fôrça de compressão: 1. mesa; 2. armadura móvel, isolada; 3. armadura fixa; 4. parte cilíndrica responsável pela compressão; 5. porca de regulagem; 6. tampa; 7. cabo de ligação.

6.3.6 — Princípios da variação da resistência elétrica

Um método de medida das deformações, que atualmente tem encontrado grande aplicação, é o da variação da resistência elétrica de um fio, proveniente da variação de seu comprimento sob a ação de uma fôrça. Êste fenômeno foi descoberto em 1856 por LORD KELVIN, porém sòmente em 1939 teve aplicação prática nos E. U. A. com os engenheiros A. RUGE e E. SIMONS, que desenvolveram os *extensômetros elétricos* [12 a 17].* Após essa data, o seu emprêgo se generalizou cada vez mais em quase todos os ramos da engenharia.

Um *extensômetro* é constituído fundamentalmente de um fio metálico delgado, colado entre duas lâminas de papel, baquelite ou qualquer outro material com características mecânicas e elétricas apropriadas (figura 6.17). Êstes elementos são colados por sua vez sôbre o objeto a ser testado, de modo a acompanhar as deformações da superfície de ensaio.

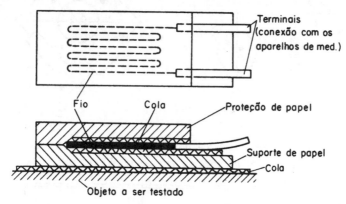

FIG. 6.17 — Construção de um extensômetro.

Os extensômetros são encontrados em três tipos característicos, conforme mostra a figura 6.18: *a, b* e *c*. O tipo (*a*), desenvolvido num plano, é o mais empregado; o tipo (*b*), enrolado num papel, permite reduzir o espaço ocupado; o tipo (*c*), constituído de chapa metálica, tem a vantagem de não apresentar pràticamente variação de resistência em direção perpendicular ao eixo do extensômetro. Recentemente foi possível o emprêgo de material semicondutor, o qual apresenta as vantagens: baixa histerese, alta resistência à fadiga, maior sensibilidade e funcionamento em grandes variações de temperatura.

Conhecendo-se as deformações locais através dos extensômetros, pode-se, com auxílio do estudo da resistência dos materiais, determinar as correspondentes tensões. Para tanto tem-se diferentes formas de extensômetros, como mostra a figura 6.19. A forma (*a*) é empregada principalmente para determinar a tensão de tração ou compressão de uma peça; a forma (*c*) permite determinar a tensão de torção de um eixo, através de extensômetros colocados a 45° com o eixo geométrico — é uma forma mais cômoda para

---

* Para os americanos *strain gages;* em inglês *strain gauges;* em alemão *dehnungsmesstreifen*.

MEDIDA DA FÔRÇA DE USINAGEM

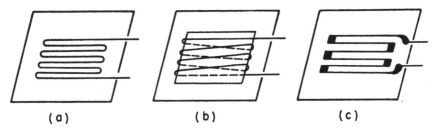

FIG. 6.18 — Diferentes tipos de extensômetros.

esta aplicação; a forma (b) permite, através da medida das deformações em três direções a 120°, a determinação das tensões principais locais — *estado duplo de tensão*. São encontrados em diversos tamanhos, para permitir a sua fixação em peças de diferentes formas e dimensões.

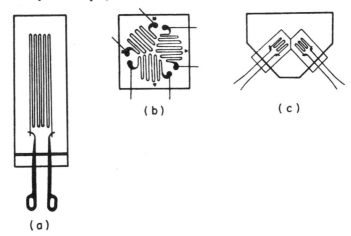

FIG. 6.19 — Diferentes formas de extensômetros.

Quanto à resistência ôhmica, encontram-se no mercado três tipos de extensômetros: 120Ω, 300Ω e 600Ω. Os extensômetros de 120 Ω são fabricados numa variedade maior de tamanhos (tabela VI.1); os de resistência ôhmica maior exigem dimensões construtivas maiores. Os extensômetros de 120Ω trabalham com uma tensão da ponte amplificadora $V = 5$ ou 6 volts, enquanto que os de 600Ω trabalham com uma tensão $V = 10$ ou 12 volts. Como será visto em seguida (fórmula 6.9), a tensão de desequilíbrio V_d da ponte é diretamente proporcional a tensão V de alimentação; logo, empregando-se extensômetros para um circuito de 10 ou 12 volts, a sensibilidade da leitura da ponte é o dôbro da do circuito de 5 ou 6 volts. Quando as dimensões da região, onde devem ser aplicados os extensômetros, permitem a fixação de elementos de medida maiores, é preferível o emprêgo de extensômetros de 600Ω. Quando os extensômetros são aplicados em peças girantes (dinamômetros para a medida de momento de torção) a perda em porcento nas escôvas de ligação é menor para um circuito de alimentação de 10 ou 12 volts.

222　　　　　　　　　　　　　　　FUNDAMENTOS DA USINAGEM DOS METAIS

A cola para fixação dos extensômetros à peça é especial, sendo fornecida pelos próprios fabricantes dos extensômetros [18]. Deve apresentar a propriedade de transmitir fielmente as deformações da peça ao extensômetro e não ser sensível às variações normais de temperatura.

Constante de sensibilidade k

Define-se como constante de sensibilidade de um extensômetro o quociente

$$k = \frac{\Delta R}{R} : \frac{\Delta l}{l} \tag{6.3}$$

isto é, a variação unitária da resistência em relação ao alongamento relativo. Para as faixas normais de alongamento, em trabalho, k é considerado constante*; conforme a liga metálica de que são constituídos os fios, têm-se os seguintes valôres:

$$
\begin{aligned}
\text{constantan} & \dots\dots\dots\dots\dots & k &= 1,8 \text{ a } 2,2, \\
\text{cromo, níquel vanádio} & \dots\dots\dots & k &= 2,1 \text{ a } 2,4, \\
\text{platina} & \dots\dots\dots\dots\dots & k &= 3,5 \text{ a } 3,9.
\end{aligned}
$$

O alongamento relativo $\epsilon = \Delta l/l$ costuma ser dado em microdeformação ("$\mu - strain$"): $1\mu - deformação = 10^{-6} \Delta l/l$. Dependendo do tipo de extensômetro chega-se a alongamentos relativos, em trabalho, de 1.000 a 4.000 μ strain**.

Sensibilidade transversal

Devido ao fato de o fio metálico não estar ùnicamente disposto no sentido longitudinal do extensômetro (figura 6.20 a), há uma pequena sensibilidade para as tensões perpendiculares ao eixo longitudinal do extensômetro. O valor desta sensibilidade lateral é usualmente dado como porcentagem da longitudinal; aproximadamente tem-se:

$$k \ transversal/k \ longitudinal = 0,3 \text{ a } 1,4\%.$$

Para os extensômetros de lâmina (figura 6,20 b), com grande quantidade de material na curvatura dos fios, conseguiu-se pràticamente a eliminação da sensibilidade transversal.

Coeficiente de temperatura

Quando ocorre uma variação de temperatura, após a colocação do extensômetro sôbre a peça de teste, o resultado da medida varia. Três fenômenos ocorrem simultâneamente:

---

* O valor exato da constante k de um extensômetro depende, além de suas dimensões geométricas, das tolerâncias do material. Êsse valor exato é dado pelo fabricante, geralmente para cada pacote de 10 extensômetros.
** É interessante projetar-se dinamômetros com alto valor de ϵ, tendo-se assim grande sensibilidade.

MEDIDA DA FÔRÇA DE USINAGEM

TABELA VI.1

**Características principais de alguns extensômetros de fabricação da firma
Hottinger-Baldwin Messtechnik GmbH-Alemanha**

TIPO	RESISTENCIA Ω	COMPRIMENTO ATIVO l (mm)	ESQUEMA
3/120 LA 21	120	3	
6/120 LA 21	120	6	
10/120 LA 21	120	10	
20/120 LA 21	120	20	
10/300 LA 21	300	10	
10/600 LA 21	600	10	
20/600 LA 21	600	20	
0,6/120 LB 11	120	0,6	
1,5/120 LB 11	120	1,5	
3/120 LB 11	120	3,0	
6/120 LB 11	120	6,0	
10/120 LB 11	120	10,0	
10/120 XA 21	120	10	
20/600 XA 21	600	20	
3/120 XB 21	120	3	
6/120 XB 21	120	6	
13/120 XB 21	120	13	
3/120 RB 21	120	3	
6/120 RB 21	120	6	
3/120 RB 21	120	13	

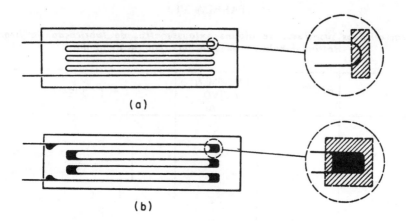

FIG. 6.20 — Diferença construtiva entre os extensômetros de fio e de lâmina metálica.

a) expansão linear do material sob teste, dada pelo coeficiente de dilatação do material λ_m (μm/m°C);

b) expansão linear do fio do extensômetro, dada pelo coeficiente de dilatação λ_e (μm/m°C);

c) variação da resistência específica ρ do extensômetro, para a sua expansão livre, dada pelo coeficiente térmico de resistividade C (Ω/Ω°C).

Tem-se a relação:

$$\frac{\Delta R}{R} = k \cdot \epsilon = [C + k(\lambda_m - \lambda_e)] \cdot \Delta t. \qquad (6.4)$$

Tomando-se $\epsilon = \alpha_t \cdot \Delta t$ resulta

$$\alpha_t = \frac{C}{k} + (\lambda_m - \lambda_e). \qquad (6.5)$$

α_t é chamado de *coeficiente de temperatura* do extensômetro.

O efeito da temperatura será sempre que possível compensado por montagens especiais, estudadas em seguida. Convém lembrar que geralmente os valôres de α_t, dados pelos fabricantes, valem para extensômetros colados sôbre o aço normal ($\lambda_m = 11\mu$ *strain*). Quando utilizados sôbre outro material, faz-se necessária a correção do valor de α_t, de acôrdo com a fórmula (6.5).

Circuitos elétricos utilizados

Em princípio um circuito do tipo da figura 6.21 *a* pode ser utilizado para medidas com extensômetros. A diferença de potencial V_d varia com a resistência do extensômetro R, que pode ser assinalada por um osciloscópio ou voltímetro eletrônico. Na prática, devido a necessidade da compensação da variação de temperatura, do emprêgo de vários extensômetros e do aumento da sensibilidade, é mais indicado o uso do circuito da ponte de WHEATSTONE. É conhecido que, quando a ponte estiver balanceada, o galvanômetro indicará a leitura *zero*, tendo-se (figura 6.21 b):

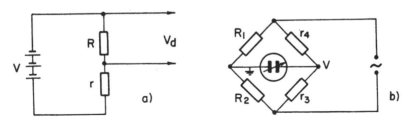

FIG. 6.21 — Circuitos elétricos básicos utilizados com extensômetros. V = tensão de alimentação; V_d = tensão de medida; R, R_1 e R_2 = resistências ôhmicas dos extensômetros.

$$R_1 \cdot r_3 = R_2 \cdot r_4. \quad (6.6)$$

Quando R_1 e R_2 são as resistências dos extensômetros e r_3 e r_4 são resistências de calibração, o circuito se diz em *meia ponte*. Quando todos os ramos do circuito apresentam extensômetros, o circuito se diz em *ponte dupla* ou *completa*.

Aplicando-se uma fôrça à peça em estudo, esta deformar-se-á e o extensômetro elétrico colocado sôbre a peça sofrerá uma variação de sua resistência elétrica ΔR, desbalanceando a ponte de WHEATSTONE. Nestas condições, o galvanômetro acusará uma diferença de tensão V_d, cuja leitura poderá ser dada em unidades de deformação.

Desprezando-se a corrente i_g do galvanômetro da ponte, a tensão de desequilíbrio da mesma será

$$V_d = V \cdot \frac{R_1}{R_1 + R_2} - V \cdot \frac{r_4}{r_3 + r_4}. \quad (6.7)$$

Considerando um circuito de meia ponte, com sòmente R_1 variável, e diferenciando-se a expressão acima, resulta:

$$\Delta V_d = V \cdot \frac{R_2 \cdot \Delta R_1}{(R_1 + R_2)^2}. \quad (6.8)$$

De acôrdo com a equação (6.3) tem-se

$$\frac{\Delta R_1}{R_1} = k \cdot \epsilon_1.$$

Logo,

$$\Delta V_d = V \cdot \frac{R_1 \cdot R_2}{(R_1 + R_2)^2} \cdot k \cdot \epsilon_1.$$

226 FUNDAMENTOS DA USINAGEM DOS METAIS

Quando $R_1 = R_2$, como geralmente acontece,

$$\Delta V_d = \frac{1}{4} . V . k . \epsilon_1. \tag{6.9}$$

Para o caso de dois extensômetros ativos, R_1 e R_2, tem-se, através da equação (6.8), a função $V_d = f(R_1, R_2)$. Diferenciando-se e simplificando-se resulta

$$\Delta V_d = \frac{1}{4} . V . k . (\epsilon_1 - \epsilon_2), \tag{6.10}$$

onde ϵ_1 e ϵ_2 são as deformações respectivas dos extensômetros R_1 e R_2. No caso de ϵ_1 ser igual a ϵ_2 tem-se $\Delta V_d = 0$. No caso de $\epsilon_1 = -\epsilon_2 = \epsilon$, resulta

$$\Delta V_d = \frac{1}{2} . V . k . \epsilon. \tag{6.11}$$

Comparando-se a equação (6.9) com a (6.11) verifica-se que o valor da leitura ΔV_d dobrou com o número de extensômetros na ponte.

Para o caso de 4 extensômetros ativos (*ponte dupla* ou *completa*), tem-se

$$\Delta V_d = \frac{1}{4} . V . k . (\epsilon_1 - \epsilon_2 + \epsilon_3 - \epsilon_4).$$

Para que haja a soma de sinais é necessário que $\epsilon_1 = \epsilon_3 = -\epsilon_2 = -\epsilon_4 = \epsilon$, tendo-se

$$V_d = V . k . \epsilon. \tag{6.12}$$

Do exposto conclui-se o seguinte:

1) A leitura ΔV_d da ponte depende diretamente da tensão V aplicada na ponte.

2) As diferenças de potencial ΔV_d, resultantes de deformações de mesmo sinal, somam-se quando em extensômetros opostos (R_1 e R_3) no circuito da ponte; subtraem-se quando em extensômetros adjacentes (R_1 e R_2).

3) As diferenças de potencial ΔV_d, resultantes de deformações de sinais contrários, somam-se quando em extensômetros adjacentes e subtraem-se quando em extensômetros opostos no circuito da ponte.

4) A leitura ΔV_d do galvanômetro da ponte pode ser expressa pela fórmula

$$\Delta V_d = \frac{n}{4} . V . k . \epsilon \tag{6.13}$$

onde n é o número de ramos ativos do circuito em ponte, construído com extensômetros dispostos de maneira que os sinais resultantes no galvanômetro se somam.

MEDIDA DA FÔRÇA DE USINAGEM

Baseando-se nestas propriedades, pode-se estudar a disposição dos extensômetros no circuito da ponte, de maneira que o efeito de variação de temperatura (ou de uma deformação que não se deseja que intervenha no ensaio) seja compensado. O quadro da tabela VI.2 apresenta alguns casos típicos de medida de deformações. Conhecendo-se as deformações, pode-se, com auxílio do estudo da teoria da elasticidade, determinar as tensões na peça.

As figuras 6.22 e 6.25 apresentam duas aplicações dos extensômetros em dinamômetros para a medida da fôrça de usinagem.

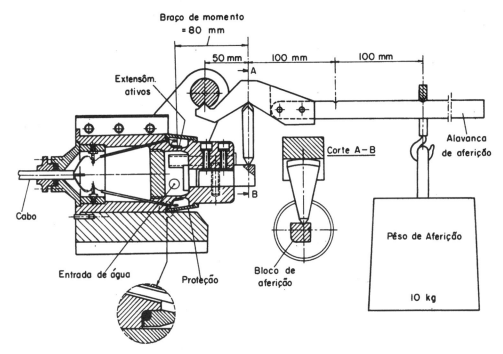

FIG. 6.22 — Dinamômetro de TEN HORN e SCHÜRMANN [19] com a balança de aferição (1957).

Dinamômetro de Ten Horn e Schürman [19]

Consta essencialmente de um tubo que se deforma sob aplicação da fôrça de usinagem (figuras 6.22 e 6.23). Nesse tubo estão colados diametralmente opostos os extensômetros R_1 e R_2 (figura 6.23), que permitem a medida da fôrça principal de corte P_c, e os extensômetros R_1' e R_2', que permitem a determinação da fôrça de avanço P_a ou de penetração P_n, conforme a posição relativa do dinamômetro em relação à peça (figura 6.24). Para manter a temperatura dos extensômetros aproximadamente constante durante o trabalho, o tubo é refrigerado com água.

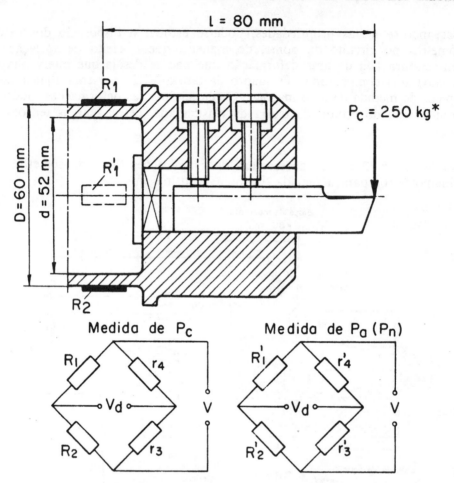

FIG 6.23 — Dinamômetro de TEN HORN & SCHÜRMANN [19]. Esquema de ligação dos extensômetros.

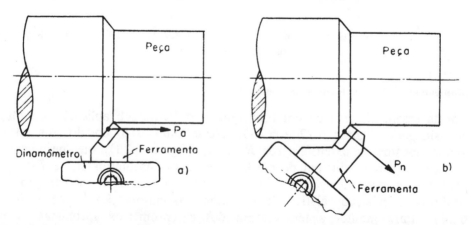

FIG. 6.24 — Posição do dinamômetro para medida das fôrças: a) P_c e P_a; b) P_c e P_n.

TABELA VI.2
Exemplos de aplicação de extensômetros

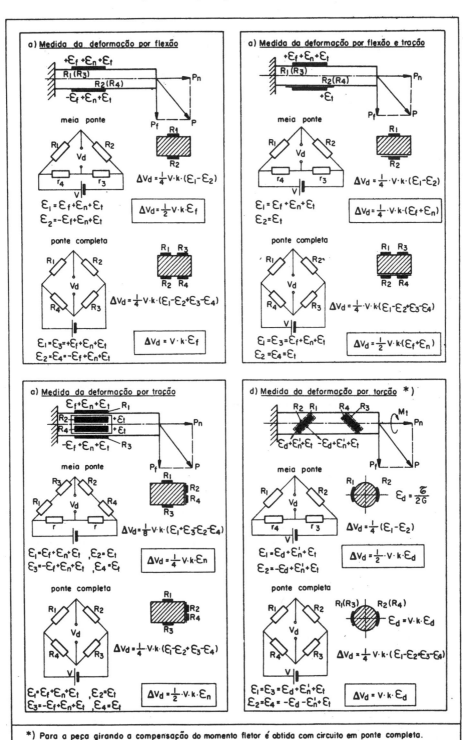

*) Para a peça girando a compensação do momento fletor é obtida com circuito em ponte completa.

230 FUNDAMENTOS DA USINAGEM DOS METAIS

Os extensômetros R_1 e R_2 estão ligados em meia ponte de WHEATSTONE; r_3 e r_4 representam as resistências passivas da ponte amplificadora para a medida da fôrça P_c. O mesmo acontece com os extensômetros R_1' e R_2' e as resistências r_3' e r_4', da ponte amplificadora para a medida de P_a.

Sob ação da fôrça P_c se deformam pràticamente só os extensômetros R_1 e R_2, pois os extensômetros R_1' e R_2' estão colocados na linha neutra do tubo em relação ao momento fletor causado por P_c. Verifica-se experimentalmente um êrro de 1 a 1,5% do valor de P_c sôbre a leitura de P_a. Êsse êrro é também devido a uma possível ovalização do tubo sob a aplicação da carga.

O dinamômetro está projetado para uma carga $P_c = 250\text{kg}^*$. Desprezando o efeito de ovalização do tubo e o pêso próprio da parte anterior do dinamômetro, a tensão do tubo na região onde estão colocados os extensômetros R_1 e R_2 é

$$\sigma = \frac{P_c \cdot l}{W_e} = \frac{250 \cdot 80}{7400} = 27,0\text{kg}^*/\text{mm}^2,$$

onde

$$W_e = \frac{\pi}{32} \cdot \frac{D^4 - d^4}{D} = \frac{\pi}{32} \cdot \frac{60^4 - 52^4}{60} = 7400\text{mm}^3.$$

Para o dinamômetro trabalhar numa faixa perfeitamente linear, até o valor desta tensão, empregou-se na construção do tubo aço cromo-níquel temperado e revenido, com um limite de elasticidade 80kg/mm^2.
A deformação máxima do extensômetro em μ strain é

$$\epsilon = \frac{\sigma}{E} = \frac{27,0 \cdot 10^6}{21000} = 1285 \ \mu \text{ strain.}$$

Com êste valor chega-se a uma sensibilidade total do instrumento muito grande, pois as pontes amplificadoras permitem medir deformações bem pequenas. Citemos por exemplo a ponte *KWS-II 5* da firma *Hottinger,* que permite medir deformações até $60 \ \mu$ strain, para a deflexão máxima do ponteiro e para o emprêgo de dois extensômetros ativos (circuito em ponte simples, alimentação com 5 volts).

A freqüência natural medida neste dinamômetro foi $f_n = 2600$ c.p.s. Pode-se porém aumentar esta freqüência, diminuindo-se a massa da parte anterior do dinamômetro e aumentando-se a constante de mola k. O aumento de k obtém-se com o aumento do diâmetro ou da espessura do tubo. Para não diminuir a sensibilidade do aparelho (devido ao abaixamento da tensão σ), pode-se usar o circuito com ponte de WHEATSTONE dupla (tabela VI.2 *a*), cuja tensão ΔV_d é o dôbro da ponte simples (vide fórmulas 6.9 e 6.11). Outra solução seria empregar extensômetros maiores, de 600Ω

— tensão de alimentação da ponte $V = 10$ volts —, porém êstes extensômetros exigem um comprimento l' do tubo maior.

A figura 6.22 mostra a balança para a aferição estática da fôrça de corte P_c. Girando-se o dinamômetro de 90º ao redor de seu eixo, pode-se aferir a fôrça P_a ou P_n.

Dinamômetro de O. Kienzle [20]

Neste dinamômetro (figura 6.25) a fôrça de corte P_c é obtida através do momento de torção transmitido pela peça de ensaio. Consta essencialmente de uma placa com um disco móvel D, o qual permite aplicar a uma barra B a fôrça proveniente do momento de torção da peça. Sob ação desta fôrça a barra B se flete, medindo-se a deformação através de dois extensômetros E colocados na mesma. Os extensômetros estão ligados em circuito de meia ponte WHEATSTONE e, através das escôvas captadoras C, o circuito é completado numa ponte amplificadora. O sistema é prèviamente aferido de maneira que cada leitura da ponte corresponda a um momento de torção na peça de ensaio. Conhecendo-se o diâmetro da peça, tem-se a fôrça de corte P_c.

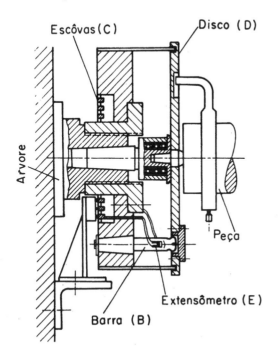

Fig. 6.25 — Dinamômetro de O. KIENZLE (1952) para medida da fôrça principal de corte P_c.

Êste dinamômetro apresenta a vantagem de permitir o emprêgo de ferramentas reais de trabalho (fixadas diretamente no suporte do tôrno), com ângulos variáveis à vontade. Porém a inércia do sistema peça-dinamômetro é relativamente grande, contribuindo para o abaixamento da freqüência natural. Não permite, como também o dinamômetro anterior, a medida dinâmica da fôrça de corte, e sim a determinação de um valor médio.

6.3.7 — Princípio da piezoeletricidade

Denomina-se *piezoeletricidade* a propriedade que possuem certos cristais de se *polarizarem elètricamente,* quando submetidos a esforços mecânicos, e inversamente, de se deformarem elàsticamente quando submetidos a uma *polarização elétrica*. Esta polarização consiste na libertação no cristal de cargas elétricas iguais e contrárias; a sua soma algébrica é nula. Os cristais mais sensíveis a esta propriedade são o *quartzo* e a *turmalina;* há também certos sais com propriedades análogas, como o *sal de Rochele* $NaKC_4H_4O_6 . 4H_2O$, o *tartarato de potássio* $K_2C_4H_4O_6$, o *titanato de bário* $BaTiO_3$ (êste último empregado pela *Philips* para a construção de *pick-ups* de rugosímetros), etc. [11 e 21].

Para o cristal de quartzo (figura 6.26), verifica-se a piezoeletricidade em duas direções de aplicação da fôrça: a direção segundo o eixo x_1 (dito eixo elétrico) e a direção segundo o eixo y_1 (dito eixo mecânico). O cristal é cortado em lâminas perpendiculares a estas direções. Para uma fôrça F aplicada em direção do eixo x_1, a carga elétrica liberada vale

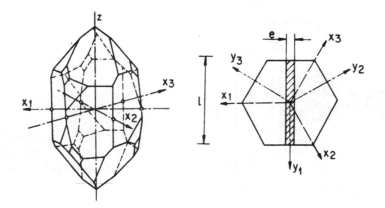

FIG. 6.26 — Cristal de quartzo.

$$q_1 = k . F. \tag{6.14}$$

Para uma fôrça F aplicada em direção do eixo y_1 tem-se

$$q_2 = k \frac{l}{e} F. \tag{6.15}$$

onde l e e são as dimensões segundo os eixos y_1 e x_1; k é a constante piezoelétrica. Para o quartzo $k = 0,02.10^{-9}$ Coul em ambos os casos acima. Esta carga elétrica gera uma diferença de potencial entre os elétrodos

$$V = \frac{q}{C}. \qquad (6.16)$$

onde C é a capacidade adquirida entre os elétrodos e o cristal. Tem-se

$$C = \epsilon \cdot \frac{l \cdot c}{e}, \qquad (6.17)$$

onde

$\epsilon = 4,5.10^{-13}$ F/cm, constante dielétrica,

e, l, c são as dimensões da lâmina, em cm.

À capacidade C deve ser somada a capacidade do circuito C_0, que geralmente é muito maior. Para aumentar-se o valor de V, colocam-se várias lâminas de cristal em paralelo, como mostra a figura 6.27.

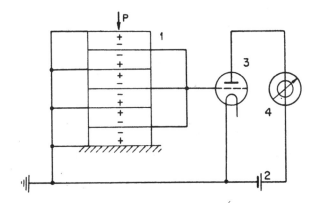

FIG. 6.27 — Princípio de ligação de uma cápsula de 3 pares de lâminas de quartzo: 1. piezo-cristal; 2. fonte de alimentação do amplificador; 3. válvula do amplificador; 4. indicador.

O valor do módulo de elasticidade do quartzo é $E = 0,8.10^6$ kg*/cm², logo, uma fôrça específica de 1kg*/cm² aplicada a uma lâmina de quartzo de 1cm de espessura origina uma deformação de $1,25.10^{-6}$cm $= 0,0125\mu$m. Portanto, um deslocamento mínimo. Esta propriedade confere aos elementos de medida com quartzo uma freqüência natural muito alta.

A figura 6.28 apresenta uma cápsula dinamométrica, constituída por um par de lâminas de cristal de quartzo, com capacidade de 4 toneladas, de fabricação da firma *Zeiss-Ikon A. G.* [11]. Uma aplicação muito simples para a medida da fôrça de corte P_c no torneamento encontra-se na construção de MAUZIN (figura 6.29). Apesar de a freqüência natural da cápsula de quartzo ser muito alta, o mesmo não acontece com o dinamômetro, devido às seguintes razões:

grande inércia da alavanca *l* de transmissão da fôrça (massa considerável),

pequena rigidez do cabo *c* da ferramenta (figura 6.29)

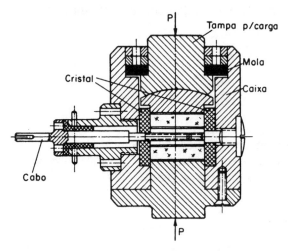

Fig. 6.28 — Cápsula dinamométrica de quartzo. Fabricação *Zeiss-Ikon A. G.*

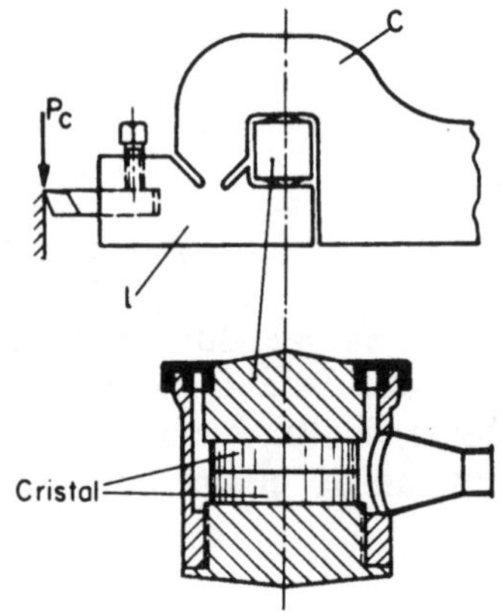

Fig. 6.29 — Dinamômetro para medida da fôrça P_c, segundo Mauzin.

6.3.8 — Princípio da magneto-extricção

A *magneto-extricção* ou *magneto-elasticidade* consiste na variação da permeabilidade de certos materiais ferromagnéticos sob ação de solicitações mecânicas. Através da variação da permeabilidade magnética pode-se determinar o valor da fôrça perturbadora. A figura 6.30 apresenta a variação da permeabilidade em porcento em função da solicitação de tração para uma liga Ni-Fe [11]. Construindo-se uma bobina ao redor de um corpo dêsse material, pode-se medir a variação de indutância. Logo, através dêste método pode-se medir a fôrça de tração, compressão ou torção aplicada a um material magneto-elástico.

A figura 6.31 apresenta um dinamômetro construído pela firma *Siemens & Halske A.G.* Consiste numa caixa cilíndrica de Permaloy, onde estão colocadas duas bobinas em forma de anel; uma das bobinas é a de medição, a segunda bobina é para imantar a caixa cilíndrica, permitindo assim maior sensibilidade ao dinamômetro. O sistema é fechado com uma rígida tampa de aço, onde é aplicada a fôrça a se medir.

6.4 — MEDIDA DINÂMICA DA FÔRÇA DE USINAGEM
6.4.1 — Considerações gerais

No parágrafo 6.2.4 viu-se que um dos requisitos que um dinamômetro deve satisfazer é a reprodução *sem distorção* da lei de variação da fôrça com

MEDIDA DA FÔRÇA DE USINAGEM 235

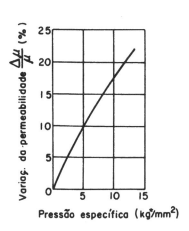
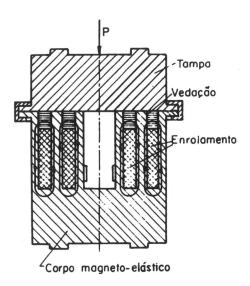

FIG. 6.30 — Variação da permeabilidade em função da carga para uma liga Ni-Fe.

FIG. 6.31 — Cápsula dinamométrica magneto-elástica. Fabricação *Siemens & Halske A. G.*

o tempo, dentro de um êrro especificado. Para os instrumentos cujo sistema de medida seja constituído com *massa, fôrça elástica* e *amortecimento,* esta exigência nem sempre é satisfeita. Tão logo se inicie a variação da fôrça a ser medida, aparecem movimentos (acelerações) dos elementos do sistema e além da fôrça a medir, da fôrça elástica da mola e da de amortecimento, entra em jôgo a *fôrça de inércia.* O sistema deve ser considerado como um *sistema mecânico oscilante.*

Seja um sistema de um grau de liberdade, representado pelo esquema 6.32 por uma massa reduzida m, uma mola k, um amortecedor de tipo viscoso C e suponhamos que o mesmo seja empregado para a medida de uma fôrça periódica $P(t)$. De acôrdo com o estudo da Dinâmica, tem-se a equação [22 a 27]:

$$m \cdot \ddot{y} + c \cdot \dot{y} + k \cdot y = P(t), \qquad (6.18)$$

onde

m = massa reduzida do sistema,

c = constante de amortecimento,

k = constante elástica da mola,

y = deslocamento da massa reduzida m,

$P(t)$ = fôrça periódica a ser medida.

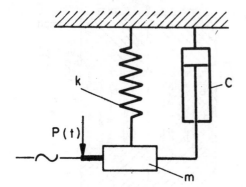

FIG. 6.32 — Sistema oscilante de um dinamômetro.

Supondo-se a função $P(t)$ do tipo senoidal*, $P(t) = P_1 . \cos \omega_1 t$ (figura 6.33 a), e tomando-se

$$\omega_n^2 = \frac{k}{m} \quad e \quad \gamma = \frac{c}{2m}, \quad (6.20)$$

resulta

$$\ddot{y} + 2 . \gamma . \dot{y} + \omega_n^2 . y = \frac{P_1}{m} . \cos \omega_1 t. \quad (6.21)$$

Define-se *grau de amortecimento* a relação

$$\beta = \frac{\gamma}{\omega_n} = \frac{c}{2\sqrt{m.k}}. \quad (6.22)$$

Como será visto em seguida, é interessante que β seja inferior a um. Neste caso, com auxílio da matemática, chega-se à solução da equação (6.21):

$$y = a_0 . e^{-\gamma t} . \cos(\omega t - \alpha) + \frac{P_1}{k} . \phi_1 . \cos(\omega_1 t - \varphi_1). \quad (6.23)$$

O segundo membro desta equação é formado pela soma de duas parcelas: a primeira representando um fenômeno transitório, correspondente a uma *oscilação amortecida exponencialmente* (figura 6.33 b) e a segunda parcela representando um fenômeno permanente, correspondente a uma *oscilação forçada* (figura 6.33 c). Naturalmente o valor do deslocamento medido y vai depender dos têrmos constantes destas parcelas (figura 6.33 d).

---

* Caso $P(t)$ não seja senoidal, pode-se, pelo teorema de *Fourier*, decompô-la numa série de oscilações harmônicas e aplicar o estudo aqui apresentado a cada harmônica separadamente. Tem-se, segundo *Fourier* [22 e 26]

$$F(t) = F(t+T) = A_0 + \sum_{i=1}^{i=\infty} a_i . \cos(i\omega t + \alpha_i)$$

Para $n = 1$ tem-se a primeira harmônica (ou harmônica fundamental) de período T igual ao da função $F(t)$. A harmônica de ordem n tem uma freqüência n vêzes a freqüência da oscilação fundamental (ou seja, período T/n).

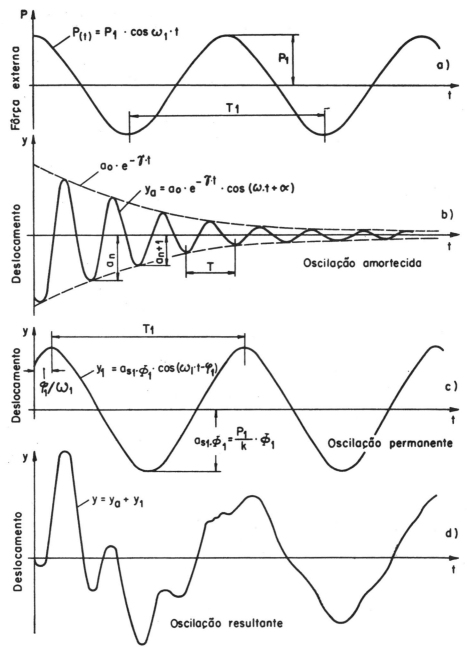

FIG. 6.33 — Movimento oscilatório.

Dois fatôres são importantes para caracterizar a oscilação amortecida: o *pseudoperíodo* e o *decremento logarítmico*. O pseudoperíodo ou período da oscilação amortecida é dado pela relação

238 FUNDAMENTOS DA USINAGEM DOS METAIS

$$T = \frac{1}{f} = \frac{2\pi}{\omega}. \tag{6.24}$$

O período da oscilação livre do sistema, sem amortecimento, vale

$$T_n = \frac{1}{f_n} = \frac{2\pi}{\omega_n}. \tag{6.25}$$

Matemàticamente deduz-se a relação

$$T_n = T \cdot \sqrt{1 - \beta^2}. \tag{6.26}$$

Define-se *decremento logarítmico* a expressão

$$d = \ln \frac{a_n}{a_{n+1}}, \tag{6.27}$$

onde a_n e a_{n+1} são duas amplitudes sucessivas, distanciadas de um período. Neste caso tem-se (figura 6.33 b):

$$d = \ln \frac{a_0}{a_1} = \frac{a_0 \cdot e^{-\gamma t}}{a_0 \cdot e^{-\gamma(t+T)}} = \gamma \cdot T. \tag{6.28}$$

Medindo-se o deslocamento y por meios elétricos, pode-se fàcilmente determinar as grandezas T e d através de um oscilógrafo. Faz-se o sistema oscilar através de uma percursão ou uma retirada brusca de uma carga, prèviamente aplicada ao sistema (figura 6.53). Conhecendo-se T e d, calcula-se o grau de amortecimento β e a freqüência natural f_n.

$$f_n = \frac{\sqrt{4 \cdot \pi^2 + d^2}}{2 \cdot \pi \cdot T}; \qquad \beta^2 = \frac{d^2}{4 \cdot \pi^2 + d^2}. \tag{6.29}$$

A oscilação transitória* pode durar poucos instantes, permanecendo porém o *fenômeno permanente* (figura 6.33 c), cuja equação característica é

$$y_1 = \frac{P_1}{k} \cdot \phi_1 \cdot \cos(\omega_1 t - \varphi_1). \tag{6.30}$$

Esta equação é caracterizada pelas seguintes grandezas:

$$\text{\textit{deformação estática }} a_{s1} = \frac{P_1}{k}, \tag{6.31}$$

fator de amplificação ϕ_1,
diferença de fase φ_1.

---

* Para o estudo do fenômeno transitório, vide § 6.53.

A *deformação estática* a_{s1} é a deformação sofrida pela mola sob ação da fôrça externa máxima P_1.

O *fator de amplificação* representa o fator que deve ser multiplicado à deformação estática, para obter-se a amplitude da oscilação forçada (figura 6.33 c).
Resolvendo-se a equação (6.21), verifica-se que:

$$\phi_1 = \frac{1}{\sqrt{(2 \cdot \beta \cdot r_1)^2 + (1 - r_1^2)^2}} \qquad (6.32)$$

onde $r_1 = \dfrac{\omega_1}{\omega_n} = \dfrac{f_1}{f_n}$.

A figura 6.34 apresenta os valôres de ϕ_1 em função da relação ω_1/ω_n, para diferentes graus de amortecimento β. Tem-se uma família de curvas que iniciam com o valor $\phi_1 = 1$ para $r_1 = 0$ e atingem o valor máximo para

$$r_1 = \frac{\omega_1}{\omega_n} = \sqrt{1 - 2 \cdot \beta^2}, \qquad (6.33)$$

isto é, para r_1 ligeiramente menor que 1 (um pouco abaixo da *ressonância*).
A *diferença de fase* φ_1 representa o deslocamento angular entre a oscilação forçada (equação 6.30) e a oscilação da fôrça externa $P(t)$ (figura 6.33 c).
Deduz-se analìticamente a expressão:

$$\operatorname{tg} \varphi_1 = \frac{2 \cdot \beta \cdot r_1}{1 - r_1^2}. \qquad (6.34)$$

A figura 6.35 apresenta os valôres de φ_1 em função de r_1 e do grau de amortecimento β.

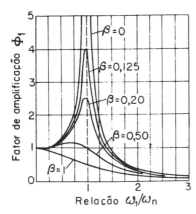

Fig. 6.34 — Fator de amplificação em função da relação ω_1/ω_n para diferentes graus de amortecimento β.

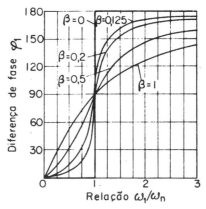

Fig. 6.35 — Diferença de fase φ_1 em função da relação ω_1/ω_n, para diferentes graus de amortecimento.

240 FUNDAMENTOS DA USINAGEM DOS METAIS

6.4.2 — Escolha da freqüência natural f_n e do grau de amortecimento β*

Quando a função periódica $P(t)$ é constituída de várias harmônicas, as equações acima valem sòmente para cada harmônica, ou seja para cada valor da relação $r_i = \omega_i/\omega_n$, onde ω_i é a freqüência angular da harmônica de ordem i. A vibração permanente para uma dada harmônica de ordem i é, de acôrdo com a equação (6.23),

$$y_i = \frac{P_i}{k} \; \Phi_i . \cos (\omega_i . t - \varphi_i). \qquad (6.35)$$

A função resultante será

$$y = a_0 . e^{-\gamma t} \cos (\omega t - \alpha) + \frac{P_0}{k} + \sum_{i=1}^{\infty} \frac{P_i}{k} . \phi_i \cos (\omega_i t - \varphi_i) \qquad (6.36)$$

Diz-se que a reprodução y da função $P(t)$ não apresenta *distorção* (para um êrro prèviamente especificado) quando tôdas as harmônicas da função $P(t)$ são reproduzidas na mesma escala e apresentam o mesmo deslocamento em relação ao eixo dos tempos (dentro do êrro especificado). Esta definição abrange dois tipos de distorção: *distorção em amplitude* e *distorção em fase.*

Com relação à *distorção em amplitude,* a exigência acima é satisfeita quando o fator de amplificação ϕ_i fôr o mesmo (dentro do êrro especificado) para tôdas as harmônicas que se deseja reproduzir. Pela figura 6.34 verifica-se que esta condição é obtida sòmente para ϕ_i próximo de 1**, ou seja, para as harmônicas cuja relação r_i seja pequena e quando o grau de amorteci-mento β é ligeiramente menor que um. O valor de r_i pequeno importa na construção de dinamômetros com freqüências naturais bem altas, que nem sempre é possível.

Pelo cálculo conclui-se que o valor de β, para que a função ϕ_i (r, β) permaneça, na sua representação gráfica, o máximo possível horizontal (a partir de zero), é $\beta = \sqrt{2}/2 = 0,707$. Porém, desde que há sempre um certo êrro de medida ϵ, e tomando-se

$$| \phi_i - 1 | \leqslant \epsilon, \qquad (6,37)$$

pode-se chegar a uma curva de amortecimento mais apropriada, como mostra a figura 6.36, permitindo trabalhar com uma relação r_i maior (e portanto uma freqüência natural do dinamômetro menor). Neste caso tem-se, segundo K. KLOTER [23]

---

* Quando o sistema tem vários graus de liberdade, subentende-se aqui a freqüência natural f_n mais baixa.
** Para que o dinamômetro seja suficientemente rígido (§ 6.2.3), é necessário que sua freqüência natural seja alta, isto é $f_n > f_1$; logo deve-se raciocinar sòmente na parte à esquerda dos diagramas 6.34 e 6.35.

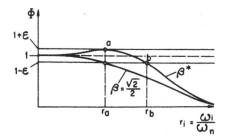 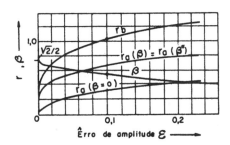

FIG. 6.36 — Fator de amplificação para os amortecimentos $\beta = \sqrt{2}/2$ e $\beta^* = \tfrac{1}{2}\sqrt{2}\,.(1 - \tfrac{1}{2}\sqrt{\epsilon})$.

FIG. 6.37 — Valor do grau de amortecimento β^* em função do êrro ϵ de amplitude.

$$\beta^* = \frac{1}{2}\sqrt{2}\,.\,(1 - \frac{1}{2}\sqrt{\epsilon}), \qquad (6.38)$$

$$r_a = \sqrt[4]{2}\,.\,\epsilon, \qquad r_b = 1{,}554\,.\,r_a.$$

A figura 6.37 apresenta o valor destas grandezas em função do êrro ϵ.

Com relação à *distorção em fase,* suponhamos por exemplo que a reprodução da função $P(t)$ seja através da leitura y num osciloscópio ou oscilógrafo*. Neste caso, a exigência quanto à exatidão de reprodução consiste no mesmo deslocamento (em relação ao eixo dos tempos) das funções y_i, isto é, o mesmo *retardamento* ou *adiantamento* na reprodução das harmônicas de $P(t)$. Isto naturalmente não significa que tôdas as harmônicas y_i tenham a mesma diferença de fase φ. Um deslocamento de tôdas as harmônicas y_i de igual t_o consiste numa diferença de fase para a primeira harmônica $\varphi_1 = \omega_1\,.\,t_o$, para a segunda harmônica $\varphi_2 = 2\,\omega_1\,.\,t_o = \omega_2 t_o$, para a terceira $\varphi_3 = 3\,\omega_1\,.\,t_o = \omega_3\,.\,t_o$, etc.**.

A defasagem de tempo correspondente a uma diferença de fase φ_i na reprodução de cada harmônica de ordem i vale, de acôrdo com a equação (6.34):

$$t_i = \frac{\varphi_i}{\omega_i} = \frac{1}{\omega_i}\,.\,\mathrm{arctg}\,\frac{2\,.\,\beta\,.\,r_i}{1 - r_i^2}. \qquad (6.39)$$

Chamando-se *defasagem relativa de tempo* a expressão

$$\tau_i = \frac{t_i}{T_n} = \frac{t_i\,.\,\omega_n}{2\,\pi}, \qquad (6.40)$$

tem-se

---

* O eixo dos tempos no oscilógrafo é obtido através do deslocamento do papel de registro, com velocidade constante; no osciloscópio o eixo dos tempos pode ser obtido através da onda em dente de serra, gerada nesse instrumento.
** Vide nota de rodapé à página 236.

$$\tau_i = \frac{1}{2\pi \cdot r_i} \cdot \text{arctg} \frac{2 \cdot \beta \cdot r_i}{1 - r_i^2}. \qquad (6.41)$$

A figura 6.38 apresenta os valôres da grandeza τ_i em função da relação de freqüências r_i, para diferentes graus de amortecimento β [23]. Para que a defasagem de tempo t_i seja igual em tôdas as harmônicas y_i, teríamos que ter igual valor τ_i para cada relação r_i. O valor do grau de amortecimento β, para o qual a função τ_i permanece no gráfico 6.38 quase horizontal, é $\beta = 0,77$.

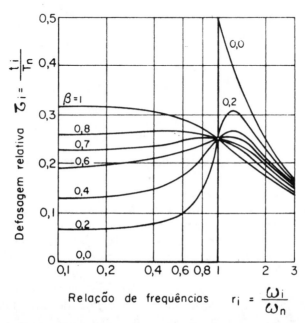

FIG. 6.38 — Valor da defasagem relativa de tempo τ_i em função de β e r_i [23].

Conclui-se assim que as duas exigências, *menor distorção em amplitude* e *menor distorção em fase,* conduzem a valôres diferentes do grau de amortecimento ótimo. Desta forma o projeto do dinamômetro deve ser estudado de acôrdo com a função $P(t)$ que se queira reproduzir, isto é, de acôrdo com as harmônicas que se queira registrar com o menor êrro possível. Quanto à freqüência natural f_n do dinamômetro, não há dúvida que esta deverá ser a maior possível. Um valor médio do grau de amortecimento, que geralmente satisfaz o maior número de casos, é $\beta = \sqrt{2}/2$. O êrro de defasagem relativa de tempo é dado pela relação

$$\Delta \tau_i = \tau_i - \tau_0, \qquad (6.42)$$

onde τ_0 é a defasagem relativa de tempo para $r_1 = 0$ e $\beta = \sqrt{2}/2$. Os valôres de $\Delta \tau_i$ encontram-se na figura 6.39, em função do êrro ϵ cometido na amplificação. As figuras 6.40 e 6.41 apresentam respectivamente os êrros de amplitude e de diferença de fase, em função da relação de freqüência r_1 da harmônica fundamental da fôrça pulsante, para cada harmônica de ordem i, segundo W. HÄRTEL [27].

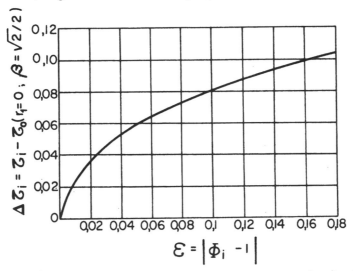

FIG. 6.39 — Êrro de defasagem relativa de tempo $\Delta\tau_i$ em função do êrro cometido na amplificação, para $\beta = \sqrt{2}/2$ [23].

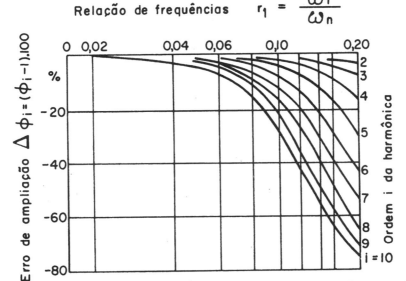

FIG. 6.40 — Êrro de amplitude ϵ em função da relação de freqüências ω_1/ω_n, para cada harmônica de ordem i da fôrça pulsante [27].

6.4.3 — Medida da fôrça de corte P_c na operação de torneamento

Verifica-se experimentalmente nos dinamômetros baseados na medida de deformação (ou deslocamento) de molas que o valor médio da fôrça de

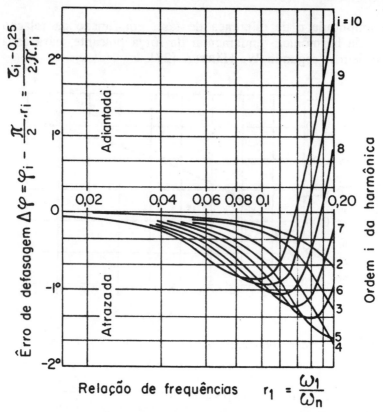

FIG. 6.41 — Êrro da diferença de fase $\Delta\varphi$ em função da relação de freqüências ω_1/ω_n, para cada harmônica fundamental da fôrça pulsante [27].

corte P_c é maior quando a freqüência natural do dinamômetro fôr inferior a aproximadamente 6.000 c.p.s (dependendo naturalmente do grau de amortecimento)*. Esta ocorrência se dá principalmente no trabalho com avanços e profundidades de corte relativamente grandes (figuras 5.24 e 5.25).

Quando a freqüência de formação do cavaco (freqüência $f_c = f_1$ da fôrça pulsante $P(t)$) fôr próxima da freqüência natural mais baixa f_n do dinamômetro, verifica-se, através da figura 6.34, que para um grau de amortecimento β pequeno, o fator de amplificação ϕ é alto. Logo, o deslocamento medido no dinamômetro, e portanto o resultado, variará com uma amplitude maior que a da realidade. A amplitude de oscilação do dinamômetro sendo grande, também será grande a amplitude de sua velocidade. Esta velocidade de deslocamento da ferramenta $\dot{y}$ num certo instante terá o mesmo sentido da velocidade de corte v, noutro instante terá sentido contrário. Logo, a amplitude de oscilação do dinamômetro sendo grande, a variação do valor relativo das duas velocidades também o será (ocorrendo com uma freqüência f_c).

---

* Êste valor da freqüência natural f_n é para o dinamômetro oscilando livremente em vazio. Os valôres de f_n e β para o dinamômetro em operação são diferentes. Vide § 6.5.3.

Atribui-se o aumento do valor de P_c com o abaixamento da freqüência natural f_n do dinamômetro a um provável aumento dos atritos entre a peça usinada e a ferramenta, entre o cavaco e a ferramenta e ao aumento do atrito interno no plano de cisalhamento [4]. A figura 6.42 apresenta a variação do coeficiente de atrito μ entre o cavaco e a ferramenta, em função da velocidade de corte, segundo MERCHANT e ZLATIN. No mesmo diagrama vê-se que μ diminui com a velocidade de corte, principalmente para valôres pequenos de v (a variação de μ com v não é linear). Quando a velocidade de corte v e a velocidade de oscilação $\dot{y}$ da ferramenta têm sentidos opostos, isto é, quando a velocidade relativa $|v - \dot{y}|$ fôr grande, o coeficiente de atrito μ será pequeno. Quando a diferença $|v - \dot{y}|$ fôr pequena, o valor de μ será grande. Devido a não-linearidade da função $\mu = f(v)$, o aumento do atrito neste segundo caso é muito maior que a diminuição de μ quando $|v - \dot{y}|$ fôr grande. Isto acarreta um aumento do valor médio da fôrça de usinagem P_c, o qual será tanto maior quanto maior fôr a amplitude de oscilação da ferramenta.

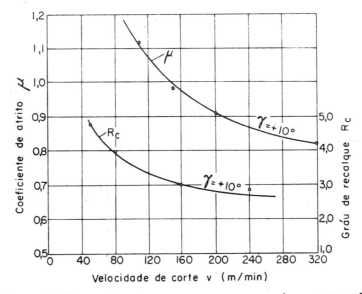

FIG. 6.42 — Coeficiente de atrito μ entre o cavaco e a ferramenta, calculado através da decomposição da fôrça de usinagem no plano de medida da ferramenta, segundo MERCHANT e ZLATIN.

A figura 6.43 apresenta a medida da fôrça de usinagem com quatro dinamômetros, segundo BERTHOLD [4]. As condições de usinagem em tôdas as medidas foram: material da peça, aço C 35; ferramenta de metal duro; velocidade de corte $v = 100$ m/min; secção de corte $a \cdot p = 0,876 \cdot 2$ mm^2; $r = 0,5$ mm; $\chi = 60°$; freqüência de formação do cavaco $f_c = 1.350$ c.p.s (medida pelo dinamômetro com freqüência natural $f_n = 11.000$ c.p.s). Entre as figuras 6.43 a e b, a diferença dos dois dinamômetros encontra-se no seu grau de amortecimento β; ambos apresentam a mesma freqüência natural $f_n = 940$ c.p.s. No caso da figura 6.43 *a* vê-se que a amplitude de variação da fôrça é bem grande, acarretando uma aumento sensível do valor médio da fôrça de corte. No caso da figura 6.43 *b* conseguiu-se diminuir êstes aumentos através do dinamômetro com grau de amortecimento maior. A figura 6.43 *d* apresenta a medida com dinamômetro de freqüência natural $f_n = 11.000$ c.p.s; aqui a amplitude de variação da fôrça é bem menor, acarretando um valor médio da fôrça de corte menor.

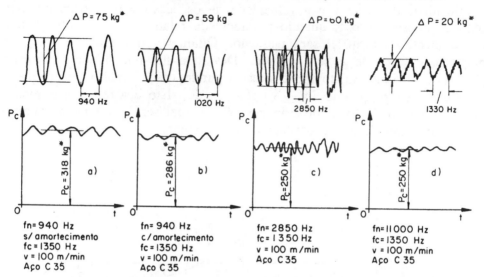

FIG. 6.43 — Medida da fôrça de corte com quatro dinamômetros diferentes, para um mesmo material e em iguais condições de usinagem, segundo BERTHOLD [4].

Para o dinamômetro n.º 3 (figura 43 *c*) a amplitude ΔP de variação da fôrça de usinagem é 60kg*, enquanto que para o dinamômetro n.º 4 (figura 43 *d*) tem-se $\Delta P = 20{,}3$kg*. O valor médio da fôrça de corte P_c obtido com ambos dinamômetros foi o mesmo, $P_c = 250$kg*, porém para outras condições de usinagem verifica-se que esta igualdade da leitura P_c nem sempre se obtém. Sòmente para dinamômetros com freqüências naturais iguais ou superiores a 6.000 c.p.s verifica-se uma coincidência perfeita (a menos dos erros de ensaio) entre os valôres obtidos da fôrça de corte média P_c, da amplitude ΔP e da freqüência de variação da fôrça de corte f_c. Verifica-se ainda que quando a freqüência natural f_n do dinamômetro é próxima da freqüência de formação do cavaco f_c (figuras 43 *a*, *b* e *c*), o dinamômetro oscila com sua freqüência própria f_n, não permitindo medir a freqüência f_c.

6.5 — DINAMÔMETROS EMPREGADOS NA MEDIDA DINÂMICA DA FÔRÇA DE TORNEAMENTO

Para a medida estática e dinâmica da fôrça de torneamento foram executados dois dinamômetros: a construção do autor, para duas ou três componentes da fôrça de usinagem e a construção de BERTHOLD para uma componente da fôrça de usinagem.

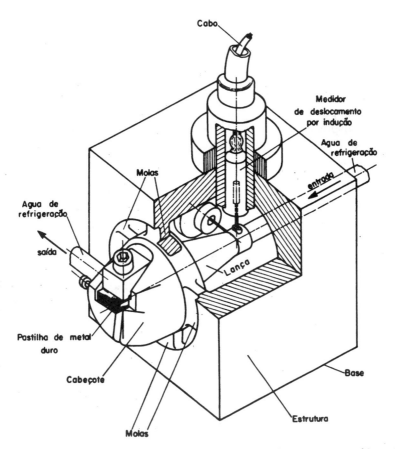

FIG. 6.44 — Vista em perspectiva e fotografia do dinamômetro construído pelo autor para a medida dinâmica da fôrça de usinagem.

248   FUNDAMENTOS DA USINAGEM DOS METAIS

6.5.1 — Dinamômetro modêlo Ferraresi [8, 9 e 28]*

Êste dinamômetro foi construído em 1959, com o fim especial de comprovar que o mecanismo de formação do cavaco, nas condições normais de usinagem, é um fenômeno periódico (ver § 4.1). A primeira construção permite a medida das componentes P_c e P_n da fôrça de usinagem; o atual modêlo permite a determinação das três componentes**. As principais características encontram-se na tabela VI.3.

TABELA VI.3

Principais características do dinamômetro Ferraresi, modêlo I

Capacidade	400kg*
Fôrças medidas	P_c e P_n ou P_c e P_a
Sensibilidade Z/P	$0,025\mu m/kg$*
Deslocamento relativo $d_o = Z'/Z$	0,915
Sensibilidade para máxima amplificação da ponte $S =$	
$= L/P$	2,3mm/kg*
Freqüência natural mais baixa f_n	7.000 c.p.s
Grau de amortecimento β	0,036 a 0,13
Vazão de água de refrigeração	20 litros/min

Consiste em princípio (figuras 6.44 e 6.45) numa alavanca cujo centro está suspenso por meio de quatro elementos elásticos, trabalhando a flexão e torção, e dispostos em cruz. Uma das metades da alavanca — o *cabeçote* — forma o dispositivo que prende a pastilha cortante (de metal duro), enquanto que a outra metade — *a lança* — suporta os núcleos móveis dos medidores de deslocamento por indução (ver § 6.3.4). Êstes receptores indutivos estão localizados fora da zona influenciada pelo calor de usinagem. Para evitar dilatações térmicas da lança, usou-se refrigeração a água. A água entra pela parte traseira, por intermédio de uma mangueira elástica, diretamente na lança, e sai através do cabeçote.

Uma das vantagens que esta construção apresenta em relação ao modêlo-estudo citado no § 6.3.4 é quanto à sensibilidade. Enquanto o *deslocamento relativo* no modêlo de estudo era $d_r = Z'/Z = 0,45$, nesta construção tem-se

$$d_r = \frac{Z'}{Z} = \frac{9,6}{10,5} = 0,915.$$

Para uma fôrça $P_c = 400kg$* o deslocamento total da pastilha cortante foi de $10,5\mu m$, enquanto que o deslocamento do núcleo de medição importou

---

* Os originais do trabalho se encontram no *Instituto de Máquinas Operatrizes de Munique* (Alemanha), na *Escola de Engenharia de São Carlos da U.S.P.* e na *Escola Politécnica da U.S.P.*

** O primeiro modêlo foi construído no *Instituto de Máquinas Operatrizes de Munique* e no *Departamento de Engenharia Mecânica da Universidade de Birmingan.* A segunda construção, para a medida de três componentes da fôrça de usinagem, foi realizada no *Laboratório de Máquinas Operatrizes de São Carlos.*

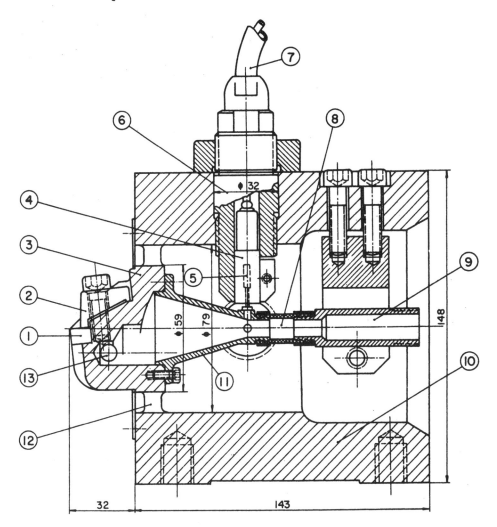

FIG. 6.45 — Corte longitudinal do dinamômetro: 1. pastilha cortante; 2. fixação da pastilha; 3. cabeçote; 4. receptor indutivo Wl (HOTTINGER); 5. núcleo móvel; 6. suporte ajustável do receptor indutivo; 7. cubo de ligação; 8. mangueira de admissão de água de refrigeração; 9. suporte ajustável da mangueira; 10. base; 11. lança suporte dos núcleos moveis; 12. mola; 13. saída de água de refrigeração.

em 9,6 μm (figura 6.46). Um aumento de deslocamento de medida por meio do aumento correspondente do comprimento da lança não foi necessário, e reduziria a freqüência natural do dinamômetro.

Dada a localização apropriada dos receptores indutivos e a refrigeração eficiente, conseguiu-se uma completa insensibilidade da medida com relação à variação de temperatura. Além disso, a variação do comprimento da mangueira de refrigeração possibilita a variação do amortecimento do sistema oscilante. A mangueira está prêsa numa das extremidades à lança, e

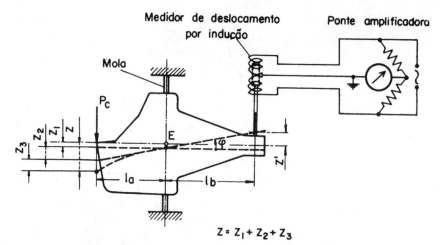

FIG. 6.46 — Deslocamento da pastilha cortante e do núcleo de medição devido a aplicação da carga P_c. Para $P_c = 400$kg*, determinou-se os seguintes valôres $Z_1 = 0{,}19\mu$m; $Z_2 = 8{,}9\mu$m; $Z_3 = 1{,}3\mu$m; $Z' = 9{,}8\mu$m.

a outra extremidade, a um suporte deslocável em relação à estrutura do dinamômetro (figura 6.45).

A disposição das molas em cruz e as suas dimensões apropriadas permitem a medida independente das componentes P_c e P_n (ou P_a) da fôrça de usinagem, de maneira que uma fôrça não interfere sôbre a outra*.

6.5.1.1 — Cálculo da freqüência natural mais baixa para o dinamômetro oscilando livremente

O sistema oscilante dêste aparelho pode ser considerado, em primeira aproximação, como uma barra articulada no ponto E e com o seu centro de gravidade no ponto G (figura 6.47). A rotação em tôrno do ponto E é realizada vencendo o conjugado resistente dado pela mola de constante elástica K. Além disso, a alavanca pode deslocar-se paralelamente, vencendo a fôrça elástica dada pela mola de constante k. Da condição de equilíbrio para fôrças e momentos, resultam as equações, para pequenos deslocamentos:

$$m \cdot \ddot{y} + k \cdot (y - l \cdot \varphi) = 0 \qquad (6.43)$$

e

$$J \cdot \ddot{\varphi} + K \cdot \varphi - k \cdot (y - l \cdot \varphi) \cdot l = 0, \qquad (6.44)$$

onde

$m = $ massa do sistema oscilante
$J = $ momento de inércia dessa massa, referido ao centro de gravidade G
$l = $ distância entre o centro de gravidade G e o ponto E

---

* O cálculo das molas, assim como os detalhes construtivos, encontram-se no trabalho original.

y = deslocamento do centro de gravidade G
φ = deslocamento angular do sistema oscilante.

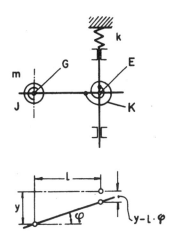

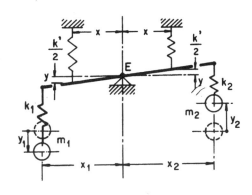

FIG. 6.47 — Esquema simplificado do sistema oscilante.

FIG. 6.48 — Esquema simplificado do sistema oscilante, levando em consideração a deformação do cabeçote e da lança.

Tomando-se
$$K^* = k \cdot l^2 + K, \tag{6.45}$$

obtém-se, através das equações (6.43) e (6.44):

$$m \cdot \ddot{y} + ky - k \cdot l \cdot \varphi = 0 \tag{6.46}$$

$$-k \cdot l \cdot y + J \cdot \ddot{\varphi} + K^* \cdot \varphi = 0. \tag{6.47}$$

Estas duas equações diferenciais podem ser resolvidas através das soluções

$$y = y_0 \cdot \text{sen } \omega t, \qquad \varphi = \varphi_0 \cdot \text{sen } \omega t, \tag{6.48}$$

que diferenciando-se duas vêzes e substituindo-se nas equações (6.46) e (6.47) obtém-se:

$$(-m \cdot \omega^2 + k) \cdot y - k \cdot l \cdot \varphi = 0 \tag{6.49}$$

$$-k \cdot l \cdot y + (-\omega^2 \cdot J + K^*) \cdot \varphi = 0. \tag{6.50}$$

Tem-se assim um sistema linear e homogêneo de duas equações, cujo o determinante formado pelos coeficientes de y e φ é nulo.

$$\begin{vmatrix} (-m \cdot \omega^2 + k) & -k \cdot l \\ -k \cdot l & (-\omega^2 \cdot J + K^*) \end{vmatrix} = 0 \tag{6.51}$$

252 FUNDAMENTOS DA USINAGEM DOS METAIS

Logo

$$(-m \cdot \omega^2 + k)(-\omega^2 \cdot J + K^*) - k^2 \cdot l^2 = 0. \qquad (6.52)$$

Desenvolvendo-se, obtém-se, com auxílio da equação (6.45):

$$\omega^4 - \left(\frac{K + k \cdot l^2}{J} + \frac{k}{m}\right) \cdot \omega^2 + \frac{k \cdot K}{m \cdot J} = 0. \qquad (6.53)$$

Os valôres calculados das constantes acima foram:

$$J = 0,00343 \text{kg}^* \cdot \text{s}^2 \cdot \text{cm}$$
$$m = 0,00073 \text{kg}^* \cdot \text{s}^2/\text{cm}$$
$$k = 21,0.10^6 \text{kg}^*/\text{cm}$$
$$K = 7,56.10^6 \text{kg}^* \cdot \text{cm/rad}$$
$$l = 0,86 \text{cm}.$$

Com êstes valôres obtém-se a equação biquadrada

$$\omega^4 - 3,55.10^{10} \cdot \omega^2 + 6,35.10^{19} = 0, \qquad (6.54)$$

cujas raízes são:

$$\omega_1{}^2 = 19.10^8 \qquad \text{s}^{-2}$$
$$\omega_2{}^2 = 336.10^8 \qquad \text{s}^{-2}.$$

As freqüências naturais correspondentes a êstes valôres são:

$$f_{n1} = \frac{\omega_1}{2\pi} = 6.950 \text{ c.p.s} \qquad (6.55)$$

$$f_{n2} = \frac{\omega_2}{2\pi} = 29.200 \text{ c.p.s.} \qquad (6.56)$$

Para verificar o efeito do comprimento da lança l_b (figura 6.46) sôbre a freqüência natural do aparelho, foram repetidos os cálculos acima para mais dois comprimentos diferentes da lança e para constantes de mola diferentes, de maneira que o deslocamento de medida Z' fôsse o mesmo em todos os casos.

Os resultados encontram-se na tabela VI.4. Neste quadro conclui-se que o dinamômetro com lança de comprimento $l_b = 4,58$cm apresenta maior freqüência natural f_{n1}. Por esta razão foi escolhido êste comprimento de lança; os cálculos acima apresentados foram para êste caso.

No cálculo até agora apresentado não foi considerada a influência da deformação do cabeçote e da lança sôbre a freqüência natural do sistema, isto é, considerou-se o cabeçote e a lança como indeformáveis. Para levar em conta nos cálculos a deformação dêstes elementos, imaginou-se um sistema equivalente (figura 6.48), um pouco diferente do apresentado na figura 6.45. Nas extremidades de uma barra, a qual gira ao redor do ponto E, encontram-se duas massas reduzidas m_1 e m_2, respectivamente do cabe-

TABELA VI.4

Determinação da freqüência natural do dinamômetro para comprimentos diferentes da lança

Comprimento da lança l_b (cm)	3,58	4,58*	5,58
Momento de inércia J (kg*.s².cm)	0,0032	0,0034	0,0042
Massa m (kg*.s²/cm)	0,00070	0,00073	0,00079
Constante de mola k (kg*/cm)	19.10^6	21.10^6	23.10^6
Constante de mola K (kg* cm/rad) ..	$5,9.10^6$	$7,56.10^6$	$9,1.10^6$
Distância $l = GE$ (cm)	0,87	0,86	0,85
Freqüência natural f_{n1} (c.p.s)	6450	6950	6850

* Valor escolhido para a construção do dinamômetro.

çote e da lança. A deformação do cabeçote e da lança é considerada através das constantes de mola k_1 e k_2, respectivamente. A ação do momento torsor dado pela constante de mola K da figura 6.45 foi substituída por duas molas iguais, de constantes de mola $k'/2$, situadas à distância x do centro de giração E. A constante de mola para o deslocamento vertical do ponto E não foi aqui considerada, em virtude do seu valor muito alto em relação ao valor de K.

As equações diferenciais para o movimento de cada massa m do sistema representado na figura 6.48 são:

$$m_1 . \ddot{y}_1 + k_1 \left(y_1 - y . \frac{x_1}{x} \right) = 0 \qquad (6.57)$$

$$m_2 . y_2 + k_2 \left(y_2 - y . \frac{x_2}{x} \right) = 0. \qquad (6.58)$$

Sob a consideração de que a soma dos momentos elásticos em relação ao ponto E é nula, tem-se a seguinte equação

$$k_1 \left(y . \frac{x_1}{x} - y_1 \right) . x_1 + k_2 . \left(y . \frac{x_2}{x} - y_2 \right) . x_2 + 2 \frac{k'}{2} . x . y = 0. \qquad (6.59)$$

Admitindo-se como soluções dêste sistema as funções

$$y_1 = y_{o1} . \operatorname{sen} \omega t \quad e \quad y_2 = y_{o2} . \operatorname{sen} \omega t, \qquad (6.60)$$

tem-se o sistema linear e homogêneo:

$$-m_1 . \omega^2 . y_1 + k_1 . y_1 - k_1 . \frac{x_1}{x} . y = 0$$

$$(6.61)$$

$$-m_2 . \omega^2 . y_2 + k_2 . y_2 - k_2 . \frac{x_2}{x} . y = 0$$

254 FUNDAMENTOS DA USINAGEM DOS METAIS

$$-k_1.x_1.y_1 = k_2.x_2.y_2 + \frac{1}{x}(k_1.x_2^2 + k_2.x_2^2 + k.x^2).y = 0$$

Anàlogamente ao caso anterior, o determinante formado pelos coeficientes destas equações é nulo. A solução dêste sistema é

$$A.\omega^4 + B.\omega^2 + C = 0, \qquad (6.62)$$

onde

$A = m_1.m_2.(k_1.x_1^2 + k_1.x_2^2 + k'.x^2)$
$B = m_1.k_2.(k_1.x_1^2 + k.x^2) + m_2.k_1.(k_2.x_2^2 + k'.x^2)$
$C = k_1.k_2.k'.x^2.$

As massas m_1 e m_2 obtêm-se através dos momentos de inércia J_1 e J_2, em relação ao ponto E, do cabeçote e da lança.

$$m_1 = \frac{J_1}{x_1^2}; \qquad m_2 = \frac{J_2}{x_2^2}. \qquad (6.63)$$

$$m_1 = \frac{291.10^{-5}}{1,72^2} = 9,83.10^{-4} \text{kg}^* \text{ s}^2/\text{cm}$$

$$m_2 = \frac{106.10^{-5}}{1,11^2} = 8,62.10^{-4} \text{kg}^* \text{ s}^2/\text{cm}.$$

As constantes k_1 e k_2 obtêm-se aproximadamente através das freqüências naturais f_{n1}^* e f_{n2}^* do cabeçote e da lança, considerados como vigas engastadas numa parede vertical passando pelo ponto E.

$$k_1 \cong 4.\pi^2.f_{n1}^{*2}.m_1$$

$$k_2 \cong 4.\pi^2.f_{n2}^{*2}.m_2. \qquad (6.64)$$

A freqüência natural mais baixa do cabeçote e da lança foi estimada através do processo de RAYLEIGH [25 e 29]. Admitiu-se para tanto que a deflexão dos elementos cabeçote e lança, durante a vibração, apresenta a mesma forma da linha elástica devido ao pêso próprio dêsses elementos. Esta suposição é admissível, uma vez que a influência da deformação do cabeçote e da lança sôbre a freqüência própria mais baixa do dinamômetro é pequena. Um cálculo mais preciso não foi necessário. Para as freqüências naturais f_{n1}^* e f_{n2}^* do cabeçote e lança obteve-se os valôres*

$$f_{n1}^* = 38.200 \text{ c.p.s}, \qquad f_{n2}^* = 17.000 \text{ c.p.s} \qquad (6.65)$$

As constantes de mola correspondentes foram:

$$k_1 = 5,65.10^7 \text{ kg}^*/\text{cm} \quad \text{e} \quad k_2 = 0,08.10^7 \text{ kg}^*/\text{cm}. \qquad (6.66)$$

---

* A determinação gráfica da linha elástica do cabeçote e da lança, assim como as freqüências naturais f_{n1}^* e f_{n2}^* encontram-se no trabalho original (vide nota de rodapé à pág. 248).

MEDIDA DA FÔRÇA DE USINAGEM   255

O fator $k'.x^2$ da equação (6.62) é igual à constante de mola K do primeiro sistema oscilante (figura 6.45):

$$k'.x^2 = K = 7,56.10^6 \text{ kg* cm/rad.} \tag{6.67}$$

Substituindo-se êstes valôres nas expressões de A, B e C da equação (6.62), obtém-se

$$158 \, \omega^4 - 264.10^{10} \, \omega^2 + 42.10^{20} = 0. \tag{6.68}$$

Resolvendo-se esta equação, obtém-se como freqüências naturais:

$$f_{n1} = 6.850 \text{ c.p.s} \quad \text{e} \quad f_{n2} = 19.500 \text{ c.p.s.} \tag{6.69}$$

No caso de se desprezar as deformações do cabeçote e lança do dinamômetro ($k_1 = k_2 = \infty$), o sistema equivalente da figura 6.48 fica reduzido à uma barra girável no ponto E, com um momento de inércia J_e e uma constante de mola K. A equação diferencial, para amortecimento desprezível, é

$$J_e . \ddot{\varphi} + K . \varphi = 0. \tag{6.70}$$

A freqüência natural dêste sistema é

$$f' = \frac{1}{2\pi} \sqrt{K/J_e} \tag{6.71}$$

Sendo

$$K = 7,56.10^6 \text{ kg* cm/rad}$$
$$J_e = 0,00397 \text{kg* s}^2 \text{ cm,}$$

obtém-se

$$f' = 7.000 \text{ c.p.s.}$$

Lcgo, o êrro cometido na consideração do cabeçote e lança indeformáveis importa em

$$\epsilon = \frac{7000 - 6850}{7000} 100 = 2,1\%.$$

6.5.1.2 — Aferição estática do dinamômetro

Para a aferição estática construiu-se um dispositivo que permite solicitar o dinamômetro com duas fôrças independentes, uma no sentido vertical e outra no sentido horizontal. O dispositivo está representado na figura 6.49. Em lugar da pastilha de metal duro (empregada durante o ensaio de usinagem), utilizou-se para aferição uma pastilha padrão temperada -3-, prêsa ao cabeçote medidor, na qual se apóiam dois cutelos de aferição -4-. A alavanca -5-, articulada em mancais de rolamentos, permite a aplicação da carga vertical P_c, através do cutelo de aferição. A alavanca -7-, também articulada em mancais de rolamentos, permite a aplicação da carga horizontal.

256   FUNDAMENTOS DA USINAGEM DOS METAIS

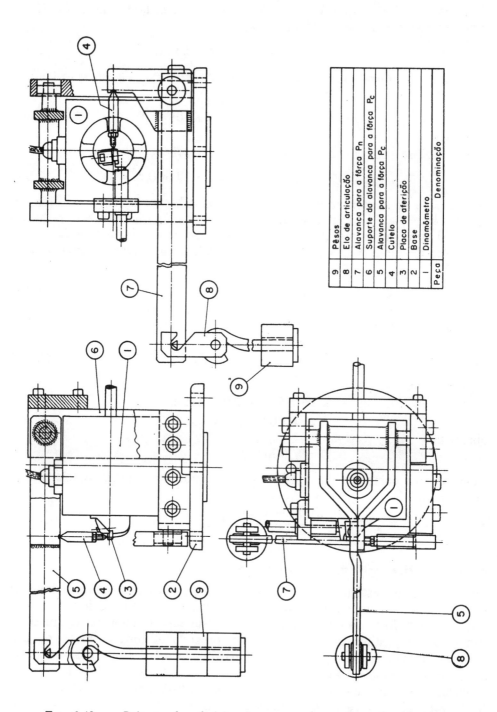

FIG. 6.49 — Balança de aferição das componentes P_c e P_n (ou P_a) da fôrça de usinagem.

MEDIDA DA FÔRÇA DE USINAGEM

Para a aferição da alavanca -5- usou-se uma balança decimal com escala de 0 a 500kg*, sôbre a qual se apoiava o cutelo de aferição. A aferição da alavanca -7- foi efetuada mediante um anel dinamométrico com capacidade de 500kg*. Para melhor contrôle compararam-se as inclinações das curvas de aferição com os fatôres resultantes das relações dos braços de alavancas, podendo-se observar boa concordância.

Durante a aferição do dinamômetro mediu-se não sòmente a indicação da ponte amplificadora como também os deslocamentos da pastilha-padrão, por meio de relógios comparadores, conforme mostra a figura 6.50. Verificou-se que, com a aplicação da carga vertical P_c, não há deslocamento do cabeçote e da lança na direção horizontal. Anàlogamente não se obteve deslocamento vertical sob aplicação da carga horizontal P_n. As duas fôrças são medidas separadamente e não exercem influências recíprocas. A figura 6.51 apresenta o equipamento de aferição empregado, adaptado a um tôrno mecânico.

FIG. 6.50 — Medida dos deslocamentos da pastilha de aferição através de relógios comparadores.

A aferição forneceu uma ótima concordância com o cálculo do deslocamento estático (deslocamento calculado no local da medida: 9,8 μm; deslocamento medido no mesmo local 9,6 μm). As curvas de aferição para as cargas verticais e horizontais estão representadas na figura 6.52. Apresentam-se como linhas retas.

Com o fim de verificar se a fôrça de penetração P_p (em direção do eixo da ferramenta) exerce alguma influência sôbre a indicação das outras duas

FIG. 6.51 — Aferição estática do dinamômetro: medida do deslocamento da placa de aferição através de 2 relógios comparadores e medida do deslocamento dos elementos de medida (núcleos móveis) através de duas pontes amplificadoras HOTTINGER.

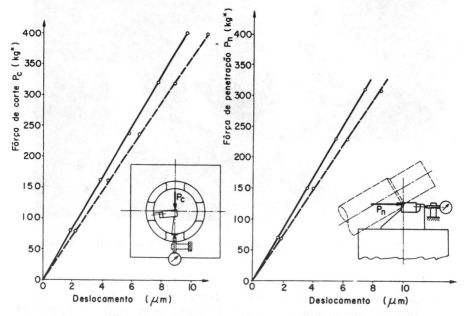

——— = Medida de deslocamento do núcleo de ferro através de meio indutivo.

– – – = Medida do deslocamento da placa de aferição através do relógio comparador.

FIG. 6.52 — Curvas de aferição estática do dinamômetro para a fôrça de corte P_c (vertical) e de penetração P_n ou P_a (horizontal).

componentes da fôrça de usinagem, P_c e P_a, utilizou-se um dispositivo auxiliar que permite sujeitar a pastilha-padrão à uma fôrça P_p qualquer, além das fôrças P_c e P_a já existentes. Os ensaios revelaram que as medidas de P_c e P_a não são influenciadas pelos valôres da fôrça P_p.

A aferição demonstrou que o aparelho aqui usado como dinamômetro para medir duas componentes da fôrça de usinagem pode também ser usado, mediante algumas modificações simples, como dinamômetro para medir as três componentes da fôrça de usinagem.

6.5.1.3 — Aferição dinâmica para o caso do dinamômetro oscilando livremente (não em operação)

Para determinar-se experimentalmente a freqüência natural mais baixa de vibração do aparelho, o cabeçote foi pôsto a oscilar por dois métodos diferentes. No primeiro método o cabeçote foi escorado por dois pinos S_1 e S_2, possuindo pontas arredondadas, colocados um acima do outro (figura 6.53). Por meio de um golpe leve no ponto de contato B dos pinos, cede o apoio liberando o cabeçote, o qual começa a oscilar. No segundo método pôs-se o cabeçote a oscilar mediante um leve golpe de martelo.

Fig. 6.53 — Aferição dinâmica do dinamômetro.

A oscilação livre amortecida foi visualizada, após a amplificação, num osciloscópio, e filmada por uma câmara registradora. A figura 6.54 mostra a disposição esquemática do equipamento usado para os ensaios. Utilizou-se um amplificador da firma *Hottinger*, com uma freqüência portadora de 50.000 c.p.s. Os osciloscópio e a câmara registradora foram da firma *Philips*. A velocidade do filme foi aferida por meio de um gerador de freqüências. A figura 6.55 mostra uma fotografia da oscilação amortecida do dinamômetro. Para determinar a freqüência própria da vibração f_n, contou-se o número n de oscilações por centímetro de filme e multiplicou-se êste valor pela velocidade v do filme. Após o exame de uma série de filmes, obteve-se os valôres médios:

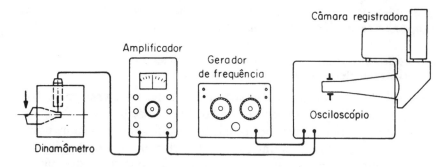

FIG. 6.54 — Equipamento de medida empregado na aferição dinâmica.

FIG. 6.55 — Oscilação amortecida do sistema oscilante do dinamômetro.

$$n = 15,25 \text{ oscilação/cm} \quad \text{e} \quad v = 460,0 \text{cm/s}.$$

Logo

$$f_n = n.v = 15,25.460,0 = 7.000 \text{ c.p.s.}$$

A aferição foi executada sob condições idênticas às dos ensaios de usinagem. A vazão de água de refrigeração era 20 litros por minuto. O cabeçote foi pôsto a oscilar tanto no sentido horizontal como também no sentido vertical. As diferenças entre as freqüências estavam além da precisão dos aparelhos de medida.

MEDIDA DA FÔRÇA DE USINAGEM 261

Pelo cálculo da freqüência natural, chegou-se a um valor aproximadamente de 6.800 c.p.s. O ensaio revelou $f_n = 7.000$ c.p.s. A diferença residiu principalmente no fato de que as molas foram construídas ligeiramente maiores que as projetadas (0,2mm maiores na espessura).

Pelo exâme do filme acima pode-se determinar, além da freqüência natural de vibração, o amortecimento do dinamômetro, o qual é necessário para a determinação da curva de ressonância e de diferenças de fase. A partir das amplitudes a_0 e a_{10}, tiradas da figura 6.56, calcula-se o *decremento logarítmico* (6.27):

$$d = \ln \frac{a_n}{a_{n+1}} = \frac{1}{n} \cdot \ln \frac{a_0}{a_n}.$$

Uma vez que o quociente a_n/a_{n+1} de duas amplitudes consecutivas não era constante* determinou-se gràficamente o seu valor médio. Para tanto calculou-se num gráfico os valôres $\ln \dfrac{a_0}{a_n}$ em função do número de ordem n. O coeficiente angular da reta resultante da união dos pontos obtidos é o decremento logarítmico d.

Para $n = 10$, tirou-se do diagrama o valor $a_0/a_n = 9,90$. Logo, resulta da equação acima:

$$d = \frac{1}{10} \ln 9,90 = 0,229.$$

Com auxílio do decremento logarítmico, calculou-se o grau de amortecimento (6.29):

$$\beta = \frac{d}{\sqrt{4\pi^2 + d^2}},$$

$$\beta = \frac{0,229}{\sqrt{4\pi^2 + 0,229^2}} = 0,0365$$

Inicialmente não se procurou aumentar o grau de amortecimento do dinamômetro, devido ao fato de ter sido empregado primeiramente para os seguintes ensaios:

a) medida da freqüência fundamental da variação da fôrça de usinagem;

b) medida da amplitude de variação da fôrça de corte e de avanço, para valôres da freqüência f_c até 2.300 c.p.s.

c) verificação se as componentes da fôrça de corte e de avanço oscilam em fase;

d) medida dos valôres médios da fôrça de corte e avanço.

---

* Para maiores detalhes consultar o trabalho original.

Para a análise da curva de variação da fôrça de usinagem, em freqüências acima de 1.000 c.p.s é interessante um grau de amortecimento maior, conforme visto no § 6.4.2. Apesar dêste dinamômetro permitir variar o grau de amortecimento, preferiu-se construir um nôvo modêlo, com um outro tipo de amortecedor bem próximo do cabeçote (figura 6.61), portanto mais eficiente do que o primeiro.

Com auxílio do grau de amortecimento β, calculou-se o fator de amplificação ϕ (6.32), para diferentes relações de freqüências r_i. A figura 6.57 apresenta os valôres de ϕ para $\beta = 0,0365$. Através de ϕ calcula-se o êrro de amplificação ϵ_o (figura 6.58). Para freqüências de medida até $f_c = 1.800$ c.p.s, o êrro de amplificação é inferior a 5%.

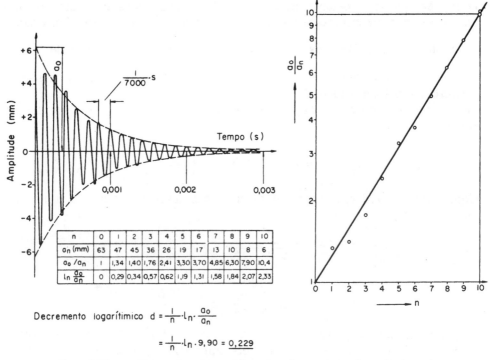

FIG. 6.56 — Determinação gráfica do decremento logarítmico d.

Com relação à diferença de fase φ, calculou-se através da equação (6.41) uma defasagem relativa de tempo, para freqüências até $f_c = 5.000$ c.p.s, $\tau_i \leqslant 2\%$.

Verifica-se experimentalmente que a freqüência natural do dinamômetro, quando em trabalho numa operação de torneamento, é menor que a freqüência natural para o dinamômetro oscilando em vazio. Como razão de tal ocorrência admite-se que a formação do cavaco (deslizando na ponta da ferramenta) contribui para o aumento do momento de inércia do sistema oscilante do dinamômetro.

MEDIDA DA FÔRÇA DE USINAGEM

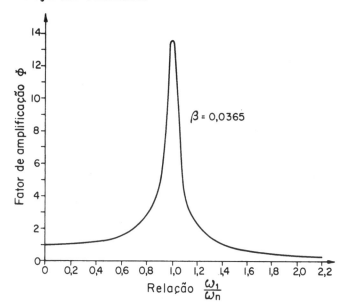

FIG. 6.57 — Fator de amplificação ϕ em função da relação de freqüências, para $\beta = 0,0365$.

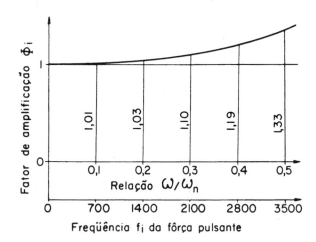

FIG. 6.58 — Correção da amplitude em função da relação de freqüências, para $\beta = 0,036.5$.

O grau de amortecimento do dinamômetro também varia em trabalho. Os atritos da ferramenta com o cavaco e com a peça aumentam o valor de β. A variação da freqüência natural e do grau de amortecimento dependem do material da peça e das condições de usinagem. A figura 6.64 apresenta dois casos de fenômeno transitório em ensaios de medida dinâmica da fôrça de corte. Verifica-se em cada caso que a freqüência natural f_n e o amortecimento diferem sensìvelmente.

6.5.1.4 — Medidas com o dinamômetro

A figura 6.59 apresenta o equipamento de ensaio para a medida dinâmica de duas componentes da fôrça de usinagem. Consta essencialmente do *dinamômetro pròpriamente dito, duas pontes amplificadoras* (uma para cada ccmponente), *um osciloscópio de duplo feixe e uma câmara filmadora*. Para a medida da freqüência e da amplitude aproximada da fôrça pulsante, é suficiente que a velocidade do filme, em mm por segundo, seja igual ou duas vêzes a freqüência da onda fundamental, medida em c.p.s. Para a análise da curva obtida no filme, a sua velocidade deverá ser pelo menos 4 vêzes maior a da freqüência da onda fundamental; em seguida a curva é ampliada 5 a 10 vêzes num ampliador. A análise da fôrça pulsante é melhor obtida através de um *espectrógrafo*, ligado diretamente à ponte amplificadora. A figura 6.60 apresenta duas medidas dinâmicas da fôrça de usinagem; o filme utilizado foi *Gevaert-Scopix — 400 ASA*. No lugar do osciloscópio e câmara filmadora pode-se utilizar um oscilógrafo para registro de fenômenos em altas freqüências. Nestes oscilógrafos a impressão do papel é realizada por processo óptico, para evitar a inércia dos sistemas constituídos por penas ou fios térmicos; por exemplo cita-se o *Oscilloport* da firma *Siemens & Halske*, cuja velocidade do papel vai até 10m/s.

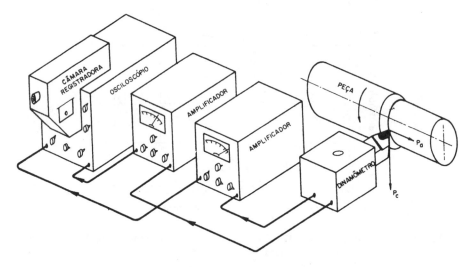

FIG. 6.59 — Aparelhagem empregada na medida dinâmica de duas componentes da fôrça de usinagem.

Para a medida estática da fôrça de usinagem utiliza-se sòmente o dinamômetro e as pontes amplificadoras. A leitura é feita diretamente no mostrador da ponte, o qual apresenta um sistema interno de amortecimento. No caso de oscilação do ponteiro do mostrador, pode-se utilizar filtros eletrônicos, como do tipo *TP 6*, da firma *Hottinger*.

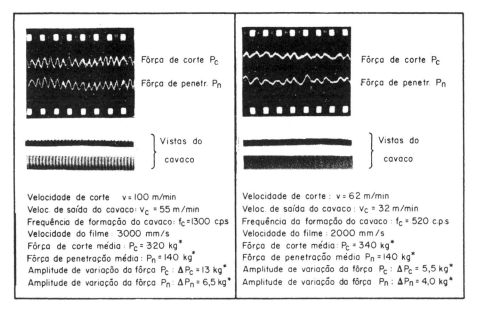

FIG. 6.60 — Medidas dinâmicas da força de usinagem. Material da peça, 25 Cr Mo4; ferramenta de metal duro P10 e P20; secção de corte a $p = 0{,}75{.}2\text{mm}^2$; velocidades de corte $v = 100$ e 62m/min.

Dinamômetro modêlo Ferraresi para a medida de três componentes da fôrça de usinagem

Atualmente encontra-se em plena utilização, no *Laboratório de Máquinas Operatrizes de São Carlos*, um nôvo modêlo, que permite a medida estática e dinâmica das três componentes da fôrça de usinagem (figura 6.61). O aparelho foi construído para medida de fôrças de corte até 700kg*; a freqüência natural mais baixa do sistema é 7200 c.p.s.
Comparando-se com o primeiro modêlo (figura 6.44 e 6.45), a diferença essencial consiste na colocação de mais um elemento de medida, para a determinação da componente P_p (fôrça de penetração). A entrada da água de refrigeração neste caso é na parte lateral da lança.
Para o trabalho com êste dinamômetro foi adquirido um tôrno mecânico com características especiais, modêlo *MKS*, da firma *Indústrias Romi S. A.*, com motor de 30 CV e sistema de variação de velocidades WARD-LEONARD.

6.5.2 — Dinamômetro Berthold [4]

Com o fim de verificar a influência da freqüência natural do dinamômetro sôbre a medida da fôrça de usinagem, foram construídos por BERTHOLD sete dinamômetros, com diferentes freqüências naturais. O quadro VI.5 apresenta as principais características dos mesmos.

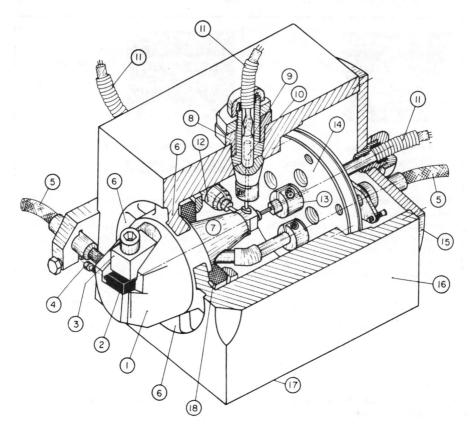

FIG. 6.61 — Dinamômetro para medida estática e dinâmica de três componentes da fôrça de usinagem: 1. cabeçote de medida; 2. pastilha de metal duro; 3. fixador da pastilha; 4. regulagem da pastilha; 5. saída de água de refrigeração; 6. molas; 7. lança suporte dos núcleos de medida; 8. fixação regulável do medidor de deslocamentos, para a fôrça P_c; 9. medidor de deslocamento por indução Wl k-Hottinger; 10. núcleo de medida; 11. cabo; 12. fixação do medidor de deslocamento, para determinação da fôrça P_a ou P_n; 13. idem para determinação da fôrça P_F; 14. suporte; 15. tampa; 16. corpo; 17. base; 18. amortecedor ajustável.

Os dinamômetros modelos 1 a 4 permitem sòmente a medida estática da fôrça de torneamento, devido à baixa freqüência natural $f_n < 6.000$ c.p.s. Os dinamômetros modelos 5 a 7 permitem a medida estática e dinâmica. Tôdas estas construções são para a medida de sòmente uma componente da fôrça de usinagem; nos modelos 1, 2, 3 e 7 pode-se medir a fôrça de avanço no lugar da fôrça de corte, girando-se o dinamômetro 90º ao redor de seu eixo.

A figura 6.62 apresenta o desenho característicos dos modelos 1 a 6. As diferenças entre êstes modelos residem essencialmente nas suas dimensões (massa e momento de inércia do sistema móvel, comprimento da lança e

TABELA VI.5

Principais características dos dinamômetros construídos por Berthold [4]

Modêlo	Capacidade (kg*)	Fôrça medida	Sensibilidade Z/P (fig. 6.1)	Freqüência natural c.p.s	Emprêgo
1	500	P_c ou P_a	0,025 μ/kg*	2850	medida estática
2	1000	P_c ou P_a	0,035 "	2900	medida estática
3	500	P_c ou P_a	0,840 "	940	medida estática
4	200	P_c	0,025 "	3300	medida estática
5	400	P_c	0,022 "	11000	medida dinâmica
6	400	P_c	—	11000	medida dinâmica
7	500	P_c ou P_a	0,022 "	6300	medida dinâmica

constante de mola). Todos êstes modelos apresentam a parte elástica constituída por duas molas de torção, de secção retangular. Foram construídos de um só bloco de aço 50 Cr V4, tratado tèrmicamente.

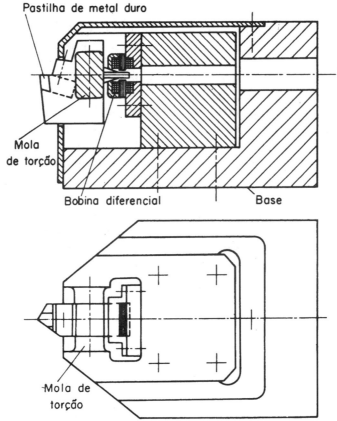

FIG. 6.62 — Dinamômetro para a medida de uma componente da fôrça de usinagem, segundo BERTHOLD [4]. Modelos 1 a 6.

A figura 6.63 apresenta o desenho característico do modêlo 7, o qual difere dos anteriores por apresentar a parte elástica constituída por quatro molas de flexão. O elemento de medida é colocado lateralmente.

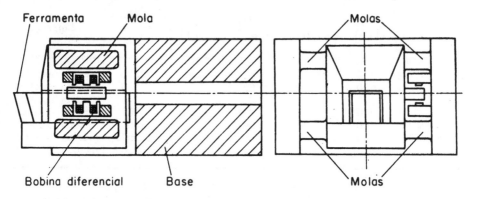

FIG. 6.63 — Dinamômetro para a medida de uma componente da fôrça de usinagem, segundo BERTHOLD [4]. Modêlo 7.

Os modelos 5 e 6 apresentam uma freqüência natural muito alta ($f_n = 11.000$ c.p.s), o que é uma característica importante para a medida dinâmica da fôrça de usinagem. Todos êstes dinamômetros, porém, apresentam o problema de refrigeração. Devido a distribuição irregular e inevitável das massas, os sistemas móveis se deformam com a elevação da temperatura, ocasionando erros sensíveis de medida (uma deformação na lança de 1μ produz um êrro de leitura de aproximadamente 40kg*).

6.5.3 — Fenômenos transitórios que ocorrem durante a medida da fôrça de corte na usinagem dos metais*

Conforme foi visto no § 4.1, o fenômeno da formação do cavaco em geral é um fenômeno periódico, mesmo para a formação do cavaco contínuo. Na medida dinâmica da fôrça de usinagem, isto é, quando se deseja medir a variação da fôrça de corte, aparece na sua reprodução um fenômeno transitório, que se repete constantemente em cada ciclo da fôrça de corte pulsante. Êste fato ocorre quando a variação da fôrça a medir se afasta da forma senoidal. A figura 6.64 apresenta dois casos de medida da fôrça de corte, nos quais há aparecimento do transitório.

Consegue-se, na medida, atenuar êste efeito empregando-se filtros eletrônicos na saída do sinal fornecido pelo aparelho de medição, ou empregando-se dinamômetros que apresentem um grau de amortecimento e uma freqüência natural maior.

---

* Para um estudo inicial, êste parágrafo pode ser dispensado; é porém importante na *análise da curva de vibração*, obtida na medida dinâmica da fôrça de usinagem.

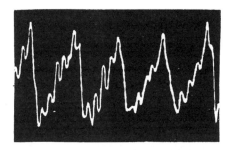 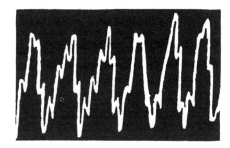

FIG. 6.64 — Medida dinâmica da fôrça de corte em casos onde o fenômeno transitório se torna bastante acentuado. a) Material da peça, aço 30 Cr Mo V9; $v = 80$m/min; $a.p = 0,75.2,5$mm^2; $P_c = 340$kg*; $\Delta P = 11,5$kg*; $f_c = 1.150$ c.p.s; $f_n = 6.040$ c.p.s; $\beta = 0,10$. b) Material aço 25 Cr Mo4; $v = 105$m/min; $a.p. = 0,75.25$mm^2; $P_c = 320$kg*; $\Delta P = 13$kg*; $f_c = 1.460$ c.p.s; $f_n = 6.500$ c.p.s; $\beta = 0,09$.

Interessa conhecer no estudo da medida dinâmica da fôrça de corte qual a influência dêste transitório, isto é, qual o valor da sua amplitude inicial. Para tanto admite-se que a curva da fôrça de corte seja em forma de dente de serra (figura 6.65'), o que corresponde a maior influência do transitório.

A ferramenta recebe assim em cada ciclo da fôrça de corte uma percursão e oscila com a sua freqüência natural em trabalho. A solicitação segundo uma função dente de serra (figura 6.65) nos fornece para o estudo analítico os seguintes parâmetros: a (amplitude), T (período) e b (grandeza relacionada com a fôrça de corte), os quais dependem do material da peça, do material da ferramenta e das condições de usinagem.

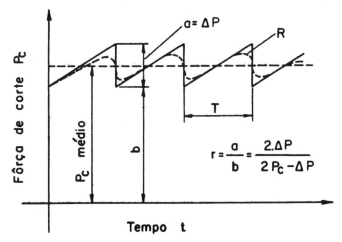

FIG. 6.65 — Variação da fôrça de corte em função do tempo, em forma de dente de serra.

Pode-se escrever a equação da fôrça de corte segundo as funções de singularidade, representadas na figura 6.66 [31 a 32]. A expressão da fôrça de corte, como combinação linear de tais funções, apresenta-se da seguinte maneira:

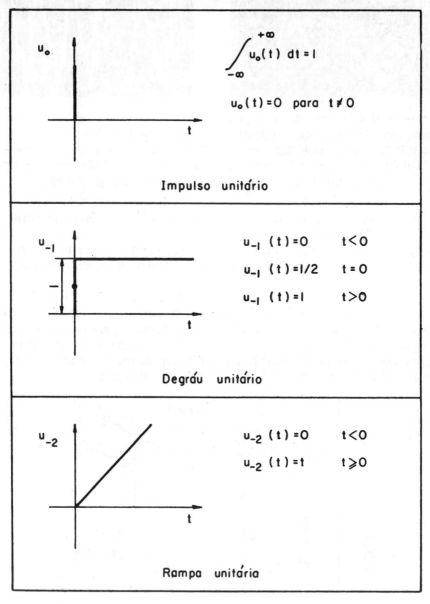

FIG. 6.66 — Funções de singularidade empregadas na equação da fôrça de corte, para o caso de dente de serra.

$$P_c = b \cdot u_{-1}(t) + \frac{a}{T} \cdot u_{-2}(t) - a \cdot u_{-1}(t-T) - a \cdot u_{-2}(t-2T)...$$

ou aproximadamente

$$P_c = b \cdot u_{-1}(t) + \frac{a}{T} \cdot u_{-2}(t) - \sum_{i=1}^{\infty} a \cdot u_{-1}(t - iT), \qquad (6.72)$$

onde

$$u_{-1}(t - T) = 0 \quad \text{para} \quad t < iT.$$

Para a determinação da resposta do dinamômetro, no caso da construção modêlo Ferraresi (§ 6.5.1), pode-se assemelhar o sistema mecânico ao da figura (6.67) com um fator de amortecimento c. A equação 6.70 passa a ser

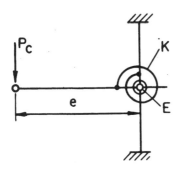

FIG. 6.67 — Sistema dinâmico simplificado do dinamômetro modêlo FERRARESI.

$$J_e \cdot \ddot{\varphi} + c \cdot \dot{\varphi} + K \cdot \varphi = M \qquad (6.73)$$

onde $M = P_c \cdot e$ é o momento torsor da fôrça de corte P_c em relação ao ponto E.

A equação 6.73 pode ser posta sob forma (vide § 6.4.1):

$$\ddot{\varphi} + 2 \cdot \gamma \cdot \dot{\varphi} + \omega_n^2 \cdot \varphi = \frac{P_c \cdot e}{J_e} \qquad (6.74)$$

onde

$$2 \cdot \gamma = \frac{c}{J_e} \quad \text{e} \quad \omega_n^2 = \frac{K}{J_e}.$$

Para a solução da equação (6.74) emprega-se com vantagem o processo de cálculo da *transformação de Laplace*. Após algumas transformações matemáticas chega-se à equação

$$\varphi(t) = \varphi_e \left(1 - \frac{2 \cdot r \cdot \beta}{T \cdot \omega_n}\right) + \frac{\varphi_e \cdot r \cdot t}{T} +$$

$$+ \frac{A \cdot r \cdot \varphi_e}{\sqrt{1 - \beta^2}} e^{-\gamma \cdot t} \cdot \cos(\omega t - \alpha) - \sum_{i=1}^{\infty} r \cdot \varphi_e \cdot u_{-1}(t - iT), \qquad (6.75)$$

onde

$$\varphi_e = \frac{e \cdot b}{J \cdot \omega_n^2} = \frac{e \cdot b}{K} = \text{deformação angular estática}$$

$$r = \frac{a}{b} = \frac{2\Delta P}{2P_c - \Delta P} = \text{relação entre a amplitude da fôrça e o seu}$$

valor mínimo

$$\beta = \frac{\gamma}{\omega_n} = \text{grau de amortecimento do dinamômetro em trabalho}$$

ω_n = freqüência angular natural do dinamômetro em trabalho
ω = freqüência angular do transitório
T = período da fôrça pulsante P_c.

O fator A representa o *fator de amplificação*, obtido como o limite da soma da série geométrica decrescente das oscilações transitórias que se superpõem em cada ciclo de período T.

$$A = 1 - e^{-\gamma T} + e^{-2\gamma T} - e^{-3\gamma T} + \ldots \tag{6.76}$$

Através de observações experimentais o valor de A que mais parece corresponder à realidade é

$$A = \frac{1}{1 + e^{-\gamma T}}. \tag{6.77}$$

Aplicação

No ensaio, cuja curva de resposta está representada nas figuras 6.64 a e 6.68 a, tem-se os dados

fôrça de corte média $P_c = 340\text{kg}^*$
freqüência de formação do cavaco $f_c = 1.150\,\text{c.p.s.}$

Para o cálculo do grau de amortecimento β e da freqüência natural f_n do dinamômetro em trabalho, construiu-se, através da curva real representada na figura 6.68 a, a curva teórica da figura 6.68 b. Esta é a resposta para o caso teórico de uma fôrça de corte P_c variando em dente de serra (figura 6.65).
Por procedimento de cálculo análogo ao indicado na aferição dinâmica do dinamômetro (§ 6.5.1.3) obteve-se os valôres (equações 6.27 e 6.29):

decremento logarítmico d $= 0,63$

$$\text{grau de amortecimento } \beta = \frac{0,63}{\sqrt{\pi 4^2 - 0,63^2}} = 0,10$$

A freqüência medida do transitório foi $f_t = 6.000\,\text{c.p.s.}$
Pela equação (6.26) tem-se

$$f_n = \frac{f_t}{\sqrt{1 - \beta^2}} = \frac{6.000}{\sqrt{1 - 0,1^2}} = 6.040\,\text{c.p.s.}$$

Como foi visto no § 6.5.1.3, êstes valôres, para o dinamômetro em trabalho, são diferentes aos correspondentes valôres para o dinamômetro oscilando em vazio.

MEDIDA DA FÔRÇA DE USINAGEM

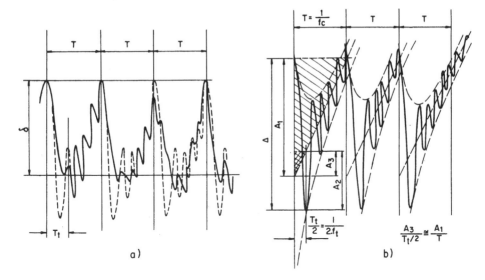

FIG. 6.68 — Medida dinâmica da fôrça de corte: *a)* reprodução da curva representada na figura 6.64 *a*. A curva tracejada representa a resposta para o caso teórico da fôrça de corte variar exatamente em dente de serra. *b)* Determinação das características dinâmicas do ensaio, baseando-se na curva teórica.

Pela curva teórica (figura 6.68 *b*) a diferença Δ entre os máximos e mínimos vale

$$\Delta = A_1 + A_2 - A_3 = A_1 + A_2 - A_1 \frac{T_t}{2T} \quad (6.78)$$

Os valôres de A_1 e A_2 são obtidos através da equação (6.75), respectivamente para $t = 0$ e $t = \frac{T_t}{2}$.

$$A_1 = \varphi(t) - \varphi_e \left(1 - \frac{2 \cdot r \cdot \beta}{T \cdot \omega_n}\right) \cong \frac{A \cdot r \cdot \varphi_e}{\sqrt{1-\beta^2}}$$

e pela equação (6.77)

$$A_1 = \frac{r \cdot \varphi_e}{\sqrt{1-\beta^2}} \cdot \frac{1}{1 + e^{-\gamma T}} \quad (6.79)$$

Anàlogamente

$$A_2 = \frac{r \cdot \varphi_e}{\sqrt{1-\beta^2}} \cdot \frac{1}{1 + e^{-\gamma T}} e^{-\gamma T_t/2} \quad (6.80)$$

Substituindo-se (6.79 e 80) em (6.78) resulta

$$\Delta = \frac{r \cdot \varphi_e}{\sqrt{1-\beta^2} \cdot (1 + e^{-\gamma T})} \cdot \left[1 + e^{-\gamma \cdot T_t/2} - \frac{f_c}{2 f_t}\right] \quad (6.81)$$

274 FUNDAMENTOS DA USINAGEM DOS METAIS

Por outro lado, $r \cdot \varphi_e$ é a deformação estática proveniente da variação ΔP da fôrça de corte

$$r \cdot \varphi_e = \frac{a}{b} \cdot \frac{e \cdot b}{K} = \frac{\Delta P \cdot e}{K} = \Delta_e$$

Substituindo-se em (6.81)

$$\frac{\Delta}{\Delta_e} = \frac{1}{\sqrt{1 - \beta^2} \cdot (1 + e^{-\gamma T})} \cdot \left[1 + e^{-\gamma T_t/2} - \frac{f_c}{2 f_t} \right] \qquad (6.82)$$

Sendo $\beta = 0,1$

$$\gamma = \omega_n \cdot \beta = 2\pi \cdot 6040 \cdot 0,1 = 3.800 \text{ r.p.s}$$
$$T = 1/f_c = 1/1150 \text{ s}$$
$$f_t = 6.000 \text{ c.p.s}$$

tem-se

$$\frac{\Delta}{\Delta_e} = 1,6.$$

Desde que a fôrça de corte não varia realmente como a curva dente de serra, e sim segundo a curva R da figura 6.65, apresentando um truncamento na parte superior (devido ao escoamento do material), o degrau δ observado na curva real (figura 6.68 a) será menor que Δ observado na curva teórica. Como no caso real o efeito da rampa e do degrau prevalece sôbre os possíveis outros efeitos de influência, pode-se usar com suficiente aproximação a relação

$$\frac{\Delta}{\Delta_e} \cong \frac{\delta}{\delta_e}, \qquad (6.83)$$

onde

Δ = deformação teórica devido à variação ΔP da fôrça de corte em dente de serra

Δ_e = deformação estática devido ao valor ΔP da fôrça de corte da curva em dente de serra

δ = deformação real devido à variação da fôrça de corte

δ_e = deformação estática real devido ao valor ΔP da curva real da fôrça P_c.

Logo, pela figura 6.68 a

$$\delta_e = \frac{\delta}{1,6} = \frac{53}{1,6} = 33 \text{mm}$$

Pela escala de aferição do dinamômetro e pela ampliação da figura 6.64 a sabe-se que à deformação de 1mm correspondente a uma fôrça de 0,35kg*. Logo, a amplitude de variação da fôrça é

$$\Delta_p = 33.0,35 = 11,5 \text{kg}*$$

MEDIDA DA FÔRÇA DE USINAGEM

6.6 — BIBLIOGRAFIA

[1] IDRAC, J. *Mesure et instrument de mesure.* Paris, Dunod, 1960.

[2] HOLMAN, J. P. *Experimental Methods for Engineers.* New York, McGraw-Hill Book Co., 1966.

[3] TIMOSHENKO, S. *Strength of Materials.* New York, D. Van Norstrand Company Inc., 1941, v. 2.

[4] BERTHOLD, H. "Das Messen der Schnittkräfte beim Drehen". *Wissenschaftliche Zeitschrift der Technischen Hochschulen Dresden.* Dresden, 8(4), publ. n.º 105, 1960.

[5] SOCIETÉ D'APLICATION DE MÉTROLOGIE INDUSTRIELLE. *Catálogo do Dinamômetro "Mecalix".* Seine, França, 1960.

[6] EHRENREICH, M. "Zweikomponenten-Drehkraftmesser mit Dehnungsmessstreifen und Biegefedern". *Der Maschinenmarkt.* Würzburg, 62, agôsto, 1967.

[7] HOTTINGER BALDWIN MESSTECHNIK GmbH. *Catálogo e manual de instruções sôbre os medidores de deslocamento por indução.* Alemanha, 1960.

[8] FERRARESI, D. "Dynamische Schnittkraftmessungen beim Drehen". In: *Quarto Colóquio de Estudos e Construção de Máquinas Operatrizes e de Produção.* [4. Fokoma] Munique, Vogel Verlag Würzburg, outubro, 1959, v. 1.

[9] FERRARESI, D. "Dynamische Schnittkraftmessungen beim Drehen". *Maschinenmarkt.* Würzburg, 97: 33-43, dezembro, 1960.

[10] SCHALLBROCH, H. e BETHMANN, H. *Kurzprüfverfahren der Zerspanbarkeit.* Leipzig, Teubner Verlagsgesellschaft, 1950.

[11] PFLIER, P. M. *Elektrische Messung mechanischer Grössen.* Berlin, Springer Verlag, 1956.

[12] PERRY, C. e LISSNER, H. *The Strain Gage Primer.* New York, McGraw-Hill Book Company, Inc., 1960.

[13] KOCH, J. J., et alli. *Technique des Mesures à l'aide des jauges de contraintes.* Eindhoven, Philips Gloeilampenfabrieken, 1951.

[14] ZELBSTEIN, U. *Jauges de Contrainte.* Paris, Dunod, 1956.

[15] PHILIPS. *Guide to Strain Gauges.* Eindhoven, 1966.

[16] FINK, K. e ROHRBACH, C. *Handbuch des Spannungs und Dehnungsmessung.* Dusseldorf, V. D. I. Verlag, 1958.

[17] HOTTINGER BALDWIN MESSTECHNIK. "Die Wheatstonesche Brücke als grundlegende Schaltung für die Messung mit Dehnungsmessstreifen". *Messtechnische Briefe.* Darmstadt, 1: 1-5, 1966.

[18] HOFFMANN, K. "Hinweis zur Auswahl von Dehnungsmessstreifen und DMS — Klebstoffen". *Messtechnische Briefe,* Darmstadt, 1: 4-14, 1965.

[19] TEN HORN, B. L. e SCHÜRMANN, R. A. "Ein Drehbank-Dynamometer für zwei Komponenten". *Microtecnic.* Suíça, 11 (2): 62-69, 1957.

[20] KIENZLE, O e VICTOR, H. "Einfluss der Wärmebehandlung von Stählen auf die Hauptschnittkräfte bei Drehen". *Stahl und Eisen.* Hannover, 9, abril, 1954.

276 FUNDAMENTOS DA USINAGEM DOS METAIS

[21] PERUCA, E. *Dizionario d'Ingegneria.* Unione Tipografico Editrice Torinese, Torin, 1954, v. 4.

[22] CINTRA DO PRADO, L. *As oscilações.* São Paulo, Ed. Escola Politécnica da USP, 1953.

[23] KLOTTER, K. *Technische Schwingungslehre.* Berlin, Springer Verlag, 1951, v. 1.

[24] DEN HARTOG, J. P. *Mechanical Vibrations.* New York, McGraw-Hill Book Company Inc., 1959.

[25] TIMOSHENKO, S. e YOUNG, D. *Vibration Problems in Engineering.* New Jersey, D. Van Nostrand Company Inc., 1956.

[26] VAN SANTEN, G. W. *Mechanical Vibration.* Eindhoven (Holland), Philips Technical Library, 1958.

[27] HÄRTEL, W., et alli. *Lichtstrahl Oszilographen.* München, R. Oldenbourg, 1961.

[28] FERRARESI, D. "Medida dinâmica da fôrça de corte no torneamento". *Revista CAASO*, São Carlos, 1(1): 41-66, 1965.

[29] HÜBNER, E. *Technische Schwingungslehre in ihrer Grundzügen.* Berlin, Springer Verlag, 1957.

[30] PIPES, L. A. *Matemáticas aplicadas para ingenieros y físicos* (trad.) McGraw-Hill Book Co. Inc., New York, 1963.

[31] MATHER R. *Physique des vibrations mécaniques.* Dunod, Paris, 1963.

[32] CHURCHILL, R. V. *Modern Operational Mathematics in Engineering.* McGraw-Hill Book Co. Inc., New York, 1944.

VII

MATERIAIS PARA FERRAMENTAS

Prof. Dr. Eng.º VICENTE CHIAVERINI*

7.1 — INTRODUÇÃO

A *ferramenta* foi um dos primeiros instrumentos a ser utilizado pelo homem, desde eras pré-históricas. Fôssem feitas de pedra ou de madeira, constituíam para o ser humano uma espécie de suplemento à fôrça de suas mãos e de seus braços, de modo a permitir-lhe a realização de tarefas pacíficas — *lavrar a terra, cortar e conformar substâncias úteis à sua vida* — de modo mais eficiente e conferir-lhe maior segurança para defender-se contra o meio ambiente que lhe era, de modo geral, adverso. Com o tempo, foi aperfeiçoando a qualidade dos materiais utilizados na fabricação dêsses instrumentos, pela utilização de madeiras cada vez mais duras, pedras mais rijas e melhor afiadas, até atingir-se a idade dos metais, quando utilizou pela primeira vez o cobre e aprendeu, quase que instintivamente, a torná-lo mais duro pelo martelamento a frio.

É inegável que o ponto culminante dessa paulatina transformação dos utensílios utilizados como ferramentas a instrumentos cada vez mais eficientes foi quando, de modo acidental provàvelmente, se conseguiu extrair o ferro do seu minério e, principalmente, quando se obteve, a partir dêsse metal, o aço. Outra data importante, que não se tem conseguido precisar, é a que corresponde à arte de temperar os aços pelo seu resfriamento em água, depois de aquecido a temperaturas elevadas, passo êsse igualmente de grande significado para o desenvolvimento e emprêgo de materiais para ferramentas.

Famosos na Antiguidade eram os aços de *Damasco* — fabricados por fusão — que datam de 300 a. C. Sua fama atingiu o mundo ocidental através dos cruzados e chegou, muito tempo depois, até a Espanha, onde foram reproduzidos em *Toledo*, cujos aços se tornaram tão famosos quanto os originários da *Síria*.

---

* Professor Catedrático da Cadeira de Tecnologia e Materiais de Construção Mecânica da Escola Politécnica da Universidade de São Paulo.

278 FUNDAMENTOS DA USINAGEM DOS METAIS

Admite-se que durante a Idade Média — época muito obscura da história da humanidade — se obtivesse um ferro carbonetado pelo seu aquecimento em contato com carvão de madeira, resultando num produto que podia ser endurecido por resfriamento em água.

ROBERT MUSHET [1], em 1868, talvez tenha sido o responsável pela contribuição decisiva na fabricação de aços a serem eventualmente utilizados em ferramentas. MUSHET, de fato, pela primeira vez admitiu que a adição de certos elementos de liga, em particular o manganês, poderia tornar o aço mais duro. Continuando suas experiências, verificou que determinado tipo de aço — que revelou posteriormente a presença de tungstênio — tinha a propriedade de endurecer, depois de aquecido e deixado resfriar normalmente, sem, portanto, o resfriamento em água, processo que vinha sendo utilizado há séculos.

Em 1898 surgiu outra importante contribuição no setor dos materiais para ferramentas, devida a FRED W. TAYLOR [2], o qual, juntamente com WHITE e outros, nas oficinas da *Bethlehem Steel Corporation,* após inúmeras experiências tentando obter aços que permitissem condições de usinagem cada vez mais severas — visando, em outras palavras, aumentar o rendimento de fabricação — chegou ao desenvolvimento de um tipo de aço recomendável para ferramentas de corte, contendo 1,85% C, 3,80% Cr e 8% W; mais tarde (1903), desenvolveu um aço contendo 0,70% C e pelo menos 14% W, ou seja, um protótipo dos modernos *aços rápidos.*

Em 1906 foi introduzido o processo de fabricação de aço em forno elétrico, permitindo, como é óbvio, o aperfeiçoamento não só do processo de fabricação como também do contrôle de qualidade. Novos elementos de liga — como vanádio e cobalto — foram introduzidos, chegando-se ao desenvolvimento, em 1939 [1] — devido a J. P. GILL — dos aços *super-rápidos,* com altos teores de carbono e vanádio.

Ao mesmo tempo em que se aperfeiçoavam os aços para emprêgo em ferramentas, outros materiais se desenvolviam no mesmo sentido. Em 1941, HAYNES [1] introduzia uma liga fundida, baseada em tungstênio, cromo e cobalto, de baixa usinabilidade e dureza muito elevada, com excelentes propriedades de corte, possibilitando, pois, usinar-se com maiores velocidades de corte do que as admitidas pelos aços rápidos.

Mais ou menos na mesma época, H. VOIGTLANDER e H. LOHMANN [3] requeriam, na Alemanha, uma patente relativa à fabricação de materiais para ferramentas de corte e para matrizes de estiramento, baseados em pós de carboneto de tungstênio, carboneto de molibdênio ou mistura de ambos, comprimidos e sinterizados, empregando, pois, processos de *metalurgia do pó;* originavam-se assim os carbonetos de tungstênio sinterizados, ou *metais duros,* que iriam provocar verdadeira revolução nos métodos de usinagem. SCHROTER e SKAUPY, entre outros, muito contribuíram para o êxito do nôvo

MATERIAIS PARA FERRAMENTAS

material, através de estudos e modificações das misturas originais. Baseada nas patentes de LOHMANN e SCHROTER, a emprêsa *Fredrich Krupp A. G.* iniciou, em 1926, a primeira produção industrial de metal duro, com a marca *Widia* (de *wie Diamant* — "como o diamante"). Nos Estados Unidos, essas patentes foram cedidas à *General Electric Company* que, em 1928, lançava no mercado americano o metal duro de marca *Carboloy*. Quase na mesma época, a *Firth Sterling Inc.*, de Pittsburgh, iniciava a fabricação do metal duro *Firthite*.

Êsse material sofreu uma série de evoluções e melhoramentos, sob o ponto de vista de aplicabilidade às diversas ligas metálicas e com o objetivo de aumentar as velocidades de corte. Os primeiros tipos de metal duro desenvolvidos apresentavam sòmente carboneto de tungstênio e cobalto, êste último, como se verá mais adiante, funcionando como metal ligador das partículas extremamente duras do carboneto de tungstênio. Tais composições mostraram-se de grande eficiência na fabricação de matrizes de estiramento e trefilação e no emprêgo em ferramentas de corte destinadas a usinar metais e ligas que apresentavam cavaco curto, como o ferro fundido, ou materiais não metálicos. Apresentavam, entretanto, resultados pouco satisfatórios, quando empregadas na usinagem de materiais que formavam cavacos longos e dúteis como o aço. Nessas condições, houve necessidade de criar-se novos tipos de metal duro. A partir de 1930, graças ao trabalho de inúmeros especialistas — SCHROTER, AGTE, WOLFF, KELLEY, COMSTOCK, MCKENNA, SCHWARTZKOPF, entre outros — surgiram as chamadas classes de metal duro mais complexas, contendo além do carboneto de tungstênio e cobalto, outros carbonetos, como de tântalo, nióbio e titânio, permitindo a usinagem dos materiais de cavacos longos e a utilização de velocidades de corte da ordem de 300m/min ou mais.

Durante a Segunda Guerra Mundial, os inglêses, utilizando um nôvo tipo de material, que aparentemente já havia sido estudado antes na Alemanha e na União Soviética, obtiveram resultados surpreendentes na usinagem. Êsse material, baseado em óxidos cerâmicos — *essencialmente óxido de alumínio* — permitiu velocidades de corte que ultrapassaram de muito aquelas possibilitadas pelo metal duro. Entretanto, embora tais materiais sejam correntemente fabricados, apresentam certos inconvenientes, como se verá mais adiante, de modo que seu emprêgo é restrito a aplicações muito especiais.

7.2 — CLASSIFICAÇÃO DOS MATERIAIS PARA FERRAMENTAS

Não há uma classificação geral de materiais para ferramentas. Entretanto, em vista da ordem cronológica do seu desenvolvimento e com base nos seus característicos químicos, êles podem ser agrupados da seguinte maneira:

> aços-carbono, sem elementos de liga ou com baixos teores de liga;
> aços rápidos;

280 FUNDAMENTOS DA USINAGEM DOS METAIS

ligas fundidas;
metal duro;
materiais cerâmicos.

Os mais usados são os aços rápidos e o metal duro, embora as ligas fundidas encontrem aplicações em certos setores onde se procura um material mais duro que o aço rápido e menos frágil ou mais tenaz que o metal duro.

Outros materiais para ferramentas que poderiam ainda ser considerados são o *diamante* e os *cermet*, êstes últimos um misto de metal e material cerâmico. Ambos têm emprêgo limitado a casos muito especiais, inclusive com resultados práticos discutíveis, sobretudo no caso dos chamados *cermet*.

É óbvio que a seleção de um material para ser utilizado em uma ferramenta de corte depende de uma série de fatôres, entre os quais podem ser mencionados os seguintes [1]:

material a ser usinado
natureza da operação de usinagem
condição da máquina operatriz
forma e dimensões da própria ferramenta
custo do material para a ferramenta
emprêgo de refrigeração ou lubrificação, etc.

Outro fator que não deve ser esquecido é a experiência prévia, que às vêzes prepondera sôbre os outros, embora ìntimamente dependente dêles.

Os materiais para ferramentas que, até o momento, constituem os grupos mais importantes são os *aços rápidos* e o *metal duro*.
Em tonelagem, o aço rápido representa ainda a maior parcela, pois reúne uma série de requisitos — como altas durezas a frio e a elevadas temperaturas, tenacidade, etc. — além de poder ser forjado, laminado, usinado, etc., que o tornam preferido em inúmeras aplicações de usinagem, em grande número de substâncias utilizadas na engenharia e na indústria.

Segue-se o metal duro que se aplica na maioria das operações de usinagem de pràticamente tôdas as ligas metálicas conhecidas, desde o latão mole até o ferro fundido branco com dureza Rockwell 60 C ou aços temperados impossíveis de serem usinados por aços rápidos ou ligas fundidas, além de grande variedade de substâncias não-metálicas. Além disso, os relativamente recentes desenvolvimentos tecnológicos em relação a êstes materiais possibilitaram a sua fabricação em grande número e variedade de formas e dimensões, assim como a criação de novas classes (ou seja novas *misturas*) tornando, de fato, o metal duro o material de usinagem mais importante.

A maioria dos dados experimentais existentes comparativos sôbre o rendimento dos materiais para ferramentas de corte refere-se aos aços rápidos, metal duro e ligas fundidas.

As figuras 7.1 e 7.2, por exemplo [4], comparam êsses três materiais em função principalmente da velocidade de corte, podendo-se notar que, independentemente do tipo de liga a ser usinada, o metal duro é o material para ferramenta mais eficiente, pois é o que possibilita as velocidades de corte mais elevadas.

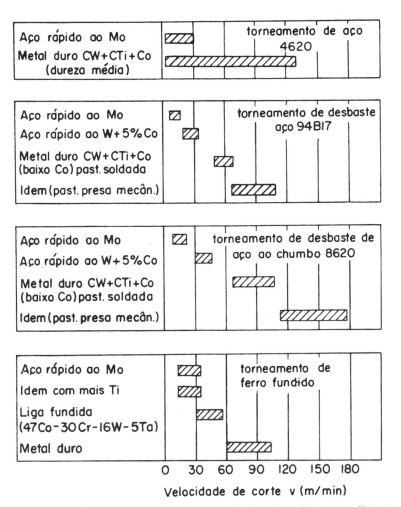

FIG. 7.1 — Dados comparativos das velocidades de máximo rendimento no torneamento de alguns materiais com aço rápido e metal duro.

A tabela VII.1 compara todos os materiais para ferramentas inicialmente citados no que diz respeito ao custo relativo, velocidades de corte típicas e custo de usinàgem.

A tabela VII.2 permite uma comparação detalhada de custo entre o aço rápido, metal duro e material cerâmico, ao usinar, por torneamento, aço SAE 4140 trefilado a frio. As condições dadas são as de tarefas reais,

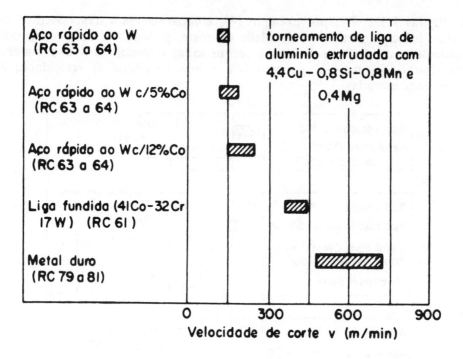

FIG. 7.2 — Dados comparativos das velocidades de máximo rendimento no torneamento de liga de alumínio extrudada (com 4.4 Cu — 0.8 Si — 0.8 Mn e 0.4 Mg) com aço rápido e metal duro.

TABELA VII.1

Custo comparativo de diversos materiais para ferramentas [5]

Material	Custo relativo da ferramenta US$ [1]	Velocidades de corte típicas m/min	Custo de usinagem (US$/pol³) [2]
Aço-carbono	0,10	12	0,25
Aço rápido	0,50	27	0,13
Liga fundida	2,00	45	0,06
Metal duro	5,25	150	0,04
Material cerâmico	12,00	240	0,02

[1] Os preços são típicos para um "bit" quadrado de 3/8", mas variam com a quantidade, qualidade e condições do mercado.

[2] As estimativas de custo de usinagem foram baseadas em condições ideais de operação, usinando-se aço SAE 4140 trefilado a frio, com custo total de mão-de-obra equivalente a US$ 6,00/h.

MATERIAIS PARA FERRAMENTAS   283

onde as ferramentas foram utilizadas com êxito. A quantidade de material
removida durante a vida da ferramenta é obtida pela multiplicação da
velocidade de corte por 12, pelo avanço, pela profundidade de corte e pela
vida da ferramenta. O tempo total inclui não só o tempo empregado
diretamente na usinagem como também o tempo utilizado para reafiar a
ferramenta. O custo da ferramenta por polegada cúbica de metal removido
foi calculado dividindo o custo da ferramenta pelo número de vêzes que a
ferramenta foi reafiada e a seguir pela quantidade de material removido.
A tabela mostra que, com um custo de operação incluindo a mão-de-obra
e despesas indiretas num total de US$ 6,00/h, o material cerâmico é o
mais econômico. Os dados apresentados exigiriam, entretanto, uma análise
mais profunda, pois é preciso lembrar que cada tipo de material para
ferramenta tem seu campo de aplicação mais ou menos particular; no caso
da tabela, numa extremidade temos o aço rápido que é, dos três materiais,
o menos duro, porém o mais tenaz, e na outra extremidade o material
cerâmico, que é o mais duro, mas tão frágil que exige condições de usinagem
e de máquinas-ferramentas muito especiais para que dêle se possa tirar de
fato o melhor rendimento.

O fator máquina operatriz exerce uma influência muito grande: bastaria
lembrar o fato de que o desenvolvimento e o emprêgo de materiais para
ferramentas com durezas efetivas cada vez mais elevadas, possibilitando
maiores velocidades de corte (com o inconveniente porém de fragilidade
crescente à medida que aumenta sua dureza), só foi possível pelo apareci-

TABELA VII.2

Custo comparativo de usinagem com diversos materiais para ferramenta

	Aço rápido	Metal duro	Material cerâmico
Velocidade de corte (m/min)	27	152	245
Avanço (cm/rev) .....'...............	0,33	0,25	0,43
Profundidade de corte (cm)	1,45	1,45	1,45
Vida da ferramenta (min)	60	52	20
Material removido durante a vida da ferramenta (pol. cúbica)	49,4	184	194
Tempo de reafiação da ferramenta (min)	5	15	15
Tempo total (min)	65	67	35
Tempo unitário (min/pol³)	1,32	0,36	0,18
Custo operacional a US$ 6,00/h (US$/ pol. cúbica)	0,132	0,036	0,018
Custo da ferramenta (US$/pol. cúbica)	0,0002	0,002	0,004
Custo total (US$/pol. cúbica)	0,132	0,038	0,022
Custo operacional a US$ 0,60/h (US$/ pol. cúbica)	0,0132	0,0036	0,0018
Custo da ferramenta (US$/pol cúbica)	0,0002	0,0020	0,0040
Custo total (US$/pol. cúbica)	0,0134	0,0056	0,0058

mento de máquinas operatrizes mais rígidas, apresentando concomitantemente a característica de possuírem dispositivos de fixação das ferramentas igualmente muito rígidos.

A influência do fator *material sob usinagem* é, òbviamente, decisiva, pois do tipo de liga metálica ou material a ser submetido à operação de usinagem depende não só a classe de material para ferramenta, dentro de cada um dos grupos citados, como também a própria máquina operatriz, tipo e forma de ferramenta, etc.

O material sob usinagem poderia ser considerado e discutido sob vários ângulos, visto que não é sòmente sua composição química em si que condiciona o tipo de material de ferramenta a ser empregado, mas também outras características que pode apresentar, tais como: estrutura micrográfica, tratamento térmico ou mecânico a que foi submetido, etc.

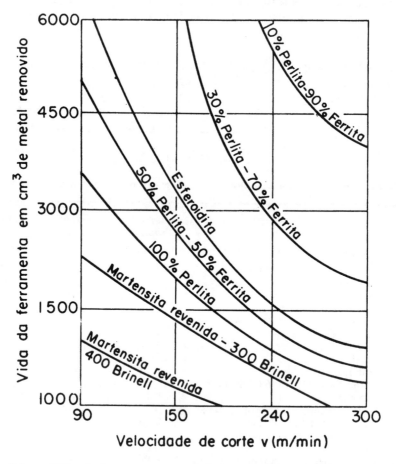

FIG. 7.3 — Vida da ferramenta, em cm³ de material removido, em função da velocidade de corte e da microestrutura dos aços.

MATERIAIS PARA FERRAMENTAS

285

A figura 7.3 [6] relaciona a vida da ferramenta, em cm³ de material removido, com a velocidade de corte (m/min) e a micro-estrutura de aços, notando-se a grande influência desta.

As figuras 7.4 e 7.5 [7] também permitem compreender o efeito da condição do aço e da sua micro-estrutura sôbre a vida da ferramenta.

CONDIÇÃO DO AÇO	Dureza Brinell	Metal removido entre afiações cm³	
Temperado e revenido	300	1890	
Normalizado	192	2700	

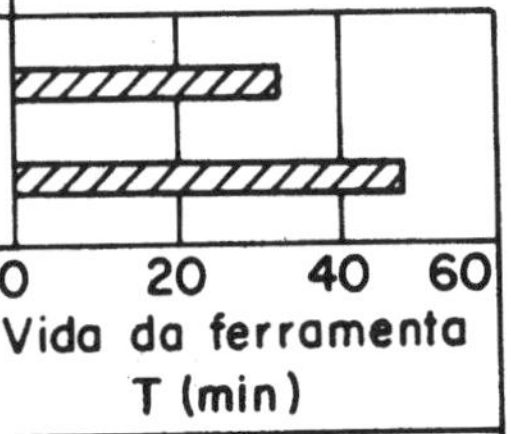

0   20   40   60
Vida da ferramenta
T (min)

CARACTERÍSTICAS DO AÇO E CONDIÇÕES DE USINAGEM	Normalizado	Temp. e rev.
Tipo ABNT	4140	4140
Dureza Brinell	192	300
Microestrutura Perlita %	90	100% de martens. revenida
Ferrita %	10	
Velocidade de corte, m/min	91,5	91,5
Avanço, mm / giro	0,25	0,25
Profundidade de corte, mm	2,5	2,5
Ferramenta	metal duro	

FIG. 7.4 — Efeito da microestrutura do aço ABNT 4140 sôbre a vida da ferramenta, para o caso de torneamento com metal duro.

7.2.1 — Aços-carbono para ferramentas

Neste grupo serão considerados os aços ao carbono com ou sem a adição de pequenos teores de elementos de liga, tais como cromo e vanádio.

Segundo PAYSON [8], no fim do século XIX, a maioria das ferramentas utilizadas empregava aço-carbono, com exceção de uma quantidade relativamente pequena feita do aço temperável ao ar desenvolvido por MUSHET. A partir do início do século XX começaram os aços-liga a substituir os aços-carbono nessa aplicação; mesmo assim, em 1960, de acôrdo com

CONDIÇÃO DO AÇO	Veloc. de corte m/min	Metal removido entre afiações cm³	
Normalizado	91,5	2700	
Recozido	110	3120	
Recozido	91,5	4270	

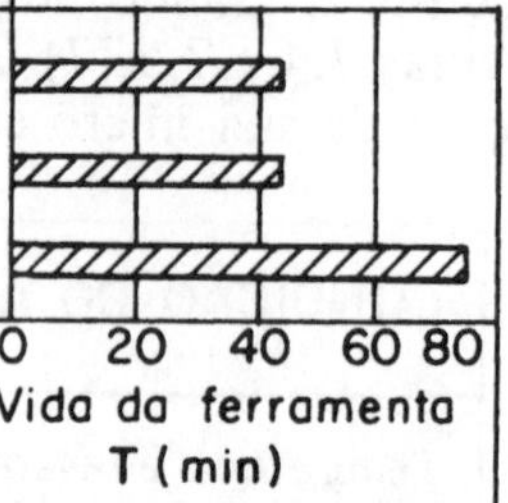

0 20 40 60 80
Vida da ferramenta
T (min)

CARACTERISTICAS DO AÇO E CONDIÇÕES DE USINAGEM	Normalizado	Recozido
Tipo ABNT	4140	4140
Dureza Brinell	192	180
Microestrutura		
Perlita %	90	65
Ferrita %	10	35
Velocidade de corte, m/min	91,5	110
Avanço, mm/giro	0,25	0,25
Profundidade de corte, mm	2,5	2,5
Ferramenta	metal duro	

FIG. 7.5 — Efeito da microestrutura do aço ABNT 4140 sôbre a vida da ferramenta, para o caso de torneamento com metal duro.

PAYSON, da tonelagem total de aço para ferramenta utilizada, cêrca de 11% eram ainda de aço-carbono. Embora, òbviamente, os aços-liga, sobretudo os de alto teor em liga, como os rápidos, sejam indiscutìvelmnete mais eficientes como ferramentas, há razões para explicar por que os aços-carbono ainda desempenham papel tão importante na indústria de ferramentas de corte (e de conformação mecânica também). Essas razões estão relacionadas com as seguintes vantagens que êsses materiais apresentam:

custo mais baixo que os outros materiais para ferramentas;

disponibilidade mais fácil;

usinabilidade melhor;

fáceis de temperar à dureza máxima, pois não exigem temperaturas
   excessivamente elevadas, como o aço rápido, e utilizam um meio de

MATERIAIS PARA FERRAMENTAS   287

têmpera simples, de grande disponibilidade (água), que permite
atingir durezas da ordem de 65 Rockell C;

menos suscetíveis à descarbonetação que qualquer outro aço para
ferramenta;

soldabilidade maior que a de qualquer outro aço para ferramenta;

fáceis de serem endurecidos apenas parcialmente, de modo a ter-se
partes duras e resistentes ao desgaste e partes adjacentes moles e
mais dúcteis e tenazes.

De acôrdo com a classificação da AISI (*American Iron and Steel Institute*),
a qual será adotada no estudo dos aços para ferramentas, os aços-carbono
para ferramentas são classificados de acôrdo com o que mostra a tabela
VII.3.

O carbono é o elemento mais importante, sob o ponto de vista do contrôle
das propriedades do aço. Os dados apresentados a seguir indicam os valôres
relativos de tenacidade e dureza para diferentes teores de carbono [10].

0,50% C — simplesmente tenaz;

0,60% C — muito tenaz, com característicos adequados para têmpera
e revenido; resistente ao choque;

0,70% C — tenacidade excelente e apresentando ainda gume cortante;
resistente ao choque;

0,80% C — tenaz e resistente ao choque;

0,90% C — gume cortante satisfatório, mas tenacidade ainda sendo
um fator importante;

1,00% C — gume cortante e tenacidade aproximadamente idênticos;

1,20% C — grande dureza aliada a certa tenacidade;

1,30% C — grande dureza no gume cortante; a tenacidade é fator
secundário;

1,40% C — o primeiro requisito é a máxima dureza no gume cortante.

Assim sendo, as aplicações dos vários tipos de aços-carbono para ferramentas (e matrizes igualmente) poderiam ser relacionadas da seguinte
maneira [11 e 12]:

aços com carbono até 0,75% — tipo hipo-eutetóide — temperatura
de têmpera mais elevada que os seguintes (de mais alto C) — martelos;
ferramentas de ferreiro; matrizes para forjamento a quente em matrizes;
peças de máquinas resistentes a desgaste moderado; ferramentas para
usinagem de madeira; utensílios agrícolas; etc. — ou seja, aplicações
onde se exige grande tenacidade, a qual é garantida por uma pequena
(relativamente) temperabilidade, aliada à dureza conveniente;

288   FUNDAMENTOS DA USINAGEM DOS METAIS

TABELA VII.3

Aços-carbono para ferramentas [9]

Tipo	Designação AISI	C	Mn	Si	Cr	V
Classe 110 (Ao carbono)						
110	W1	0,60/1,40	0,25	0,25	—	—
Classe 120 (Ao carbono-vanádio)						
120	W2	0,60/1,40	0,25	0,25	—	0,25
121	—	1,00	0,25	0,25	—	0,50
122	W2	0,90	0,40	0,55	—	0,10
Classe 130 (Ao carbono-cromo)						
130	W4	1,00	0,25	0,25	0,10	—
131	W4	1,00	0,25	0,25	0,25	—
132	W5	1,00	0,25	0,25	0,50	—
133	W4	0,90	0,70	0,25	0,25	—
Classe 140 (Ao carbono-cromo-vanádio)						
140	—	1,00	0,25	0,25	0,35	0,20

Os tipos mais usados são os 110 e 120.

aços com carbono entre 0,75 e 0,90% — tipo eutetóide — muito sensível ao superaquecimento — formões; punções; ferramentas pneumáticas; lâminas de tesoura; matrizes para estampagem profunda; matrizes para forjamento rotativo; — ou seja, emprêgo onde se exige superfície dura com tenacidade apreciável, além de certa resistência ao desgaste e boa resistência ao choque;

aços com carbono entre 0,90 e 1,10% — tipo hipereutetóide — fresas; mandris; matrizes para corte; embutimento; estiramento; lâminas de faca; limas; ferramentas para trabalhar madeira, etc.; ou seja, aplicação onde é essencial um gume cortante de grande dureza, boa resistência ao desgaste e relativa tenacidade;

aços com carbono entre 1,10 e 1,40% — muito frágeis, dependendo da forma de apresentar-se a cementita nos contornos dos grãos — ferramentas de tôrno; plaina; brocas; alargadores; matrizes para esti-

MATERIAIS PARA FERRAMENTAS

ramento; navalhas; instrumentos cirúrgicos; cutelaria em geral; ou seja, onde se deseja o gume cortante de máxima dureza e máxima durabilidade, além de resistência ao desgaste elevada.

As considerações acima foram feitas apenas em relação ao teor de carbono, em face da importância dêsse elemento no determinar a dureza e a resistência ao desgaste dos aços.
Os outros elementos de liga presentes nos aços-carbono para ferramentas atuam da seguinte maneira:

silício — normalmente presente como elemento desoxidante; qualquer outro efeito aparece sòmente se seu teor ultrapassa 0,50%;

manganês — igualmente elemento normalmente presente, exerce maior influência que o silício, pois influi na temperabilidade do aço mais do que o silício; essa influência, entretanto, é relativamente pequena, em face do teor normalmente baixo em que o manganês está presente nesses aços;

enxôfre e fósforo — aparecem nesses aços em teores geralmente abaixo de 0,03%, resultando em efeito insignificante sôbre as propriedades do material;

vanádio — adicionado nos aços-carbono para ferramentas até o máximo de 0,50%, apresenta como principal efeito o de impedir o crescimento de grão do aço, devido ao fato de formar-se um carboneto de vanádio muito estável, o qual não se dissolve na austenita às temperaturas normais de tratamento térmico; assim um aço contendo vanádio apresentará uma granulação mais fina acima de aproximadamente 840°C do que o mesmo aço porém sem vanádio; se a temperatura de tratamento térmico é insuficiente para dissolver o carboneto de vanádio presente, em face da granulação fina resultante, o aço apresentar-se-á com temperabilidade inferior à de um aço com o mesmo teor de carbono, porém sem vanádio. Se, entretanto, o aço é aquecido a uma temperatura tal que dissolva o carboneto de vanádio, a presença dêste elemento contribui para a melhora da temperabilidade do aço;

cromo — contribui para melhorar a temperabilidade do aço, sendo portanto indicado para aplicações em que as peças produzidas sejam de dimensões acima das normais; do mesmo modo, a presença de cromo impede a formação de pontos moles em peças de quaisquer dimensões.

A tabela VII.4 relaciona as propriedades mais importantes dos aços-carbono para ferramentas.
A tabela VII.5 apresenta dados de tratamentos térmicos. Nota-se que para todos cs tipos apresentados, o meio de resfriamento após o aquecimento

TABELA VII.4

Classe 100 — Aços-C — Propriedades gerais [9]

Tipo	AISI	Fatôres mais importantes				Fatôres de menor importância			
		Resist. ao desgaste	Tenacidade	Dureza a quente	Dureza de trabalho usual, RC	Profund. de endurecimento	Tamanho de grão Shepherd mais fino à máx. dureza	Dureza superficial no estado temperado, RC	Dureza do núcleo (1" DIA.) RC
110	W 1	2 a 4	3 a 7	1	58 a 65	S	9	65 a 67	38 a 43
120	W 2	2 a 4	3 a 7	1	58 a 65	S	9	65 a 67	38 a 43
121	—	4	3 a 7	1	58 a 65	S	9	65 a 67	38 a 43
122	W 2	3	3 a 7	1	58 a 65	S	9	65 a 67	38 a 43
130	W 4	3 a 4	3 a 7	1	58 a 65	S	9	65 a 67	38 a 43
131	W 4	3 a 4	3 a 7	1	58 a 65	S	9	65 a 67	38 a 43
132	W 5	3 a 4	3 a 7	1	58 a 65	S	9	65 a 67	38 a 43
133	W 4	3	3 a 7	1	58 a 65	S	9	65 a 67	38 a 43
140	—	3	3 a 7	1	58 a 65	S	9	65 a 67	38 a 43

Nota — S = profundidade de endurecimento pequena. Sistema numérico para qualificar característicos: 1 = baixo valor do característico; 9 = alto valor do característico.

MATERIAIS PARA FERRAMENTAS

para a têmpera é a água, daí a designação "W" (de *water hardening*) para êsses aços.

A curva TTT para aço com 1% de carbono mostrada na figura 7.6 revela a necessidade de os mesmos serem resfriados em água, para adquirirem a estrutura martensítica. Entretanto, a pequena profundidade de endurecimento que caracteriza êsses aços — tanto ao carbono como ao carbono-vanádio — é, de certo modo, uma vantagem. De fato, ao temperar-se secções maiores que meia polegada [11], o endurecimento não atingindo o núcleo da secção, resultará uma camada superficial dura combinada com um núcleo tenaz, o que, em determinadas aplicações constitui uma vantagem. Por outro lado, a água, sendo um meio de têmpera muito drástico, pode ocasionar empenamento ou fissuração em peças delgadas ou de formato complexo, com cantos vivos, rasgos de chavetas e peculiaridades de forma similares, de modo que, para êsses casos, deve-se recomendar aços de melhor temperabilidade que permitam um resfriamento em meio menos drástico.

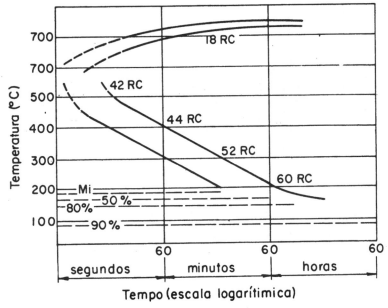

FIG. 7.6 — Curva em C para aço ferramenta com 1% de carbono [10].

Embora a tabela VII.5 apresente dados completos para a realização dos tratamentos térmicos dêsses aços, algumas considerações a mais serão tecidas a seguir:

As peças forjadas de aço-carbono para ferramentas, depois de forjadas, devem ser *normalizadas* — embora não seja êste tratamento térmico abso-

TABELA VII.5

Classe 100 — Aços-C — Dados de tratamentos térmicos

Tipo	AISI	Usinabi-lidade	Meio de resfria-mento	Tempera-tura de têmpera °C	Mudanças dimensio-nais na têmpera	Segurança na têmpera	Sucetibi-lidade à descarbo-nação	Dureza aprox. no estado la-minado ou forjado Brinell	Faixa de tempera-tura de revenido °C	Tempera-tura de recozi-mento °C	Dureza no estado recozido Brinell
110	W 1	9	Água	760/842	Altas	Baixa	Baixa	275	150/343	737/787	159/202
120	W 2	9	Água	760/842	Altas	Baixa	Baixa	275	150/343	737/787	159/202
121	—	9	Água	760/842	Altas	Baixa	Baixa	275	150/343	737/787	163/202
122	W 2	9	Água	760/842	Altas	Baixa	Baixa	275	150/343	737/787	163/202
130	W 4	9	Água	760/842	Altas	Baixa	Baixa	275	150/343	737/787	159/202
131	W 4	9	Água	760/842	Altas	Baixa	Baixa	275	150/343	737/787	159/202
132	W 5	9	Água	760/842	Altas	Baixa	Baixa	275	150/343	737/787	163/202
133	W 4	9	Água	760/842	Altas	Baixa	Baixa	275	150/343	737/787	159/202
140	—	9	Água	760/842	Altas	Baixa	Baixa	275	150/343	737/787	163/202

MATERIAIS PARA FERRAMENTAS

lutamente necessário — a temperaturas ligeiramente acima da linha Acm (figura 7.7), obtendo-se assim uma estrutura mais uniforme, predominantemente perlítica ou com alguma cementita nos contornos dos grãos, dependendo do teor de carbono.

Depois do forjamento e da normalização, ou depois do encruamento, procede-se ao *recozimento,* de modo a garantir-se uma estrutura adequada para permitir usinagem da peça e seu tratamento térmico definitivo. O recozimento é necessário porque, além de colocar o aço em condições de ser usinado, alivia as tensões criadas em tratamentos mecânicos anteriores e produz uma estrutura que reagirá de modo uniforme ao tratamento de têmpera.

Durante o recozimento, para diminuir a oxidação superficial ou prevenir a descarbonetação, o material deve ser protegido, ou utilizando-se fornos de atmosfera controlada ou colocando-se as peças em caixas fechadas contendo uma substância inerte como, por exemplo, areia sêca. O tempo à temperatura depende da secção das peças sob recozimento, adotando-se como regra prática, até 2,5cm de diâmetro da peça, 15 minutos à temperatura, ao passo que para uma peça de 20cm de diâmetro serão necessárias 2,5 horas. O resfriamento da temperatura de recozimento deve ser lento (cêrca de 28ºC por hora, como máxima velocidade de resfriamento) até abaixo de 540ºC, a partir da qual pode-se resfriar mais ràpidamente.

A *têmpera* é, evidentemente, a operação de tratamento térmico mais importante. A figura 7.7 indica a máxima temperatura de têmpera, para a faixa dos aços-carbono para ferramentas. O resfriamento drástico em água ou salmoura é necessário — como já foi mencionado — para impedir a transformação da *austenita* em *perlita,* o que, como se verifica pelo diagrama TTT (figura 7.6), ocorre entre as temperaturas de 700 a 480ºC, com grande rapidez. Evitada essa faixa, ou seja, evitada a formação da *perlita,* a *austenita* remanescente passará a *martensita,* ao atingir a temperatura correspondente à linha M_i. Uma barra de aço de 1 polegada de diâmetro com 1% de carbono, temperada em água, mostrará os seguintes aspectos micrográficos:

1) Na faixa superficial, aparece sòmente a *martensita* com seu aspecto micrográfico típico, ou seja, numerosas placas microscópicas ou agulhas, cada uma das quais se forma da austenita original por um processo de cisalhamento repentino que tem lugar em menos de um milionésimo de segundo. Sua composição química é a mesma que a da austenita original, mas apresenta um reticulado tetragonal centrado, em contraste com o reticulado cúbico centrado da ferrita. Ao contrário da formação da perlita e da bainita, a martensita só se forma quando a temperatura diminui, independentemente, pois, do tempo. A propriedade mais importante da martensita é sua excepcional dureza, a qual, entretanto,

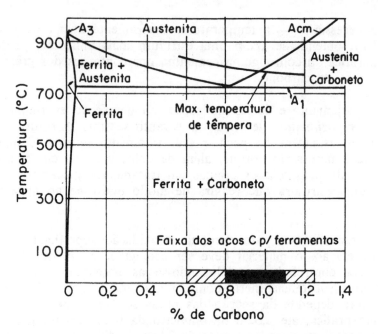

FIG. 7.7 — Vista parcial do diagrama de equilíbrio do F_e — C, mostrando a faixa aproximada de teores de C encontradas nos aços C para ferramentas e as temperaturas de tratamentos térmicos comumente usadas.

depende do teor de carbono. À composição eutetóide a martensita apresenta uma dureza de ROCKWELL C 65, aproximadamente [13]. Em parte essa dureza é uma propriedade intrínseca da martensita, mas em parte também é devida aos empenamentos e distorções extremamente severos que acompanham sua formação, em razão do fato de a martensita apresentar um volume específico maior do que o da austenita da qual se origina. Em resumo, pode-se inclusive dizer que a martensita é uma estrutura meta-estável, correspondente a uma solução sólida super-saturada do carbono no ferro alfa (ferrita, cujo reticulado como se sabe é cúbico centrado).

2) Em direção ao centro, onde a velocidade de resfriamento não é suficientemente rápida para suprimir totalmente a formação de perlita, a estrutura caracteriza-se por apresentar um rendilhado de *perlita fina* em tôrno da martensita originada pela transformação da austenita; a dureza dessa estrutura é geralmente em tôrno de 55 *Rockwell C.*

3) Finalmente, no centro da secção da barra de 1 polegada de diâmetro, encontra-se apenas *perlita fina,* apresentando dureza numa faixa de variação de *Rockwell* C 35 a 45.

Cumpre assinalar, ainda, que a estrutura da zona inteiramente endurecida de aço- carbono para ferramenta não é, a rigor, totalmente martensítica,

MATERIAIS PARA FERRAMENTAS

visto que além do excesso de carboneto que não se dissolveu na temperatura de austenitização, verifica-se a presença de certa quantidade de *austenita retida,* ou seja, austenita que não se transformou durante o processo de resfriamento. A quantidade assim como a estabilidade dessa austenita retida podem influenciar as propriedades do aço, não só no que se relaciona com a dureza que pode sofrer uma queda de 2 a 4 pontos *Rockwell* C, como também na sua estabilidade dimensional [9]. Por outro lado, como o carbono apenas não oferece condições para um endurecimento total — ou seja, para a melhor temperabilidade — a adição dos elementos vanádio e um contrôle adequado do teor de manganês asseguram aquela temperabilidade necessária para o endurecimento fazer-se sentir a uma maior profundidade, tornando, como já se mencionou, essas composições com baixos teores de vanádio e cromo, mais indicadas para peças de secções maiores.

No estado temperado o aço é muito duro, frágil, e caracteriza-se por apresentar tensões internas residuais apreciáveis. Por êsse motivo visando a corrigir a excessiva dureza e conseqüente elevada fragilidade, e visando ainda a aliviar ou eliminar as tensões internas, procede-se ao *revenido,* durante o qual as tensões são alividas, a dureza cai, carbonetos residuais são precipitados e a tenacidade melhora. Alguns característicos físicos são também afetados pelo revenido: assim, as condutividades térmica e elétrica aumentam, o volume diminui gradualmente e a densidade aumenta. O revenido pode ser dividido em três estágios:

no primeiro estágio, até temperaturas de aproximadamente 200°C, ocorre a decomposição da martensita numa martensita de baixo carbono (contendo cêrca de 0,25% C) [9] e num carboneto de ferro denominado *epsilon;* êste último se precipita na forma de películas nos subgrãos da martensita; nos aços contendo mais do que 0,8% de C, êste primeiro estágio do revenido resulta numa ligeira queda da dureza, queda essa que se torna mais rápida na última parte dêsse estágio;

no segundo estágio, entre 200°C e cêrca de 315°C, verifica-se decomposição da austenita retida em bainita, e a dureza continua a diminuir, agora mais acentuadamente; neste estágio, ao contrário do que ocorre no primeiro, o volume específico aumenta;

no terceiro estágio, entre 200° e 650°C — portanto abrangendo, na sua parte inicial o segundo estágio, o carboneto epsilon e a martensita de baixo carbono (0,25% C) reagem formando ferrita mais cementita, resultando em queda mais rápida da dureza. Mesmo depois do desaparecimento total do carboneto epsilon, a cementita continua a precipitar-se, esvaziando ou empobrecendo a matriz ferrítica de carbono, provocando contínuo amolecimento do material. À medida que se eleva a temperatura de revenido, ocorre *esferoidização da cementita,* que causa ulterior queda da dureza. Entre 230° e 290°C nota-se queda repentina da plasticidade do aço, à qual se associa uma acentuada queda da tenacidade, revelada pelo ensaio de choque por torção. Com temperaturas mais elevadas de revenido, essa propriedade se restabelece. O fenômeno da queda da tenacidade nessa faixa, por assim dizer crítica de revenido, foi durante certo tempo atribuído a uma decomposição da austenita retida ou a uma *coagulação* das partículas de carboneto num certo tamanho crítico. Estudos mais recentes sugerem a formação de películas de cementita nos contornos da martensita, durante a primeira parte do terceiro estágio de revenido, causando a chamada *fragilidade* a 260ºC.

Como se vê pelo exame da tabela VII.5, os tratamentos térmicos dos aços-carbono para ferramentas contendo vanádio, cromo ou vanádio-cromo, são pràticamente os mesmos que no caso dos aços contendo apenas carbono. As faixas de temperatura notadas na tabela, para a têmpera, são devidas ao teor de carbono, que, como se viu, pode variar largamente. As temperaturas de revenido, dentro da faixa de temperaturas indicada na tabela, dependem da dureza final desejada.

7.2.2 — Aços rápidos

7.2.2.1 — Introdução

Antes de entrar-se na descrição detalhada dos aços rápidos, que são os melhores tipos de aços para ferramentas, é de tôda a conveniência fazer uma recapitulação dos efeitos dos elementos de liga nos aços, em vista do fato de que os aços rápidos são ligas Fe-C altamente ligadas.

Como se sabe, no estado recozido, os aços são constituídos de ferrita e carbonetos. A ferrita é a forma alotrópica alfa do ferro, podendo manter em solução ou não determinados elementos de liga. Nos aços-carbono comuns, a ferrita é pràticamente constituída de 100% de ferro, mas nos aços-liga ela pode conter em solução Mn, Si, Ni, Cr e Co. Por seu turno, o carboneto pode ser simplesmente a cementita — Fe_3C — ou esta mesma cementita contendo alguns dos elementos formadores de carbonetos (Cr, V, W e Mo) em solução ou pode ser um ou vários carbonetos de liga, tais como Cr_7C_3, $Cr_{23}C_6$, V_4C_3, Fe_4W_2C, Fe_4Mo_2C. Quando o aço contém vários elementos formadores de carbonetos, o carboneto de liga poderá conter mais do que um dêsses elementos. Por exemplo, o carboneto duplo Fe_4W_2C poderá conter Mo, Cr e V e o carboneto de vanádio V_4C_3 poderá conter Cr, W e Mo. Quando os carbonetos contêm vários dos elementos de liga, êles são normalmente designados por M_6C ou M_4C_3, onde M representa os átomos metálicos do carboneto.

De qualquer modo, os elementos de liga afetam a resistência mecânica e a dureza dos aços recozidos, através das seguintes ações:

promoção do endurecimento da ferita por solução sólida, como se verifica pela análise do gráfico da figura 7.8, onde se tem a variação da dureza Brinell do ferro puro (sem carbono) em função de determinados elementos de liga;

aumento da quantidade de partículas finas de carboneto na estrutura, o que, por seu turno, produz um fortalecimento por endurecimento por dispersão, além de produzir uma granulação mais fina da ferrita;

mudança da natureza da fase carboneto: carbonetos de liga mais abrasivos estão presentes.

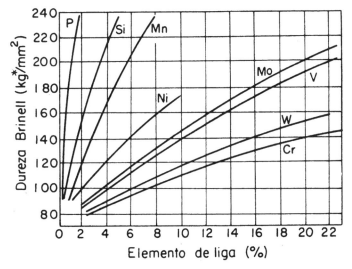

Fig. 7.8 — Efeitos prováveis de endurecimento de vários elementos de liga, quando dissolvidos em ferro puro (A dureza do ferro puro é equivalente a 70 Brinell) [9].

Como se vê pela figura 7.8, o cromo é o elemento menos eficiente no sentido de fortalecer e endurecer a ferrita, por solução sólida, seguindo-se o tungstênio, vanádio, molibdênio, o níquel, o manganês, o silício e o fósforo. Dos elementos de liga comumente adicionados nos aços, o efeito mais pronunciado é devido ao silício.

No que se refere aos carbonetos especiais que podem ser encontrados nos aços para ferramentas, a tabela VII.6 apresenta a dureza de alguns dêles conforme determinações feitas por Tarasov e Leckie-Ewing. Nota-se que todos os carbonetos especiais indicados apresentam dureza superior à da cementita. Por outro lado, verifica-se que, à medida que a quantidade dêsses carbonetos cresce, a usinabilidade do material decresce, o que constitui fator positivo no sentido da utilização dos materiais correspondentes em ferramentas de corte.

298   FUNDAMENTOS DA USINAGEM DOS METAIS

TABELA VII.6

Dureza de carbonetos normalmente encontrados em materiais para ferramentas [9]

Material	Dureza Knoop média	Material	Dureza Rockwell média C
Aço para ferramenta temperável em óleo (de dureza RC 60,5)	790	Matriz de aço rápido temperado	66,0
Cementita (no aço para ferramenta ao carbono)	1150	Carboneto de Fe-W-Mo (Fe, W, Mo)$_6$C em aço rápido	75,2
Carboneto de cromo, Cr$_7$C$_3$ no aço de alto Cr e alto C	1820	Carboneto de tungstênio em metal duro	82,5
Óxido de alumínio em rebôlos de retificação ...	2440	Carboneto de vanádio VC em ao rápido de altos C e V.............	84,5
Carboneto de vanádio VC em aços de altos C e V	2520		

Resumindo, poder-se-ia dizer que, quando adicionados em aços simplesmente ao carbono, os elementos de liga produzem um ou vários dos seguintes efeitos:

maior resistência mecânica em secções maiores;
menor empenamento na têmpera;
maior resistência à abrasão, a mesma dureza;
maior tenacidade, a mesma dureza, em secções pequenas;
maior dureza e resistência mecânica às temperaturas mais elevadas.

Êsses efeitos são resultantes da ação dos elementos de liga sôbre a ferrita e no que diz respeito à formação de carbonetos complexos, além da sua influência sôbre o tamanho de grão austenítico. Em outras palavras, pela introdução de elementos de liga, há uma modificação na composição da austenita, à temperatura de têmpera, assim como na composição e quantidade de carbonetos; em conseqüência verifica-se restrição para o crescimento dos grãos, aumento da temperabilidade e, como se verá mais detalhadamente. crescente resistência à ação do revenido.

MATERIAIS PARA FERRAMENTAS

A maior resistência mecânica em secção maiores é obtida porque a temperabilidade ou a profundidade de edurecimento aumenta com a presença de elementos de liga. Os diversos elementos de liga dissolvidos na austenita pelo aquecimento, antes do resfriamento da têmpera, aumentam a temperabilidade dos aços na seguinte ordem aproximada ascendente [14]: Ni, Si, Mn, Cr, Mo, V e B. Convém ressaltar que, para que o elemento de liga aumente a temperabilidade, é preciso que êle se dissolva na austenita, porque então durante o resfriamento a transformação da austenita em perlita será retardada, ou seja, as curvas em C se deslocam para direita, facilitando a formação da martensita. Assim, os elementos que possuem forte tendência a formar carbonetos — como o Mo e o V — estão evidentemente presentes de modo predominante na fase de carbonetos e se dissolvem na austenita. sòmente com temperaturas de austenitização muito elevadas, de modo que para atuação eficiente no sentido de melhorar a temperabilidade é preciso aquecer êsses aços a temperaturas tais que permitam uma dissolução em proporção conveniente dos carbonetos na austenita.

O menor empenamento na têmpera, pela presença de elementos de liga, se deve ao fato da maior temperabilidade também dos aços, o que permite o emprêgo de meios menos drásticos de resfriamento.

A maior resistência à abrasão deve-se à presença de carbonetos complexos de grande dureza, estabilidade e resistência ao desgaste que os elementos de liga formam.

Os elementos de liga conferem maior tenacidade, a mesma dureza, em pequenas secções, porque produzem aços de granulação mais fina, porque o resfriamento na têmpera menos drástico diminui as tensões internas e ainda porque, quando estas existem, elas são mais fàcilmente aliviadas ou eliminadas, pela possibilidade de empregar-se maiores temperaturas de revenido sem perda apreciável da dureza.

Finalmente, *a maior dureza e maior resistência mecânica às temperaturas mais elevadas* são devidas à relutância dos carbonetos de liga coalescerem. quando submetidos às condições críticas de serviço peculiares das ferramentas de corte.

Como resumo, indica-se na tabela VII.7 a capacidade dos elementos de liga conferirem características especiais aos aços para ferramentas, em ordem decrescente de influência [9].

A indicação da tabela VII.7 é necessàriamente aproximada, podendo um ou outro dos elementos incluídos se deslocarem de posição, visto que certas combinações de ligas conferem um conjunto nôvo e singular de propriedades aos aços.

300 FUNDAMENTOS DA USINAGEM DOS METAIS

TABELA VII.7

Influência de elementos de liga sôbre os característicos fundamentais dos aços para ferramentas

Características	Elementos de liga
Dureza a quente	W, Mo, Co (com W ou Mo), V, Cr, Mn
Resistência ao desgaste	V, W, Mo, Cr, Mn
Profundidade de endurecimento	B, V, Mo, Cr, Mn, Si, Ni
Empenamento mínimo	Mo (com Cr), Cr, Mn
Aumento da tenacidade pelo refino do grão	V, W, Mo, Mn, Cr

7.2.2.2 — Fatôres de que depende a seleção de aços para ferramentas

Qualquer que seja o material para ferramenta em consideração, pelo que já foi exposto, é necessário que êle apresente uma série de requisitos, de maior ou menor importância, cuja avaliação facilitará a sua seleção em função das condições de serviço.

No caso particular dos aços para ferramentas, em face das considerações feitas até o momento, os requisitos são:

a) resistência ao desgaste;
b) dureza a quente;
c) tenacidade;
d) dureza em serviço, relacionada principalmente ao limite elástico;
e) profundidade de endurecimento, relacionada principalmente com as tensões internas que se podem desenvolver;
f) tamanho de grão.

Como critério para a seleção de aços para ferramentas, pode-se atribuir a êsses característicos valôres relativos, representados por números ou letras [9], a saber: para os requisitos *a, b* e *c* acima, considerados de maior importância, pode-se estabelecer um sistema numérico variando de 1 a 9, o menor algarismo indicando baixo valor para o requisito considerado e o algarismo 9 indicando alto valor. Para os requisitos *d, e* e *f*, pode-se adotar o sistema baseado na dureza ROCKWELL C (requisito *d*), nas letras S (pequena), M (média) e D (grande) — para o requisito *e* — e nos números correspondentes à fratura SHEPHERD para o característico *f* — tamanho de grão. A tabela VII.8 resume as propriedades e demonstra o critério acima indicado para os tipos mais importantes de aços para ferramentas — aços-carbono (já estudados) da classe 100, aços rápidos da classe (600), e aços semi-rápidos (da classe 360).

De qualquer modo, no caso das três classes mencionadas de aços para ferramentas, pode-se resumir, como requisitos exigidos, os seguintes:

MATERIAIS PARA FERRAMENTAS

TABELA VII.8

Critérios de avaliação dos características fundamentais dos aços para ferramentas [9]

Classe	Designação AISI	Tipo	Resistência ao desgaste	Tenacidade	Dureza a quente	Dureza de serviço usual RC	Profundidade de endurecimento	Usinabilidade	Meio de resfriamento	Temperatura de têmpera °C	Faixa de Dureza no estado recozido Brinell
100	W	Aços-C	2 a 4*	3 a 7**	1	58 a 65	S	9	Água	760 a 852°	159 a 202
600	T ou M	Rápido	7 a 9	1 a 3	8 a 9	63 a 68	D	1 a 5	Sal, óleo, ar	1190° a 1300°	207 a 277
360	M	Semi-rápido	6	3	6	61 a 64	D	5 a 6	Sal, óleo, ar	1060° a 1180°	207 a 235

* Depende do teor de carbono.

** 6 e 7 se temperado a pequena profundidade; 2 a 4 se totalmente endurecido.

302 FUNDAMENTOS DA USINAGEM DOS METAIS

de maior importância — resistência ao desgaste e dureza a quente, ou seja, resistência ao amolecimento pelo calor;
de menor importância — tenacidade e capacidade de serem retificados.

Numèricamente, as propriedades que devem ser procuradas são as seguintes:

resistência ao desgaste — 4 a 8 para cortes leves e velocidades baixas; 7 a 9 para cortes profundos e velocidades altas;
tenacidade — 1 a 3 para cortes leves e velocidades baixas; 1 a 3 para cortes profundos e velocidades altas;
dureza a quente — 1 a 6 para cortes leves e velocidades baixas; 8 a 9 para cortes profundos e velocidades altas.

Do que se conclui, como seria de esperar-se, que para ferramentas de corte a classe que de fato se recomenda é a dos *aços rápidos* (classe 600).

7.2.2.3 — Classificação dos aços rápidos

De acôrdo com o *American Iron and Steel Institute,* os aços rápidos são agrupados em seis classes:

classe 610 — ao tungstênio
classe 620 — ao tungstênio-cobalto
classe 630 — ao molibdênio
classe 640 — ao molibdênio-cobalto
classe 650 — ao tugnstênio-molibdênio
classe 660 — ao tungstênio-molibdênio-cobalto

A tabela VII.9 mostra as composições respectivas com a designação AISI correspondente.

Essa tabela mostra a grande variedade de composições existentes, assim como a diversidade de elementos de liga presentes em teores os mais variados. Tais elementos de liga, como já se teve oportunidade de afirmar, formam carbonetos complexos que, em parte, são responsáveis pelos excelentes característicos de resistência ao desgaste e dureza a quente dêsses materiais.

Êsses carbonetos foram analisados por métodos de raios X, que mostraram que êles de fato consistem de várias fases [9]. Para facilitar sua identificação, nas suas fórmulas são empregadas a letra "M", a qual representa a soma dos átomos dos metais presentes (W, Mo, V e Fe). Êsses carbonetos são os seguintes:

um carboneto rico em W ou Mo — M_6C — correspondente ao carboneto complexo de reticulado cúbico de face centrada de compo-

TABELA VII.9

Classificação dos aços rápidos segundo o "American Iron and Steel Institute" (AISI)

Classe	AISI	C	Mn	Si	Cr	V	W	Mo	Co	Outros
Classe 610 (tipos ao tungstênio)										
610	T 1	0,70/0,75	0,10/0,40	0,10/0,40	4,00/4,10	1,00/1,20	18,00/18,25	0,70 (opc.)	—	—
611	T 2	0,80/0,85	0,10/0,40	0,10/0,40	4,00/4,25	2,00/2,15	18,00/18,50	0,50/0,75 (opc.)	—	—
612	T 2	0,95/0,98	0,10/0,40	0,10/0,40	4,00/4,25	2,00/2,15	18,00/18,50	0,50/0,75 (opc.)	—	—
613	—	0,97/1,03	0,10/0,40	0,10/0,40	3,75/4,25	2,80/3,20	13,50/14,50	0,65/0,85	—	—
614	—	1,08/1,13	0,10/0,40	0,10/0,40	4,00/4,25	2,90/3,30	18,00/18,50	0,70/0,90	—	—
615	T 9	1,22/1,28	0,10/0,40	0,10/0,40	3,75/4,25	3,75/4,25	18,00/18,50	0,75	—	—
616	T 7	0,70/0,75	0,10/0,40	0,10/0,40	4,50/5,00	1,50/1,80	13,50/14,50	— (opc.)	—	—
Classe 620 (tipos ao W — Co)										
620	T 4	0,70/0,75	0,10/0,40	0,10/0,40	4,00/4,50	1,00/1,25	18,00/19,00	0,60/0,70 (opc.)	4,75/5,25	—
621	T 5	0,77/0,85	0,10/0,40	0,10/0,40	4,00/4,50	1,85/2,00	18,50/19,00	0,65/1,00 (opc.)	7,60/9,00	—
622	T 6	0,75/0,85	0,10/0,40	0,10/0,40	4,00/4,50	1,60/2,00	18,75/20,50	0,60/0,80 (opc.)	11,50/12,25	—
623	T 15	1,50/1,60	0,10/0,40	0,10/0,40	4,50/4,75	4,75/5,00	12,50/13,50	0,50	4,75/5,25	—
624	T 8	0,75/0,80	0,10/0,40	0,10/0,40	3,75/4,25	2,00/2,25	13,75/14,00	0,75	5,00/5,25	—
Classe 630 (tipos ao Mo)										
630	M 1	0,78/0,85	0,10/0,40	0,10/0,40	3,75/4,00	1,00/1,25	1,50/1,65	8,00/9,00	—	—
631	M 10	0,85/0,90	0,10/0,40	0,10/0,40	4,00/4,25	1,90/2,10	—	8,00/8,50	—	—
632	M 7	0,97/1,03	0,10/0,40	0,10/0,40	3,75/4,00	1,90/2,10	1,50/1,75	8,50/8,75	—	—

TABELA VII.9

Classificação dos aços rápidos segundo o "American Iron and Steel Institute" (AISI) (continuação)

Classe	AISI	C	Mn	Si	Cr	V	W	Mo	Co	
Classe 640 (tipos ao Mo — Co)										
640	M 30	0,80/0,85	0,10/0,40	0,10/0,40	3,75/4,25	1,10/1,40	1,50/1,80	8,25/8,50	4,75/5,25	—
641	M 34	0,87/0,93	0,10/0,40	0,10/0,40	3,50/4,00	1,85/2,25	1,30/1,60	8,45/8,95	8,00/8,50	—
642	—	0,56/0,62	0,10/0,40	0,10/0,40	4,75/5,25	1,10/1,40	—	7,75/8,25	2,30/2,70	0,25 B
643	—	0,55/0,60	0,10/0,40	0,10/0,40	4,00/4,50	1,60/1,90	1,65/1,75	8,15/8,50	8,00/8,50	0,50 B
644	M 33	0,85/0,95	0,10/0,40	0,10/0,40	3,50/4,00	1,00/1,30	1,30/1,70	9,25/9,75	7,75/8,25	—
645	M 33	1,05/1,10	0,10/0,40	0,10/0,40	3,50/4,00	1,05/1,25	1,30/1,70	9,25/9,75	7,75/8,25	—
Classe 650 (tipos ao W — Mo)										
650	M 2	0,80/0,85	0,10/0,40	0,10/0,40	4,00/4,25	1,70/2,10	6,00/6,50	4,75/5,25	—	—
651	M 3 (tipo 1)	1,00/1,10	0,10/0,40	0,10/0,40	4,00/4,25	2,40/2,55	6,00/6,25	5,70/6,25	—	—
652	M 3 (tipo 2)	1,10/1,20	0,10/0,40	0,10/0,40	4,00/4,25	3,00/3,30	5,60/6,25	5,00/6,25	—	—
653	M 4	1,25/1,30	0,10/0,40	0,10/0,40	4,25/4,50	3,75/4,25	5,50/6,00	4,50/4,75	—	—
654	—	0,80/0,85	0,10/0,40	0,10/0,40	4,00/4,50	1,35/1,65	5,25/5,75	4,30/4,70	—	1,10/1,40 Nb
Classe 660 (tipos ao W — Mo — Co)										
660	M 35	0,80/0,85	0,10/0,40	0,10/0,40	3,90/4,40	1,75/2,15	6,15/6,65	4,75/5,25	4,75/5,25	—
661	M 36	0,80/0,90	0,10/0,40	0,10/0,40	3,75/4,25	1,65/2,00	5,50/6,00	4,25/5,25	7,75/9,00	—
662	M 6	0,75/0,80	0,10/0,40	0,10/0,40	3,75/4,25	1,25/1,55	3,75/4,25	4,75/5,25	11,50/12,50	—
663	M 15	1,50/1,60	0,10/0,40	0,10/0,40	4,00/4,75	4,75/5,25	6,25/6,75	3,00/5,00	4,75/5,25	—
664	—	1,20/1,30	0,10/0,40	0,10/0,40	4,00/4,50	4,00/4,50	9,50/10,50	2,30/2,70	5,25/5,75	—
665	—	1,05/1,15	0,10/0,40	0,10/0,40	4,00/4,50	1,80/2,20	6,50/7,00	3,50/4,00	4,75/5,25	—

MATERIAIS PARA FERRAMENTAS 305

sição dentro da faixa Fe_3W_3C a Fe_4W_2C (ou Fe_3Mo_3C a Fe_4Mo_2C), os quais podem manter em solução certa quantidade de Cr, V e Co; um carboneto rico em Cr — $M_{23}C_6$ — correspondente ao carboneto $Cr_{23}C_6$ cúbico de face centrada, que pode manter em solução Fe, W, Mo e V;

um carboneto rico em V — MC correspondente ao carboneto cúbico da face centrada de composição dentro da faixa VC a V_4C_3, os quais podem manter em solução quantidades de W, Mo, Cr e Fe;

um carboneto rico em W ou Mo — M_2C — correspondente ao carboneto W_2C (ou Mo_2C) de reticulado hexagonal, o qual aparentemente aparece sòmente como uma fase de transição durante o revenido.

Além dêsses carbonetos, pode aparecer também um composto intermetálico correspondente à fórmula Fe_3W_2 (ou Fe_3Mo_2) como uma fase em excesso naqueles aços com carbono em quantidade não suficiente para satisfazer o número total de átomos presentes de W, Mo e V.

7.2.2.4 — Efeito dos elementos de liga nos aços rápidos

Como se vê pelo exame das tabelas correspondentes às composições dos aços rápidos, o *carbono* varia de 0,70% a 1,60%. Como é óbvio, quanto menor o teor de carbono, menor a dureza no estado temperado. Do mesmo modo, aumentando o teor de carbono, aumenta a quantidade de carbonetos complexos, melhorando, em conseqüência, a resistência ao desgaste. Por outro lado, quanto mais elevado o teor de carbono, maior a quantidade de austenita retida na têmpera, exigindo temperaturas de revenido mais elevadas e tempos mais longos. O carbono elevado favorece a tendência à descarbonetação, quando não se tomam precauções no sentido de evitá-la. Do mesmo modo, dependendo do teor de carbono inicial e da atmosfera de tratamento térmico utilizado no forno, pode ocorrer uma pequena carbonetação superficial, a qual às vêzes é propositadamente provocada (entre 980° e 1.095°C), para melhorar a dureza superficial. Muito cuidado deve-se tomar nesse fenômeno, pois em certos tipos de ferramentas, como brocas e alargadores, pode-se produzir uma fragilidade indesejável no gume cortante e falhas prematuras.

O *tungstênio* é considerado o principal elemento de liga nos aços rápidos, pois além de predominar nas classes 610 e 620, está presente nas classes 650 e 660 juntamente com o molibdênio e, em menores teores, nas classes 630 e 640. Sua principal ação é conferir a *dureza a quente,* ou seja, característica que faz do aço rápido o principal tipo de aço para ferramentas de corte. O tungstênio forma um carboneto complexo M_6C com o ferro e o carbono, responsável pela alta resistência ao desgaste do aço rápido. Êsse carboneto dissolve-se na austenita sòmente parcialmente, para o que é até necessário que a temperatura de austenitização ultrapasse 980°C. Dissolvido na matriz, o tungstênio apresenta grande resistência a precipitar-se durante o revenido; quando isso acontece — entre temperaturas de 510ºC a 590ºC — o faz provàvelmente sob a forma do carboneto W_2C, que é em grande parte responsável pela chamada *dureza secundária* e pela *dureza à quente* dos aços rápidos. Sòmente depois de ultrapassar no revenido a temperatura de 650ºC, volta a formar-se o carboneto estável M_6C (Fe_4W_2C ou Fe_3W_3C).

A figura 7.9 permite verificar-se a eficiência de corte medida pela *velocidade Taylor** de um aço rápido experimental, contendo 0,64 a 0,69% de C e 6,00 a 6,29% de Cr — em função do teor de W, variável de 6 a 18%.

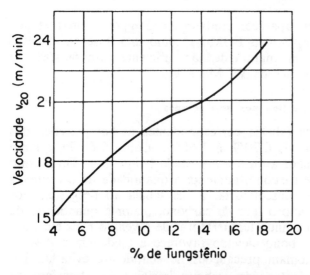

FIG. 7.9 — Influência da porcentagem de tungstênio de um aço rápido sôbre a velocidade de corte, para uma vida da ferramenta de 20 minutos.

O *molibdênio* é utilizado como substituto parcial do tungstênio. Forma, com o Fe e o C, o mesmo tipo de carboneto duplo que o W. Como apresenta pêso atômico menor que o W (cêrca da metade), produzirá duas vêzes mais átomos, quando é adicionado na mesma porcentagem em pêso para ligar-se ao aço. Assim, 1% de Mo pode substituir 1,6 a 2,0% de tungstênio. O molibdênio tem a tendência a causar descarbonetação do aço durante o tratamento térmico, recomendando-se, em conseqüência, o uso de banhos de sal nessa operação. Por outro lado, a austenita residual nos aços rápidos ao Mo é menos estável que nos aços ao W, de modo que temperaturas de revenido cêrca de 15ºC mais baixas devem ser usadas.

O *vanádio,* adicionado inicialmente para remover impurezas da escória e reduzir a quantidade de nitrogênio durante a fusão do aço, resulta também

---

* *Velocidade de Taylor* refere-se ao *processo Taylor* para medir a eficiência de corte e corresponde à determinação da velocidade de corte necessária para uma vida da ferramenta de 20 minutos, sob condições determinadas de avanço e profundidade de corte. Ver definição de vida da ferramenta no Capítulo IX, § 9.1.

MATERIAIS PARA FERRAMENTAS

num aumento da eficiência de corte dos aços rápidos. Note-se, pelo exame das tabelas relativas às composições dos aços rápidos, que à medida que aumenta o teor de vanádio, aumenta igualmente o teor de carbono. Verificou-se, de fato, que aumentando-se apenas o teor de V e mantendo-se o teor de C fixo, acima de uma certa porcentagem de vanádio — entre 2,2 e 4,0% — a dureza do aço no estado temperado cai ràpidamente, o que se deve ao fato dêsses aços de alto V e C relativamente baixo (entre 0,60 a 0,80%) conterem quantidades apreciáveis de ferrita. Experimentalmente, observou-se que para cada 1% de V acrescentado, é preciso aumentar o teor de C de 0,25%, a partir de uma composição básica contendo 0,55% C, 1,00% V ou 0,80 C e 2,00 V. O carboneto formado pelo vanádio é da fórmula MC, que é considerado o carboneto mais duro encontrado nos aços, com dureza superior ao carboneto de cromo, ao carboneto de tungstênio ou ao óxido de alumínio.

Os aços de alto C e alto V são chamados também de *aços super-rápidos,* e são os aços que apresentam a maior resistência ao desgaste entre qualquer material trabalho (correspondente a 9 na representação numérica já explicada). Por essa razão, são maiores as dificuldades de retificação e afiação das ferramentas resultantes. O vanádio igualmente aumenta acentuadamente a dureza a quente dos aços rápidos, fator que, evidentemente, aliado à alta resistência ao desgaste, contribui para melhorar sua capacidade de corte.

O *cromo* está sempre presente nos aços rápidos entre 3,0 e 5,0, normalmente 4%, o que, aparentemente, se justifica por representar o melhor compromisso entre dureza e tenacidade. Juntamente com o carbono, o cromo é o principal responsável pela alta temperabilidade dos aços rápidos, tornando possível seu endurecimento completo, em secções relativamente grandes, mesmo com resfriamento ao ar. O Cr está presente no aço recozido como carboneto da fórmula $Cr_{23}C_6$, que se dissolve antes e completamente a temperaturas de austenitização inferiores a 1.090ºC. Outro efeito do cromo é aparentemente o de reduzir a oxidação e a formação de casca de óxido durante o seu tratamento térmico.

O *cobalto* tem como principal efeito aumentar a dureza a quente, de modo a melhorar a eficiência de corte quando as condições de serviço são tais a causar elevações acentuadas de temperatura. São, pois, os aços rápidos ao cobalto recomendados para cortes de desbaste e profundos, mas não apresentam superioridade em relação aos outros tipos para cortes de acabamento, em que o problema de altas temperaturas não é importante. São aços recomendados para usinagem de materiais que apresentam cavacos descontínuos como ferro fundido ou metais não-ferrosos. O cobalto nos aços rápidos apresenta-se na maior parte dissolvido na matriz de ferro, o que significa o fortalecimento desta e, em conseqüência, justifica a dureza mais elevada à temperatura ambiente e a alta temperatura. Com o cobalto

308 FUNDAMENTOS DA USINAGEM DOS METAIS

aumenta a tendência à descarbonetação durante o tratamento térmico, os aços rápidos ao cobalto devem normalmente sofrer uma retificação mais profunda antes de serem empregados.

Outros elementos de liga têm sido adicionados aos aços rápidos para conferir características especiais: o *enxôfre,* por exemplo, é adicionado em alguns tipos, em teores de 0,07 a 0,17% para melhorar a usinabilidade; o *nióbio* tem sido tentado até 1% como possível adição para diminuir a tendência à descarbonetação nos aços que apresentam êsse fenômeno durante o tratamento térmico; o *titânio* é considerado um elemento promissor, pois forma um carboneto do tipo MC — TiC — mais duro que o VC, além de contribuir para uma granulação mais fina e uma profusão de partículas finas de carboneto; o *boro* pode substituir o carbono nos aços rápidos, e aparentemente contribui para manter a dureza a quente. Para cada 0,10% de redução de C nos aços rápidos ao Mo, deve-se adicionar 0,20% de boro; mais do que 0,25% de boro, entretanto, afeta a forjabilidade do aço e aumenta a sua fragilidade.

7.2.2.5 — Propriedades dos aços rápidos

A tabela VII.10 indica as propriedades gerais dos vários tipos de aços rápidos, considerando-se o sistema numérico já comentado para designar os diversos requisitos.

As propriedades que exercem maior influência sôbre a capacidade de corte são, como já se viu:

> *dureza a quente,* ou seja, capacidade de resistir ao amolecimento a temperaturas elevadas;
>
> *resistência ao desgaste,* ou seja, capacidade da secção da ferramenta que está em contato com a peça sob usinagem de suportar a abrasão a que está submetida;
>
> *tenacidade,* ou seja, adequada combinação de resistência mecânica e ductilidade do material da ferramenta.

Quando se fala em *dureza,* deve-se lembrar que a determinação dessa propriedade à temperatura ambiente é um dos ensaios mais generalizados e úteis para qualificar um aço rápido (assim como a maior parte das ligas metálicas utilizadas na engenharia e na indústria). Entretanto, o valor determinado à temperatura ambiente não é o mesmo que se verifica às altas temperaturas que se desenvolvem devido ao atrito do gume cortante da ferramenta com a peça sob usinagem. Mas, de qualquer modo, a sua determinação serve como verificação dos resultados dos tratamentos térmicos, operação essa de fundamental importância para conferir ao material suas propriedades de corte.

TABELA VII.10

Propriedades gerais dos aços rápidos

Tipo	AISI	Fatôres mais importantes			Dureza de serviço usual RC	Fatôres de menor impôrtância			
		Resist. ao desgaste	Tenacidade	Dureza a quente		Prof. de endurecimento	Tamanho de grão mais fino à máx. Dureza Shepherd	Dureza superficial no estado temperado RC	Dureza do núcleo (1" dia.) RC
Classe 610 — ao tungstênio									
610	T 1	7	3	8	63/66	Grande	9.1/2	64/66	64/66
611	T 2	8	3	8	63/66	"	9.1/2	65/67	65/67
612	T 2	8	2	8	63/66	"	9.1/2	65/67	65/67
613	—	8	2	8	63/66	"	9.1/2	65/67	65/67
614	T 3	8	2	8	63/66	"	9.1/2	64/66	64/66
615	T 9	9	2	8	63/67	"	9.1/2	65/67	65/67
616	T 7	7	2	8	63/65	"	9.1/2	65/67	65/67
Classe 620 — ao tungstênio-cobalto									
620	T 4	7	2	8	63/66	Grande	9.1/2	63/66	63/66
621	T 5	7	1	9	63/66	"	9.1/2	64/66	64/66
622	T 6	8	1	9	63/66	"	9.1/2	64/66	64/66
623	T 15	9	1	9	64/68	"	9.1/2	65/68	65/68
624	T 8	8	2	8	63/66	"	9.1/2	64/66	64/66
Classe 630 — ao molibdênio									
630	M 1	7	3	8	63/66	Grande	9.1/2	64/66	64/66
631	M 10	7	3	8	63/66	"	9.1/2	64/66	64/66
632	M 7	8	3	8	63/66	"	9.1/2	64/66	64/66

TABELA VII.10

Propriedades gerais dos aços rápidos (continuação)

Tipo	AISI	Fatôres mais importantes				Fatôres de menor importância			
		Resist. ao desgaste	Tenacidade	Dureza a quente	Dureza de serviço usual RC	Prof. de endurecimento	Tamanho de grão mais fino à máx. Dureza Shepherd	Dureza superficial no estado temperado RC	Dureza do núcleo (1ª dia.) RC
Classe 640 — ao molibdênio-cobalto									
640	M 30	7	2	8	63/66	Grande	9.1/2	64/66	64/66
641	M 34	8	1	9	63/66	"	9.1/2	64/66	64/66
642	—	8	1	8	63/66	"	8	62/65	62/65
643	—	8	1	9	63/66	"	8	62/65	62/65
644	M 33	8	1	9	66/69	"	9.1/2	64/66	64/66
645	M 33	8	1	9	67/70	"	9.1/2	63/65	63/65
Classe 650 — ao tungstênio-molibdênio									
650	M 2	7	3	8	63/66	Grande	9.1/2	64/66	64/66
651	M 3	8	3	8	63/66	"	9.1/2	64/66	64/66
652	M 3	8	3	8	63/66	"	9.1/2	64/66	64/66
653	M 4	9	3	8	63/66	"	9.1/2	65/67	65/67
654	M 8	7	3	8	63/65	"	9.1/2	64/66	64/66
Classe 660 — ao tungstênio-molibdênio-cobalto									
660	M 35	7	2	8	63/67	Grande	9.1/2	64/66	64/66
661	M 36	7	1	9	63/67	"	9.1/2	64/66	64/66
662	M 6	7	1	9	63/66	"	9.1/2	63/65	63/65
663	M 15	9	1	9	64/68	"	9.1/2	65/68	65/68
664	—	9	2	9	63/67	"	9.1/2	64/66	64/66
665	—	8	1	9	66/69	"	9.1/2	63/65	63/65

Nos aços rápidos, além da composição química, sobretudo do teor de carbono, influem grandemente na dureza as temperaturas e os tempos de têmpera e de revenido.

Quanto maior a *temperatura de têmpera* e o *tempo à temperatura*, tanto maior a dureza do aço temperado. Entretanto, à medida que aumenta o tempo a uma certa temperatura, verifica-se que a dureza atinge um valor limite, o que sugere que as transformações estruturais que ocorrem na temperatura de resfriamento estão pràticamente concluídas, não se verificando mais ulterior solução de carbonetos ou ulterior formação de austenita. Assim sendo, justificam-se as altas temperaturas de austenitização a que são submetidos êsses aços para a têmpera, de modo a conseguir-se a máxima dureza possível. Note-se ainda que a temperatura escolhida deve também ser em função do crescimento de grão.

Por outro lado, outro importante fator que influi na dureza à temperatura ambiente é a *temperatura de revenido*. A tendência geral das curvas de revenido dos aços rápidos está indicada na figura 7.10. A explicação dêsse fenômeno será feita por ocasião do estudo dos tratamentos térmicos dos aços rápidos.

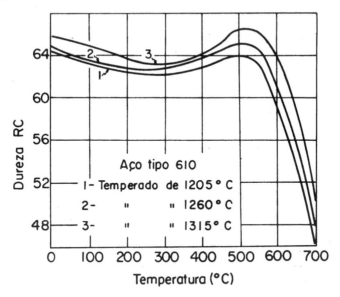

Fig. 7.10 — Efeito da temperatura de revenido sôbre a dureza do aço rápido tipo 610, temperado em várias temperaturas.

Como se nota, há de início uma queda no valor da dureza até uma temperatura de revenido de aproximadamente 300 a 315°C; a partir dêsse ponto, a dureza começa a aumentar gradualmente, atingindo um máximo entre 500 e 550°C aproximadamente; depois, há uma queda brusca da

312 FUNDAMENTOS DA USINAGEM DOS METAIS

dureza, até que a temperatura em tôrno de 650ºC atinge aproximadamente 55 Rockwell C. As causas dêsse comportamento serão explicadas mais adiante.

De qualquer modo, êsse *endurecimento secundário* se associa à extrema resistência dos carbonetos M_2C (de W ou Mo) e MC (de V) coalescerem. em primeiro lugar; em segundo lugar, à decomposição da austenita retida. Na verdade, o endurecimento secundário é devido a uma combinação de dois processos [9]:

transformação da austenia retida em martensita pelo resfriamento subseqüente ao revenido;
precipitação de uma dispersão de carbonetos de liga muito fina.

Admite-se hoje que a transformação da austenia retida tem pequena importância na *dureza a quente* dos aços rápidos; esta é devida principalmente à precipitação da martensita revenida dos carbonetos de liga e à sua resistência a coalescerem quando submetidos às condições de serviço características das ferramentas de corte. Nesse sentido, os elementos de liga mais

TABELA VII.11

Dureza a quente de alguns tipos de aços rápidos

Tipo	Composição, %						Dureza Rockwell C			
	C	Cr	V	W	Mo	Co	À temperatura ambiente	A 593ºC	A 620ºC	A 635ºC
M 1	0,80	4,00	1,00	1,50	8,00	—	66	63	57,5	—
M 2	0,85	4,00	2,00	6,00	5,00	—	65,5	62,5	58,0	56,5
M 3	1,00	4,00	2,75	6,00	5,00	—	66	62,5	56,5	—
M 10	0,85	4,00	2,00	—	8,00	—	65,5	62	57	—
M 35	0,85	4,00	2,00	6,00	5,00	5,00	65,5	63	57,5	—
T 1	0,70	4,00	1,00	18,00	—	—	66	62,5	57,5	—
T 2	0,85	4,00	2,00	18,00	—	—	65,5	63	59,5	59
T 9	1,20	4,00	4,00	18,00	—	—	66	64	61,5	60
T 4	0,75	4,00	1,00	18,00	—	5,00	66	64	57,5	—
T 5	0,80	4,00	2,00	18,00	—	8,00	65,5	63	60	59,5
T 6	0,80	4,50	1,50	20,00	—	12,00	65,5	63	61,5	60
T 8	0,80	4,00	2,00	14,00	—	5,00	66	63,5	60,5	59

positivos são, como se viu, o tungstênio e o molibdênio, seguindo-se o cobalto (com W ou Mo), o vanádio e o cromo, admitindo-se que a razão seria a seguinte: os átomos dêsses elementos, principalmente W e Mo, têm dimensões muito maiores que as de qualquer outro átomo presente nos aços rápidos; assim, êles teriam uma velocidade de difusão muito baixa;

para haver coalescimento e para que êste prossiga, seria necessário difusão simultânea de W e C ou Mo e C e também de Cr e V.

A dureza a quente é caracterizada entre as temperaturas de 370 e 650ºC. A figura 7.11 mostra a curva correspondente à dureza a quente de aço rápido tipo 610 (T1), em função da temperatura do ensaio.
Nota-se que a dureza decresce de modo relativamente lento até cêrca de 600ºC e, daí em diante, mais ràpidamente.
A tabela VII.11 mostra a dureza a quente de alguns tipos de aços rápidos.

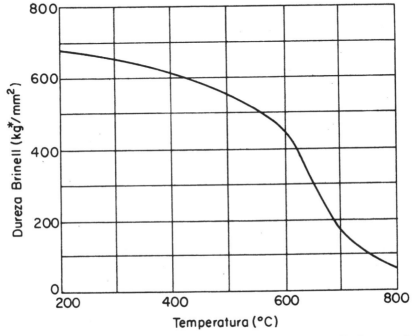

FIG. 7.11 — Dureza a quente, determinada pelo método Brinell, de aço rápido tipo 610 (T1), em função da temperatura de ensaio [9].

A *resistência ao desgaste* é a segunda característica em importância relacionada com a eficiência de corte do aço rápido. Essa propriedade depende da dureza e composição da matriz, dos carbonetos precipitados responsáveis pela dureza secundária, pela quantidade de excesso de carbonetos de liga e pela sua natureza. Os melhores resultados são obtidos mediante o aumento simultâneo de carbono e vanádio, de modo a permitir a introdução de maior quantidade de carboneto total e maior porcentagem do carboneto de vanádio que, como se sabe, é extremamente duro.

A *tenacidade* definida como uma combinação de ductilidade (capacidade do aço deformar-se antes de romper) e resistência elástica (capacidade do aço resistir à deformação permanente) é medida ou por ensaio de dobra-

314 FUNDAMENTOS DA USINAGEM DOS METAIS

mento, ou de choque (em corpos de prova sem entalhe), ou por torção estática ou por torção por impacto. De qualquer modo, um dos fatôres que influi sôbre a tenacidade do aço rápido é o revenido, a prática tendo mostrado que os melhores resultados são obtidos com revenido duplo devido, é óbvio, a uma queda de dureza. A tabela VII.12 mostra o efeito do revenido simples e do revenido duplo nos ensaios de dobramento do aço rápido tipo 610 (T1).

TABELA VII.12

Efeito das condições de revenido sôbre as propriedades dos aços rápidos [9]

Tratamento de revenido	Deflexão plástica (cm)	Deflexão total (cm)	Limite elástico (kg/mm²)	Resistência ao dobramento (kg/mm²)	Dureza Rockwell C
1.260°C					
simples	0,010	0,025	283,5	343,0	65,6
duplo	0,020	0,298	308,0	399,0	64,8
1.290°C					
simples	0,025	0,221	252,0	308,0	65,5
duplo	0,076	0,244	287,0	343,0	65,7

7.2.2.6 — Tratamentos térmicos dos aços rápidos

A tabela VII.13 apresenta dados sôbre temperaturas, meios de resfriamento, durezas e outros elementos correspondentes aos tratamentos térmicos dos aços rápidos.

Como se percebe desde o início, as temperaturas de aquecimento para austenitização prévia antes da têmpera é muito elevada, sempre superior a 1.200°C.

A *têmpera* é, nos aços rápidos como em todos os aços utilizados em construção mecânica, o tratamento térmico mais importante.
No aquecimento para a têmpera, três precauções devem ser constantemente observadas:

para endurecimento total, deve ocorrer solução de uma quantidade suficiente de carbonetos na austenita; entretanto, uma quantidade excessiva de carbonetos dissolvidos deve ser evitada, sob pena de ter-se grande quantidade de austenita retida;
o tamanho de grão deve ser mantido a um mínimo, na maioria dos casos, de modo a assegurar tenacidade suficiente;
as modificações químicas da superfície devem ser mantidas sob rigoroso contrôle

TABELA VII.13

Dados gerais de tratamentos térmicos dos aços rápidos

Tipo	AISI	Usinabilidade	Meios de resfriamento	Temperatura de têmpera (°C)	Mudanças dimensionais na têmpera	Segurança na têmpera	Suscetibilidade à descarbonetação	Dureza aprox. no estado laminado ou forjado Brinell	Dureza no estado recozido Brinell	Temperatura de Recozimento (°C)	Faixa de temperatura de revenido (°C)
Classe 610 — ao tungstênio											
610	T 1	5	Sal, óleo, ar	1260/1300	Médias	Média	Média	525	217/255	870/900	540/593
611	T 2	5	"	1260/1300	"	"	"	525	223/255	870/900	540/593
612	T 2	5	"	1260/1300	"	"	"	525	223/255	870/900	540/593
613	—	4	"	1245/1275	"	"	"	525	223/255	870/900	540/593
614	T 3	4	"	1235/1275	"	"	"	525	229/269	870/900	540/593
615	T 9	3	"	1245/1275	"	Baixa	"	525	235/277	870/900	540/593
616	T 7	5	"	1260/1285	"	Média	"	525	217/255	870/900	540/593
Classe 620 — ao tungstênio-cobalto											
620	T 4	3	Sal, Óleo, Água	1260/1300	Médias	Baixa	Alta	575	228/269	870/900	540/593
621	T 5	2	"	1275/1315	"	"	"	575	235/275	870/900	540/593
622	T 6	1	"	1275/1315	"	"	"	575	248/293	870/900	540/593
623	T 15	1	"	1205/1260	"	"	"	575	241/277	870/900	540/650
624	T 8	3	"	1260/1300	"	"	"	575	228/255	870/900	540/593
Classe 630 — ao molibdênio											
630	M 1	6	Sal, Óleo, Água	1175/1215	Médias	Baixa	Alta	525	207/235	815/870	540/593
631	M 10	6	"	1175/1215	"	"	"	525	207/235	815/870	540/593
632	M 7	5	"	1175/1230	"	"	"	525	217/255	815/870	540/593

TABELA VII.13
Dados de tratamentos térmicos dos aços rápidos (continuação)

Tipo	AISI	Usina-bili-dade	Meios de resfria-mento	Tempe-ratura de têmpera (ºC)	Mudanças dimen-sionais na têmpera	Segu-rança na têmpera	Suscepti-bilidade à des-carbone-tação	Dureza aprox. no estado laminado ou forjado Brinell	Dureza no estado recozido Brinell	Tempe-ratura de Recozi-mento (ºC)	Faixa de tempe-ratura de revenido (ºC)
				Classe 640 — ao molibdênio-cobalto							
640	M 30	3	Sal, Óleo, Água	1205/1345	Médias	Baixa	Alta	575	235/269	870/900	540/593
641	M 34	2	" " "	1205/1345	"	"	Alta	575	235/269	800/900	540/593
642	—	1	" " "	1105/1150	"	"	Média	575	235/269	840/870	540/565
643	—	1	" " "	1105/1150	"	"	Média	575	235/269	840/870	540/565
644	M 33	2	" " "	1205/1345	"	"	Alta	575	235/269	870/900	540/593
645	M 33	2	" " "	1195/1210	"	"	Alta	575	235/269	870/900	510/593
				Classe 650 — ao tungstênio-molibdênio							
650	M 2	5	Sal, Óleo, Água	1190/1230	Médias	Baixa	Alta	525	212/241	870/900	540/593
651	M 3	4	" " "	1205/1230	"	"	"	550	212/241	870/900	540/593
652	M 3	4	" " "	1205/1230	"	"	"	550	212/241	870/900	540/593
653	M 4	3	" " "	1205/1230	"	"	"	575	223/255	870/900	540/503
654	M 8	5	" " "	1205/1260	"	"	"	525	217/241	840/870	540/593
				Classe 660 — ao tungstênio-molibdênio-cobalto							
660	M 35	3	Sal, Óleo, Água	1220/1245	Médias	Baixa	Alta	575	235/269	860/900	540/593
661	M 36	2	" " "	1220/1245	"	"	"	575	228/255	870/900	540/593
662	M 6	1	" " "	1180/1205	"	"	"	575	248/277	840/900	540/593
663	M 15	1	" " "	1190/1230	"	"	"	575	241/269	870/900	540/650
664	—	2	" " "	1215/1260	"	"	"	575	241/269	870/900	540/593
665	—	2	" " "	1190/1230	"	"	"	575	241/269	870/900	510/593

MATERIAIS PARA FERRAMENTAS

A necessidade, principalmente, de dissolver-se na austenita uma quantidade apreciável dos carbonetos complexos presentes nos aços rápidos, justifica as elevadas temperaturas de austenitização. É óbvio que a quantidade de carbonetos que se dissolve depende, portanto, da temperatura de aquecimento: se pouco carboneto se dissolver, as durezas tanto no estado temperado como no revenido apresentar-se-ão insuficientes, embora se ganhe em tenacidade. Se se dissolver muito carboneto, corre-se o risco de ter-se um excessivo crescimento de grão, com prejuízo correspondente na tenacidade.

O tamanho de grão aumenta igualmente com o tempo à temperatura; entretanto, a prática demonstrou que, no caso particular dos aços rápidos, é preferível manter-se o aço durante tempos mais longos à temperatura mais baixa, visto que a crescente solução de carbonetos não se associa com um maior crescimento de grão que se obteria mantendo-se o mesmo ciclo de tempo mas aumentando-se a temperatura de austenitização.

Finalmente, o contrôle da composição superficial do aço é de grande importância, visto que é a superfície do material que realiza o principal trabalho numa ferramenta de corte. Assim, se ocorrer descarbonetação, a camada superficial não endurecerá de modo suficiente ou durante o resfriamento a transformação na camada superficial poderá ocorrer a uma temperatura mais elevada que o núcleo do aço, resultando em tensões internas maiores que as que normalmente se produziriam durante a têmpera, podendo mesmo levar à fissuração das peças. Do mesmo modo que a descarbonetação, deve-se evitar a formação de casca de óxido, a qual pode impedir que se consiga a necessária profundidade de endurecimento, além de provocar modificações dimensionais que, eventualmente, poderão inutilizar a peça depois de temperada. Assim sendo, deve-se controlar a atmosfera do recinto onde se realiza o aquecimento, utilizando-se para isso ou fornos de atmosfera controlada ou fornos de banho de sal.

De qualquer modo, devido às altas temperaturas envolvidas no processo de aquecimento, o aço rápido, antes de ser aquecido à temperatura adequada para a sua austenitização, deve ser submetido a um pré-aquecimento, cujo objetivo é duplo: eliminar o choque térmico que seria causado pela colocação das peças frias nos fornos aquecidos à temperatura correta de austenitização e eliminar o perigo de empenamento ou fissuração. Como a formação inicial de austenita ocorre a uma temperatura em tôrno de 760°C, recomenda-se pré-aquecimento a uma temperatura pouco acima desta, o que diminui as possíveis tensões adicionais que se originam durante as transformações. Do mesmo modo, um pré-aquecimento a uma temperatura relativamente baixa como essa constitui mais uma garantia para prevenir-se a descarbonetação. Em resumo, se se deseja prevenir descarbonetação, recomenda-se pré-aquecimento entre 705 a 790°C; quando a descarbonetação não constitui problema, pode-se pre-aquecer a temperaturas mais

318   FUNDAMENTOS DA USINAGEM DOS METAIS

altas, da ordem de 815 a 900ºC. Comumente usa-se um duplo pré-aquecimento, sobretudo quando os fornos utilizados são do tipo de banho de sal, porque nesse caso o aquecimento é muito rápido, podendo causar choque térmico. No caso de duplo pré-aquecimento, um forno está aquecido entre 540 e 650ºC, e o outro entre 845 a 870ºC.

Depois de convenientemente pré-aquecido, o aço é levado aos fornos aquecidos às temperaturas de austenitização indicadas na tabela VII.13. As temperaturas estão indicadas em faixas, visto que a experiência e o tipo de ferramenta a ser temperada irão ditar a temperatura real de austenitização. Os aços com teores de C e V mais elevados são geralmente mantidos às temperaturas durante um tempo mais longo do que de menores C e V. Após permanecer à temperatura de têmpera o tempo necessário e suficiente, o aço é resfriado. As transformações que ocorrem no resfriamento resultam em estado de altas tensões internas no aço temperado, que podem atingir grandeza tal a ultrapassar a resistência mecânica do aço e levar à sua fissuração ou ruptura. Nessas condições, devem ser tomadas várias precauções para contornar as possíveis causas que contribuem a tornar mais elevadas do que o normal as tensões internas originadas. Essas precauções referem-se a:

projeto da ferramenta, de modo a evitar cantos vivos, secções pesadas adjacentes a secções leves e peculiaridades semelhantes, que produzem o conhecido efeito de concentração de tensões; se não fôr possível modificar o projeto da ferramenta, deve-se empregar na sua confecção um aço de maior temperabilidade, que permita o emprêgo de um meio de resfriamento o menos drástico possível;

superaquecimento durante a têmpera, que resulta em tamanho de grão maior que o normal;

marcas de usinagem ou de marcação que também exercem o efeito de concentração de tensões;
descarbonetação ou carbonetação superficial.

Para se compreender melhor os fenômenos ou as transformações que ocorrem quando se resfria o aço rápido a partir da sua temperatura de têmpera, é necessário conhecer e analisar as curvas em C (ou TTT) correspondentes a êsses aços.
A figura 7.12 representa a curva TTT correspondente a aço rápido do tipo 18-4-1. Verifica-se notável deslocamento do joelho ou cotovelo das curvas, na faixa de temperaturas correspondente à formação da perlita, para cima e para a direita, o que indica que êsses aços apresentam alta temperabilidade e podem ser resfriados a velocidades relativamente baixas para endurecimento. Além disso, nota-se que a um intervalo de temperatura de cêrca de 550º a cêrca de 370ºC, não há qualquer indício de

transformação de austenita meta-estável, mesmo quando o aço é mantido nessa faixa de temperaturas durante um período muito longo, até de semanas. Entretanto, pode ocorrer precipitação de carbonetos (curva C_i) se a austenita fôr mantida a essa temperatura, o que afetará as temperaturas M_i e M_f (de início e fim de formação da martensita) e concomitantemente as propriedades do material.

Aços com tais diagramas TTT permitem a têmpera ao ar ou mesmo a têmpera a quente (tratamento semelhante à martêmpera), ou seja, o aço depois de austenitizado é deixado esfriar ao ar (têmpera ao ar) ou num banho de sal mantido a cêrca de 540-650°C, aí permanecendo até que a temperatura se uniformize, esfriando-se em seguida em óleo, o que diminui as possibilidades de empenamento e de choque térmico, em relação à têmpera em óleo, além de apresentar certas vantagens sôbre a têmpera ao ar, principalmente sob o ponto de vista econômico, pois no caso da têmpera ao ar, é preciso que o aço esfrie até quase à temperatura ambiente para que se possa realizar o revenido. Por outro lado, tem acontecido que

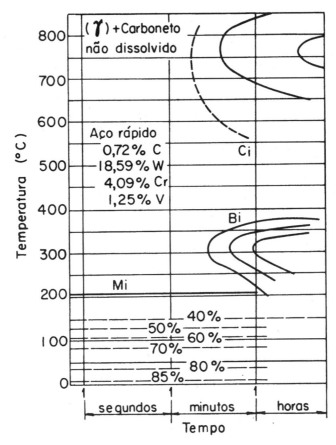

Fig. 7.12 — Curva de tranformação isotérmica para aço rápido 18-4-1 austenitizado a 1290°C [9].

320 FUNDAMENTOS DA USINAGEM DOS METAIS

aços rápidos, após a têmpera, apresentaram fissuras depois de mantidos algum tempo à temperatura ambiente. Por essa razão, tem sido aconselhado por alguns especialistas que ferramentas de aço rápido sejam submetidas ao revenido antes de atingir a temperatura ambiente durante o resfriamento da têmpera. Quando isso acontece, permanece retida uma quantidade acima do normal de austenita.

Observe-se novamente o diagrama TTT da figura 7.12. Quando o aço rápido é resfriado da temperatura de austenitização, há uma tendência imediata dos carbonetos dissolvidos na austenita se precipitarem, visto que a solubilidade do Mo, W, Cr e V além da do C na austenita diminui com a temperatura. Lembre-se, ainda, que às temperaturas de austenitização, os aços rápidos são constituídos de austenita altamente ligada e de carbonetos não dissolvidos. O diagrama TTT mostra que entre cêrca de 750 a 650°C a transformação da austenita, nos produtos normais, é relativamente rápida. O produto de transformação a essas temperaturas é esferoidita muito fina, cuja formação é precedida ou acompanhada por uma precipitação de carbonetos. Essas transformações são evitadas, como se viu, pelo resfriamento rápido dentro dessa faixa de temperaturas; como também se vê, pelo diagrama, não ocorrem, dentro de um período de tempo apreciável, transformações na faixa de temperaturas indo de aproximadamente 550 a 370°C. Aliás, já se mencionou êsse fato. Nota-se agora que a mais ou menos entre 370 a 200°C pode ocorrer, em tempo relativamente curto, uma nova transformação, que corresponde à formação de bainita acicular (B_i início de formação de bainita). Entretanto, neste caso, mesmo com tempo de permanência nessa faixa de temperaturas por tempos muito longos, a transformação de austenita em bainita não se completa, resultando em uma estrutura contendo quantidades apreciáveis de austenita. Verificou-se, de fato, que a quantidade máxima de bainita que se forma pelo resfriamento isotérmico na faixa de temperaturas consideradas é de 55 a 60% [9]. De qualquer modo, se se desejar obter a máxima dureza no estado temperado deve-se evitar também a transformação de austenita em bainita, ou seja, deve-se evitar que a curva de resfriamento cruze as curvas correspondentes à formação da bainita.

Note-se, agora, a posição das curvas correspondentes a formação da martensita. A martensita começa a formar-se mais ou menos a 220°C (linha M_i); se o resfriamento continuar rápido sem interrupção, a formação da martensita é inteiramente completada sòmente quando se atingir uma temperatura de aproximadamente 100°C abaixo de zero. Na realidade, abaixo de mais ou menos — 70°C, pouca martensita resta para transformar-se. Assim, em resumo, pelo resfriamento rápido dêsses tipos de aços a partir da temperatura de têmpera, a martensita começa a formar-se quando se atinge a temperatura de 220°C, e continua a formar-se até que a temperatura ambiente seja alcançada. À temperatura ambiente, pode-se ter uma pequena quantidade de transformação isotérmica, resultando em porcenta-

MATERIAIS PARA FERRAMENTAS   321

gens pequenas de bainita acicular. De qualquer modo, a estrutura temperada de aço rápido, resfriado até à temperatura ambiente, consiste em martensita e austenita retida, cuja quantidade é função da temperatura de resfriamento, podendo atingir, no aço rápido 610 (T1) temperado a partir de 1.290ºC, 20 a 25% da estrutura.

Estudos de pesquisadores americanos e europeus, mostraram que tanto a temperatura como o tempo à temperatura de austenitização exercem uma influência sôbre os pontos de início e de fim de formação da martensita. Embora os resultados das pesquisas sejam numèricamente diferentes, a tendência observada é a mesma, ou seja, à medida que aumenta a temperatura de austenitização, tanto o início como o fim da formação de martensita tem suas temperaturas rebaixadas, o que significa também que a quantidade de austenita retida seria maior. Do mesmo modo, o teor de carbono pode exercer uma influência muito grande nos pontos de formação de martensita, como demonstraram PAYSON e SAVAGE [9], caindo principalmente a temperatura M_i à medida que aumenta o teor de carbono. De qualquer modo, considera-se que quando o aço rápido é submetido ao processo de têmpera mais correto, o ponto M_i localiza-se aproximadamente a 200ºC. De acôrdo com ROBERTS, HAMAKER e JOHNSON [9] êsse fato poderia servir de critério para escolher-se a temperatura adequada de têmpera dêsses aços: isto é, o grau de solução do carbono e dos elementos de liga deve ser tal a resultar num ponto M_i correspondente a mais ou menos 200ºC, com uma transformação de 75 a 80% de martensita pelo resfriamento até à temperatura ambiente.

Depois de temperado o aço é submetido à operação de *revenido*. O aço rápido no estado temperado contém martensita tetragonal altamente ligada (em quantidade que varia de 58 a 80%), austenita residual altamente ligada (em quantidade de 15 a 30%) e carbonetos residuais não-dissolvidos dos tipos M_6C e MC (em quantidade de 5 a 12%) [9]. Nessas condições o aço é extremamente duro, apresenta-se em estado de elevadas tensões residuais, dimensionalmente instável e frágil. A função da operação de revenido é corrigir todos êsses excessos, tornando o aço útil, pelo alívio das suas tensões internas, da sua fragilidade e instabilidade, sem prejudicar a dureza excessivamente.

O revenido é levado a efeito pelo aquecimento do aço temperado, uma ou mais vêzes, à faixa de temperaturas entre 540 a 595ºC. O revenido dos aços rápidos temperados tem sido dividido em 4 estágios que se superpõem e se estendem, dos quais, a rigor, sòmente os três primeiros são encontrados na prática comercial.

O *1.º estágio* caracteriza-se por ligeira queda de dureza — de 2 a 6 pontos R. C. — e a matriz martensítica sofre uma série de alterações, simultâneamente ou em seqüência. Da temperatura ambiente até 270ºC, ocorre a decomposição da martensita tetragonal em martensita cúbica, sendo ao mesmo tempo rejeitado carbono na forma de carboneto épsilon, que corresponde a uma fase de transição extremamente fina que, a seguir, desaparece com o aparecimento de cementita, Fe_3C, entre 300 a 400°C. Êsses fenômenos ocorrem no revenido até à temperatura de aproximadamente 400°C. Aparentemente nada acontece com a austenita retida, neste 1.º estágio do revenido.

O *2.º estágio,* que ocorre entre 400 e 565°C, envolve precipitação de uma parcela da cementita e a precipitação de um carboneto de liga do tipo M_2C da martensita revenida. Ao mesmo tempo, ocorre um pronunciado endurecimento por precipitação.

O *3.º estágio*, que se sobrepõe e se estende além do 2.º estágio, envolve a transformação da austenita retida durante o resfriamento da temperatura de revenido. Provàvelmente essa transformação da austenita residual é precedida por uma precipitação de carbonetos de liga da austenita.

Finalmente o *4.º estágio* do revenido consiste na re-solução do carboneto do tipo M_2C e solução final do carboneto do tipo M_3C, com concomitante precipitação e crescimento dos carbonetos de liga M_6C e $M_{23}C_6$. O estágio é relacionado com uma queda drástica da dureza do aço ao revenir-se acima de 650°C. Por essa razão, êsse estágio não é comum na prática comercial.

Os efeitos combinados do 2.º e do 3.º estágios são responsáveis pelo conhecido fenômeno do endurecimento secundário; entretanto, a precipitação e a grande resistência ao crescimento dos carbonetos M_2C e MC admite-se como sendo as principais causas do endurecimento assim como da capacidade do aço reter a dureza através de revenidos repetidos, mesmo depois da eliminação da austenita retida.

A rigor, pode-se dizer que o revenido do aço rápido temperado compreende duas fases [8], conforme a figura 7.13 mostra. A primeira fase, representada pela curva (1), corresponde à decomposição da martensita, ocasionando contínuo decréscimo da dureza; a segunda fase, representada pela curva (2), corresponde ao endurecimento por precipitação causado pela precipitação dos carbonetos de liga. A soma aritmética dos dois estágios produz a curva característica de revenido do aço rápido, mostrando o conhecido fenômeno do endurecimento secundário — curva (3).

A transformação da austenita retida no resfriamento a partir da temperatura de revenido resulta numa expansão que origina tensões internas, razão pela qual é vantajoso realizar-se revenidos múltiplos. Êsses revenidos múltiplos servem também para revenir a martensita recém-formada pela transformação da austenita retida.

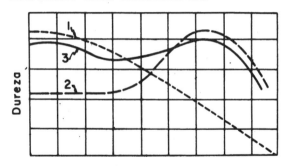

FIG. 7.13 — Representação esquemática das duas fases em que se divide o revenido do aço rápido temperado.

O aquecimento para o revenido deve ser realizado lentamente e as ferramentas de aço rápido devem ser colocadas nos fornos de revenido, cuja temperatura não deve estar acima de 200 a 260°C. Recomenda-se um mínimo de duas horas para secções até 50mm à temperatura de revenido, com tempos proporcionalmente mais longos à medida que as dimensões das peças se tornam maiores. Aconselha-se para ferramentas volumosas o revenido imediatamente após a têmpera, sobretudo no caso de peças de forma complicada, para diminuir as possibilidades de perda por fissuração ou ruptura. Para pequenas ferramentas, êsse procedimento não é indispensável. A máxima dureza em revenido de aço rápido obtém-se geralmente pelo aquecimento a temperaturas entre 505 e 565°C, a temperatura exata dependendo da composição do aço e da estrutura que resultou da têmpera. Os fornos de revenido empregados podem ser do tipo comum desde que permitam um rigoroso contrôle de temperatura. Outros tipos de fornos incluem banhos de sal, banhos de óleo e fornos com circulação forçada de ar, especialmente construídos com êsse fim. Êstes fornos são, na realidade, os mais recomendados, sendo os menos recomendados os a banho de óleo.

Devido ao fato da temperatura M_f correspondente ao fim da transformação da austenita em martensita nos aços rápidos estar situada abaixo de zero, pode-se empregar o chamado *tratamento subzero,* para diminuir a quantidade de austenita retida, através do emprêgo de resfriamento em misturas de líquidos ou substâncias que produzam temperaturas baixas, como mistura de acetona e gêlo sêco (originando temperaturas de —73°C) ou gases liquefeitos como nitrogênio, oxigênio, hélio, etc. (que originam temperaturas bem mais baixas). O resfriamento subzero geralmente se segue ao resfriamento normal até a temperatura ambiente em ar, óleo ou água; entretanto, o resfriamento subzero subseqüente deve ser realizado logo a seguir, pois, do contrário, a austenita tende a estabilizar-se, não se transformando mais mediante resfriamento ulterior. Não há uso comercial apreciável dêsse tipo de resfriamento.

Para êsses doze aços, as temperaturas na prática comercial de têmpera em banhos de sal e revenido em fornos de circulação a ar são as seguintes:

324 FUNDAMENTOS DA USINAGEM DOS METAIS

TABELA VII.14

Seleção de aços rápidos

Resistência ao desgaste	Tenacidade	Dureza a quente
Grupo 7	**Grupo 1**	**Grupo 8**
630 (M 1)	622 (T 6)	630 (M 1)
650 (M 2)	623 (T 15)	631 (M 10)
631 (M 10)	621 (T 5)	610 (T 1)
610 (T 1)		650 (M 2)
620 (T 4)	**Grupo 2**	611 (T 2)
621 (T 5)	624 (T 8)	651 (M 3-1)
		652 (M 3-2)
Grupo 8	**Grupo 3**	653 (M 4)
622 (T 6)	611 (T 2)	624 (T 8)
611 (T 2)	653 (M 4)	
651 (M 3-1)	610 (T 1)	**Grupo 9**
652 (M 3-2)	652 (M 3-2)	621 (T 5)
	651 (M 3-1)	623 (T 15)
Grupo 9	631 (M 10)	622 (T 6)
653 (M 4)	630 (M 1)	
623 (T 15)	650 (M 2)	

Outro tratamento que vem sendo empregado com relativo êxito nos aços rápidos é a *nitretação*, que produz uma camada superficial de dureza excep-

TABELA VII.15

Temperaturas de tratamentos térmicos para diversos aços rápidos

Tipo	Temperatura de têmpera (°C)	Temperatura de revenido (°C)	Dureza R. C.
610	1276	565	64
611	1276	565	64
620	1287	565	64
621	1287	565	65
622	1296	565	64
623	1300	538	67
630	1193	552	64
631	1193	552	64
650	1210	554	64
651	1215	554	65
652	1215	554	65
653	1218	554	65

cional, além de melhorar a resistência à corrosão das ferramentas. O processo moderno que se utiliza na nitretação dos aços rápidos é em banho de sal. Os sais comerciais utilizados consiśtem numa mistura de 60% de

MATERIAIS PARA FERRAMENTAS

TABELA VII.16

Composição dos aços semi-rápidos, usuais nos Estados Unidos (Grupo 300 — Classe 360) [9]

Classe	AISI	C	Mn	Si	Cr	V	W	Mo
360	—	0,75/0,85	0,10/0,40	0,10/0,40	3,75/4,25	1,00/1,20	—	4,00/4,50
361	—	0,85/0,95	0,10/0,40	0,10/0,40	3,75/4,25	1,75/2,05	—	4,00/4,50
362	—	1,15/1,25	0,10/0,40	0,10/0,40	3,75/4,25	3,00/3,30	—	4,00/4,50
363	—	1,35/1,45	0,10/0,40	0,10/0,40	3,75/4,25	3,90/4,40	—	4,00/4,50
364	—	0,90/1,00	0,10/0,40	0,10/0,40	3,75/4,25	2,15/2,45	2,60/3,00	2,25/2,75
365	—	0,85/0,95	0,10/0,40	0,10/0,40	3,75/4,25	2,10/2,40	0,80/1,20	1,80/2,20
366	—	1,15/1,25	0,10/0,40	0,10/0,40	3,75/4,25	2,70/3,10	1,25/1,55	1,45/1,75
367	—	0,90/1,00	0,10/0,40	0,10/0,40	3,75/4,25	2,05/2,35	1,75/2,05	1,00/1,20
368	—	1,05/1,15	0,10/0,40	0,10/0,40	3,75/4,25	3,75/4,25	2,30/2,70	2,40/2,80

NaCN e 40% de KCN ou 70% NaCN e 30% KCN. O processo exige temperaturas da ordem de 540 a 565ºC e tempos de 5 minutos a uma hora (eventualmente mais longos). Consegue-se uma profundidade de camada nitretada, com microdureza correspondente a 1.000, de aproximadamente 0,025mm. Além da alta dureza superficial e superior resistência à corrosão, o aço rápido nitretado apresenta maior resistência ao desgaste e um baixo coeficiente de atrito. A vida da ferramenta é assim melhorada. Os melhores resultados da nitretação têm sido obtidos em ferramentas do tipo de alargadores, brochas, machos, tarrachas e similares.

7.2.2.7 — Seleção dos aços rápidos

É difícil ter-se um tipo de aço rápido que possa satisfazer a tôdas as exigências de uma ferramenta de corte. De todos os tipos de aços rápidos, considerados na classificação AISI, doze são os mais usados e estão indicados na tabela VII.14, na ordem crescente dos característicos considerados. Para êsses doze aços, as temperaturas na prática comercial de têmpera em banho de sal e de revenido em fornos de circulação a ar estão indicadas na Tabela VII.15.

7.2.2.8 — Aços semi-rápidos

Foram utilizados em primeiro lugar na Alemanha, durante a Segunda Guerra Mundial, devido ao receio de corte de suprimentos de tungstênio do estrangeiro.

As tabelas VII.16, VII.17 e VII.18 apresentam dados de composição, tratamentos térmicos e propriedades gerais para os tipos usuais nos Estados Unidos. Têm sido aplicados com algum êxito, em substituição aos aços rápidos, em aplicações onde se exige maior resistência ao desgaste que os

TABELA VII.17

Dados de tratamentos térmicos dos aços semi-rápidos, classe 360 [9]

Tipo	AISI	Usina-bili-dade	Meio de resfria-mento	Tempe-ratura de têmpera (°C)	Mudanças dimen-sionais na têmpera	Segurança na têmpera	Suscepti-bilidade à des-carbone-tação	Dureza aprox. no estado laminado ou forjado Brinell	Dureza no estado recozido Brinell	Tempe-ratura de recozi-mento (°C)	Faixa de tempe-ratura de revenido (°C)
M 50	360	6	Sal, óleo, ar	1065/1120	Baixas	Média	Média	575	207/235	815/830	510/550
M 52	361	5	" " "	1150/1170	"	"	"	575	207/235	815/830	525/550
—	362	4	" " "	1200/1230	"	"	"	575	207/235	815/830	525/550
—	363	3	" " "	1200/1230	"	"	"	575	207/235	815/830	525/550
—	364	5	" " "	1190/1230	"	"	"	575	207/235	843/870	510/565
—	365	5	" " "	1190/1230	"	"	"	575	207/235	843/870	510/565
—	366	4	" " "	1150/1205	"	"	"	575	207/235	843/870	510/565
—	367	5	" " "	1093/1150	"	"	"	575	207/235	843/870	510/565
—	368	3	" " "	1220/1250	"	"	"	575	207/235	830/850	510/565

NOTA — Sistema numérico para classificar característicos: 1 = baixo valor; 9 = alto valor.

MATERIAIS PARA FERRAMENTAS

TABELA VII.18

Propriedades gerais dos aços semi-rápidos (classe 360) [9]

Tipo	AISI	Fatôres mais importantes				Fatôres de menor importância			
		Resistência ao desgaste	Tenacidade	Dureza a quente	Dureza de trabalho usual, RC	Tamanho de grão Shepherd mais fino à máxima dureza	Profundidade de endurecimento	Dureza superficial no estado temperado RC	Dureza do núcleo (1" dia.) RC
360	M 50	6	3	6	61 a 63	D	8½	63 a 65	63 a 65
361	M 52	6	3	6	62 a 64	D	8½	63 a 65	63 a 65
362	—	7	2	6	63 a 65	D	8½	64 a 66	64 a 66
363	—	8	2	6	63 a 65	D	8½	64 a 66	64 a 66
364	—	6	2	6	63 a 65	D	8½	63 a 65	63 a 65
365	—	6	3	6	63 a 65	D	8½	63 a 65	63 a 65
366	—	7	3	6	63 a 65	D	8½	62 a 64	62 a 64
367	—	6	3	6	60 a 62	D	8½	64 a 66	64 a 66
368	—	7	2	6	62 a 64	D	8½	63 a 65	63 a 65

NOTA — D = profundidade de endurecimento elevada. Sistema numérico para qualificar característicos: 1 = baixo valor; 9 = alto valor.

328 FUNDAMENTOS DA USINAGEM DOS METAIS

aços-carbono para ferramentas, porém menor dureza a quente que os aços rápidos. Aplicações típicas incluem ferramentas para trabalho de madeira e lâminas de serra. Todos os tipos apresentados na tabela VII.16 caracterizam-se por apresentar 4,00% de cromo médio. Os elementos fortes formadores de carbonetos — W e Mo — estão presentes em teores relativamente baixos, o que é, de certo modo compensado pelos maiores teores de carbono e vanádio.

O revenido provoca nesses aços endurecimento secundário, sendo a curva de revenido, entretanto, mais baixa, no que se refere à dureza em função da temperatura de revenido, do que a dos aços rápidos.

7.2.3 — Ligas fundidas para ferramentas

São ligas à base precìpuamente de cobalto-cromo-tungstênio com carbono acima de 1,5% usualmente. Êsses elementos se apresentam combinados em teores variáveis, de modo a produzir classes ou tipos de materiais utilizados em ferramentas de corte, com grande diversidade de propriedades físicas. A tabela VII.19 mostra as composições mais usadas ou conhecidas. As ligas são geralmente fundidas em moldes que exercem uma ação moderada de coquilhamento, resultando numa estrutura que é mais fina nas proximidades da superfície do que no centro. Essa camada coquilhada confere ao gume cortante uma dureza e resistência ao desgaste adicionais.

A estrutura dessas ligas é relativamente complexa; um dos constituintes principais é um carboneto de reticulado hexagonal, que pode ser identificado como um carboneto de cromo (Cr_7C_3); os cristais dêsse carboneto podem conter também cobalto e tungstênio. A matriz, por seu turno, consiste de vários eutéticos binários e ternários, contendo todos os constituintes de liga. As matrizes ricas em cobalto das ligas fundidas para ferramentas não sofrem um amolecimento apreciável até que as ligas atinjam temperaturas próximas do seu ponto de fusão. Os carbonetos permanecerão na matriz e manterão o gume cortante até às temperaturas de aproximadamente 1.000°C. As temperaturas da faixa de aquecimento ao rubro (500 a 850°C) produzem um ligeiro efeito de amolecimento, mas pràticamente tôda a dureza original é mantida no resfriamento.

Essas ligas são encontradas em grande diversidade de formas e dimensões prontas para receber a retificação final, que as levará às tolerâncias dimensionais finais. As ferramentas produzidas com essas ligas apresentam ainda alta resistência à oxidação às temperaturas normais e, mesmo a temperaturas elevadas, elas oxidam sòmente ligeiramente, formando uma casca de óxido muito fina e aderente. Apresentam também boa resistência à corrosão em relação a diversos reagentes químicos, o que as torna aconselháveis na usinagem de materiais como borracha e plásticos baseados em cloretos que podem libertar substâncias corrosivas que foram utilizadas na sua fabricação.

TABELA VII.19

Ligas Fundidas para Ferramenta [15]

	Composição química, %																			
	Co	Cr	W	C	Outros	Co	Cr	W	C	Outros	Co	Cr	W	C	Outros	Co	Cr	W	C	Outros
	53	31	10	1,5	4	52	30	11	2,5	4	41	32	17	2,5	4	38	20	18	2,0	12
Densidade, g/cm³	8,36					8,38					8,76					8,63				
Faixa de fusão, °C ...	1256 — 1298					1235 — 1320					1166 — 1332					1139 — 1314				
Limite de resistência a tração, kg/mm²	77					59,5					52,5					52,5				
Limite de escoamento	próximo do limite de resistência à tração																			
Alongamento, %	0 — 1					0					0					0				
Dureza Rockwell A ...	80,0					81,5					82,0					82,5				
Dureza Rockwell C ...	58,0					60,5					61,5					62,5				
Resistência à compressão, kg/mm²	210					224					238					259				
Resistência ao choque Izod, kgm	1,6					0,9					0,6					0,4				
Módulo de elasticidade, kg/mm²	27.720					23.730					25.900					27.865				

330   FUNDAMENTOS DA USINAGEM DOS METAIS

Comparadas com o aço rápido, essas ligas podem ser utilizadas a velocidades de corte 50% e às vêzes 100% maiores; comparadas com o metal duro, a liga fundida não suporta o calor tão bem, mas apresenta maior resistência ao choque.

Assim suas aplicações são feitas quando velocidades de corte relativamente baixas causam incorporação (formação de aresta postiça de corte), quando a falta de potência ou rigidez nas máquinas operatrizes dificulta o uso eficiente de metal duro, quando se deseja maior produção do que é possível obter com o aço rápido, quando a usinagem requer conformação especial do gume cortante — em certos tipos de operações de máquinas automáticas — tornando a retificação de metal duro muito dispendiosa, etc.

As operações de usinagem onde se empregam mais freqüentemente as ligas fundidas são de torneamento, quer como ferramentas de gume cortante simples, quer como ferramentas de gume cortante conformado, ou seja, de perfis especiais. Também são empregadas em operações de fresamento, principalmente como pastilhas prêsas mecânicamente, no caso de grandes fresas.

A escolha do tipo depende da operação de usinagem e do custo da ferramenta. Em ferramentas que podem estar sujeitas a choques ou a vibração, recomenda-se o uso dos tipos de mais baixo carbono, ao passo que os tipos de carbono mais elevado são aconselhados onde apenas calor e desgaste constituam os fatôres principais [4].

7.2.4 — Metal duro

É êste o mais importante material para ferramentas utilizado na indústria moderna, devido à combinação de dureza à temperatura ambiente, dureza a quente, resistência ao desgaste e tenacidade, combinação essa possível de obter-se pela variação da sua composição. É um produto da metalurgia do pó, designado também usualmente como *carboneto de tungstênio sinterizado*. Os seus constituintes fundamentais são ìntimamente misturados na forma de pós e submetidos a um processamento que compreende compressão, sinterização, retificação, etc., resultando um produto completamente consolidado, pràticamente denso e apresentando os característicos de resistência mecânica, dureza e tenacidade adequados para emprêgo em ferramentas de corte.

Essencialmente, o metal duro é formado por dois constituintes:

um *carboneto extremamente duro* e de alta resistência ao desgaste: trata-se do carboneto de tungstênio só ou associado com outros carbonetos, como de titânio, tântalo e nióbio, principalmente; êsses carbonetos são os constituintes que, no produto final, conferem a dureza à temperatura ambiente e sua retenção a altas temperaturas e a resistência ao desgaste;

MATERIAIS PARA FERRAMENTAS   331

um *elemento aglomerante* ou ligador: trata-se de um metal do grupo do ferro, usualmente cobalto, cuja função é aglomerar as partículas duras dos carbonetos, sendo, em conseqüência, o responsável pela tenacidade do material.

Existem, como se verá mais adiante, inúmeras classes ou tipos de metal duro, de modo a atender às condições mais diversas de usinagem, não só no que se refere aos materiais sob usinagem, como também no que diz respeito às condições de corte, como velocidade, avanço, profundidade, etc. Essa diversidade de aplicações do metal duro é possibilitada pela modificação dos teores de carbonetos presentes e, em conseqüência, do elemento aglomerante e pela modificação do tamanho de grão.

As condições muitas vêzes críticas de aplicação do metal duro em ferramentas de corte exigem que a sua fabricação — desde a produção dos pós metálicos até a sinterização final — sejam rigorosamente controladas, assim como é necessário um absoluto contrôle das características físicas do produto final.

7.2.4.1 — Noções de fabricação do metal duro

A fabricação de metal duro compreende, em princípio, as seguintes fases:

> obtenção dos pós metálicos;
> mistura dos pós;
> compressão em pastilhas ou briquetes;
> sinterização;
> contrôle físico final do material sinterizado.

O *pó de tungstênio* é obtido a partir de seus minérios principais — a *scheelita* e a *volframita* — concentrados usualmente a 60 e 75% de WO_3. Êsses concentrados são submetidos a um tratamento químico, geralmente pelo ácido clorídrico, com o fim de obter-se um composto puro de tungstênio — o ácido túngstico, de fórmula H_2WO_4 — composto êsse que é a seguir dissolvido em amoníaco, resultando, depois de operações de filtragem e evaporação, cristais de paratungstato de amônio. Êsses são calcinados ao ar, transformando-se em trióxido de tungstênio WO_3, o qual, submetido a uma operação de redução sob atmosfera de hidrogênio, se transforma em tungstênio puro. Na operação de redução, através do contrôle das condições sob as quais a mesma é realizada, isto é, contrôle da temperatura, do tempo, da pureza do gás redutor etc., pode-se obter diferentes tamanhos e distribuição de tamanhos das partículas do tungstênio, o que é muito importante, pois a granulação do pó de tungstênio influi grandemente nas características físicas do carboneto de tungstênio sinterizado. Obtido o pó de tungstênio, o mesmo deve ser carbonetado, o que se faz através da sua mistura com carbono na forma de negro de fumo — a uma temperatura

332 FUNDAMENTOS DA USINAGEM DOS METAIS

entre 1.375° a 1.650°C [3], dependendo do tamanho de grão desejado no carboneto (o qual aumenta com a temperatura), devendo-se procurar obter um composto que contenha 6,1 a 6,15% de carbono, dos quais 0,05 a 0,1% será livre. Maior teor de C poderá ocasionar porosidade no produto final; menor teor de C poderá provocar o aparecimento de uma fase frágil, que transfere essa fragilidade ao metal duro.

O *pó de cobalto* é obtido pela redução, sob hidrogênio, do chamado *óxido prêto,* produto comercial que contém aproximadamente 70% de Co, a temperaturas entre 600 e 700°C.

O *carboneto de tântalo* em pó é obtido pelo aquecimento à temperatura da ordem de 1.540°C [3] de misturas de pentóxido de tântalo e carbono; como não há qualquer objeção à presença de nióbio, pode-se usar misturas de carbono com liga ferro-tântalo-nióbio ou com ácido tantálico-nióbico, resultando uma solução sólida de carboneto de tântalo com carboneto de nióbio, em proporções que podem ser variadas.

O *carboneto de titânio* obtém-se na forma de uma solução sólida de carboneto de titânio e carboneto de tungstênio, partindo-se de misturas dos carbonetos componentes que são aquecidas a temperaturas da ordem de 2.050°C ou de misturas de óxido de titânio, carboneto de tungstênio e carbono, aquecidas a temperaturas mais baixas — em tôrno de 1.700°C.

Obtidos os pós, são os mesmos misturados, de acôrdo com as composições das classes desejadas, utilizando-se moinho de bola e, geralmente, mistura úmida, ou seja, na presença de um meio líquido que pode ser água, acetona, tetracloreto de carbono, benzina [16], durante 60 a 100 horas, de modo a obter-se uma dispersão muito fina das misturas de carbonetos ou soluções sólidas de carbonetos com o cobalto.

Depois de completada a mistura, remove-se o meio líquido, por decantação, filtragem a vácuo ou por tratamento centrífugo. A pasta resultante é secada, peneirada e parafinada. A adição de parafina tem por objetivo melhorar as características de compressibilidade dos pós, de modo a prevenir-se o aparecimento de fissuras e defeitos semelhantes durante a compressão na forma de briquetes.

Em seguida procede-se à *compressão,* ou na forma de briquetes quadradas ou retangulares que serão depois conformadas por usinagem em *pastilhas* das dimensões padronizadas, ou na forma de pastilhas com as dimensões pràticamente definitivas. Quando as briquetes devem ser conformadas, depois de comprimidas, são elas submetidas a um tratamento chamado *pré-sinterização,* que consiste no seu aquecimento, em atmosfera de hidrogênio, a temperaturas da ordem de 700 a 800°C, necessárias para conferir à briquete consistência suficiente para que ela possa ser manuseada e

MATERIAIS PARA FERRAMENTAS 333

usinada com relativa facilidade. Nessa operação de pré-sinterização não ocorre qualquer alteração dimensional. As pressões de compressão variam geralmente de $0,5g/cm^2$ até aproximadamente $4,0t/cm^2$, em função das dimensões das briquetes a produzir.

Segue-se a *sinterização,* que constitui a operação mais importante, pois confere as dimensões definitivas às pastilhas, as quais eventualmente necessitarão apenas de retificação final, dependendo das tolerâncias dimensionais especificadas ou de algum acêrto de forma. A sinterização, levada a efeito sob a ação protetora do gás hidrogênio, é realizada dentro de uma faixa de temperaturas que vai de 1.400°C até, às vêzes, pouco acima de 1.600°C, dependendo do tipo de mistura. As temperaturas mais baixas são usadas nas misturas mais simples contendo apenas WC e Co. As mais elevadas são para as misturas mais complexas, contendo outros carbonetos, elevando-se, por exemplo, à medida que aumenta o teor de TiC. O mecanismo da sinterização do metal foi exaustivamente estudado por inúmeros especialistas, entre os quais HOYT, WYMAN, KELLY, TAKEDA, DAWHIL, SKAUPY e outros [3]. Admite-se que, durante a sinterização de misturas contendo WC e Co forma-se uma fase líquida a 1.350°C, temperatura inferior à do ponto de fusão do cobalto puro (1.495°C). Forma-se uma solução de parte do WC em Co. No resfriamento, o WC dissolvido segrega-se e deposita-se sôbre as partículas do WC não dissolvido. A máxima quantidade de WC dissolvido no cobalto é 38%, através de uma sinterização muito prolongada. À temperatura ambiente, entretanto, a quantidade de WC dissolvido no cobalto é inferior a 1%. Sendo o cobalto o melhor metal aglomerante das partículas de carboneto de tungstênio, deve-se admitir que a precipitação do WC durante o resfriamento é essencial. O cobalto atua ainda como elemento promotor do crescimento de grão pela solução de partículas pequenas de WC e sua precipitação posterior em partículas maiores.

Durante a sinterização ocorre uma contração linear muito acentuada, a qual varia de acôrdo com o teor de cobalto, sendo da ordem de 15% para misturas contendo 3% de Co e da ordem de 17% para misturas contendo 25% de cobalto. Essa contração pode causar defeitos como empenamento, sobretudo em peças de secção pequena e grande comprimento, o que obriga a operações posteriores de desempenamento, difíceis de executar. Do mesmo modo, a contração dificulta a obtenção de tolerâncias dimensionais estreitas, razão pela qual, em muitos casos, é necessária uma operação final de retificação.

7.2.4.2 — Características gerais do metal duro

A dureza, tanto à temperatura ambiente como a elevadas temperaturas, e a resistência à ruptura transversal, dado êste que se utiliza para avaliar a tenacidade, são as propriedades fundamentais que se exigem do metal duro quando aplicado em ferramentas de corte. Outras características que

334 FUNDAMENTOS DA USINAGEM DOS METAIS

são normalmente controladas, pois afetam a capacidade de corte do material. são a porosidade e microestrutura, esta última tanto no que se refere ao tamanho de grão quanto à compressão, a resistência ao choque, a resistência mecânica a quente.

Para melhor julgar as propriedades do metal duro, convém desde já lembrar que, para as aplicações de usinagem, êsse material pode ser dividido em dois grandes grupos:

TABELA VII.20

Características físicas de metal duro do tipo CW-Co, em função do cobalto [3]

Composição, %		Densidade (g/cm³)	Dureza Rockwell A	Resist. à ruptura transversal (kg/mm²	Resist. à compressão (kg/mm²)	Módulo de elasticidade (kg/mm²)
WC	Co					
100	—	15,7	92-94	30,1-49,7	298	71.750
97	3	15,1-15,2	90-93	99,4-119,0	586	66.500
95,5	4,5	15,0-15,1	90-92	123,9-139,3	577	63.700
94-94,5*	5,5-6	14,8-15,0	90-91	158,9-180,2	497	61.600
94-94,5**	5,5-6	14,8-15,0	91-92	139,3-158,0	558	62.650
91	9	14,5-14,7	89-91	149,1-189,0	477	58.800
90	10	14,3-14,5	88,5-90,5	154,0-193,9	467	58.100
89	11	14,0-14,3	88-90	158,9-198,8	457	57.400
87	13	14,0-14,2	87-89	168,7-208,6	437	55.300
85	15	13,8-14,0	86-88	179,2-218,4	388	54.600

* Fase WC de granulação grosseira.
** Fase WC de granulação fina.

aquêle constituído principalmente por *carboneto de tungstênio e cobalto* — primeiro tipo de metal duro a ser empregado — destinado à usinagem de materiais que apresentam cavacos curtos e quebradiços; aquêle constituído de uma combinação dos *carbonetos de tungstênio, de titânio e de tântalo (com ou sem nióbio) mais cobalto,* e destinados à usinagem de materiais que apresentam cavacos longos e dúteis. A tabela VII.20 corresponde aos tipos incluídos no primeiro grupo. A faixa de valôres para a maioria das propriedades é devida ao fato que nas mesmas influem diversos fatôres como tamanho de grão, porosidade, temperatura de sinterização, etc. Nota-se igualmente que, à medida que aumenta o teor de cobalto diminuem a densidade e a dureza, porém eleva-se a resistência à ruptura transversal, o que indica que o cobalto tende a melhorar a tenacidade do metal duro. O gráfico da figura 7.14 representa a variação da *dureza a quente* — característica de grande importância prática — *em função da temperatura,* mostrando-se duas curvas para metal duro com teores diferentes de cobalto e uma terceira relativa a aço rápido, como têrmo de comparação.

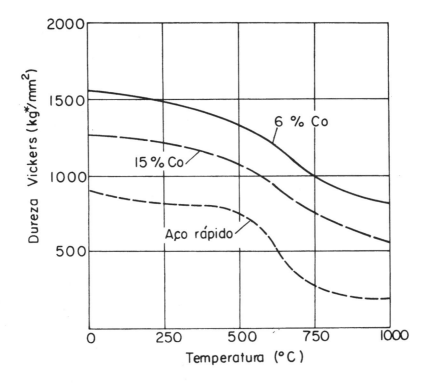

Fig. 7.14 — Dureza a quente do metal duro na sua composição mais simples: WC mais cobalto.

Uma característica que deve ser considerada na aplicação do metal duro é o seu *coeficiente de dilatação térmica*. No metal duro, o valor dêsse coeficiente é de cêrca da metade do aço, em temperaturas desde a ambiente até aproximadamente 675ºC. A importância dessa diferença reside no fato de que a aplicação de metal duro em ferramentas de corte é feita na forma de pequenas peças, denominadas *pastilhas,* as quais são soldadas em suportes de aço. Ocasionam-se assim tensões em ambas as peças no momento da solda, e o metal duro resiste menos a essas tensões, sendo pois necessário tomar certas precauções quando se realiza a solda ou então fazer a aplicação da pástilha ao suporte de aço por meios diferentes como, por exemplo, o de fixação mecânica (ver § 8.1.2).

A tabela VII.21 apresenta a composição representativa e algumas características correspondentes de classes de metal duro contendo além do WC e do Co, também carboneto de titânio. À medida que a quantidade de TiC sobe, a densidade cai e a dureza aumenta. A dureza a quente dessas composições, apresentando também TiC, é mais elevada para as composições contendo maiores teores de TiC.

FUNDAMENTOS DA USINAGEM DOS METAIS

TABELA VII.21

Composição e propriedades de metal duro dos tipos WC + TiC + C [3]

Composição, %			Densidade (g/cm³)	Dureza Rockwell A	Resist. à ruptura transversal (kg/mm²)	Resist. à compressão* (kg/mm²)	Módulo de elasticidade (kg/mm²)
WC	TiC	Co					
94	1	5	14,5-14,7	90-91	139-159	556	63.000
87,5	2,5	10	14,0-14,2	89-90	159-179	457	56.700
84,5	2,5	13	13,7-13,8	87-89	179-199	447	54.600
86	5	9	13,2-13,4	89-91	149-159	457	58.800
82	5	13	12,8-13,0	88-90	159-179	—	—
82	10	8	11,8-12,0	90-91	149-169	—	—
78	14	8	11,1-11,3	90-91	129-139	417	53.900
78	16	6	11,0-11,2	90-91,5	109-124	427	51.800
76	16	8	10,9-11,1	90-91	119-129	—	—
69	25	6	9,6- 9,8	91-92	89-109	—	42.000
61	32	7	8,7- 9,0	92-93	79-99	408	37.800

* Valôres Médios

Quando se introduz também TaC (com ou sem Nb), melhora a tenacidade representada pela resistência à ruptura transversal, em relação às composições isentas dêsse carboneto; tal fato, segundo KIEFFER [3] seria devido à capacidade do TaC de formar soluções sólidas puras exercendo ao mesmo tempo um efeito no sentido de impedir crescimento de grão da fase carboneto. A substituição do TiC pelo TaC aparentemente não traz vantagens apreciáveis sob o ponto de vista de melhora da capacidade de corte. Entretanto, é certo — e a prática o comprova — que o aumento simultâneo dos dois carbonetos — TiC e TaC — produz melhores resultados na usinagem, provàvelmente devido à maior dureza a quente dessas composições.

A importância do conhecimento da *porosidade* do metal duro está ligada com a densidade do material; é óbvio que quanto mais denso o material, ou seja, quanto mais isento de poros, melhores serão suas características mecânicas. Há certo rigor em relação à determinação da porosidade do metal duro; tanto assim é que a *American Society for Testing Materials* recomenda que se observe em amostras convenientemente polidas, através de aumentos relativamente pequenos (200 vêzes), o tipo de porosidade, sendo o grau de porosidade designado por números de 1 a 6. É comum especificar-se um determinado limite, para os melhores resultados práticos. Admite-se que, quanto menor o teor de cobalto, menor deve ser o rigor em relação à porosidade, pois torna-se difícil obter-se um material pràticamente isento de poros.

MATERIAIS PARA FERRAMENTAS

TABELA VII.22

Composição química e características físicas principais de metal duro segundo a norma ISO

Desig-nação*	Composição aproximada, %			Características principais				
	WC	TiC + TaC	Co	Densi-dade (g/cm³)	Dureza Vickers (kg/mm²)	Resist. à ruptura trans-versal (kg/mm²)	Módulo de elas-ticidade (kg/mm²)	Coefi-ciente de dila-tação térmica (10⁻⁶ 1/C°)
P01	30	64	6	7,2	1.800	75	—	—
P10 (S1)	55	36	9	10,4	1.600	140	52.000	6,5
P20 (S2)	76	14	10	11,9	1.500	150	54.000	6,0
P25	73	19	8	12,5	1.500	170	55.000	6,0
P30 (S3)	82	8	10	13,0	1.450	170	56.000	5,5
P40	77	12	11	13,1	1.400	180	56.000	5,5
P50	70	14	16	12,9	1.300	200	52.000	5,5
M10	84	10	6	13,1	1.650	140	58.000	5,5
M20	82	10	8	13,4	1.550	160	56.000	5,5
M30	81	10	9	14,4	1.450	180	58.000	5,5
M40	78	7	15	13,5	1.300	200	55.000	5,5
K01	93	2	5	15,0	1.750	120	63.000	5,0
K05	92	2	6	14,6	1.700	135	63.000	5,0
K10 (H1)	92	2	6	14,8	1.650	150	63.000	5,0
K20 (G1)	91,5	2,5	6	14,8	1.550	170	62.000	5,0
K30	89	2	9	14,5	1.450	190	—	5,5
K40 (G2)	88	—	12	14,3	1.300	210	58.000	5,5

* Designação entre parêntesis de acôrdo com a antiga DIN 4920.

7.2.4.3 — Classes ou tipos de metal duro

A ISO (*International Organization For Standardization*), que agrupa os países europeus mais altamente industrializados, recomendou o agrupamento do metal duro em três grandes grupos:

grupo P — compreendendo os tipos ou classes empregados na usinagem de metais e ligas ferrosos que apresentam cavacos longos e dúteis (*cavaco contínuo*);

grupo M — compreendendo as classes que se empregam na usinagem de metais e ligas ferrosos de cavacos tanto longos como curtos;

grupo K — compreendendo as classes que se destinam à usinagem de metais e ligas ferrosos que apresentam cavacos curtos (*cavaco de ruptura*) e materiais não-metálicos.

FUNDAMENTOS DA USINAGEM DOS METAIS

TABELA VII.23

Principais campos de aplicação do metal duro segundo a ISO

Designação		Campo de aplicação
Para materiais ferrosos de cavaco longo, como aços e ferro fundido maleável	P01	Operações de acabamento fino, com avanços pequenos e altas velocidades, como torneamento e furação de precisão. Exige máquinas rígidas, isentas de vibração.
	P10	*Idem* — Também para aplicações em que ocorre grande aquecimento da ferramenta.
	P20	Operação de desbaste leve, com velocidades de médias e altas e avanços médios. Também em operações de aplainamento com secções pequenas de corte.
	P25	Operações de desbaste com velocidades e avanços médios.
	P30	Operações com baixas a médias velocidades de corte e secções de corte médias a grandes: torneamento, fresamento, aplainamento.
	P40	Operações de desbaste grosseiro e em condições severas de corte, como corte interrompido, mesmo em máquinas sujeitas a vibração; velocidades baixas a médias e grandes avanços e profundidades de corte; torneamento, aplainamento.
	P50	*Idem;* é o tipo mais tenaz, aplicações em que se usam máquinas cbsoletas, onde substitui o aço rápido com grande vantagem.

A representação esquemática da figura 7.15 apresenta a subdivisão idealizada para os referidos grupos, mostrando a tendência de variação das características de dureza, resistência ao desgaste e tenacidade.

As tabelas VII.22, VII.23 e VII.24 apresentam as composições químicas aproximadas, as características principais e os campos de aplicação recomendados para as classes ISO.

Já a *American Standards Association* (ASA) apresenta, de acôrdo com a prática americana, uma classificação geral conforme mostra a tabela VII.25, onde se faz, tentativamente, uma comparação com os tipos ISO.

Finalmente, a *American Society of Tool and Manufacturing Engineers* (ASTME) [17], através de uma Comissão especialmente destinada a estudar o metal duro, propõe uma classificação de acôrdo com a tabela VII.26.

Em base da experiência própria, e considerando ainda os grupos básicos de metal — WC mais Co e WC mais Co mais outros carbonetos — podemos resumir a influência da composição e, em conseqüência, estabelecer um critério inicial de seleção, de acôrdo com o que mostram as tabelas VII.27 e VII.28.

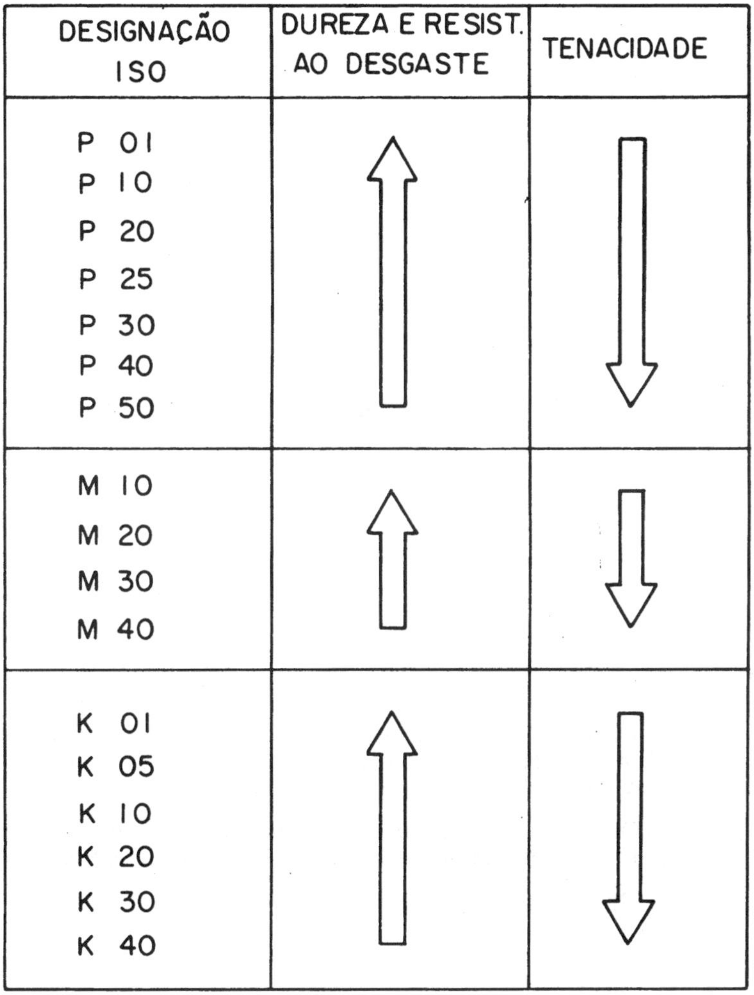

MATERIAIS PARA FERRAMENTAS

DESIGNAÇÃO ISO	DUREZA E RESIST. AO DESGASTE	TENACIDADE
P 01 P 10 P 20 P 25 P 30 P 40 P 50		
M 10 M 20 M 30 M 40		
K 01 K 05 K 10 K 20 K 30 K 40		

Fig. 7.15 — Classificação dos tipos de metal duro, segundo a norma ISO.

7.2.4.4 — Seleção do metal duro

O problema da seleção do metal duro para uma determinada aplicação de usinagem está intimamente relacionado com o tipo de material que vai ser usinado e com o tipo de cavaco que se forma durante a usinagem. Como foi visto no § 4.2.1, os cavacos podem ser agrupados em 3 tipos: *cavacos contínuos, cavacos de cisalhamento* e *cavacos de ruptura*. Os cavacos contínuos, devido ao fato de se formarem em velocidades de corte maiores (e portanto a temperaturas de corte maior) e terem um contato mais longo com a superfície de saída da ferramenta, originam uma *soldagem* e um desgaste maior nesta superfíce, isto é, a formação da *cratera* é bem maior que no caso dos cavacos de ruptura (ver §§ 8.2.1 e 8.3.1.8).

340 FUNDAMENTOS DA USINAGEM DOS METAIS

TABELA VII.24

Principais campos de aplicação do metal duro segundo a ISO

Designação		Campo de aplicação
Classes universais: aços, inclusive aços-liga, ferro fundido, comum, ferro fundido nodular, ferro fundido maleável.	M10	Operações de torneamento com velocidades médias a altas e secções de corte médias.
	M20	Operações de torneamento, fresamento, aplainamento, com velocidades de corte médias e secções de corte médias.
	M30	*Idem,* com secções de corte médias a grandes.
	M40	Torneamento, principalmente em máquinas automáticas.
Para materiais de cavaco curto: ferro fundido, aço temperado, metais não-ferrosos, plásticos, madeiras.	K01	Operações de acabamento fino e de precisão, como broqueamento e faceamento, com cortes leves e firmes, avanços pequenos e altas velocidades.
	K05	Operações de acabamento, como torneamento, alisamento e furação de precisão, com alta velocidade de corte.
	K10	Operações de usinagem em geral.
	K20	*Idem,* com avanços e velocidades médias.
	K30	Operações de desbaste, cortes interrompidos e profundos.
	K40	*Idem,* onde se tem condições muito desfavoráveis e se deve trabalhar com ângulos de saída grandes.

O fenômeno de formação de cratera tem sido exaustivamente estudado (ver § 8.3.1.8 — 9), procurando-se meios de evitá-lo ou meios de desenvolver tipos de metal duro que resistam melhor a ação do cavaco tendente a produzir a cratera. Dos inúmeros estudos realizados, por DAWIHL entre outros [16], pôde-se chegar a certas conclusões, entre as quais as mais importantes são as seguintes:

os carbonetos puros apresentam altas temperaturas de solda, sendo a do carboneto de titânio a mais elevada;

MATERIAIS PARA FERRAMENTAS

TABELA VII.25

Tipos de metal duro segundo a norma ASA

Designação ASA	Tipo ISO aproximado	Campo de aplicação
C1	K30	Desbaste: ferro fundido e materiais não-ferrosos.
C2	K10	Fins gerais: ferro fundido e materiais não-ferrosos.
C3	K05	Cortes leves: ferro fundido e materiais não-ferrosos.
C4	K01	Furação de precisão: ferro fundido e materiais não-ferrosos.
C5	P40	Desbaste: aço.
C5A	P30	Desbaste e avanços grandes: aço.
C6	P25	Fins gerais: aço.
C7	P20	Acabamento, grandes avanços: aço.
C7A	P10	Acabamento, avanços pequenos: aço.
C8	P01	Furação de precisão: aço.

o metal duro com cobalto têm menores temperaturas de solda, devido à presença dêsse metal;

assim, as classes de metal duro consistindo de WC e cobalto apenas se caracterizam por temperaturas de solda mais baixas que as dos carbonetos puros;

entretanto, se se adicionar TiC, essa temperatura de solda se eleva novamente.

Assim sendo, se na usinagem de metais que apresentam cavacos curtos, as composições mais simples contendo apenas WC e Co são eficientes, o mesmo não acontece se tais composições são aplicadas na usinagem de metais de cavacos longos. Nesses casos, pois, é preciso utilizar-se as classes que possuem também TiC e ou TaC, visto que o mesmo ocorre em relação a êste último carboneto.

Além da temperatura de solda como fator de influência na formação de cratera, a experiência revelou que se se produzir eventualmente uma solda com metal duro contendo também TiC, ela se caracteriza pelo fato de possuir menor resistência mecânica que aquela que seria originada com metal duro sem TiC, exigindo, pois, menor esfôrço para arrancamento do material, depois de produzida a solda, com menor desgaste resultante na ferramenta.

FUNDAMENTOS DA USINAGEM DOS METAIS

TABELA VII.26

Classificação de metal duro segundo a ASTME [17]

Classe n.º	Dureza Rocwell A	Composição*		Aplicações típicas
		Co, %	TaC + TiC %	
CLASSES MAIS SIMPLES (WC + Co)				
1	91 a 93	2,5 a 6,5	0 a 3	Desbaste grosseiro a médio de ferro fundido, metais não ferrosos, superligas e ligas austeníticas.
2	88 a 91	8 a 14	0 a 2	Desbaste de ferro fundido, sobretudo em plainas; matrizes.
3	83 a 87,5	16 a 30	0 a 5	Matrizes para choque.
CARBONETO ADICIONAL, PREDOMINANTE TiC				
4	92,5 a 93,5	3 a 7	20 a 42	Acabamento de aço com cortes leves e alta velocidade; grande resistência à formação de cratera; baixa resistência ao choque.
5	91,0 a 92,0	7,5 a 9	12 a 22	Cortes e avanços médios de aço; boa resistência à cratera e resistência ao choque moderado; para choque moderado em matrizes.
6	90,0 a 90,5	10 a 12	8 a 15	Desbaste de aço. Boa resistência ao choque, ao desgaste e à formação de cratera.
CARBONETO ADICIONAL, EXCLUSIVAMENTE TaC				
7	91,5 a 92,5	6 a 7,5	16 a 25	Cortes leves de aço onde se exige combinação de resistência ao desgaste e à formação de cratera.
8	90,5 a 91,5	8 a 10	12 a 20	Fins gerais e corte de desbaste do aço exigindo alta resistência ao desgaste e à formação de cratera.

* O restante é WC.

MATERIAIS PARA FERRAMENTAS 343

TABELA VII.26

Classificação de metal duro segundo a ASTME (continuação)

Classe n.º	Dureza Rockwell A	Composição*		Aplicações típicas
		Co, %	TaC + TiC %	
CARBONETO ADICIONAL, PREDOMINANTEMENTE TaC				
9	89 a 91,5	5,5 a 6,5	18 a 22	Aplicação de resistência do desgaste e ao calor; aplicações especiais de usinagem.
10	84 a 86	12 a 16	25 a 30	Aplicações especiais envolvendo choque e aquecimento.

* O restante é WC.

TABELA VII.27

Efeito da composição sôbre característicos do metal duro das composições mais simples (WC+Co)

Composição		Efeito sôbre			
Componente	Quantidade relativa	Resistência ao desgaste	Dureza a quente	Resistência à formação de cratera	Resistência mecânica
Cobalto	Pequena	Aumenta muito	Aumenta	Aumenta ligeiramente	Diminui muito
	Grande	Diminui muito	Diminui	Diminui ligeiramente	Aumenta muito
WC	Pequena	Diminui muito	Diminui	Diminui ligeiramente	Aumenta muito
	Grande	Aumenta muito	Aumenta	Aumenta ligeiramente	Diminui muito

Finalmente, admite-se ainda que a presença de partículas de óxidos possam diminuir o desgaste, por impedir ou dificultar a formação de liga entre os

344 FUNDAMENTOS DA USINAGEM DOS METAIS

materiais da ferramenta e da peça sob usinagem. A formação de uma película de óxido com essa ação seria favorecida pela presença de TiC [16]. Outros fatôres, além do tipo de cavaco, que influem na seleção do metal duro para uma determinada aplicação de usinagem são:

tipo de operação de usinagem — A prática mostra, por exemplo, que cortes com grandes avanços, cortes interrompidos, criam tensões elevadas no metal duro, exigindo-se o emprêgo de classes com maior tenacidade, ou seja, de maior teor de cobalto;

velocidade de corte — A temperatura que se desenvolve na aresta de corte, à medida que aumenta, exige classe de maior resistência ao calor, portanto com menor teor de cobalto;

condições da máquina-ferramenta — Quanto menos rígidas, menos potentes e mais usadas, maiores os riscos de utilizar-se metal duro, devido à relativa fragilidade dêsse material; recomenda-se então o uso das classes de maior tenacidade, ou seja, com maior teor de cobalto, embora reduzindo a *vida* da ferramenta;

ferramenta de corte — No caso de ferramentas com pastilhas soldadas é importante não só o tipo de aço utilizado no suporte ou cabo, como também o seu adequado dimensionamento e a sua correta fixação na máquina operatriz. Êste assunto será desenvolvido no capítulo sôbre *ferramentas de barra do II volume. A solda da pastilha,* é um dos mais importantes fatôres determinantes da vida das ferramentas de metal duro. Nesse sentido, as ferramentas designadas pela expressão *de fixação mecânica,* que estão paulatinamente substituindo as soldadas — são mais favoráveis e permitem o emprêgo de classes de metal duro mais duras e de maior resistência ao desgaste, pois, pela sua utilização, evita-se as tensões que se originam, durante o resfriamento após a solda, em ferramentas com pastilhas soldadas, devido aos valôres diferentes dos coeficientes de dilatação térmica do aço e do metal duro (ver § 8.1.2).

Finalmente, um último fator que pode influir na seleção do metal duro é o seu próprio tamanho de grão. A tabela VII.29, que apresenta a influência do tamanho do grão sôbre característicos do metal duro, permite concluir igualmente qual o tamanho de grão mais ou menos recomendável para as diversas aplicações de usinagem.

7.2.5 — Materiais cerâmicos

As ferramentas de óxidos metálicos ou de *cerâmica,* como são também designadas, possibilitam velocidades de corte excepcionalmente elevadas, a

MATERIAIS PARA FERRAMENTAS

TABELA VII.28

Efeito dos carbonetos de titânio e de tântalo sôbre característicos do metal duro

Composição		Efeito sôbre			
Componente	Quantidade relativa	Resistência ao desgaste	Dureza a quente	Resistência à formação de cratera	Resistência mecânica
TaC	Pequena	Aumenta ligeiramente	Aumenta ligeiramente	Aumenta ligeiramente	Aumenta ligeiramente
	Grande	Diminui ligeiramente	Aumenta ligeiramente	Aumenta grandemente	Diminui ligeiramente
TiC	Pequena	Aumenta ligeiramente	Aumenta ligeiramente	Aumenta ligeiramente	Diminui ligeiramente
	Grande	Aumenta grandemente	Aumenta grandemente	Aumenta moderadamente	Diminui grandemente

TABELA VII.29

Efeito do tamanho de grão sôbre características do metal duro

Tamanho de grão	Quantidade relativa	Efeito sôbre			
		Resistência ao desgaste	Dureza a quente	Resistência à formação de cratera	Resistência mecânica
Fino	Pequena	Aumenta ligeiramente	Pequeno efeito	Aumenta ligeiramente	Diminui grandemente
	Grande	Aumenta grandemente	Pequeno efeito	Aumenta consideràvelmente	Diminui grandemente
Grosseiro	Pequena	Diminui ligeiramente	Pequeno efeito	Diminui ligeiramente	Aumenta ligeiramente
	Grande	Diminui grandemente	Pequeno efeito	Diminui consideràvelmente	Aumenta grandemente

346 FUNDAMENTOS DA USINAGEM DOS METAIS

TABELA VII.30

Propriedades mecânicas de diversos materiais para ferramenta [17]

Ferramentas de	Resistência à compressão (kg/cm²)	Resistência à flexão (kg/cm²)
aço rápido	37.800-42.000	30.100-37.100
carboneto de tungstênio	39.900-49.700	7.000
óxido de alumínio	16.800-29.400	2.450-5.600
óxido de berílio	7.700•	1.400
óxido de tório	14.700	980
óxido de zircônio	20.300	1.470

ponto de poderem ser empregadas sòmente quando as máquinas operatrizes oferecem condições de rigidez e potência que permitam tais velocidades. O característico fundamental do material cerâmico é sua resistência ao amolecimento pelo calor às altas temperaturas, além da sua elevada dureza e resistência à temperatura ambiente, alta resistência à formação de cratera e baixa condutividade térmica [6].
O óxido básico do material cerâmico para ferramenta é o óxido de alumínio — Al_2O_3 — ou corindon que é a forma estável alfa da alumina.

Pode-se distinguir dois ramos nessa família [17]:

o primeiro, que compreende os materiais contendo alumina sinterizada pràticamente pura (98% min.);
o segundo, que contém um mínimo de 90% de alumina juntamente com outros elementos, adicionados com objetivos bem definidos; essas adições são, entre outras, de óxidos como SiO_2, MgO, Cr_2O_3, Fe_3O_4, etc.

A tabela VII.30 apresenta as resistências à compressão e à flexão do aço rápido, do carboneto de tungstênio em comparação com as do óxido de alumínio e outros óxidos.

Na indústria moderna, tempo é um dos fatôres mais importantes a influenciar o custo de produção, pois ao custo correspondente à mão-de-obra, deve ser adicionado o custo por hora da máquina, custo por hora da mão-de-obra indireta, despesas administrativas etc. Portanto, se o tempo para usinar uma peça puder ser grandemente reduzido, sem acréscimo excessivo no custo da ferramenta, todos os outros itens de custo são reduzidos proporcionalmente. Assim, às vêzes torna-se conveniente encurtar a vida da ferramenta, de modo a reduzir todos os outros fatôres que influenciam o custo. Donde se conclui que, em princípio, o ideal seria utilizar-se as mais elevadas

MATERIAIS PARA FERRAMENTAS

velocidades de corte. Esta é fácil de ser aplicada, pelo menos em princípio, se as condições de corte compreenderem também avanços e profundidade de corte muito pequenos, o que igualmente prolongará a vida da ferramenta. Entretanto, não é só a velocidade de corte que deve ser considerada. Numa operação econômica um outro fator que deve ser levado em conta é a quantidade de material removido na unidade de tempo. Um material de corte *ideal* seria definido como aquêle que permite remover a mesma quantidade de material a qualquer velocidade. Aparentemente, o material cerâmico, entre os materiais para ferramenta, é o que mais se aproxima do material *ideal*. Entretanto, para que possa tirar o máximo proveito dessas vantagens do material cerâmico, é preciso que se disponha de suportes de ferramentas que permitam a mudança rápida das pastilhas de material cerâmico, de dispositivos automáticos que permitam uma rápida colocação e retirada das peças a serem usinadas na máquina operatriz, de máquinas operatrizes mais potentes e rígidas, como já foi mencionado.

Como a solda de pastilhas de material cerâmico apresenta ainda problemas de ordem técnica, sobretudo devido à dificuldade de união, a não ser que se proceda a um revestimento metálico prévio da pastilha, e devido à dificuldade de produzir-se uma substância adequada para a solda, utiliza-se para o material o tipo de ferramenta de fixação mecânica.

A figura 7.16 mostra a quantidade de material removido em função da velocidade de corte, verificando-se a vantagem do material cerâmico sôbre o metal duro.

Na realidade, não há muitos dados experimentais disponíveis sôbre êsses materiais, principalmente no que diz respeito à sua composição. Em certas aplicações, êles têm apresentado resultados excelentes; em outras os resultados não têm sido tão bons. Seu desenvolvimento e aplicação vem sendo feitos em ritmo relativamente lento, porém já adquiriram um lugar relativamente importante entre os materiais para ferramentas e com o desenvolvimento constante de novos processos de usinagem e o aperfeiçoamento contínuo das máquinas operatrizes é de esperar-se que sua aplicação se estenda, em face de alguns dos seus característicos físicos e mecânicos verdadeiramente excepcionais.

7.2.6 — Outros materiais para ferramentas

Entre os mesmos, existe um material apresentado como elemento básico, o carboneto de titânio, o qual seria muito superior ao material para ferramenta tendo como base o carboneto de tungstênio, ou seja, o metal duro. Tais materiais têm sido designados com o nome de *CERMET*, (combinação de material *cerâmico* com material *metálico*) [4]. Recentemente, a *Ford Motor Company,* nos Estados Unidos, divulgou elementos que permitiriam melhor conhecimento da composição química e das características do referido

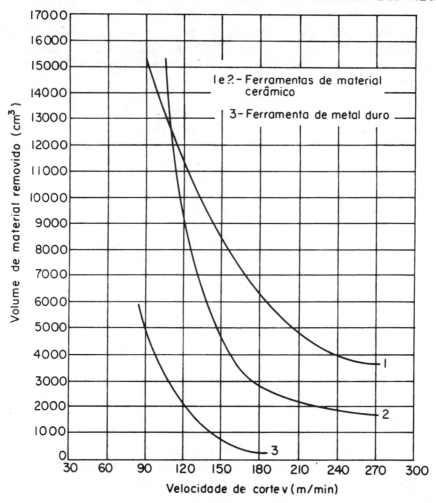

FIG. 7.16 — Vida da ferramenta, em cm³ de material removido, em função da velocidade de corte.

material [19], o qual seria constituído essencialmente de TiC (75% a 93%) aglomerado principalmente com molibdênio (0 a 16%) e níquel (0,90 a 9,50%). Aplicam-se sobretudo em operações de acabamento, devido sua resistência a temperaturas elevadas, possibilitando maiores velocidades de corte do que com o metal duro comum. Sua dureza varia de 91,4 a 93,5 Rockwell A, superior, pois, à média do metal duro. Entretanto, sua resistência ao choque é muito baixa, motivo pelo qual sua utilização, pelo menos até o momento, é feita com avanços e profundidades de corte de médios a baixos, em máquinas operatrizes isentas de vibrações.

7.3 — CONCLUSÕES

Considerando os principais grupos de materiais para ferramentas, a tabela VII.31 apresenta alguns dados comparativos de custo e eficiência de corte,

TABELA VII.31

Comparação de materiais para ferramentas de corte [5]

Material	Custo relativo da ferramenta (US$)	Velocidades de corte típicas (m/min)	Custo de Usinagem US$/pol³
Aço-carbono	0,10	12,2	0,25
Aço rápido	0,50	27,5	0,13
Liga fundida	2,00	45,8	0,06
Metal duro	5,25	152,5	0,04
Material cerâmico	12,00	244,0	0,02

baseados em um *bit* quadrado de 3/8" de secção, empregados na usinagem de aço SAE 4140 encruado; foi considerado um custo total de mão-de-obra e despesas indiretas de US$ 6,00 por hora.

A figura 7.17 representa a variação da dureza de 4 tipos de materiais para ferramentas em função da temperatura.

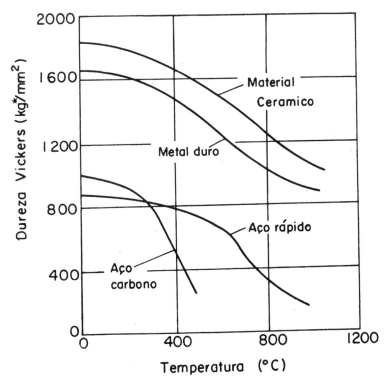

FIG. 7.17 — Variação da dureza, em função da temperatura, para 4 tipos de materiais para ferramentas.

350 FUNDAMENTOS DA USINAGEM DOS METAIS

A seleção de um material para ferramenta depende, contudo, de muitos outros fatôres, além do seu custo inicial e das suas características físicas. Como se viu no decorrer desta exposição, êsses fatôres incluem: o metal sob usinagem, a natureza da operação de usinagem, as condições das máquinas operatrizes, tipo e dimensões da ferramenta, utilização ou não de refrigeração. Enfim, a seleção não é simples, e deve também ser baseada em dados práticos disponíveis, assim como em experiências prévias.

7.4 — BIBLIOGRAFIA

[1] CHIAVERINI, Vicente. "Materiais para Ferramentas". *Metalurgia ABM*. São Paulo, 22 (107): 839-166.

[2] MOORE, F. G. *Manufacturing Management*. USA, Richard D. Irwin, 1954, pág. 13-15.

[3] SCHWARZKOPF, P. e KIEFFER, R. *Cemented Carbides*. USA, The Mac-Millan, 1960.

[4] ASM COMMITTEE ON CUTTING TOOLS. *Metals Handbook*. USA, A. S. M., 1961, v. I.

[5] DOYLE, L. E., et alii. *Processos de fabricação e materiais para engenheiros*. São Paulo, Edgar Blücher, 1967.

[6] WILSON, F. W. *Machining With Carbides and Oxides*. New York, McGraw-Hill, 1962.

[7] ASM COMMITTEE ON SELECTION OF STEEL FOR MACHINING. *Metals Handbook*. USA, A. S. M., 1961, v. I.

[8] PAYSON, P. *The Metallurgy of Tool Steels*. New York, John Wiley & Sons, 1962.

[9] ROBERTS, G. A., et alii. ASM-USA, *Tool Steels*, 1962.

[10] BULLENS, D. K. *Steel and Its Heat Treatment*. New York, John Wiley & Sons, 1949, v. II.

[11] CHIAVERINI, V. *Aços-carbono e aços-liga*. São Paulo, Associação Brasileira de Metais, 1965.

[12] GUZZONI, Gastone. *Gli Acciai comuni e speciali*. Milano, Ulrico Hoepli, 1966.

[13] BRICK, R. M., GORDON, R. B. e PHILLIPS, A. *Structure and Properties of Alloys*. New York, McGraw-Hill, 1965.

[14] HODGE, J. M. e BAIN E. C. *Function of the Alloying Elements in Steel — Metals Handbook*. USA, 1948.

[15] HOTCHKISS, R. B. *Cast Cutting Alloys — Tool Engineers Handbook — ASTME*. New York, McGraw-Hill Book, 1959, cap. 14.

[16] DAWIHL, W. *A Handbook of Hard Metals*. New York, Philosophical Library, 1956.

[17] SUB-COMMITTEE ASTME. *Cemented Carbides — Tool Engineers Handbook*. New York, McGraw-Hill Book Co, 1959, pág. 14-12.

[17] BLANPAIN, E. *Les outils en ceramique*. Paris, Eyrolles, 1958.

MATERIAIS PARA FERRAMENTAS

[18] BLAPAIN, E. *Teoria & práctica de las herramientas de corte.* Barcelona, Gustavo Gili, 1962.

[19] MOSKOWITZ, D. e HUMENIK JR. M. *Cemented Titanium Carbides Cutting Tools Modern-Developments in Powder Metallurgy.* New York, Plenum Press, 1966, v. 3.

VIII

AVARIAS E DESGASTES DA FERRAMENTA

8.1 — AVARIAS DA FERRAMENTA

Consideram-se como avarias da ferramenta as *quebras, trincas, sulcos distribuídos em forma de pente* e as *deformações plásticas,* que ocorrem no gume cortante durante a usinagem.

8.1.1 — Quebra

A ruptura da ponta ou da aresta cortante da ferramenta é originada pela ação de grandes fôrças de usinagem nos seguintes casos:

ângulo da ponta ou ângulo de cunha pequeno;
material de corte quebradiço;
corte interrompido;
parada instantânea do movimento de corte sem a retirada prévia da ferramenta da peça.

As pequenas quebras da aresta cortante aparecem quando o material da peça apresenta incrustações duras (figura 8.1). Isto se dá freqüentemente no emprêgo de pastilhas de material cerâmico e de carbonetos duros, os quais são sensíveis às bruscas solicitações locais. Por outro lado, ferramentas tenazes, com menos resistência à compressão (*como por exemplo as de aço rápido*), são menos sensíveis à quebra. Porém estas ferramentas deixam reconhecer uma deformação na superfície de saída (na zona de contato cavaco-ferramenta), quando solicitadas a grandes esforços de corte, além de apresentarem uma vida inferior às anteriores.

8.1.2 — Trincas devidas às variações de temperatura

As trincas originadas pela variação de temperatura se formam principalmente nas pastilhas de carboneto pouco tenazes. Dois fatôres contribuem para a formação dessas trincas:

a) *variações bruscas de temperatura;*
b) *solda da pastilha no cabo da ferramenta.*

Como vimos anteriormente, durante a usinagem se desenvolve uma grande quantidade de calor, que é dissipada em parte pela ferramenta. A região

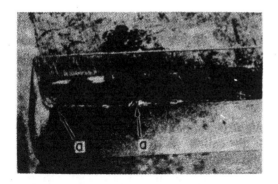

FIG. 8.1 — Avarias da aresta cortante de uma pastilha de metal duro, originadas no torneamento de peças de aço com incrustações duras: *a*) quebras; *b*) desgaste da ponta.

da ferramenta, na qual a temperatura é a mais alta, é a que está em contato com o cavaco. Nas zonas mais distantes desta, a temperatura é bastante inferior (figura 4.54), de acôrdo com o gradiente de temperatura na ferramenta. Em conseqüência disto, a ferramenta se dilata e se deforma desigualmente. Nas ferramentas com pastilha de metal duro êste fato ainda se agrava, pois o coeficiente de dilatação do metal duro é aproximadamente a metade do material do suporte*. As pastilhas soldadas deformando-se diferentemente dos suportes, estarão sujeitas a tensões de cisalhamento na superfície de contato pastilha-ferramenta. Estas tensões provocam tensões de flexão na pastilha, as quais vão originar tensões de tração na superfície de saída. Tais tensões poderão conduzir à formação de *trincas*, as quais em geral se localizam no meio da pastilha e se desenvolvem perpendicularmente à aresta cortante.

Na solda da pastilha ao cabo se processa fenômeno idêntico. Com o fim de diminuir as tensões de tração na superfície de saída das pastilhas, e conseqüentemente as trincas, a *Comissão ISO/TC 29*** estipulou novos tamanhos das pastilhas de metal duro soldadas, tamanhos êsses adotados na *Alemanha* pela norma DIN 4950 de 1957.

---

* O coeficiente de dilatação térmica das pastilhas de metal duro varia entre 5 a $6,5.10^{-6}/°C$, enquanto que nos aços é aproximadamente $11.10^{-6}\ °C$.
** Ata 138-40 de 1955 da Comissão ISO/TC 29.

Tais pastilhas são mais espêssas que as especificadas nas normas anteriores (DIN 4966 e E 4966) e conseqüentemente apresentam tensões de tração menores em relação às pastilhas delgadas. Os ensaios experimentais para comprovação desta ocorrência foram realizados pelo laboratório da firma *Fried. Krupp Widia-Fabrik* em *Essen*, em colaboração com a Comissão ISO-TC 29.

A forma de encaixe da pastilha no suporte também influi na formação de trincas. De acôrdo com as normas de cabos de ferramentas ISO-DIN 28 671 a 28 681*, a fixação da pastilha soldada no cabo é feita de maneira que a maior parte da pastilha fica fora do cabo (figura 8.2), exceto nas ferramentas muito pequenas. Dêste modo a pastilha tem maior liberdade de se deformar na ferramenta.

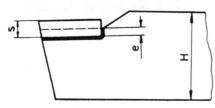

FIG. 8.2 — Pastilhas de metal duro DIN 4950 (ISO) soldados nos novos cabos DIN. Para $H > 12mm$, em cabos de secção quadrada, $e = 0,45 \cdot s$.

8.1.3 — Sulcos distribuídos em forma de pente

Os sulcos distribuídos em forma de pente aparecem no *corte interrompido*, na *usinagem com avanço variável* e no *acesso irregular do refrigerante de corte*. Tais ocorrências provocam uma variação da temperatura de corte. São observados com freqüência na operação de fresamento com pastilha de metal duro.

A figura 8.3 *a* apresenta a curva de distribuição da temperatura em relação à profundidade x, a partir do ponto de contato cavaco-ferramenta. A camada superficial, a uma temperatura bastante alta, se dilata. Porém, as camadas subseqüentes, a temperaturas inferiores, terão um dilatação bem menor. Como conseqüência, tais camadas impedirão o processamento de uma dilatação muito maior na camada superficial. Desta forma origina-se na camada superficial (camada de contato cavaco-ferramenta) tensões de compressão (figura 8.3 *b*). Em conseqüência disto, haverá, a determinada distância x da superfície de contato, tensões de tração.

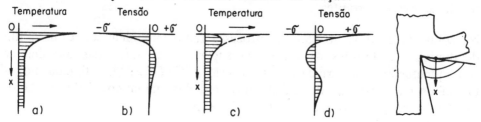

FIG. 8.3 — Distribuição da temperatura e das tensões na pastilha de metal duro de uma fresa.

---

* Ver capítulo *Ferramentas de barra*, volume II.

Num instante de tempo seguinte, com a variação da temperatura de corte, isto é, com o resfriamento da camada de contato (devido, por exemplo, ao intervalo de ação do dente cortante de uma fresa), essa camada estará submetida à tração, enquanto que as camadas subseqüentes passarão a ser solicitadas à compressão (figura 8.3 c e d). Esta variação de tensões repete-se com a variação de temperatura proveniente do corte interrompido ou do acesso irregular do refrigerante de corte.

Após um determinado número de variações de solicitações na pastilha de metal duro, aparecem trincas superficiais. Estas trincas, sob ação da peça e do cavaco em movimento, originam pequenos sulcos. As figuras 8.4 e 8.5 apresentam a distribuição dêstes sulcos na superfície de folga e de saída de uma pastilha de metal duro de uma fresa de faceamento. Tais sulcos estão distribuídos em forma de pente. Além dêstes sulcos há os *sulcos transversais;* porém enquanto êstes se apresentam sòmente na superfície de folga da ferramenta, os sulcos distribuídos em forma de pente se apresentam nas duas superfícies ou sòmente na superfície de saída. Ambos (sulcos

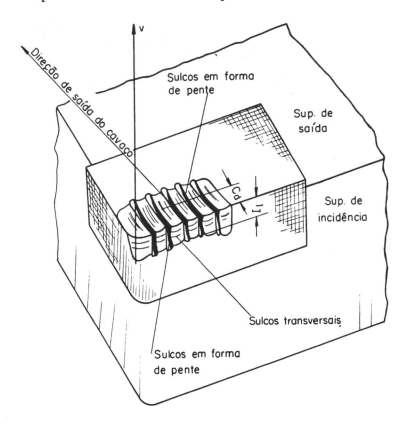

Fig. 8.4 — Esquema da formação dos sulcos distribuídos em forma de pente e dos sulcos transversais.

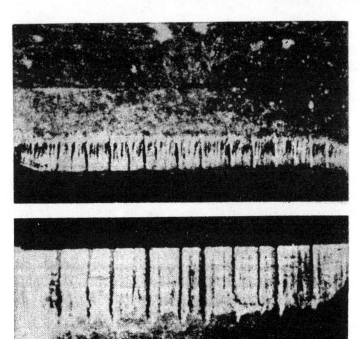

FIG. 8.5 — Sulcos distribuídos em forma de pente em uma pastilha de metal duro P40, para o fresamento de aço Ck 45; $v = 170$m/min; $p.a_d = 5.0,25$mm²; $\gamma = -10°$, $\lambda = 0°$, percurso de corte $l_c = 780$cm [2].

distribuídos em forma de pente e sulcos transversais) conduzem, no fim de um determinado tempo de usinagem, a uma quebra da aresta cortante.

Os estudos sôbre a formação de sulcos em forma de pente para o fresamento com pastilhas de metal duro foram realizados por W. LEHWALD, o qual executou uma série de ensaios com pastilhas de metal duro tipo P 10, P 20, P 25, P 30 e P 40 em aço Ck 45 [2]*. A figura 8.6 apresenta o número de cortes n_c de uma pastilha de metal duro (de diferentes tipos) em função da espessura de corte h, para o aparecimento do primeiro sulco. As correspondentes curvas mostram que o número de cortes até o aparecimento do primeiro sulco diminui com o aumento da espessura de corte h. Através dêste diagrama verifica-se que é possível determinar, para cada material da pastilha, um avanço por dente, abaixo do qual não deverá haver formação de sulcos em forma de pente. Esta propriedade é interessante na operação de acabamento com fresas. A figura 8.6 mostra ainda que

---

* Para conversão dos materiais especificados pelas normas alemães aos correspondentes materiais nacionais, ver o apêndice.

as pastilhas de metal duro P 25, P 30 e P 40, indicadas para corte interrompido, se diferenciam consideràvelmente das pastilhas P 10 e P 20, indicadas para torneamento.

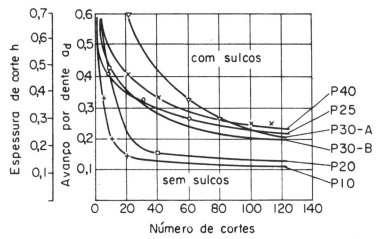

FIG. 8.6 — Curvas limites para o aparecimento do primeiro sulco em diferentes tipos de pastilha de metal duro, para o fresamento frontal em aço Ck 45; $v = 148$m/min; $p = 5$mm; $b = 6$mm [2].

A figura 8.7 apresenta o aumento do número de sulcos em função do número de cortes, na operação de fresamento com fresas de faceamento, para diferentes materiais da pastilha. O aumento do número de sulcos cresce inicialmente em razão exponencial com o número de cortes do dente da fresa, até um determinado valor, acima do qual não aumenta mais. Êste valor é chamado *número limite de sulcos*. A figura 8.8 apresenta diagrama análogo ao da figura 8.7, porém para o fresamento com avanços por dente a_d diferentes. Êste gráfico mostra que para o fresamento com grandes avanços por dente o número limite de sulcos é menor. As pesquisas fornecem as seguintes conclusões: uma grande espessura de corte h conduz a uma temperatura média de corte bem maior que uma espessura pequena de corte. Resulta desta forma uma menor queda porcentual de temperatura na pastilha, para o intervalo de tempo, no qual a pastilha não trabalha. Como será visto em seguida, esta diminuição da queda de temperatura origina uma diminuição do número de sulcos.

Por outro lado, altas velocidades de corte conduzem na operação de fresamento maiores variações da temperatura de corte, aumentando, assim, o número limite de sulcos, como mostram os ensaios representados pela figura 8.9.

Para verificar a influência da temperatura média de corte sôbre a formação de sulcos em fresas com pastilhas de metal duro, foi construído uma ferramenta com um aquecedor eltérico prêso ao suporte (figura 8.10). Com

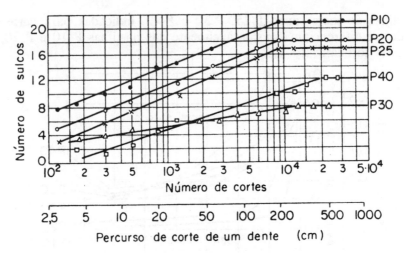

FIG. 8.7 — Número de sulcos em forma de pente em função do número de cortes do dente de uma fresa de faceamento, para pastilhas de metal duro de diferentes tipos; material Ck 45; $v = 170$m/min; $a.p = 0,25.5$mm²; $\alpha = 8°$; $\gamma = 6°$; $\gamma_c = -10°$; $l_e = 1,5$mm; $\chi = 60°$; $\lambda = 0°$ [2].

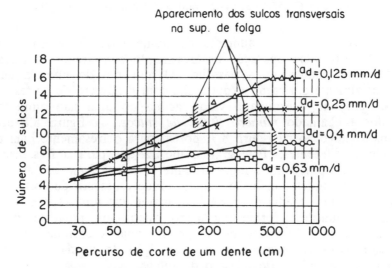

FIG. 8.8 — Número de sulcos em forma de pente em função do percurso de corte por dente para o fresamento com diferentes avanços por dente; material: aço Ck 45, ferramenta de metal duro P 25, $v = 170$m/min, $p = 5$mm, $\alpha = 8°$, $\gamma_c = -10°$, $\chi = 60°$, $\lambda = 0°$.

êste dispositivo foi possível aquecer a ferramenta a uma temperatura básica de 300 e 400°C. A temperatura foi medida na parte posterior da pastilha através de um termo-par *níquel cromo-níquel*. A figura 8.11 apresenta os resultados de um ensaio de fresamento em aço 34 Cr Mo 4 com pastilha de metal duro P 20. Na mesma figura, verifica-se nìtidamente a influência

AVARIAS E DESGASTES DA FERRAMENTA

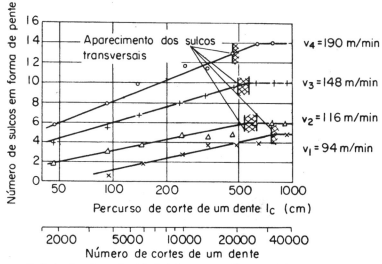

FIG. 8.9 — Influência da velocidade de corte sôbre a formação de sulcos para o fresamento de aço Ck 45 com fresa de faceamento com pastilha de metal duro P 25; $a_d.p = 0,25.5 mm^2$, $\alpha = 8°$, $\gamma_c = -10°$, $\chi = 60°$, $\lambda = 0$ [2].

da temperatura básica da ferramenta sôbre o número de sulcos. Os ensaios mostram ainda que o desgaste da ferramenta pràticamente não foi influen-

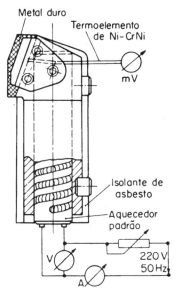

FIG. 8.10 — Dente de uma fresa com aquecimento por resistência elétrica, segundo LEHWALDT [2].

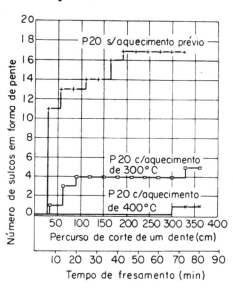

FIG. 8.11 — Influência do aquecimento da ferramenta sôbre o número de sulcos em forma de pente, para o fresamento de aço 34 CrMo 4 com partilha de metal duro P 20; $v = 146 m/min$, $a_d.p = 0,25.5 mm^2$ [2].

360   FUNDAMENTOS DA USINAGEM DOS METAIS

ciado com êste aumento da temperatura média da ferramenta. Resultados semelhantes foram obtidos com pastilhas de metal duro P 10 e P 30.

Tais pesquisas conduzem aos seguintes resultados: os sulcos representam uma conseqüência da variação da solicitação térmica de uma pastilha de metal duro, a qual origina uma variação de carga no campo elástico. Como no metal duro a resistência à tração é bem menor que a resistência à compressão, pode-se admitir, baseando-se nos resultados das pesquisas, que os sulcos aparecem com a elevação da tensão de tração sôbre a tensão-limite de ruptura à tração.

Verifica-se ainda que um aumento da refrigeração da aresta cortante, durante o intervalo de tempo sem trabalho, aumenta a formação de sulcos. Êste é o caso de refrigeração com emulsão em fresas com pastilhas de metal duro. Todos os fatôres que conduzem a uma diminuição da variação da temperatura, como por exemplo um aquecimento da ferramenta, diminuem a formação de sulcos.

Com relação aos *sulcos transversais* (figura 8.4), verifica-se que contràriamente aos sulcos em forma de pente, não são devidos a variações de temperatura, e sim representam ruptura por fadiga proveniente da variação da fôrça. Os ensaios mostram que o aumento da temperatura produzido pelo dispositivo da figura 8.10 não influi na formação dos sulcos transversais. A vibração da ferramenta também contribui para o aumento do número de sulcos. Consegue-se diminuir a formação dêstes sulcos, diminuindo-se a velocidade de corte, empregando-se ferramentas robustas com pastilhas de metal duro curtas e bem soldadas. O aumento do ângulo de folga contribui para a diminuição dos sulcos em forma de pente na superfície de folga.

8.2 — DESGASTES DA FERRAMENTA

Durante a usinagem realiza-se um desgaste nas superfícies de saída e de folga da ferramenta. Para facilitar o estudo da usinagem, costuma-se padronizar os desgastes da ferramenta com os chamados *desgastes convencionais*.

8.2.1 — Desgastes convencionais

Os desgastes convencionais são medidos no plano de *medida da ferramenta* (ver § 2.3.3). Distinguem-se os desgastes originados na superfície de saída, na superfície de folga ou incidência e o deslocamento da aresta cortante. Na *superfície de saída* tem-se os desgastes (figura 8.12):

Profundidade da cratera C_p

Largura da cratera C_l

Distância do centro da cratera à aresta de corte C_d.

AVARIAS E DESGASTES DA FERRAMENTA

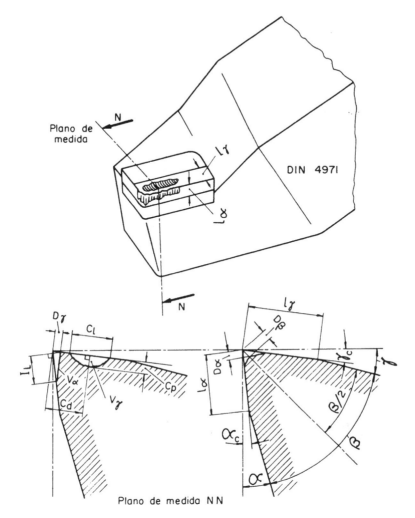

FIG. 8.12 — Desgastes convencionais da ferramenta de corte: C_l = largura da cratera; C_p = profundidade da cratera; C_d = distância do centro da cratera à aresta de corte; l_1 = largura de desgaste; D_γ, D_α e D_β = deslocamentos da aresta de corte; V_α e V_γ = volumes de desgaste.

Na superfície de incidência convenciona-se o desgaste (figura 8.12):
  Largura de desgaste l_1.

O *deslocamento da aresta de corte* originado pelo desgaste da cunha cortante é dado pelas grandezas (figura 8.12):

Deslocamento da aresta cortante D_γ, medido segundo a intersecção da superfície de saída com o plano de medida.
Deslocamento da aresta cortante D_α, medido segundo a intersecção da superfície de incidência com o plano de medida.

Deslocamento da aresta cortante D_β, medido segundo a bissetriz do ângulo de cunha β.

Além dêstes desgastes, desempenha também papel importante na usinagem a área limitada pela curva de desgaste e o perfil original da ferramenta, medida no plano de medida. Costuma-se representar esta área pelo volume de material gasto na unidade de comprimento da aresta de corte. Tem-se os seguintes volumes específicos (figura 8.12):

Volume gasto na superfície de saída V_γ.
Volume gasto na superfície de incidência V_α.

Certos autores definem ainda o desgaste da cratera na superfície de saída pela relação $k = \dfrac{C_p}{C_d}$.

8.2.2 — Medida dos desgastes

A medida do desgaste I_1 da superfície de incidência é fàcilmente realizada por meio de uma lupa com retículo ou microscópio de oficina. A figura 8.13 mostra uma lupa com retículo, a qual permite a leitura em décimos de milímetro.

FIG. 8.13 — Lupa de construção da fábrica *Leitz*, aumento 8 vêzes; divisões da escala em 01mm.

Para uma precisão maior emprega-se um microscópio de oficina com mesa de avanço micrométrico, permitindo leitura em centésimos de milímetro (figura 8.14). A ferramenta neste caso é fixada a um suporte universal, permitindo colocar a superfície de observação em plano horizontal (figura 8.15).

A medida de profundidade da cratera C_p da superfície de saída da ferramenta é feita geralmente por perfilômetros registradores especiais. A figura 8.16 mostra um perfilômetro de fabricação *Leitz-Foster*. Neste aparelho o

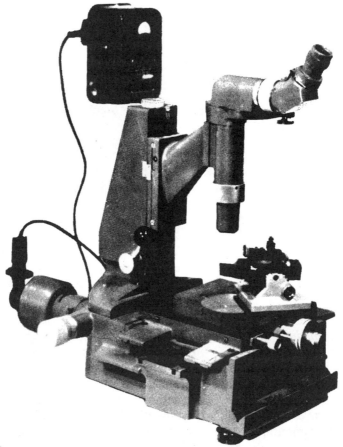

Fig. 8.14 — Microscópio de oficina MW2 da firma *Leitz*, utilizado na medida dos desgastes I_γ, D_α, D_γ e D_β da ferramenta.

objeto, cuja superfície se deseja examinar, é colocado sôbre uma mesa de movimento de translação comandado por motor. A mesa apresenta as velocidades 0,1, 1,3, 4 e 5mm por minuto. Sôbre a superfície a ser examinada encontra-se uma agulha apalpadora pulsante excitada eletromagnèticamente, com freqüência de pulsação de 60 ou 120 ciclos por segundo. O movimento da agulha é ampliado mecânica e òticamente, de maneira a tornar visível num vidro mate, ou registrar num filme, o perfil da superfície examinada. A escala de reprodução é 250:1, 1.000:1 ou 2.500:1 e a agulha apalpadora apresenta uma ponta de safira de raio 10μm. O filme se desloca no interior de uma câmara fotográfica, com velocidade 100mm/minuto. O acionamento do filme é feito através de um motor síncrono com o motor do comando da mesa. Desta forma, alterando-se a velocidade da mesa pode-se ter diferentes escalas na ampliação em direção horizontal. A agulha apalpadora, e todo sistema de registro do perfil em exame, está apoiada num suporte de altura regulável e inclinável.

FIG. 8.15 — Suporte universal de ferramenta de barra construído pelo *Laboratório de Máquinas Operatrizes de São Carlos*, para a medida dos desgastes da ferramenta.

Para a medida de desgastes pequenos, tem-se revelado de grande utilidade o *método de medida de desgaste por radioisótopos*, empregado geralmente em pastilhas de metal duro [3 e 4]. A pastilha é ativada num reator atômico mediante bombardeio com nêutrons; em seguida é prêsa a um suporte de fixação mecânica e é realizado o ensaio de usinagem desejado. Como durante o ensaio 90% das partículas gastas ficam prêsas ao cavaco, é possível, através da medida da radioatividade do cavaco, determinar o desgaste da ferramenta. Através dêste processo pode-se medir desgastes na ferramenta, os quais não seriam observados nos métodos anteriores.

Na medida do desgaste pelo método radioativo, todos os materiais comuns das ferramentas de usinagem podem ser usados, com exceção das pastilhas de cerâmica à base de Al_2O_3, que não podem ser suficientemente ativadas. As *meias-vidas,* isto é, o tempo necessário para que a intensidade da radiação de um elemento (isótopo) caia para a metade do valor inicial, dos principais materiais das ferramentas de usinagem são: Co 60: 5,3 anos; W 185: 76 dias; W 187: 24 horas; Ti 51: 72 dias; Ta 182: 120 dias; Cr 51: 27,8 dias, Fe 55: 2,94 anos; Fe 59: 45,1 dias. Dado o valor elevado da meia-vida do cobalto Co 60, êste é o principal portador da radioatividade.

A radioatividade é medida em *Curie* ou sua fração, o mili-Curie (mC). É definido como sendo a radiação emitida, quando se desintegram $3,7 \times 10^{10}$ núcleos atômicos e corresponde a $\cong$ 1 grama de rádio. A radioatividade específica é medida em mC/mg.

Dada a grande sensibilidade dêste método de ensaio, bastam alguns poucos minutos de ensaio para se obter conclusões suficientemente precisas. Quanto maior fôr o desgaste, maior será a radioatividade do cavaco retirado.

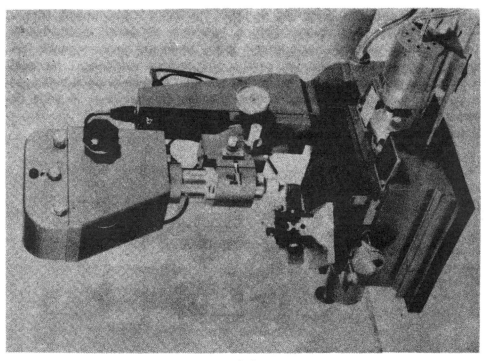
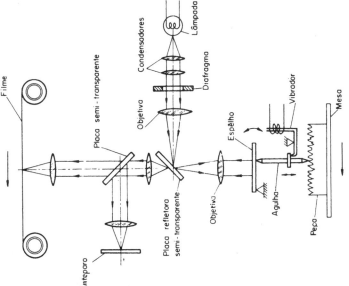

Fig. 8.16 – Perfilômetro Leitz-Foster, para a medida do desgaste da ferramenta.

A fim de poder determinar separadamente os desgastes das superfícies de incidência e de saída da ferramenta usa-se um método de ensaio que emprega 2 ferramentas defasadas de 180°, das quais 1 está ativada (figura 8.17). O cavaco que desliza sôbre a *superfície de saída* da ferramenta ativada contém partículas arrancadas desta, enquanto que a segunda ferramenta, não-ativada, retira um cavaco que contém partículas arrancadas da *superfície de incidência* da ferramenta ativada. Obtém-se assim dois tipos de cavaco: um que contém partículas ativadas da superfície de saída da ferramenta; outro contendo partículas ativadas da superfície de incidência da ferramenta.

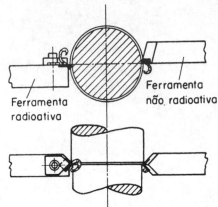

FIG. 8.17 — Separação dos desgastes da superfície de saída e de folga da ferramenta através da medida de desgaste por meio radioativo [3].

Uma vez determinada a massa e, portanto, o volume de material desgastado, pode-se relacionar êste volume com os *desgastes convencionais*.

8.3 — O MECANISMO DO DESGASTE DAS FERRAMENTAS DE USINAGEM

Dr. Eng.º HORST A. DAAR*

Serão apresentados neste trabalho os fenômenos físico-químicos responsáveis pelo desgaste das superfícies de folga e de saída das ferramentas de usinagem. Os mecanismos do desgaste das ferramentas de metal duro e de aço rápido serão tratados separadamente nas seções 8.3.1 e 8.3.2 respectivamente.

8.3.1 — O mecanismo do desgaste das ferramentas de metal duro

O desgaste de uma ferramenta de metal duro é o resultado da ação de vários fenômenos distintos, denominados *componentes do desgaste*. Dependendo da natureza do material usinado e das condições de usinagem, predominará uma ou outra das componentes do desgaste sôbre as demais.

---

* Ex-assistente da Cadeira de Máquinas Operatrizes da Escola de Engenharia de São Carlos. da USP.

AVARIAS E DESGASTES DA FERRAMENTA

O conhecimento do mecanismo do desgaste é de grande interêsse para o técnico, pois permitir-lhe-á uma seleção criteriosa da ferramenta mais indicada e das condições de usinagem. O comportamento do desgaste de uma ferramenta é melhor refletido nas *curvas desgaste-velocidade de corte*, propostas por G. VIEREGGE [5].

8.3.1.1 — Curvas "desgaste-velocidade de corte"

A figura 8.18 apresenta um caso particular típico das curvas do desgaste da ferramenta em função da velocidade de corte. Observa-se que para uma dada combinação de avanço e velocidade de corte existe um desgaste mínimo da ferramenta. É de se prever que o mecanismo do desgaste à esquerda do mínimo seja diferente do mecanismo do desgaste à direita do mínimo. G. VIEREGGE distingue seis componentes do desgaste de uma ferramenta e sugere um diagrama que fornece informações qualitativas acêrca da participação relativa de cada componente no desgaste total, em velocidades de corte crescentes (figura 8.19).

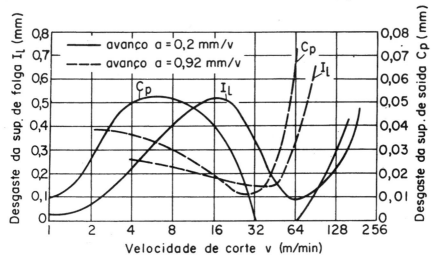

FIG. 8.18 — Curvas *desgaste-velocidade de corte* para o torneamento de aço ABNT 1060; ferramenta de metal duro P 30; $p = 2$mm; $\alpha = 6°$; $\chi = 45°$; tempo de corte $t = 10$min [5].

A separação quantitativa das componentes do desgaste é pràticamente impossível, porém o quadro qualitativo visualiza a importância de cada componente nas diferentes velocidades de corte. Assim, em velocidades de corte baixas, o desgaste das ferramentas de metal duro é relativamente elevado por causa do *cisalhamento da aresta postiça de corte*. Em velocidades de corte maiores, o desgaste é causado principalmente pelos fatôres cuja intensidade depende da temperatura de corte, tais como a *abrasão*

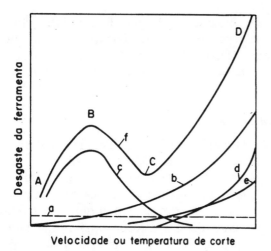

FIG. 8.19 — Participação das diferentes componentes no desgaste total da ferramenta; $a =$ deformação da aresta cortante; $b =$ abrasão mecânica; $c =$ cisalhamento da aresta postiça de corte; $d =$ difusão; $e =$ oxidação; $f =$ resultante [5].

mecânica, a *difusão intermetálica* e a *oxidação*. Dado o papel decisivo que a *aresta postiça de corte* desempenha no desgaste das ferramentas de usinagem em baixas velocidades de corte, o parágrafo seguinte será dedicado ao estudo detalhado dêste fenômeno.

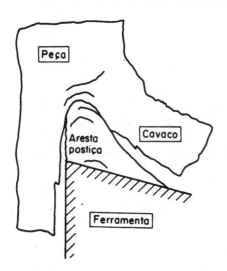

FIG. 8.20 — Forma característica de uma aresta postiça de corte; material aço ABNT 1050; ferramenta de metal duro P 30; $v = 10$m/min; $a.p = 0,315.2$mm².

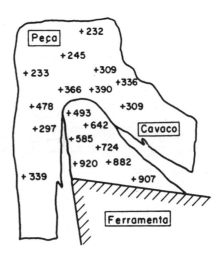

FIG. 8.21 — Variações das microdurezas $HV_{0,1}$ (kg*/mm²) na aresta postiça e na raiz do cavaco; material: aço Ck 53 N 1050; ferramenta P 30, $v = 10$m/min; $a.p = 0,315.2$mm² [6].

8.3.1.2 — Aresta postiça de corte

A assim chamada *aresta postiça de corte* é constituída de partículas do material usinado que se acumulam na superfície de saída da ferramenta.

A forma característica de uma aresta postiça de corte está indicada na figura 8.20.

Um estudo exaustivo do fenômeno da aresta postiça de corte foi realizado por M. GAPPISCH, WITTEN e W. SCHILLING na Escola Técnica Superior de Aachen, Alemanha [6 e 7], cujas conclusões serão apresentadas em seguida.

A aresta postiça de corte altera as relações geométricas da formação do cavaco, desempenhando a função da aresta cortante. Isto só é possível graças ao forte encruamento das partículas do material que constituem a aresta postiça de corte. A figura 8.21 fornece os valôres das microdurezas *Vickers* medidas em diferentes pontos de uma aresta postiça de corte.

Observa-se que as durezas medidas na aresta postiça correspondem às do material temperado. A origem destas durezas elevadas decorre do grau de deformação excepcionalmente elevado do material. A figura 8.22 indica a distribuição das durezas dentro da aresta postiça, obtida através da avaliação de um número elevado de medições em diversas arestas postiças. Observa-se que as durezas máximas são medidas no centro da aresta postiça, enquanto as durezas mínimas ocorrem na zona de transição do cavaco.

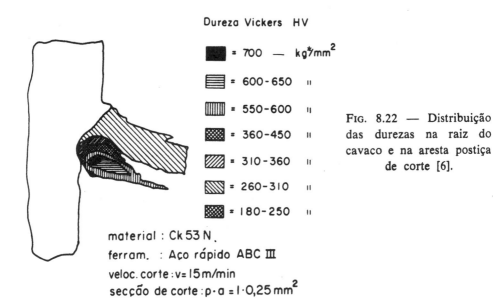

FIG. 8.22 — Distribuição das durezas na raiz do cavaco e na aresta postiça de corte [6].

A aresta postiça de corte e o desgaste da ferramenta

O desgaste da superfície de folga de uma ferramenta após um tempo de usinagem constante varia em função da velocidade de corte. A figura 8.23 exemplifica esta variação para um caso particular. Observa-se que o desgaste apresenta valôres máximos e mínimos associados a diferentes velocidades de corte. A figura 8.23 indica também as faixas de velocidades de corte em que a presença da aresta postiça pôde ser constatada experimentalmente. A existência da aresta postiça foi verificada apenas em velocidades inferiores àquela que corresponde ao desgaste mínimo I_1 (trecho m da figura 8.23).

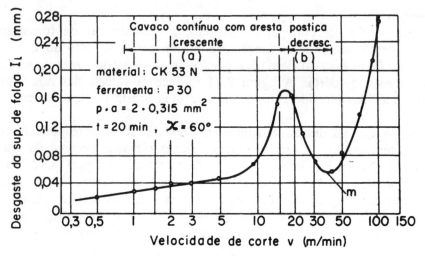

FIG. 8.23 — Variação do desgaste da superfície de folga da ferramenta em função da velocidade de corte, para um tempo de usinagem constante [6].

Distinguem-se duas regiões de formação da aresta postiça (figuras 8.23 e 8.29):

a) região na qual as dimensões da aresta postiça crescem com o aumento da velocidade de corte;

b) região em que as dimensões da aresta postiça diminuem com o aumento da velocidade de corte.

Estas duas regiões distintas podem ser constatadas não sòmente através do desgaste da ferramenta e das dimensões da aresta postiça (figura 8.23 e 8.29), como também através do aspecto do cavaco formado. No caso *a*, as superfícies inferiores do cavaco apresentam escamas regulares enquanto que no caso *b* se observam alternadamente locais brilhantes e locais com escamas. A figura 8.24 apresenta as fotografias dos cavacos.

As escamas nada mais são do que as partículas da aresta postiça que saíram junto com o cavaco. Os locais brilhantes do cavaco correspondem à ausência da aresta postiça, a qual tinha sido arrastada imediatamente antes pelo cavaco, de maneira que a ferramenta, durante um pequeno intervalo de tempo, trabalhou sem aresta postiça. Logo em seguida forma-se outra aresta

AVARIAS E DESGASTES DA FERRAMENTA 371

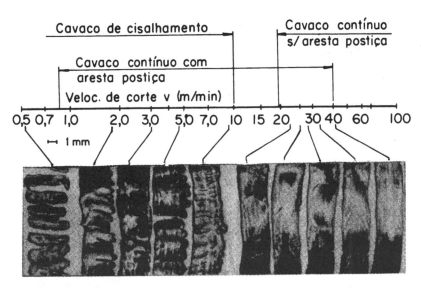

FIG. 8.24 — Comparação das superfícies inferiores dos cavacos obtidos com diferentes velocidades de corte [6].

postiça, e assim por diante. A freqüência dêste fenômeno cresce com o aumento da velocidade de corte e a porcentagem dos locais brilhantes também aumenta, até que tôda a superfície inferior do cavaco apresenta um aspecto brilhante, indicando que não há mais aresta postiça.

A transição do tipo de aresta postiça, com aderência relativamente forte na superfície de saída da ferramenta, ao tipo de existência transitória ocorre a uma velocidade de corte bem determinada. Enquanto que nas baixas velocidades de corte as arestas postiças são estáveis, nas velocidades de corte maiores desaparecem e aparecem periòdicamente. A velocidade de transição situa-se em tôrno da velocidade que corresponde ao desgaste máximo na figura 8.23. A figura 8.25 mostra as arestas postiças correspondentes às diferentes velocidades de corte. Observa-se que, no caso particular da figura, as dimensões das arestas postiças crescem até à velocidade de 18m/min, correspondente ao desgaste máximo. Acima desta velocidade, as dimensões da aresta postiça diminuem até seu desaparecimento completo acima de 40m/min. Pode-se constatar que, entre o aparecimento da aresta postiça de corte e o desgaste da superfície de folga da ferramenta *existe uma correspondência bem definida. Quanto maior fôr a aresta postiça de corte, maior será o desgaste da superfície de folga.*

A forma do desgaste da superfície de folga, quanto à formação da aresta postiça, é diferente da forma do desgaste que se observa normalmente, quando não existe a aresta postiça. Enquanto que nas velocidades de corte maiores, onde não há uma aresta postiça, a marca do desgaste é aproximadamente paralela à direção da velocidade de corte, esta marca está inclinada

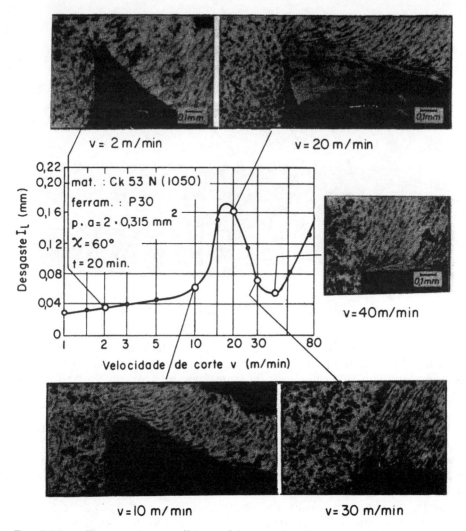

FIG. 8.25 — Desgaste da superfície de folga em função da velocidade de corte, para diferentes dimensões da aresta postiça de corte.

em relação à direção de corte, quando a usinagem se processar na presença de uma aresta postiça (figura 8.26).

A figura 8.27 mostra a variação do desgaste da superfície de folga, com aresta postiça de corte, em função do tempo de usinagem. Observa-se que nos primeiros minutos, o desgaste cresce ràpidamente e que após um tempo determinado, o aumento do desgaste é menos acentuado.

O mecanismo do desgaste da superfície de saída, quando houver aresta postiça, é diferente do mecanismo do desgaste da superfície de folga. Medindo as profundidades da cratera que se forma na superfície de saída

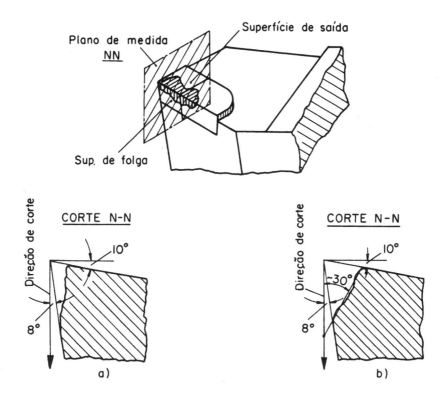

FIG. 8.26 — Formas características da marca do desgaste da superfície de folga: *a*) sem; e *b*) com aresta postiça de corte [6].

após um percurso de corte constante e com velocidades de corte variáveis (figura 8.28) observa-se que numa determinada faixa de velocidades de corte a profundidade da cratera de desgaste C_p diminui com o aumento da velocidade de corte.

Comparando a curva do desgaste de cratera com as dimensões das arestas postiças observa-se que o desgaste de cratera mínimo corresponde aproximadamente às dimensões máximas da aresta postiça (figura 8.29). Pode-se concluir então que o desgaste de cratera diminui à medida que as dimensões da aresta postiça aumentam. Portanto, *a aresta postiça de corte protege a superfície de saída da ferramenta de metal duro contra o desgaste, ao contrário do que se dá com relação ao desgaste da superfície de folga.*

Fatôres que influem na formação da aresta postiça

Influência das condições de usinagem. Entre estas, a que maior influência exerce sôbre as dimensões da aresta postiça é a *velocidade de corte*. A figura 8.29 mostra a variação das dimensões *L* e *H* da aresta postiça em função da velocidade de corte. Nota-se que acima de uma determinada

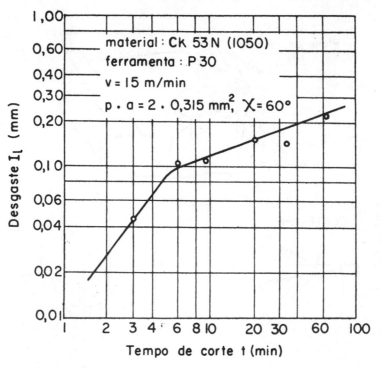

FIG. 8.27 — Desgaste da superfície de folga na usinagem com aresta postiça de corte [6].

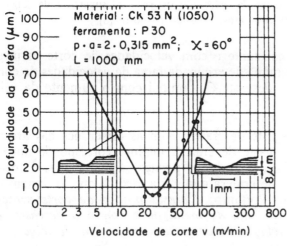

FIG. 8.28 — Desgaste de cratera em função da velocidade de corte, para um percurso de corte constante [6].

velocidade de corte, a aresta postiça deixa de existir. Esta velocidade de corte será chamada *velocidade crítica*. A influência do *avanço* se faz sentir no sentido de diminuir a velocidade crítica quando se aumenta o avanço e vice-versa. A *profundidade de corte* exerce uma influência análoga sôbre a velocidade crítica, no entanto esta influência é muito menos acentuada. A diminuição da velocidade crítica com o aumento da área da secção de

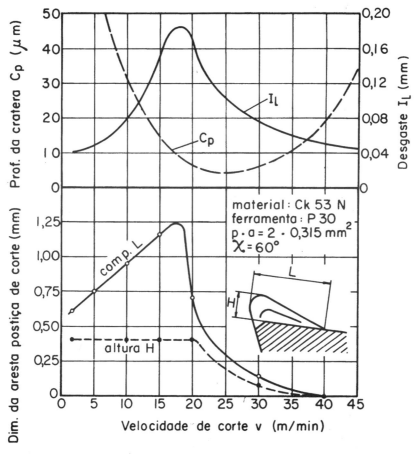

FIG. 8.29 — Dimensões da aresta postiça em função da velocidade de corte; material: aço Ck 53 N; ferramenta de metal duro P 30; $a.p = 0,315.2 mm^2$; $\chi = 60°$ [7].

corte sugere a existência de uma grandeza bem determinada que regula o mecanismo da aresta postiça. De fato, será provado mais adiante que tal grandeza é a *temperatura de corte*, a qual altera a estrutura metalográfica da aresta postiça.

Influência da geometria da ferramenta. O ângulo que maior influência exerce sôbre a aresta postiça de corte é o ângulo de saída γ. Os demais ângulos têm um efeito desprezível. Aumentando o ângulo de saída, a temperatura de usinagem diminui, fazendo com que a velocidade crítica aumente. A figura 8.30 mostra a variação da velocidade crítica em função do ângulo de saída.

Influência do material usinado e da ferramenta

a) *latão Ms 58 ($\sigma_t \cong 58 kg*/mm^2$):*

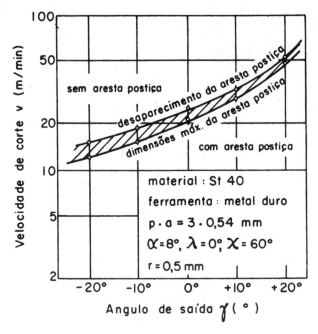

FIG. 8.30 — Influência do ângulo de saída γ da ferramenta sôbre a formação da aresta postiça de corte [7].

Ensaiando-se êste material com velocidades de corte variando desde 10 até 250m/min, não se pôde observar a formação de nenhuma aresta postiça de corte;

b) *liga de alumínio-magnésio GK AL Mg 5:*

Neste material observa-se a formação da aresta postiça em velocidades de corte até 100m/min. Também aqui observou-se um forte encruamento na aresta postiça (figura 8.31).

Também na usinagem com ferramenta de aço rápido, de cerâmica e de diamante, a presença da aresta postiça foi constatada.

c) *aços carbono Ck 53 (1050), Ck 35 (1035), Ck 15 (1015):*

As condições de formação da aresta postiça de corte no aço Ck 53 já foram descritas anteriormente. Neste aço carbono, a presença da aresta postiça foi constatada tanto com ferramentas de aço rápido como de cerâmica e diamante. Também a variação da qualidade da pastilha de metal duro P 10, P 30, P 40 e K 40 não acarretou nenhuma alteração da formação da aresta postiça. No entanto, o desgaste da superfície de folga apresentou diferenças apreciáveis, de acôrdo com a figura 8.32.

Observa-se que as velocidades de corte correspondentes aos desgastes máximo e mínimo pràticamente coincidem. As condições de formação da aresta postiça, observadas no aço Ck 53, bàsicamente são as mesmas nos demais aços carbonos, havendo apenas uma modificação das velocidades críticas (figura 8.33). Nos aços com baixo teor de carbono, as dimensões

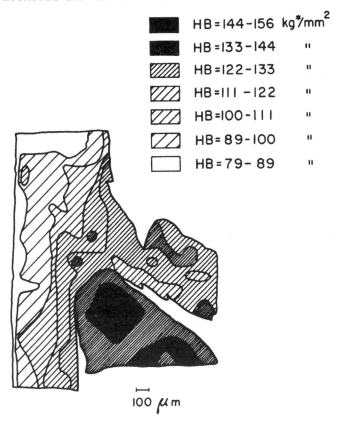

FIG. 8.31 — Variação da dureza Brinell na aresta postiça de corte e na peça ensaiada; material: liga al. GK-Al Si 10Mg; ferramenta de metal duro K10; $\alpha = 8°$; $\gamma = 0°$; $\lambda = 0°$; $\chi = 90°$; $\epsilon = 86°$; $r = 0,5$mm; $v = 10$m/min; $a.p = 0,2.2,5$mm² [7].

máximas da aresta postiça ocorrem em velocidades de corte sensìvelmente superiores às dos aços com médio e alto teor de carbono. Explica-se êste fato pelas temperaturas de corte maiores nos aços com teor de carbono elevado. Assim, quanto mais baixo fôr o teor de carbono do aço, e portanto mais baixa sua resistência mecânica, mais alta será a velocidade crítica, acima da qual a aresta postiça desaparece.

A influência da *estrutura metalográfica* dos aços sôbre a formação da aresta postiça também foi analisada experimentalmente. Não puderam ser constatadas diferenças apreciáveis entre os comportamentos das diferentes estruturas (aço Ck 45 beneficiado, aço Ck 45 ferrítico-perlítico e aço Ck 45 recozido).

d) *aços austeníticos*

Usinando diversos aços austeníticos com velocidades de corte variadas não se pôde constatar a presença de uma aresta postiça de corte. A figura 8.34 mostra as curvas do desgaste da superfície de folga em função da

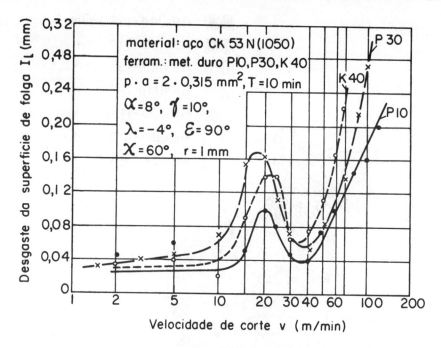

FIG. 8.32 — Variação do desgaste da superfície de folga para diferentes qualidades de metal duro [7].

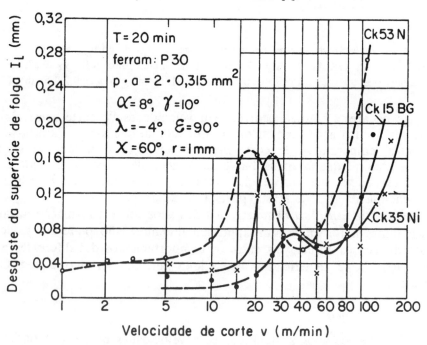

FIG. 8.33 — Variação do desgaste da superfície de folga para aços de diferentes teores de carbono [7].

velocidade de corte para dois aços austeníticos. Observa-se que êstes materiais não apresentam os pontos de desgaste máximo, característicos dos aços com estrutura ferrítica-perlítica.

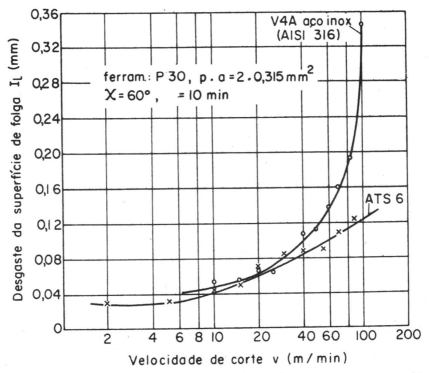

FIG. 8.34 — Variação do desgaste da superfície de folga de dois aços austeníticos em função da velocidade de corte [7].

Os fatos experimentais até aqui expostos permitem concluir que o fenômeno da aresta postiça não depende da ferramenta mas sim do material usinado. Notou-se também que o mecanismo da formação e do desaparecimento da aresta postiça está ìntimamente ligado à temperatura de corte. No entanto, a temperatura de corte em si não constitui uma explicação. A explicação da aresta postiça deve ser encontrada nas propriedades físicas do material usinado, afetadas pela temperatura de corte. Quais seriam estas propriedades físicas? Tomando várias amostras iguais de raízes do cavaco de um aço efetuou-se o seu recozimento em várias temperaturas e mediu-se a maior dureza *Vickers* (100g*) resultante. Obtiveram-se os valôres da figura 8.35.

Esta diminuição da dureza da aresta postiça em função da temperatura de recozimento é devida à *recristalização* do material fortemente encruado. Aumentando a temperatura de corte na zona de contato entre a aresta postiça e a superfície inferior do cavaco ocorrerá também uma transfor-

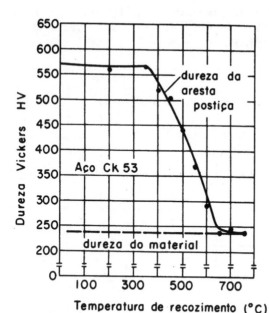

FIG. 8.35 — Variação da dureza da aresta postiça em função da temperatura de recozimento [7].

mação $\alpha - \gamma$ da estrutura metalográfica da aresta postiça, de acôrdo com o que será visto no § 8.3.1.6. Esta mudança de estrutura acarreta um amolecimento da aresta postiça, a qual é esmagada pelas fôrças de corte e arrastada pelo cavaco. Esta mudança de fase pôde ser constatada experimentalmente, de acôrdo com a figura 8.36.

Resumindo o exposto, pode-se então concluir que o desaparecimento da aresta postiça de corte acima de uma determinada velocidade crítica se deve ao seu *amolecimento* provocado por uma recristalização e uma mudança de fase $\alpha - \gamma$.

8.3.1.3 — Mecanismo do desgaste da ferramenta na presença de uma aresta postiça de corte

Foi visto anteriormente que a aresta postiça provoca o aumento do desgaste da superfície de folga e exerce uma ação protetora contra o desgaste da superfície de saída. Apresentaremos em seguida uma descrição do mecanismo do desgaste da superfície de folga.

De acôrdo com o que vimos, a altura H da aresta cortante (figura 8.29) independe pràticamente da velocidade de corte, razão pela qual o desgaste será afetado principalmente pelo comprimento L da aresta postica. O comprimento L em si não constitui, porém, uma explicação do desgaste mas êste deve alterar o mecanismo de formação do cavaco, alteração esta responsável pelo desgaste. A forma característica da marca do desgaste,

AVARIAS E DESGASTES DA FERRAMENTA

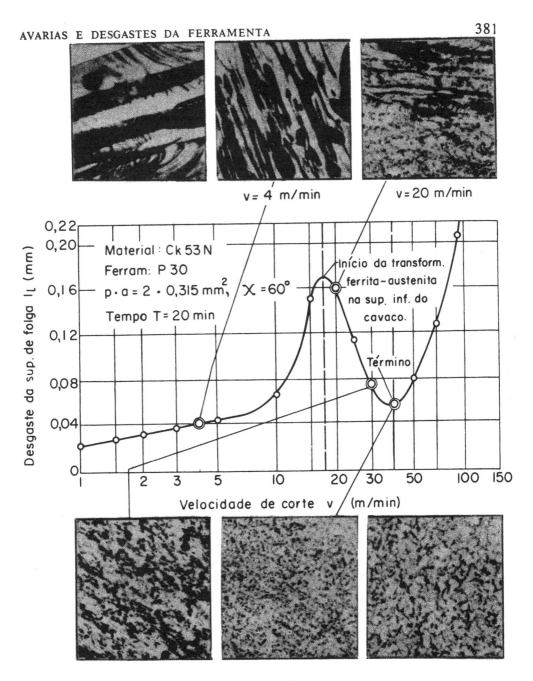

FIG. 8.36 — Comparação da curva desgaste-velocidade de corte com a estrutura metalográfica na superfície inferior do cavaco [7].

apresentada na figura 8.26 *b*, diferente da forma observada em velocidades de corte mais elevadas, sugere um mecanismo de desgaste, causado pela *saída periódica* de partículas da aresta postiça. Provou-se experimentalmente que, uma vez alcançadas determinadas dimensões críticas da aresta postiça, esta sofre um cisalhamento da sua parte dianteira, cisalhamento êste que se dá numa direção aproximadamente paralela à marca do desgaste, isto é, a 30° com a direção de corte.

Durante o cisalhamento a parte dianteira da aresta postiça esfrega a superfície de folga. Simultâneamente, pequenas partículas da ferramenta de metal duro arrancadas pelo destacamento dos pontos de micro-soldagem podem aderir à aresta postiça. Através da saída periódica de partículas duras da aresta postiça, o desgaste da superfície de folga aumenta progressivamente (figura 8.37). *Quanto maior fôr a freqüência de saída destas partículas, maior deverá ser o desgaste na unidade de tempo.*

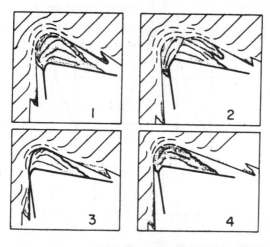

Fig. 8.37 — Saída de partículas da aresta postiça junto à superfície inferior do cavaco e à superfície da peça.

A figura 8.38 mostra a freqüência da saída das partículas da aresta postiça em função da velocidade de corte. Observa-se que esta freqüência alcança um máximo para uma determinada velocidade de corte. Constata-se também que esta velocidade de corte é a que aproximadamente corresponde ao desgaste máximo l_1 (figura 8.23). A figura 8.38 também explica o fato de o desgaste da superfície de folga ser elevado para avanços pequenos, na faixa de formação da aresta postiça.

8.3.1.4 — Condições físicas que reinam nas zonas de contato do material usinado com a ferramenta em altas velocidades de corte

Com o desaparecimento da aresta postiça de corte acima de uma determinada velocidade crítica, outras componentes determinarão o desgaste. A figura 8.39 proporciona uma idéia acêrca das condições que reinam na superfície de saída da ferramenta, segundo W. König [8].

As tensões normais e de cisalhamento, combinadas com as temperaturas elevadas da zona de contato, as quais podem ser superiores a 1.000°C, dão origem a deformações ϵ_o (ver § 4.3.4), que variam de 0,8 até 4,0 e

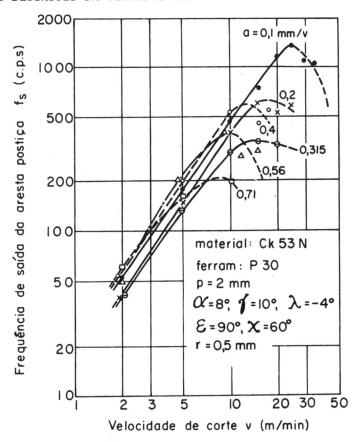

Fig. 8.38 — Freqüência de saída f_s das partículas da aresta postiça em função da velocidade de corte [7].

velocidades de deformação $\dot{\varepsilon}_0$ da ordem de 10^4/seg. Os tempos de deformação e de aquecimento são da ordem de mili-segundos [8].
Na zona de contato do cavaco com a ferramenta ocorre o contato das superfícies metálicas puras num estado altamente ativado, dadas as condições de deformação plástica e temperaturas elevadas.

Uma análise do estado de tensões sôbre a superfície de saída revela que as condições aí encontradas em velocidades de corte elevadas não podem ser comparadas às condições de atrito normalmente encontradas, de maneira que a lei de COULOMB perde a sua validez. Foi demonstrado que a dependência entre a tensão normal e a tensão de cisalhamento é linear sòmente quando a área efetiva de contato A_{ef} fôr muito pequena em relação à área aparente de contato do cavaco com a ferramenta, A (figura 8.40).

Foram publicados, recentemente, os resultados de pesquisas que mostram que as tensões de cisalhamento na superfície de saída da ferramenta são

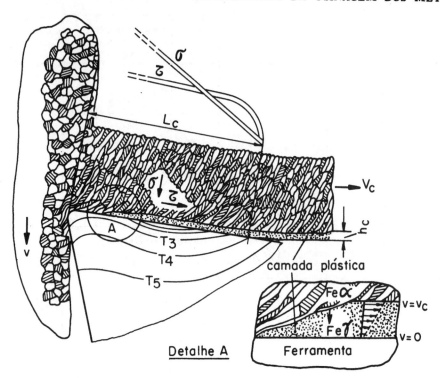

FIG. 8.39 — Condições reinantes na superfície de saída da ferramenta; material: aço Ck 45N (1045 normalizado); ferramenta de metal duro P20; $a.p = 0,25.2$mm²; $v = 160$m/min; $T_1 \cong 1.000°C$; $v_c = 67$m/min; velocidade de aquecimento $v_t = 10^6 °C/s$; tensão normal média $\sigma_m = 35$kg*/mm²; tensão de cisalhamento média $\tau_m = 25$kg*/mm²; deformação de cisalhamento $\dot{\epsilon}_o \cong 0,2$ no ensaio estático e 0,8 na usinagem; velocidade de deformação $\epsilon_o \cong 10^{-3}/s$ no ensaio estático e $10^4/s$ no ensaio de usinagem [8].

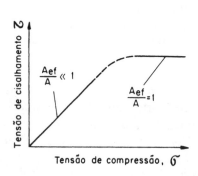

FIG. 8.40 — Tensão de cisalhamento em função da tensão normal de compressão para diferentes relações entre as áreas efetivas e aparente de contato.

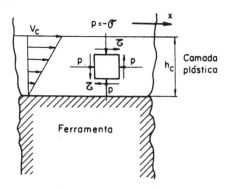

FIG. 8.41 — Modêlo fluido-dinâmico das condições de escoamento do cavaco na superfície de saída da ferramenta [8].

independentes das tensões normais e do material da ferramenta. A figura 8.41 mostra um modêlo fluido-dinâmico, admitido para descrever o estado de tensão na camada plástica que existe entre o cavaco e a ferramenta. Segundo êste modêlo, um plano (o cavaco) desloca-se paralelamente a uma superfície (a ferramenta) a uma distância h_c. Entre ambos existe uma camada homogênea e viscosa que adere ao cavaco e à ferramenta. Tal camada viscosa é a camada plástica, dentro da qual a velocidade de escoamento varia desde zero até a velocidade do cavaco v_c. Com esta hipótese da variação contínua da velocidade de escoamento tem-se um tempo necessário para *velocidades de reação* finitas nas zonas de contato. Nestas condições, o tempo disponível para a realização de reações de difusão entre o material da ferramenta e o material usinado será maior que o teórico, calculado com base na velocidade de saída do cavaco.

As propriedades da camada plástica foram estudadas por T. N. LOLADSE [9]. A figura 8.42 apresenta a variação da altura da camada plástica em função da velocidade de corte, determinada em ensaios de torneamento. Êste autor sugere para o mecanismo de escoamento do cavaco sôbre a superfície de saída da ferramenta o indicado na figura 8.43. Subdividindo-se a camada de material a ser removida da peça em camadas elementares I, II, ... VII, perpendiculares à direção de corte, tais camadas, sob a ação da ferramenta, alongar-se-ão e sofrerão uma rotação, ficando aproximadamente paralelas à direção da velocidade de corte v. Quanto mais uma determinada camada elementar (lamela) se aproxima da superfície de saída da ferramenta, tanto mais girará e se alongará. Ao atingir a superfície de saída, sua deformação será máxima. À direita do plano de cisalhamento a camada já pertence ao cavaco.

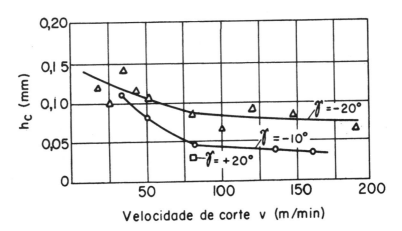

FIG. 8.42 — Variação da altura h_c da camada plástica em função da velocidade de corte; material: aço com 0,4% C ($\sigma_r = 63,5$ kg*/mm²); ferramenta de metal duro, $\alpha = 8°$; $\lambda = 0°$; $\chi = 60°$; $a.p = 0,54.2$ mm² [9].

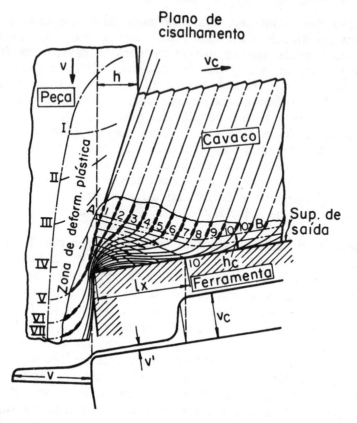

Fig. 8.43 — Representação esquemática do escoamento de cavaco próximo à aresta cortante; formação da camada plástica segundo LOLADSE [9].

Uma vez atravessado o plano de cisalhamento, uma parte da lamela deformada aderirá à superfície de saída, razão pela qual esta porção da lamela removida é fortemente curvada na direção da saída do cavaco, sofrendo uma deformação adicional elevada e um conseqüente encruamento. A camada de referência separa-se da superfície de saída da ferramenta a uma distância l_x da aresta cortante. Portanto, a deformação de uma determinada camada de referência do material usinado se processa em duas etapas:

a) *a deformação à esquerda do plano de cisalhamento*, onde tôda a camada a ser retirada e mais uma parte do material da superfície da peça são deformadas (figura 8.43). No final dessa deformação forma-se o cavaco;

b) *a deformação da parte do cavaco próxima à superfície de saída da ferramenta* (região limitada pela linha A-B da figura 8.43). Esta deformação dá origem à camada plástica. A distância do ponto A até a superfície de saída é maior que a distância do ponto B, onde a deformação termina. Portanto, a altura da camada plástica diminui desde um valor máximo até um valor constante h_c.

Na camada plástica próxima à aresta cortante, a velocidade de escoamento é sensìvelmente inferior à velocidade do cavaco, a qual pode ser calculada aproximadamente. Para tanto, simplifica-se a representação da figura 8.43 pela do esquema 8.44. Admitindo-se que uma lamela de material de altura h_x esteja submetida a uma deformação de cisalhamento Δx, a deformação relativa dessa camada plástica será $\epsilon = \Delta x/h_x$.

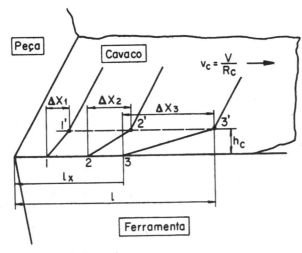

FIG. 8.44 — Representação esquemática da formação da camada plástica.

Seu valor máximo é:

$$\epsilon_{max} = \frac{\Delta x_3}{h_c}. \qquad (8.1)$$

Seja v' a velocidade de escoamento próximo à aresta cortante, numa extensão l_x. A velocidade média do cavaco é (4.11):

$$v_c = \frac{v}{R_c},$$

onde v é a velocidade de corte e R_c o grau de recalcamento do cavaco (ver § 4.3). O tempo de deformação do cavaco na região l_x será:

$$t = \frac{l_x}{v'}. \qquad (8.2)$$

Durante êste tempo, o material situado acima da linha 1' 3' movimentar-se-á com a velocidade v_c, percorrendo uma distância

$$l = l_x + \Delta x_3,$$

no mesmo tempo t, dado por

388 FUNDAMENTOS DA USINAGEM DOS METAIS

$$t = \frac{l_x + \Delta x_3}{v_c}.$$

Igualando-se, resulta:

$$v' = v_c \frac{l_x}{l_x + \Delta x_3}. \qquad (8.3)$$

Sendo

$$\Delta x_3 = h_c \cdot \epsilon_{max},$$

resulta:

$$v' = v_c \frac{1}{1 + \epsilon_{max} \dfrac{h_c}{l_x}}. \qquad (8.4)$$

Medições realizadas em micrografias de raízes do cavaco permitem concluir que:

$$v' \cong \frac{v_c}{(20 \text{ a } 30)}. \qquad (8.5)$$

A figura 8.43 mostra a variação da velocidade relativa entre o cavaco e a superfície de saída da ferramenta.

À distribuição de velocidade de escoamento corresponde uma distribuição análoga do *trabalho de atrito,* responsável pelo desgaste de cratera. De fato, as experiências confirmaram que o desgaste de cratera é máximo a uma determinada distância da aresta cortante.

8.3.1.5 — Mecanismo do desgaste da superfície de saída da ferramenta, segundo Trigger e Chao [10]

Segundo êstes autores, há dois mecanismos de desgaste na ferramenta:

a) *um desgaste do tipo adesão e transferência das micro-asperezas,* no qual a ruptura das micro-asperezas ocorre numa camada delgada da superfície da ferramenta, próxima à superfície de contato com o cavaco. Seria a conseqüência do enfraquecimento do material da ferramenta devido à difusão intermetálica e à formação de ligas. Para uma dada composição química e uma dada porcentagem de microconstituintes do material usinado e da ferramenta, a distribuição das temperaturas na superfície de contato seria o fator principal que rege o fenômeno. A transferência do metal da ferramenta ao cavaco se processa de maneira descontínua, na forma de partículas microscópicas;

b) *um desgaste do tipo abrasivo.* O endentamento das superfícies em contato não só aumenta a resistência ao deslizamento, como também origina um desgaste de natureza mecânica. Êste tipo de desgaste depende principalmente da relação das durezas da ferramenta e do material em dadas condições de usinagem, da quantidade e da distribuição das

AVARIAS E DESGASTES DA FERRAMENTA 389

microimpurezas duras do material usinado, do seu estado de encruamento e outros.

Experiências conduzidas com ferramentas radioativas revelaram que a maior parte dos produtos do desgaste era transferida ao cavaco. Ao tornear um aço AISI 8650 com uma ferramenta de metal duro, 95,8% dos produtos do desgaste das superfícies de folga e de saída aderiram ao cavaco. Isto sugere que o mecanismo do desgaste é bàsicamente do tipo *a*, isto é, por adesão e transferência.

Uma teoria dêste tipo de desgaste foi proposta por R. HOLM*. Esta teoria fundamenta-se nos *conceitos básicos do atrito metálico,* os quais afirmam que a deformação plástica das micro-asperezas dá origem à área efetiva de contato entre duas superfícies com movimento relativo. HOLM postulou então a hipótese que durante êste movimento, para cada encontro de um átomo de uma das superfícies, na região do contato efetivo, com um átomo da outra superfície, haveria uma probabilidade constante de um dos dois átomos ser arrancado. Com base nesta hipótese, HOLM demonstrou que o volume desgastado V por unidade de deslocamento do cavaco, podia ser expresso por:

$$\frac{V}{S} = Z \frac{P}{H},$$ (8.6)

onde

$Z =$ probabilidade de remoção de material, ou seja, número de átomos arrancados por encontro atômico;

$P =$ fôrça normal às superfícies;

$H =$ dureza média do material mais mole no ponto de contato.

A teoria de HOLM foi aperfeiçoada posteriormente por T. T. BURWELL e C. D. STRONG, substituindo o encontro atômico pelo encontro das micro-asperezas, resultando a seguinte relação:

$$\frac{V}{S} = K \frac{P}{H},$$ (8.7)

onde K representa a fração da área efetiva de contato na qual ocorre desgaste. Depende, entre outros, da composição das superfícies e das condições de lubrificação. A expressão acima pode ser escrita:

$$\frac{V}{S \cdot P} = \frac{K}{H}$$ (8.8)

onde a relação K/H é uma constante para dadas condições de usinagem. Por outro lado, a distância percorrida pelo cavaco sôbre a superfície de

---

* Êste assunto pode ser omitido num primeiro estudo.

saída num tempo t é $S = v_c \cdot t$. A fôrça normal à superfície de saída, P, pode ser considerada constante em primeira aproximação. Assim sendo, tem-se que:

$$V = C \cdot t. \tag{8.9}$$

A validez desta relação pôde ser confirmada experimentalmente (figura 8.45).

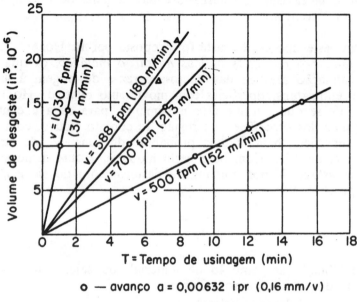

○ — avanço a = 0,00632 ipr (0,16 mm/v)

△ — avanço a = 0,00978 ipr (0,25 mm/v)

FIG. 8.45 — Variação do volume de material gasto em função do tempo de corte; material AISI 4142 recozido (HB = 212kg*/mm²); ferramenta de metal duro grau S (ISO-P); geometria 0-6-7-7-10-0-0,015"; $p = 0,1''$ [10].

Quando o cavaco desliza sôbre a superfície de saída da ferramenta ocorre uma micro-soldagem local em algumas asperezas. O aumento de temperatura devido à deformação local da aspereza é pràticamente instantâneo, dando-se a soldagem. A junção se rompe na seção mais fraca do par *cavaco-ferramenta* e uma partícula do cavaco adere à ferramenta. Um aquecimento contínuo por atrito mantém uma temperatura local elevada nas asperezas de contato, dando origem a uma difusão rápida e à formação de ligas. Esta ação continua até que o material da ferramenta é enfraquecido ao ponto de ser destacada a partícula afetada da sua superfície. O tempo que uma região da superfície da ferramenta resiste ao destacamento depende da sua extensão e da temperatura local. Uma velocidade baixa do cavaco implica um tempo maior de contato, porém a temperatura baixa manterá

AVARIAS E DESGASTES DA FERRAMENTA 391

pequena a velocidade de difusão e de formação de ligas, proporcionando uma *vida** maior à porção afetada da superfície da ferramenta.

Quando a velocidade de escoamento do cavaco fôr elevada, a temperatura na zona de contato também será elevada, aumentando as velocidades de difusão e de formação das ligas. A *vida* da porção afetada da superfície será menor. O mecanismo do desgaste descrito acima sugere que o efeito principal da velocidade do cavaco sôbre o desgaste da ferramenta se dá através da *temperatura da zona de contato*.

O tempo de difusão e formação de ligas entre a ferramenta e as partículas aderentes (êstes fenômenos serão tratados com maiores detalhes nos parágrafos seguintes) dependerá também da temperatura local.

Estudos empreendidos por vários pesquisadores permitem relacionar as constantes K e H com a temperatura absoluta da zona de contato θ:

$$K = A \cdot e^{\frac{a}{\theta}},$$

$$H = B \cdot e^{\frac{b}{\theta}}.$$

(8.10)

O desgaste resulta então:

$$\frac{V}{S \cdot P} = C \cdot e^{\frac{c}{\theta}} \qquad (C \text{ e } c \text{ são constantes}) \qquad (8.11)$$

Tomando-se os logaritmos desta relação,

$$\log \frac{V}{S \cdot P} = \log C' + \frac{c'}{\theta}, \qquad (8.12)$$

conclui-se que *o logaritmo da relação $V/S \cdot P$ varia linearmente com o inverso da temperatura absoluta da zona de contato entre o cavaco e a ferramenta*. As constantes C' e c' dependerão do material da ferramenta e do material usinado. Exprimem, portanto, a resistência que uma determinada ferramenta apresenta contra os agentes causadores do desgaste de cratera.

A figura 8.46 mostra a variação do desgaste $V/S \cdot P$ em função da temperatura de contato e da velocidade de corte.

É interessante notar a semelhança entre o trecho C-D da figura 8.19 e a figura 8.46. A teoria do desgaste de cratera aqui apresentada constitui uma explicação puramente mecânica do fenômeno do desgaste. Os fenômenos físico-químicos, principalmente a difusão e a formação de ligas serão tratadas

---

* Denomina-se *vida de uma ferramenta* para um determinado desgaste, o *tempo* que a ferramenta trabalha efetivamente (deduzido os tempos passivos de afiação), até o desgaste atingir o valor prèviamente fixado (vide capítulo IX).

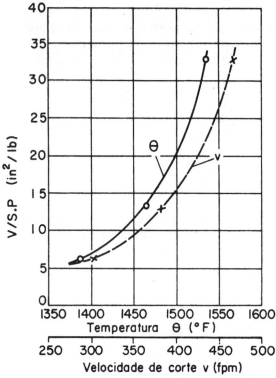

Fig. — 8.46 — Variação de desgaste V/SP em função da temperatura na zona de contato e da velocidade de corte [10].

num capítulo a parte, pois a teoria proposta por CHAO e TRIGGER não fornece nenhuma indicação acêrca da maior ou menor resistência ao desgaste de cratera de um determinado tipo de metal duro, usinando um determinado material.

8.3.1.6 — Mecanismo do desgaste da superfície de folga da ferramenta, segundo Takeyama e Murata [11]*

Êstes autores estenderam a teoria do desgaste, proposta por CHAO e TRIGGER ao caso do desgaste da superfície de folga.

O volume total do desgaste da superfície de folga da ferramenta pode ser considerado como sendo o resultado de três mecanismos de desgaste distintos, a saber: as *avarias mecânicas,* a *abrasão mecânica* e as *reações físico-químicas* (difusão, formação de ligas, oxidação).

A equação geral do volume de desgaste pode ser expressa como:

$$V = V_m (n, \sigma_m) + V_a (l, \sigma_a) + V_r (\theta, t) + V_1, \qquad (8.13)$$

onde

V = desgaste total da superfície de folga;
V_m = desgaste devido às avarias mecânicas;
V_a = desgaste devido à abrasão mecânica;
V_r = desgaste devido às reações físico-químicas;

---

* Êste assunto pode ser omitido num primeiro estudo.

AVARIAS E DESGASTES DA FERRAMENTA

V_i = desgaste devido a outros fatôres;
σ_m = resistência da ferramenta aos choques;
σ_a = resistência da ferramenta à abrasão;
n = número de choques;
l = comprimento de corte;
θ = temperatura absoluta na aresta cortante;
t = tempo de usinagem.

Nas operações de usinagem contínua, o têrmo V_m pode ser desprezado. Abandonando também o têrmo V_i, a relação se simplifica para:

$$V = V_a\,(l, \sigma_a) + V_r\,(\theta, t). \tag{8.14}$$

Tendo em vista que a abrasão da ferramenta é realizada pelas partículas duras do material da peça, e admitindo uma distribuição uniforme de tais partículas, o têrmo V_a será proporcional ao comprimento de corte. O têrmo V_r, em analogia ao que se admitiu para o desgaste de cratera, pode ser admitido como proporcional à expressão $e^{-E/K \cdot \theta}$, onde E é denominado de *energia de ativação* e K uma constante. Assim, o desgaste total da superfície de folga, por unidade de tempo, será:

$$\frac{dV}{dt} = A \cdot v(\theta, a) + B \cdot e^{-E/K \cdot \theta}, \tag{8.15}$$

supondo que a resistência da ferramenta à abrasão, σ_a, seja função da temperatura θ; v é a velocidade de corte, e a é o avanço, enquanto que A e B são constantes empíricas.

O pêso do desgaste específico por unidade de comprimento de corte é:

$$\frac{dG}{dl} = A + \frac{B}{v} \cdot e^{-E/K \cdot \theta}. \tag{8.16}$$

Para a determinação das constantes foram realizados ensaios de usinagem com um aço liga (G 18 B da norma japonêsa), com $\sigma_r = 70kg^*/mm^2$; a ferramenta era uma pastilha de metal duro P 10, com geometria 0, 15, 6, 6, 15, 15, 0,02*; a velocidade de corte variava de 15 a 900 fpm e o avanço variava de 0,004 a 0,024 ipr; a profundidade de corte estava compreendida entre 0,02 e 0,1 polegada. A temperatura de corte foi medida através do efeito termoelétrico. Os resultados obtidos estão resumidos nas figuras 8.47 e 8.48. Observa-se no exemplo da figura 8.47 que até uma temperatura de corte da ordem de 1.200ºK (927ºC) o desgaste específico independe pràticamente da temperatura. Isto significa que até esta temperatura o desgaste da superfície de folga é de natureza abrasiva, ou seja, é proporcional

---

* Geometria da ferramenta segundo a norma ASA.

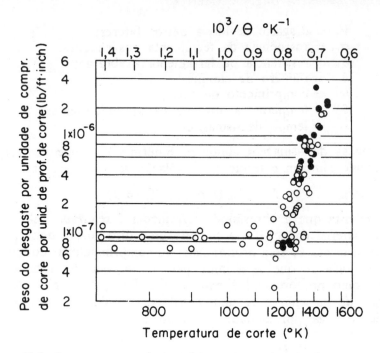

FIG. 8.47 — Relação entre a temperatura de corte e o pêso do desgaste por unidade de comprimento de corte; material: aço liga G 18 B (norma japonêsa); ferramenta de metal duro P10; v, a e p variáveis [11].

ao comprimento de corte. A constante A da expressão anterior será, então:

$$\frac{dG}{dl} = A = 8,6 \times 10^{-10} \text{ lb/ft. in,}$$

obtida no gráfico da figura 8.47.

A figura 8.48 apresenta o desgaste por unidade de tempo em função da temperatura absoluta de corte, para as mesmas condições da figura 8.47. Observa-se que na região correspondente às temperaturas de corte superiores a 1.200°K o desgaste dependerá principalmente da temperatura:

$$\frac{dG}{dt} \cong \frac{B}{v} \cdot e^{-E/K \cdot \theta} \quad \text{e} \quad \ln \frac{dG}{dt} = \ln \frac{B}{v} - \frac{E}{K \cdot \theta}. \quad (8.17)$$

No diagrama dilogarítmico da figura 8.48, a energia de ativação E/K é o coeficiente angular da reta. Seu valor é:

$$\frac{E}{K} = 310 \text{ BTU/mol.}$$

Para o caso particular em aprêço, o pêso do desgaste da superfície de folga da ferramenta P 10 na unidade de tempo pode ser calculado por:

$$\frac{dG}{dt} = 8,6 \cdot 10^{-10} \cdot v + 2,1 \cdot 10^{-7} \cdot e^{-3,8 \cdot 10^4/\theta},$$

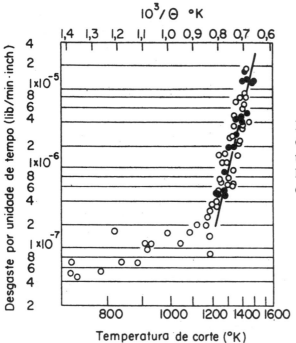

FIG. 8.48 — Relação entre o desgaste por unidade de tempo e a temperatura absoluta de corte; condições de ensaio idênticas às da figura 8.47 [11].

onde

$\dfrac{dG}{dt}$ = desgaste por unidade de tempo (lb/min.inch);

v = velocidade de corte (ft/min);

θ = temperatura de corte (°K).

Analisemos agora a relação existente entre a vida da ferramenta e a temperatura de corte. Seja G_0 o pêso do desgaste correspondente à vida T da ferramenta:

$$G_0 = \int_0^T \left(\dfrac{dG}{dt}\right) dt. \tag{8.18}$$

Em condições de usinagem tais que a temperatura de corte se mantém baixa tem-se:

$$\dfrac{dG}{dt} = A \cdot v, \tag{8.19}$$

prevalecendo, portanto, o desgaste de natureza abrasiva. Em temperaturas de corte maiores, o que corresponde ao caso mais comum da prática de usinagem, tem-se:

$$\dfrac{dG}{dt} = B \cdot e^{-E/K \cdot \theta}. \tag{8.20}$$

Nestas condições, o desgaste G_0 é dado por:

$$G_o = B \int_o^T e^{-E/K\theta} \, dt. \tag{8.21}$$

Admitindo a temperatura θ constante para dadas condições de usinagem, igual a θ_o, obtém-se:

$$G_o = B \cdot e^{-E/K \cdot \theta} \cdot T \quad \text{ou} \quad T = \frac{G_o}{B} e^{-E/K \cdot \theta} \text{ (min)}. \tag{8.22}$$

Em seus trabalhos, TAKEYAMA e MURATA concluem que a vida da ferramenta, tomando por critério o desgaste da superfície de folga, varia exponencialmente com a temperatura absoluta de corte, a qual, por sua vez, depende das condições de usinagem. A figura 8.49 representa esta relação em escalas dilogarítmicas. A figura 8.50 representa a variação da temperatura de corte em função da velocidade de corte.

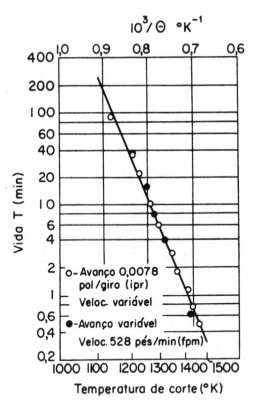

FIG. 8.49 — Relação entre a vida da ferramenta e a temperatura de corte; $l_{1mx} = 0,024$ in; demais condições ver figura 8.47 [11].

Tanto a teoria de TRIGGER e CHAO do desgaste da superfície de saída como também a presente teoria do desgaste da superfície de folga relacionam o desgaste com a temperatura de usinagem, estabelecendo uma relação quantitativa para o cálculo do desgaste. No entanto, *a temperatura em si não constitui uma explicação do mecanismo físico-químico do desgaste,* influenciado pela temperatura de corte. Os parágrafos seguintes estão destinados à discussão dêstes fenômenos.

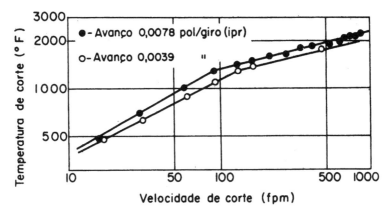

FIG. 8.50 — Variação da temperatura de corte em função da velocidade de corte; $p = 0.059$ in; demais condições ver figura 8.47 [11].

8.3.1.7 — Transformação α-γ dos aços e mecanismo do desgaste, segundo H. Opitz, G. Ostermann, M. Gappisch [12]

Êstes autores empreenderam pesquisas volumosas com auxílio do microscópio eletrônico, utilizando os aços carbono Ck 10, Ck 35, Ck 53 e C 60. As ferramentas de metal duro eram da qualidade P 30. Os ensaios foram realizados com uma velocidade de corte de 125 m/min para o aço Ck 10 e de 140m/min para os aços Ck 35 e C 60. A secção do cavaco era de $p.a = 2 \times 0{,}32 mm^2$. Os ângulos da ferramenta eram $\alpha = 8°$; $\gamma = 10°$; $\epsilon = 90°$; $\chi = 45°$; $r = 1mm$.

As superfícies de corte geradas sôbre a peça pela ação da ferramenta de usinagem encontram-se num *estado nascente* facilitando a ocorrência de reações entre a peça e a ferramenta. O valor do desgaste originado dependerá da combinação ferramenta-material usinado. As causas destas diferenças entre os valôres do desgaste devem ser buscadas nas reações diferentes que ocorrem entre os materiais da ferramenta e da peça.

Analisando a superfície de saída da ferramenta após a usinagem de aços com diferentes teores de carbono, com auxílio do microscópio eletrônico, observa-se nìtidamente que os diferentes aços causam mudanças distintas na superfície. O aço Ck 10 deixa, após poucos segundos de usinagem, uma camada pràticamente uniforme, extremamente delgada de material sôbre a ferramenta, enquanto que a camada deixada pelo aço C 60 é mais espêssa e freqüentemente interrompida. Para analisar a ação em profundidade do material usinado sôbre a estrutura do metal duro, a superfície de saída foi submetida a um polimento após a usinagem (figura 8.51).

Estudando as fotografias da ferramenta correspondentes à usinagem com três qualidades de aços carbono observam-se diferenças notáveis entre os tipos de ataque causados pelos aços com teores de carbono diferentes. Os

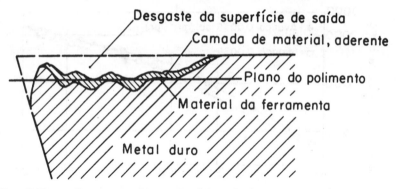

FIG. 8.51 — Representação esquemática da ferramenta após um tempo de usinagem curto.

aços com teores de carbono mais elevados, Ck 35 e C 60 arrancam partículas de metal duro da superfície. As cavidades assim formadas são preenchidas pelo material usinado, dando início a um processo de difusão intermetálica, favorecido pelas temperaturas elevadas da zona de contato. A dispersão heterogênea das cavidades permite concluir que o material que desliza sôbre a superfície de saída da ferramenta não apresenta uma composição uniforme, sugerindo um estudo mais profundo.

O exame cuidadoso da *superfície inferior do cavaco,* que estêve em contato com a ferramenta, revelou que o material da camada plástica (figura 8.39) do cavaco sofreu uma transformação α-γ devido à alta temperatura local.

A fase austenítica formada deve exercer uma influência acentuada sôbre o desgaste da superfície de saída, uma vez que o desgaste é maior no caso dos aços com teor de carbono mais elevado.

A maneira pela qual o cavaco ataca a superfície da ferramenta está diretamente ligada à resistência da micro-soldagem que se forma na zona de contato. No caso do aço Ck 10, o cisalhamento da união soldada ocorreu sempre na superfície limite dos dois metais. Já no caso do aço C 60, a resistência desta união soldada era tão elevada que o cisalhamento não se deu mais na superfície limite, mas sim dentro do metal duro. *Conclui-se daí que a resistência das uniões soldadas depende principalmente do teor de carbono da fase austenítica.*

Na usinagem de aço Ck 10, os cristais de austenita que deslizam sôbre a superfície de saída da ferramenta se formaram principalmente a partir de grãos de ferrita. A resistência da união entre o cavaco e o metal duro é reduzida, dado o baixo teor de carbono da fase austenítica, e ocorre um desgaste lento por abrasão progressiva.

Já no caso do aço C 60, as condições são outras, pois trata-se de cristais de austenita formados a partir da perlita com alto teor de carbono. Êstes cristais, quando se soldam ao metal duro, arrancam daquele os carbonetos encrustados na estrutura, dando origem a um desgaste acentuado.

No caso do aço Ck 35, o mecanismo do desgaste pode ser descrito da seguinte maneira: a austenita da camada plástica do cavaco está dispersa de maneira muito heterogênea, isto é, ao lado da austenita pobre em carbono formada a partir da ferrita, existe uma austenita rica em carbono formada a partir da perlita. Esta heterogeneidade é causada pela baixa velocidade de difusão do carbono a partir das regiões ricas em carbono em direção às regiões mais pobres. Os cristais de austenita ricos em carbono causam a destruição da estrutura do metal duro enquanto que os cristais de austenita pobres em carbono não atacam a superfície de metal duro (figura 8.52).

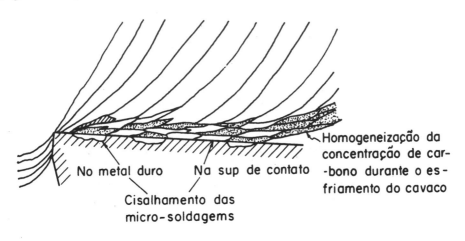

FIG. 8.52 — Representação esquemática do ataque dos cristais de austenita com diferentes teores de carbono.

Esta descoberta, ou seja, *que o desgaste da superfície de saída da ferramenta é principalmente causado pelos grãos de austenita resultantes da transformação da perlita, ricos em carbono,* permite tirar conclusões a respeito da estrutura metalográfica mais conveniente para a usinagem, tendo em vista o desgaste de cratera. Estas estruturas são:

a) estruturas metalográficas nas quais as regiões de ferrita e perlita estão afastadas;

b) estruturas metalográficas, inertes à transformação α-γ.

Os grãos grosseiros nos aços de cementação, por exemplo, implicam percursos grandes de difusão do carbono, não havendo tempo suficiente para

400 FUNDAMENTOS DA USINAGEM DOS METAIS

o equilíbrio das concentrações durante a formação do cavaco. É, portanto, uma estrutura de boa usinabilidade, pois a maioria dos grãos que deslizam sôbre a ferramenta será constituída de austenita pobre em carbono, formada a partir dos grãos de ferrita.

Também pode-se explicar agora a razão pela qual um aço submetido a um tratamento de normalização, com perlita lamelar, causa um desgaste maior que o aço submetido a um tratamento de recozimento, com conseqüente dispersão fina da perlita. A perlita lamelar dá origem a um número maior de cristais de austenita ricos em carbono que a perlita dispersa, cuja cementita se transforma mais lentamente em austenita.

Por outro lado, a composição do metal duro também determina o volume do desgaste em dadas condições de usinagem. Para estudar esta influência foram efetuados ensaios com um aço carbono Ck 45, recozido, utilizando ferramentas de metal duro P 10 e P 40. A comparação ao microscópio das camadas de material aderentes às superfícies de saída das ferramentas revelou diferenças consideráveis, evidenciando uma influência do material da ferramenta. Na ferramenta P 40, com teores mais elevados de WC e Co, a intensidade das reações de difusão é maior.

Também o andamento da curva *desgaste de cratera-velocidade de corte* pode ser explicado (figura 8.53). Nas velocidades de corte baixas, o desgaste é causado principalmente pelas micro-soldagens sob pressão. Com o aumento da velocidade de corte, a resistência do material do cavaco diminui e aparece no cavaco o cisalhamento dos pontos de micro-soldagem, não havendo desgaste da ferramenta. Com uma velocidade de corte em tôrno de 20m/min, deixa de haver desgaste. Esta velocidade de corte corresponde à temperatura crítica de transformação α-γ, que provoca mudanças na rêde cristalina, as quais modificam as reações com o metal duro. Por exemplo, dada agora a semelhança das rêdes do Feγ e do Co há possibilidade de se formarem cristais mistos. Tais reações são o resultado de fenômeno de substituição na rêde cristalina. A velocidade destas reações de substituição cresce com o aumento da temperatura, que, por sua vez, cresce com o aumento da velocidade de corte. Uma relação quantitativa dêste fenômeno é dada pela teoria de TRIGGER e CHAO (§ 8.3.1.5). Os compostos que se formam entre o cavaco e a ferramenta dependem das estruturas do material usinado e da ferramenta.

As considerações feitas até êste ponto se referiam ao desgaste da superfície de saída; quanto ao desgaste da superfície de folga, o mecanismo deve ser idêntico, sòmente que, dadas as diferenças apreciáveis entre as temperaturas locais, as mudanças de fase ocorrerão em velocidades de corte distintas.

Nas baixas velocidades de corte, o desgaste da superfície de folga é determinado essencialmente pela aresta postiça de corte (§ 8.3.1.2). O máximo

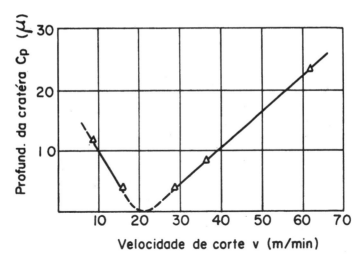

Fig. 8.53 — Desgaste de cratera da ferramenta em função da velocidade de corte; material aço C 60; $a.p = 0,315.2$ mm²

do desgaste da superfície de folga, observado na figura 8.23 para uma velocidade de corte, corresponde ao início da mudança de fase α-γ no cavaco. Aumentando a velocidade de corte, a transformação do cavaco torna-se cada vez mais completa e a aresta postiça deixará de existir acima de determinada velocidade crítica. Esta velocidade crítica corresponde ao desgaste mínimo da superfície de folga. Continuando o aumento da velocidade de corte, o desgaste aumenta devido ao aumento da temperatura da superfície de folga. Uma relação quantitativa dêste mecanismo de desgaste é dada pela teoria de TAKEYAMA e MURATA (§ 8.3.1.6).

8.3.1.8 — Difusão nas zonas de contato e desgaste das ferramentas, segundo E. Schaller e G. Vieregge [1, 5 e 13]

As condições físicas que reinam nas zonas de contato entre o material usinado e a ferramenta (§ 8.3.1.4) são altamente favoráveis ao aparecimento de reações de difusão.
Tais reações foram descritas qualitativamente por G. VIEREGGE [1, 5] para os aços e os ferros fundidos, enquanto que o trabalho de E. SCHALLER [13] visou o estabelecimento de relações quantitativas das reações de difusão.

Os estudos qualitativos revelaram que ocorrem as seguintes reações de difusão entre o aço e o metal duro, com temperaturas variando de 1.200 a 1.500°C:

1. Difusão do ferro na fase de cobalto. (O cobalto é uma fase auxiliar do metal duro, cujos carbetos duros estão dissolvidos no cobalto.)

2. Difusão do cobalto no aço, havendo formação de uma camada maciça de cristais mistos.

3. Dissolução do carbeto de tungstênio com conseqüente formação de carbetos mistos e duplos do tipo Fe_3W_3C, $(FeW)_6 C$, $(FeW)_{23}C_6$. O carbono liberado é dissolvido e difunde em direção ao aço.

A tabela VIII.1 resume o comportamento das diferentes componentes do metal duro entre si e com relação ao aço ou ferro, em temperaturas cres-

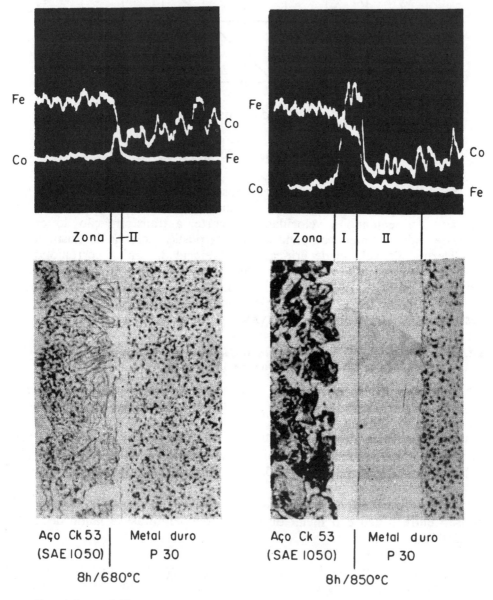

FIG. 8.54 — Difusão entre o aço Ck 53 e o metal duro P 30; temperatura de recozimento 680 e 850°C [13].

centes. Vê-se que ocorrem reações de difusão entre o aço e o metal duro a temperaturas inferiores ao ponto eutético (1.150°C), devido à solubilidade mútua entre o cobalto e o aço.

Uma prova qualitativa das reações de difusão Co → Fe e Fe → Co é dada na figura 8.54. Observa-se a variação das concentrações dos elementos que tomam parte na difusão, o Fe e o Co, que prova a existência de uma difusão mútua.

A figura 8.55 representa, de forma esquemática, as variações das concentrações das diferentes componentes, correspondente a uma temperatura aproximada de 900°C. A presença do titânio no aço não pôde ser acusada a esta temperatura. A concentração do cobalto, representada na figura 8.55, corresponde a 10% no metal duro. Esta concentração cai a 4% nas vizinhanças do plano limite. Êstes resultados mostram que as reações de difusão mais intensas ocorrem entre Fe e Co.

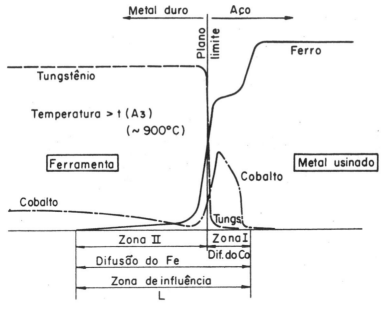

FIG. 8.55 — Representação esquemática das variações das concentrações do ferro, do cobalto e do tungstênio numa reação de difusão entre o metal duro e o aço [13].

Serão estudados em seguida os fatôres que afetam a intensidade destas reações de difusão entre o Fe e o Co. A figura 8.56 apresenta a variação da largura da zona de influência, L, em função do teor de carbono, para diferentes temperaturas. Observa-se que a largura da zona de influência, incluindo as zonas de difusão Fe → Co e Co → Fe, aumenta com a temperatura. Nas temperaturas de 780°C observa-se um máximo correspondente a teores de C de 0,3-0,5%. Êste comportamento pode ser explicado

TABELA VIII.1

Componentes do metal duro, seu comportamento mútuo e com relação ao ferro
(tôdas as informações em % de pêso); CM = cristal misto

Temperatura	WC	TiC-TaC	Co	Fe	C
721°C	1. WC (estável)	1. Tic-TaC (estável) 2. TiC-TaC — WC: cristal misto (estável) 38% WC dissolvidos	1. Fe: dissolvido num CM-γ (até 23% Fe) 2. C: traços dissolvidos 3. WC: menos de 2% dissolvidos 4. TiC-WC: menos de 2% dissolvidos Sistema ternário Co-Fe-C, 0,02% dissolvidos	1. Co: dissolvido num CM-α (até 77% Co) 2. C: 0,02% dissolvidos 3. WC: desconhecido 4. TiC-WC: desconhecido	Fe_3C
1.250°C	1. $2WC \rightarrow W_2C + C$ 2. $3Fe + 3WC \rightarrow Fe_3W_3 + 2C$ dissolução forte por reação química	1. TiC-TaC (estável) 2. Co: 10% dissolvidos 3. TiC-TaC-WC: CM, iniciando a dissolução	1. CM Fe-γ: solubilidade ilimitada 2. C: 0,7% dissolvidos 3. WC: ~10% dissolvidos 4. TiC-TaC-WC: 3% dissolvidos Sistema ternário Co-Fe-C, até 2% C dissolvidos	1. CM de Co-γ: solubilidade ilimitada 2. C: até 2% dissolvidos 3. WC: 7% dissolvidos 4. TiC-WC: 0,5% dissolvidos	1. $(FeW)_6C$ 2. $(FeW)_{23}C_6$ 3. Fe_3W_3C 4. $(CoW)_6C_2$ 5. $Co_2W_4C_{\eta 1}$

TABELA VIII.1

Componentes do metal duro, seu comportamento mútuo e com relação ao ferro (tôdas as informações em % de pêso); CM=cristal misto (continuação)

Temperatura	WC	TiC-TaC	Co	Fe	C
1.150°C			comp. eutética Co-Fe-C $t_E = f(Co)$ (1.100-1.180°C)	Fe + Fe$_3$, eutético	
1.250°C		eutético TiC-Co 6% TiC < 89%			
1.280°C	ponto eutético WC-Co-C				
1.315°C			ponto eutético Co-C < 4,8%; C < 12,5%		
1.400-2.200°C		ponto eutético WC-TiC-Co (composição usual)			
1.495°C			ponto de fusão do Co		
				ponto de fusão do Fe	

através da maior solubilidade do Co na austenita que existe acima da temperatura A_3 do diagrama de equilíbrio Fe — C. Esta temperatura A_3 diminui com o aumento do teor de carbono. Acima de 911°C, também o ferro puro se transforma na sua forma γ, dando origem a uma maior intensidade da reação de difusão do Co no Fe.

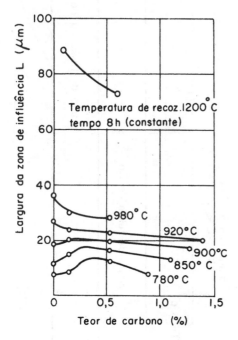

FIG. 8.56 — Variação da largura da zona de influência da difusão em função do teor de carbono. Par cobalto(puro)-aço(C variável) [13].

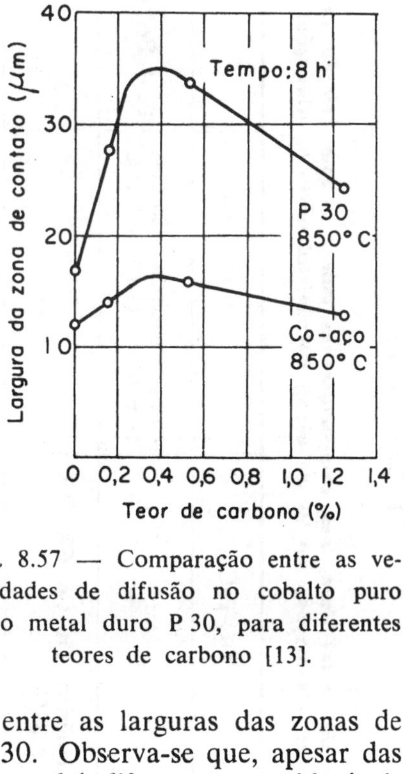

FIG. 8.57 — Comparação entre as velocidades de difusão no cobalto puro e no metal duro P 30, para diferentes teores de carbono [13].

A figura 8.57 apresenta uma comparação entre as larguras das zonas de influência dos pares aço — Co e aço — P 30. Observa-se que, apesar das duas curvas apresentarem tendências análogas, há diferenças consideráveis entre as velocidades de difusão. A presença dos carbetos duros no cobalto do metal duro aumenta a velocidade de difusão.

De maneira geral pode-se afirmar que a velocidade de difusão diminui com o aumento do teor de carbono do aço, para temperaturas superiores à transformação α-γ. A presença do Feα diminui a velocidade de difusão. A figura 8.58 mostra a influência da temperatura sôbre as reações de difusão entre o aço e o metal duro. Abaixo da temperatura crítica A_1 (721°C) a difusão é lenta, aumentando bruscamente ao ser ultrapassada. A figura 8.59 mostra a influência da composição do metal duro sôbre a profundidade de difusão. Observa-se que o tipo P 10, com teor maior de TiC + TaC é mais passivo que o tipo P 30.

AVARIAS E DESGASTES DA FERRAMENTA 407

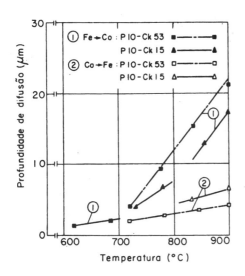

FIG. 8.58 — Profundidade de difusão Fe → Co e Co → Fe em função da temperatura; tempo 8 horas [13].

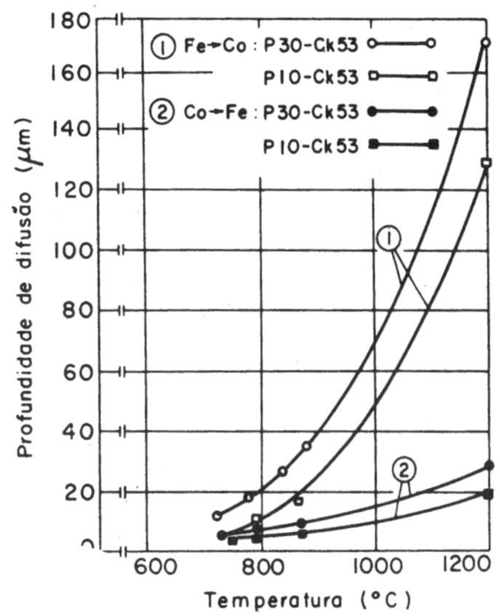

FIG. 8.59 — Profundidade de difusão Fe → Co e Co → Fe em função da temperatura [13].

A figura 8.60 apresenta a influência dos teores de TiC + TaC do metal duro sôbre a profundidade de difusão. Nota-se que a difusão diminui com o aumento do teor de TiC + TaC do metal duro. Para êste fato experimental podem ser dadas três explicações:

1. O volume total de cobalto livre que toma parte nas reações de difusão diminui com o aumento do teor de TiC + TaC.

2. A redução do teor de cobalto faz com que seja perdida a continuidade da rêde de cobalto, dificultando a difusão do ferro no cobalto.

3. Com o aumento do teor de TiC + TaC diminui a porcentagem de WC livre, formação de cristais mistos WC + TiC + TaC. O WC livre exerce uma ação ativadora sôbre as reações de difusão Fe → Co e Co → Fe. Ao ser reduzida a porcentagem de WC livre, esta ação ativadora é enfraquecida.

É possível que haja uma combinação dos três fatôres.

Finalmente analisaremos a influência da *estrutura metalográfica* do aço sôbre as reações de difusão. As análises das zonas de difusão com auxílio de raios X revelam a formação de compostos intermetálicos do tipo Fe_3W_3C, $(FeW)_6C$ e $(FeW)_{23}C_6$. Para tanto deverão ocorrer reações do tipo:

$$3Fe + 3WC \rightarrow Fe_3W_3C + 2C,$$

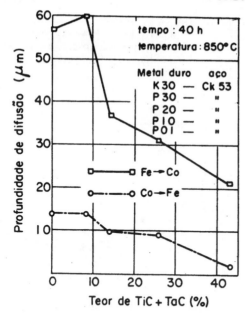

Fig. 8.60 — Profundidade de difusão em função do teor de TiC + TaC do metal duro [13].

havendo, portanto, uma destruição do cristal de WC e a libertação de carbono. Êste carbono livre difunde em direção à concentração mais baixa, isto é, em direção ao aço. Para que o carbono livre possa penetrar no aço, é necessário que êste tenha condições de absorvê-lo. A difusão do carbono no metal duro se processa por intermédio do cobalto. A solubilidade máxima do carbono no cobalto, a 1.200°C, é de 0,7%. Na presença do ferro, esta solubilidade aumenta até 1,5-2%. Portanto, o ferro difundido no cobalto acelera duas reações de dissolução: forma os carbetos mistos e aumenta a solubilidade do carbono no cobalto a qual, por sua vez, é uma condição para a destruição do carbeto de tungstênio.

A solubilidade do cristal misto de TiC + TaC + WC no cobalto é muito menor que a do WC (~10% a 1.250°C), não havendo condições favoráveis para as reações com o ferro. Os carbetos TiC + TaC são mais inertes ainda.

As reações de difusão aumentam consideràvelmente ao ser ultrapassada a temperatura A_3 do diagrama de equilíbrio ferro-carbono, pois a solubilidade do carbono é muito maior no Feγ que no Feα. Por outro lado, a temperatura A_3 de transformação diminui com o aumento do teor de carbono do aço e, de acôrdo com a figura 8.57, aumentará a velocidade de difusão do cobalto no aço.

A partir das reações de difusão descritas pode-se tirar *conclusões importantes* acêrca do desgaste das ferramentas de metal duro. As reações de difusão podem afetar o mecanismo do desgaste de duas maneiras:

1. Desgaste progressivo devido à transferência do material da ferramenta ao cavaco, em conseqüência das reações de difusão.

AVARIAS E DESGASTES DA FERRAMENTA

2. Desgaste da ferramenta devido ao enfraquecimento da estrutura do metal duro, em conseqüência das reações de difusão, seguido de uma abrasão mecânica.

A existência do tipo 1 de desgaste pôde ser constatada experimentalmente, porém o tipo 2 tem a maior importância. As reações que enfraquecem a estrutura do metal duro são:

> difusão do ferro no cobalto;
> dissolução dos carbetos de tungstênio;
> formação de carbetos mistos com libertação de carbono.

A velocidade de difusão determina a quantidade dos compostos formados na unidade de tempo. Portanto, quanto maior fôr a velocidade de difusão, maior será a velocidade de desgaste. Por outro lado, a velocidade de difusão aumenta exponencialmente com a temperatura, figura 8.59, reforçando assim as teorias de CHAO e TRIGGER (figura 8.46) e TAKEYAMA e MURATA (figura 8.48).

Além da temperatura as velocidades de difusão também são influenciadas pelo teor de carbono do aço (figura 8.57). As condições físicas que reinam na superfície de contato do material usinado com a ferramenta (§ 8.3.1.4) são altamente favoráveis às reações de difusão. O Fey das zonas de contato apresenta uma diferença grande de potencial de concentrações, tanto para o cobalto como também para o carbono, fazendo com que os tempos de difusão sejam mínimos. Assim sendo, o fator que determinará o desgaste da ferramenta será a resistência que os carbetos do metal duro opõem à reação com o ferro. Esta resistência é elevada no caso dos carbetos $TaC + TiC$ e é menor no caso dos carbetos de tungstênio (WC).

A condutibilidade térmica dos metais duros à base de WC (prefixo K da classificação ISO) é maior que a condutibilidade dos metais duros à base de $WC + TaC + TiC$ (prefixo P da classificação ISO), o que contribuirá também para o desgaste maior dos primeiros, pois a profundidade da zona de difusão será maior.

8.3.1.9 — Oxidação das ferramentas nas zonas de contato

Mesmo em condições de corte normais, o aquecimento da ferramenta junto à aresta cortante é tal que se forma uma película de óxido (figura 8.61). Imediatamente abaixo da marca do desgaste da superfície de folga não se observa nenhuma oxidação, apesar da alta temperatura aí reinante durante a usinagem. A explicação que se dá é a seguinte: a geometria da ferramenta dá origem a uma pequena fresta de ar em forma de cunha, cujo oxigênio reage com as superfícies de corte que se encontram em estado nascente. Permanece assim uma atmosfera, rica em nitrogênio que impede uma oxidação da ferramenta nas imediações da marca do desgaste. Outras zonas de oxidação são observadas na superfície de saída e próximo à aresta lateral de corte.

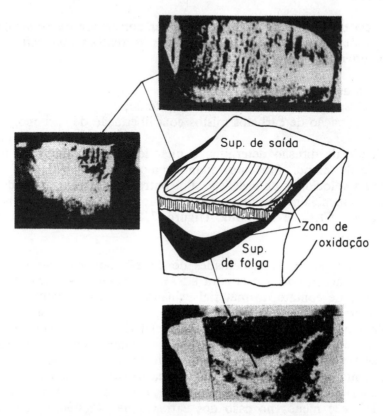

FIG. 8.61 — Zonas de oxidação de uma ferramenta de metal duro; material aço Ck 53 N; ferramenta de metal duro P30; $v = 125$m/min; $a.p = 0,25.2$mm^2; $t = 20$min [13].

O oxigênio forma um óxido complexo de W-Co-Fe, cujo volume molar é maior que o da estrutura primitiva do metal duro, havendo a formação de pequenas protuberâncias. A oxidação da ferramenta freqüentemente é a responsável pela deterioração da aresta lateral de corte, fazendo com que piore ràpidamente o acabamento superficial das peças usinadas e, portanto, a vida das ferramentas.

A oxidação dos metais duros se inicia com temperaturas de 700-800°C, sendo mais acentuada na classe K (à base de WC-Co) que nos metais duros da classe P (à base de WC + TiC + TaC e Co).

8.3.2 — Mecanismo do desgaste das ferramentas de aço rápido [14]

O aço rápido é um material muito empregado na construção das ferramentas de usinagem que requerem uma elevada tenacidade da cunha cortante.

AVARIAS E DESGASTES DA FERRAMENTA

Na usinagem dos aços com ferramentas de aço rápido aparecem, na faixa de velocidades de corte usuais ($v = 1...45$ m/min), três tipos de cavaco: *de cisalhamento, cavaco contínuo com aresta postiça de corte*, e *cavaco contínuo sem aresta postiça de corte*. Visto que êstes tipos de cavaco se distinguem através dos graus de deformação do material usinado, esperam-se condições diferentes nas zonas de contato e, portanto, mecanismos do desgaste distintos.

8.3.2.1 — Influência da velocidade de corte sôbre o desgaste da ferramenta

A figura 8.62 apresenta a curva desgaste-velocidade de corte de um aço rápido EV 4 Co usinando um aço Ck 53 N, a sêco. Observam-se dois pontos de desgaste máximo nas velocidades de 4 e 18 m/min. Êstes pontos de desgaste máximo podem ser relacionados com o tipo de cavaco formado. Na faixa de velocidades correspondentes ao cavaco de cisalhamento o desgaste cresce com o aumento da velocidade até um máximo, que coincide com o início do aparecimento da aresta postiça de corte.

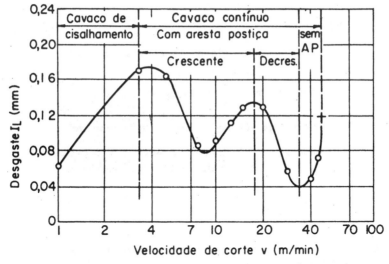

FIG. 8.62 — Desgaste da superfície de folga em função da velocidade de corte; material aço Ck 53 N; ferramenta de aço rápido EV 4 Co, s/fluido de corte; $a.p = 0,25.2$ mm^2; $T = 30$ min; $\alpha = 8°$; $\gamma = 10°$; $\lambda = -4°$; $\epsilon = 90°$; $\chi = 60°$; $r = 1$ mm [14].

Enquanto o segundo ponto de máximo pôde ser igualmente constatado nos metais duros, o primeiro ponto de desgaste máximo aparece sòmente após um tempo de usinagem relativamente grande, dada a maior resistência à abrasão dos metais duros. Portanto, não existe uma diferença fundamental entre as curvas de desgaste do metal duro e do aço rápido na faixa de velocidade de corte baixas.

A figura 8.63 mostra a variação do desgaste da superfície de saída, medido através da relação de cratera $k = C_p/C_d$. A distância da aresta cortante ao centro da cratera de desgaste era pràticamente constante, $C_d \cong 960 \mu m$. Também aqui se observa um ponto de desgaste máximo numa velocidade que corresponde à transição do cavaco de cisalhamento ao cavaco contínuo, se bem que êste máximo é pouco acentuado.

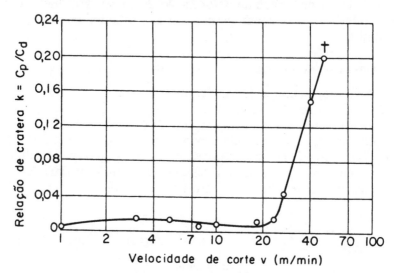

FIG. 8.63 — Desgaste da superfície de saída em função da velocidade de corte; condições de ensaio idênticas às da figura 8.62 [14].

8.3.2.2 — Influência do avanço sôbre o desgaste da ferramenta

A figura 8.64 apresenta a influência do avanço sôbre o desgaste da superfície de folga. Observa-se que com o aumento do avanço os valôres máximos e mínimos do desgaste se deslocam para velocidades de corte mais baixas. Além disto, os valôres máximos do desgaste crescem com o avanço, pois a aresta postiça de corte é afetada pelo avanço.

8.3.2.3 — Influência da geometria da ferramenta sôbre o desgaste da ferramenta

O formato da cunha cortante da ferramenta exerce uma influência decisiva sôbre as deformações e as fôrças de atrito originadas na formação do cavaco, bem como influi na transmissão do calor gerado na aresta cortante. A figura 8.65 mostra a influência do ângulo de saída sôbre os desgastes das superfícies de folga e de saída. Aumentando o ângulo de saída, as curvas *desgaste-velocidade* se deslocam à direita.

Empregando um ângulo de saída negativo, a ferramenta se deteriora antes de alcançar o segundo ponto de máximo, devido às solicitações térmicas e mecânicas elevadas.

O ângulo de folga não exerce influência apreciável sôbre o desgaste da ferramenta.

AVARIAS E DESGASTES DA FERRAMENTA 413

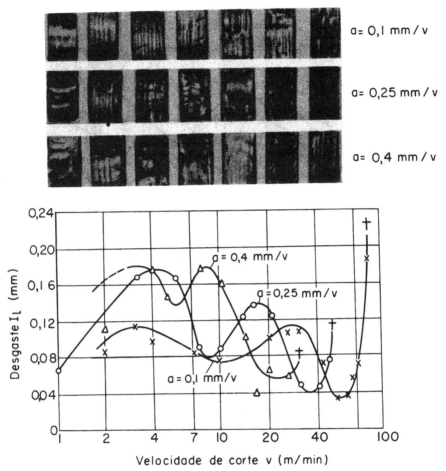

FIG. 8.64 — Influência do avanço sôbre o desgaste da superfície de folga; condições de ensaio idênticas às da figura 8.62 [14].

8.3.2.4 — Influência do refrigerante sôbre o desgaste da ferramenta

Nos trabalhos de usinagem com ferramentas de aço rápido empregam-se geralmente os refrigerantes de corte. A função do refrigerante é a de dissipar o calor gerado na deformação e no corte do material, a fim de manter baixa a temperatura da ferramenta. Além disso, a lubrificação visaria reduzir o atrito entre o material e a ferramenta, contribuindo assim para uma temperatura mais baixa.

A figura 8.66 mostra uma comparação entre uma usinagem com refrigerante e outra sem refrigerante. A diminuição do desgaste na região do primeiro máximo (∼4m/min) causada pelo refrigerante é explicada pela presença do cavaco de cisalhamento, que ainda possibilita uma ação lubrificante. O cavaco contínuo impede a formação de um filme lubrificante na zona de contato, desempenhando o fluido de corte um efeito contrário ao desejado.

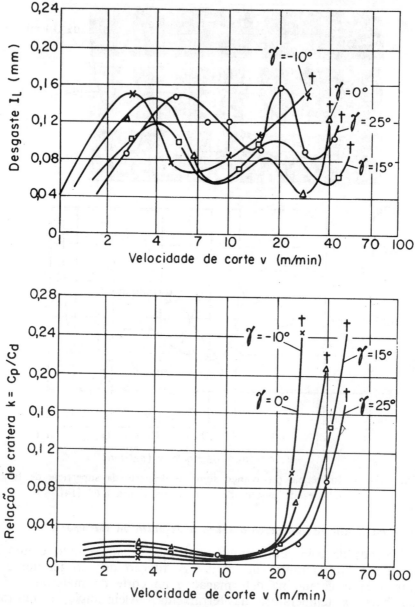

FIG. 8.65 — Influência do ângulo de saída sôbre os desgastes da superfície de folga e de saída; condições de ensaio idênticas às da figura 8.62 [14].

Na faixa de velocidades que corresponde às dimensões crescentes da aresta postiça de corte (∼6-18m/min), o desgaste é maior a sêco que com refrigeração. Também o desgaste da superfície de saída em velocidades acima de 20m/min é sensìvelmente superior no caso do corte com refrigeração. A explicação disto é encontrada na alteração das condições de temperatura na raiz do cavaco.

AVARIAS E DESGASTES DA FERRAMENTA

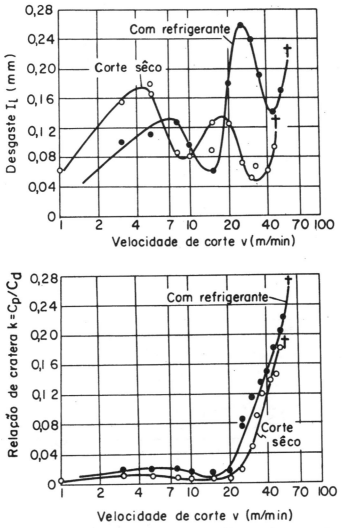

FIG. 8.66 — Influência do refrigerante de corte sôbre os desgastes da superfície de folga e saída; condições de ensaio idênticas às da figura 8.62 [14].

A figura 8.67 compara as variações da temperatura do cavaco com e sem refrigeração. No corte sêco, a temperatura diminui desde a temperatura máxima t_a, na zona de contato do cavaco com a ferramenta, até a temperatura t_b na superfície externa do cavaco. O refrigerante dissipa uma parte do calor gerado na zona de cisalhamento, de maneira que a temperatura da zona de contato é mais baixa: $t_{ar} < t_a$. Além disto, o gradiente de temperatura no cavaco será maior por causa das condições melhores de transmissão do calor.

A refrigeração altera as propriedades mecânicas do cavaco, que dependem da temperatura.

Na figura 8.68 está representada uma relação entre a velocidade de corte, a temperatura de corte e a resistência mecânica do aço. Dependendo da velocidade de corte, a resistência do material usinado pode estar situada no ramo descendente ou ascendente da curva.

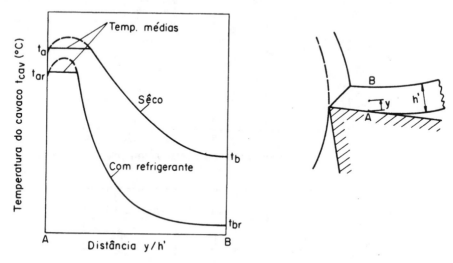

FIG. 8.67 — Comparação das variações da temperatura do cavaco nos cortes a sêco e com fluido de corte [14].

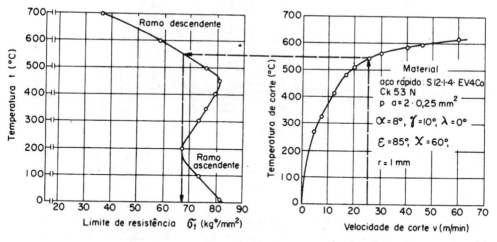

FIG 8.68 — Velocidade de corte, temperatura e resistência mecânica do aço Ck 53 N(1050); ferramenta de aço rápido EV 4 Co; $a.p = 0,25.2mm^2$; $\alpha = 8°$; $\gamma = 10°$; $\lambda = 0°$; $\epsilon = 85°$; $\chi = 60°$; $r = 1mm$ [14].

No corte sêco, a uma velocidade de 25m/min, a resistência mecânica máxima do material já foi ultrapassada. Uma redução da temperatura de corte por intermédio do refrigerante trará como conseqüência um aumento da resistência mecânica, aumentando o desgaste.

8.3.2.5 — Influência dos materiais da peça e da ferramenta sôbre o desgaste da ferramenta

A figura 8.69 apresenta as curvas de vida de 5 tipos de aço rápido na usinagem do aço Ck 53 N. Nota-se que os aços rápidos com teores de tungstênio mais elevados apresentam vidas maiores que os aços rápidos ao tungstênio molibdênio. O critério de vida adotado era a *queima* (ver capítulo IX) da ferramenta. Em geral, os aços rápidos com teores de tungstênio médios a elevados e de cobalto, resistem melhor às solicitações térmicas, enquanto que os aços rápidos à base de tungstênio + molibdênio com adições de vanádio resistem melhor ao desgaste por abrasão, a temperaturas relativamente baixas.

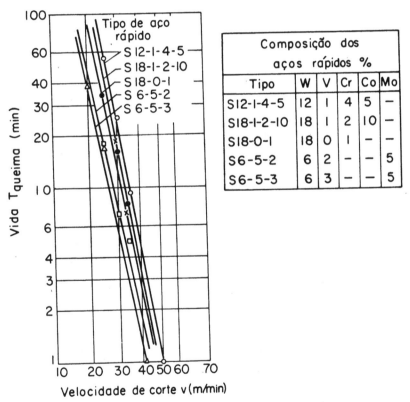

FIG. 8.69 — Curvas de vida de 5 tipos de aço rápido (critério da queima); condições de ensaio idênticas às da figura 8.62 [14].

Para analisar a influência do material usinado sôbre o desgaste foram realizados os ensaios com o aço Ck 53 em três tratamentos térmicos distintos: beneficiado (B) $-\sigma_t = 90 kg^*/mm^2$, recozido (R) $-\sigma_t = 56 kg^*/mm^2$ e normalizado (N) $-\sigma_t = 71 kg^*/mm^2$. A figura 8.70 apresenta os resultados obtidos. O aço beneficiado apresenta, em geral, os desgastes mais elevados, causados pela temperatura de corte maior. A aresta postiça de corte deixa de existir em velocidades superiores a 20m/min. É interessante notar que na usinagem do aço recozido falta completamente o segundo ponto de desgaste máximo. Acima de uma velocidade de 10m/min, o desgaste se mantém pràticamente constante, até uma velocidade de 40m/min. A explicação dêste fato reside na diferença estrutural das arestas postiças. Até uma velocidade de 10m/min, a aresta postiça do aço recozido se assemelha à aresta postiça de aço normalizado. Em velocidades maiores, as dimensões da AP diminuem e a partir de 20m/min existe apenas um acúmulo de material sôbre a ferramenta, cuja dureza é sensìvelmente menor que a da AP do aço normalizado. Tal acúmulo, que já não apresenta a forma característica de uma AP, protege a superfície de folga contra o desgaste. Êste acúmulo de material é observado até 40m/min.

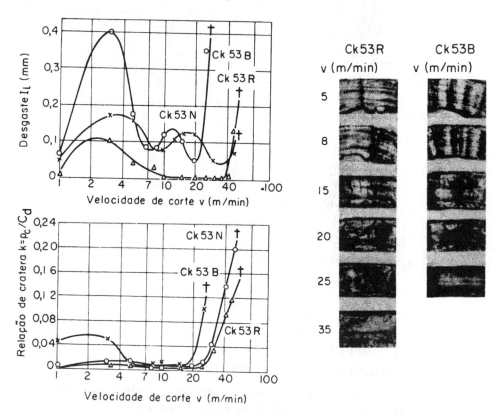

FIG. 8.70 — Curvas de desgaste para diferentes tratamentos térmicos; condições de ensaio idênticas às da figura 8.62 [14].

Medindo-se as microdurezas no centro das AP, observou-se que estas alcançavam 800kg*/mm^2 no aço beneficiado, 700kg*/mm^2 no aço normalizado e apenas 600kg*/mm^2 no aço recozido, insuficiente para resistir às fôrças de usinagem.

8.3.2.6 — Os fenômenos físico-químicos responsáveis pelo desgaste das ferramentas de aço rápido

A figura 8.71 apresenta a variação das condições físicas na ponta da ferramenta em função da velocidade de corte. Tem-se a variação da *temperatura de corte,* das *fôrças de corte,* das *dimensões da aresta postiça* e da *freqüência do destacamento* da aresta postiça.

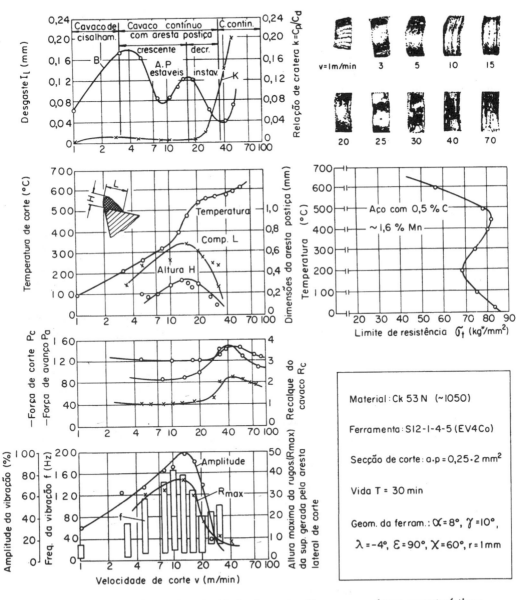

FIG. 8.71 — Influência da velocidade de corte sôbre as grandezas características do processo de usinagem [14].

420	FUNDAMENTOS DA USINAGEM DOS METAIS

A curva de variação *da temperatura de corte* em função da velocidade caracteriza-se por duas retas de coeficientes angulares distintos, provocadas pela passagem do regime AP estáveis (v até $\sim 12m/min$) ao regime de arestas postiças instáveis. A curva à direita apresenta a variação da resistência mecânica do aço Ck 53 N em função da temperatura. Observa-se que a resistência aumenta na faixa de temperaturas de 200-450ºC, o que constitui a condição imprescindível para a formação das arestas postiças estáveis.

As *fôrças de corte* diminuem com o início da formação da aresta postiça e atingem o seu valor mínimo a uma velocidade que corresponde às dimensões máximas da AP. Com a diminuição das AP, as fôrças de corte aumentam até um valor máximo, que corresponde ao término das AP.

A saída das partículas da AP conduz a vibrações mais pronunciadas, piorando o acabamento superficial.

Uma transformação de fase α-γ foi constatada pela primeira vez em velocidades de corte superiores à correspondente ao segundo ponto de desgaste máximo. A transformação α-γ é completa antes do desaparecimento total das AP.

Tendo em vista as condições físicas reinantes junto à aresta cortante, os mecanismos que determinam os desgastes nas diferentes velocidades de corte serão os seguintes:

Em baixas velocidades de corte, com formação do cavaco de cisalhamento, o material é recalcado frente à aresta cortante, até ser ultrapassado seu limite de resistência e o cavaco fissura sob efeito das tensões de tração. A pressão normal é elevada e a temperatura de corte é baixa, de maneira que o desgaste será devido à abrasão mecânica regida pelas relações do § 8.1.5. Com a passagem do cavaco de cisalhamento ao cavaco contínuo, numa velocidade de corte em tôrno de 3m/min, começa a formação das arestas postiças, que inicialmente reduzem o desgaste. A figura 8.72 mostra a variação da forma geométrica da AP em diferentes velocidades de corte. As AP altas e esbeltas existem nas velocidades baixas e são fortemente salientes, protegendo tanto a superfície de saída como também a superfície de folga contra um contato direto. Estas variações da forma geométrica das AP são conseqüência da alteração das propriedades mecânicas em função da temperatura. Na faixa de velocidades compreendida entre os dois pontos de desgaste máximo, as AP são estáveis, isto é, saem periòdicamente apenas as pontas da AP, enquanto que o núcleo permanece estável. Em velocidades maiores, as AP tornam-se instáveis, isto é, tôda a AP sai periòdicamente. A figura 8.72 mostra a freqüência destas saídas periódicas das AP.

AVARIAS E DESGASTES DA FERRAMENTA

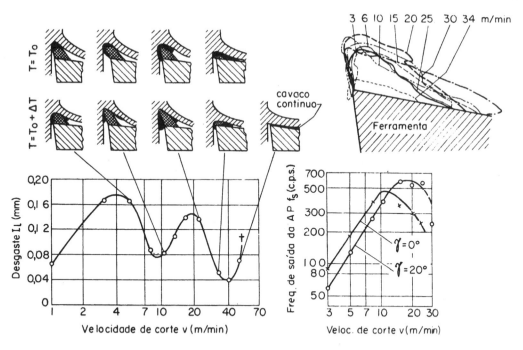

FIG. 8.72 — Mecanismo de saída periódica e variação da forma geométrica da aresta postiça em diferentes velocidades de corte.

O desgaste da superfície de saída é pràticamente impedido pela presença da AP. Sòmente com o início das AP instáveis começa haver um contato direto entre o cavaco e a superfície de saída, dando origem ao desgaste de cratera. De fato, de acôrdo com a figura 8.71 as AP começam a se tornar instáveis a partir de $v \sim 20m/min$, velocidade esta que coincide com o início do aumento do desgaste da superfície de saída (figuras 8.63 — 66 e 71). As causas físicas do desgaste são a abrasão mecânica e o cisalhamento dos pontos de micro-soldagem.

O estudo da influência da AP sôbre o desgaste da superfície de folga é bem mais complexo. De acôrdo com o anteriormente exposto, as AP estáveis salientes sôbre a aresta cortante, proporcionam uma certa proteção contra o desgaste. A superfície de folga sofre um pequeno desgaste causado pelas partículas da AP que passam entre ela e a superfície de corte na peça. Aumentando a velocidade de corte, aumenta o tamanho e a freqüência de saída das partículas. Há, em conseqüência, um nôvo aumento do desgate, à direita do primeiro ponto de desgaste mínimo. A freqüência de saída das partículas de AP cresce com o aumento da velocidade (figura 8.72) e alcança seu valor máximo na velocidade correspondente ao segundo ponto de desgaste máximo. Na região das AP instáveis o desgaste da superfície de folga diminui, pois as AP saem sòmente com o cavaco. Portanto, o desgaste da superfície de folga, nesta faixa de velocidades, é determinado

422 FUNDAMENTOS DA USINAGEM DOS METAIS

pela freqüência de saída das partículas de AP em conjunto com as alterações da forma geométrica da AP causada pelo aumento da temperatura. O desgaste é, portanto, a conseqüência de uma abrasão mecânica combinada com um cisalhamento dos pontos de micro-soldagem.

Em velocidades de corte superiores à correspondente ao segundo ponto de desgaste mínimo, as temperaturas são tais que as AP deixam de existir. Nestas condições verifica-se um contato direto entre o cavaco ou a peça e a ferramenta. Além da abrasão mecânica, deve-se contar agora com um aumento das micro-soldagens. Acrescenta-se ainda a deformação plástica do aço rápido nas zonas de contato. Estudos metalográficos revelaram que a deformação plástica se estende até uma determinada profundidade da ferramenta. Acima de uma determinada temperatura, a dureza do aço rápido diminui consideràvelmente e a abrasão do material nas zonas de contato deformadas plàsticamente conduz a um aumento progressivo do desgaste. Tendo em vista as fôrças normais maiores na superfície de saída da ferramenta, o desgaste de cratera será o critério de vida nas altas velocidades de corte. Acima da velocidade correspondente ao desaparecimento total da AP ocorre, na superfície inferior do cavaco, uma transformação α-γ.

Enquanto que nas ferramentas de metal duro as reações de difusão determinam o desgaste nas altas velocidades de corte, tais reações são de importância secundária nos aços rápidos, tendo em vista as temperaturas de corte relativamente baixas.

8.4 — BIBLIOGRAFIA

[1] VIEREGGE, G. *Zerspanung der Eisenwerkstoffe*. Düsseldorf, Verlag Stahleisen M. B. H., 1959

[2] LEHEWALD, W. "Untersuchungen über die Entstehung von Rissen und Schneidausbrüchen beim Stirnfräsen von Stahl mit Hartmetall". *Industrie-Anzeiger*, Essen (46): 981-988, junho, 1963.

[3] HAKE, O. "Zerspanungsuntersuchungen mit verschiedenen Prüfverfaren". *Industrie — Anzeiger*, Essen (63): 950-953, agôsto, 1956.

[4] SIEBEL, H. "Methodik der Zerspanbarkeitprüfung". *Industrie-Anzeiger*, Essen (36): 554-558, maio, 1959.

[5] VIEREGGE. G. "Der Werkzeugverschleiss bei der spanabhebenden Bearbeitung im Spiegel der Verschleiss-Schnittgeschwindigkeitskurven". *Stahl und Eisen*, Düsseldorf (18): 1.233-37, 1957.

[6] GAPPISCH, M., et alli. "Die Aufbauschneidenbildung bei der spanabhebenden Bearbeitung". *Industrie-Anzeiger*, Essen, 87 (69): 273-281, agôsto, 1965.

[7] GAPPISCH, M., et alli. "Untersuchungen über die Aufbauschneidenbildung und deren Ursachen". *Industrie-Anzeiger*, Essen, 87 (87): 343-352, outubro, 1965.

[8] KÖNIG, W. "Der Werkzeugverschleiss bei der spanenden Bearbeitung von Stahlwerkstoffen". *Werkstattstechnik,* 56 (5): 229-234, maio, 1966.

AVARIAS E DESGASTES DA FERRAMENTA

[9] LOLADSE, T. N. *Spanbildung beim Schneiden von Metallen.* Berlin, VEB Verlag Technik, 1954.

[10] TRIGGER, K. J. e CHAO B. T. "The Mechanism of Crater Wear of Cemented Carbide Tools". *Transactions A. S. M. E.,* 78: 1.119-1.123, 1956.

[11] TAKEYAMA, H. e MURATA R. "Basic Investigation of Tool Wear". *Transactions A. S. M. E., series B, Journal of Engineering for Industry,* 85: 33-38, fevereiro, 1963, v. 85.

[12] OPITZ, H., et alli. "Untersuchung der Ursachen des Werkzeugverschleisses". *Forschungsbericht, Westdeutscher Verlag,* Köln/Opladen, 1961.

[13] SCHALLER, E. "Einfluss der Diffusion auf den Verschleiss von Hartmetallwerkzeugen bei der Zerspanung von Stahl". *Industrie-Anzeiger, Essen,* 87 (9): 9-14, janeiro, 1965.

[14] SCHILLING, W. "Untersuchungen über den Verschleiss von Drehwerkzeugen aus Schnellarbeitsstahl". *Industrie-Anzeiger,* Essen, 88(76), setembro, 1966.

IX

DESGASTE E VIDA DA FERRAMENTA

9.1 — GENERALIDADES

Denomina-se *vida* de uma ferramenta o tempo que a mesma trabalha efetivamente (deduzido os tempos passivos), até perder a sua capacidade de corte, dentro de um critério prèviamente estabelecido. Atingido êsse tempo, a ferramenta deve ser reafiada ou substituída. Logo, a vida da ferramenta é o tempo entre duas afiações sucessivas necessárias, no qual ela trabalha efetivamente.

A perda da capacidade de corte é avaliada geralmente através de um determinado grau de desgaste*. Para tanto, utilizam-se os *desgastes convencionais* visto no parágrafo 8.2.1 do capítulo anterior. A figura 9.1 apresenta um gráfico comparativo do processamento dos diferentes desgastes, para o caso do torneamento com ferramenta de metal duro em aço.

Os fatôres que determinam a fixação de um determinado desgaste, e conseqüentemente a vida da ferramenta, são vários. Assim, a ferramenta deve ser retirada da máquina quando:

1.º) o desgaste da superfície de saída da ferramenta atinge proporções tão elevadas, que se receia uma quebra do gume cortante;

2.º) os desgastes chegam a valôres, cuja temperatura do gume cortante (proveniente em grande parte do atrito da ferramenta com o cavaco e com a peça) se aproxima da temperatura, na qual a ferramenta perde o fio de corte;

3.º) devido ao desgaste da superfície de folga da ferramenta, não é mais possível manter as tolerâncias exigidas na peça;

4.º) o acabamento superficial da peça usinada não é mais satisfatório;

5.º) o aumento da fôrça de usinagem, proveniente dos desgastes elevados da ferramenta, interfere no funcionamento da máquina.

---

* Excetuam-se certos casos de usinagem com pastilha de cerâmica, onde a capacidade de corte é limitada pelo aparecimento de quebras na aresta cortante.

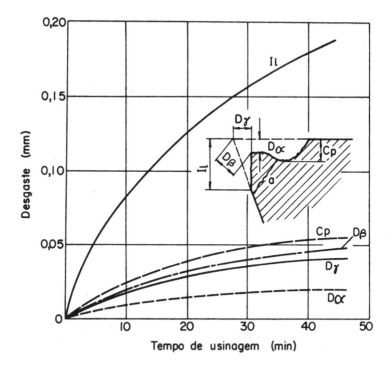

FIG. 9.1 — Desgastes de uma ferramenta em função do tempo de usinagem; material da peça aço carbono $\sigma_t = 90\text{kg}^*/\text{mm}^2$; ferramenta de metal duro P 30; $v = 70\text{m/min}$; $a.p = 0,46.2\text{mm}^2$; $\gamma = 6°$, $\alpha = 8°$, $\chi = 60°$, $\epsilon = 90°$, $\lambda = 4°$, $r = 1\text{mm}$ [1].

A vida da ferramenta é geralmente expressa em minutos, porém em certos casos prefere-se defini-la pelo *percurso de corte* ou *percurso de avanço* correspondente. O percurso de corte é dado geralmente em quilômetros,

$$L = v \cdot T \frac{1}{1.000}, \qquad (9.1)$$

e o percurso de avanço é dado em milímetros,

$$L_a = a \cdot n \cdot T, \qquad (9.2)$$

onde

$T =$ vida da ferramenta, em minutos,
$v =$ velocidade de corte, em m/minuto,
$a =$ avanço, em mm/volta,
$n =$ rotação, em r. p. m.

O percurso de avanço é muito usado na furação com broca helicoidal.

Deve-se distinguir de certa forma o procedimento do desgaste das ferramentas com pastilhas de metal duro do das ferramentas de aço rápido. Nas primeiras o desgaste é progressivo e chega a valôres que causam final-

426 FUNDAMENTOS DA USINAGEM DOS METAIS

mente a quebra do gume cortante; nas ferramentas de aço rápido, porém. antes do desgaste chegar a êstes valôres, tem-se a destruição da aresta cortante, devido a diminuição da dureza da aresta com o aumento da temperatura de corte.

Nas ferramentas com pastilha de cerâmica verifica-se geralmente a quebra de pequenos fragmentos da aresta cortante, antes que os desgastes l_1 e C_p atinjam valôres acentuados. *A vida da ferramenta neste caso pode ser definida, não pelos desgastes, mas sim por um determinado grau de destruição da aresta cortante, acima do qual o emprêgo da ferramenta não é mais conveniente.*

Logo, o estudo dos valôres dos desgastes das ferramentas de metal duro. de aço rápido e de cerâmica deve ser realizado separadamente.

9.2 — DESGASTE DE FERRAMENTAS DE METAL DURO EM OPERAÇÃO DE DESBASTE

Durante a operação de desbaste nos aços, *em condições normais de velocidade de corte e avanço** com ferramentas de metal duro, os desgastes l_1 e C_p geralmente aumentam progressivamente. Em velocidades altas de corte o trecho f da ferramenta (figura 9.2) se enfraquece a tal ponto, que a ferramenta chega a quebrar em a. Neste caso, o desgaste C_p é o principal responsável pela quebra do gume cortante. A figura 9.3 apresenta a variação dos desgastes C_p e l_1 de uma ferramenta de metal duro P 30 no torneamento de aço C 45**, para diferentes condições de usinagem, segundo ABENDROTH e MENZEL [2].

O desgaste l_1 da superfície de folga é geralmente maior (figura 9.1), principalmente quando a ferramenta tiver um ângulo de ponta ϵ pequeno. Quando tal ocorre, l_1 é um fator muito importante na determinação da vida da ferramenta.

Antes da ruptura da aresta cortante, devido ao seu desgaste, a ferramenta deve ser retirada da máquina, para afiação ou substituição. Deve-se, portanto, estabelecer um critério que permita retirar a ferramenta antes de sua quebra, com certa margem de segurança. Infelizmente o número de fatôres que tomam parte no desgaste da ferramenta é tão grande que não se pode estabelecer uma regra única para predeterminar a vida da ferramenta durante a usinagem.

Um dos primeiros critérios empregados na determinação da vida da ferramenta foi através do desgaste l_1. Acredita-se que a razão do emprêgo de

---

* Subentende-se as condições de velocidade de corte e avanço empregadas na indústria; as velocidades de corte são tomadas geralmente longe dos valôres que permitem a formação da aresta postiça de corte.
** Para a conversão dos materiais especificados pela norma DIN nos correspondentes da ABNT ou ASA, ver o apêndice.

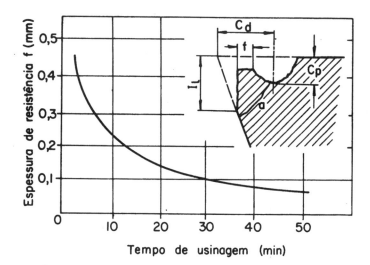

FIG. 9.2 — Enfraquecimento da espessura f da ferramenta em função do tempo de usinagem; material da peça aço 34 Cr 4; ferramenta de metal duro P 30; $v = 200\text{m/min}$; $a.p = 0,3.1,5\text{mm}^2$; $\gamma = 15^\circ$, $\alpha = 7^\circ$, $\chi = 45^\circ$ [2].

tal critério foi a facilidade de medida dêsse desgaste. SCHALLBROCH e WALLICHS [3] estabeleceram para vários materiais a fórmula:

$$I_1 = C \cdot t^{0,5}, \qquad (9.3)$$

onde t é o tempo de usinagem e C uma constante que depende do material da peça, da ferramenta e das condições de usinagem. Esta fórmula está baseada na condição que o volume de material gasto na superfície de incidência aumenta linearmente com o tempo. Verificou-se posteriormente que tal condição não é sempre satisfeita, principalmente na usinagem em alta velocidade com pastilhas de material quebradiço, quando são atingidos grandes desgastes da ferramenta. WEBER [4] demonstrou, através de suas pesquisas, que o expoente 0,5 da fórmula de SCHALLBROCH-WALLICHS pode variar de 0,5 a 1, dependendo do par peça-ferramenta.

Na usinagem de muitos materiais, a quebra da aresta cortante da ferramenta se dá para um desgaste I_1 da ordem 0,8 a 1,5mm; os valôres mais altos são para baixas velocidades de corte com o emprêgo de carbonetos dúteis.
Baseando-se principalmente neste tipo de desgaste, foram construídas tabelas e ábacos das velocidades recomendadas de corte para diferentes materiais. Assim, foi construída pela *AWF* a tabela de velocidades recomendadas de corte n.º 158 de 1949 [5], a qual se encontra em muitos manuais de engenharia mecânica. Para a operação de acabamento, os desgastes admitidos são bem menores, como veremos posteriormente.

Verificou-se, porém, que o mesmo material da peça, causando o mesmo desgaste I_1, pode gastar a superfície de saída da ferramenta de modo dife-

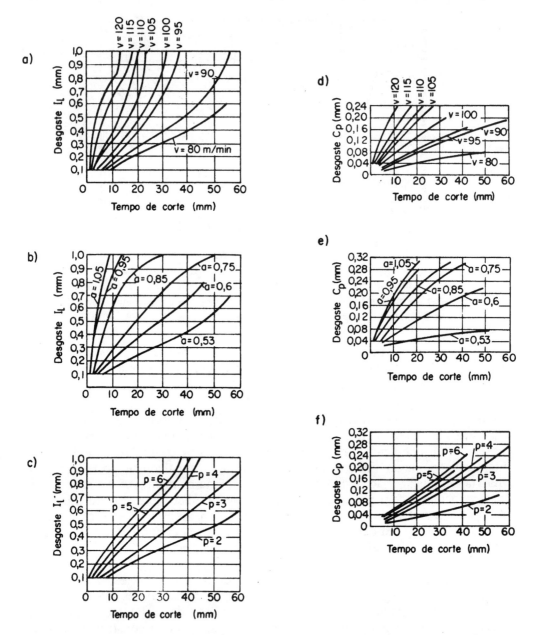

FIG. 9.3 — Desgaste l_1 e profundidade da cratera C_p de uma ferramenta em função do tempo de usinagem, em diferentes condições; material da peça aço C 45; ferramenta de metal duro P 30; $\gamma = 5°$, $\alpha = 10°$, $\lambda = 0°$, $\chi = 45°$, $r = 0,5$mm [2]. a) e d) Valôres de l_1 e C_p para $a.p = 0,5.2$mm². b) e e) Valôres de l_1 e C_p para $v = 80$m/min e $p = 2$mm. c) e f) Valôres de l_1 e C_p para $v = 80$m/min e $a = 0,5$mm.

rente, quando submetido a tratamentos térmicos diversos. Tais conclusões foram obtidas por WEBER em 1952, no *Instituto de Máquinas Operatrizes de Aachen*. A figura 9.4 apresenta um quadro comparativo de um dos resultados obtidos por SCHAUMANN [6] para a usinagem de aço C 60, em três estados diferentes de tratamento térmico. O estado I da figura corresponde a uma normalização, realizada na própria siderúrgica, o material foi aquecido a 850°C e em seguida resfriado ao ar; no estado II o material foi aquecido a 1.000°C e resfriado ao ar; no estado III o material foi aquecido a 690°C e resfriado lentamente no forno. Vê-se, na figura, que para desgastes na superfície de incidência da ordem de 0,2 a 0,3mm, os desgastes C_p da superfície de saída variam de 0,08 a 0,2mm ou mais. Êste último desgaste é neste ensaio o mais importante, pois é o responsável pela quebra da pastilha.

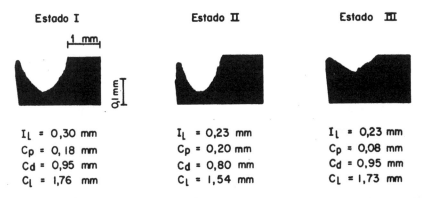

FIG. 9.4 — Desgastes de uma pastilha de metal duro em aço C 60 (DIN 17200) com diferentes estados de tratamento; condições de usinagem: as mesmas em todos os estados de tratamento [6]. Estado I: normalizado (HB = 196kg/mm²); fornecido pela siderúrgica; tempo de usinagem 15 min. Estado II: aquecido a 1.000°C e esfriado ao ar (HB = 218kg/mm²); tempo de usinagem 11,5 min. Estado III: aquecido a 690°C esfriado no forno (HB 169kg/mm²); tempo de usinagem 15 min.

Poder-se-ia estabelecer, na determinação da vida da ferramenta, um critério sòmente baseado no desgaste C_p. Porém em muitos casos de usinagem não há pràticamente formação de cratera na superfície de saída. Por outro lado, para têrmos desgastes apreciáveis, o ensaio de desgaste deveria ser muito longo, tornando-se bastante oneroso (grande consumo de material e mão-de-obra). Logo, *na determinação da vida da ferramenta devem ser utilizados de um modo geral os dois desgastes I_1 e C_p*. Em certos casos, quando o material é bastante conhecido e as relações entre I_1 e C_p são bem definidas (figura 9.5), basta só o desgaste I_1 na determinação da vida da ferramenta. Não se pode, porém, estabelecer um critério único.

Outro valor usado na medida do desgaste de cratera é a relação

$$k = \frac{C_p}{C_d} \qquad (9.4)$$

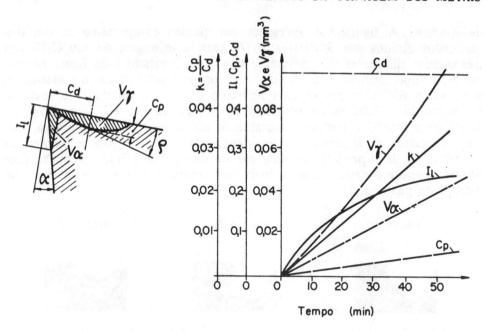

FIG. 9.5 — Desgaste da ferramenta de metal duro para o caso de usinagem de aço 25 Cr Mo 4: $v = 200$m/min; $a \cdot p = 0,28.2$mm² [8].

onde C_d é a distância entre o centro da cratera e a aresta de corte da ferramenta. Em muitos casos C_d permanece pràticamente constante durante a usinagem. Na figura 9.5 vemos que a relação k é aproximadamente a tangente do ângulo ρ da cratera e serve como um *índice de enfraquecimento da cunha cortante da ferramenta*. Segundo WEBER, a aresta de corte do carboneto pode vir a quebrar quando a relação k supera o valor 0,4 [7].

O gráfico da figura 9.5 apresenta os resultados de um ensaio feito em aço 25 Cr Mo 4 por BUSCHING e ZIELONKOWSKI [8]. Neste ensaio notamos que a distância C_d permaneceu constante e os valôres C_p e k aumentaram linearmente com o tempo. Os volumes V_α e V_γ de material da ferramenta, gastos na usinagem, também variaram linearmente com o tempo.

SCHAUMANN [6] verificou que materiais com a mesma classificação dada pela norma DIN ou ASA, sùbmetidos aos mesmos tratamentos térmicos, podem originar, nas pastilhas de metal duro, desgastes completamente diferentes, quando provenientes de siderúrgicas ou corridas diferentes. A figura 9.6 apresenta um quadro comparativo dos desgastes de uma ferramenta de metal duro na usinagem do aço C 60, proveniente de 6 corridas e tratamentos térmicos diferentes; na tabela IX.1 encontram-se as características químicas e mecânicas das diferentes partidas e na tabela IX.2 estão os resultados de uma série de ensaios de desgastes. Nestes ensaios os materiais foram submetidos aos tratamentos térmicos já mencionados na experiência anterior de SCHAUMANN; quanto ao material da ferramenta, foram tomados cuidados especiais pelo pesquisador, com o fim de ter sempre a mesma qualidade de pastilha de metal duro, fornecida pela firma numa única partida.

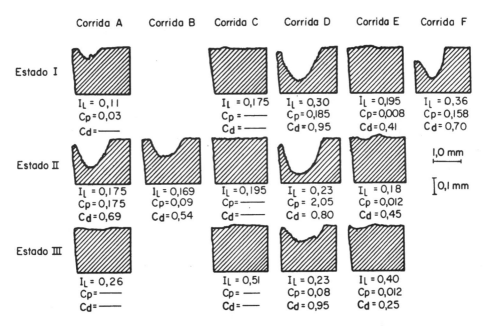

FIG. 9.6 — Desgastes de pastilhas de metal duro, obtidos na usinagem de aço C 60, proveniente de 6 corridas diferentes em fornos *Siemens Martim;* corridas *A* e *B* da mesma siderúrgica; corridas *D* e *F* da mesma siderúrgica. Condições de usinagem: $\alpha = 5°$, $\gamma = 6°$, $\chi = 60°$, $\lambda = -4°$, $\epsilon = 90°$, $r = 1mm$, $v = 150 m/min$; $a.p = 0,3 1.3 mm^2$, tempo de usinagem 15 minutos [6].

Na tabela IX.2 tem-se a vida da ferramenta para os desgastes $l_1 = 0,4$ e $C_p = 0,2mm$ nas condições de usinagem: $v = 150 m/min$; $a.p = 0,3 1.3,0 mm^2$. Os números representados em negrito na coluna 3 correspondem aos tempos que definem (limitam) a vida da ferramenta para os desgastes acima, para cada corrida de material, com o seu tratamento térmico correspondente. Nos ensaios realizados, o pesquisador considerou o material proveniente da corrida *E* como de média qualidade quanto à usinabilidade, e classificou as outras corridas em relação a esta (coluna (4) da tabela IX.2). A corrida *A*, devido aos desgastes l_1 e C_p da ferramenta, é considerada de *ótima usinabilidade*, tendo um valor comparativo com *E* de 454%, no estado I de fornecimento. A corrida *D* é considerada então de *péssima qualidade* quanto à usinabilidade, tendo um valor comparativo de 49%. Nas colunas (5), (6) e (7) tem-se a influência do tratamento térmico quanto à usinabilidade; enquanto nas corridas *A* e *C* o estado I de fornecimento apresenta maior vida da ferramenta, nas corridas *D* e *E* os tratamentos térmicos melhoraram suas qualidades de usinabilidade. Logo,

TABELA IX.1

Características químicas e mecânicas do aço C60 (DIN 17200) proveniente de corridas diferentes [6]

	Composição química											Características mecânicas			
	% C	% S_i	% M_n	% P	% S	% C_r	% M_o	% N_i	% T_i	% C_u	% S_n	σ_e (kg/mm²)	σ_t (kg/mm²)	δ_5 %	φ %
Valor permitido pela DIN 17200	0,57 a 0,65	0,15 a 0,35	0,50 a 0,80	mx 0,045	mx 0,045										
Corrida A	0.61	0,34	0.68	0,032	0,035	0.08	—	0,06	0,03	0,20	0,03	43,3	79,6	17,3	34,6
Corrida B	0,71	0,35	0,54	0,020	0,036	0,06	0,07	0,04	—	0,13	0,015	—	—	—	—
Corrida C	0,61	0,35	0,65	0,037	0,034	0,12	0,02	0,04	—	0,20	0,045	41,7	80,2	17,0	31,9
Corrida D	0,58	0,37	0,78	0,033	0,032	0,08	—	0,04	—	0,14	0,015	42,2	79,3	17,3	34,8
Corrida E	0,69	0,32	0,65	0,026	0,040	0,08	—	0,04	—	0,21	0,035	42,5	85	17,0	26,5
Corrida F	0,59	0,40	0,77	0,022	0,028	0,12	—	—	—	—	—	43,6	83,5	15,8	28,5

TABELA IX.2

Vida de uma ferramenta com pastilha de metal duro P10 na usinagem de aço C 60 (DIN 17200) procedente de 6 corridas em diferentes tratamentos. Velocidade de corte: v = 150 m/min; a.p = 0,31.3,0 mm² [6]

(1) Corrida	(2) Tratamento	(3) Vida da ferramenta p/ o desgaste		(4) Duração da ferramenta em relação à corrida E, em %	(5) Duração da ferramenta em relação ao estado de tratamento I, em %	Influência do tratamento térmico	
						(6) Ótima usinabilidade	(7) Péssima usinabilidade
		$I_1 = 0,4$ (min)	$C_p = 0,2$ (min)				
A	Estado I II III	158 90 **40**	**150** **19** 180	454	100 13 27	estado de tratamento I	estado de tratamento II
B	Estado II	105	**40**				
C	Estado I II III	**29** 9 a 29 **9**	800 800 320	88	100 31 a 100 31	estado de tratamento I	estado de tratamento III
D	Estado I II III	21 28 **26**	**16** **11** **26**	49	100 69 162	estado de tratamento III	estado de tratamento II
E	Estado I II III	**33** **40** **15**	.368 270 320	100	100 121 45	estado de tratamento II	estado de tratamento III
F	Estado I	21	19	58	100		

pode-se melhorar a usinabilidade de um material através de um tratamento térmico adequado.

Vemos, assim, que para materiais com a mesma especificação, em idênticas condições de usinagem, a vida da ferramenta pode variar em certos casos de 49 a 454%, isto é, de 1 para 10. Esta discrepância vai, é óbvio, interferir sèriamente nas condições ótimas de funcionamento das máquinas de produção seriada.

SCHAUMANN atribuiu como razão da discrepância acima, isto é, a variação brutal em certos casos da vida da ferramenta para materiais com a mesma especificação, trabalhando em idênticas condições de usinagem, a prováveis inclusões de óxidos na peça. Essas inclusões, ao saírem juntamente com o cavaco, se soldariam na superfície de saída (ou de folga) da ferramenta e formariam uma película protetora. A figura 9.7 apresenta a formação de uma película protetora de óxido na ferramenta, num ensaio realizado por GAPPISCH [9]. *Não confundir êste fenômeno com o da aresta postiça de corte.* Enquanto a aresta postiça se origina em baixas velocidades de corte, a formação acima se dá em velocidades de 100 a 250m/min.

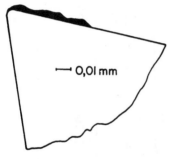

FIG. 9.7 — Solda da película de óxidos do material usinado sôbre a superfície de saída da ferramenta; material da peça aço Ck 45; ferramenta de metal duro P 10 [9].

v = 160 m/min; T = 80 min.
a·p = 0,25·2 mm^2; $\mathcal{X}$ = 60°

Para comprovar esta hipótese, foi empregado pelo *Instituto de Máquinas Operatrizes de Munique* um grande investimento na construção de um laboratório de análise química, com o fim de determinar qualitativa e quantitativamente as inclusões de óxidos nos materiais. As pesquisas foram realizadas por WERNER ZIELONKOWSKY [10]. A determinação dos teores de óxido consistia em separar primeiramente pelo processo eletrolítico a maior parte da massa metálica do corpo de prova; em seguida a parte restante era tratada com cloro e os óxidos eram obtidos através da sublimação no vácuo a altas temperaturas. Obtidos os óxidos, êstes eram determinados pela análise espectral.

Desta forma foram realizados uma série de ensaios de usinagem, a fim de se verificar as relações entre o desgaste da ferramenta e os teores de óxidos

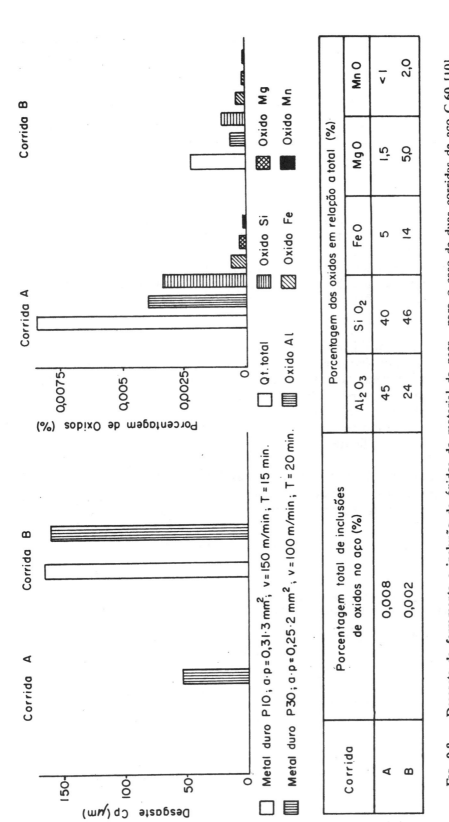

Fig. 9.8 — Desgaste da ferramenta e inclusão de óxidos do material da peça, para o caso de duas corridas de aço C 60 [10].

436 FUNDAMENTOS DA USINAGEM DOS METAIS

existentes nos materiais usinados. As ferramentas eram de metal duro, classe P 10 e P 30, fornecidas num mesmo lote. Os materiais empregados foram aços Ck 35, Ck 45, C 60 e 16 Mn Cr 5, procedentes de diferentes corridas e diferentes siderúrgicas. A figura 9.8 apresenta um dos resultados para o aço C 60; verifica-se na mesma que a corrida *A*, com maiores teores de óxidos, foi a que originou menor desgaste (o desgaste da pastilha classe P 10 foi pràticamente nulo).

Se fôsse possível as siderurgicas manterem nos materiais fornecidos, além da composição química e das características mecânicas, os teores de inclusões de óxidos dentro de uma variação muito restrita em tôdas as corridas, êste problema estaria resolvido. Desta forma poderia se fixar os teores de óxidos de maneira a se obter uma vida mais longa da ferramenta. Pràticamente tal ocorrência parece até o presente impossível. Resta também saber se um aumento das inclusões de óxidos não prejudicaria as propriedades mecânicas do material, principalmente quanto à fadiga.

Para sanar êste problema, isto é, para um cálculo criterioso da velocidade de corte e vida da ferramenta, as indústrias com usinagem seriada deveriam possuir um pequeno laboratório para executar ensaio de usinabilidade de cada partida de material. De posse dos resultados, deveriam ser calculadas as novas condições de usinagem de cada máquina. O problema pode ser simplificado fazendo-se estoque com diferentes partidas de material, classificadas pela usinabilidade.

A solução acima é muito onerosa, viável apenas nos grandes estabelecimentos industriais. A questão, porém, pode ser contornada, mandando-se a amostra de cada partida de material a um laboratório de ensaios de usinagem. Em casos de pequena produção utilizam-se tabelas práticas, com valôres aproximados da velocidade de corte, ficando de pé, porém, o problema acima.

9.3 — DESGASTE DE FERRAMENTAS DE METAL DURO EM OPERAÇÃO DE ACABAMENTO

Na operação de acabamento. muito antes do desgaste da ferramenta atingir valôres que possam originar a quebra do gume cortante, a mesma deve ser substituída, em virtude de não mais satisfazer as exigências impostas pelas *tolerâncias das dimensões* e as exigências impostas no *acabamento da superfície* da peça. Tem-se assim dois fatôres decisivos na determinação das condições de usinagem para a vida da ferramenta.

Enquanto na operação de desbaste, o desgaste I_1 da pastilha de carboneto pode chegar a 0,8mm ou mais, na operação de acabamento êste desgaste não deve superar os valôres 0,1 a 0,2mm, para uma tolerância na qualidade IT 7, e 0,2 a 0,3mm para uma tolerância na qualidade IT 8 da série ISO de tolerâncias [11]. Êstes desgastes são obtidos experimentalmente, pois o cálculo de I_1 através da fórmula (figura 9.9)

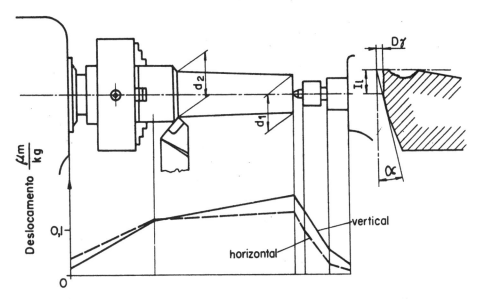

FIG. 9.9 — Influência dos fatôres "desgaste D_γ da ferramenta e deformação peça-máquina" nas tolerâncias do diâmetro da peça.

$$I_1 = D_\gamma \cdot \cotg \alpha = \frac{d_2 - d_1}{2} \cdot \cotg \alpha, \qquad (9.5)$$

citada em alguns formulários conduz a erros crassos. Segundo ensaios de JOFINOW, na *Escola Politécnica de Leningrado* [12], o êrro que se obtém com o emprêgo dessa fórmula pode chegar a 40% do valor obtido no ensaio. Três causas contribuem neste êrro:

      instabilidade, jôgo nos mancais e nas guias da máquina;
      fixação e deformação da peça;
      desgaste da superfície de saída e flexão da ferramenta.

O desgaste da superfície de saída da ferramenta aumentará o atrito entre esta e o cavaco, aumentando a fôrça de corte. Conseqüentemente teremos uma influência no processo de deformação plástica da peça, na zona de formação do cavaco [13]. Isto acarreta uma modificação da micro-estrutura da superfície da peça, alterando o seu diâmetro e a rugosidade da superfície. O modo de fixação da peça, o jôgo nos mancais da máquina e a deformação da peça são os responsáveis pela mudança de forma da mesma [14].

Tolerâncias inferiores a 0,01mm no diâmetro da peça, implicam geralmente vidas antieconômicas da ferramenta, principalmente quando se trata da usinagem de aços e ferro fundidos. Neste caso, um deslocamento da aresta cortante (em relação à peça) da ordem de 0,005mm é fàcilmente atingido. A figura 9.10 apresenta o aumento de diâmetro da peça em função do percurso de corte L da ferramenta, segundo VIEREGGE [1].

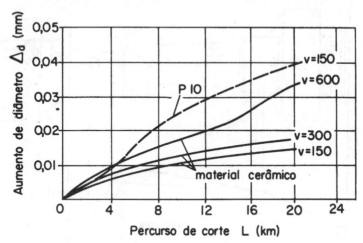

FIG. 9.10 — Aumento do diâmetro Δ_d no acabamento de um eixo em função do percurso de corte L; material da peça aço C 60; $a.p = 0.05.0,5mm^2$; $r = 0.5mm$; $\gamma = 10°$; $\alpha = 8°$ [1].

A influência do desgaste da ferramenta pode ser fàcilmente evidenciada nos ensaios de SCHALLBROCH e WALLICHS [15]. A figura 9.11 apresenta os resultados dêstes ensaios; nas colunas 1 a 5 estão indicados os diferentes estados de desgaste da ferramenta e os correspondentes valôres da altura máxima de rugosidade R_{mx} da peça, perpendicular à direção dos sulcos*.

Observando-se a figura, verifica-se que, enquanto o desgaste I_1 da ferramenta aumenta progressivamente, tem-se no início uma melhoria da qualidade da superfície da peça, para depois piorar consideràvelmente. Explica-se esta irregularidade da seguinte forma: nos primeiros instantes da usinagem realiza-se na superfície de saída da ferramenta, devido ao deslizamento do cavaco sôbre a mesma, uma espécie de polimento e assentamento melhor do cavaco. Desta forma tem-se um desprendimento mais fácil do material, melhorando a qualidade da superfície da peça. Na superfície de folga da ferramenta haverá também um polimento. À medida que a operação de usinagem se processa, tem-se, além de um desgaste da superfície de saída (o qual aumenta o atrito entre o cavaco e a ferramenta e conseqüentemente aumenta a fôrça de corte), um desgaste na superfície de incidência, ocasionando a formação de pequenos sulcos, prejudicando o acabamento da peça. A altura de rugosidade começa a atingir valôres elevados (coluna 5 da figura 9.11).

---

* Ver *Rugosidade de superfície*, no apêndice.

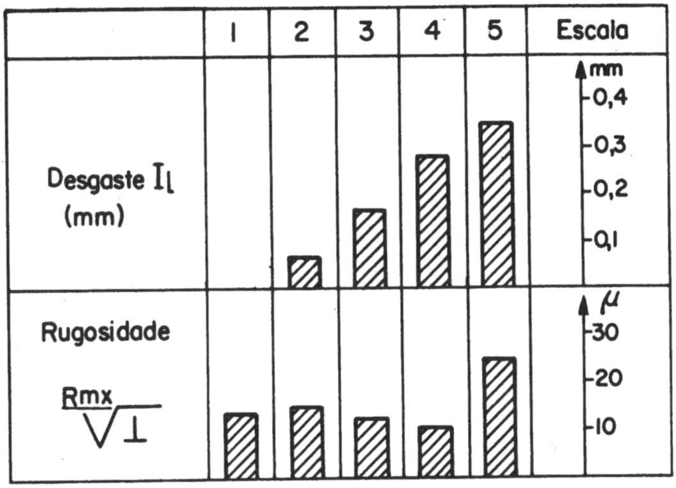

DESGASTE E VIDA DA FERRAMENTA   **439**

FIG. 9.11 — Desgaste I_1 da ferramenta para diferentes valôres da altura máxima de rugosidade R_{mx} da peça; material da peça latão Ms 58; ferramenta de metal duro; $v = 75m/min$; $a \cdot p = 0,2.0,5mm^2$; $\alpha = 8^0$ [15].

Empregando-se pastilhas de metal duro afiadas e *polidas,* a ocorrência acima é menos significativa.

9.4 — DESGASTE DE FERRAMENTAS DE AÇO RÁPIDO EM OPERAÇÃO DE DESBASTE

Foi visto, no início dêste capítulo, que na usinagem com ferramenta de aço rápido, a destruição da aresta de corte é devida geralmente à diminuição de sua dureza, proveniente do aumento da temperatura de corte. Êste fato se dá principalmente com o emprêgo de velocidades relativamente altas, as quais originam uma temperatura da aresta cortante superior a 600ºC. A rugosidade da superfície de saída da ferramenta, aumentando com o desgaste, concorre para que a aresta cortante atinja essa temperatura. A dureza da aresta cai então, ràpidamente, tendo-se a destruição da mesma.

O tempo no qual o fenômeno da destruição da aresta cortante se processa é muito curto. Tal ocorrência pode ser evidenciada de dois modos:

1.º) pela formação do *anel brilhante* [16] na superfície de corte da peça;

2.º) pelo aumento das componentes de avanço P_a e de profundidade P_p da fôrça de usinagem.

O anel brilhante consiste na formação de uma superfície brilhante na peça, no instante em que a aresta de corte da ferramenta perde a sua capacidade de corte. Muitas vêzes é acompanhado por um nôvo ruído no processo de usinagem (figura 9.12 *a*).

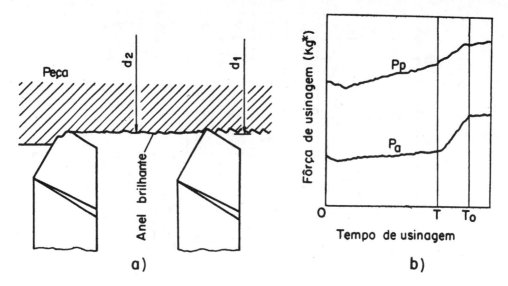

FIG. 9.12 — Determinação da perda da capacidade de corte numa ferramenta de aço rápido: *a*) formação do anel brilhante; *b*) aumento da fôrça de avanço e profundidade.

O critério de determinação da perda da capacidade de corte através do aumento da fôrça de avanço P_a e de profundidade P_p foi estudado pela primeira vez por SCHLESINGER, razão pela qual é chamado *critério Schlesinger* (figura 9.12 *b*) [17].
Naturalmente, antes de chegarmos a êste ponto, a ferramenta deve ser retirada da máquina para a sua afiação ou substituição.

Os desgastes C_p e l_1 permitem estabelecer um critério bastante preciso para prever a retirada da ferramenta de aço rápido (figura 9.13).

Enquanto nas pastilhas de metal duro os desgastes l_1 e C_p variam em muitos casos com a procedência do material e com a corrida (figura 9.6), nas ferramentas de aço rápido tal variação é desprezível; pois, enquanto nos aços rápidos a perda da capacidade de corte é devida em grande parte à elevação de temperatura, no metal duro o maior fator é o desgaste. Por outro lado, dois materiais podem gerar iguais temperaturas de corte, porém desgastes completamente diferentes nas ferramentas de metal duro. Desta forma, a predeterminação do desgaste nestas ferramentas é bem mais difícil que nas de aço rápido.

9.5 — DESGASTE DE FERRAMENTAS DE AÇO RÁPIDO EM OPERAÇÃO DE ACABAMENTO

De modo geral valem as mesmas considerações vistas anteriormente com o metal duro. Porém as velocidades de corte com aço rápido são relativamente pequenas, prejudicando o acabamento da peça. Os desgastes, limitados pelas exigências das tolerâncias ou rugosidades das peças, originam

DESGASTE E VIDA DA FERRAMENTA

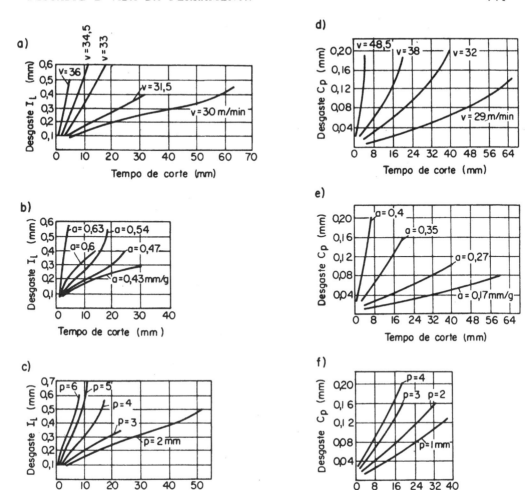

FIG. 9.13 — Desgaste I_1 e profundidade da cratera C_p de uma ferramenta em função do tempo de usinagem para diferentes condições de usinagem; material da peça 34 Cr 4: ferramenta de aço rápido B 18; $\alpha = 8°$, $\gamma = 18°$, $\lambda = 0°$, $\chi = 45°$, $r = 2$mm [2]. *a)* Valôres de I_1 para $a.p = 0.5.4$mm². *b)* Valôres de I_1 para $v = 32$m/min e $p = 4$mm. *c)* Valôres de I_1 para $v = 32$m/min e $a = 0,5$mm. *d)* Valôres de C_p para $a = 0,35$mm/volta e $p = 3$mm. *e)* Valôres de C_p para $v = 40$m/min e $p = 3$mm. *f)* Valôres de C_p para $v = 40$m/min e $a = 0,35$mm/volta.

uma vida da ferramenta muito curta. A figura 9.14 mostra a curva de variação do diâmetro da peça, na usinagem com aço rápido, segundo SCHALLBROCH [15].

9.6 — DESGASTE DE FERRAMENTAS DE MATERIAL CERÂMICO

As ferramentas com pastilhas de cerâmica distinguem-se das anteriores por sua elevada resistência ao desgaste, dureza em altas temperaturas e pela

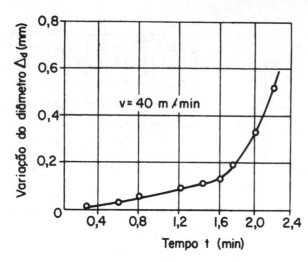

FIG. 9.14 — Variação do diâmetro Δ_d de uma peça em função do tempo de usinagem; material da peça Ge 22.91; ferramenta de aço rápido; $v = 40$ m/min; $a.p = 0,21.2$ mm²; $\gamma = 10°$ [15].

insensibilidade nos processos de oxidação. Devido a estas características, o material cerâmico pode substituir com vantagens o metal duro nas altas velocidades de corte. A pequena tenacidade e a reduzida condutibilidade térmica limitam, porém, a aplicação. Em geral, as pastilhas de cerâmica são recomendadas sòmente em pequenas e médias secções de corte, para o corte contínuo. Em determinadas condições podem ser empregadas também na usinagem de peças não-circulares e para leves cortes interrompidos, porém nem sempre é evitado o aparecimento de quebras na aresta cortante. Pode-se atingir altas potências de usinagem com a aplicação de formas adequadas do gume cortante e com a eliminação de várias grandezas de influência, para as quais a vida da ferramenta é prejudicada.

As pastilhas de cerâmica permitem elevadas temperaturas de corte (até 1.200ºC), possibilitando a usinagem com altas velocidades de corte. Os aços podem ser desbastados com velocidade variando de 80 a 300m/min, dependendo de sua resistência e das condições de usinagem. Nos trabalhos de acabamento, velocidades maiores foram experimentadas com sucesso. A figura 9.15 apresenta a variação dos desgastes da superfície de folga e de saída do aço rápido e do metal duro, em comparação com dois tipos de materiais cerâmicos — o Al_2O_3 e o Al_2O_3 com 40% de adição de carbonetos metálicos [1]. Êstes dois tipos de materiais cerâmicos são empregados pelos americanos, sendo que ùltimamente se tem dado preferência ao Al_2O_3. A adição de carbonetos metálicos ao Al_2O_3, tais como carboneto de tungstênio e carboneto de molibdênio, em alta porcentagem, melhora a tenacidade da pastilha de cerâmica, porém origina desgastes maiores. Observa-se na figura 9.15 que a velocidade de corte de 512m/min originou um desgaste l_1 inferior a 0,2mm, após 10 minutos de trabalho, para ambos materiais cerâmicos. Os desgastes da cratera foram inferiores a 50μm.

A exposição que se segue procura fornecer informações para a aplicação conveniente das pastilhas de cerâmica. Especialmente para materiais duros,

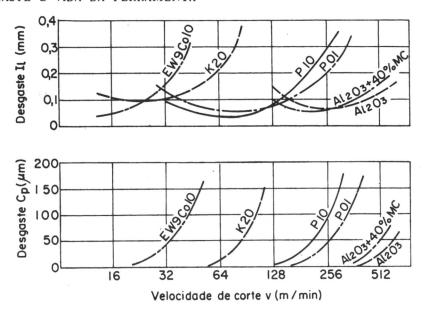

FIG. 9.15 — Comparação dos desgastes do material cerâmico com o metal duro e aço rápido; material da peça: aço Ck 65 ($\sigma_t = 98\text{kg*}/\text{mm}^2$); $a.p = 0,2.2\text{mm}^2$; $\gamma = 6°$, $\alpha = 5°$, $\chi = 45°$, $\epsilon = 90°$ para aço rápido e metal duro; $\gamma = -7°$, $\alpha = 5°$, $\chi = 45°$, $\epsilon = 120°$ para material cerâmico; tempo de usinagem 10 min [1].

para os quais se desenvolve alta temperatura de corte, e mais longe, para materiais que originam grande desgaste da ferramenta, a aplicação da pastilha de cerâmica apresenta vantagens.

Foram realizadas por RUDOLF SCHAUMANN no laboratório da firma *Widia Krupp Fabrik, Essen* [18], operações de acabamento em aço C 85 ($\sigma_r = 110\text{kg*}/\text{mm}^2$) com pastilha de cerâmica *Widalox* [19], com avanço 0,1mm/volta e profundidade de corte 2mm. A figura 9.16 mostra a variação dos desgastes l_1 e C_p em função do tempo de usinagem, para diferentes velocidades de corte. A elevação da velocidade de 200 para 600m/min influi pouco sôbre os valôres de l_1; as curvas estão próximas umas das outras. Os valôres de C_p são bem pequenos; para velocidades de corte entre 200 e 300m/min não se observou pràticamente qualquer desgaste durante um tempo de usinagem de 60 minutos. As pastilhas cerâmicas apresentaram, porém, pequenas trincas de $2\mu m$ de profundidade na região de contato entre o cavaco e a superfície de saída. A tabela da figura 9.16 mostra a vida da ferramenta para o caso de aparecimento de quebras de pequenas partes (lascas) da aresta cortante. Tais vidas (definidas pelo aparecimento de pequenas quebras) são empregadas no trabalho de material duro com pastilha cerâmica, apesar dos desgastes l_1 e C_p serem ainda pequenos. Tensões devido ao aquecimento podem conduzir tais rupturas. Vibrações da ferramenta também limitam a vida da pastilha.

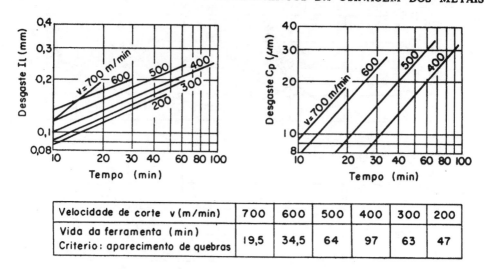

FIG. 9.16 — Desgastes I_1 e C_p da ferramenta em função do tempo de usinagem, para diferentes velocidades de corte; material da peça aço C 85; ferramenta com pastilha cerâmica *Widalox*, de dimensões 12.12.5mm³ (fixação mecânica); $a.p = 0,1.2$mm² [18].

Os melhores resultados do ensaio acima foram obtidos nas velocidades 300 a 500 m/min. Abaixo e acima dêstes valôres originam-se vidas reduzidas. Dependendo das qualidades de usinagem do material, tem-se faixas de velocidade de trabalho bem definidas; fora destas faixas a vida diminui.

Enquanto nas pastilhas de metal duro, o desgaste I_1 da superfície de folga pode chegar a valôres da ordem de 0,8mm ou mais, nas pastilhas de cerâmica chega-se geralmente a 0,4mm. Acima dêste valor pode haver o aparecimento de quebras ou fragmentos da aresta cortante. Dada porém a grande resistência à abrasão da pastilha de cerâmica, a vida dêste material nas velocidades de corte acima de 200m/min, mesmo para um desgaste I_1 igual a metade do metal duro, é muito maior. A figura 9.17 apresenta uma comparação do volume de material usinado com pastilha cerâmica e de metal duro, em função da velocidade de corte, para um desgaste da superfície de folga $I_1 = 0,25$mm [20]. Verifica-se que para velocidades de corte maiores, o desgaste I_1 é logo atingido, diminuindo a quantidade de material usinado.

A figura 9.18 apresenta algumas vantagens da pastilha cerâmica sôbre o metal duro para a usinagem de ferro fundido de elevada dureza (HB = = 350kg*/mm²). Empregando-se pastilha de metal duro K 10 com velocidade de corte $v = 30$m/min tem-se grande formação da aresta postiça de corte; o desgaste da superfície de folga é mostrado na figura 9.18. Elevando-se a velocidade de corte para 60m/min, houve formação de uma cratera exagerada e após 9,7 minutos de trabalho obteve-se a quebra do

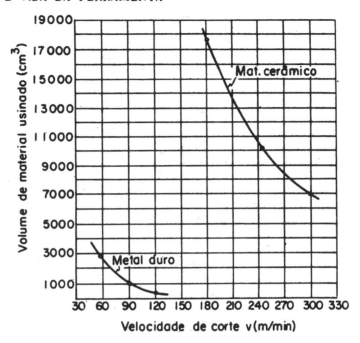

Fig. 9.17 — Comparação entre o volume de material usinado com pastilha de cerâmica e de metal duro, para um desgaste $l_1 = 0{,}25$mm; material da peça aço-molibdênio; $a \cdot p = 0{,}4.4$mm² [20].

gume cortante. Empregando-se pastilha de cerâmica com $v = 60$m/min resultou um desgaste na superfície de folga bem menor que para o caso do metal duro; o ensaio apresentou a quebra do gume cortante sòmente após 200 minutos de trabalho. Logo, a vida foi 20 vêzes maior que com metal duro K 10. A velocidade de corte com material cerâmico pôde ser elevada, neste caso, para 240m/min; após 60min apareceu na superfície de saída da ferramenta apenas uma cratera de 5μm; o tempo de usinagem nestas condições foi elevado para 190 minutos, quando houve quebra do gume cortante. Logo, para uma velocidade de corte 4 vêzes maior que no caso de metal duro, a vida do material cerâmico foi 20 vêzes maior.

A figura 9.18 mostra que o desgaste da superfície de folga da pastilha cerâmica não aumenta linearmente com o tempo (a escala dos tempos encontra-se representada no gráfico em progressão geométrica). Em pequenos tempos de trabalho o desgaste é relativamente alto; continuando a operação, o desgaste permanece num certo tempo quase inalterável. A pequena inclinação da curva mostra que o emprêgo de pastilha de cerâmica apresenta grande vantagem sôbre o metal duro nos longos tempos de usinagem. As condições de trabalho com pastilha de cerâmica exigem porém que a máquina operatriz seja mais rígida, de maior potência e isenta de vibrações, condições estas verificadas nas máquinas modernas.

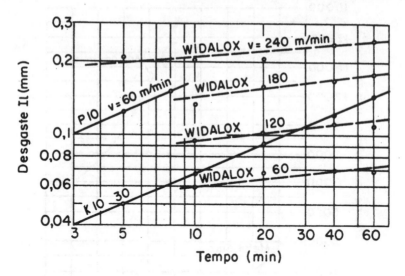

FIG. 9.18 — Comparação entre os desgastes da pastilha de cerâmica e de metal duro na usinagem de ferro fundido com HB 350kg/mm²; $a.p = 0,475.4$mm²; $\alpha = 5°$; $\gamma = 5°$; $r = 1,5$mm [18].

No *Instituto de Máquinas Operatrizes de Aachen* foi conduzido em 1956 por H. SIEBEL [22] grande número de ensaios de usinagem com pastilhas de cerâmica de diferentes procedências. O material utilizado foi o aço Ck 45. A figura 9.19 apresenta os desgastes I_1 e C_p de uma das pastilhas de cerâmica, em comparação com o metal duro. A tabela IX.3 mostra os valôres comparativos da velocidade de crescimento da cratera para pastilhas de cerâmica de diferentes procedências, em função da velocidade de corte. Como a variação do desgaste da cratera nestes ensaios se comportou pràticamente linear com o tempo, foi possível uma comparação dêste tipo. Nas velocidades altas de corte verifica-se uma diferença sensível nos desgastes da cratera entre as pastilhas de diferentes procedências. As qualidades C 3 e J 2 mostraram-se as melhores. Verifica-se ainda que para $v = 300$ m/min o desgaste da cratera da pastilha de metal duro foi 20 vêzes maior que a de material cerâmico.

Em tôdas as pastilhas de cerâmica ensaiadas, os desgastes da cratera atingiram valôres muito pequenos. Isto mostra que *na avaliação da vida da pastilha de cerâmica são suficientes apenas dois fatôres: o desgaste I_1 da superfície de folga e o aparecimento de quebras na aresta de corte*. A tabela IX.3 permite uma comparação dêstes ensaios.

A figura 9.20 mostra o emprêgo de pastilha de cerâmica no torneamento da parte do tambor de freio onde assentam as lonas. Utilizaram-se dois tipos de fixação de pastilhas: pastilhas soldadas, com $\gamma = 7°$ e pastilhas fixas mecânicamente, com $\gamma = -6°$. Neste último caso empregou-se cabos

DESGASTE E VIDA DA FERRAMENTA

TABELA IX.3

Velocidade de desgaste da cratera, em μ/min, para o metal duro e para diferentes pastilhas de cerâmica em função da velocidade de corte [22]

Material de corte	Metal duro P 10	C 3	F	G 3	H	J 2
$v_1 = 150\text{m/min}$ ...	0,33	0,12	0,13	0,12	0,12	0,10
$v_2 = 200\text{m/min}$ ...	1,33	0,22	0,44	0,28	0,27	0,19
$v_3 = 300\text{m/min}$ ...	27	0,72	1,10	0,87	—	0,67
$v_4 = 400\text{m/min}$ ...	—	5,5	—	—	—	1,40

TABELA IX.4

Valôres comparativos para usinagem de aço Ck 45 com pastilhas de cerâmica de diferentes procedências; $a.p = 0,315 . 1,5\text{mm}^2$ (corte a sêco) [22]

Material de corte	Velocidade de corte (m/min)	Vida T para $I_1 = 0,4$ (min)	Volume usinado para $I_1 = 0,4$ (cm³)	v_{60} para $I_1 = 0,4$ (m/min)	v_{120} para $I_1 = 0,4$ (m/min)
C 3	150 200 300	120 85 56	8500 8100 8000	280	145
F	150 200 300	120 70 32	8500 6700 4550	220	150
H	150 200	150 70	10600 6700	210	165
J 2	150 200 300 400	160 100 50 35	11400 9500 7000 6600	280	180
Metal duro P 10	150 200 300	100 62 Destruição da aresta após 4 min	7100 5900 570	200 v_{60} p/ $C_p = 0,1$ 185 —	135 —

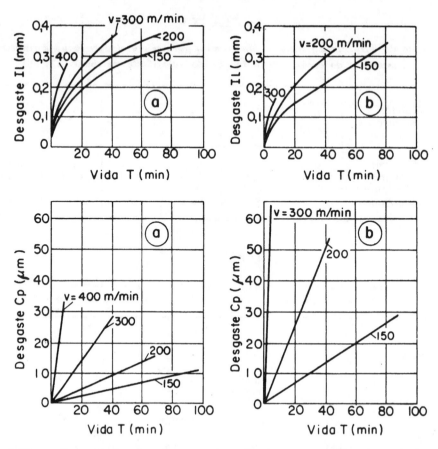

FIG. 9.19 — Comparação dos desgastes l_1 e C_p de uma pastilha de cerâmica com uma de metal duro, na usinagem do aço Ck 45; $a.p = 0.315.1.5mm^2$. a) material cerâmico C 3: $\alpha = 6°$, $\lambda = 0°$, $\chi = 45°$, $\gamma = -6°$, $\epsilon = 90°$, $r = 1,0mm$; b) metal duro P 10: $\alpha = 6°$, $\lambda = 0°$, $\chi = 45°$, $\gamma = 10°$, $\epsilon = 90°$, $r = 0,5mm$.

que permitiam utilizar os oito cantos da pastilha; em seguida a pastilha não era reafiada, e sim substituída por uma nova*.

Uma comparação dos processos de torneamento de tambor de freio com pastilha de cerâmica e de metal duro se encontra na figura 9.21. Na operação com cerâmica o avanço foi reduzido e a velocidade de corte foi aumentada com o fim de permitir uma acabamento melhor. Neste caso não há necessidade de uma operação posterior.

A figura 9.22 apresenta o torneamento de êmbolos de ferro fundido HB 230kg*/mm² com casca de fundição. Empregou-se pastilha de cerâmica e

---

* Sôbre solda de pastilhas e cabos de fixação mecânica, ver capítulo *Ferramentas monocortantes*, volume II.

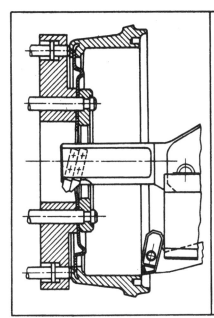

| Peça : tambor de freio |
| Operação : torneamento interno |
| Material : ferro fundido HB 230 (sem casca de fundição) |
| Cond. de corte: p = 0,4-0,6 mm
a = 0,36 mm/volta
v = 276 m/min |
| N° de peças : 170 a 230 |
| Angulo de corte: $\gamma = 7°$, $\varepsilon = 85°$ (pastilha soldada)
$\gamma = -6°$ (fixação mecânica) |

FIG. 9.20 — Torneamento cilíndrico interno de tambor de freio com pastilha de cerâmica [21].

Peça : Tambor de freio. Operação : torneamento interno Material: ferro fundido HB 200 kg*/mm² desbastado Máquina :"Drebomat", torno semi-automático c/2 eixos árvores		
Ferramenta	"Herka", fixação mec.	WKD 16 fixação mec.
Material de corte	"Widia" K10	"Widalox"
Angulos de corte		$\alpha = 5°$, $\gamma = -5°$, r = mm
Condições de corte	p = 0,3 a 0,5 mm a = 0,5 mm/volta v = 80 m/min	p = 0,3 a 0,5 mm a = 0,2-0,25 mm/volta v = 240 m/min
N° peças usinadas	600 – 800	800
Vida da ferramenta		200 min
Operação final	brunimento	não é necessária

FIG. 9.21 — Torneamento cilíndrico interno de tambor de freio com pastilha de cerâmica e de metal duro; $\phi = 200$mm, $b = 36$mm [21].

450 FUNDAMENTOS DA USINAGEM DOS METAIS

de metal duro K 01. O emprêgo da pastilha de cerâmica permitiu aumentar a produção de 26 para 95 peças em cada vida de ferramenta, como também permitiu reduzir o tempo de operação de 1.92min para 0.90 min/peça.

Peça : êmbolo. Operação : desbaste Material : ferro fundido HB 230 kg*/mm², com casca de fundição		
Ferramenta	Cabo DIN 4971	Cabo c/ fixação mec.
Material de corte	Widia K OI	Widalox
Angulos de corte	$\alpha = 7°$, $\gamma = 0°$, $\chi = 60°$ $r = I\,mm$	$\alpha = 5°$, $\gamma = -5°$, $\chi = 60°$ $r = I\,mm$
Condições de corte	$v = 86\ m/min$ $p = 3 - 4\ mm$ $a = 0,28\ mm/volta$	$v = 183\ m/min$ $p = 3 - 4\ mm$ $a = 0,28\ mm/volta$
Tempo de usinagem	1,92 min	0,90 min
Nº peças usinadas	26 a 30	95 a 115
Vida da ferramenta	50 a 57 min	86 a 103 min
Desgaste I∟	1,2 mm	0,8 mm

FIG. 9.22 — Desbaste de um êmbolo de ferro fundido com pastilha de cerâmica e de metal duro; $\phi = 75mm$, $b = 110mm$ [21].

Uma operação de acabamento interno de peça de ferro fundido encontra-se na figura 9.23. Com pastilha de cerâmica conseguiu-se uma rugosidade de superfície $R_{mx} = 2,5$ a $3\mu m$, evitando-se a operação final de brunimento. Com pastilha de metal duro a rugosidade da superfície obtida foi $R_{mx} = 8$ a $10\mu m$, exigindo operação posterior.

A firma *Georg Fischer, Schafhausen* publicou na sua revista $+GF+Infor$-*mation KDM* (caderno 3, dezembro de 1958) um exemplo de torneamento com tôrno copiador (figura 9.24). Com o emprêgo de pastilha de cerâmica, conseguiu-se aumentar a velocidade de corte 3,5 vêzes, permitindo uma redução de tempo de 66,6%. Com relação ao emprêgo de pastilha de cerâmica no torneamento com tôrno copiador, a publicação informa o seguinte: "A peça e a ferramenta devem ser muito rígidas; peças de pequeno diâmetro ou de parede muito fina não são apropriadas para o torneamento com material cerâmico. Enquanto as ferramentas de metal duro para copiagem apresentam um ângulo de ponta 58º, escolhe-se, em

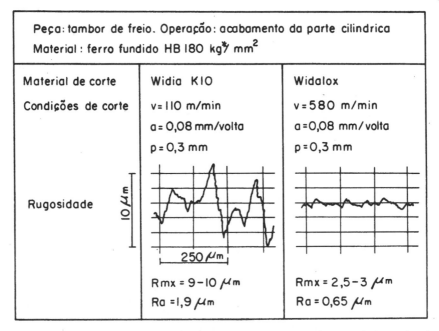

FIG. 9.23 — Rugosidade da parte cilíndrica de um tambor de freio, usinado com pastilha de cerâmica e de metal duro [21].

geral, nas ferramentas de cerâmica um ângulo $\epsilon = 80°$, com o fim de não tornar a ponta da ferramenta demasiadamente frágil".

Na produção seriada de muitas peças são realizados no mesmo tempo furos, torneamentos internos e externos. Devido à diferença de velocidades na

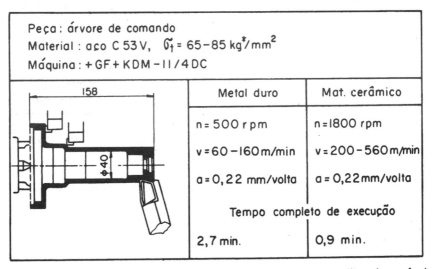

FIG. 9.24 — Copiagem de uma árvore de comando com pastilha de cerâmica e de metal duro.

peça, são empregadas pastilhas de metal duro de diferentes qualidades e pastilhas de cerâmica. Estas permitem uma ótima solução nas velocidades altas. A figura 9.25 apresenta o exemplo de usinagem de uma peça, onde a rotação foi 224 r. p. m. No torneamento do furo, com velocidade de corte $v = 56$m/min, empregou-se o metal duro P 30. No torneamento de faceamento as velocidades foram maiores; empregou-se o metal duro de classe P 20 e P 10. Para o torneamento externo, com velocidade de corte $v = 267$m/min, o metal duro permitiu uma vida muito pequena. Empregou-se neste caso a pastilha de cerâmica.

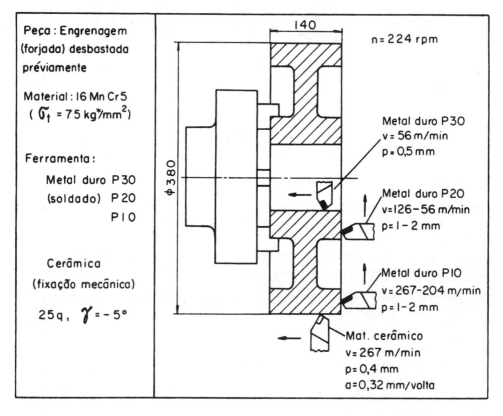

FIG. 9.25 — Combinação de ferramentas de metal duro e de cerâmica na usinagem de engrenagem [21].

A pastilha de cerâmica encontra aplicação também na usinagem dos materiais plásticos que originam grande desgaste da ferramenta. Anéis prensados de material plástico com grafite foram muito difíceis de se trabalhar (figura 9.26). Com metal duro K 10 pôde-se usinar sòmente 6 a 10 anéis, com uma velocidade de corte 9.6m/min. Empregando-se pastilha de cerâmica, a velocidade de corte foi 35m/min e o número de peças usinadas elevou-se a 130 para cada vida da ferramenta.

Peça: anel de material plástico com adição de grafite.

Condições de corte:
  a = 0,2 mm/volta
  p = 0,2 a 0,4 mm

Ferramenta:
  1) Metal duro K10, v = 9,6 m/min
     N.º de peças em cada vida: 6-9
  2) Cerâmica Widalox, v = 35 m/min
     N.º de peças em cada vida: 130

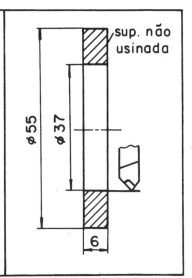

FIG. 9.26 — Torneamento de um anel de material plástico com adição de grafite [21]

SCHAUMANN [18] realizou também ensaios de fresamento com pastilhas de cerâmica, fixadas mecânicamente numa fresa de faceamento. Para tanto, êste autor empregou uma fresadora vertical bastante rígida e de grande potência. Os ensaios foram realizados com ferro fundido de dureza *Brinell* 180 a 220kg*/mm². Primeiramente foi procurada a forma mais conveniente do gume cortante (figura 9.27 a). Verificou-se que as influências dos ângulos lateral e facial (ver § 2.4.4) eram pequenas na vida da ferramenta. Porém de grande significado foi o chanframento da aresta cortante. Os melhores resultados foram obtidos com um ângulo de saída do chanfro $\gamma_c = -45°$ e uma largura $l_\gamma = 0,3$mm, tanto para aresta principal, como lateral de corte. A figura 9.27 apresenta alguns resultados dos ensaios realizados; para o critério de vida da pastilha de cerâmica foi utilizado o aparecimento de pequenas quebras da aresta cortante. Não houve formação de cratera, nem com velocidade de corte $v = 340$m/min. Comparando-se a figura 9.27 c com as figuras 9.27 b e d, verifica-se que a vida da pastilha de cerâmica foi 6 vêzes maior que com metal duro.

9.7 — BIBLIOGRAFIA

[1] VIEREGGE, G. *Zerspanung der Eisenwerkstoffe*. Düsseldorf, Verlag Stahleisen, 1959.

[2] ABENDROTH, A. e MENZEL G. *Grundlagen der Zerspanungslehre*. Leipzig, Fach buchverlag, 1960, v. 1.

[3] SCHALLBROCH, H. e WALLICHS R. "Werkzeugverschleiss, insbesondere an Drehmeisseln". *VDI — Verlag,* Berlin, 11, 1938.

[4] WEBER, G. "Die Beziehung zwischen Spanentstehung, Verschleissformen und Zerspanbarkeit beim Drehen von Stahl". *Dissertation, T. H. Aachen,* 1954.

a) FRESAMENTO COM PASTILHA DE CERAMICA Influência da forma do gume cortante	b) FRESAMENTO COM PASTILHA DE METAL DURO K10
Material: ferro fundido HB 220 kg*/mm² Ângulos da ferramenta: $\gamma_x=0$, $\gamma_y=0$, $\alpha_x=6°$, $\alpha_y=6°$ $\gamma_c=-45°$, $l_\gamma=0,3$ mm Condições de corte: v=140m/min, p=2mm a=0,3 mm/volta, z=1	Material: ferro fundido HB 180 kg*/mm² Ângulos da ferramenta: $\gamma_x=0$, $\gamma_y=0$, $\alpha_x=6°$, $\alpha_y=6°$, $\gamma_c=-45°$, $l_\gamma=0,3$ mm. Afiação imprópria p/metal duro, grande desgaste na superfície de folga Condições de corte: p=2mm, a_d=0,3 mm/volta percurso de corte de 1 dente l_c = 370 mm z = 10, φ = 240 mm
Sem chanframento / C/chanframento aresta principal / C/chanframento todas arestas	v= 90 m/min v=140 m/min v_a=365mm/min v_a=560mm/min
 Lc=35mm Lc=370mm Lc=1530 mm	
c) FRESAMENTO COM PASTILHA DE CERAMICA	d) FRESAMENTO COM PASTILHA DE METAL DURO K10
Material: ferro fundido HB 180 kg*/mm Ângulos da ferramenta: $\gamma_x=0°$, $\gamma_y=0°$, $\alpha_x=6°$ $\alpha_y=6°$, $\gamma_c=-45°$, $l_\gamma=0,3$mm Condições de corte: p=2 mm, a_d=0,3 mm/volta φ = 240 mm, z=10 percurso de corte de 1 dente l_c=2250 mm v=140 m/min v=220 m/min v=340 m/min v_a=560 mm/min v_a=880mm/min v_a=1250mm/min	Material: ferro fundido HB 180 kg*/mm² Ângulos da ferramenta: $\gamma_x=0°$, $\gamma_y=0°$, $\alpha_x=6°$ $\alpha_y=6°$ Condições de corte: p=2mm, a_d=0,3 mm/volta φ = 240 mm, z = 10 percurso de corte de 1 dente l_c = 370 mm v=90m/min v=140 m/min v=220 m/min v_a=365 mm/min v_n=560 mm/min v_a=880mm/min

FIG. 9-27 — Exemplos de fresamento frontal com fresa de faceamento em bloco de ferro-fundido [18].

[5] AWF 158. *Kurzausgabe der AWF-Blätter Nr. 100-111,* 119-125. 141, 175 u. 756. Berlin, Ausschuss für wirschaftliche Fertigung, julho, 1949.

[6] SCHAUMANN, R. "Streuwertuntersuchungen der Zerspanbarkeit von Stahlwerkstoffen". *Der Maschinenmarkt,* Würzburg, 43 (62): 1-16, maio. 1956.

DESGASTE E VIDA DA FERRAMENTA   455

[7] WEBER, G. Beitrag zur Analyse des Standzeitverhaltens". *Industrie Anzeiger,* Essen, 3:237-244, março 1955.

[8] BUSCHING, M. e ZIELONKOWSKI, W. "Neuere Untersuchungen über Zerspanungs-kriterien". *Drittes Forschungs — und Konstruktionskolloquium Werkzeugma-schinen und Betriebeswissenschaft.* Vogel-Verlag, Würzburg, 1957, v. 1.

[9] GAPPISCH, M. "Neuere Erkentnisse über das Verschleissverhalten spanender Werkzeuge". *Maschinenmarkt,* Würsburg, 54: 26-32, julho, 1962.

[10] ZIELONKOWSKI, W. "Die Auswirkung oxydischer Einschlüsse in Stahlwerkstoffen auf den Kolkverschleiss von Hartmetall-Drehwerkzeugen". *Maschinenmarkt,* Würsburg, 62: 19-31, agôsto, 1962.

[11] ASSOCIAÇÃO BRASILEIRA DE NORMAS TÉCNICAS. *Norma Brasileira NB 86,* ABNT, 1962.

[12] SOKOLOWSKY, A. P. *Präzision in der Metallbearbeitung.* VEB Verlag Technik, Berlim, 1955.

[13] ISSAJEW, A. J. *Mikrogeometrie der Oberfläche beim Drehen.* Verlag Tecnik, Berlin, 1952.

[14] SIEBEL, H. "Methodik der Zerspanbarkeitprüfung". *Internationale Zerspanung-stagung 1959 in Aachen-13. Forschungsbericht.* Girardet, Essen, 1960.

[15] SCHALLBROCH, H. e BETHMANN H. *Kurzprüfverfahren der Zerspanarbeit.* Leipzig, Teubner Verlagsgesellschaft, 1950.

[16] KREKELER, K. *Die Zerspanbarkeit der metallischen und nichtmetallischen Werkstoffe.* Berlin, Springer Verlag, 1951.

[17] SCHLESINGER, G. *Die Werkzeugmaschinen.* Berlin, Verlag von Julius Springer, 1936, p. 7.

[18] SCHAUMANN, R. "Forschungsergebnisse an keramischen Schneidplatten". *Drittes Forschungs und Konstruktionskolloquium Werkzeugmaschinen und Betriebswis-senschaft.* Würzburg, Vogel-Verlag, 1957, v. 1.

[19] *WIDALOX* — Catálogo sôbre pastilhas de cerâmica". *Fried. Krupp Widia-Fabrik,* Essen.

[20] BLANPAIN, E. *Les outils en céramique.* Paris, Edition Eyrolles, 1958.

[21] SCHAUMANN, R. "Erfahrungen mit oxydkeramischen Schneidstoffen im prak-tischer Einsatz". *Viertes Forschungs — und Konstruktionskolloquium Werk-zeugmaschinen und Betriebswissenschaft.* Würzburg, Vogel-Verlag, 1959, v. 1.

[22] SIEBEL, H. "Zerspanungsuntersuchungen mit oxydkeramischen Schneidplatten". *Industrie — Anzeiger,* Essen, 3:285-290, março, 1957.

X

CURVA DE VIDA DE UMA FERRAMENTA E FATÔRES QUE INFLUEM NA SUA FORMA

10.1 — GENERALIDADES

Para o estudo das condições econômicas de usinagem, é necessária a execução de ábacos que fornecem a vida da ferramenta em função da velocidade de corte. Tais ábacos nos dão as chamadas *curvas de vida da ferramenta* ou simplesmente *curvas T-v*. Quando a vida fôr expressa pelo percurso de corte L, ou pelo percurso de avanço L_a da ferramenta, tem-se respectivamente as curvas de vida L-v e L_a-v.

Para a execução das curvas de vida, deve-se geralmente construir em primeiro lugar *gráficos auxiliares,* que nos dão os desgastes da ferramenta para diferentes velocidades e tempos de trabalho, em determinadas condições de usinagem do par ferramenta-peça (condições de avanço, profundidade de corte, geometria da ferramenta, etc.). Os desgastes empregados para êsse fim são aquêles que forem mais significativos na vida da ferramenta. Muitas vêzes, sòmente um dos desgastes I_1, C_p, k ou D_γ não basta para definir a vida da ferramenta com uma precisão desejada. Nesses casos empregam-se geralmente dois desgastes em conjunto: I_1 e C_p ou I_1 e k (ver § 8.2.1). Nas pastilhas de cerâmica utilizam-se como parâmetros: o desgaste I_1 e o aparecimento de quebras ou fragmentos da aresta cortante. Êste último fator geralmente limita a vida da ferramenta.

A figura 10.1 *a* apresenta a variação do desgaste I_1 em função do tempo de usinagem com pastilhas de metal duro, para diferentes velocidades de corte. De posse destas curvas, pode-se fixar o valor do desgaste (por exemplo $I_1 = 0,8$mm) que definirá a vida da ferramenta, nas condições de usinagem desejadas, de acôrdo com as considerações vistas no capítulo anterior. A fixação de $I_1 = 0,8$mm, por exemplo, nos informa que o desgaste chegando a êsse valor, a ferramenta deve ser substituída para evitar uma possível quebra ou para manter as condições de acabamento fixadas. Obtém-se assim na figura 10.1 *a* para $I_1 = 0,8$mm, os pontos *m, n* e *o* das curvas de velocidade, os quais fornecerão os tempos de trabalho, ou sejam as *vidas da ferramenta* para as velocidades $v = 180$, $v = 144$ e $v = 128$m/min. Constrói-se, desta forma, a curva de vida T-v para $I_1 = 0,8$mm (figura 10.1 *h*), nas condições de usinagem prefixadas.

CURVA DE VIDA DE UMA FERRAMENTA

Pode-se construir também, nas condições de usinagem especificadas, curvas que fornecem o desgaste atingido pela ferramenta em função da velocidade

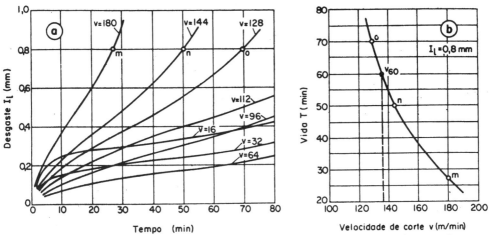

FIG. 10.1 — Determinação da curva de vida de uma ferramenta tomando-se o desgaste I_1 como parâmetro. *a*) Curvas de desgaste em função do tempo de usinagem, para diferentes velocidades de corte, em determinadas condições de usinagem. *b*) Curva de vida da ferramenta para o desgaste $I_1 = 0{,}8$mm, obtida através das curvas de desgaste.

de corte, para um determinado tempo de usinagem (figura 10.2). Tais gráficos permitem melhor visualização das condições técnicas, enquanto as curvas de vida constituem o fundamento das condições econômicas.

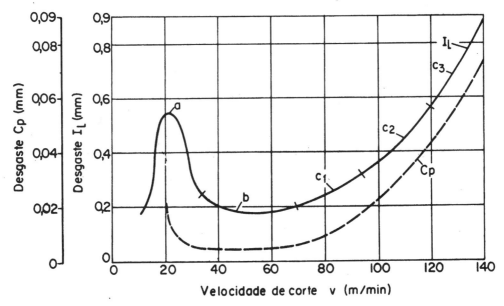

FIG. 10.2 — Desgastes I_1 e C_p da ferramenta em função da velocidade de corte para um tempo de usinagem de 60 minutos. A curva $I_1 = f(v)$ foi obtida através da figura 10.1 *a*.

458　　　　　　　　　　　　　FUNDAMENTOS DA USINAGEM DOS METAIS

Mediante procedimento análogo ao indicado na figura 10.1, pode-se traçar a curva de vida da ferramenta em função do desgaste de cratera (por exemplo $C_p = 0,2$mm ou $k = 0,1$).

A partir das curvas de vida, obtém-se como número comparativo, a velocidade de corte v_{60} para uma vida de 60 minutos de trabalho, uma vez especificados o desgaste e as condições de usinagem (avanço, profundidade de corte, ângulos, etc.). Êste valor pode servir como índice de usinabilidade do par ferramenta-peça. Assim, por exemplo, para o torneamento de aço Ck 45 beneficiado, secção de corte $a.p = 0,25.2$mm², tem-se o quadro abaixo*.

Ferramenta	Metal duro P 10	Metal duro P 30	Aço rápido
$v_{60}, l_1 = 0,2$	127m/min	75m/min	26m/min
$v_{60}, k = 0,1$	167m/min	105m/min	42m/min

A figura 10.2 apresenta a variação dos desgastes l_1 e C_p em função da velocidade de corte, para a usinagem do aço C 60 com pastilhas de metal duro. A explicação destas curvas encontra-se no § 8.3.1 — *Mecanismo do desgaste das ferramentas de metal duro.* Resumidamente pode-se devidir estas curvas de desgaste em 3 regiões distintas: o trecho *a*, de baixa velocidade de corte, onde o desgaste é grande; a região *b* de desgaste mínimo, com velocidades de corte maiores; a região *c* de altas velocidades de corte e desgaste maior.

A região c da curva é econômicamente a mais interessante, apesar do desgaste ser maior que no trecho b. Na região *c* tem-se uma velocidade de corte maior, permitindo maior produção, e um *percurso de corte L* com valôres bem altos, como pode ser observado no diagrama da figura 10.3. Êste diagrama foi obtido através da figura 10.1 *a*, colocando-se no eixo das ordenadas o produto $L = v . T$ e no eixo das abcissas as velocidades de corte. A parte c_1 da curva $L = v . T$ apresenta grande percurso de corte, com velocidades bem maiores que no trecho *b* da curva; a parte c_3 permite velocidades de corte muito altas, porém um percurso de corte menor e menor vida da ferramenta. O percurso de corte sendo maior, tem-se maior número de peças usinadas para uma determinada vida da ferramenta.

A representação em papel dilogarítmico da função $T = f(v)$ — *curva de vida da ferramenta* — para o trecho *c* das curvas da figura 10.2, se aproxima de uma reta (figura 10.4). Neste caso, tem-se a expressão (figura 10.5):

---

* Para conversão dos materiais especificados pela norma DIN aos correspondentes da norma ASA ou ABNT vide apêndice.

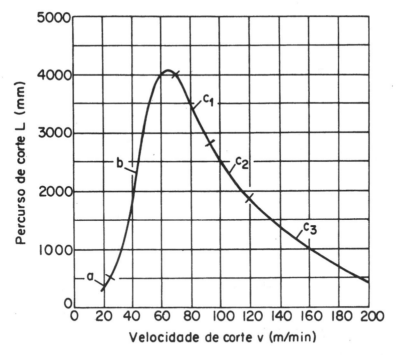

Fig. 10.3 — Percurso de corte da ferramenta em função da velocidade de corte para um desgaste $l_1 = 0{,}2$ mm. Obtido através da figura 10.1 a.

$$\log T = \log K - x \cdot \log v, \quad (10.1)$$

ou ainda

$$T = K \cdot v^{-x}, \quad (10.2)$$

deduzida pela primeira vez por Taylor. O expoente x é o coeficiente angular da reta T-v no diagrama dilogarítmico (figura 10.5) e a constante K pode ser interpretada como a vida da ferramenta para uma velocidade de corte 1 m/min. Porém, no estudo da usinabilidade dos metais prefere-se utilizar a velocidade de corte v_{60}, ao invés da constante K.

A equação (10.2) não se aplica sòmente às pastilhas de metal duro, como também noutros materiais de corte (figura 10.6). Muitas vêzes encontra-se na literatura a equação de Taylor expressa sob a forma

$$v \cdot T^y = C. \quad (10.3)$$

Os parâmetros y e C variam com o material da peça, material da ferramenta, área e forma da secção de corte, ângulos da ferramenta e fluido de corte.

As velocidades de corte dadas por equações dêste tipo, isto é, definidas para uma determinada vida da ferramenta, são denominadas *velocidades ótimas de corte*. Caso a vida T da ferramenta fôr calculada pelas condições econômicas (vide Capítulo XIII), a velocidade ótima de corte recebe o

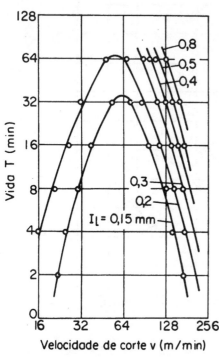 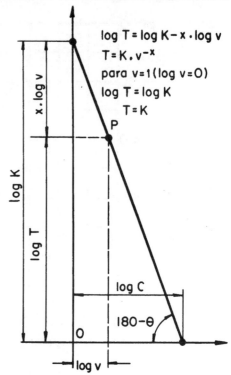

FIG. 10.4 — Representação em escalas logarítmicas da cura de vida da ferramenta, para os desgastes $I_1 = 0,2$, 0,4, 0,6, 0,8mm, obtida do gráfico 10.1 a.

FIG. 10.5 — Representação em escalas logarítmicas da curva de vida da ferramenta.

nome de *velocidade econômica de corte,* isto é, velocidade na qual o custo de produção é o mínimo.

A figura 10.7 apresenta duas famílias de curvas de vida de uma ferramenta de metal duro para usinagem de aço C 68 com avanço 0,56mm/volta [2]:
o grupo de linhas paralelas em cheio, tem como parâmetro os desgastes

$I_1 = 0,1$, 0,2 ... 1,0mm;

o grupo de linhas paralelas tracejadas, tem como parâmetro os desgastes

$$k = \frac{C_p}{C_d} = 0,1,\ 0,2,\ 0,3,\ 0,4.$$

Observa-se na figura uma diferença bem nítida na inclinação das curvas de vida, quando se especifica o desgaste da superfície de saída ou o desgaste da superfície de folga da ferramenta; no primeiro caso tem-se $x = 6,92$ e no segundo $x = 3,22$. Segundo os ensaios de W.EBER e OPITZ [2 e 3], o valor do desgaste de cratera k, para a operação de desbaste, não deve ser superado de 0,4, acima do qual tem-se a ruptura do gume cortante. Logo,

CURVA DE VIDA DE UMA FERRAMENTA

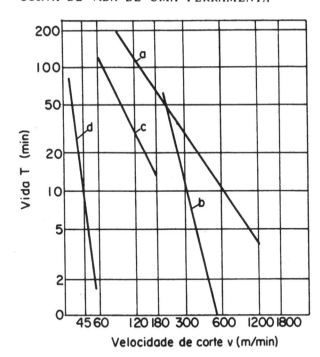

Fig. 10.6 — Curvas de vida de ferramentas de diferentes materiais, segundo Hook [1]; material da peça aço *ABNT* 1045, $a.p = 0,25.1,5$. — $a =$ = cerâmica Al_2O_3; $b =$ metal duro C 8 segundo norma americana; $c =$ metal duro C 5; $d =$ aço rápido.

a linha grossa da figura 10.7, com $k = 0,4$ não deve ser ultrapassada; representa portanto o limite de vida da ferramenta. Esta linha cruza com as linhas de parâmetro l_1 (curvas de vida para determinados desgastes da superfície de folga); verifica-se nestes pontos de cruzamento, que diminuindo-se a velocidade de corte (para o mesmo desgaste $k = 0,4$), os desgastes l_1 na superfície de folga aumentam consideràvelmente. Êstes desgastes, por sua vez, não podem atingir valôres muito elevados, tornando o emprêgo da ferramenta anti-econômico* ou resultando um acabamento da peça insatisfatório. Segundo ensaios de Witthoff [4], o valor médio limite para operação de desbaste é $l_1 = 1,0$mm. Com êste valor obtém-se a curva contínua limite superior. Dentro do campo limitado pelas duas curvas limites podem ser tomados valôres convenientes da velocidade de corte. Assim, em condições de trabalho menos favoráveis são admissíveis valôres menores de k, aproximadamente 0,2 a 0,3, ou para exigências devidas ao acabamento da superfície são empregados valôres bem menores de l_1.

Para o trabalho com aço rápido, devido às exigências de formação do cavaco contínuo, sem aresta postiça de corte, de um lado, e do fato da velocidade de corte não poder ultrapassar a velocidade limite, de outro lado, o campo de velocidades de emprêgo é mais limitado que para com o metal duro. A figura 10.8 mostra as curvas de vida do aço rápido para usinagem de aço C 68 [2]. A linha cheia reforçada representa a curva de

---

* Ver Capítulo XIII — *"Velocidade Econômica de Corte"*.

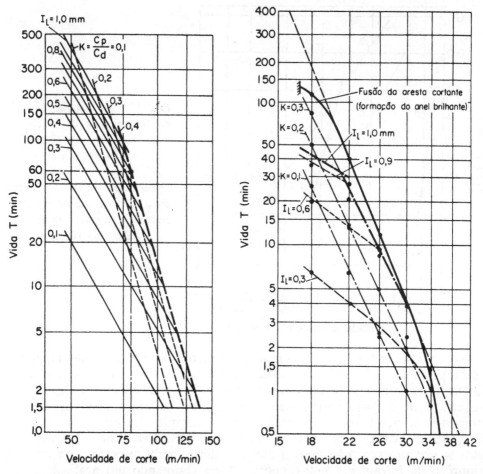

FIG. 10.7 — Curvas de vida do metal duro P 30 para diferentes desgastes l_1 e C_p: material da peça aço C 68; $a.p = 0,56 . 2,0$ mm²; $\chi = 45°$ [2].

FIG. 10.8 — Curvas de vida do aço rápido (18% W) para diferentes desgastes l_1, C_p e amolecimento da aresta cortante; material da peça aço C 68; $a.p = 0,4 . 3,0$ mm²; $\chi = 45°$ [2].

vida para o caso de amolecimento da aresta de corte (*critério de destruição da aresta cortante*); a linha traço-ponto representa a curva de vida para o caso do desgaste da cratera e a linha tracejada para o desgaste da superfície de folga. Verifica-se ainda uma deformação plástica do gume cortante em velocidades superiores a 26 m/min. Tal ocorrência se constata na figura através da curvatura da linha para o desgaste $l_1 = 0,3$ mm e da curvatura da própria linha de amolecimento da aresta cortante. Em velocidades de corte inferiores a 18m/min houve formação da aresta postiça de corte, além da passagem do cavaco contínuo ao de cisalhamento.

A figura 10.9 apresenta as curvas de vida determinadas por MILTON SHAW no *Laboratório de Tecnologia do M.I.T. — Massachusetts* [5], para dois tipos de materiais cerâmicos que foram fabricados em larga escala nos E. U. A. Na tabela X.1 encontram-se as condições de usinagem empregadas pelo autor. A pastilha cerâmica designada pela letra A, de dureza menor, é fabricada por um processo mais simples: a mistura cerâmica é prensada a frio em estampo de metal duro e em seguida é sinterisada a uma temperatura inferior a da pastilha B; após a sinterização a mesma não é retificada. Na fabricação da pastilha de qualidade B, a mistura é primeiramente prensada a quente em fôrmas de grafite e em seguida é sinterizada em altas temperaturas; segue-se uma retificação com rebôlo de diamante em todos os lados da pastilha. Apesar da pastilha A ser de preço inferior, verificou-se no mercado um interêsse muito maior pela pastilha B, pois permite velocidades de corte maiores.

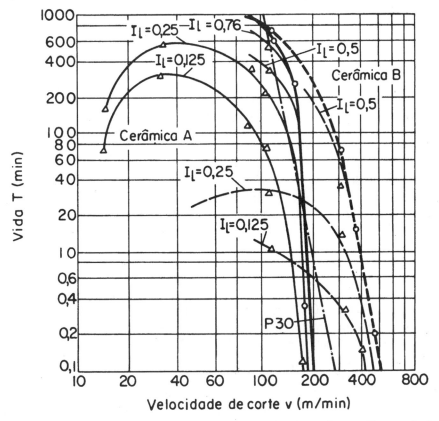

FIG. 10.9 — Curvas comparativas da vida de dois tipos de pastilhas cerâmicas fabricados nos E. U. A. As condições de usinagem encontram-se na tabela X.1 [5].

Para a determinação das curvas de vida, utilizou-se no ensaio acima como parâmetros o desgaste I_1 da superfície de folga e o critério da destruição da aresta cortante (perda da capacidade de corte). A curva tracejada em traço grosso (figura 10.9) mostra a vida da pastilha de cerâmica B, pelo

464 FUNDAMENTOS DA USINAGEM DOS METAIS

TABELA X.1

Condições de ensaio de duas pastilhas de cerâmica para obteção das curvas de vida [5]

Material da peça: aço *AISI* 4340 recozido, $HB = 185$kg/mm²	*Geometria da ferramenta:* $\alpha = 6,25°$; $\gamma = 8,5°$; $\lambda = -5°$; $\epsilon = 90°$; $\chi = 75°$; $r = 0,8$mm
Material da ferramenta: *a*) Pastilha cerâmica tipo *A*, dureza 86 R_A *b*) Pastilha cerâmica tipo *B*, dureza 92 R_A. Fixação mecânica em ambos casos.	*Condições de corte:* $a \cdot p = 0,28.4$mm² $v = $ variável corte a sêco diâmetro da peça $= 170 \ldots 57$mm

critério de destruição da aresta cortante; as outras curvas tracejadas se referem a vida da pastilha *B* para diferentes desgastes l_1. A curva em traço grosso contínuo mostra a vida da pastilha *A* pelo critério da destruição da aresta cortante; as curvas em traço contínuo se referem a vida da pastilha *A*, pelo critério do desgaste l_1. Como o desgaste C_p da superfície de saída nos materiais cerâmicos é insignificante, não há necessidade de utilizá-lo na determinação das curvas de vida.

Para comparação dos resultados foram realizados também ensaios com pastilha de metal duro de qualidade equivalente à P 30, em condições de usinagem idênticas as anteriores. A correspondente curva de vida está representada na figura 10.9 pela linha traço-ponto.

Através das curvas de vida dêstes ensaios verifica-se que nas altas velocidades de corte a pastilha cerâmica tipo *B* é superior à pastilha tipo *A*. Porém, em velocidades de corte inferiores a 100m/min a pastilha do tipo *A* e o metal duro P 30 permitem vidas maiores. Para melhor comparação dêstes materiais de corte, foi feito por SHAW um estudo econômico da usinagem de uma peça de aço *ABNT* 4340. Os resultados comparativos do custo por peça em relação ao do metal duro encontram-se na tabela X.2. Verifica-se que para $v = 122$m/min o custo por peça na usinagem com pastilha do tipo *B* é superior ao do metal duro, enquanto que com $v = 152$m/min o emprêgo da pastilha *B* é mais vantajoso que o metal duro. A pastilha de qualidade *A* se mostra superior ao metal duro em ambas as velocidades de corte.

OBSERVAÇÃO: Nos ensaios realizados por SHAW na usinagem do aço *ABNT* 4340 com pastilha de cerâmica, verifica-se que a vantagem do emprêgo dêste material de corte não foi tão significativa como nos exemplos citados no capítulo anterior, para usinagem de ferro fundido com pastilha de

CURVA DE VIDA DE UMA FERRAMENTA

TABELA X.2

Comparação do preço de custo de usinagem de uma peça com material cerâmico em relação ao metal duro, para as velocidades de corte 122 e 152m/min [5]

	$v = 122m/min$	$v = 152m/min$
Custo pastilha A/Custo metal duro	0,96	0,90
Custo pastilha B/Custo metal duro	1,01	0,95

cerâmica. Verifica-se também que os ângulos da ferramenta de cerâmica empregados para o corte do aço 4340 (tabela X.1) são ângulos característicos para metal duro; os resultados seriam melhores, e portanto a vida da ferramenta seria maior, se fôsse empregado ângulo de saída γ negativo com chanframento da aresta cortante.

Pode-se, porém, tirar as seguintes conclusões gerais: No emprêgo de máquinas ferramentas, que trabalham no seu limite de potência com pastilhas de metal duro, é econômicamente recomendável a pastilha cerâmica tipo A, de preço inferior, no lugar da pastilha de melhor qualidade. Esta últimas são utilizadas quando as máquinas ferramentas permitem altas velocidades de corte e apresentam uma rigidez e potência considerável, ou quando o preço da pastilha cerâmica de qualidade B é da mesma ordem de grandeza da pastilha de qualidade A. É econômicamente desaconselhável o emprêgo de pastilha cerâmica em baixas velocidades de corte.

10.2 — FATÔRES QUE INFLUEM NA VIDA DA FERRAMENTA

10.2.1 — Variação dos parâmetros C e y da fórmula de Taylor com o material da peça e da ferramenta

A tabela X.3 apresenta os valôres dos parâmetros C e y da fórmula de TAYLOR, (equação 10.3) para diferentes micro-estruturas de aço, segundo dados compilados por KRONENBERG na firma *Curtiss-Wright Corp.* (os valôres de C foram corrigidos para se obter v em m/min).

Verifica-se nesta tabela que a adição de 0,1% de enxôfre ao aço *ABNT* 3140, com 75% de perlita e 25% de ferrita, permite elevar a constante C de 23 a 37, quando se utiliza ferramenta de aço rápido. Anàlogamente verifica-se que a adição de 0,1% de enxôfre ao aço *ABNT* 4140, com 90% de perlita e 10% de ferrita, permite elevar a constante C de 107 a 122, quando se utiliza ferramenta de metal duro. Para o caso de aço rápido o aumento de C é de 23 para 37.

Logo, a adição de 0,1% de enxôfre no material da peça permite elevar a velocidade de corte, principalmente para o caso do aço rápido. Acredita-se

FUNDAMENTOS DA USINAGEM DOS METAIS

TABELA X.3

Parâmetros C e y da fórmula de Taylor para diferentes micro-estruturas de aço [1]

Material ABNT	Composição	Metal Duro*		Aço rápido com fluido de corte**	
		C	y	C	y
B 1112	10% Perlita + 0,1% S	281	0,222	62	0,167
1020	10% Perlita + 90% Ferrita ..	244	0,282	58	0,152
3140	75% Perlita + 25% Ferrita ..	111	0,324	23	0,282
	Temp. HB 300. Martens. + + 0,1% S	93	0,282	32	0,032
	75% Perlita + 25% Ferrita + + 0,1% S	—	—	37	0,096
4140	90% Perlita + 10% Ferrita ..	107	0,288	23	0,270
	90% Perlita + 10% Ferrita + + 0,1% S	122	0,270	34	0,174
	Temp. HB 300. Martens. ...	92	0,280	18	0,247
	Temp. HB 300. Martens. + + 0,1% S	95	0,280	25	0,072
4340	Esferoidal	146	0,242	—	—
	Temp. HB 400. Martens. ...	73	0,322	—	—
8640	50% Perlita + 50% Ferrita ..	119	0,278	40	0,080
	75% Perlita + 25% Ferrita ..	116	0,323	27,5	0,211
	Esferoidal	153	0,323	45	0,179
	Temp. HB 400. Martens. ...	50	0,475	15	0,169
	Temp. HB 400. Martens. + + 0,15% S	—	—	30	0,044
52100	Esferoidal	107	0,345	35	0,15
		Média 0,30		Média 0,15	

* Os valôres de C para o metal duro se referem à uma área de secção de corte de 0,645mm², um desgaste $l_1 = 0,38$mm e uma vida de 30 minutos.
** Os valôres de C para o aço rápido se referem à uma área da secção de corte de 0,36mm², um desgaste $l_1 = 1,5$mm e uma vida de 30 minutos.

que a razão de tal fato é devida a reações químicas que ocorrem na interface ferramenta-cavaco; o composto químico aí formado, no caso do

CURVA DE VIDA DE UMA FERRAMENTA

metal duro, deverá ser provàvelmente diferente do composto formado para o caso do aço rápido.

Através da tabela X.3 verifica-se que, nos ensaios realizados pela firma *Curtiss-Wright Corp.*, os valôres médios do expoente y da fórmula de TAYLOR são:

$$para\ metal\ duro\ y_m = 0,30$$
$$para\ aço\ rápido\ y_m = 0,15$$

Empregando-se a fórmula (10.3) para duas velocidades de corte diferentes, tem-se

$$v . T^y = v' . T'^y = C,$$

ou ainda

$$\frac{T'}{T} = \left(\frac{v}{v'}\right)^{\frac{1}{y}}$$

Logo, dobrando-se a velocidade de corte, quando se trabalha com metal duro, a vida da ferramenta fica reduzida à décima parte.

$$\frac{T'}{T} = \left(\frac{1}{2}\right)^{\frac{1}{0,3}} = \frac{1}{10}. \qquad (10.4)$$

Para o aço rápido, a redução da vida é bem maior

$$\frac{T'}{T} = \left(\frac{1}{2}\right)^{\frac{1}{0,15}} = \frac{1}{100}. \qquad (10.5)$$

A tabela X.4 apresenta os valôres de C e y da fórmula de TAYLOR (equação 10.3) para usinagem de ferro-fundido com metal duro, segundo a firma *Curtiss-Wright Corp.;* área da secção de corte $s = 0,645mm^2$; desgaste da superfície de folga $I_1 = 0,76mm$; vida da ferramenta $T = 60$ minutos [1].

O *Tool Engineers Handbook* apresenta na edição de 1959 os valôres médios de y da fórmula de TAYLOR para diferentes materiais, conforme transcreve a tabela X.5 [6].

As tabelas X.6 e X.7 apresentam os valôres de y da fórmula de TAYLOR, segundo KIENZLE e segundo o manual HÜTTE, respectivamente.

Comparando-se os valôres de y fornecidos pelos diferentes pesquisadores, notam-se grandes diferenças, principalmente quando se relacionam as fontes de referência americanas com as européias. A tabela X.8 apresenta uma comparação dos diferentes valôres médios de y citados neste trabalho. A razão dessa divergência é devida aos seguintes fatôres: diferença de critérios

468 FUNDAMENTOS DA USINAGEM DOS METAIS

TABELA X.4

Valôres dos parâmetros C e y da fórmula da Taylor para o ferro-fundido, segundo Curtiss-Wright Corp. (ferramenta de metal duro) [1]

Material	Dureza Brinell (kg/mm²)	Dutilidade %	y	C*
Ferro fundido nodular	170	22	0,232	210
	183	20	0,232	147
	207	17	0,232	110
	215	4	0,187	95
	216	2	0,232	65
			Média 0,223	
		Estrutura		
Ferro fundido	100	Ferrítica	0,095	238
cinzento	195	Perlítica grosseira	0,250	100
	225	Perlítica fina	0,275	80
	263	Acicular	0,420	45
			Média 0,259	

* Valôres de C corrigidos para obtenção de v em m/min.

TABELA X.5

Valôres do expoente y da fórmula de Taylor para diferentes materiais, segundo o Tool Engineers Handbook [6]

Material da peça	Metal duro			Aço rápido (18-4-1)
	Alto grau	Médio grau	Tipos antigos	
Aço	0,3	0,3	0,167	0,15
Ferro fundido	0,25	0,25	0,25	0,25
Metal leve	0,41	0,41	0,41	0,41
Latão e bronze	—	.	—	0,25
Cobre	—	—	—	0,13

CURVA DE VIDA DE UMA FERRAMENTA

TABELA X.6

Valôres do expoente y da fórmula de Taylor para diferentes materiais, segundo Kienzle (ensaios realizados na T. H. Hannover em 1947) [1]

Material		Aço rápido	Metal duro
St. 42.11 (ABNT 1025)		0,26	0,14
St. 50.11 (ABNT 1035)		0,26	0,18
St. 60.11 (ABNT 1045)		0,25	0,17
St. 70.11 (ABNT 1060)		0,25	0,16
St. 85.11 (ABNT 1095)		0,25	0,17
Liga de aço	Mn, Cr, Ni	0,25	0,16
	Cr, Mo	0,26	0,17
Ferro fundido	12.91 e 14.91	0,26	0,26
	18.91 e 26.91	0,25	0,24
	maleável	0,26	0,25

TABELA X.7

Valôres do expoente y da fórmula de Taylor, segundo o Hütte-Taschenbuch für Betriebsingenieure [7]

Operação	Expoente y	Expoente x = 1/y
Desbaste de aço c/ metal duro P 10 a P 30	0,20	5
Acabamento de aço c/ metal duro P 10	0,17	6
Desbaste e acabamento de ferro fundido com metal duro K 10 a K 20	0,14	7
Acabamento de aços com aço rápido ...	0,10	10
Torneamento de cobre e ligas de cobre com aço rápido	0,28 ... 0,33	3,0 ... 3,5
Torneamento de metal leve com aço rápido	0,40 ... 0,50	2,0 ... 2,5

utilizados nos ensaios; diferença de procedência dos materiais, corridas e tratamentos térmicos diferentes; diferença de procedência das ferramentas, formas e ângulos diferentes.

A tabela X.9 e a figura 10.10 apresentam os resultados das pesquisas realizadas na usinagem com pastilha de cerâmica pelas firmas *Volkswagen Werk* e *Widia-Krupp* [1]. Comparando-se os valôres de y da pastilha de cerâmica com os de metal duro e aço rápido, chegam-se às seguintes conclusões:

A variação da vida da ferramenta de aço rápido com a velocidade de corte é bem mais sensível que para com o metal duro — na fórmula

TABELA X.8

Comparação dos valôres de y da fórmula de Taylor, apresentados por diferentes pesquisadores

USINAGEM DE AÇO COM METAL DURO	
Fonte de referência	y médio
Curtiss Wright Corp (Tabela X.3)	0,30
ASTME — Toll Engineers Handbook (Tabela X.5)	0,30
Kienzle (Tabela X.6)	0,16
Hütte (Tabela X.7)	0,20
AWF 158 (Tabela X.14)	0,167

USINAGEM DE AÇO COM AÇO RÁPIDO	
Fonte de referência	y médio
Curtiss Wright Corp. (Tabela X.3)	0,15
ASTME — Tool Engineers Handbook (Tabela X.5)	0,15
ASME — Manual on Cutting of Metals (Tabela X.13)	0,125
Kienzle (Tabela X.6)	0,254
AWF 158 (Tabela X.14)	0,25

USINAGEM DE FERRO-FUNDIDO COM METAL DURO	
Fonte de referência	y médio
Curtiss Wright Corp (Tabela X.4)	0,259
ASTME — Tool Engineers Handbook (Tabela X.5)	0,25
Kienzle (Tabela X.6)	0,25
Hütte (Tabela X.7)	0,14
AWF 158 (Tabela X.14)	0,25

USINAGEM DE FERRO FUNDIDO COM AÇO RÁPIDO	
Fonte de referência	y médio
ASTME — Tool Engineers Handbook (Tabela X.5)	0,25
ASME — Manual on Cutting of Metals (Tabela X.13)	0,10
Kienzle (Tabela X.6)	0,255
AWF 158 (Tabela X.14)	0,25

de TAYLOR (10.3 a 10.5) o expoente y para o aço rápido é menor que para o metal duro.

A variação da vida da ferramenta de metal duro com a velocidade de corte é bem mais sensível que para com a pastilha de cerâmica — na fórmula de TAYLOR (10.3) o expoente *y* para o metal duro é menor que para a pastilha de cerâmica.

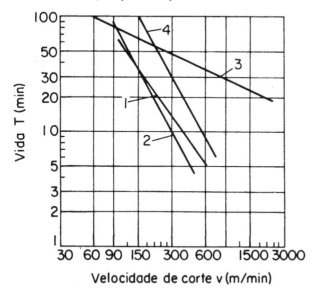

FIG. 10.10 — Curvas de vida da pastilha de cerâmica na usinagem de diferentes materiais. As condições de usinagem encontram-se na tabela X.10 [1].

Através da tabela X.8 verifica-se que o valor médio de *y* para usinagem de aço com aço rápido está compreendido entre os limites 0,125 e 0,254; na usinagem de aço com metal duro *y* varia de 0,16 a 0,30. Na tabela X.9 o valor médio de *y* para usinagem com pastilha de cerâmica é 0,99.

TABELA X.9

Valôres de y da fórmula de Taylor para usinagem de aço com pastilha de cerâmica, segundo a Volkswagen Werk e a Widia Krupp [1]

Índice da Fig. 10.10	Tipo de cerâmica	Material da peça	a.p (mm^2)	Desgaste l_1 (mm)	y
1	A — 82% Al_2O_3 + 12% W	16 Mn Cr 5	0,2 . 2,0	0,4	0,7
2	G — 41% Al_2O_3 + 46% W	16 Mn Cr 5	0,2 . 2,0	0,6	0,577
3	G — 41% Al_2O_3 + 46% W	Aço doce	0,2 . 1,5	0,4	2,145
4	D2 — 67% Al_2O_3 + 18% W	Aço doce	0,2 . 1,5	0,4	0,544

Segundo KRONENBERG, os parâmetros *y* e *C* da fórmula de TAYLOR podem ser empregados na escolha do material da ferramenta mais indicada para a usinagem de uma determinada peça. Assim, na figura 10.11, estão representados dois feixes de retas paralelas com inclinações diferentes. As retas mais inclinadas se referem às curvas de vida do metal duro, para os

desgastes I_{l1}, I_{l2} e I_{l3}. As retas menos inclinadas se referem às curvas de vida da pastilha de cerâmica, para os desgastes I_{l1}, I_{l2} e I_{l3}.
Seja:

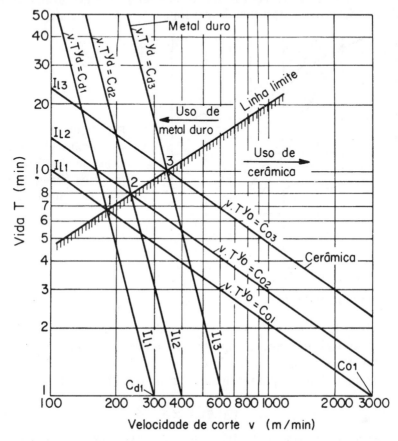

FIG. 10.11 — Determinação das faixas de utilização da ferramenta de cerâmica e de metal duro para uma vida maior [1].

y_d = expoente da fórmula de TAYLOR para o metal duro;

C_{d1}, C_{d2} e C_{d3} = parâmetros de corte para uma vida de um minuto da pastilha de metal duro, com desgastes I_{l1}, I_{l2} e I_{l3} respectivamente;

y_o = expoente da fórmula de TAYLOR para a pastilha de cerâmica;

C_{o1}, C_{o2} e C_{o3} = parâmetros de corte para uma vida de um minuto da pastilha de cerâmica, com desgastes I_{l1}, I_{l2} e I_{l3} respectivamente.

Na figura 10.11, tomando-se por exemplo o *ponto 1* de intersecção da curva de vida do metal duro, para um desgaste I_{l1}, com a curva de vida da cerâmica, para I_{l1}, verifica-se que o ponto 1 pertence às equações:

CURVA DE VIDA DE UMA FERRAMENTA

$$v \cdot T^{y_d} = C_{d1} \qquad \text{para o metal duro} \qquad (10.6)$$

$$v \cdot T^{y_o} = C_{o1} \qquad \text{para a pastilha de cerâmica.} \qquad (10.7)$$

Dividindo-se estas duas equações obtém-se a ordenada do ponto 1:

$$T_1 = \left(\frac{C_{o1}}{C_{d1}} \right)^{\frac{1}{y_o - y_d}} \qquad (10.8)$$

Logo, a velocidade de corte da ferramenta que possui maior vida é obtida através da desigualdade

$$T > T_1, \qquad (10.9)$$

onde T se refere a cada tipo de ferramenta. Admitindo-se que T se aplica à ferramenta de metal duro, tem-se através da equação (10.6):

$$T = \left(\frac{C_{d1}}{v} \right)^{\frac{1}{y_d}}. \qquad (10.10)$$

Substituindo-se (10.8) e (10.10) em (10.9) resulta

$$\left(\frac{C_{d1}}{v} \right)^{\frac{1}{y_d}} > \left(\frac{C_{o1}}{C_{d1}} \right)^{\frac{1}{y_o - y_d}}, \qquad (10.11)$$

ou ainda

$$v < \frac{C_{d1}^{\frac{y_o}{y_o - y_d}}}{C_{o1}^{\frac{y_d}{y_o - y_d}}}. \qquad (10.12)$$

A velocidade de corte que satisfizer esta equação permite maior vida à ferramenta de metal duro. No caso contrário teria maior vida a pastilha de cerâmica.

Generalizando-se, *emprega-se o metal duro quando a velocidade de corte fôr menor ao valor dado pela expressão*

$$\frac{C_d^{\frac{y_o}{y_o - y_d}}}{C_o^{\frac{y_d}{y_o - y_d}}} \qquad (10.13)$$

e emprega-se pastilha de cerâmica quando a velocidade de corte fôr maior

474 FUNDAMENTOS DA USINAGEM DOS METAIS

EXEMPLO: Determinar as velocidades de corte que fornecem mais vida a uma ferramenta de metal duro que a uma ferramenta de cerâmica, quando são conhecidos os seguintes parâmetros:

$$\text{metal duro:} \quad C_d = 300$$
$$y_d = 0{,}364$$
$$\text{cerâmica:} \quad C_o = 3000$$
$$y_o = 2{,}0.$$

SOLUÇÃO: Substituindo-se estas quantidades na relação (10.13) tem-se:

$$v < \frac{300^{\frac{2}{2-0.364}}}{3000^{\frac{0{,}364}{2-0{,}364}}} = \frac{300^{1{,}22}}{3000^{0{,}222}} = 183 \text{m/min}.$$

Logo, quando $v < 183$m/min tem-se maior vida para a ferramenta de metal duro. Êste resultado pode ser obtido gràficamente como mostra a figura 10.11.

10.2.2 — Variação do parâmetro C da fórmula de Taylor com a dureza Brinell do material da peça

Colocando-se num diagrama dilogarítmico os valôres da constante C de TAYLOR em função da porcentagem de perlita de um aço (figura 10.12), obtém-se aproximadamente uma reta, cuja equação pode ser expressa pela fórmula [1]:

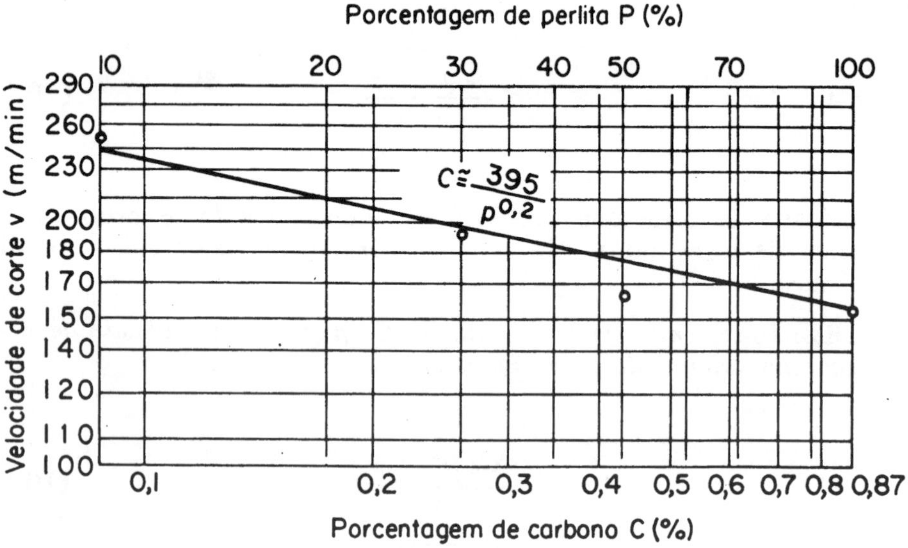

FIG. 10.12 — Constante de TAYLOR C em função da porcentagem de perlita de um aço carbono; área de secção de corte $s = 0{,}625$mm², vida da ferramenta 60min; desgaste $I_1 = 0{,}76$mm [1].

CURVA DE VIDA DE UMA FERRAMENTA

$$C \cong \frac{A}{P^m}. \qquad (10.14)$$

Empregando-se os valôres de C para o metal duro obtidos pela firma *Curtiss Wright Corp.* (tabela X.3), para o caso de $T = 60$min, $s = 0.645$mm² e $l_1 = 0.76$mm, obtém-se os valôres $A = 395$ e $m = 0.2$.

Considerando-se a relação entre a porcentagem de perlita, e conseqüentemente a porcentagem de carbono, com a dureza *Brinell* de um aço carbono (figura 10.13). obtém-se a fórmula prática

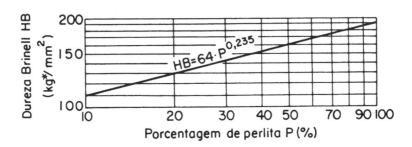

FIG. 10.13 — Relação entre a dureza *Brinell* e a porcentagem de perlita contida num aço carbono.

$$HB = 64 \cdot P^{0,235} \text{ (kg/mm}^2\text{)} \qquad (10.15)$$

Logo, substituindo-se (10.15) em (10.14) obtém-se para os aços carbono a relação

$$C \cong \frac{B}{HB^r}. \qquad (10.16)$$

A tabela X.10 fornece os valôres aproximados de B e r, obtidos através dos resultados de diferentes pesquisadores. Apesar dêstes valôres serem aproximados, a fórmula 10.14 coincide com as expressões obtidas com auxílio da *análise dimensional* aplicada na usinagem dos metais [1]. Verificou-se posteriormente que estas relações para o metal duro são muito aproximadas.

10.2.3 — Influência da forma e da área da secção de corte.

A fórmula simplificada de TAYLOR $T \cdot v^x = K$ (10.2) é aplicada específicamente à usinagem de uma determinada ferramenta, numa determinada peça, na qual os parâmetros x e K foram prèviamente calculados, para um avanço a e uma profundidade p. Mudando-se a forma da secção de corte, isto é, variando-se a e p, os coeficientes x e K variarão. A título ilustrativo, pode-se citar a fórmula de TAYLOR que prevê essa variação:

476 FUNDAMENTOS DA USINAGEM DOS METAIS

TABELA X.10

Valôres dos parâmetros C, B, r (fórmula 10.16) em função da dureza Brinell, segundo os resultados de ensaios de vários pesquisadores, para aços carbono (velocidade de corte v expressa em m/min) [1]

HB (kg*/ mm²)	σ_r (kg*/ mm²)	Metal duro				Aço rápido	
		Carboloy $C\,1$	A.S.M.E. $C\,1$	C. Wright $C\,1$	A.W.F. $C\,2$	A.S.M.E. $C\,3$	A.W.F. $C\,4$
100	35	380	382	270	350	91	52
150	53	226	185	192	230	44	33
200	70	162	109	150	170	26	23
250	85	120	76	123	135	18	18
300	105	96	55	—	—	13	—
$B =$		$1,2 \cdot 10^5$	$1,2 \cdot 10^6$	$1,3 \cdot 10^4$	$4,4 \cdot 10^4$	$2,9 \cdot 10^5$	$6 \cdot 10^3$
$r =$		1,25	1,75	0,85	1,05	1,75	1,05

1) Valôres para: $T = 60$ min, $s = 0,645$mm² e $l_1 = 0,76$mm. 2) Valôres para: $T = 60$ min, $s = 1$mm², metal duro P10. 3) Valôres para: $T = 60$ min, $s = 0,645$ e $l_1 = 1,5$mm. 4) Valôres para $T = 60$ min, $s = 1$mm².

$$v = \frac{C \cdot \left[1 - \dfrac{0,72}{r^2} \right]}{\underset{[0,0394\ a]}{0,4 + \dfrac{2,12}{5 + 1,26\,r}} \quad \underset{\left[1,5\,\dfrac{p}{r} \right]}{(0,13 + 0,0675 \cdot \sqrt{r}) \cdot \dfrac{r}{7,35\,r + 1,88\,p}}}$$

onde:

$v = $ velocidade de corte para uma vida T definida pelo critério de destruição da aresta cortante;

$a = $ avanço (mm/volta);

$p = $ profundidade (mm);

$r = $ raio da ponta da ferramenta (mm);

$C = $ coeficiente característico, que depende da ferramenta e da peça.

TAYLOR trabalhou com ferramentas de aço carbono, de aresta cortante curva, resultando em conseqüência um cálculo mais trabalhoso da velocidade de corte. A forma curva da aresta cortante apresentava a vantagem de diminuir as vibrações da ferramenta; com o aparecimento do metal duro, esta forma foi abandonada, devido principalmente ao encarecimento do custo de afiação da ferramenta e ao atrito da aresta lateral de corte com a peça.
A fórmula acima é de aplicação muito trabalhosa na prática.

10.2.3.1 — Influência da área da secção de corte

Representando-se num sistema de coordenadas dilogarítmico os valôres da velocidade de corte em função da área da secção de corte, para uma determinada vida da ferramenta, verifica-se que os mesmos se distribuem aproximadamente segundo uma linha reta (figura 10.14). Logo, tem-se a equação:

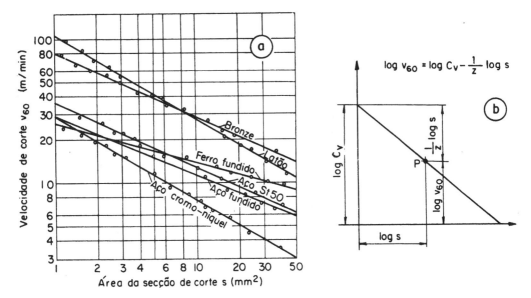

FIG. 10.14 — a) Velocidade de corte em função da área da secção de corte, para torneamento com aço rápido ($T = 60$min), segundo a AWF 100. b) Determinação da lei de variação da velocidade de corte em função da área da secção de corte.

$$\log v_{60} = \log C_v - \frac{1}{z} \log s$$

ou ainda

$$v_{60} = \frac{C_v}{s^{1/z}}. \qquad (10.17)$$

A constante C_v representa a velocidade de corte para uma vida da ferramenta $T = 60$ minutos e uma área da secção de corte de 1mm². No caso de se referir a uma vida da ferramenta diferente de 60 minutos, pode-se escrever através da fórmula de TAYLOR (10.3):

$$v = \frac{C_v}{s^{1/z} \cdot \left(\dfrac{T}{60}\right)^y}. \qquad (10.18)$$

A tabela X.11 apresenta os valôres de C_v e z, elaborados pela AWF 100 (*Associação de Produção Econômica da Alemanha*) em 1927 [8]. Tais valôres se referem ao trabalho com aço rápido (W = 16 a 18%) sem fluido de corte, para uma vida de 60 minutos; quanto ao critério de desgaste

478 FUNDAMENTOS DA USINAGEM DOS METAIS

utilizado para a elaboração da tabela, as fôlhas 100 a 111 da *AWF* não dão conhecimento. A figura 10.14 *a* apresenta os valôres da velocidade de corte v_{60} em função da área da secção de corte obtidos pela *AWF* 100.

TABELA X.11

Valôres das constantes C_v e z para o trabalho com aço rápido, segundo a AWF [8]

Material	C_v	z
Latão	110	0,605
Aço Cr Ni	29	0,57
Aço St 50/60 (ABNT 1035)	35	0,41
Bronze	80	0,448
Aço fundido	29	0,364
Ferro fundido	26	0,278

10.2.3.2 — Influência da forma da secção de corte

Nas fórmulas mais recentes da velocidade de corte, é tomado em consideração a relação entre a área da secção de corte com o avanço e com a profundidade. Vários pesquisadores propuseram a relação

$$v = \frac{C'}{a^m \cdot p^n} \tag{10.19}$$

onde a constante C' representa a velocidade de corte para um avanço $a = 1$mm/volta, uma profundidade $p = 1$mm e para uma vida T da ferramenta, segundo um determinado critério de desgaste.

Segundo a *ASTME* tem-se os seguintes valôres práticos: para usinagem de aço m $= 0,42$ e n $= 0,14$; para usinagem de ferro fundido m $= 0,30$ e n $= 0,10$. Logo, a fórmula acima passa a ser [6 e 9]:

para aço
$$v \cong \frac{C'}{a^{0,42} \cdot p^{0,14}}$$

para ferro fundido
$$v \cong \frac{C'}{a^{0,30} \cdot p^{0,10}}.$$

A tabela X.12 apresenta os valôres de C' em função da dureza *Brinell* do material segundo a *ASTME* (resultados compilados por KRONENBERG), para uma vida da ferramenta de 60 minutos, $a = 1$mm/volta, $p = 1$mm e para a velocidade de corte expressa em m/min.

Define-se *índice de esbeltez* do cavaco à relação entre a profundidade de corte e o avanço $G = p/a$. KRONENBERG [10] procurou agrupar as fór-

CURVA DE VIDA DE UMA FERRAMENTA

479

TABELA X.12

Valôres da constante C' da fórmula (10.19) para uma vida da ferramenta de 60 min, segundo a ASTME [6 e 9]

Dureza Brinell (kg*/mm²)	Usinagem de aço					Usinagem de ferro fundido			
	Metal duro			Aço rápido		Metal duro		Aço rápido	
	Alto grau	Médio grau	Tipos antigos	Sêco	Com fluido	Nodu-lar	Cin-zento	Sêco	Com fluido
100	302	228	122	65	91	—	20,2	4,0	5,7
125	225	170	90	49	67	—	17,2	3,2	4,5
150	178	135	71	37	52	—	13,6	2,8	3,9
175	152	114	60	32	45	19	10,7	2,5	3,5
200	125	93	50	26	37	10,7	8,6	2,0	2,9
225	115	80	42	22	32	7,7	6,8	1,7	2,2
250	93	69	37	21	28	6,0	5,1	—	—
275	80	62	32	17	24	5,6	3,9	—	—
300	73	54	30	16	22	5,6	—	—	—

mulas das velocidades de corte dos diversos pesquisadores, que levavam em consideração a forma e a área da secção de corte, na seguinte expressão:

$$v = \frac{C' \cdot G^g}{s^f},$$

(10.20)

onde

$G = p/a = $ índice de esbeltez

$s = p.a = $ área da secção de corte

$C' = $ constante, relativa à velocidade de corte para $s = 1mm^2$, $G = 1$ e para uma vida T da ferramenta, segundo um determinado critério de desgaste.

Sendo

$$s = p.a \quad e \quad G = p/a,$$

tem-se

$$p = (s \cdot G)^{1/2} \quad e \quad a = \left(\frac{s}{G}\right)^{1/2}$$

Logo, substituindo-se em (10.19) resulta

$$v = \frac{C' \cdot G^{1/2(m-n)}}{s^{1/2(m+n)}}.$$

(10.21)

Comparando-se as fórmulas (10.21) e (10.20) tem-se

480 FUNDAMENTOS DA USINAGEM DOS METAIS

$$g = \frac{m-n}{2} \quad e \quad f = \frac{m+n}{2} \qquad (10.22)$$

Através da fórmula (10.21) verifica-se que a área da secção de corte exerce uma influência maior na velocidade de corte que o índice de esbeltez G, pois o expoente de s é maior que o de G.

A constante C' das fórmulas anteriores refere-se a uma determinada vida T da ferramenta. Caso especificarmos $T = 60$ minutos e substituirmos G por $G/5$, a fórmula (10.20) passa a ser

$$v_{60} = \frac{C_0 \cdot \left(\dfrac{G}{5}\right)^g}{s^f}, \qquad (10.23)$$

onde a constante C_0 assume o valor da velocidade de corte para $T = 60$min, $s = 1$mm^2 e um índice de esbeltez $G/5 = 1$, segundo um determinado critério de desgaste da ferramenta. Logo, a velocidade de corte para uma vida T da ferramenta é fàcilmente obtida através da fórmula (10.3):

$$v = \frac{C_0 \cdot \left(\dfrac{G}{5}\right)^g}{s^f \cdot \left(\dfrac{T}{60}\right)^y}. \qquad (10.24)$$

A tabela X.13 apresenta os valôres dos parâmetros C_0, g, f e y para o caso de usinagem com aco rápido 18-4-1 (sem fluido de corte), parâmetros êsses calculados através dos ensaios realizados pela *ASME* em 1952 [10 e 11]. As ferramentas utilizadas apresentavam a seguinte geometria: $\alpha = 6°$, $\gamma = 16°$, $\lambda = 0°$, $\chi = 70°$, $r = 6.35$mm. O critério de desgaste empregado foi sòmente o da superfície de folga da ferramenta, com $I_1 = 0,75$mm.

A tabela X.14 apresenta os valôres dos parâmetros acima para usinagem com aço rápido e metal duro, através dos ensaios realizados pela *AWF* 158 em 1949 [12]. Condições de trabalho: $\chi = 45°$; $\lambda = 0°$ a $-8°$ (para metal leve e plásticos $\lambda = -5$ a $-10°$); $r = 0,5$ a 2mm (dependendo do avanço); os ângulos de folga α e de saída γ encontram-se na tabela. Os valôres da velocidade de corte são valôres médios para uma profundidade de corte até 5mm; para profundidades maiores recomenda-se reduzir a velocidade de 10 a 20%.

Verifica-se que a influência da variação do avanço na vida da ferramenta é maior que a influência da variação da profundidade de corte. Tal fato pode ser observado na figura 10.15. Para um índice de esbeltez $G \geqslant 5$ e um raio de curvatura da ponta $r < a$, a influência da profundidade na velocidade de corte é insignificante. Baseada nesta propriedade a *AWF* 158 não levou em conta a profundidade de corte nas tabelas de velocidades ótimas das ferramentas.

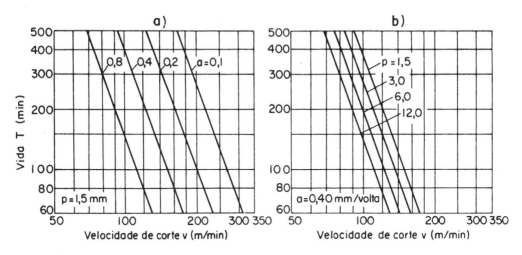

FIG. 10.15 — Influência do avanço e da profundidade de corte na velocidade ótima de corte; material da peça aço St 42; material da ferramenta aço rápido [12]. a) Influência do avanço, $p = 1,5$mm. b) Influência da profundidade de corte, $a = 0,4$mm.

Comparando-se as tabelas X.13 e X.14, notam-se para um mesmo material da peça e da ferramenta, diferenças entre os parâmetros C_0, g, f e y. As razões dessas divergências já foram apontadas no § 10.2.1.

10.2.4 — Comentários

No capítulo referente ao *Desgaste e Vida da Ferramenta* foi visto a enorme influência que os materiais exercem na vida da ferramenta. No mesmo capítulo foram apresentados os estudos de SCHAUMANN, o qual verificou em seus ensaios, que materiais especificados como iguais pelas normas *DIN* ou *ASA*, submetidos aos mesmos tratamentos térmicos, podem originar desgastes completamente diferentes nas pastilhas de metal duro, quando provenientes de siderúrgicas ou corridas diferentes. Isto comprova em parte as divergências citadas nas tabelas anteriores. Logo, as tabelas de velocidades ótimas de corte, elaboradas por instituições de diferentes países, têm um emprêgo bastante restrito, principalmente quando tais tabelas forem aplicadas em locais onde as especificações dos materiais das ferramentas e das peças, assim como as condições de usinagem, sejam diferentes.

Para sanar êste problema, isto é, para o cálculo criterioso da velocidade de corte e da vida da ferramenta, foi visto que as indústrias com usinagem seriada deveriam possuir um pequeno laboratório para executar ensaios de usinabilidade em cada partida de material*. Como esta solução é bastante

---

* Vide Capítulo XII — *Ensaios de Usinabilidade*.

FUNDAMENTOS DA USINAGEM DOS METAIS

TABELA X.13

Coeficientes da fórmula de Kronenberg para os valôres da velocidade de torneamento, fornecidos pela ASME para usinagem com aço rápido [10 e 11]

Material	Dureza Brinell (kg*/mm²)	Trata-mento*	N.º da tabela ASME	C_o**	f	g	y
Aços para construção mecânica							
SAE 1020	127	LQ	141	56,5	0,41	0,22	0,125
SAE 1020	160	EF	142	39,5	”	”	”
SAE X 1020	126	LQ	143	63,5	”	”	”
SAE X 1020	156	EF	144	59,5	”	”	”
SAE 1035	174	LQ	145	39,0	”	”	”
SAE 1050	201	LQ	146	28,0	”	”	”
SAE 1095	207	Rev.	147	23,2	”	”	”
Aços de corte fácil							
SAE 1112	130	LQ	148	120	”	”	”
SAE 1112	167	EF	149	77,5	”	”	”
SAE X 1112	183	EF	150	105	”	”	”
Aços manganês							
SAE X 1315	120	LQ	151	92	”	”	”
SAE X 1315	161	EF	152	55	”	”	”
SAE T 1340	217	LQ	153	38,5	”	”	”
Aços níquel							
SAE 2310	—	Rev.	154	46	”	”	”
SAE 2315	192	EF	155	32,5	”	”	”
SAE 2330	223	EF	156	20,4	”	”	”
SAE 2340	223	—	157	28,3	”	”	”
SAE 2512	—	—	158	39,5	”	”	”
Aços cromo-níquel							
SAE 3115	128	Rev.	159	44,0	”	”	”
SAE 3115	163	EF	160	37,4	”	”	”
SAE 3130	210	—	161	19,8	”	”	”
SAE 3140	190	Rev.	162	30,5	”	”	”
SAE 3140	285	Temp.	163	17,8	”	”	”
SAE 3240	170	—	164	33,0	”	”	”
Aços molibdênio							
SAE 4140	277	—	165	19,0	”	”	”
SAE 4340	302	—	166	16,5	”	”	”
SAE 4615	170	Rev.	167	33,0	”	”	”
SAE 4615	212	EF	168	23,5	”	”	”
SAE 4640	248	—	169	21,7	”	”	”
SAE 4815	187	—	170	29,2	”	”	”
Aços cromo							
SAE 5120	149	—	171	38	”	”	”
SAE 5135	207	—	172	30,5	”	”	”
SAE 52100	187	—	173	29,2	”	”	”

CURVA DE VIDA DE UMA FERRAMENTA

483

TABELA X.13

Coeficientes da fórmula de Kronenberg para os valôres da velocidade de torneamento, fornecidos pela ASME para usinagem com aço rápido [10 e 11] (continuação)

Material	Dureza Brinell (kg*/mm²)	Trata-mento*	N.º da tabela ASME	C_0**	f	g	y
Aços cromo-vanádio							
SAE 6115	170	—	174	36,1	0,41	0,22	0,125
SAE 6140	187	—	175	31,0	"	"	"
Ferro fundido							
mole	—	—	—	50	0,28	0.12	0.10
médio	—	—	—	30	"	"	"
duro	—	—	—	18	"	"	"

* LQ = laminado a quente; EF = estirado a frio; Rev. = revenido.
** Para ferramentas de metal duro pode-se multiplicar os valôres acima de C_0, em média por 3,5; o expoente y vale aproximadamente 0,15 para os aços e 0,13 para o ferro-fundido. Velocidade v em m/min.

onerosa para os pequenos estabelecimentos industriais, tais indústrias poderiam enviar amostras de cada partida de material aos laboratórios especializados em ensaios de usinabilidade. Porém, em caso de pequena ou média produção, o problema pode ser contornado, utilizando-se tabelas práticas ou ábacos que fornecem a velocidade de corte em condições de usinagem padronizadas.

As tabelas X.13 e X.14 encontram-se freqüentemente nos manuais técnicos e de engenharia, resolvidas para diferentes vidas das ferramentas (por exemplo 60, 240 e 480min), diferentes avanços e profundidades de corte. Devido esta razão apresentamos essas tabelas neste trabalho. Porém, como foi visto no parágrafo anterior, a tabela X.13 da *ASME* (1952) está baseada sòmente na medida do desgaste I_1. A tabela X.14 da *AWF* 158 (1949) não faz referência do critério de desgaste utilizado. Verifica-se ainda que esta última tabela em certos casos apresenta valôres da velocidade de corte muito elevados para os nossos materiais.

A nosso ver, a tabela de velocidade ótima de corte que melhor se enquadra às necessidades da prática é a de H. OPITZ (tabela X.15), elaborada na *T. H. Aachen* (Alemanha) em 1959 [14]. Como critério de desgaste, foram utilizados para o metal duro os desgastes $I_1 = 0,8$ a $1mm$ e $k = 0,3$; (vide § 10.1, figura 10.7) para o aço rápido foi empregado o critério de destruição da aresta cortante (vide § 9.4 figura 9.12). Os ângulos das ferramentas variaram nos limites $\alpha = 6$ a $8°$, $\gamma = 6$ a $10°$, $\lambda = 4$ a $8°$ (para alumínio e cobre $\lambda = 0$ a $-4°$), $\chi = 45°$. Os valôres da tabela são válidos para uma profundidade de corte de 2 a 7mm. Na mesma tabela foram calculados

484

FUNDAMENTOS DA USINAGEM DOS METAIS

TABELA X.14

Coeficientes da fórmula de Kronenberg para os valores da velocidade de torneamento fornecidos pela AWF [12]

USINAGEM COM FERRAMENTA DE METAL DURO									
Material*	Resistência (kg/mm²)	Geometria		C_o**			f	g	y
		α^o	γ^o	P 10	P 20	P 30			
Aço St 42.11	até 50	5	10	286	172	114	0,125	0.125	0.167
Aço St 50.11	50-60	5	10	243	146	97	,,	,,	,,
Aço St 60.11	60-70	5	10	205	123	82	,,	,,	,,
Aço St 70.11	70-85	5	10	160	96	64	0,165	0,165	,,
Aço St 85.11	85-100	5	6	136	82	54,5	,,	,,	,,
Aço fundido St G .	50-70	5	6	97,5	58,5	39	0,125	0,125	,,
Aço fundido St G .	acima de 70	5	6	68,5	40,5	27	,,	,,	,,
Aço liga	70-85	5	10	159	95,5	63,5	0,165	0,165	,,
Aço liga	85-100	5	6	114	68,5	45,5	,,	,,	,,
Aço liga	100-140	5	6	76	45.5	30	,,	,,	,,
Aço liga	140-180	5	6	48	29	19	,,	,,	,,
Aço inoxidável	60-70	5	10	70,5	42,5	28	,,	,,	,,
				K 20	K 10	—			
Fofo Ge 12.91/14.91	HB até 200	5	0	133	—	—	0,125	0.125	0,25
Fofo Ge 18.91/26.91	HB 200/250	5	0	—	104	—	,,	,,	,,
Fofo maleável	—	5	10	—	104	—	,,	·,,	,,
Fofo liga	HB 250/400	5	10	—	69,5	—	,,	,,	,,
Cobre	—	8	18	850	—	—	0.095	0,095	0,58
Bronze Manc.	—	5	6	535	—	—	,,	,,	0,25
Latão	HB 80/120	5	6	1000	—	—	,,	,,	0,58
Alumínio puro	—	12	30	1650	—	—	,,	,,	0,41
Liga alumínio	—	12	18	80	—	—	,,	,,	0,41

USINAGEM COM AÇO RÁPIDO							
Material*	Resistência (kg/mm²)	Geometria		C_o**	f	g	y
		α^o	γ^o				
Aço St 42.11	até 50	8	14	43,5	0,21	0,21	0,25
Aço St 50.11	50-60	8	14	33,5	,,	,,	,,
Aço St 60.11	60-70	8	14	29,4	,,	,,	,,
Aça St 70.11	70-85	8	14	22.5	,,	,,	,,
Aço St 85.11	85-100	8	10	18,2	,,	,,	,,
Aço fundido St G	50-70	8	10	24,5	,,	,,	,,
Aço fundido St G	acima de 70	8	6	15,5	,,	,,	,,
Aço liga	70-85	8	14	19,5	0,25	0,25	,,
Aço liga	85-100	8	10	16,5	,,	,,	,,
Aço liga	100-140	8	6	10,5	,,	,,	,,
Fofo Ge 12.91/14.91	HB até 200	8	0	25,0	0,24	0,24	,,
Fofo Ge 18.91/26.91	HB 200/250	8	0	17,0	0,24	0,24	,,
Fofo maleável	—	8	10	28,0	0,28	0,28	,,
Fofo liga	HB 250/400	8	0	15,0	0,28	0,28	,,
Cobre	—	8	18	45,0	0.225	0,225	0,13
Bronze	—	8	0	57,0	0,225	0,225	0,22
Latão	HB 80/120	8	0	51,0	0,305	0,305	0,22
Alumínio puro	—	12	30	77,0	0,29	0,29	0,41

* Para conversão dos materiais especificados pela DIN aos correspondentes da norma AISI ou ABNT, vide apêndice.

** Velocidade v em m/min.

CURVA DE VIDA DE UMA FERRAMENTA 485

os valôres de $x = 1/y$, de grande importância para o estudo da velocidade econômica de corte.

Os valôres indicados nesta tabela, como nas outras, são *valôres médios recomendados*. No caso em que a máquina operatriz, a ferramenta ou a peça não oferecerem uma rigidez suficiente, ou no caso da peça apresentar casca de fundição ou de laminação, os valôres de v devem ser reduzidos.

10.2.4.1 — Exemplo numérico

Uma peça de aço *ABNT* 1035 (laminado a quente) deve ser usinada com ferramenta de metal duro P 10, nas seguintes condições de usinagem: $a = 0,3\text{mm/volta}$; $p = 3,0\text{mm}$; $\chi = 60^{o}$; $\alpha = 6^{o}$; $\gamma = 10^{o}$; $\lambda = -5^{o}$; $r = 1\text{mm}$. Determinar para uma vida da ferramenta de 60 e 240 minutos as velocidades ótimas de corte, segundo diferentes especificações.

Solução

a.) *Cálculo pela AWF 158*

De acôrdo com a fórmula de KRONENBERG (10.24), tem-se

$$v = \frac{C_0 \cdot \left(\dfrac{G}{5}\right)^{g}}{s^{f} \cdot \left(\dfrac{T}{60}\right)^{y}}$$

Para o problema em questão

$$s = a \cdot p = 0,3 \cdot 3,0 = 0,90\text{mm}^2$$
$$G = p/a = 3,0/0,3 = 10$$
$$T = 60 \text{ e } 240 \text{ minutos.}$$

Pela tabela X.14, tem-se para usinagem de aço St 50.11 (equivalente ao *ABNT* 1035) com metal duro P 10 os seguintes valôres: $C_0 = 243$, $f = 0,125$, $g = 0,125$, $y = 0,167$. Substituindo-se na fórmula acima, resulta: para $T = 60$ minutos

$$v_{60} = \frac{243 \cdot \left(\dfrac{10}{5}\right)^{0,125}}{0,9^{0,125}} = 268\text{m/min}$$

para $T = 240$ minutos

$$v_{240} = \frac{243 \cdot \left(\dfrac{10}{5}\right)^{0,125}}{0,9^{0,125} \cdot \left(\dfrac{240}{60}\right)^{0,167}} = 213\text{m/min.}$$

TABELA X.15

Velocidades ótimas de corte e coeficientes auxiliares da fórmula de Taylor
$$T \cdot v^x = K \text{ para diferentes materiais}^{[1]}$$

Ferra-menta	a (mm/ volta)	x_1 [2]	x_2 [2]	v_{60} [3] (m/ min)	v_{240} [4] (m/ min)	v_{480} [5] (m/ min)	K_1 [2]	K_2 [2]
\multicolumn{9}{c}{Aço C 35 (ABNT 1035), $\sigma_R = 55 \dots 65 \text{kg}^*/\text{mm}^2$}
P 10	0,2	3,65	2,14	190	130	94	$1,27 \cdot 10^{10}$	$7,93 \cdot 10^6$
	0,2	3,65	2,12	215	147	106	$1,92 \cdot 10^{10}$	$9,43 \cdot 10^6$
	0,3	3,70	2,18	160	110	80	$8,57 \cdot 10^9$	$6,66 \cdot 10^6$
	0,3	3,72	2,16	180	124	90	$1,47 \cdot 10^{10}$	$8,09 \cdot 10^6$
P 20	0,3	3,13	2,21	162	104	76	$4,89 \cdot 10^8$	$6,88 \cdot 10^6$
	0,3	3,16	2,15	180	116	84	$7,83 \cdot 10^8$	$6,51 \cdot 10^6$
	0,4	3,18	2,12	150	97	70	$4,99 \cdot 10^8$	$4,00 \cdot 10^6$
	0,4	3,13	2,21	162	104	76	$4,89 \cdot 10^8$	$6,88 \cdot 10^6$
P 30	0,3	2,93	2,12	138	86	62	$1,12 \cdot 10^8$	$3,01 \cdot 10^6$
	0,3	2,91	2,13	145	90	65	$1,15 \cdot 10^8$	$3,49 \cdot 10^6$
	0,4	2,95	2,23	120	75	55	$8,14 \cdot 10^7$	$3,72 \cdot 10^6$
	0,4	2,94	2,34	125	78	58	$8,75 \cdot 10^7$	$6,41 \cdot 10^6$
	0,6	2,91	2,10	103	64	46	$4,39 \cdot 10^7$	$1,48 \cdot 10^6$
	0,6	2,95	2,19	112	70	51	$6,64 \cdot 10^7$	$2,62 \cdot 10^6$
AR	0,2	5,52	—	45	35	—	$7,90 \cdot 10^{10}$	—
	0,3	5,17	—	42,5	32,5	—	$1,56 \cdot 10^{10}$	—
	0,4	5,13	—	38	29	—	$7,60 \cdot 10^9$	—
	0,6	4,99	—	33	25	—	$2,29 \cdot 10^9$	—

Atenção: os números elevados 1, 2, 3, 4 e 5 referem-se à notas no final da tabela, na p. 494.

TABELA X.15

Velocidades ótimas de corte e coeficientes auxiliares da fórmula de Taylor $T \cdot v^x = K$ para diferentes materiais[1] (continuação)

Ferra-menta	a (mm/volta)	x_1 [2]	x_2 [2]	v_{60} [3] (m/min)	v_{240} [4] (m/min)	v_{480} [5] (m/min)	K_1 [2]	K_2 [2]
	Aço C 45 (ABNT 1045), $\sigma_R = 65 \ldots 75 \mathrm{kg*/mm^2}$
P 10	0,2	3,84	—	175	122	—	$2,50 \cdot 10^{10}$	—
		3,84	—	185	129	—	$3,13 \cdot 10^{10}$	—
	0,3	3,99	—	150	105	—	$2,93 \cdot 10^{10}$	—
		3,99	—	160	112	—	$3,66 \cdot 10^{10}$	—
P 20		3,89	2,15	140	98	71	$1,32 \cdot 10^{10}$	$4,60 \cdot 10^6$
		3,89	2,14	150	105	76	$1,72 \cdot 10^{10}$	$5,18 \cdot 10^6$
	0,4	3,76	2,25	120	83	61	$3,95 \cdot 10^9$	$5,01 \cdot 10^6$
		3,77	2,23	130	90	66	$5,59 \cdot 10^9$	$5,59 \cdot 10^6$
P 30	0,3	3,50	2,65	110	74	57	$8,26 \cdot 10^8$	$2,21 \cdot 10^7$
		3,42	3,34	120	80	65	$7,71 \cdot 10^8$	$5,41 \cdot 10^8$
	0,4	3,46	2,64	97	65	50	$4,55 \cdot 10^8$	$1,48 \cdot 10^7$
		3,42	3,37	105	70	57	$4,88 \cdot 10^8$	$4,03 \cdot 10^8$
	0,6	3,47	2,82	82	55	43	$2,64 \cdot 10^8$	$1,91 \cdot 10^7$
		3,42	3,11	90	60	48	$2,88 \cdot 10^8$	$8,01 \cdot 10^7$
AR	0,2	7,21	—	40	33	—	$2,10 \cdot 10^{13}$	—
	0,3	6,61	—	37	30	—	$1,39 \cdot 10^{12}$	—
	0,4	6,21	—	35	28	—	$2,35 \cdot 10^{11}$	—
	0,6	5,02	—	29	22	—	$1,31 \cdot 10^9$	—

FUNDAMENTOS DA USINAGEM DOS METAIS

TABELA X.15

Velocidades ótimas de corte e coeficientes auxiliares da fórmula de Taylor
$T \cdot v^x = K$ para diferentes materiais[1] (continuação)

Ferra-menta	a (mm/volta)	x_1 [2]	x_2 [2]	v_{60} [3] (m/min)	v_{240} [4] (m/min)	v_{480} [5] (m/min)	K_1 [2]	K_2 [2]
Aço C 60 (ABNT 1060), $\sigma_R = 75 \ldots 90 kg^*/mm^2$								
P 10	0,2	3,32	2,31	123	81	60	$5,17 \cdot 10^8$	$6,14 \cdot 10^6$
		3,36	2,29	133	88	65	$8,07 \cdot 10^8$	$6,75 \cdot 10^6$
	0,3	3,34	2,33	106	70	52	$3,50 \cdot 10^8$	$4,82 \cdot 10^6$
		3,35	2,27	115	76	56	$4,73 \cdot 10^8$	$4,46 \cdot 10^6$
P 20	0,3	2,62	—	95	56	—	$9,24 \cdot 10^6$	—
		2,62	—	107	63	—	$1,23 \cdot 10^7$	—
	0,4	2,61	—	85	50	—	$6,59 \cdot 10^6$	—
		2,64	—	93	55	—	$9,41 \cdot 10^6$	—
P 30	0,3	2,39	—	75	42	—	$1,82 \cdot 10^6$	—
		2,34	—	85	47	—	$1,96 \cdot 10^6$	—
	0,4	2,35	—	65	36	—	$1,07 \cdot 10^6$	—
		2,36	—	72	40	—	$1,44 \cdot 10^6$	—
	0,6	2,34	—	56	31	—	$7,52 \cdot 10^5$	—
		2,42	—	62	35	—	$1,33 \cdot 10^6$	—
AR	0,2	4,47	—	30	22	—	$2,40 \cdot 10^8$	—
	0,3	4,62	—	27	20	—	$2,45 \cdot 10^8$	—
	0,4	4,50	—	24,5	18	—	$1,06 \cdot 10^8$	—
	0,6	4,44	—	20,5	15	—	$3,98 \cdot 10^7$	—

CURVA DE VIDA DE UMA FERRAMENTA

TABELA X.15

Velocidades ótimas de corte e coeficientes auxiliares da fórmula de Taylor
$T \cdot v^x = K$ para diferentes materiais[1] (continuação)

Ferramenta	a (mm/volta)	x_1 [2]	x_2 [2]	v_{60} [3] (m/min)	v_{240} [4] (m/min)	v_{480} [5] (m/min)	K_1 [2]	K_2 [2]
colspan unused								

Ferramenta	a (mm/volta)	x_1 [2]	x_2 [2]	v_{60} [3] (m/min)	v_{240} [4] (m/min)	v_{480} [5] (m/min)	K_1 [2]	K_2 [2]
Aço 37 Mn Si 5, $\sigma_R = 80 \ldots 90$ kg*/mm²								
P 10	0,2	3,63	2,22	164	112	82	$6,75 \cdot 10^9$	$8,63 \cdot 10^6$
	0,2	3,67	2,23	175	120	88	$1,05 \cdot 10^{10}$	$1,06 \cdot 10^7$
	0,3	3,60	2,20	147	100	73	$3,77 \cdot 10^9$	$6,10 \cdot 10^6$
	0,3	3,62	2,19	157	107	78	$5,22 \cdot 10^9$	$6,76 \cdot 10^6$
P 20	0,3	3,55	2,47	133	90	68	$2,07 \cdot 10^9$	$1,63 \cdot 10^7$
	0,3	3,57	2,50	140	95	72	$2,82 \cdot 10^9$	$2,11 \cdot 10^7$
	0,4	3,53	2,52	117	79	60	$1,20 \cdot 10^9$	$1,45 \cdot 10^7$
	0,4	3,52	2,51	123	83	63	$1,39 \cdot 10^9$	$1,60 \cdot 10^7$
P 30	0,3	3,14	2,20	98	63	46	$1,06 \cdot 10^8$	$2,22 \cdot 10^6$
	0,3	3,12	2,25	106	68	50	$1,27 \cdot 10^8$	$3,24 \cdot 10^6$
	0,4	3,18	2,18	85	55	40	$8,36 \cdot 10^7$	$1,47 \cdot 10^6$
	0,4	3,14	2,20	98	63	46	$1,06 \cdot 10^8$	$2,22 \cdot 10^6$
	0,6	3,16	2,25	76	49	36	$5,23 \cdot 10^7$	$1,51 \cdot 10^6$
	0,6	3,18	2,18	85	55	40	$8,36 \cdot 10^7$	$1,47 \cdot 10^6$
AR	0,2	6,21	—	25	20	—	$2,90 \cdot 10^{10}$	—
	0,3	5,52	—	22,5	17,5	—	$1,72 \cdot 10^9$	—
	0,4	4,82	—	20	15	—	$1,11 \cdot 10^8$	—
	0,6	4,26	—	18	13	—	$1,33 \cdot 10^7$	—

TABELA X.15

Velocidades ótimas de corte e coeficientes auxiliares da fórmula de Taylor
$T \cdot v^x = K$ para diferentes materiais[1] (continuação)

Ferra-menta	a (mm/ volta)	x_1 [2]	x_2 [2]	v_{60} [3] (m/ min)	v_{240} [4] (m/ min)	v_{480} [5] (m/ min)	K_1 [2]	K_2 [2]
\multicolumn{9}{c}{Aço 34 Cr Mo 4 ($\sim$ AISI 4135), $\sigma_R = 80 \ldots 90\text{kg}^*/\text{mm}^2$}								
P 10	0,2	3,69	2,28	150	103	76	$6,36 . 10^9$	$9,33 . 10^6$
		3,66	2,25	165	113	83	$7,92 . 10^9$	$9,83 . 10^6$
	0,3	3,71	2,27	138	95	70	$5,29 . 10^9$	$7,40 . 10^6$
		3,69	2,28	150	103	76	$6,36 . 10^9$	$9,33 . 10^6$
P 20	0,3	3,75	2,58	123	85	65	$4,15 . 10^9$	$2,32 . 10^7$
		3,77	2,76	130	90	70	$5,59 . 10^9$	$5,89 .10^7$
	0,4	3,67	2,65	108	74	57	$1,71 . 10^9$	$2,21 . 10^7$
		3,75	2,58	123	85	65	$4,15 . 10^9$	$2,32 . 10^7$
P 30	0,3	3,10	2,36	86	55	41	$5,99 . 10^7$	$3,07 . 10^6$
		3,02	2,41	95	60	45	$5,55 . 10^7$	$4,62 . 10^6$
	0,4	3,02	2,41	76	48	36	$2,83 \; 10^7$	$2,70 . 10^6$
		3,10	2,36	86	55	41	$5,99 . 10^7$	$3,07 . 10^6$
	0,6	3,07	2,28	66	42	31	$2,28 . 10^7$	$1,22 . 10^6$
		3,02	2,41	76	48	36	$2,83 . 10^7$	$2,70 . 10^6$
AR	0,2	6,21	—	25	20	—	$2,90 . 10^{10}$	—
	0,3	5,52	—	22,5	17,5	—	$1,72 . 10^9$	—
	0,4	4,82	—	20	15	—	$1,11 . 10^8$	—
	0.6	4,26	—	18	13	—	$1,33 . 10^7$	—

CURVA DE VIDA DE UMA FERRAMENTA

TABELA X.15

Velocidades ótimas de corte e coeficientes auxiliares da fórmula de Taylor
$T \cdot v^x = K$ **para diferentes materiais[1] (continuação)**

Ferra-menta	a (mm/volta)	x_1 [2]	x_2 [2]	v_{60} [3] (m/min)	v_{240} [4] (m/min)	v_{480} [5] (m/min)	K_1 [2]	K_2 [2]
Aços de cementação, $\sigma_R = 50 \ldots 70 \mathrm{kg^*/mm^2}$								
P 10	0,2	3,81	2,21	187	130	95	$2,76 \cdot 10^{10}$	$1,13 \cdot 10^7$
	0,2	3,89	2,41	200	140	105	$5,27 \cdot 10^{10}$	$3,56 \cdot 10^7$
	0,3	3,83	2,36	158	110	82	$1,57 \cdot 10^{10}$	$1,57 \cdot 10^7$
	0,3	3,80	2,34	180	125	93	$2,25 \cdot 10^{10}$	$1,97 \cdot 10^7$
P 20	0,3	3,58	2,06	165	112	80	$5,16 \cdot 10^9$	$4,00 \cdot 10^6$
	0,3	3,72	2,16	180	124	90	$1,47 \cdot 10^{10}$	$8,09 \cdot 10^6$
	0,4	3,57	2,07	140	95	68	$2,82 \cdot 10^9$	$3,02 \cdot 10^6$
	0,4	3,70	2,18	160	110	80	$8,57 \cdot 10^9$	$6,66 \cdot 10^6$
P 30	0,3	3,00	—	138	87	—	$1,61 \cdot 10^8$	
	0,3	2,95	—	160	100	—	$1,90 \cdot 10^8$	—
	0,4	2,96	—	115	72	—	$7,56 \cdot 10^7$	—
	0,4	2,95	—	144	90	—	$1,39 \cdot 10^8$	—
	0,6	2,98	—	105	66	—	$6,50 \cdot 10^7$	—
	0,6	3,03	—	120	76	—	$1,23 \cdot 10^8$	—
AR	0,2	6,91	—	55	45	—	$6,32 \cdot 10^{13}$	—
	0,3	7,08	—	45	37	—	$3,06 \cdot 10^{13}$	—
	0,4	6,21	—	40	32	—	$5,38 \cdot 10^{11}$	—
	0,6	5,34	—	35	27	—	$1,06 \cdot 10^{10}$	—

TABELA X.15

Velocidades ótimas de corte e coeficientes auxiliares da fórmula de Taylor $T \cdot v^x = K$ para diferentes materiais[1] (continuação)

Ferramenta	a (mm/volta)	x_1 [2]	x_2 [2]	v_{60} [3] (m/min)	v_{240} [4] (m/min)	v_{480} [5] (m/min)	K_1 [2]	K_2 [2]
\multicolumn{9}{c}{Ferro fundido GG 18 ($\sim$ ABNT FF 22)}								
K 10	0,2	4,87	3,55	105	79	65	$4,23 \cdot 10^{11}$	$1,33 \cdot 10^9$
K 10	0,2	4,82	3,54	120	90	74	$6,27 \cdot 10^{11}$	$2,00 \cdot 10^9$
K 10	0,3	4,82	3,64	100	75	62	$2,60 \cdot 10^{11}$	$1,61 \cdot 10^9$
K 10	0,3	4,72	3,70	110	82	68	$2,58 \cdot 10^{11}$	$2,92 \cdot 10^9$
K 10	0,4	4,82	3,80	80	60	50	$8,89 \cdot 10^{10}$	$1,38 \cdot 10^9$
K 10	0,4	4,82	3,64	100	75	62	$2,60 \cdot 10^{11}$	$1,61 \cdot 10^9$
AR	0,2	4,12	3,11	35	25	20	$1,38 \cdot 10^8$	$5,28 \cdot 10^6$
AR	0,3	4,20	2,83	32	23	18	$1,25 \cdot 10^8$	$1,70 \cdot 10^6$
AR	0,4	4,12	3,11	28	20	16	$5,50 \cdot 10^7$	$2,64 \cdot 10^6$
AR	0,6	4,07	2,84	26	18,5	14,5	$3,48 \cdot 10^7$	$9,67 \cdot 10^5$
\multicolumn{9}{c}{Ferro fundido GG 26 ($\sim$ ABNT FF 25)}								
K 10	0,2	3,42	2,83	69	46	36	$1,16 \cdot 10^8$	$1,21 \cdot 10^7$
K 10	0,2	3,42	3,11	75	50	40	$1,54 \cdot 10^8$	$4,55 \cdot 10^7$
K 10	0,3	3,42	2,41	66	44	33	$9,98 \cdot 10^7$	$2,19 \cdot 10^6$
K 10	0,3	3,42	2,83	69	46	36	$1,16 \cdot 10^8$	$1,21 \cdot 10^7$
K 10	0,4	3,42	2,41	60	40	30	$7,20 \cdot 10^7$	$1,74 \cdot 10^6$
K 10	0,4	3,42	2,87	63	42	33	$8,51 \cdot 10^7$	$1,11 \cdot 10^7$
AR	0,2	3,42	—	30	20	—	$6,74 \cdot 10^6$	—
AR	0,3	3,42	—	27	18	—	$4,70 \cdot 10^6$	—
AR	0,4	3,42	—	24	16	—	$3,14 \cdot 10^6$	—
AR	0,6	3,32	—	22	14,5	—	$1,75 \cdot 10^6$	—

CURVA DE VIDA DE UMA FERRAMENTA

TABELA X.15
Velocidades ótimas de corte e coeficientes auxiliares da fórmula de Taylor
$T \cdot v^x = K$ para diferentes materiais[1] (continuação)

Ferramenta	a (mm/volta)	x_1[2]	x_2[2]	v_{60}[3] (m/min)	v_{240}[4] (m/min)	v_{480}[5] (m/min)	K_1[2]	K_2[2]
Cobre								
K 20		—	—	—	350	—	—	—
	0,2...0,4	—	—	—	450	—	—	—
AR		—	—	—	30	—	—	—
		—	—	—	50	—	—	—
Bronze vermelho (5 ... 10% Sn, 7 ... 4% Zn, 3 ... 0% Pb, ... Cu)								
K 20		—	—	—	300	—	—	—
	0,2...0,4	—	—	—	400	—	—	—
AR		—	—	—	35	—	—	—
		—	—	—	50	—	—	—
Bronze								
K 20		—	—	—	250	—	—	—
	0,2...0,4	—	—	—	350	—	—	—
AR		—	—	—	30	—	—	—
		—	—	—	45	—	—	—
Ligas de Alumínio								
K 20		—	—	—	200	—	—	—
	0,2...0,4	—	—	—	500	—	—	—
AR		—	—	—	30	—	—	—
		--	--	—	60	—	—	—

494   FUNDAMENTOS DA USINAGEM DOS METAIS

TABELA X.15

Velocidades ótimas de corte e coeficientes auxiliares da fórmula de Taylor
$T \cdot v^x = K$ para diferentes materiais[1] (continuação)

Ferra-menta	a (mm/ volta)	x_1 [2]	x_2 [2]	v_{60} [3] (m/ min)	v_{240} [4] (m/ min)	v_{480} [5] (m/ min)	K_1 [2]	K_2 [2]
			Ligas de alumínio — Silício					
K 20		—	—	—	100	—	—	—
		—	—	—	160	—	—	
	0,2...0,4							
AR		—	—	—	20	—	—	
		—	—	—	50	—	—	

1 Obtida através de dados fornecidos pela tabela de OPITZ [14]. Êstes valôres admitem a máquina operatriz e a ferramenta perfeitamente rígidas, isentas de trepidações. São valôres aproximados, devendo ser utilizados sòmente quando não se tem dados de ensaio. São válidos para os desgastes $I_1 = 0,8$ a 1,0mm e $k = 0,2$ a 0,25 para o metal duro; para o aço rápido (AR 12-1-4-5 ou AR 10-4-3-10) foi utilizado o critério da destruição da aresta cortante.
2 Quando para um mesmo avanço existem x_1, x_2, K_1 e K_2, os parâmetros x_1 e K_1 corresponderão a uma vida $T \leqslant 240$min e x_2 e K_2 a uma vida $T \geqslant 240$min.
3 Velocidades de corte para uma vida $T = 60$min; para cada avanço a tem-se dois valôres de v, que limitam a faixa de variação da velocidade.
4 Idem para $T = 240$min.
5 Idem para $T = 480$min.

Sendo os valôres da tabela AWF 158 elaborados para um ângulo de posição $\chi = 45°$, deve-se corrigi-los para $\chi = 60°$. De acôrdo com a tabela X.18, o fator de correção para $g = 0,12$ é 0,953, logo, os valôres finais da velocidade de corte são:

$$v_{60} = 268 \cdot 0,953 = 256\text{m/min}$$
$$v_{240} = 213 \cdot 0,953 = 203\text{m/min}.$$

b) *Cálculo pela ASME (Manual on Cutting of Metals, 1952)*

A tabela X.13 foi elaborada para usinagem com aço rápido, porém a *ASME* recomenda, para o caso de emprêgo de metal duro, multiplicar os valôres de C_0 por 3,5 e utilizar $y = 0,15$ (vide nota de rodapé da tabela X.13).

Logo, para o torneamento em aço *ABNT* 1035 (*LQ*) tem-se os seguintes valôres: $C_0 = 3,5 \cdot 39$; $f = 0,41$, $g = 0,22$; $y = 0,15$. Substituindo-se na fórmula de KRONENBERG, tem-se:

CURVA DE VIDA DE UMA FERRAMENTA

para $T = 60$ minutos

$$v_{60} = \frac{3,5 \cdot 39 \cdot \left(\dfrac{10}{5}\right)^{0.22}}{0,9^{0,41}} = 166\text{m/min}$$

para $T = 240$ minutos

$$v_{240} = \frac{3,5 \cdot 39 \left(\dfrac{10}{5}\right)^{0.22}}{0,9^{0,41} \cdot \left(\dfrac{240}{60}\right)^{0,15}} = 135\text{m/min.}$$

Sendo os valôres da tabela X.13 elaborados para $\chi = 70$, os mesmos devem ser corrigidos para $\chi = 60^o$. Pela fórmula (10.25) tem-se:

$$\frac{v_{60^o}}{v_{70^o}} = \left(\frac{\text{sen } 70^o}{\text{sen } 60^o}\right)^{2g}$$

$$\frac{v_{60^o}}{v_{70^o}} = \left(\frac{0,940}{0,866}\right)^{0,44} = 1,037.$$

Logo, os valôres finais da velocidade de corte são:

$$v_{60} = 166 \cdot 1,037 = 172\text{m/min}$$
$$v_{240} = 135 \cdot 1,037 = 140\text{m/min.}$$

c) *Cálculo pela ASTME (Tool Engineers Handbook, 1959)*

De acôrdo com a fórmula (10.19), tem-se:

$$v = \frac{C'}{a^m \cdot p^n}.$$

Segundo a *ASTME* tem-se para usinagem de aço $m = 0,42$ e $n = 0,14$. Os valôres de C' encontram-se na tabela X.12; para usinagem de aço com dureza *Brinell* 175kg*/mm^2 (correspondente ao aço *ABNT* 1035 *LQ*) com pastilha de metal duro de alto grau (equivalente ao P 10), $C' = 152$. Substituindo-se na fórmula acima, resulta para $T = 60$ minutos

$$v_{60} = \frac{152}{0,3^{0,42} \cdot 3,0^{0,14}} = 216\text{m/min.}$$

Para calcularmos a velocidade de corte para uma vida de 240 minutos, emprega-se a fórmula de TAYLOR (10.3) onde o expoente $y = 0,3$ (tabela X.5).

$$v_{60} \cdot 60^y = v_{240} \cdot 240^y$$

$$v_{240} = 216 \left(\frac{60}{240}\right)^{0,3} = 143\text{m/min.}$$

496 FUNDAMENTOS DA USINAGEM DOS METAIS

Segundo O. W. BOSTON [21], os ensaios de vida de ferramentas monocortantes realizados pelos americanos (ASA B 5.19) são para um ângulo de posição $\chi = 85^\circ$. Admitindo-se que a tabela X.12 tenha sido elaborada com ferramentas com $\chi = 85^\circ$, os valôres achados da velocidade de corte devem ser corrigidos para $\chi = 60^\circ$. O fator de correção é

$$\frac{v_{60^\circ}}{v_{85^\circ}} = \left(\frac{\text{sen } 85^\circ}{\text{sen } 60^\circ}\right)^{0,44} = 1,063.$$

Logo, a resposta do problema passa a ser:

$$v_{60} = 216 . 1,063 = 230\text{m/min}$$
$$v_{240} = 143 . 1,063 = 152\text{m/min}.$$

d) *Cálculo pela tabela de Opitz (Aachen, 1959)*

Pela tabela X.15, tem-se para usinagem de aço C 35 (o mesmo que *ABNT* 1035) com pastilha de metal duro P 10, para $a = 0,3\text{mm/volta}$, os seguintes valôres:

$$v_{60} = 170\text{m/min*}$$
$$v_{240} = 117\text{m/min}.$$

Como a tabela foi elaborada para $\chi = 45^\circ$, a correção é a mesma que a apresentada na solução *a*:

$$v_{60} = 170 . 0,953 = 162\text{m/min}$$
$$v_{240} = 117 . 0,953 = 112\text{m/min}.$$

e) *Comparação dos resultados*

A tabela que se segue apresenta os resultados dêste exercício, para torneamento com metal duro P 10, e também as respostas para o caso de emprêgo de pastilha de metal duro P 20. Comparando-se as diferentes soluções, verifica-se uma diferença sensível, principalmente nos casos de usinagem com metal duro P 10.

Como os valôres dos ângulos α, γ e λ, enunciados no problema, diferem pouco dos valôres adotados pelas diferentes instituições AWF, ASME, etc., não houve necessidade de correções.

10.2.4.2 — Escolha do avanço e da profundidade de corte

No estudo da usinagem dos metais ocorre geralmente a pergunta: *Quais os processos mais econômicos de usinagem? Pequena profundidade de corte*

---

* Valôres de v admitidos para aço ABNT 1035 com dureza $HB = 175\text{kg/mm}^2$ (ou seja $\sigma_t = 60\text{kg*/mm}^2$). Na tabela X.15 foi feita uma interpolação entre os valôres apresentados.

CURVA DE VIDA DE UMA FERRAMENTA

TORNEAMENTO COM METAL DURO P 10				
	AWF 158	*ASME 1952*	*ASTME Tool Eng.*	*Opitz Aachen*
v_{60} (m/min) .... v_{240} (m/min)	256 203	172 140	230 152	162 112
TORNEAMENTO COM METAL DURO P 20				
v_{60} (m/min) .... v_{240} (m/min)	154 122	172 140	172 114	162 105

e grande avanço ou vice-versa? Pequena secção de corte e grande velocidade ou o inverso?
Como foi visto no capítulo V, § 5.3.1, a potência de corte é dada pela expressão

$$N_c = \frac{P_c \cdot v}{60 \cdot 75} \cdot (CV)$$

Com auxílio das equações (5.18) e (5.19) obtém-se

$$N_c = \frac{k_s \cdot v}{60 \cdot 75} \cdot a \cdot p \cdot (CV)$$

Admitiremos inicialmente que a área da secção de corte $s = a \cdot p$ permaneça constante. Aumentando-se o avanço a e diminuindo-se a profundidade de corte p, a pressão específica de corte k_s diminui, de acôrdo com os estudos apresentados no parágrafo 5.5.2. Logo, para a mesma potência de corte N_c, mesma área da secção de corte s, teremos de acôrdo com a fórmula acima uma velocidade de corte disponível maior. Isto permitirá uma remoção de maior quantidade de cavaco Q, em cm^3/min.CV. Porém, dois fatôres importantes na usinagem devem ser levados em consideração — *o desgaste da ferramenta e o acabamento de superfície da peça usinada.* A figura 10.16 apresenta a influência do avanço a nos desgastes I_1 e C_p para a mesma área da secção de corte. Na mesma figura observa-se que os desgastes decrescem exponencialmente com a diminuição do avanço. Logo, um aumento de produção de cavaco, proveniente do aumento do avanço e diminuição da profundidade de corte, acarreta um desgaste maior da ferramenta. Por outro lado, o aumento do avanço prejudica o acabamento da superfície obtida na peça. Conclui-se que *é preferível trabalhar com pequeno avanço e grande profundidade de corte.*

A figura 10.17 apresenta a influência da velocidade de corte e do avanço sôbre o desgaste da ferramenta, para um volume constante de cavaco

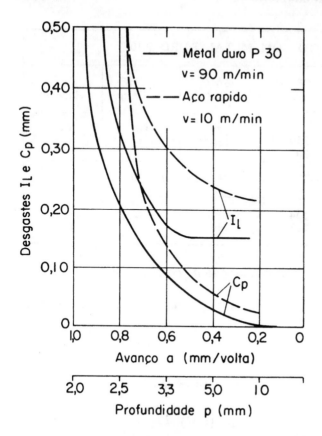

Fig. 10.16 — Influência da forma da secção de corte no desgaste da ferramenta; material St 90; $s = 2mm^2$; $\chi = 60°$; $T = 15min$ [15].

usinado por minuto. Na mesma figura verifica-se que aumentando-se o avanço e diminuindo-se a velocidade de corte, os desgastes da ferramenta decrescem consideràvelmente. A elevação da fôrça de corte P_c com a diminuição de v é relativamente pequena; desta maneira pode-se afirmar que *para remover a mesma quantidade de cavaco na unidade de tempo, é preferível aumentar o avanço e reduzir a velocidade de corte.*

Existem porém limitações com relação ao aumento do avanço e conseqüente diminuição da velocidade de corte. O aumento da área da secção de corte acarreta fôrças de corte maiores, as quais poderão originar trepidação na ferramenta e na máquina. Cada par ferramenta-peça apresenta uma velocidade de corte mínima, na qual trabalhando-se com valôres inferiores a êste mínimo, aparecerão outros fenômenos indesejáveis, tais como a formação da aresta postiça de corte e conseqüentemente um desgaste maior na ferramenta. O acabamento da superfície da peça é também prejudicado com velocidades de corte baixas.

A tabela II.1 apresenta valôres recomendados para a relação p/a, segundo a VDI-3335. Pràticamente tem-se as seguintes relações médias para a operação de desbaste ($\chi = 45$ a $60°$), segundo ABENDROTH & MENZEL.

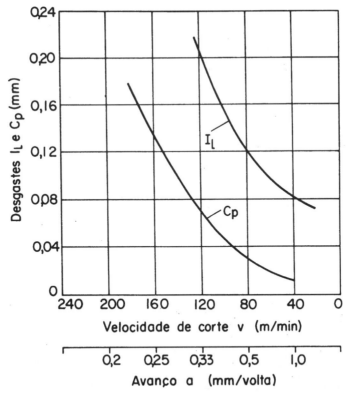

FIG. 10.17 — Desgaste da ferramenta para igual volume de cavaco usinado, com velocidade de corte e avanços variáveis; volume de cavaco usinado 80cm³/min; $p = 2$mm; material St 90; ferramenta P 30 [15].

TABELA X.16

Valôres recomendados da relação p/a, segundo Abendroth & Menzel [13]

Material	Ferramenta	p/a
Aço St 50 $\sigma_r = 50\text{-}60\text{kg/mm}^2$	Metal duro P 10 .... Metal duro P 20 .... Metal duro P 30 .... Aço rápido	8 6 5 4
Aço St 60 $\sigma_r = 60\text{-}70\text{kg/mm}^2$	Metal duro P 10 .... Metal duro P 20 .... Metal duro P 30 .... Aço rápido	10 8 6 5
Aço St 70 $\sigma_r = 70\text{-}85\text{kg/mm}^2$	Metal duro P 10 .... Metal duro P 20 .... Metal duro P 30 .... Aço rápido	12,5 10 8 6

A figura 10.18 apresenta os valôres recomendados do avanço e da profundidade de corte, segundo a *Carboloy Co*. Neste gráfico encontram-se representados logarìtmicamente sete campos em achuriado, os quais dão as tolerâncias de combinação entre *a* e *p*. Através do cruzamento das diagonais de cada retângulo, obtém-se os valôres médios. Unindo-se êstes pontos médios, para a profundidade de corte variando entre os limites $p = 0,4$ a 20 mm, obtém-se uma reta ascendente. Obtém-se assim a regra prática: *o avanço cresce com a raiz cúbica da profundidade de corte*. Nos diferentes campos de emprêgo de *a* e *p* estão representados também os valôres médios das áreas das secções de corte e os índices de esbeltez $G = p/a$. Pode-se verificar que *o grau de esbeltez G cresce com a raiz quadrada da área da secção de corte*. Para valôres elevados da profundidade de corte *p* e para peças muito grandes, pode-se tomar um avanço maior ao obtido pela regra acima, como mostram os retângulos tracejados à direita do gráfico. O mesmo acontece para trabalhos extremamente leves — toma-se o retângulo tracejado à esquerda do gráfico.

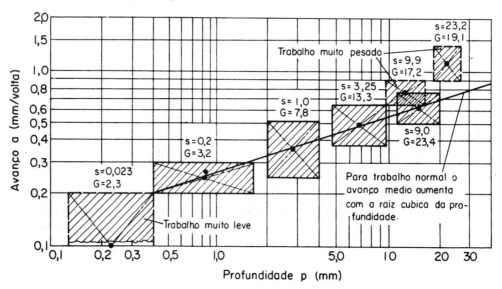

Fig. 10.18 — Representação prática dos campos de utilização do avanço e da profundidade de corte, segundo a *Carboloy Co*.

A título ilustrativo, o quadro abaixo apresenta a freqüência dos valôres das relações p/a que se encontram em indústrias mecânicas americanas. Vê-se nesta tabela que os valôres mais comuns de p/a estão compreendidos entre 4 e 10.

10.2.5 — Influência dos ângulos da ferramenta na velocidade ótima de corte

10.2.5.1 — Ângulo de posição χ

A influência do ângulo de posição sôbre a vida da ferramenta pode ser fàcilmente verificada através da figura 10.19. Uma diminuição de χ, para

TABELA X.17

Freqüência em % dos valôres do grau de esbeltez G mais usado numa indústria americana [10]

$G = p/a$	Freqüência em %
menos que 2	5%
2 a 4	25%
4,1 a 10	48%
10,1 a 20	20%
mais que 20	2%

mesmo avanço e mesma profundidade de corte, acarreta uma diminuição da espessura de corte h e ao mesmo tempo um aumento do comprimento b de corte. Esta variação de χ permite maior vida da ferramenta, pois além de resultar melhor distribuição da temperatura de corte num trecho de ferramenta b maior, haverá uma solicitação mecânica por unidade de comprimento da aresta cortante menor. Tal fato pode ser relacionado a um aumento da profundidade p, estudado no parágrafo anterior.

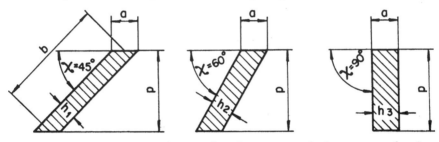

Fig. 10.19 — Variação da largura b e da espessura h de corte em função do ângulo de posição.

Analìticamente têm-se as relações:

$$h = a \cdot \operatorname{sen} \chi \quad \text{e} \quad b = \frac{p}{\operatorname{sen} \chi}$$

Exprimindo-se a fórmula (10.23) em função da relação b/h, tem-se

$$v_{60} = \frac{C_o \cdot \left(\dfrac{b}{5h}\right)^g}{s^f},$$

ou ainda

$$v_{60} = \frac{C_o \cdot \left(\dfrac{p}{5 \cdot a}\right)^g \cdot \left(\dfrac{1}{\operatorname{sen} \chi}\right)^{2g}}{s^f}.$$

Mantendo-se p/a constante pode-se escrever a relação:

$$\frac{v_{60}, \chi^o}{v_{60}, 45^o} = \left(\frac{\operatorname{sen} 45^o}{\operatorname{sen} \chi}\right)^{2g}. \qquad (10.25)$$

A tabela X.18 apresenta os valôres da relação acima para diferentes ângulos de posição χ e diferentes valôres de g. Desta forma pode-se corrigir os valôres das velocidades ótimas de corte, apresentados nas tabelas X.14 e X.15, para ângulos de posição diferentes de 45°. Com relação a tabela X.13 pode-se proceder cálculo análogo e corrigir os valôres das velocidades de corte para ângulos de posição diferentes de 70°.

TABELA X.18

Fatôres de correção da velocidade ótima de corte, referidos a um ângulo de posição de 45°

Ângulo de posição χ^o	$\left(\dfrac{\operatorname{sen} 45^o}{\operatorname{sen} \chi^o}\right)^{2g}$		
	g = 0,12	g = 0,17	g = 0,22
90°	0,920	0,888	0,858
75°	0,927	0,900	0,872
60°	0.953	0,933	0,915
45°	1	1	1
30°	1,087	1,125	1,165

10.2.5.2 — Ângulo de ponta ϵ

Durante a usinagem, a ponta da ferramenta é submetida a pressões de corte muito elevadas. Dessa forma, o ângulo de ponta ϵ deve ser o maior possível. O seu valor é determinado pela expressão (figura 10.20)

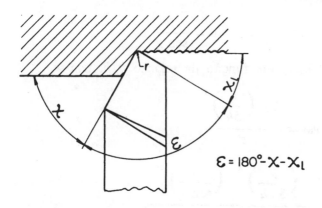

FIG. 10.20 — Ângulo de ponta ϵ de uma ferramenta monocortante (ferramenta de barra).

$$\epsilon = 180 - \chi - \chi_1, \qquad (10.26)$$

onde

χ = ângulo de posição
χ_1 = ângulo de posição da aresta lateral de corte.

O ângulo χ_1 é formado entre a projeção da aresta lateral de corte sôbre o plano de referência e o plano de trabalho, medido no plano de referência (§ 2.4.1). O seu valor deve ser no mínimo 2°, para evitar que a aresta secundária de corte raspe (em tôda a sua extensão) na peça.

Em ferramentas de tornos copiadores, ϵ deve ser, porém, pequeno ($\cong 50°$), para facilitar a copiagem da peça.

10.2.5.3 — Ângulo de saída γ

Quanto maior fôr o ângulo de saída γ, menor a deformação e o trabalho de separação do cavaco da peça. A pressão e a temperatura de corte caem com o aumento do ângulo de saída, resultando em conseqüência uma diminuição do desgaste e um aumento da vida da ferramenta. A figura 10.21 apresenta a influência do ângulo γ na vida da ferramenta.

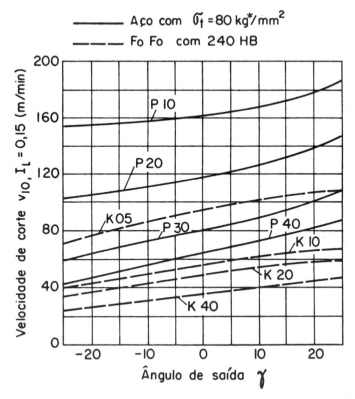

FIG. 10.21 — Velocidade de corte, que em 10 minutos origina um desgaste l_1 na superfície de folga de 0,15mm, em função do ângulo de saída, para diferentes tipos de metal duro.

504   FUNDAMENTOS DA USINAGEM DOS METAIS

O valor de γ porém, é limitado pela condição de resistência da cunha da ferramenta. Segundo L. CLAIR, o ângulo γ correto é o valor máximo permitido pelo trabalho da ferramenta, sem quebra do gume cortante [16]. Há, porém, exceções nesta regra.

A tabela II.1 fornece os valôres dos ângulos da ferramenta para diferentes materiais, segundo a *VDI* 3335.

O *ângulo de saída negativo* é empregado na usinagem com pastilhas de metal duro e de cerâmica, em materiais difíceis de se usinar e no corte interrompido. A principal vantagem do ângulo de saída negativo reside na mudança de direção da fôrça de usinagem P_u. Conseqüentemente modifica-se a solicitação na superfície de saída, podendo chegar a compressão (figura 10.22) [17 e 18]. A tensão de compressão é melhor suportada que a de tração nos materiais frágeis.

Quanto maior a dureza e a resistência do material a usinar, tanto maior deve ser o ângulo negativo γ. Com o emprêgo de velocidades de corte altas, obtém-se uma ótima superfície de acabamento na peça.

A substituição de um ângulo positivo de saída por um ângulo negativo, em igualdade de condições de usinagem, exige uma potência de corte maior. Isto é evidenciado pelo aumento da curvatura do cavaco (figura 10.22), aumento do grau de recalque R_c e do grau de deformação ϵ_0 do cavaco (ver Capítulo IV § 4.3.3 e 4.3.4). Conseqüentemente a fôrça de corte é maior.

Uma vez que a potência de corte é transformada em calor, o ângulo de saída negativo acarreta um aumento da temperatura da aresta cortante. Esta é uma das razões porque o ângulo de saída negativo é empregado sòmente na usinagem com pastilhas de metal duro e de cerâmica.

O emprêgo de grandes avanços, com ângulo negativo, permite um deslocamento da cratera de desgaste da superfície de saída da ferramenta (figura 10.22), melhorando a resistência do gume cortante.

Com o fim de diminuir o acréscimo da potência de corte, é executado freqüentemente um chanframento na superfície de saída com um ângulo γ_c negativo, conservando-se, porém, o ângulo γ positivo (figura 10.23).

A largura l_γ do chanfro é tomada 0,5 a 1,5 do avanço. Certos construtores empregam esta solução nas arestas principal e secundária de corte das fresas de faceamento. A figura 4.22 do parágrafo 4.2.2 — *Formas de cavaco* — mostra a influência da forma da superfície de saída da ferramenta sôbre a vida e a fôrça de corte.

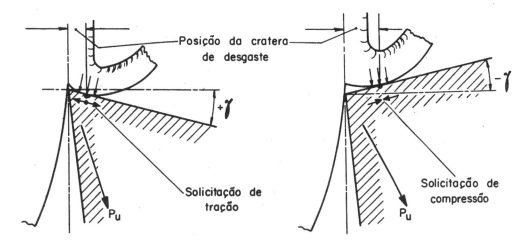

FIG. 10.22 — Diferença de solicitação na superfície de saída de uma ferramenta, devido ao emprêgo de um ângulo γ negativo elevado [18].

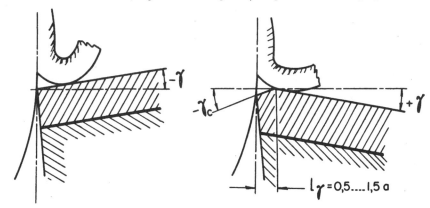

FIG. 10.23 — Influência do chanfro na superfície de saída de uma ferramenta sôbre a curvatura do cavaco.

10.2.5.4 — Ângulo de folga α

A influência do ângulo de folga α no desgaste da ferramenta pode ser verificada no gráfico 10.24. Através da figura 10.25 nota-se que o volume V de desgaste da ferramenta, necessário para atingir um desgaste l_1, é muito maior com um ângulo de folga α grande do que com um ângulo de folga pequeno. Logo, o aumento do ângulo de folga diminui, em igualdade de volume V o desgaste l_1 na superfície de incidência.

A limitação do aumento do ângulo α reside no enfraquecimento da cunha cortante. A sua resistência à flexão cai consideràvelmente com o aumento do ângulo α. Sòmente para avanços pequenos é que se empregam ângulos de folga da ordem de 10 a 15°. No torneamento, operação de desbaste,

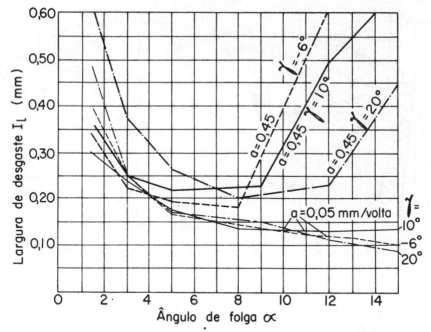

FIG. 10.24 — Influência do ângulo de folga α no desgaste da superfície de incidência de uma ferramenta; material aço C 60 W 3 (90kg*/mm²); ferramenta de metal duro P 20; $v = 125$m/min; $p = 2$mm; $T = 10$min; $\chi = 60°$; $\lambda = -5°$; $\epsilon = 90°$; $r = 1$mm [15].

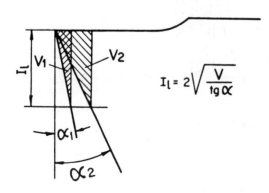

FIG. 10.25 — Influência do ângulo de folga α sôbre o volume de desgaste da ferramenta, para igual largura de desgaste l_1.

para aços com $\sigma_r \leqslant 50$kg/mm², toma-se $\alpha = 7$ a $12°$; para materiais mais duros $\alpha = 5$ a $10°$.

Para diminuir o tempo de afiação com rebôlo de diamante nas pastilhas de metal duro e de cerâmica, empregam-se um chanframento na superfície de incidência (figura 10.26). Segundo a *Fried Krupp Widia-Fabrik* tem-se $\alpha - \alpha_c = 2°$, segundo a *General Electric Co. — Carboloy Departament* — tem-se $\alpha - \alpha_c = 3°$. Na superfície de saída da ferramenta pode-se adotar um processo análogo, isto é, o emprêgo de um segundo chanfro para afiação.

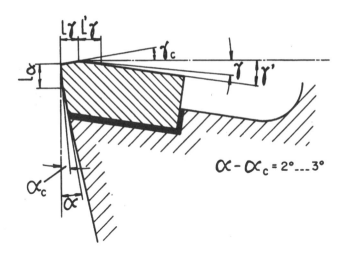

Fig. 10.26 — Chanframento da superfície de incidência e de saída da ferramenta, para facilitar a afiação da pastilha com rebôlo de diamante.

10.2.5.5 — Ângulo de inclinação λ

No corte interrompido com pastilhas de metal duro, é muito importante o *estudo do ataque da ferramenta na peça*. A posição do ponto inicial de contato (ferramenta-peça) na pastilha depende da posição relativa entre a superfície de saída da ferramenta e a superfície da peça, no início de trabalho. Na figura 10.27 estão representados pelas letras S T U V os quatro vértices da secção de corte. Se o contato ferramenta-peça se iniciar primeiramente no ponto S, ponta da ferramenta, a mesma será altamente solicitada e poderá se romper. O ponto mais favorável para o início de contato é o ponto U, longe das arestas de corte. Isto se consegue através de uma escolha adequada dos ângulos negativos de inclinação e de saída. É desejável que após o contato em U, tenha-se o contato em T ou em V; o contato em S deverá ser o último. O chanframento da superfície de saída (figura 10.27 b) permitirá, logo após o contato em V, o contato em W. Neste caso emprega-se um ângulo de inclinação negativo e um ângulo de saída do chanfro γ_c negativo.

Chama-se *tempo de choque* o tempo gasto entre o primeiro contato da pastilha (ponto U) e o contato completo da mesma com a peça (ponto S). Êsse tempo pode ser calculado, conhecendo-se o avanço, a profundidade de corte, a velocidade de corte, a posição relativa entre a pastilha e a peça e a trajetória descrita pela pastilha em relação à peça [19]. Os ensaios de usinagem revelaram, que quanto maior o tempo de choque, maior a vida da ferramenta.

Quanto maior o valor do ângulo negativo de inclinação λ, maior o **tempo de choque**. No fresamento com pastilha de metal duro emprega-se em geral $\lambda = -15°$, no aplainamento $\lambda \cong -6$ a $-20°$, no torneamento com corte

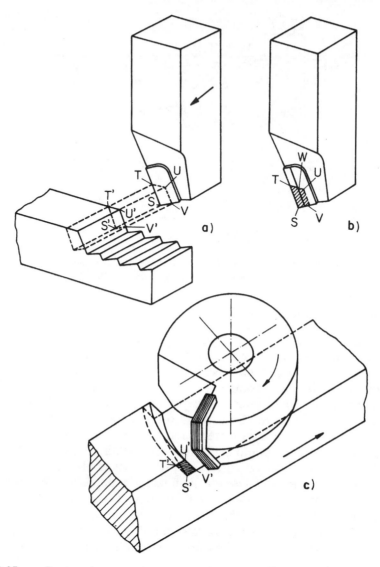

FIG. 10.27 — Pontos de contato no corte interrompido. *a*) Aplainamento. *b*) Aplainamento — ferramenta com superfície de saída chanfrada. *c*) Fresamento.

interrompido $\lambda \cong -5$ a $-10°$. Além disto, emprega-se em geral para tôdas estas operações um chanframento na superfície de saída com um ângulo γ_c da ordem de 0 a $-15°$ e uma largura de chanfro $l_\gamma \cong 0,2$ a 2 vêzes a espessura de corte h. Também no trabalho de materiais com incrustações duras, o emprêgo do ângulo de inclinação negativo tem permitido excelentes resultados.

O ângulo negativo de inclinação origina uma grande fôrça de recuo P_p. Deve ser empregado quando a máquina e a ferramenta permitem uma suficiente rigidez. Uma desvantagem aparece quando, devido ao ângulo negativo de inclinação, o cavaco é comprimido contra a superfície da peça. Na tabela II.1 encontram-se os ângulos negativos de inclinação e de saída do cavaco para diferentes materiais, nas operações de torneamento.

Com o emprêgo do ângulo de inclinação negativo, o ângulo de saída da *aresta secundária de corte* é também negativo. Isto origina um desgaste da superfície secundária de incidência da ferramenta, o qual pode prejudicar o acabamento da peça. Por esta razão não se emprega nas *operações de acabamento* ângulo de inclinação negativo. VIEREGGE recomenda para trabalhos de acabamento fino, um ângulo λ igual a +10° [15].

10.2.6 — Influência do raio de curvatura da ponta r

A espessura média de corte h_m na ponta da ferramenta diminui com o aumento do raio de curvatura r e com o aumento do ângulo de ponta ϵ da ferramenta (figura 10.28). Conseqüentemente diminui a fôrça de corte por unidade de comprimento da aresta de corte, ocasionando um desgaste menor da ponta.

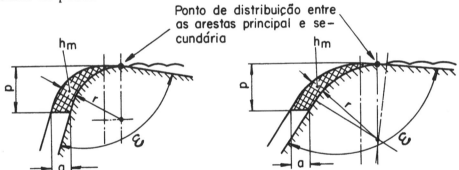

FIG. 10.28 — Influência do raio de curvatura r e do ângulo de ponta ϵ sôbre a espessura de corte h_m.

Porém, se o raio de curvatura r da ponta fôr muito grande, haverá um atrito da aresta lateral de corte com a peça, o qual dará origem a formação de sulcos na superfície secundária de incidência, prejudicando o acabamento da peça (figura 10.29). Existe um valor ótimo para o raio de curvatura, o qual depende do material da peça, material da ferramenta, avanço, profundidade e velocidade de corte. *Para ferramentas de aço rápido*, costuma-se empregar a seguinte regra prática:

O raio de curvatura r da ponta deve ter um valor aproximadamente igual a quatro vêzes o avanço por volta. Deve ser, porém, igual ou maior que a quarta parte da profundidade de corte.

Para pastilhas de metal duro, costuma-se empregar valôres menores que os anteriores. Para avanços menores ou iguais a 0,7mm/volta, W. DAWHL [20] recomenda $r = 1$mm; para avanços maiores que 1mm/volta $r \cong a$.

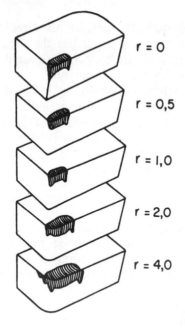

FIG. 10.29 — Influência do valor do raio de curvatura da ponta na forma de desgaste da ferramenta.

Alguns pesquisadores [16] têm obtido ótimos resultados, nas operações de desbaste de materiais duros e no corte interrompido, com o *chanframento da ponta* (figura 10.30). Esta solução permite também diminuir a espessura de corte h na ponta da ferramenta. O ângulo de chanframento varia de 5 a 10º.

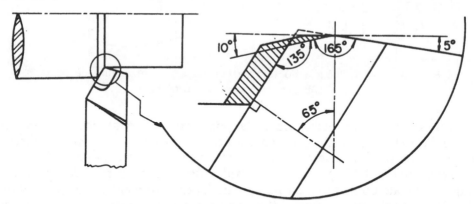

FIG. 10.30 — Chanframento da ponta da aresta cortante, segundo L. CLAIR [16].

O estudo mais desenvolvido sôbre êste assunto será apresentado no capítulo referente a *Ferramentas Monocortantes*, no 2.º volume.

10.3 — BIBLIOGRAFIA

[1] KRONENBERG, M. *Machining Science and Application.* Oxford, Pergamon Press, 1966.

CURVA DE VIDA DE UMA FERRAMENTA

[2] WEBER, G. "Beitrag zur Analyse des Standzeitverhaltens". *Industrie-Anzeiger.* Essen, 20 (18): 237-244, maio, 1955.

[3] OPITZ, H. "Der heutige Stand der Zerspanungsforschung". *Werkstattstechnik und Maschinenbau.* Berlin, 46 (5): 210-217, 1956.

[4] WITTHOFF, J "Über den Einfluss der Grösse der Verschleissmarkenbreite". *Werkstatt und Betrieb.* München, 88 (5): 223-227, 1955.

[5] SHAW, M. C. "Betrachtungen zur Verwendung von Keramischen Werkzeugen. *Industrie-Anzeiger.* Essen, 20 (3): 282-285, março, 1957.

[6] A. S. T. M. E. *Tool Engineers Handbook.* New York, McGraw-Mill Book Co., 1959.

[7] HÜTTE. *Taschenbuch für Betriebsingenieure.* Berlin, Verlag von Wilhelm Ernst & Sons, 1964, v. 1.

[8] A. W. F. — Ausschuss für Wirtschaftliche Fertigung. Richtwerte für spanhabhebende Bearbeitung, BL. 100 bis 111. *AWF.* Deutschland, 3. Ausgabe, 1951.

[9] WILSON, F. W. *Machining with carbides and oxides.* New York, McGraw-Hill Book Co., 1962.

[10] KRONENBERG, M. *Grundzüge der Zerspanungslehre.* Berlin, Springer Verlag, 1954.

[11] A. S. M. E. *Manual on Cutting of Metals.* U. S. A., The American Society of Mechanical Engineers, 1952.

[12] A. W. F.-158. *Richtwerte für das Drehen mit Schnellarbeitsstahl und Hartmetalwerkzeuge — Kurzausgabe,* Berlin, 1949.

[13] ABENDROTH, A. & MENZEL, G. *Grundlagen der Zerspanungslehre.* Leipzig, Fachbuchverlag Leipzig, 1960, 1 v.

[14] KLINGELNBERG. *Technisches Hilfsbuch.* Berlin, Springer Verlag, 1967.

[15] VIEREGGE, G. *Zerspanung der Eisenwerkstoffe.* Düsseldorf, Verlag Stahleisen M. B. H., 1959.

[16] CLAIR, L. J. S. T. *Design and use of cutting tools.* New York, McGraw-Hill Book Co. Inc., 1952.

[17] BLANPAIN, E. *Théorie et Pratique des Outils de Coupe y les Outils en Ceramique.* Paris, Eyrolles, 1956.

[18] PREGER, K. T. *Zerspantechnik.* Brauschweig, Friedr. Vieweg & Sohn, 1965.

[19] KRONENBERG, M. *Grundzüge der Zerspanungslehre.* Berlin, Springer Verlag, 1963, v. 2.

[20] DAWIHL, W. & DINGLINGER, E. *Handbuch der Hartmetallwerkzeuge.* Berlin, Springer Verlag, 1953.

[21] ERNST, H. *et alli. Machining — Theory and Practice.* Cleveland, A. S. M., 1950.

XI

FLUIDOS DE CORTE

Engenheiro ROSALVO TIAGO RUFFINO*

11.1 — INTRODUÇÃO

Sob o título *Fluidos de corte* vamos apresentar alguns elementos ou compostos que entram em jôgo no processo de usinagem dos metais, com o fim de lhe conferir alguma melhoria.

Tais elementos ou compostos podem ser sólidos, líquidos ou gasosos, conforme será exposto neste capítulo**.

A melhoria por sua vez poderá ter caráter funcional ou caráter econômico. A melhoria funcional é constatada pelo melhor desempenho no mecanismo da formação do cavaco, pela facilidade de expulsão do cavaco produzido na região de corte, pela maior possibilidade de se obter as dimensões desejadas na peça-obra, etc. A melhoria econômica é constatada pelo menor consumo de energia durante o processo, pelo menor desgaste da ferramenta, do que resulta menor tempo passivo e menor custo da ferramenta por peça usinada.

11.2 — HISTÓRICO

O primeiro pesquisador que constatou e mediu [1] a influência de fluido de corte durante o processo de usinagem foi o americano F. W. TAYLOR (1894). Sua verificação se fêz jorrando grande quantidade de água na região *peça-ferramenta-cavaco,* com o que conseguiu aumentar a velocidade de corte de 33% sem prejuízo para a vida da ferramenta de corte. Naturalmente a idéia da água surgiu na busca de minorar o indesejável efeito da alta temperatura sôbre a ferramenta — o jôrro da água levaria consigo parte do calor gerado durante o corte do material.

---

* Assistente da Cátedra de Máquinas Operatrizes e de Transporte da Escola de Engenharia de São Carlos, da USP.

** Conservamos a expressão *Fluido de corte* por duas razões: a primeira é o uso já difundido dessa expressão; a segunda é que a maioria dos compostos utilizados para tal fim se encontra em estado líquido. Mais pròpriamente dever-se-iam denominar *Agentes de melhoria do corte.*

FLUIDOS DE CORTE

Em seguida, no intuito de diminuir o atrito do cavaco sôbre a ferramenta surgem os *óleos graxos* aplicados em tôdas as operações de usinagem — fase das baixas velocidades de corte e pequenas secções de corte.

Os *óleos minerais* surgem inicialmente aplicados na usinagem de latão, ligas não-ferrosas e em operações leves com aço [2]. Para operações mais severas desenvolveu-se o uso de um composto de *óleo mineral* com *óleo de toicinho*, com bons resultados.

O evento de melhores materiais para ferramentas, possibilitando maiores velocidades de corte, induziu o estudo e desenvolvimento de novos fluidos de corte. Êstes foram obtidos com aditivos químicos, dosados nos fluidos de corte para satisfazer a necessidade exata nas operações de usinagem mais pesadas.

As pesquisas levaram à utilização das mais variadas combinações de *óleos minerais, óleos graxos* e *aditivos* (enxôfre, cloro, fósforo, etc.). Cada combinação com seu emprêgo específico. Nessa ocasião surgem os *óleos emulsionáveis,* que aproveitam a alta propriedade refrigerante da água.

Mais recentemente surgem os *fluidos químicos de corte,* constituídos de uma combinação de agentes químicos com a água. Sua aplicação atualmente é bastante grande, tendo em vista que sua composição é estudada e preparada de acôrdo com o fim a que se destina.

11.3 — FUNÇÕES DOS FLUIDOS DE CORTE

A função do fluido de corte é introduzir uma melhoria no processo de usinagem dos metais. A melhoria poderá ser de *caráter funcional* ou de *caráter econômico.*

As melhorias de *caráter funcional* são aquelas que facilitam o processo de usinagem, conferindo a êste um desempenho melhor. Entre estas melhorias distinguem-se:

> redução do coeficiente de atrito entre a ferramenta e o cavaco;
> expulsão do cavaco da região de corte;
> refrigeração da ferramenta;
> refrigeração da peça em usinagem;
> melhor acabamento superficial da peça em usinagem;
> refrigeração da máquina-ferramenta.

As melhorias de *caráter econômico* são aquelas que induzem a um processo de usinagem mais econômico. Entre estas melhorias distinguem-se:

> redução do consumo de energia de corte;
> redução do custo da ferramenta na operação;
> impedimento da corrosão da peça em usinagem.

11.3.1 — Atrito na região ferramenta-cavaco

Como foi visto no § 4.5.2, durante o processo da formação do cavaco aparecem três fontes distintas de calor. A primeira na região do cisalhamento (zona C da figura 11.1) onde ocorre a deformação plástica do material que está sendo usinado — esta fonte afeta todo o volume do cavaco formado. A segunda fonte afeta uma face do cavaco e uma face da ferramenta (zona A da figura 11.1), onde o cavaco desliza sôbre a superfície de saída da ferramenta — esta fonte é devida ao atrito na interface ferramenta-cavaco. A terceira fonte é a zona B da figura 11.1, onde ocorre o atrito entre a ferramenta e a superfície usinada da peça — esta fonte afeta parte da superfície de incidência da ferramenta e tôda a superfície usinada da peça.

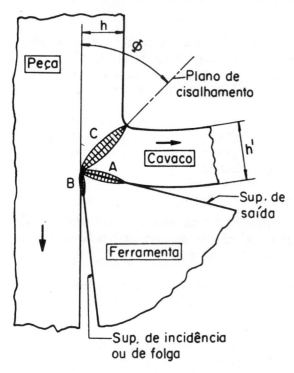

FIG. 11.1 — Fontes de calor na formação do cavaco.

A melhoria introduzida neste processo pelo uso de fluido de corte, especialmente do fluido onde predomine o caráter lubrificante, é a *redução da intensidade das três fontes de calor*. Na zona A a redução é evidente, pois a aplicação de lubrificante diminui o coeficiente de atrito na interface ferramenta-cavaco — decorre menor quantidade de calor gerado pelo atrito. Na zona B ocorre a mesma coisa em relação à ferramenta e a peça. Na zona C a redução se faz pelo seguinte fato: a diminuição do coeficiente de atrito μ, entre a ferramenta e o cavaco, provoca o aumento do ângulo de cisalhamento ϕ (ver figura 4.48) e conseqüentemente uma diminuição do grau de deformação ϵ_o (ver figura 4.28); a diminuição de ϵ_o acarreta um decréscimo da energia de deformação por cisalhamento e_z (ver equação 4.41) e conseqüentemente um decréscimo da quantidade de calor gerado em C. Outra decorrência do aumento do ângulo ϕ é o aumento da velocidade do cavaco v_c, segundo a fórmula (4.9) do parágrafo 4.3.3. Isto significa que o cavaco se afasta mais ràpidamente da superfície de saída da ferramenta, diminuindo assim o tempo de transmissão de calor daquele (que é uma fonte móvel de calor) para a superfície citada.

11.3.2 — Expulsão do cavaco da região de corte

No processo de usinagem o cavaco se torna indesejável tão logo acaba de ser produzido. Sua presença na região do corte pode provocar danificações na ferramenta ou na superfície da peça usinada.
O emprêgo de fluido de corte facilita a expulsão do cavaco em alguns casos, como por exemplo, no torneamento, na furação, no fresamento, etc. — em outros casos, o fluido é responsável pela expulsão — por exemplo, na retificação plana, no mandrilamento, no alargamento, no serramento, nas operações de super-acabamento, etc.
No caso do processo de furação profunda procede-se a uma construção especial da ferramenta a fim de permitir o acesso do fluido de corte à ponta da broca. Isto se consegue através de duas soluções:

a) dois tubinhos alojados e soldados em ranhuras nos flancos da broca, segundo a figura 11.2 a;

b) dois furos feitos nos flancos da broca segundo a figura 11.2 b. Neste caso, tais furos são feitos longitudinalmente na barra de secção, retangular que dará, mediante torção a quente, a broca helicoidal.

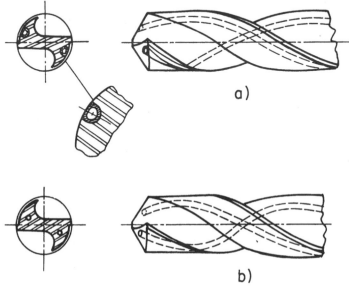

FIG. 11.2 — Brocas especiais com condutores de fluido de corte.

11.3.3 — Refrigeração da ferramenta

As três fontes de calor descritas no item 11.3.1 contribuem para a elevação da temperatura da ferramenta.
Como foi visto no capítulo 4.5.3, muitos pesquisadores mediram, com os mais variados processos, a temperatura na interface ferramenta-cavaco. A figura 4.63 mostra resultados de alguns ensaios onde é evidente o aumento da temperatura com o aumento da velocidade ou do avanço [3, 4 e 5].
Outro fator que influi na variação da temperatura da ferramenta é o material da peça em usinagem. A figura 4.65 mostra as variações apresentadas por SCHALLBROCH e BETHMAN.

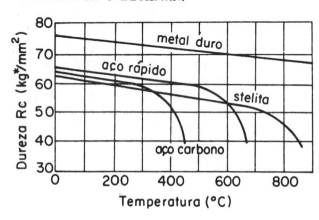

FIG. 11.3 — Dureza da ferramenta de corte em função da sua temperatura [6].

A influência que a temperatura exerce sôbre a dureza da ferramenta de corte pode ser verificada na figura 11.3 [6]. Resulta dessa observação que o aumento da temperatura provoca o abaixamento da dureza superficial da ferramenta — êste fato compromete o desempenho da função da ferramenta. A vida desta é pois relacionada com a temperatura de corte, como demonstra a figura 11.4 apresentada por SCHALLBROCH e SCHAUMANN [7]. Analìticamente, tem-se a relação:

$$T \cdot t^n = K,$$

onde

$T = $ vida da ferramenta (min);
$t = $ temperatura na interface ferramenta-cavaco (°C);
n = expoente cujo valor depende dos materiais da ferramenta e da peça e das condições de usinagem;
$K = $ constante cujo valor depende dos materiais da ferramenta e da peça e das condições de usinagem.

O valor de "n" é bastante grande, da ordem de 20, significando isso que uma pequena variação de t poderá resultar numa grande variação da vida T. Exemplo [8], para um caso particular:

$$T \cdot t^{24} = 740^{24}$$

Se $t = 625°C$, vem

$$T = \left(\frac{740}{625}\right)^{24} = 57 min,$$

mas se $t = 600°C$,

$$T = \left(\frac{740}{600}\right)^{24} = 150 min.$$

Isto significa que uma diminuição de 25°C na temperatura da ferramenta elevou sua vida T de 57min para 150min.

Dêste exemplo torna-se evidente a necessidade de um cuidado maior no contrôle da temperatura.

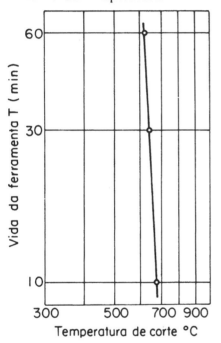

FIG. 11.4 — Influência da temperatura de corte sôbre a vida da ferramenta. Material aço carbono; ferramenta aço rápido (18-4-1) [7].

BLANPAIN [9] apresenta as temperaturas registradas ao tornear um aço semiduro com ferramenta de estelita, variando as condições de refrigeração (figura 11.5).

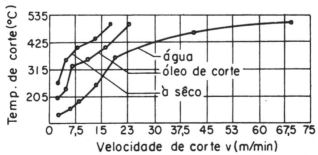

F'G. 11.5 — Influência do fluido de corte no torneamento de aço de médio carbono com ferramenta de estelita [9].

518 FUNDAMENTOS DA USINAGEM DOS METAIS

Observa-se que a sêco a ferramenta atinge 400°C à velocidade de 7,5m/min, enquanto que refrigerando-se com água a velocidade permissível para essa mesma temperatura é de 24m/min.

Como já foi exposto por Chao e Trigger [4] as condições na interface ferramenta-cavaco favorecem a ocorrência da difusão metálica entre os materiais da ferramenta e da peça. Tal difusão ocorre sempre com prejuízo da ferramenta, quer pelo enfraquecimento da superfície ativa da ferramenta, quer pelo arrancamento de partículas da mesma. A tendência da difusão é exponencial com a temperatura. Até o tungstênio da ferramenta de metal duro apresenta uma tendência pronunciada à difusão, acima de 954°C; outros materiais apresentam também tal tendência a temperaturas bem mais baixas.

Um contrôle do aumento da temperatura de corte significa, portanto, uma melhoria no desempenho da função da ferramenta. Um fluido de corte escolhido adequadamente deverá constituir-se num protetor da ferramenta.

11.3.4 — Refrigeração da peça em usinagem

Das três fontes de calor descritas no item 11.3.1, duas afetam diretamente a peça em usinagem. Disso resulta um aumento da temperatura da peça. Êste aquecimento pode conduzir a quatro fatos indesejáveis na operação de usinagem:

a) *deformações da peça em usinagem* devido às tensões oriundas de grandes aquecimentos locais ou mesmo totais;

b) *côres de revenido na superfície usinada.* É o caso da usinagem por abrasão, em especial nas operações de retificação, no ato de acabamento da peça;

c) *falseamento das medidas da peça em trabalho.* Em operações onde as medidas são tomadas automàticamente pelas trajetórias das ferramentas, ocorre uma discordância entre as medidas feitas durante a ação da ferramenta e após essa ação; acontece que a peça apresenta medidas diferentes quando aquecida em relação ao estado de temperatura ambiente. A refrigeração neste caso poderá manter a peça sempre em temperatura bem próxima da ambiente;

d) *dificuldade para o operador manusear a peça usinada:* retirá-la da máquina, transportá-la, etc.

Tendo em vista tais fatos, os fluidos de corte devem ser usados em abundância na refrigeração da peça em usinagem.

11.3.5 — Melhorar o acabamento superficial da peça usinada

A qualidade do acabamento superficial da peça usinada depende principalmente da geometria da ferramenta, das condições de corte e do comportamento dinâmico da máquina.

A influência dos fluidos de corte durante a operação de usinagem se faz sentir no acabamento da peça através dos três fatôres acima citados.

Quanto à geometria da ferramenta, os principais elementos determinantes do acabamento da peça são: o raio da ponta, o ângulo de saída e o ângulo de folga. Êstes elementos, perfeitamente controláveis durante a afiação da ferramenta, poderão variar seus valôres durante a operação de corte. Esta variação pode também ser devida à formação da *aresta postiça*. Decorre dêstes fatos a afirmação aceita [2] — o acabamento superficial irregular da peça usinada é devido em grande parte aos fragmentos metálicos da aresta postiça. O contrôle da formação da *aresta postiça* resulta do objetivo do fluido de corte com vistas ao acabamento superficial. A tendência a formar aresta postiça é [3] grandemente diminuída quando o coeficiente de atrito na interface ferramenta-cavaco é menor (uso de lubrificante). O coeficiente de atrito nessa interface mantém uma relação direta com o grau de recalque R_c*. Dada a facilidade de medir o grau de recalque do cavaco, ao invés do coeficiente de atrito, MERCHANT [8] apresenta resultados de ensaios na figura 11.6, onde se verifica a grande melhoria no acabamento superficial da peça usinada ao se reduzir o coeficiente de atrito (ao diminuir o R_c).

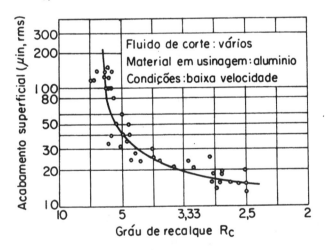

FIG. 11.6 — Influência do grau de recalque sôbre o acabamento superficial da peça [8].

Como estudado no capítulo VIII, a formação da *aresta postiça* mantém uma relação com a temperatura de corte — esta por sua vez poderá ser controlada pelos fluidos de corte. Por exemplo, nas operações de desbaste uma proteção da superfície de saída da ferramenta através de uma fina camada de *aresta postiça* poderia ser conseguida com fluido de corte próprio e convenientemente aplicado. Por outro lado, nas operações de acabamento (velocidades maiores) o ponto de aplicação do fluido é de fundamental importância visto que a penetrabilidade é dificultada pela velocidade alta.

---

* Como foi visto no § 11.3.1, o aumento do coeficiente de atrito μ acarreta um aumento do grau de deformação ϵ_0, ou ainda um aumento do grau de recalque R_c.

Quanto às condições de corte, já é conhecida a relação que liga o acabamento superficial com a velocidade. A figura 11.7 é o resultado de ensaio realizado usinando-se aço SAE 4130 normalizado [10].

Com vistas ao melhoramento do acabamento superficial da peça usinada, o aumento da velocidade provocará também o aumento da temperatura como mostra a figura 4.63. Lembrando ainda a figura 11.3, a ocorrência de deterioração prematura da ferramenta poderá ser evitada com o uso de fluidos de corte. Desta forma, poder-se-á trabalhar numa faixa de velocidades que permita um dado acabamento superficial, sem prejudicar notàvelmente a ferramenta.

Ainda com respeito ao acabamento superficial, os fluidos de corte nada podem fazer para corrigir os efeitos das demais condições de corte.

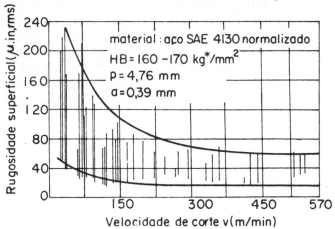

FIG. 11.7 — Influência da velocidade de corte sôbre a rugosidade superficial [10].

Quanto ao comportamento dinâmico da máquina, os seguintes fatos devem ser levados em consideração:

- as fôrças de usinagem são de caráter vibratório — donde a solicitação dinâmica dos componentes da máquina;
- as vibrações dos componentes da máquina conduzem à produção de rugosidade superficial indesejável na peça usinada;
- a redução do coeficiente de atrito na interface ferramenta-cavaco produz uma diminuição na intensidade das fôrças de usinagem — disso resulta uma diminuição da solicitação dinâmica da máquina.

Pode-se, portanto, dentro de certos limites, usando fluidos de corte, levar a máquina a um funcionamento onde as solicitações dinâmicas, não sendo muito intensas, permitirão um acabamento superficial próximo do desejado.

11.3.6 — Refrigeração da máquina-ferramenta

Quando a usinagem é feita sob especificação de tolerâncias mais rigorosas, principalmente em máquinas automáticas ou com contrôles numéricos, onde

FLUIDOS DE CORTE 521

é total ou parcialmente eliminada a influência do operador, o problema dos efeitos térmicos se coloca em evidência. BRYAN e McCURE [11] apontam as diversas fontes de calor que afetam a precisão do funcionamento da máquina — sob esta luz recomendam a refrigeração em tôdas as fontes de calor possíveis, inclusive na fonte devida ao corte do metal. Esta, através da ferramenta, da peça, do cavaco ou da irradiação poderá afetar dimensões ou disposições na máquina-ferramenta, que venham a prejudicar as medidas finais da peça usinada.

11.3.7 — Redução do consumo de energia de corte

O uso de fluidos de corte no processo de usinagem conduz a uma redução do consumo de energia de corte, como uma decorrência natural do exposto no item 11.3.1. O menor coeficiente de atrito na interface ferramenta-cavaco propiciado pela ação lubrificante diminui o grau de recalque R_c é conseqüentemente a fôrça de usinagem P, como mostram a fórmula 4.69 e a figura 4.51 do parágrafo 4.4.4. Variações no coeficiente de atrito têm então um caráter de *ação disparadora*, como intitulado por SHAW [3].

11.3.8 — Redução no custo da ferramenta na operação

O custo da ferramenta na operação de usinagem está ligado à capacidade de produção durante sua vida T. Uma ferramenta terá custo menor quanto maior fôr a sua produção, expressa em número de peças usinadas no tempo T.

Como é sabido, a vida T tem por determinante o desgaste da ferramenta. Todo o processo que vise aumentar T deverá *a fortiori* diminuir o desgaste da ferramenta. O desgaste por sua vez tem por determinantes a ação abrasiva e a difusão metálica, esta última acelerada pela temperatura (ver capítulo VIII [7] e [12]). O emprêgo de fluidos de corte poderá diminuir a severidade da ação abrasiva e a intensidade da difusão metálica. Como resultado diminui-se o desgaste da ferramenta, aumenta-se a vida T, a capacidade de produção e com esta o custo operacional torna-se menor.

11.3.9 — Impedimento da corrosão da peça em usinagem

As superfícies recém-obtidas da peça pela operação de usinagem podem sofrer o ataque corrosivo dos agentes exteriores (umidade atmosférica, vapôres ácidos, etc.) o que poderá prejudicar a peça, durante o tempo mais ou menos longo entre duas operações sucessivas.

A melhoria que proporcionam certos fluidos de corte se expressa pela proteção, através da película de fluido aderida às superfícies da peça usinada*.

---

* Faz-se exceção aqui ao uso do lubrificante sólido, quer aplicado à superfície de saída da ferramenta, quer aplicado em forma de aditivo na estrutura da peça — *aços de corte fácil*.

522 FUNDAMENTOS DA USINAGEM DOS METAIS

11.4 — PENETRAÇÃO DO FLUIDO DE CORTE

A fim de cumprir as suas funções convenientemente, os fluidos de corte devem comparecer nos locais e nos instantes necessários. Assim sendo, expõe-se a seguir o mecanismo da penetração dos elementos ou compostos sólidos, líquidos e gasosos que recebem o nome geral de *fluidos de corte*.

11.4.1 — Penetração dos sólidos

Os sólidos utilizados com os objetivos expressos, o são de duas formas distintas:

a) *lubrificante sólido* — pó aplicado diretamente na superfície de saída da ferramenta, antes da operação de usinagem. Geralmente usa-se como veículo uma graxa ou um óleo viscoso. As minúsculas partículas lubrificantes aderem aos sulcos da rugosidade superficial da superfície de saída da ferramenta e aí desempenham suas funções de reduzir o coeficiente de atrito no ato do escorregamento do cavaco;

b) *aditivo metalúrgico* — são elementos adicionados durante a fabricação do metal que vai ser usinado. Tais elementos introduzidos na estrutura cristalina do metal, conferem a êste uma usinabilidade mais fácil devida à sua ação de lubrificante interno, ação de redução das pressões e soldagens locais na interface ferramenta-cavaco. Êste é o caso específico dos *aços de corte fácil* ou *aços de fácil usinagem*. Os elementos lubrificantes neste caso comparecem no local e no instante desejados a fim de cumprirem suas funções.

11.4.2 — Penetração dos líquidos

Os líquidos utilizados como fluidos de corte apresentam em alguns casos sérias dificuldades para desempenharem suas funções. A fim de cumprir o seu papel o líquido deveria penetrar na interface ferramenta-cavaco, até a ponta da ferramenta. Apenas duas vias existem para o líquido atingir a região onde é necessário:

> *através da superfície de saída* — é o meio mais empregado. Posiciona-se um jato de fluido que cobre tôda a superfície de saída da ferramenta e o cavaco nascente;
> *através da superfície de folga* — é o meio que tem apresentado melhores resultados em ensaios comparativos.

O mecanismo da penetração em ambos os casos é o mesmo. Apesar dos movimentos adversos do cavaco e da peça, respectivamente, nos casos acima, os resultados de ensaios, principalmente nas baixas velocidades de corte, autorizam afirmar a penetrabilidade dos fluidos de corte na interface ferramenta-cavaco. Sabe-se também que as condições de pressão local e alta temperatura reinantes na interface ferramenta-cavaco seriam ainda obstáculos para a boa penetração dos líquidos — é natural que penetrariam em estado gasoso. Mesmo em estado gasoso, a explicação era uma incógnita até 1950. Através dos trabalhos de MERCHANT. [8], BISSHOPP, LYPE e RAYNOR [13], MERCHANT e ERNST [14] e SHAW [15] e [16] tem-se a explicação hoje aceita para o fenômeno.

A figura 11.8 apresenta a interface ferramenta-cavaco, muitas vêzes aumentada, onde são mostradas as rugosidades superficiais das partes em contato. As reentrâncias constituem-se em pequenos depósitos de fluidos (em estado líquido ou gasoso, segundo as condições locais). Os agentes que conduzem o fluido até tais cavidades são [3] as fôrças de tensão superficial do fluido mais a diferença entre a pressão atmosférica e a reinante nessas cavidades. Nestas existe tendência à formação de vácuo quando a ferramenta penetra na peça. Entretanto, nos poucos pontos de contato das superfícies, tanto a pressão quanto a temperatura atingem valôres tão altos que o fluido aí existente seria totalmente ineficaz para separar as

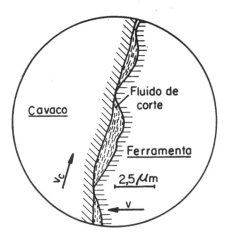

FIG. 11.8 — Ilustração da penetrabilidade do fluido de corte na interface ferramenta-cavaco [3].

partes. Nesses pontos ocorreria a chamada *soldagem local* ou *micro-soldagem* e a fôrça necessária para romper essas micro-soldas, num movimento de deslizamento das duas peças em contato, dita *fôrça de atrito*. Como demonstrou SHAW, a ação química do fluido de corte é a responsável pelo impedimento ou pelo menos pela limitação das micro-soldagens. A ação química ocorre dadas as condições favoráveis a reações envolvendo: a superfície em estado nascente do cavaco (altamente reativa), deformações, temperatura e pressões elevadas, associadas a elementos ou compostos existentes no fluido de corte.

11.4.3 — Penetração dos gases

A penetração dos gases se faz da mesma maneira porém mais fàcilmente que a dos líquidos. O jato é dirigido na região da interface com alta pressão. A penetrabilidade é comprovada pelos resultados dos ensaios de PIGOTT e COLWELL [17], BROSHEER [18], PAHLITZSCH [19] e outros.

11.5 — AÇÃO DOS FLUIDOS DE CORTE

Os fluidos de corte cumprem seus objetivos, de melhorar o processo de usinagem, operando fìsicamente em alguns casos e quìmicamente em outros. De fato, a ação química em alguns casos é a responsável única pela melhoria

524 FUNDAMENTOS DA USINAGEM DOS METAIS

do processo; em outros casos divide o papel com a ação física e, finalmente, outros casos têm na ação física o fator dominante.

Em seguida serão tratados os fluidos de corte, separadamente, segundo seu estado físico.

11.5.1 — Ação dos sólidos

A ação dos sólidos utilizados como fluidos de corte pode ser:

a) *física* — quando sua função é apenas a de reduzir o coeficiente de atrito na interface ferramenta-cavaco. É o caso da aplicação de uma fina camada de grafite, de bissulfeto de molibdênio (ou outro lubrificante sólido qualquer) na superfície de saída da ferramenta. É o caso ainda do emprêgo do aditivo chumbo na fabricação do aço de baixo carbono. Neste caso as adições de chumbo são insolúveis na estrutura do aço e não reagem com outros elementos; assim sendo, apresentam-se como uma dispersão de finas partículas. Parte destas partículas se espalha sôbre a superfície de saída da ferramenta (no ato do corte), reduzindo as pressões locais, evitando as micro-soldagens. Isto, em última análise significa redução do coeficiente de atrito, dentro do conceito emitido por Bowden e Tabor [20], de que a fôrça de atrito nada mais é que a fôrça necessária para romper as micro-soldagens dos pontos de contato de duas superfícies com movimento relativo;

b) *química* — quando sua função é de reagir com algum elemento ou elementos em jôgo no processo de usinagem, visando a redução do coeficiente de atrito na interface ferramenta-cavaco. É o caso típico das adições de enxôfre ao aço de corte fácil. O enxôfre aparece na estrutura dêsses aços como cordões de MnS. Êste composto tem duas funções: uma, a de servir como lubrificante interno evitando tensões que ocasionem micro-soldagens na interface ferramenta-cavaco, outra, a de decompor-se quando aquecido em presença do ar, dando como produto sulfêto de ferro. Êste se deposita em fina camada sôbre a superfície da ferramenta. Esta camada protegë a ferramenta, evita a micro-soldagem, diminui o coeficiente de atrito, e, como conseqüência das menores deformações e tensões que entram em jôgo, resulta menor tendência à formação de aresta postiça.

11.5.2 — Ação dos líquidos

Enquanto a ação dos sólidos é em última análise a de reduzir o coeficiente de atrito na interface ferramenta-cavaco, a ação dos líquidos, usados como fluido de corte, é, além de diminuir o atrito, expulsar o cavaco da região de corte e refrigerar as partes em jôgo na operação de usinagem. Em casos de corte pesado a baixa velocidade busca-se uma solução lubrificante — em casos de alto desprendin ento de calor, busca-se uma solução refrige-

FLUIDOS DE CORTE   525

rante. Entre tais extremos situa-se a maioria dos casos. Os líquidos apresentam uma variedade grande de tipos e combinações, o suficiente para resolver cada caso de usinagem.

A *ação física* dos líquidos ocorre:

> na redução do coeficiente de atrito;
> na refrigeração das partes.

A refrigeração é conseguida por duas vias: *a*) retirando calor das fontes do processo e carregando-o consigo; *b*) consumindo calor para mudar do estado líquido para o gasoso.

A *ação química* dos líquidos ocorre quando êstes contêm elementos suscetíveis de reagir com elementos constituintes do metal em usinagem, na superfície nascente do cavaco em contato com a ferramenta. Esta ação química é importantíssima na redução do coeficiente de atrito da interface ferramenta-cavaco. Dadas as condições de pressão e temperatura altas na interface, os picos da rugosidade superficial rompem a película do fluido de corte, permitindo o contato metal-metal. Os resultados de ensaios com e sem fluido de corte permitem afirmar que certos lubrificantes, ditos ativos, reduzem efetivamente o coeficiente de atrito na interface — isto é explicado pela reação química ocorrente entre o aditivo do fluido e elementos da superfície do cavaco. Esta reação tem por produto um composto de baixa dureza que separa o cavaco da superfície de saída. É o caso ainda do emprêgo do mercúrio que reduz consideràvelmente [21] a deformação do cavaco e conseqüentemente a fôrça de corte. Constatou-se que apesar do mercúrio normalmente não molhar a superfície do metal, nas condições da interface ferramenta-cavaco, a sua função é efetiva. Realmente, o mercúrio reage muito fàcilmente com a superfície nascente do cavaco, formando uma fina película de amálgama. Esta película de amálgama, de baixa resistência ao cisalhamento, reduz fortemente o coeficiente de atrito, reduzindo por conseqüência as fôrças de corte e o grau de recalque do cavaco. Êstes fatôres, finalmente, conduzem a uma forte redução da formação da aresta postiça, chegando mesmo a eliminá-la. O oxigênio líquido, quìmicamente ativo na interface ferramenta-cavaco, também reduz as fôrças de corte e o grau de recalque do cavaco.

A *ação mecânica** dos líquidos ocorre quando o fluido de corte expulsa o cavaco da região de corte. Nas operações: furação profunda e retificação, a ação mecânica do líquido é de vital importância para impedir o acúmulo de cavaco na região de corte, o que prejudicaria a operação de usinagem,

---

* Vide nota de rodapé da pág. seguinte.

526 FUNDAMENTOS DA USINAGEM DOS METAIS

quer dificultando-a (no caso da furação profunda) quer produzindo um acabamento superficial impróprio (caso da retificação).

11.5.3 — Ação dos gases

A ação dos gases é principalmente a de refrigerante — como tal é uma ação física. Apresenta ainda as ações química e mecânica*.

A *ação física* existe quando o gás refrigera a ferramenta, a peça ou as partes ligadas ao processo de usinagem. A retirada de calor, neste caso, não é tão efetiva quanto à ocorrente com os líquidos, devido à baixa capacidade calorífica dos gases. Isto em parte é compensado com pressões e velocidades altas e temperaturas baixas ao se empregar o gás como fluido de corte — é o caso do uso do ar, dióxido de carbono, etc.

A *ação química* ocorre quando os elementos contidos nos gases e na superfície nascente do cavaco reagem produzindo um composto que se interpõe ao cavaco e superfície de saída da ferramenta. É o caso do oxigênio que reagindo com a superfície nascente do cavaco de materiais ferrosos, produz um óxido de ferro [3] que se deposita em fina camada na superfície de saída. Neste caso, SHAW distingue as formações de Fe_3O_4 e de Fe_2O_3. A primeira forma de óxido é preta e se comporta como bom lubrificante sólido, ao passo que a segunda é vermelha (porque é mais altamente oxidada do que a forma anterior) e se comporta mais como abrasivo do que como lubrificante. A formação do Fe_3O_4 ou Fe_2O_3 depende das concentrações de oxigênio do fluido em questão. As mais baixas concentrações de oxigênio dariam, como resultado, menor atrito no processo.

A *ação mecânica** dos gases ocorre na expulsão do cavaco da região de corte. O jato de ar, por exemplo, na retificação mantém a superfície usinada sempre livre do cavaco produzido pela operação. Em operações de usinagem onde várias ferramentas trabalham simultâneamente e a quantidade de cavaco gerado é muito grande a ponto de prejudicar a superfície usinada, um jato de ar pode ser a solução na expulsão do cavaco usinado.

11.6 — TIPOS DE FLUIDOS DE CORTE

Dentro de conceito estabelecido em 11.1 para *Fluido de corte,* podemos distribuir os tipos em três grupos segundo seu estado físico: sólidos, líquidos e gasosos.

11.6.1 — Sólidos

Os sólidos utilizados visam apenas a lubrificação no processo de usinagem. É o caso do grafite e do bissulfeto de molibdênio (MoS_2) que são aplicados

---

* Na realidade, a ação mecânica é uma ação física, todavia, aqui a apresentamos separadamente a fim de se dar destaque à mesma.

sôbre a superfície de saída da ferramenta antes de iniciar o processo de corte. É o caso dos aditivos aplicados na fabricação dos aços de baixo carbono — aditivo chumbo ou aditivo enxôfre; tais aditivos durante o processo de corte desempenham papel notável de lubrificante interno.
O bissulfêto de molibdênio é reduzido a um pó de finíssimas partículas. Êste pó usa como veículo um óleo ou uma pasta em forma de bastão. Êste bastão é esfregado nas superfícies ativas (superfície de saída e superfície de incidência) depositando-se em fina camada nas irregularidades superficiais da ferramenta. Assim aplicado, o contato metal-metal (cavaco-ferramenta-peça) fica pràticamente evitado, reduzindo o coeficiente de atrito na interface. A firma *Molikote* (Alemanha) apresenta a figura 11.9 onde se verifica o aumento considerável da vida da ferramenta; para um tempo padrão de 100 minutos o desgaste I_1 da superfície de incidência atinge 0,13mm quando a ferramenta opera sem bissulfêto de molibdênio e, com uso dêste lubrificante consegue-se uma vida da ferramenta igual a 350 minutos para o mesmo desgaste $I_1 = 0,13$mm.

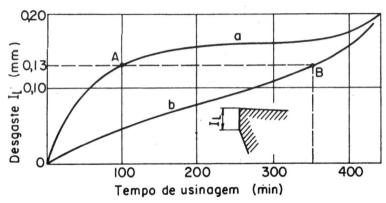

Fig. 11.9 — Desgaste na superfície de incidência em função do tempo de usinagem *a*) ferramenta operando a sêco; *b*) ferramenta operando com Molykote.

11.6.2 — Líquidos

Êstes constituem o grupo maior, o mais importante e também o mais largamente empregado. Os fluidos de corte líquidos podem ser subdivididos em [2]:

óleos de corte puros;
óleos emulsionáveis (usualmente denominados solúveis);
fluidos químicos (ou sintéticos);
mercúrio.

11.6.2.1 — ÓLEOS DE CORTE PUROS

São assim chamados os óleos de corte que não são misturados com água para o uso na operação de usinagem. São disponíveis em uma variedade

528 FUNDAMENTOS DA USINAGEM DOS METAIS

muito grande que vai desde o óleo mineral puro até os compostos especiais para operações mais severas.

Segundo sua atividade química ou habilidade em reagir com a supérfície metálica (nos pontos de alta temperatura para protegê-la e melhorar a usinagem), os óleos de corte puros podem ser classificados em *ativos* ou *inativos*.

Define-se *óleo ativo* como sendo aquêle que ataca a superfície, escurecendo-a, de uma pequena barra de cobre nêle imersa durante 3 horas a uma temperatura de 100ºC.

O *óleo inativo,* por sua vez, será aquêle que nas condições acima não escurece a superfície da barra de cobre.

A diferença entre o *inativo* e o *ativo* é que neste é acrescentado cêrca de 2% de enxôfre com a finalidade de durante a usinagem, devido à alta temperatura, liberar parte do enxôfre para reagir quìmicamente com a superfície nascente do cavaco. Êste óleo é chamado *óleo sulfurado ativo.* Por outro lado, o óleo *inativo* não permite esta reação porque o elemento enxôfre contido no óleo é apenas o que está fortemente ligado às cadeias dos hidrocarbonetos e quìmicamente não reage durante a usinagem.

São incluídos na classe dos óleos inativos os *óleos graxos, compostos de óleos minerais e óleos graxos,* e *compostos sulfurados* dêsses óleos.

Os óleos ativos são geralmente usados na usinagem dos aços. Podem ser escuros ou transparentes, sulfurados puros ou sulfo-clorados, minerais ou mistos com óleos graxos. Os óleos escuros geralmente contêm mais enxôfre do que os óleos transparentes sulfurados, e são mais indicados para os empregos em usinagem mais severa. Atualmente, entretanto, os concentrados e aditivos mais recentes tornam os óleos transparentes tão bons quanto os óleos escuros, nas usinagens mais severas.

O cloro também pode ser usado como aditivo tornando o óleo de corte ativo, no sentido de formar uma película metálica clorada na interface ferramenta-cavaco. Os compostos clorados quando quìmicamente ativos têm atuação similar à dos compostos sulfurados, porém a temperaturas mais baixas. Os aditivos cloro e enxôfre conferem ao óleo de corte as propriedades de óleo de extrema pressão (EP) e anti-soldante, propriedades estas desejáveis no óleo de corte, tendo em vista que as condiçõs ambientes da interface são de pontos de alta pressão e alta temperatura, associados com pequeno movimento de deslizamento.

Óleos de corte inativos

Os óleos de corte inativos apresentam-se nos seguintes tipos:

a) *Óleos minerais puros*

FLUIDOS DE CORTE 529

Modernamente usados em alguns casos específicos. Devido sua baixa viscosidade (geralmente de 40 a 200 *SSU* a 38ºC), êstes óleos têm a capacidade de molhar e infiltrar mais ràpidamente nas regiões necessárias e por isso são indicados para usinagem leve de metais não-ferrosos (alumínio, magnésio e latão). Êstes óleos são recomendados também na usinagem dos aços de corte fácil, no roscamento interno ou externo dos metais brancos (nome geral dado às ligas de zinco, estanho, níquel).

Atualmente o maior emprêgo dos óleos minerais puros é na composição de vários compostos de óleo de corte, com funções específicas para cada operação. Nestes compostos são introduzidos óleos com concentrações determinadas de agentes anti-soldantes, agentes de oleosidade ou uma combinação de ambos.

b) *Óleos graxos*

Antigamente muito usados, têm hoje seu emprêgo restrito devido seu alto custo. São usados hoje nas dentatrizes onde as ferramentas são de aço rápido.
Atualmente são empregados compostos de óleos graxos e óleos minerais com desempenho quase tão bom quanto o dos óleos graxos puros.
Os óleos graxos mais usados são:

óleo de toicinho;
óleo de baleia.

São usados nas operações severas de usinagem de ligas não-ferrosas tenazes, onde o uso de óleos sulfurados produziria manchas indesejáveis.

c) *Compostos de óleo mineral e óleo graxo*

Êstes são uma combinação de um ou mais óleos graxos (usualmente óleo de toicinho) com óleos minerais puros. A porcentagem de óleos graxos nesses compostos varia de 10% a 40% dependendo da profundidade de corte, do avanço, da velocidade de corte e do tipo do cavaco.
As gorduras conferem ao óleo mineral propriedades de melhor molhabilidade e melhor penetrabilidade, resultando finalmente superfícies usinadas com melhor acabamento superficial.

Êstes óleos são indicados para emprêgo em usinagens não muito severas em máquinas operatrizes automáticas, onde são desejáveis bom acabamento superficial e precisão de trabalho. São indicados para usinagem do cobre e suas ligas, em virtude de ser não-corrosivo tanto para materiais ferrosos quanto para não-ferrosos.

Êstes óleos são indicados ainda para substituir os óleos sulfurados ou sulfurados-clorados nos casos de usinagem de peças que devem ser submetidas

530   FUNDAMENTOS DA USINAGEM DOS METAIS

a têmpera subseqüente. Esta substituição é necessária quando a peça não poderia ser completamente lavada após a usinagem, pôsto que o enxôfre dos óleos sulfurados depositado na superfície da peça prejudicaria o processo de têmpera.

d) *Compostos de óleos minerais e óleos graxos sulfurados*

São óleos obtidos pela combinação química do enxôfre com óleos graxos (geralmente óleo de toicinho ou óleo de baleia) em condições bem controladas e em seguida são dosados com óleos minerais de viscosidade selecionada, para resultar em um produto com concentrações controladas de gordura e de enxôfre.
Tais óleos são inativos às mais baixas temperaturas (isto é, não reagem quìmicamente), mas são ativos acima de 370ºC e sob as condições de pressão na interface ferramenta-cavaco.

Diversos óleos dêste tipo podem ser empregados na usinagem de metais não-ferrosos, especialmente onde se requer um bom acabamento superficial. Êstes óleos são geralmente ·usados nas máquinas que usinam ora metais ferrosos ora metais não-ferrosos. Outro uso ainda, dêstes óleos, em algumas máquinas especiais, é com dupla ou tripla finalidade, como fluido de corte, como lubrificante e como fluido hidráulico. Esta solução é aproveitada quando ocorre a possibilidade de contaminação de um óleo por outro usado na mesma máquina. As características anti-soldantes e alto poder lubrificante dêstes óleos os recomendam para operações de usinagem onde as pressões de corte são altas e onde a vibração da ferramenta tende a se tornar excessiva.

e) *Compostos de óleos minerais e óleos graxos sulfurados-clorados*

Diferem do tipo anterior pelo acréscimo do cloro na sua composição. O aditivo cloro confere qualidade de extrema pressão ao óleo, melhorando o desempenho de anti-soldante às temperaturas e pressões mais baixas.

Óleos de corte ativos

Os óleos de corte ativos apresentam os seguintes tipos:

a) *Óleos minerais sulfurados*

São óleos minerais com enxôfre como aditivo. O enxôfre confere ao óleo mineral melhores propriedades anti-soldantes e melhor poder lubrificante. São recomendados para usinagem geral e severa de metais tenazes e altamente dúteis. O tipo mais largamente usado dêstes óleos é o transparente, levemente colorido, com teor de 0,5 a 0,8% de enxôfre.

Êstes óleos apresentam alta atividade química, e são indicados na usinagem dos aços de baixo carbono, aços comuns e outros metais altamente dúteis com baixa usinabilidade.

FLUIDOS DE CORTE

Os óleos minerais altamente sulfurados não são indicados para a usinagem de cobre e suas ligas, pelo fato da ação química gerar manchas superficiais nesses metais.

b) *Óleos minerais clorados-sulfurados*

São óleos minerais contendo até 3% de enxôfre e até 1% de cloro. Podem ser obtidos adicionando-se cêra clorada a um óleo mineral sulfurado ou combinando cloreto de enxôfre com óleo mineral. O cloro nos óleos obtidos por êste último processo é mais reativo e pode promover corrosão em presença de umidade.

Êstes óleos têm superior qualidade anti-soldante em relação ao tipo anterior. O aditivo cloro estende os benefícios de anti-soldante e extrema pressão para temperaturas mais baixas; com isto êste tipo de óleo apresenta uma faixa maior de utilização. Pode-se dessa forma reduzir em muito a causa que gera a aresta postiça — em última análise significa melhor acabamento superficial da peça usinada.

São recomendados para uso em usinagem de aços resistentes de baixo carbono e também ligas de cromo-níquel.

c) *Compostos de óleos graxos sulfurados ou clorados-sulfurados*

Devido à presença de gorduras, êstes óleos contêm mais enxôfre do que os compostos já enumerados e são muito mais ativos a temperaturas mais baixas do que os óleos do tipo inativo — compostos de óleos minerais e óleos graxos sulfurados ou clorados-sulfurados.
Com sua alta oleosidade e alta capacidade de extrema pressão, êstes óleos constituem um fluido de corte mais efetivo para uma variedade muito grande de operações de usinagem, particularmente para aquelas de condições severas.

11.6.2.2 — Óleos emulsionáveis (ou óleos solúveis)

Tendo em vista o aspecto da refrigeração, o fluido de corte deveria apresentar três propriedades básicas:

> alto calor específico;
> alta condutibilidade térmica;
> alto calor de vaporização.

Sob êste ponto de vista, nenhum óleo de corte puro (nem seus compostos) está entre os melhores fluidos de corte — porque não são os mais efetivos para a remoção do calor gerado no processo.

A água é um dos meios mais efetivos para a refrigeração. Para uso como fluido de corte, entretanto, em seu estado natural, a água apresenta duas

532   FUNDAMENTOS DA USINAGEM DOS METAIS

desvantagens: *a*) promove oxidação nas partes acessíveis da máquina e também nas superfícies da peça em usinagem; *b*) apresenta baixo valor lubrificante.

Tais desvantagens da água podem, no entanto, ser removidas, através de aditivos — agentes anti-ferruginoso e lubrificante. Tem-se assim uma combinação das excelentes propriedades de refrigerante da água com propriedades lubrificantes e anti-oxidantes dos aditivos. O resultado é uma emulsão estável que recebe o nome de *óleo solúvel* ou *óleo emulsionável*. Os agentes que proporcionam a emulsão agem dividindo o óleo em partículas minúsculas e mantendo-as dispersas na água durante um tempo bastante longo. Faz-se uso dessas emulsões nas operações de usinagem, nos casos em que se necessita de poder refrigerante e poder lubrificante, isto é, em casos de velocidade de corte alta e baixas pressões específicas de corte.

Êsses óleos apresentam-se em estado concentrado — o usuário deverá prepará-los, misturando-os com água. A proporção varia de 5 a 100 partes de água para uma parte de óleo. As emulsões mais fracas são indicadas para operações de corte mais leves, onde a necessidade de refrigeração é dominante em relação à necessidade de lubrificação. Por outro lado, as emulsões mais ricas apresentam melhores propriedades lubrificantes e anti-oxidantes.

Os principais tipos de óleos emulsionáveis são:

a) *Óleos minerais emulsionáveis:*

São compostos de óleo mineral leve (viscosidade 100 SSU a uma temperatura de 38°C), com aditivos para torná-los emulsionáveis na água. Tais aditivos são, entre outros. sulfonatos de petróleo, ácidos aminograxos, condensados de resina, agentes aglomerantes (como glicol), oleatos de cromo.

Êste tipo de óleo é o mais largamente usado devido o seu baixo custo. Para as aplicações comuns na usinagem é o tipo indicado, devido à boa capacidade anti-oxidante e suficiente lubrificação.

A proporção na sua preparação é usualmente de uma parte de óleo para vinte partes de água.

b) *Óleos emulsionáveis supergraxos*

São óleos similares aos do tipo anterior, apenas mais oleosos devido à adição de óleos graxos na sua constituição. Os óleos graxos utilizados para êsse fim são: óieo de toicinho, óleo de baleia, óleo de semente de colza.

São indicados para uso em operações de usinagem mais severas. Para tanto, as proporções de mistura com água são mais ricas: variam de uma parte de óleo para oito partes de água até uma parte de óleo para quinze partes de água.

FLUIDOS DE CORTE

Podem ser usados também na usinagem do alumínio.

c) *Óleos emulsionáveis de extrema pressão*

São óleos emulsionáveis que contêm aditivos de extrema pressão, tais como: enxôfre, cloro, fósforo e também gorduras. Resulta disso um óleo com características próprias para usinagens severas, para as quais os óleos emulsionáveis anteriores não poderiam satisfazer.

A proporção varia de cinco a vinte partes de água para uma parte de óleo.

Em alguns casos, êste tipo de óleo substitui os óleos comuns nas operações de brochamento, usinagem de dentes de engrenagens (nas dentatrizes), de acabamento dos dentes de engrenagem (*shaving*) e operações de torneamento. Devido à base dêstes óleos ser água, seu poder refrigerante é bem superior em relação aos óleos citados. Outra vantagem é que nos cortes pesados não há, ou pelo menos é reduzido ao mínimo, o problema de fumaça e vapôres na região de corte, fato comum quando se usa óleo de corte.

Alguns óleos emulsionáveis são específicos para a operação de retificação e são usados na proporção de 25 a 60 partes de água para uma parte de óleo.

11.6.2.3 — Fluidos de corte químicos

São também chamados *fluidos sintéticos* e constituem os mais novos membros da família dos fluidos de corte.

Êste tipo de fluido de corte é constituído de agentes químicos em água. A maioria dêstes fluidos tem características de fluido refrigerante e alguns apresentam também poder lubrificante. Regra geral, *os fluidos químicos não contêm óleo mineral em sua composição.*

Os fluidos de corte químicos se apresentam sob a forma de soluções verdadeiras ou então soluções coloidais extremamente finas.

Os agentes químicos que entram na composição dêstes fluidos são:

> aminas e nitritos: para impedir a corrosão;
> nitratos: para a estabilização dos nitritos;
> fosfatos e boratos: para abaixar a dureza da água;
> sabões e agentes de molhabilidade: para lubrificação e diminuição da tensão superficial;
> compostos de enxôfre, cloro e fósforo: para lubrificação química;
> glicóis: para agente aglomerante e umidificante;
> germicidas: para controlar a proliferação de bactérias.

Soluções químicas

São fluidos contendo principalmente agentes anti-corrosivos (nitritos orgânicos e inorgânicos), agentes separadores, aminas, fosfatos, boratos, glicóis ou condensados óxidos de etileno ou de propileno.

Êstes fluidos são mais indicados para uso em operações de retificação por inibir a corrosão e por ter boa capacidade de remoção de calor gerado na usinagem. Uma desvantagem dêste tipo de fluido é sua tendência a deixar depósitos cristalinos duros, quando da evaporação da água de sua composição. Estas partículas duras podem interferir no funcionamento das partes móveis das máquinas, chegando mesmo a danificar placas de fixação, torretas, carros ou outras.

Êstes agentes formam soluções claras em água (algumas vêzes, entretanto, podem conter uma tintura para colorir a água).

A proporção usual varia de uma parte dêstes agentes para 50 a 250 partes de água.
Êstes agentes químicos podem ser usados como aditivo nos óleos emulsionáveis com o fim de melhorar sua capacidade anticorrosiva.

Fluidos com agentes de molhabilidade

São fluidos que contêm um ou mais agentes de molhabilidade. Êstes agentes, melhorando a ação de molhabilidade da água, proporcionam uma dissipação do calor mais rápida e mais efetiva, ao mesmo tempo que evitam a ação corrosiva sôbre as superfícies acessíveis.

Êste tipo de fluido pode também conter algum lubrificante (orgânico ou inorgânico), umidificante, agente anti-espumante e agente para reduzir a dureza da água.

Êste tipo de fluido é muito versátil quanto à sua aplicação — apresenta excelente efeito lubrificante sôbre as partes móveis da máquina e permite rápida dissipação do calor gerado na usinagem.

A proporção usual varia de uma parte dêstes agentes para 10 a 30 partes de água. Nestas proporções tem substituído com vantagens alguns tipos de óleos de corte em operações de usinagem não muito severas.
Além de aplicação em usinagem com ferramentas de aço rápido, pode-se aplicar também em caso de ferramenta de metal duro. Neste último caso a aplicação tem que ser de forma conveniente para evitar possíveis trincas na pastilha.

Fluidos com agentes de molhabilidade com lubrificantes de extrema pressão

Êste tipo de fluido difere do anterior porque contém aditivos de extrema pressão, tais como, cloro, enxôfre ou fósforo. É aplicado nos casos de

FLUIDOS DE CORTE

usinagens severas, onde proporciona a lubrificação nos pontos de altas pressão específica e temperatura da interface ferramenta-cavaco.

A proporção usual varia de uma parte dêstes agentes para 5 a 30 partes de água.

Vantagens dos fluidos de corte químicos

As principais vantagens dos fluidos de corte químicos são:

alta capacidade de refrigeração;

vida útil do fluido bastante grande (salvo o caso de contaminação por óleos para comandos hidráulicos ou lubrificantes);

limpeza das canalizações — a ação detergente do fluido mantém a rêde de tubulações sempre limpa evitando as naturais obstruções;

compatibilidade com outros processos intermediários, como o da lavagem — esta em alguns casos pode ser eliminada quando se usam os fluidos químicos.

Problemas possíveis

A simples adoção dos fluidos de corte químicos pode conduzir a resultados indesejáveis em alguns casos. Por isto é preciso fazer um estudo prévio da máquina, do sistema de refrigeração de corte em relação à máquina em geral, tendo em vista a possibilidade de gotejamento do refrigerante de corte no sistema de lubrificação da máquina, ou vice-versa, podendo isto danificar um ou ambos os fluidos. É o caso de algumas graxas que podem absorver água, com prejuízo de suas propriedades. É o caso ainda de óleos lubrificantes ou hidráulico que pode contaminar o fluido de corte químico.

Quando uma operação de usinagem requer um fluido com propriedades lubrificantes bem mais acentuadas que o poder refrigerante, é aconselhável usar-se fluido de corte à base de óleos minerais ou graxos e não os fluidos químicos. Aquêles são superiores a êstes quando se trata de lubrificação.

Outra questão a ser analisada é a do material a ser usinado. Geralmente os fluidos de corte químicos funcionam melhor na usinagem dos metais ferrosos, embora possam ser usados também em muitas ligas de alumínio. Por outro lado, muitos fluidos de corte químicos não são recomendados para usinagem de ligas de magnésio, zinco, cádmio ou chumbo.

A pintura da máquina poderá ser atacada pelos agentes químicos usados neste tipo de fluido; neste caso não só prejudica o aspecto da máquina como também permite a contaminação do fluido pelos elementos da tinta dissolvidos.

11.6.2.4 — Mercúrio

ZOREV [21] cita o emprêgo do mercúrio, metal líquido, como um meio lubrificante a baixas velocidades de corte. Sua reação com a superfície

536 FUNDAMENTOS DA USINAGEM DOS METAIS

nascente do cavaco produz um amálgama, de baixa tensão de cisalhamento, que impede o contato ferramenta-cavaco. Sua eficiência para impedir a formação da aresta postiça é notável.

11.6.3 — Fluidos de corte gasosos

Os fluidos de corte gasosos visam principalmente a refrigeração (com suas decorrências) e a expulsão do cavaco na operação de usinagem. Não se deve esperar desta classe de fluidos os efeitos da lubrificação nem do impedimento da corrosão das partes acessíveis.

Consideram-se fluidos gasosos todos os fluidos de corte que exerçam as suas funções em estado gasoso [10]. Podem ser líquidos ou não, porém ao saírem do duto de aplicação para a região do corte deverão estar em fase gasosa. Do ponto de vista da penetrabilidade até a zona ativa da ferramenta, os fluidos gasosos, com sua menor viscosidade, são mais efetivos [22].

Dentre os vários fluidos desta classe destacamos:

11.6.3.1 — Ar

O ar apresenta pequena capacidade de refrigeração, quando comparado com os fluidos de corte líquidos. Entretanto, quando aplicado sob pressão, a temperaturas abaixo de 0°C, os resultados encontrados têm sido satisfatórios. G. PAHLITZSCH [19] utilizando o ar como refrigerante em operação de corte obteve resultados bastante notáveis. A uma velocidade de corte de 30m/min a vida média da ferramenta foi aumentada em 400% com ar refrigerado, entre —40 e —60°C. A uma temperatura do ar de —8°C observou-se uma elevação da vida da ferramenta em 40%.

11.6.3.2 — Dióxido de carbono (CO_2)

O ponto de sublimação do CO_2 é cêrca de —78°C. Nestas condições o dióxido de carbono apresenta-se como um refrigerante de ação rápida [10], capaz de extrair grande parte do calor gerado no processo de usinagem. A aplicação [3] dêste processo de refrigeração pode-se dar nas seguintes condições: o gêlo sêco (dióxido de carbono) é contido num cilindro de pressão a 70kg*/cm^2 onde é eliminado todo o vapor de água através de agentes desumidificantes. Devido à absorção de calor através das paredes do tubo de pressão, o CO^2 passa para o estado vapor, mas, devido à alta pressão no tubo, se liquefaz, e neste estado é conduzido ao bico de aplicação, junto à ferramenta de corte. Êste bocal é montado junto à ponta da ferramenta de corte e tem um diâmetro de 0,3mm. Ao abrir-se a válvula, uma mistura de gás e partículas de CO_2 atinge a região conveniente. Por fôrça do alto calor latente do CO_2, as partículas sólidas extraem da ferra-

FLUIDOS DE CORTE

menta grande quatidade de calor para sua mudança de estado físico. Resultados notáveis [3] têm sido conseguidos com tais jatos de dióxido de carbono.

A direção dêsse jato é bastante importante neste processo [10]; o jato deverá ser dirigido à ponta da ferramenta e algumas vêzes à peça em usinagem, mas nunca sôbre o cavaco. O contrôle da temperatura na interface ferramenta-cavaco na usinagem de alguns materiais deve ser rigoroso; são materiais que apresentam uma transformação de estado, tal como a passagem da estrutura austenita para a martensita. A transformação em tal caso pode-se processar em temperatura abaixo de zero tal qual nos processos normais de tratamento térmico. A martensita gerada pode ser tão dura e quebradiça que poderá danificar prematuramente a ferramenta de corte.

Com aplicação conveniente conseguem-se resultados apreciáveis, como demonstram os ensaios realizados na *Convair — San Diego,* com ligas de baixa usinabilidade, como A-286, L-605, R-235, H-11 e M-0,5 Ti sob certas condições em operações específicas. O aumento obtido para a vida da ferramenta foi de 100 para 230%. Na usinagem da liga A-286, a 90m/min a vida da ferramenta foi aumentada em 180%.

O custo do CO_2 é relativamente muito alto, e por esta razão o seu emprêgo requer velocidades altas e grande remoção de cavaco para sua justificação econômica.

Entre o depósito (cilindro de pressão) e o local de aplicação deverá estar uma válvula solenóide para fechamento rápido e mínima perda de CO_2. O duto do CO_2, do depósito até o bocal, deverá ser o mais curto possível para evitar o congelamento no percurso.

11.6.3.3 — Outros gases

Outros gases podem ser usados como refrigerantes nas operações de usinagem. O *nitrogênio* [22] tem apresentado resultados positivos em operações de torneamento e outras operações feitas com ferramenta de corte. Todavia, em operações com ferramentas abrasivas [3], por exemplo, na retificação, os resultados são de aumento das fôrças de corte. A explicação neste último caso é a ausência do oxigênio na interface ferramenta-cavaco. A ação do oxigênio supõe-se seja feita através da formação de óxido de ferro que se deposita em uma finíssima película sôbre a superfície de saída da ferramenta [3]. A formação do óxido de ferro é instantânea devido à superfície nascente e aquecida do cavaco, altamente reativa (ver § 11.5.3).

O *trifluorobromometana* é um fluorocarboneto gasoso [3] com a seguinte estrutura:

$$F-\underset{\underset{F}{|}}{\overset{\overset{F}{|}}{C}}-Br$$

538 FUNDAMENTOS DA USINAGEM DOS METAIS

e que apresenta uma ação efetiva em uma larga faixa de velocidades de corte.

A aplicação de *solução aquosa* (fluido de corte qualquer) *em forma de vapor* através de um jato pela superfície de incidência da ferramenta [3] demonstrou uma melhora sensível na vida da ferramenta. O jato de vapor sai de um bocal com cêrca de 0,3 a 0,4mm de diâmetro sob uma pressão de 28kg*/cm².

11.6.4 — Outros sistemas de refrigeração

Outro sistema de refrigeração da ferramenta de corte é o desenvolvido pela firma norte-americana *Meyers Electrocooling Products, Inc.* de *Manchester, Conecticut.*

Êste sistema aplica o *Efeito Peltier,* que consiste no seguinte: quando uma corrente elétrica contínua circula pela junção de dois metais diferentes, segundo o sentido dessa corrente, haverá geração ou absorção de calor nessa junção.

Em nosso caso o sistema é feito de tal maneira que a circulação da corrente através do par ferramenta-peça é no sentido da absorção de calor. Êste calor é exatamente o calor gerado no processo de usinagem e que é indesejável do ponto de vista da vida da ferramenta. Assim, temos um resfriamento da ferramenta com características muito vantajosas para a operação de usinagem.

Algumas vantagens apontadas pelo fabricante dêsses resfriadores termoelétricos são:

a) a dispensa de fluidos de corte comuns evita possíveis contaminações da peça em usinagem, evita a instalação do sistema de bombas, tanques, rêde, etc. e sua manutenção. Sabe-se que com fluidos de corte comuns, apesar da sua possível recuperação, esta não é total, donde se afirma que uma parte sempre deve ser reposta (cêrca de 4 litros cada 15 a 20 horas de usinagem);

b) os resfriadores *Meyers* conseguem um abaixamento da temperatura da ferramenta da ordem de 60 a 70%. Os dados fornecidos são: para usinagens sem o resfriador, a temperatura da ferramenta atingiu 232ºC num e 427ºC noutro caso, enquanto que para as mesmas condições de usinagem usando-se o resfriador *Meyers* tipo E/C-100, as temperaturas foram 66ºC e 121ºC respectivamente;

c) enquanto a vida média de uma ferramenta de corte para determinada usinagem sem o resfriador foi de 245 peças, apresentando uma variação de ±40%, a mesma usinagem, agora com resfriador *Meyers,* apresentou a ferramenta com vida média de 605 peças com uma variação de ±3% sòmente. Não obstante o acabamento superficial da peça usinada con-

FLUIDOS DE CORTE

tinuou o mesmo até cêrca das 600 peças. A vantagem neste caso é dupla, ou seja, maior número de peças usinadas (vida da ferramenta) e alto grau de certeza dessa vida (variação de ±3% em tôrno da média). Isto significa menor número de peças estragadas devido a avarias inesperadas da ferramenta (que no caso comum abrange uma variação de 40% em tôrno da vida média da ferramenta).

Atualmente tais resfriadores são construídos apenas para ferramentas estáticas (de tôrno e de plaina); espera-se sua extensão para as ferramentas rotativas (fresas, brocas, etc.).

11.7 — OPERAÇÕES DE CORTE

A escolha do fluido de corte ótimo para cada operação específica de corte é um processo que requer certa dose de investigação atual. No entanto, exporemos algumas indicações que eventualmente servirão como sugestão do ponto de partida na escolha do fluido ótimo.

Começamos por relacionar as várias operações de corte em ordem descrescente de severidade:

> brochamento interno;
> brochamento externo;
> roscamento interno com macho;
> roscamento externo com cossinete;
> usinagem dos dentes de uma engrenagem;
> furação profunda;
> mandrilamento;
> abertura de rôsca com ferramenta de forma;
> abertura de rôsca em alta velocidade e baixo avanço;
> fresamento;
> furação;
> aplainamento;
> torneamento com ferramenta de barra;
> serramento;
> retificação.

11.7.1 — Brochamento

Para ambos os tipos de brochamento, interno e externo, recomenda-se a seguinte lista de fluidos de corte, segundo o material a brochar:

aços: óleos emulsionáveis, óleos graxos-minerais cloro-sulfurados;

aços inoxidáveis: óleos emulsionáveis, óleos graxos-minerais cloro-sulfurados;

ferro fundido: óleos emulsionáveis, óleos graxos-minerais sulfurados ou a sêco;

540 FUNDAMENTOS DA USINAGEM DOS METAIS

monel, níquel: óleos graxos-minerais cloro-sulfurados, óleos graxos minerais;

cobre: óleos graxos-minerais inativos, óleos graxos-minerais cloro-sulfurados, óleos emulsionáveis;

latão, bronze: óleos graxos-minerais sulfurados inativos, óleos emulsionáveis;

alumínio e suas ligas: óleos graxos-minerais sulfurados inativos, óleos emulsionáveis;

magnésio e suas ligas: óleos graxos-minerais inativos.

11.7.2 — Roscamento com macho e roscamento com cossinete

Apesar do roscamento interno com macho ser mais severo que o externo com cossinete, apresentamos uma só lista de fluidos de corte recomendados segundo o material a usinar:

aço: óleos graxos-minerais sulfurados ou cloro-sulfurados;

aço inoxidável: óleos graxos-minerais cloro-sulfurados;

ferro fundido: óleos graxos-minerais cloro-sulfurados, óleos emulsionáveis;

monel, níquel: óleos graxos-minerais cloro-sulfurados, óleos emulsionáveis;

cobre e suas ligas: óleos graxos-minerais inativos, óleos graxos-minerais cloro-sulfurados, óleos emulsionáveis, óleos graxos-minerais sulfurados;

alumínio e suas ligas: óleos graxos-minerais sulfurados inativos, óleos emulsionáveis;

magnésio e suas ligas: óleos graxos-minerais inativos.

11.7.3 — Usinagem dos dentes de engrenagens

Todos os processos de usinagem dos dentes de uma engrenagem (inclusive o acabamento *shaving*) apresentam o mesmo grau de severidade. A maior parte do tempo uma aresta cortante da ferramenta de corte fica exposta ao ar e ao fluxo do refrigerante de corte. Desta forma, espera-se do fluido de corte uma característica acentuada de lubrificante. Recomendam-se os seguintes fluidos de corte:

compostos de óleos minerais ativos e graxos-minerais, associados com enxôfre e cloro;

óleos sulfurados altamente ativos, para o caso de metais com usinabilidade muito baixa.

11.7.4 — Usinagem em tornos automáticos

Nestes casos a escolha de um fluido de corte se torna mais problemática, tendo em vista que várias operações, bem diferentes às vêzes, podem ocorrer

FLUIDOS DE CORTE 541

numa mesma peça. Cita-se, por exemplo, o caso de tôrno automático multi-árvore, onde as operações ocorrem simultâneamente; enquanto, por exemplo, numa árvore está havendo um torneamento, noutra pode estar operando um roscador, noutra uma furação, etc. Esta multiplicidade de operações de corte torna difícil a escolha do fluido. Uma indicação geral é a seguinte: para com aços, usar óleo graxo-mineral quìmicamente ativo, de baixa viscosidade. Em muitos casos os óleos graxos-minerais sulfurados são usados com três finalidades: como fluido de corte, como lubrificante da máquina e como fluido hidráulico. Em alguns casos indica-se o óleo emulsionável.

Damos abaixo a lista recomendada dos fluidos de corte, segundo o material a usinar:

> *aço:* óleos minerais sulfurados, óleos minerais cloro-sulfurados, óleos emulsionáveis, óleos graxos-minerais;
> *aço inoxidável:* óleos minerais cloro-sulfurados, óleos graxos-minerais cloro-sulfurados, óleos emulsionáveis (comuns ou do tipo extrema pressão);
> *ferro fundido:* óleos emulsionáveis;
> *monel, níquel:* óleos minerais cloro-sulfurados;
> *cobre e suas ligas:* óleos minerais inativos e óleos graxos-minerais;
> *alumínio e suas ligas:* óleos graxos-minerais sulfurados inativos;
> *magnésio e suas ligas:* óleos graxos-minerais inativos.

11.7.5 — Usinagem em fresadoras

Segue-se a lista dos fluidos de corte recomendados segundo o material a usinar:

> *aços:* óleos emulsionáveis, óleos minerais sulfurados;
> *aços inoxidáveis:* óleos emulsionáveis (comuns e do tipo extrema pressão); óleos minerais sulfurados, óleos graxos-minerais;
> *ferro fundido:* óleos emulsionáveis, ou a sêco;
> *monel, níquel:* óleos graxos-minerais sulfurados (leves), óleos emulsionáveis;
> *cobre:* óleos graxos-minerais inativos, óleos emulsionáveis;
> *latão, bronze:* óleos emulsionáveis, óleos minerais cloro-sulfurados;
> *alumínio e suas ligas:* óleos graxos-minerais inativos, óleos emulsionáveis;
> *magnésio e suas ligas:* óleos graxos-minerais inativos.

As recomendações acima são aplicáveis apenas para fresamento comum. O fresamento de metais ferrosos é usualmente feito com óleos minerais sulfurados ou óleos graxos-minerais. Emulsões, óleos sulfurados e óleos minerais podem ser usados nos materiais não-ferrosos, todavia, não esquecer

542 FUNDAMENTOS DA USINAGEM DOS METAIS

que os fluidos cuja base é água não devem ser usados na usinagem de magnésio devido ao perigo da reação química violenta entre magnésio e água.

11.7.6 — Furação

Para as operações de furação convencional, os fluidos de corte preferidos são óleos emulsionáveis, óleos minerais sulfurados ou óleos minerais clorados. Êstes proporcionam certo grau de lubrificação para impedir a trepidação do conjunto ferramenta-máquina-peça, diminuir a geração de calor devido ao atrito e por outro lado retirar o calor da região de corte.

A lista dos fluidos de corte recomendados segundo os materiais a usinar é a seguinte:

> *aço:* óleos emulsionáveis, óleos minerais sulfurados, óleos graxos-minerais sulfurados;
> *aço inoxidável:* óleos emulsionáveis, óleos minerais sulfurados, óleos graxos-minerais cloro-sulfurados;
> *ferro fundido:* óleos emulsionáveis, ou a sêco;,
> *monel, níquel:* óleos minerais sulfurados, óleos emulsionáveis;
> *cobre:* óleos emulsionáveis, óleos graxos-minerais inativos;
> *latão, bronze:* óleos emulsionáveis, óleos graxos-minerais inativos, ou a sêco;
> *alumínio e suas ligas:* óleos emulsionáveis, óleos graxos-minerais inativos, compostos de querosene e óleo de toicinho;
> *magnésio e suas ligas:* óleos graxos-minerais inativos.

A furação profunda apresenta o problema de se proceder a uma lubrificação suficiente na região do corte. Pode-se proceder a tal lubrificação através de tubos ou furos que alcançam a região de corte como os descritos no intem 11.3.2.

Outra maneira de se fazer furação profunda é com ferramenta do tipo mandriladora com um furo central por onde é impulsionado o óleo de corte.

11.7.7 — Torneamento

Os fluidos recomendados para o corte no torneamento são, segundo os materiais a usinar:

> *aço: óleos emulsionáveis* (do tipo comum ou do tipo extrema pressão) óleos minerais sulfurados, óleos graxos-minerais;
> *aços inoxidáveis:* óleos emulsionáveis (comum ou E. P.), óleos minerais sulfurados;
> *ferro fundido:* óleos emulsionáveis;
> *monel, níquel:* óleos emulsionáveis, óleos minerais sulfurados;
> *cobre e suas ligas:* óleos emulsionáveis inativos;

FLUIDOS DE CORTE 543

alumínio e suas ligas: óleos emulsionáveis inativos, óleos graxos-minerais inativos;
magnésio e suas ligas: óleos graxos-minerais inativos.

11.7.8 — Mandrilamento

As recomendações são as mesmas feitas para o torneamento.

11.7.9 — Aplainamento com plaina limadora

De maneira geral não há necessidade de fluido de corte. Nos casos de serviço pesado, pode-se usar um leve fluxo de uma emulsão sôbre a superfície da peça em usinagem, pouco antes da ferramenta, de tal forma a refrigerar moderadamente e facilitar a operação de corte.

11.7.10 — Serramento

Para as operações com serras alternativas, serras de fita ou serra circulares, recomenda-se o uso de emulsões ou óleos minerais sulfurados. Os fluidos servem, nestes casos, para limpar os dentes da serra, impedir a adesão de cavacos, resfriar a ferramenta e diminuir a vibração das lâminas.

11.7.11 — Laminação de rôsca

Apesar de não ser uma operação de corte inserimos aqui a indicação do fluido recomendado, com vistas a uma vida maior da ferramenta.
O fluido mais comumente usado é um óleo graxo-mineral sulfurado, todavia, para se evitar a descoloração possível das buchas de bronze, é conveniente usar um óleo inativo.

11.7.12 — Retificação de rôsca

Em essência, esta operação se iguala com a retificação cilíndrica; evidentemente, o rebôlo·abrasivo possui a forma do filête da rôsca.
A função do fluido de corte, neste caso, é impedir um aquecimento excessivo. Usa-se geralmente como fluido de corte óleo mineral ativo.
Para retificação de rôscas de todos materiais ferrosos são usados óleos graxos-minerais altamente sulfurados ou óleos graxos-minerais meio-sulfurados, meio-clorados.
Para retificação de rôscas em alumínio, magnésio, cobre e suas ligas recomenda-se óleo graxo-mineral sulfurado do tipo inativo.
Os óleos usados para a retificação de rôscas têm melhor desempenho que os óleos emulsionáveis quando se opera com rebôlo denso e de grana fina.
Os óleos emulsionáveis tendem a formar uma película sôbre a superfície abrasiva, qual uma camada de vidro. Os óleos usados geralmente são de viscosidade mais alta (300 a 350 SSU a 38ºC) em relação aos demais óleos de corte, a fim de diminuir a formação de neblina que naturalmente se forma na sua expulsão dos rebolos a alta velocidade. O *flash point* dêstes óleos é mais alto para evitar o perigo de queima.

544   FUNDAMENTOS DA USINAGEM DOS METAIS

11.7.13 — Retificação

Tanto na retificação plana, como na retificação cilíndrica, a geração de calor não causa problema tão sério quanto na retificação de rôscas.
O fluido de corte mais usado na retificação é uma emulsão leitosa e opaca. Geralmente é feita de óleo emulsionável ou de compostos do tipo pasta. Como refrigerantes estas emulsões são baratas e eficientes para muitos empregos de retificação, quando preparadas convenientemente.

Emulsões transparentes para retificação, preparadas com óleos para retificação altamente compostos e as novas soluções refrigerantes químicas são particularmente indicadas para retificação fina de acabamento. Estas emulsões e refrigerantes químicos permitem ao operador ver a linha de contato entre o rebôlo e a peça durante tôda a operação.

Quando se usa fluido opaco, o operador precisa interromper o fluxo de refrigerante de vez em quando (para acompanhar a operação) correndo o risco de provocar danificações superficiais na peça e na ferramenta.

Os compostos do tipo pasta são ricos em sabão e são usados na preparação de fluidos para retificação. Êstes compostos podem conter também óleos graxos que melhoram as propriedades de molhabilidade e de lubrificação. É necessário evitar o excesso de óleos graxos nas emulsões porque poderá provocar a formação de depósitos no sistema de refrigeração e provocar uma carga adicional no rebôlo.

11.8 — MATERIAIS EM USINAGEM

A escolha correta do fluido de corte a ser empregado depende da operação de usinagem (como foi visto no capítulo anterior) e também do material de que é constituída a peça [2]. Dar-se-á em seguida uma breve descrição dos principais materiais empregados na usinagem.

O conhecimento exato do material e seu comportamento quando em usinagem sob condições específicas é o determinante da escolha inteligente do fluido de corte. Nestas condições surge o conceito de *usinabilidade* do material, assunto que será estudado no capítulo XII.

Para efeito do estudo da escolha dos fluidos de corte, expõe-se a seguir uma classificação dos materiais, segundo *The Independent Research Committee on Cutting Fluids,* da *AISI.* Esta Comissão atribui o valor 100% ao material: aço B-1112, trefilado a frio. Êste valor 100% envolve operação de torneamento com velocidade de 55m/min (180 sfpm) com avanço de 0,178mm/v (0,007 ipr) e profundidade de corte até 6,35mm (0,250 inch), empregando um fluido de corte apropriado, e ferramenta de aço rápido (classe 18-4-1) com dureza entre 63 e 65 Rc.

FLUIDOS DE CORTE

Muitos fatôres influem na usinabilidade do material e por isso, os valôres encontrados na classificação da tabela XI.1 precisam ser entendidos como valôres médios. Por exemplo, dentro da variação da composição tolerada pelo aço B-1112, verifica-se uma variação não-intencional do carbono, do enxôfre e principalmente do silício, resultando uma variação do índice de usinabilidade desde 80% até 160%.

Outros fatôres influentes na usinabilidade são: o quanto deformou a frio, as propriedades mecânicas, o tamanho do grão cristalino, a micro-estrutura, etc., sempre tendo em vista que tais valôres resultaram de operação de trefilação a frio. Os metais obtidos por outro processo ou que sofreram operação de tratamento térmico, naturalmente apresentarão valôres diferentes para a usinabilidade.

A laminação a quente afeta a usinabilidade da seguinte maneira:

aços contendo até 0,30% de carbono: há um abaixamento do índice de usinabilidade;
aços contendo de 0,30 a 0,40% de carbono: há pouca influência;
aços contendo acima de 0,40% de carbono: há um aumento do índice de usinabilidade.

Os valôres da tabela XI.1 são usados como ponto de partida na escolha do fluido de corte; considerando que tais valôres são relativos, para determinada operação, tem-se uma idéia acêrca da dificuldade a ser encontrada na usinagem de um ou outro material. Neste sentido, a seleção do fluido de corte fica bem mais fácil tendo presente tal classificação.

Tendo como referência — 100% — para o aço B-1112, os metais são dispostos em 6 classes distintas:

Metais ferrosos

Classe 1 — 70% ou mais ãltos
Classe 2 — 50% a 70%
Classe 3 — 40% a 50%
Classe 4 — 40% ou mais baixos.

Metais não-ferrosos

Classe 5 — 100% e mais altos
Classe 6 — abaixo de 100%

A faixa de variação da dureza *Brinell* apresentada na tabela XI.1 representa a faixa desejável para uma usinabilidade normal.

546 FUNDAMENTOS DA USINAGEM DOS METAIS

TABELA XI.1

Classificação dos metais segundo sua usinabilidade[1]

CLASSE 1: FERROSOS (USINABILIDADE $\geqslant 70\%$)		
Notação AISI	*Usinabilidade %*	*Dureza "Brinell"*
C — 1016	70	137-174
C — 1022	70	159-192
C — 1109	85	137-166
C — 1110	85	137-166
B — 1111	95	179-229
B — 1112	100	179-229
B — 1113	135	179-229
C — 1115	85	143-179
C — 1117	85	143-179
C — 1118	80	143-179
C — 1120	80	143-179
C — 1137	70	187-229
A — 4023	70	156-207
A — 4027*	70	166-212
A — 4119	70	170-217
Ferro maleável (ferrita)	100-120	120-200
Ferro maleável (perlita)	70	190-240
Aço fundido (0,35% C)	70	170-212
Ferro inoxidável (corte fácil)	70	163-207
Ferro fundido (mole)	80	

CLASSE 2: FERROSOS (USINABILIDADE DE 50 A 70%)		
Notação AISI	*Usinabilidade %*	*Dureza "Brinell"*
C — 1020	65	137-174
C — 1030	70	170-212
C — 1035	65	174-217
C — 1040*	60	179-229
C — 1045*	60	179-229
C — 1141	65	183-241
A — 2317	55	174-217
A — 3045*	60	179-229
A — 3120	60	163-207
A — 3130*	55	179-217
A — 3140*	55	187-229
A — 3145*	50	187-235
A — 4032*	65	170-229

1 É tomada como base de comparação a usinagem do aço B-1112, ao qual se deu o índice 100%, nas condições:

      operação: torneamento;
      velocidade de corte: 180 sfpm $\cong$ 55m/min;
      avanço: 0,007 in per rev $\cong$ 0,178mm/giro;
      profundidade de corte: 0,25 in $\cong$ 6,35mm;
      ferramenta: aço rápido (18 W — 4 Cr — 1 V) com dureza 63 — 65 RC.

FLUIDOS DE CORTE

TABELA XI.1

Classificação dos metais segundo sua usinabilidade (continuação)

CLASSE 2: FERROSOS (USINABILIDADE DE 50 A 70%) (continuação)

Notação AISI	Usinabilidade %	Dureza "Brinell"
A — 4037*	65	179-229
A — 4042*	60	183-235
A — 4047*	55	183-235
A — 4130*	65	187-229
A — 4137*	60	187-229
A — 4145*	55	187-229
A — 4165	65	174-217
A — 4615	65	174-217
A — 4640*	55	187-235
A — 4815	50	187-229
A — 5045	65	179-229
A — 5120	65	170-212
A — 5140*	60	174-229
A — 5150*	65	179-235
A — 8620	60	170-217
A — 8630*	65	179-229
A — 8720	65	179-229
A — 9440	60	187-235
Ferro fundido (médio)	65	
Ferro fundido (duro)	50	

CLASSE 3: FERROSOS (USINABILIDADE DE 40 A 50%)

Notação AISI	Usinabilidade %	Dureza "Brinell"
C — 1008	50	126-163
C — 1010	50	131-170
C — 1015	50	131-170
C — 1050*	50	179-229
C — 1070*	45	183-241
A — 1320	50	170-229
A — 1330*	50	179-235
A — 1335*	50	179-235
A — 1340*	45	179-235
A — 2330*	50	179-229
A — 2340*	45	179-235
A — 3115	50	174-217
3230*	45	184-235
A — 3240*	45	183-235
A — 4140*	50	184-235
A — 4150*	45	196-235
A — 4340*	45	187-241
A — 6120	50	179-217
6130*	50	179-217

548 FUNDAMENTOS DA USINAGEM DOS METAIS

TABELA XI.1

Classificação dos metais segundo sua usinabilidade (continuação)

CLASSE 3: FERROSOS (USINABILIDADE DE 40 A 50%) (continuação)

Notação AISI	Usinabilidade %	Dureza "Brinell"
A — 6141	50	179-217
A — 6152**	45	183-241
Ferro em lingote	50	101-131
Ferro batido	50	101-131
Ferro fundido	50	161-193
Inoxidável 18-8 (corte fácil)	45	179-212

CLASSE 4: FERROSOS (USINABILIDADE $\leqslant 40\%$)

Notação AISI	Usinabilidade %	Dureza "Brinell"
2315*	35	196-235
2350*	35	196-235
A — 2515*	30	179-229
E — 3310*	40	170-229
3141		
6140	40	187-228
E — 52100**	30	183-229
E — 9315		
Aço Ni — resistente*	30	
Aço inoxidável 18-8 (austenítico)* ...	25	150-160
Aço manganês (aço temperado no óleo)**	30	
Aço-ferramenta (baixo tungstênio, cromo e carbono)	30	200-218
Aço rápido	30	
Aço-ferramenta alto carbono e alto cromo	25	

CLASSE 5: NÃO-FERROSOS (USINABILIDADE $\geqslant 100\%$)

Notação AISI	Usinabilidade %	Dureza "Brinell"
Ligas de magnésio Dow "J"	500-2000	58
Ligas de magnésio Dow "H"	500-2000	50
Alumínio 11-S	500-2000	95
Alumínio 2-S	300-1500	23-24
Alumínio 7-S	300-1500	100
Latão com chumbo FC, CD	200-400	50
Latão vermelho	180	50
Bronze com chumbo	100	55
Zinco	200	75
Bronze com silício	100	

FLUIDOS DE CORTE

TABELA XI.1

Classificação dos metais segundo sua usinabilidade (continuação)

CLASSE 6: NÃO-FERROSOS (USINABILIDADE < 100%)		
Notação AISI	*Usinabilidade %*	*Dureza "Brinell"*
Bronze ao alumínio	60	140-160
Latão amarelo	80	50-70
Latão vermelho	60	55
Bronze ao manganês	60	80-95
Bronze-fósforo	40	140
Cobre fundido	70	30
Cobre laminado "Everdur"	60-120	200
Bronze de canhão	60	65
Níquel (laminado a quente)	20	110-150
Níquel (laminado a frio)	30	100-140
Metal Monel*		
regular	40	125-150
como fundido "H"	35	175-250
como fundido "S"	20	280-325
laminado	45	207-224
"K"	50	215-265
Inconel laminado a frio	45	130-170

* Recozido.
** Estrutura nodular, recozido.

11.8.1 — Escolha do fluido de corte

Tendo por base a classificação das operações e a classificação dos materiais segundo sua usinabilidade do item anterior, elaborou-se a tabela XI.2. Esta tabela apresenta os fluidos de corte recomendados, os quais devem ser entendidos como ponto de partida para uma adoção definitiva. Explica-se isto pela grande diversidade de fatôres influentes numa operação de usinagem, desde a variação da composição e da estrutura cristalina da peça, até as condições de corte às vêzes impostas pela economia ou pelo prazo de entrega do trabalho em questão.

11.8.1.1 — Aços

O *aço,* bàsicamente, é uma liga de ferro e carbono. Apresenta, entretanto, uma variedade muito grande de composição; desde os aços de baixo carbono até os aços-ligas contendo alta concentração de um ou mais elementos, como, níquel, cromo, vanádio, tungstênio, molibdênio, etc. A identificação e especificação dessa grande variedade pode ser feita através de índices numéricos instituídos pela *AISI* e *SAE* norte-americanas, índices êsses adotados pela *ABNT,* no Brasil*. Tais índices são em número de quatro, e,

---

* Para a conversão dêstes aços aos correspondentes normalizados pela DIN, ver apêndice.

550 FUNDAMENTOS DA USINAGEM DOS METAIS

segundo a *AISI*, o primeiro algarismo dêsse número de 4 algarismos designa o tipo de aço, como a seguir:

1. indica aço carbono
2. indica aço níquel
3. indica aço cromo-níquel
4. indica aço molibdênio
5. indica aço cromo
6. indica aço cromo-vanádio
7. indica aço tungstênio
8. não-especificado
9. indica aço silício-manganês

O sistema de numeração da *SAE* representa os vários tipos de aços com os seguintes numerais:

1 xxx	—	aço carbono
10 xx	—	aço carbono comum
11 xx	—	aço de corte fácil
13 xx	—	aço de alto teor de manganês
2 xxx	—	aço níquel
20 xx	—	aço níquel (0,50% Ni)
21 xx	—	aço níquel (1,50% Ni)
23 xx	—	aço níquel (3,50% Ni)
25 xx	—	aço níquel (5,00% Ni)
3 xxx	—	aço cromo-níquel
31 xx	—	aço cromo-níquel (1,25% Ni; 0,60% Cr)
32 xx	—	aço cromo-níquel (1,75% Ni; 1,00% Cr)
33 xx	—	aço cromo-níquel (3,50% Ni; 1,50% Cr)
34 xx	—	aço cromo-níquel (3,00% Ni; 0,80% Cr)
30 xx	—	aço resistente ao calor e à corrosão
4 xxx	—	aço molibdênio
41 xx	—	aço molibdênio ao cromo
43 xx	—	aço molibdênio ao cromo-níquel
46 xx e 48 xx	—	aço molibdênio ao níquel
5 xxx	—	aço cromo
51 xx	—	aço cromo (baixo cromo)
52 xx	—	aço cromo (médio cromo)
51 xxx	—	aço cromo (resistente ao calor e à corrosão)
6 xxx	—	aço cromo-vanádio
7 xxx e 7 xxxx	—	aço tungstênio
8 xxx	—	aço *National Emergency*
9 xxx	—	aço silício-manganês

A notação dos aços pode conter letras também, e estas, como prefixo, têm os seguintes significados:

TABELA XI.2

Recomendações de fluidos de corte segundo a usinabilidade

Grau de severidade	Operação	Classe 1	Classe 2	Classe 3	Classe 4	Classe 5*	Classe 6
1	Brochamento interno	A	A	A ou J	A ou K	D	C
2	Brochamento externo	A	A	A ou J	A ou K	D	C
2	Roscamento em tubo	A ou B	A ou B	A ou B	A ou B	D ou G	D ou H
3	Roscamento com macho	A ou B	A ou B	A ou B	A ou B	H a K	H a K
3	Roscamento com cossinete	B ou C	B ou C	B ou C	B ou C	D ou G	D ou H
4	Corte e acabamento dos dentes de engrenagens	B	B	B	A	G ou H	J ou K
4	Operação com alargador	D	C	B	A	F	G
5	Furação profunda	E ou D	E ou C	E ou B	E ou A	E ou D	E ou D
6	Fresamento	E, C ou D	E, C ou D	E, C ou D	C ou B	E, H a K	E, H a K
6	Fresamento com várias ferramentas	E, C ou D	E, C ou D	E, C ou D	C ou B	E, H a K	E, H a K
7	Mandrilamento com vários cabeçotes	C	C	C	C	E	E
7	Multi-árvores automáticas	C ou D	C ou D	C ou D	C ou D	F	G
8	Alta velocidade, baixo avanço automático	C ou D	C ou D	C ou D	C ou D	F	G
9	Furação	E ou D	E ou C	E ou B	E ou A	E ou D	E ou D
9	Aplainamento	E	E	E	E	E	E
9	Torneamento	E	E	E	E	E	E
10	Serramento circ. ou alternativo ...	E	E	E	E	E	E
10	Retificação	E	E	E	E	E	E
10	Retificação de rôsca	A ou B	A ou B	A ou B	A ou B	—	E

LEGENDA:

A — óleo graxo-mineral altamente sulfurado.
B — óleo graxo-mineral médio sulfurado, ou médio clorado.
C — óleo graxo-mineral baixo sulfurado ou médio clorado.
D — óleo mineral clorado.
E — fluidos missíveis na água (para serviço leve ou pesado conforme a necessidade).
F, G, H, J, K — óleo graxo-mineral (conteúdo de óleo graxo decrescente de F a K).

* Com magnésio, nunca usar fluidos à base de água.

552 FUNDAMENTOS DA USINAGEM DOS METAIS

C — aço carbono básico Siemens-Martin
B — aço carbono de forno Bessemer ácido
CB — aço ou Bessemer ou Siemens-Martin
A — aço-liga Siemens-Martin
E — aço-liga de forno elétrico

A variedade de aços quanto à composição implica a variação da usinabilidade.

Os *aços de corte fácil* são bàsicamente de baixo carbono, aditivados para melhorar sua usinabilidade. Os aditivos são: enxôfre com teor superior a 0,055% e fósforo com teor superior a 0,045%. Tais aços são melhores quanto à usinabilidade pôsto que permitem velocidades de corte maiores, melhor acabamento superficial, maior vida da ferramenta, e custos menores. Um teor de 1,00% a 1,90% de manganês também produz um aço de corte fácil — a dureza dêstes aços, porém, cresce com o teor de carbono, podendo apresentar características indesejáveis para a usinagem.

Os *aços ao chumbo* são aços de corte fácil contendo enxôfre, fósforo ou manganês mais 0,15% a 0,35% de chumbo. Esta adição de chumbo não altera as propriedades mecânicas do aço e melhora em muito sua usinabilidade. Entre os aditivos que melhoram a usinabilidade dos aços o mais nôvo é o selênio.

Os *aços-ligas* contêm baixos teores de cromo, cobalto, níquel, molibdênio, tungstênio, vanádio e outros elementos, isolados ou em combinação. Resulta, naturalmente, um aço de usinabilidade mais difícil do que os aços carbono comuns. As pressões específicas de corte são maiores, as velocidades de corte são mais baixas, as ferramentas de corte necessárias mais resistentes e, portanto, os fluidos de corte devem ser escolhidos para as condições mais severas de operação.

Os *aços inoxidáveis* apresentam uma usinabilidade de baixo grau em relação aos aços de corte fácil. Quando a êsses aços se acrescentam pequenas quantidades de enxôfre, fósforo ou selênio, a usinabilidade melhora consideràvelmente, podendo atingir um grau 50% superior. A severidade de operação dos aços de alto teor de cromo, alto teor de níquel, tais como o aço inoxidável 18-8 é devida à facilidade com que êsse material se encrua durante a fase de deformação do processo de corte. Vários tipos de fluidos de corte são indicados para essa classe de aço. Para os tipos de corte fácil (aditivados) recomenda-se o óleo mineral sulfurado-clorado. Para os tipos de operação mais severa recomenda-se o óleo graxo-mineral sulfurado-clorado. Em alguns casos são usados os óleos emulsionáveis (quer o tipo comum quer o tipo aditivado — EP).

FLUIDOS DE CORTE

11.8.1.2 — Ferro fundido

As diversas classes de ferro fundido diferem entre si pelos seguintes fatôres:

a) teor de carbono total, que usualmente varia de 1,5% a 4,5%;
b) quantidade relativa das duas formas em que aparece o carbono no ferro fundido: forma de grafite (ou carbono livre) e forma de cementita Fe_3C (ou carbono combinado com ferro);
c) teor de silício, enxôfre, fósforo e manganês.

A grande variação na estrutura entre os ferros fundidos resulta na grande divergência de usinabilidade apresentada, desde o ferro fundido cinzento, de fácil usinagem, até o ferro fundido branco de usinagem dificílima. Cita-se ainda o ferro fundido com 12% ou mais de silício que é pràticamente impossível de usinar-se. A adição de níquel ao ferro fundido aumenta sua dureza e resistência. Entretanto, o efeito grafitizante do níquel produz uma estrutura de usinabilidade mais fácil. O cromo, por outro lado, forma carbetos duros e quebradiços, resultando uma estrutura mais resistente ao desgaste, todavia piora a usinabilidade. A adição de cromo e níquel simultâneamente tem o efeito de produzir um ferro fundido mais duro e mais resistente, do ponto de vista da usinabilidade porém o efeito de um componente é neutralizado pelo efeito do outro. A adição de molibdênio no ferro fundido aumenta sua dureza e resistência ao desgaste ao mesmo tempo que a usinabilidade decresce com o aumento da dureza.

O *ferro fundido cinzento* pode conter até 3% de silício. O efeito do silício é a redução do carbeto de ferro duro e o aumento da quantidade de grafite que se apresenta em forma de lâmina. A estrutura resultante é de boa usinabilidade relativamente às demais estruturas de ferro fundido.

O *ferro fundido branco* apresenta baixo teor de silício, alta porcentagem de carbeto de ferro e pouco grafite livre. O resultado é uma estrutura muito dura, resistente, quebradiça e sua usinabilidade é dificílima. Quando sua dureza é da ordem de 300 *Brinell* é pràticamente impossível de usinar-se.

O *ferro fundido maleável* é um ferro fundido branco recozido. Êste tratamento térmico reduz a quantidade de grafite lamelar e transforma uma quantidade considerável de carbeto de ferro em ferro dúctil, mole e grafite esferoidal.
A estrutura resultante apresenta certa ductilidade e tenacidade, porém é de boa usinabilidade.

O *ferro fundido nodular,* também chamado, às vêzes, de *ferro fundido dúctil,* é obtido pela adição de pequena quantidade de magnésio ou de cério no ferro fundido de alto carbono em estado líquido. A estrutura resultante, após o resfriamento da solução, apresenta o carbeto de ferro e grafite em forma esferoidal (nodular), produto bastante resistente e se comporta elàsticamente como o aço fundido. A normalização e o revenido aumentam

554 FUNDAMENTOS DA USINAGEM DOS METAIS

sua resistência mas o tornam mais quebradiço. O recozimento aumenta sua ductibilidade. Apesar de mais resistente e mais alta pressão específica de corte, em relação ao ferro fundido cinzento, o nodular é tão bem usinável quanto aquêle.

O *meehanite* é o nome comercial de um ferro fundido de alta resistência, obtido pelo tratamento do ferro fundido em estado líquido com siliceto de cálcio. Êste aditivo produz uma estrutura grafítica muito fina que melhora notàvelmente sua usinabilidade, sem qualquer sacrifício de sua resistência.

11.8.1.3 — Alumínio e suas ligas

Comercialmente, o alumínio puro (conhecido como 2 S) e as ligas conhecidas como 3 S, 52 S e 56 S são extremamente dúcteis. Embora as pressões específicas de corte sejam baixas, o grau de usinabilidade é baixo. Êste pode ser melhorado por meio de estiragem a frio.

As ligas mais resistentes conhecidas como 14 ST, 17-ST e 24 ST contêm cobre e são, geralmente, tratadas antes da usinagem. As pressões específicas de corte são mais altas e embora os metais sejam ainda pouco dúcteis, a usinabilidade é razoàvelmente boa.

As ligas 353 T e 361 T contêm pequenas quantidades de silício e são mais difíceis para usinar. As pressões específicas de corte são altas, mas a usinagem conduz a superfícies mais limpas.

A liga 317 T contém uma pequena quantidade de chumbo. A usinabilidade é excelente.

As ligas de alto silício, contendo 5% ou mais de silício, são de usinagem mais difícil. É pràticamente impossível obter um acabamento espelhado como se obtém com outras ligas de alta resistência. As superfícies usinadas geralmente apresentam-se com pequeno brilho. São usinadas, em geral, com ferramenta de metal duro.

Comparado com os metais ferrosos o alumínio e suas ligas são de mais fácil usinagem, apresentam pressão específica de corte mais baixas e mais altas velocidades de corte, avanço e grande produção de cavaco.

Devido a seu alto coeficiente de dilatação térmica, o alumínio em usinagem deverá ser mantido sempre frio se se pretende que suas dimensões sejam controladas corretamente.

Dependendo da severidade da operação, o alumínio e suas ligas podem ser usinados a sêco, com óleos cu com emulsões. Antigamente usou-se mistura de querosene e óleo de gordura (ou então óleo de gordura puro). Atualmente, são usados emulsões e óleos graxos-minerais sulfurados que dão melhores resultados em todos os empregos.

FLUIDOS DE CORTE

É preferível, no caso de usar óleo, que a viscosidade dêste seja baixa, para maior poder refrigerante, quando o fluxo é contínuo e abundante.

11.8.1.4 — Magnésio e suas ligas

As ligas de magnésio são largamente usadas na indústria aeronáutica para a execução de peças de baixo pêso. Para pêso igual, estas ligas apresentam uma resistência igual ao dôbro da resistência das ligas de alumínio. As ligas mais comuns de magnésio contêm de 4 a 12% de alumínio, 0,1 a 0,3% de manganês, e em algumas, também 0,75% de zinco. Alguns elementos de liga menos comum são: berílio, cério, cobre, prata, estanho e zircônio. Todos êstes, simples ou em grupos conferem ao produto melhores graus de resistência à corrosão e propriedades de usinabilidade.

Pràticamente tôdas as ligas de magnésio apresentam excelente usinabilidade sob vários pontos de vista. As baixas pressões específicas de corte permitem: altas velocidades de corte, grandes avanços, baixa potência de corte (cêrca de um sexto da potência para iguais condições operando em aço carbono comum).

A superfície usinada das ligas de magnésio é geralmente de boa qualidade, tanto dimensionalmente quanto à rugosidade superficial. As ferramentas de corte preferíveis são os carbetos de tungstênio, apesar de o aço rápido ou o aço-carbono também operarem com bons resultados.

O magnésio é um metal quìmicamente ativo que pode queimar no ar e reagir fàcilmente com água e ácidos, produzindo calor e hidrogênio. Por esta razão, os fluidos de corte usados não podem conter ácido mais do que 0,2% em pêso e não podem conter água. Devem, ainda, apresentar viscosidade baixa para poder refrigerar melhor, evitando assim o risco de fogo. Os óleos vegetais e animais devem ser evitados porque têm a tendência à oxidação, o que aumenta o teor de ácido. Os óleos minerais podem ser usados indiferentemente. Os óleos emulsionáveis e soluções químicas naturalmente nunca poderão ser usadas por causa da produção do hidrogênio (resultante da reação com água) e seu conseqüente risco de explosão.

Conforme a severidade da operação, esta poderá ser feita a sêco, ou com óleos minerais, ou com compostos de óleos minerais e graxos, ou ainda com óleos graxos-minerais sulfurados inativos.

11.8.1.5 — Cobre e suas ligas

Comercialmente o cobre puro é largamente usado na indústria elétrica. As pressões específicas de corte do cobre e suas ligas são, geralmente, baixas mas sua usinabilidade não é boa devido sua alta ductibilidade.

Pode-se agrupar os materiais que contêm cobre segundo sua relativa usinabilidade.

556 FUNDAMENTOS DA USINAGEM DOS METAIS

Materiais de usinabilidade baixa

Êste grupo compreende os graus comerciais de cobre puro tal como o eletrolítico e o desoxidado. Inclui ainda as ligas de fase simples tais como: cobre-níquel, cobre-silício, cobre-estanho, bronze comercial, bronze-fósforo e cobre-berílio. Naturalmente, êstes materiais moles, de alta ductibilidade, apresentam baixa usinabilidade. O cavaco é helicoidal contínuo.

Ligas de usinabilidade média

Êste grupo compreende os materiais em que há uma quantidade apreciável de elemento de liga. Inclui os bronzes ao chumbo, o metal Muntz, o latão Naval, bronze ao estanho e bronze ao alumínio. O cavaco é helicoidal, porém, dada sua maior fragilidade, se apresenta aos pedaços.

Ligas de corte fácil

Êste grupo compreende as ligas de um dos grupos acima, em que as quantidades grandes de elementos de liga induzem uma usinabilidade mais alta. Êstes elementos de liga incluem o chumbo, enxôfre, selênio, telúrio e bismuto. A adição dêstes elementos melhora a usinabilidade de ambos os grupos acima. O cavaco neste caso é em lascas, ou em pedaços pequenos em forma de hélice.

Cada um dos três grupos de ligas de cobre requer um tipo diferente de fluido de corte. Para o primeiro grupo, é recomendado o óleo mineral com 10% a 20% de óleo de gordura. Se a liga contiver níquel, o óleo recomendado será óleo mineral sulfurado ou óleo graxo-mineral sulfurado. Se a operação não fôr severa, pode-se usar óleo emulsionável. Para o grupo intermediário recomenda-se uma combinação de óleo mineral e óleo graxo. Devido a melhor usinabilidade dêste grupo, a combinação deveria conter menos óleos graxos — cêrca de 5% a 15% — sendo as maiores porcentagens indicadas nas operações com materiais de baixa usinabilidade. Para o terceiro grupo um óleo mineral leve serve satisfatòriamente.

Quando se usa óleo sulfurado nas operações de ligas de cobre, em seguida a peça deve ser limpa para se evitar sua descoloração. Em caso de ocorrer mancha nas superfícies da peça usinada, pode-se removê-la colocando a peça em banho de imersão numa solução de cianeto de sódio a 10% durante 20 minutos. Esta solução é um veneno muito potente, e devido a êste perigo deve ser usada com extremo cuidado. O cianeto de sódio reage com ácidos produzindo gás cianeto de hidrogênio — veneno violento. Por isso, é preciso certificar-se da não existência de qualquer ácido na peça antes de colocá-la no banho; da mesma forma evitar qualquer movimento brusco, no manuseio, que possa causar respingos, principalmente nas partes do rosto do operador.

FLUIDOS DE CORTE

11.8.1.6 — Níquel e suas ligas

O níquel puro é um metal dúctil de difícil usinagem e alta pressão específica de corte. A usinagem do níquel e suas ligas é similar à usinagem dos materiais ferrosos. Algumas ligas de níquel, tanto quanto suas similares na classe dos aços, são mais fàcilmente usináveis do que os metais puros seus constituintes. Algumas ligas de níquel são tratadas a seguir.

Prata-níquel é uma liga de níquel, cobre e zinco, contendo de 5% a 30% de níquel. Esta liga é comparável com o aço-carbono comum em dureza e resistência; apresenta uma usinabilidade boa e uma boa superfície usinada.

As ligas *cobre-níquel* incluem os vários tipos de Metal Monel, Cupro-Níquel e Constantan, materiais êstes com pressões específicas de corte razoàvel-mente altas e baixa usinabilidade.

Monel "R" contém pequena quantidade de enxôfre, que melhora a usi-nabilidade.

Monel "K" é uma liga contendo 2,75% de alumínio e pode ser tratada tèrmicamente. É comparável ao aço de teor médio de carbono com relação à usinabilidade.

Monel "KR" é como o Monel "K", porém sua usinabilidade é melhor.

Monel "S" é uma liga contendo silício. O acabamento superficial é bom, apesar de sua pressão específica de corte ser alta e sua usinabilidade ser baixa.

Inconel é uma liga níquel-cromo-ferro, contendo 7% de ferro. As pressões específicas de corte são moderadamente altas. A usinabilidade é baixa.

As ligas *Hastelloy* são resistentes ao calor e, regra geral, apresentam baixa usinabilidade e pressões específicas de corte moderadamente altas. As ligas *Hastelloy A e B* contêm níquel, molibdênio e ferro. A *Hastelloy C* contém também cromo e tungstênio. A *Hastelloy D* contém níquel, cobre e silício — silício 11% — e é pràticamente impossível de usinar-se; apenas ferra-mentas abrasivas podem operar nesta liga.

Os óleos recomendados para esta classe de material são os óleos minerais sulfurados. Podem ser usados ainda os óleos graxos-minerais sulfurados, óleos minerais sulfurados-clorados (com ou sem óleos graxos). No caso das superfícies usinadas ficarem manchadas devido o uso de óleos sulfurados é recomendável usar-se o banho de cianeto de sódio, durante 20 a 30 minutos, como já foi descrito no item 11.8.1.5.

11.8.1.7 — Ligas resistentes ao calor

Muitas aplicações industriais atuais, assim como as construções aeronáuti-cas, requerem materiais mais tenazes com maior resistência às altas tempe-

558 FUNDAMENTOS DA USINAGEM DOS METAIS

raturas. A esta demanda respondem os aços inoxidáveis e uma grande variedade de ligas resistentes ao calor, compostas de níquel, cromo, molibdênio, cobalto, tungstênio, titânio, ferro e outros elementos em proporções variadas.

Algumas dessas ligas eram tidas como impossíveis de usinar-se. Todavia, as conquistas no domínio da teoria da usinagem e dos fluidos de corte permitem hoje o uso extenso dessas ligas nas variadas construções. Os fluidos de corte, sob condições severas de usinagem, conseguem reduzir o atrito e refrigerar as partes na região de corte, graças aos vários aditivos e métodos de aplicação de que o usuário poderá lançar mão.

Por exemplo, na usinagem do titânio o seguinte quadro é encontrado: o grau de dificuldade da usinagem é muito grande; a vida da ferramenta é pequena, a temperatura de corte é muito alta; o cavaco sai rubro, apesar da velocidade de corte ser baixa. Neste caso, o fluido de corte usado deverá ser o que melhor refrigera para poupar a vida da ferramenta. Por outro lado, devido ao fato de o ângulo do plano de cisalhamento ser superior a 45°, a velocidade do cavaco resulta maior, a área de contato ferramenta-cavaco é menor, o desenvolvimento do calor local é muito grande. Como o calor específico volumétrico do titânio é baixo, devido ao seu baixo pêso específico [3], o bom fluido de corte neste caso deve também possuir qualidade de extrema pressão para permitir uma lubrificação daquela área de contato, fato êste possível dada a baixa velocidade de corte empregada. Por esta via recomenda-se para fluido de corte os compostos de óleos graxos-minerais sulfurados-clorados.

Esta recomendação se aplica aos materiais que trabalham a temperaturas de $\sim 650°C$, incluindo os aços inoxidáveis, as ligas de ferro-níquel-cromo-molibdênio (como a *Discaloy* e a A 286) as ligas à base de níquel (*Inconel* X, *Hastelloy* C, *Udimet* 700) as ligas à base de cobalto (S-816 e HS-25) e as ligas de titânio (Ti-6 A 1-4 V).

Um importante aspecto a ser considerado no caso de usinar liga com alto teor de níquel, como nas ligas *Inconel* ou *Nimonic,* é que o fluido de corte deve ser removido completamente da peça usinada, antes de ser esta submetida a altas temperaturas. Isto é necessário para impedir a corrosão intergranular que poderia ser provocada pelo enxôfre usado como aditivo de extrema pressão no fluido de corte.

Os óleos minerais com alto teor de óleos graxos deverão ser usados quando não se pode usar óleo sulfurado, apesar dêste apresentar melhor desempenho na usinagem dêsses materiais. Os óleos emulsionáveis também são indicados devido seu alto poder refrigerante — esta qualidade pode ser associada também com o aditivo enxôfre para evitar os contatos puntuais na interface ferramenta-cavaco.

FLUIDOS DE CORTE

11.8.1.8 — Materiais não-metálicos

Os principais materiais não metálicos usináveis são os plásticos. Nestas operações de usinagem são usados fluidos de corte com a principal função de refrigerante.

Os materiais termoplásticos amolecem a temperaturas intermediárias e chegam a fundir. Por êste motivo a refrigeração da peça em usinagem assim como da ferramenta se torna imprescindível. O fluido de corte recomendado e mais comumente usado é uma solução ou uma emulsão aquosa. A diluição normal é uma parte de óleo solúvel para 20 a 40 partes de água. Os constituintes ativos quìmicamente devem ser antes examinados para se evitar qualquer efeito sôbre a superfície da peça. Muitas vêzes os materiais termoplásticos são resfriados por um abundante jato de ar durante a usinagem.

Os plásticos *thermosetting* também se ressentem do calor local; apesar de terem um ponto de fusão mais alto, podem apresentar pontos de queima locais. Por esta razão o uso de fluido de corte para a refrigeração se torna necessário — recomendam-se os fluidos à base de água. Esta classe de plásticos pode apresentar-se com enchimento de papel, polpa de madeira, asbestos, grafite ou outros materiais. Enquanto o grafite é um auxiliar na operação de corte, os outros materiais de enchimento podem danificar prematuramente as ferramentas de corte. Estas, portanto, precisam ser bem afiadas, de preferência com suas superfícies lapidadas para evitar o superaquecimento. Os outros fluidos de corte, além das emulsões, podem ser usados para a operação de roscamento dos plásticos, sempre evitando ações químicas sôbre as superfícies (quer manchando-as, quer tornando-as fôscas, amolecendo-as ou dilatando-as). Os compostos de óleo graxo de baixa viscosidade com sabão mole, em uma solução, são também usados na usinagem dêstes plásticos. Alguns plásticos dêste tipo são razoàvelmente resistentes aos efeitos dos óleos e solventes, o que dá certa margem para a escolha do fluido de corte.

11.9 — APLICAÇÃO E MANUSEIO DOS FLUIDOS DE CORTE

Para que o fluido de corte cumpra os seus objetivos não há necessidade de equipamento especial para sua aplicação, embora existam dispositivos especiais cujos resultados são notàvelmente eficientes. Consegue-se bom resultado observando cuidadosamente os seguintes quesitos.

11.9.1 — Aplicação do fluido de corte

Os fluidos de corte da classe *sólidos* são aplicados como já foi exposto nos parágrafos 11.4.1 e 11.5.1.

Os fluidos de corte da classe *líquidos* e *gasosos* são aplicados diretamente sôbre a região de corte, de tal maneira que o jato envolva as partes ativas da ferramenta e parte da peça em usinagem. Os esquemas da figura 11.10 ilustram algumas aplicações, apontando os efeitos bom ou fraco das várias maneiras de aplicação.

Uma regra empírica para se dimensionar os bocais de aplicação do fluido nas ferramentas de corte do tipo de barra é que seu diâmetro interno seja no mínimo três quartos da largura da ferramenta.

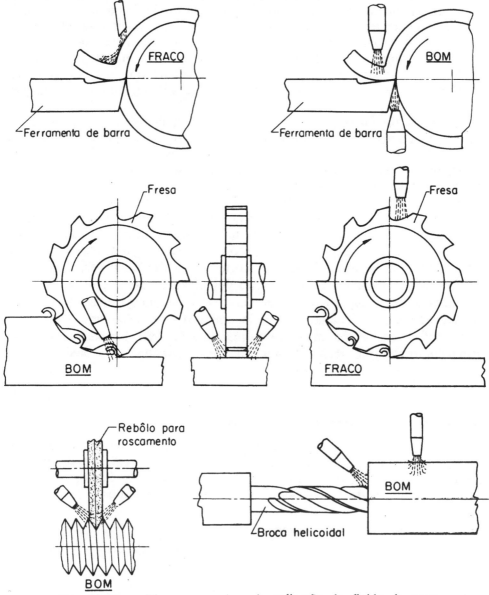

FIG. 11.10 — Diversas maneiras de aplicação do fluido de corte em operações de usinagem [23].

FLUIDOS DE CORTE 561

Como mostra a figura 11.10, a ação do fluido fica melhorada com a adição de um bocal dirigindo seu jato na superfície de incidência da ferramenta de barra.

Tem-se que ressaltar ainda que nas furações e roscamento horizontais a adoção do sistema de aplicação do tipo mostrado na figura 11.2 apresenta resultados muito vantajosos em relação aos sistemas comuns de aplicação.

Nas operações de retificação é recomendado um jato abundante de fluido de corte à baixa pressão. É aconselhável ainda prover a região de corte com anteparos convenientes a fim de evitar desperdício de fluido e também espalhamento do mesmo em lugares indesejáveis da máquina ou do operador.

Nas operações de fresamento a aplicação é feita como mostra a figura 11.10, no caso de fresamento cilíndrico. No caso de fresamento frontal, ou fresa de facear de grande diâmetro, é aconselhável dispor um aplicador em forma de anel, distribuindo o fluido de corte para os vários dentes ativos simultâneamente.

11.9.2 — Manutenção dos fluidos de corte

A fim de evitar deterioração prematura dos fluidos de corte, algum cuidado é preciso ser tomado, desde o seu armazenamento até o ponto de aplicação na região de corte.

11.9.2.1 — Óleos de corte

Os fluidos do tipo óleo de corte apresentam desempenho satisfatório quando aplicados através de um fluxo abundante na região onde é necessitado e em quantidade suficiente para que mantenha uma temperatura média de 20º a 25ºC.

Os óleos que em trabalho se contaminam ràpidamente com cavacos e impurezas diversas precisam ser removidos periòdicamente para sofrerem operações de limpeza — estas operações podem ser filtração, centrifugação ou similares. Quando o grau de impurezas permite, estas operações podem ser feitas na própria máquina operatriz, desde que esta, em seu projeto, contenha tubulações e espaços necessários para uma filtração adequada do fluido de corte. A operação de filtração pode ser realizada de várias maneiras, desde a mecânica até a magnética. O importante é a verificação de sua eficiência assim como a limpeza periódica do filtro.

A centrifugação do óleo de corte é geralmente feita conjuntamente com uma unidade de aquecimento a fim de extrair ao máximo o óleo aderente aos cavacos.

Todo o sistema de óleo de corte deve ser drenado periòdicamente; a limpeza das tubulações e unidades deve ser completa. Após isso, enche-se nova-

562 FUNDAMENTOS DA USINAGEM DOS METAIS

mente o sistema com óleo convenientemente limpo ou então óleo nôvo. A freqüência destas operações deve ser estudada em particular para cada caso.

11.9.2.2 — Óleos emulsionáveis e fluidos químicos

As emulsões e os fluidos de corte químicos requerem um cuidado maior do que os óleos de corte, desde sua preparação até seu consumo total.

A preparação das emulsões deve seguir um ritual irrevogável. Inicialmente, mede-se a quantidade de água necessária à emulsão, que a seguir é colocada num tanque bem limpo para se proceder à operação. Em seguida, mede-se a quantidade necessária de óleo solúvel e então êste é colocado no tanque onde já está a água. A introdução dêste óleo solúvel é feita simultâneamente com uma agitação da água para se proceder à emulsão.

A água usada nesta preparação desempenha um papel muito importante em relação aos fins esperados da emulsão. A dureza da água deve ser rigorosamente controlada para se evitar que os minerais e sais de uma eventual água dura impeçam a operação de emulsificação. De· preferência deve-se usar sempre água sem dureza alguma. Em se tratando de existência de água dura numa instalação industrial é necessário proceder-se a um tratamento da água antes de qualquer uso para preparação de fluido de corte. A existência de microorganismos na água diminui nòtàvelmente a vida das emulsões. Os microorganismos — bactérias, fungos e algas — que são encontrados nas emulsões, podem tirar a estabilidade destas. Por esta razão, na composição dos óleos solúveis, é prática comum incluir agentes bactericidas, em quantidade não superior à ditada pela solubilidade no óleo. Um efeito bastante desagradável da existência de bactérias nas emulsões é o seguinte: a proliferação e o crescimento das bactérias produz um mau cheiro, dada a formação de mercaptanas no óleo, resultado do ataque das bactérias aos sulfatos inorgânicos encontrados na água natural. A resistência a êste estado de emulsão rançosa precisa ser grande para que se possa dizer que o fluido de corte é de boa qualidade.

A concentração da emulsão precisa ser observada principalmente nos casos de operações em que há grande geração de calor que provoca a evaporação da água. Nas operações de retificação acontece o contrário — o óleo da emulsão é consumido mais ràpidamente tornando a emulsão mais diluída, a ponto de não mais impedir a corrosão das partes acessíveis.

A vida das emulsões pode variar de uma semana a seis meses. Cuidados de refrigeração da emulsão podem melhorar bastante a vida dêsses fluidos. A temperatura de uso das emulsões deve ser de $\sim 15^{\circ}\text{C}$.

FLUIDOS DE CORTE

11.9.2.3 — Cuidados na operação

Conseqüência comum para o operador que durante muito tempo tem parte de sua pele em contato com óleo de corte ou óleos solúveis é uma irritação característica da pele — a *dermatite*.

Os fluidos de corte mais a sujeira podem obstruir os poros e folículos capilares formando pontos pretos. O óleo natural segregado pela pele e a bactéria normalmente nela existente se acumulam sob êsses pontos pretos e aí desenvolvem uma irritação, que poderá se transformar em erupções postulares ou espinhas — *dermatite folicular*.

Todos os óleos de petróleo têm a propriedade de tirar a gordura natural da pele, ressecando-a, com a tendência para rachar. As rupturas da pele podem ser o comêço de uma infecção. A presença de aditivos no óleo, tais como enxôfre, cloro, gorduras e sabões vegetais ou animais poderá irritar mais agudamente a pele do operário.

Constatou-se que a verdadeira causa das infecções não é a bactéria normalmente encontrada nos óleos graxos ou óleos solúveis e sim a bactéria existente na pele do operário. Êste fato sugere que se pode controlar tais infecções melhorando a higiene pessoal do operador. Neste caso, há que se ditar algumas regras de higiene para serem seguidas pelos operadores. Por exemplo: manter as mãos sempre limpas, lavando-as ou limpando-as com estôpa (estôpa limpa ou pano isento de limalhas ou cavacos) freqüentemente; manter a roupa de trabalho mais limpa possível, trocando-a no mínimo uma vez por semana; evitar que a roupa fique impregnada de óleo — quando isto ocorrer, trocá-la na primeira oportunidade. No caso de muita sensibilidade da pele do operário, é aconselhável usar-se um creme aplicado na região acessível da pele, antes de iniciar-se o trabalho — creme resistente à ação do óleo. Quando tudo isto não bastar para evitar a irritação da pele de determinado operário, o melhor é mudá-lo de serviço.

11.10 — BIBLIOGRAFIA

[1] TAYLOR, Fred W. "On the Art of Cutting Metals". *Transactions of the American Society of Mechanical Engineers,* Nova York, 28: 31-58, 1907.

[2] DWYER Jr., John J. "The Production Man's Guide to Cutting Fluids". *American Machinist. Special Report n.º 548,* Nova York, 108 (6): 105-120, 16 de março de 1964.

[3] SHAW, Milton C. *Metal Cutting Principles.* 3rd Edition. Third Printing, Cambridge, Mass. The M. I. T. Press, 1965.

[4] COSGROVE, Stanley L. e GREENLEE, Roy W. "Present Knowledge of Cutting Fluids". *Research Report of ASTE.* Research Fund, Detroit, 11: 1-19, 1.º de maio de 1958.

[5] CHAO, B. T., et alii. "Thermophysical Aspects of Metal Cutting". *Transactions of the American Society of Mechanical Engineers,* Nova York, vol. 74, agôsto, 1952.

564 FUNDAMENTOS DA USINAGEM DOS METAIS

[6] HÜTTE. *Manual del Ingeniero de Taller.* Barcelona. Ed. Gustavo Gill, 1959.

[7] LING, E. F. e SAIBEL, Edward. "On the Tool-Life and Temperature Relationship in Metal Cutting". *Transactions of the American Society of Mechanical Engineers,* Nova York, 78 (5): 1.113-1.117, julho, 1956.

[8] MERCHANT, M. Eugene. "Fundamentals of Cutting Fluid Action". *Lubrication Engineering,* Park Ridge, Ill., 6, 163-67, 181, agôsto, 1950.

[9] BLANPAIN, Edward. *Théorie et pratique des outils de coupe,* Paris. Éditions Eyrolles, 1955.

[10] WILSON, F. W. *Machining with Carbides and Oxides,* Nova York, McGraw-Hill, 1962.

[11] BRYAN, James B. e McCURE, Eldon R. "Heat vs Tolerances". *American Machinist — Special Report n.º 605,* Nova York, 111 (12): 149-156, 5 de junho de 1967.

[12] TRIGGER, K. J. e CHAO, B. T. "The Mechanism of Crater Wear of Cemented Carbide Tools". *Transactions of the American Society of Mechanical Engineers,* Nova York, 78 (5): 1.119-1.126, julho, 1956.

[13] BISSHOPP, E. E., et alii. "The Role of Cutting Fluid as a Lubricant". *Lubrication Engineering.* Park Ridge, Ill., vol. 6, n.º 2: 70-73, 1950.

[14] ERNST, H. e MERCHANT, M. E. "Chip Formation, Friction and High Quality Machined Surfaces. Surface Treatment of Metals". *Transactions of the American Society for Metals,* Cleveland, Ohio, vol. 29: 299-337, 1941.

[15] SHAW, M. C. "The Chemico-Physical Role of the Cutting Fluid". *Metal Progress,* Novellity, Ohio, vol. 42: 85-88, julho, 1942.

[16] SHAW, M. C. "Mechanical Activation — A Newly Developed Chemical Process". *Journal of Applied Mechanics,* Nova York, vol. 15: 37-44, março, 1948.

[17] PIGOTT, J. S. e COLWELL, A. T. "Hi-jet System for Increasing Tool Life." *SAE Quaterly Transactions* 6, 547-66, julho, 1952, *Abstract in SAE Journal,* Nova York, 60-45-48, abril, 1952.

[18] BROSHEER, B. C. "Mist Cooling". *American Machinist,* Nova York, 97, 137-52, 14 de setembro de 1953.

[19] PAHLITZSCH, G. "Gases are Good Cutting Coolants". *American Machinist,* Nova York, 97, 196-97, 16 de fevereiro de 1953.

[20] BOWDEN, F. P. e TABOR D. "The Friction and Lubrication of Solides". *Oxford University Press,* Nova York, 1950.

[21] ZOREV, N. N. "Metal Cutting Mechanics", *Ed. M. C. Shaw,* Nova York, Pergamon Press, 1966.

[22] BOUILLET, J. P. La Lubrification dans la coupe des metaux". *Mécanique Electricité,* Paris, n.º 183: 24-32, dezembro, 1964.

[23] Catálogos diversos:

SOCONY MOBIL OIL COMPANY, INC. *Fluids for Metal Cutting.* Nova York, USA, 1962.

FLUIDOS DE CORTE

CASTROL — INGG. ANTI & CASOLO. *Oli per lavorazione metalli.* 2.ª edição, Milão, setembro, 1960.

GULF OIL CORPORATION. *Metal Machining with Cutting Fluids.* USA.

THE TEXAS COMPANY (South America) LTD. *Óleos para corte de metais.* Rio de Janeiro.

THE SHELL PETROLEUM COMPANY LTD. *Cutting Oils.* Londres, 1958.

XII

ENSAIOS DE USINABILIDADE DOS METAIS

12.1 — GENERALIDADES

A *Usinabilidade** de um metal pode ser definida como uma grandeza tecnológica, que expressa por meio de um valor numérico comparativo (índice ou porcentagem) um conjunto de *propriedades de usinagem* do metal, em relação a outro tomado como padrão. Entende-se como propriedades de usinagem de um metal, àquelas que expressam o seu *efeito* sôbre grandezas mensuráveis inerentes ao processo de usinagem dos metais, tais como a vida da ferramenta, a fôrça de usinagem, o acabamento superficial da peça, a temperatura de corte, a produtividade, as características do cavaco. A usinabilidade não é portanto uma grandeza específica de um dado material, tal como a resistência à tração, o alongamento, o módulo de elasticidade, etc.

A usinabilidade interessa não sòmente aos fabricantes dos metais, como também aos consumidores, aos fabricantes de ferramentas, enfim, a todos aquêles que se envolvem na produção de peças por meio da formação de cavaco. Tem uma grande influência na produtividade de uma emprêsa, razão pela qual existe um enorme interêsse em se estabelecer *métodos de ensaio,* que permitem determinar a usinabilidade de um material, quer no contrôle de qualidade de uma Metalúrgica, quer na inspeção de recebimento pelo comprador, em um tempo não muito longo e com relativa precisão.

Infelizmente, até hoje não foi possível atribuir uma unidade bem definida à usinabilidade. Como resultado de inúmeras pesquisas realizadas, temos disponíveis atualmente os valôres medidos dos desgastes das ferramentas em função das condições de usinagem, temperaturas atingidas, fôrças de corte, etc. Entretanto, tais valôres se apresentam de tal modo confusos e muitas vêzes contraditórios, que pràticamente não houve um progresso decisivo desde o início do século, quando F. W. TAYLOR usinou toneladas de aço. Para constatar essa afirmação, são dados na figura 12.1 os valôres

---

* Conservamos o têrmo *Usinabilidade,* por ser de uso já difundido para designar o *Machinability* da literatura inglêsa, o *Zerspanbarkeit* da literatura alemã e o *Usinabilité* da literatura francesa.

de v_{60} em função da secção de cavaco, apresentados por diversas fontes, para materiais com composição química e propriedades mecânicas semelhantes [1].

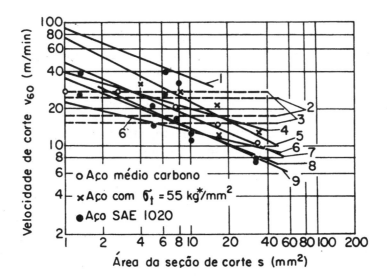

FIG. 12.1 — Diagrama da velocidade v_{60} em função da área da secção de corte, segundo fontes diversas, para o aço carbono com $\sigma_r = 50 \ldots 60 kg*/mm^2$ [1]. 1) aço SM, 55kg*/mm² (KREKELER); 2) aço de construção mecânica (*Colvin/Stanley, Amer. Handbook*); 3) aço St 50.11 (LANGER-LANGE); 4) aço SM 50/60 (ENGEL); 5) aço carbono 51kg*/mm² (TAYLOR); 6) aço SM 50/60 (HIPPLER); 7) aço médio carbono (FRIEDRICH); 8) aço St 50.11 (*AWF*); 9) aço St 50.11 (HÜTTE, REFA).

A razão desta situação caótica, na qual se encontra a pesquisa da usinabilidade, apesar de atividades intensas durante as décadas passadas, se explica pelo seguinte:

a) A usinabilidade não é, ao contrário do que acontece com a resistência à tração, a propriedade de um único material, mas sim a propriedade resultante da combinação de dois materiais; isto é, da combinação *ferramenta-peça usinada*. A rigor, ainda influi uma terceira substância, que é o meio gasoso, líquido ou sólido, no qual se realiza a usinagem. Sob êste ponto de vista, não tem sentido falarmos em usinabilidade de um único material, assim, como tão pouco tem sentido falarmos em resistência à corrosão de um determinado material, sem citar o agente corrosivo.

b) Os resultados de medidas de uma operação de usinagem — fôrças, desgaste, etc. — são difíceis de serem analisados e interpretados, dada

568 FUNDAMENTOS DA USINAGEM DOS METAIS

a multiplicidade de fatôres que intervêm no fenômeno: velocidade de corte, profundidade de corte, avanço, geometria da ferramenta, combinação de materiais, aresta postiça, desgaste maior da aresta cortante, etc. O número de combinações possíveis de todos êstes fatôres é simplesmente astronômico. As pesquisas revelaram que a variação de alguns dêstes fatôres em pouco ou nada influi sôbre os resultados das medidas. Assim é pràticamente indiferente usinarmos com um ângulo de saída de 20º ou 25º, porém há fatôres cuja variação mesmo infinitesimal provoca grandes variações do resultado de medida. Como exemplo citam-se os ensaios realizados por SCHAUMANN, ZIELONKOWSKY e outros (ver Capítulo IX, § 9.2), nos quais pequeníssimas variações de teores de óxidos nos materiais, especificados como iguais pelas normas *DIN* ou *ASA*, submetidos aos mesmos tratamentos térmicos, podem originar desgastes completamente diferentes nas pastilhas de metal duro, quando provenientes de corridas ou siderúrgicas diferentes.

c) A dificuldade e demora dos ensaios de usinagem são as responsáveis pelo fato da pesquisa não ter acompanhado a rápida evolução dos materiais, observada nas últimas décadas. Quando se publicavam valôres de velocidades ótimas para certas combinações de materiais padronizados, êstes materiais freqüentemente se haviam tornados absoletos. Quando uma usina siderúrgica lança uma nova liga no mercado, também publica as suas propriedades mecânicas e análise química. Em geral, o mesmo já não se dá com a resistência ao desgaste, resistência a quente e usinabilidade.

d) A usinabilidade, além de ser uma grandeza tecnológica, implica também em considerações econômicas, principalmente o custo de fabricação por peça.

Dada esta incerteza dos resultados de pesquisas de laboratórios, muitas emprêsas mantêm um contrôle constante da usinabilidade das partidas de material que recebem, a fim de obter dados sôbre condições de usinagem e vida provável das ferramentas, a qual é de grande interêsse na produção em série, tendo em vista o planejamento dos intervalos de afiação.
Em face do grande gasto de material e tempo, êste contrôle não pode ser feito em ensaios de *grande duração,* mas sim, devem ser adotados aquêles ensaios que fornecem, num intervalo de tempo pequeno e com pequeno gasto de material, resultados tais que sejam determinadas as condições ótimas de usinagem. Todos êstes ensaios de *curta duração,* sejam os que empregam condições de usinagem exageradas, sejam os que determinam desgastes pequenos, têm limites de aplicação restritos, fora dos quais conduzem freqüentemente a resultados falsos.

12.1.1 — Principais fatôres que influem na determinação do índice de usinabilidade dos metais

O índice de usinabilidade dos metais deve ser analisado através da influência das variáveis dos seguintes componentes, ìntimamente relacionados:

ENSAIOS DE USINABILIDADE DOS METAIS

569

Material da peça.
Processo mecânico e condições de usinagem.
Critério empregado na avaliação.

Com relação ao *material da peça* os fatôres que mais influem s,bre a usinabilidade são:

— Composição química
— Micro estrutura
— Dureza
— Propriedades das tensões e deformações
— Rigidez da peça.

O estudo dêstes fatôres será tratado no 2.º volume, no capítulo referente à *Seleção econômica dos metais para a economia de usinagem.*

Os *processos mecânicos e as condições de usinagem* que mais influem na usinabilidade são:

— Material da ferramenta
— Condições de usinagem (velocidade, avanço, profundidade, geometria da ferramenta, etc.)
— Fluidos de corte
— Rigidez da máquina, ferramenta e do sistema de fixação da peça
— Tipos de trabalhos executados pela ferramenta (operação empregada, corte contínuo ou intermitente, condições de entrada e saída da ferramenta).

O estudo dos materiais das ferramentas já foi desenvolvido no Capítulo VII. A influência da geometria da ferramenta, do avanço e da profundidade de corte sôbre a fôrça de usinagem, a velocidade e sôbre os desgastes da ferramenta, foram abordados respectivamente nos capítulos V, X e IX. A influência do fluido de corte foi tratada no capítulo XI. Os fatôres relativos à rigidez da máquina, ferramenta e do sistema de fixação da peça serão desenvolvidos no 3.º volume. As diferentes operações de corte executadas pelas ferramentas serão tratadas no 2.º volume, nos capítulos referentes às ferramentas de usinagem.

12.1.2 — Critérios empregados nos ensaios de usinabilidade

Inúmeros ensaios de usinagem tem sido propostos por diferentes pesquisadores para julgar o comportamento do material, numa combinação peça-ferramenta, em relação às grandezas características de usinagem, tais como: desgaste da ferramenta, fôrça de usinagem, acabamento superficial, temperatura de corte, etc. No presente capítulo serão tratados os ensaios mais comuns ou de maior interêsse na usinabilidade. Tais ensaios podem ser agrupados nos *critérios básicos* e *específicos:*

570 FUNDAMENTOS DA USINAGEM DOS METAIS

a) Critérios básicos

Critérios baseados na vida da ferramenta

Curvas de vida da ferramenta. Velocidade v_{60}.
Método do comprimento usinado.
Método do faceamento de BRANDSMA.
Método do aumento progressivo da velocidade de corte.
Método do aumento discreto da velocidade de corte.
Ensaio de sangramento com ferramenta bedame.
Método radioativo.

Critérios baseados na fôrça de usinagem

Método da pressão específica de corte.
Método da tensão de cisalhamento.
Método da fôrça de avanço constante.

Critério baseado no acabamento superficial

Critério baseado na produtividade

b) Critérios específicos

Critério baseado na análise dimensional
Critério baseado na temperatura de corte
Critério baseado nas características do cavaco

Grau de recalque.
Coeficiente volumétrico e forma do cavaco.
Freqüência e amplitude de variação da fôrça de usinagem.

Critério baseado na energia fornecida pelo pêndulo

Pêndulo de LEYENSETTER.
Pêndulo EHRENREICH.

12.1.3 — Padrão de usinabilidade

Como foi visto anteriormente, a usinabilidade de um metal é expressa segundo um valor comparativo. Êste índice deve levar em consideração uma média ponderada dos critérios acima mencionados mais significativos.

Encontram-se comumente na literatura americana os chamados *índices comerciais de usinabilidade*. Nessa classificação é utilizado como metal padrão de comparação o aço B 1112 da AISI, ao qual é atribuído o índice 100 de usinabilidade, quando torneado a uma velocidade de corte 54m/min (180 f.p.m), em determinadas condições de usinagem e com fluido de corte adequado. Na tabela XI.1 do capítulo *Fluidos de Corte* encontram-se os

ENSAIOS DE USINABILIDADE DOS METAIS   571

índices de usinabilidade elaborados pela *Sub-comissão independente, para pesquisas de fluidos de corte* da AISI [2]. Tabelas semelhantes a esta encontra-se no *Manual on Cutting of Metals* e no *Tool Engineers Handbook* [3 e 4]. Todos os demais metais da tabela são relacionados ao aço B 1112; assim, por exemplo, o aço C 1109, com faixa de dureza entre 137 a 166 *Brinell* tem um índice de usinabilidade 85%, enquanto o aço 4137 tem um índice 60% na faixa de dureza de 187 a 229 *Brinell*.

Tais índices de usinabilidade foram elaborados em ensaios de torneamento com tornos automáticos e ferramenta de aço rápido 18-4-1. Os critérios de ensaios mais utilizados foram desgaste da ferramenta, acabamento superficial e produtividade. A utilização dêstes índices deve ser limitada devido ao grande número de variáveis que os afetam (variáveis relativas ao material, processo de usinagem e critério empregado). Utilizando-se ferramenta de metal duro ou de cerâmica, poderá haver uma sensível alteração dos índices de usinabilidade.

A rigor, qualquer aço pode ser definido como padrão. Além da tabela de usinabilidade referida acima, foi elaborada pela *Sub-comissão da AISI para Usinagem das Ligas de Cobre* uma tabela de usinabilidade das ligas de cobre [5]. Nesta tabela tomou-se como metal padrão (com índice de usinabilidade 100%) o *latão de corte livre* (61,5% Cu, 35,5% Zn, 3% Pb).

Devido a variações permitidas na composição química e fatôres diversos que influem no processo de obtenção dos metais, assim como erros experimentais (inevitáveis em qualquer método de avaliação) os índices de usinabilidade devem ser entendidos como *valôres médios*. Pode-se constatar esta afirmação através da figura 12.2, que apresenta a distribuição dos índices de usinabilidade de dois lotes de barras de aço B 1112 e B 1113 de diferentes procedências. Com relação ao aço B 1112 foram realizados 105 ensaios de usinabilidade, os quais permitiram verificar que, dentro dos estreitos limites permitidos para a composição química, variações não intencionais no teor de carbono, enxôfre e principalmente sílico, causam no índice de usinabilidade variações de 20% para menos e 60% para mais do valor nominal 100% assumido. Com relação ao aço B 1113 ocorre fato análogo, havendo grande dispersão em tôrno do valor médio.

12.1.3 — Relações entre a usinabilidade e determinadas propriedades tecnológicas de um metal

As relações entre certas propriedades tecnológicas de um dado metal e a sua usinabilidade foram pesquisadas desde o início dêste século. Para a usinagem de aços carbono por meio de ferramentas de aço rápido, foi elaborado em 1930 por A. WALLICHS e H. DABRINGHAUS um diagrama, relacionando a velocidade de corte v_{60} e a *resistência à ruptura,* reproduzido na figura 12.3.

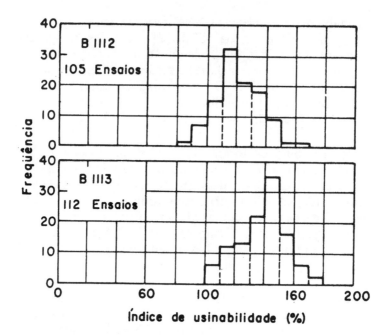

FIG. 12.2 — Distribuição dos índices de usinabilidade de dois lotes de barras, apresentando dois tipos de aços de corte livre [6].

Como foi visto no Capítulo X, a velocidade de corte v_{60} é a velocidade de trabalho que, para um determinado desgaste da ferramenta, em condições de usinagem pré-estabelecidas, permite obter uma vida da ferramenta de 60 minutos. Êste coeficiente permite dar uma idéia do índice de usinabilidade, como será visto no parágrafo seguinte.

No caso do exemplo assinalado na figura 12.3, quando queremos desbastar um eixo de um material com resistência à ruptura 45kg*/mm², com uma profundidade de corte 8mm e um avanço de 2,0mm/giro, devemos trabalhar com uma velocidade de corte de 23m/min para obter uma vida de 60 minutos numa ferramenta de aço rápido*.

Ensaios que visavam estender êstes resultados aos aços liga não tiveram o êxito esperado.

Ao invés de se utilizar a resistência à ruptura σ_t do material, pode-se empregar para os aços carbono a *dureza Brinell*, como já foi citado no § 10.2.2 do Capítulo X. O *limite de escoamento* do material também foi empregado para êsse fim. Com relação aos aços liga verificou-se que não existe uma correlação entre a dureza *Brinell* e o índice de usinabilidade, conforme mostra a figura 12.4 [6].

---

* O diagrama citado tem apenas valor histórico, não devendo ser utilizado como fonte de obtenção de dados.

ENSAIOS DE USINABILIDADE DOS METAIS 573

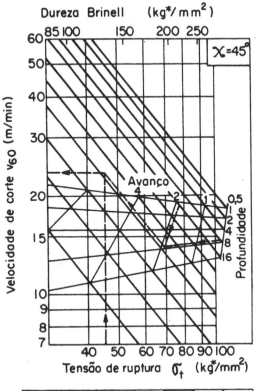

FIG. 12.3 — Relação entre a resistência à ruptura de um aço carbono e a velocidade de corte V_{60}, para usinagem com ferramenta de aço rápido, $\chi = 45°$, segundo WALLICHS e DABRINGHAUS.

Outra tentativa neste sentido, visava determinar a usinabilidade de um metal a partir da sua composição química e propriedades mecânicas. J. SORENSEN

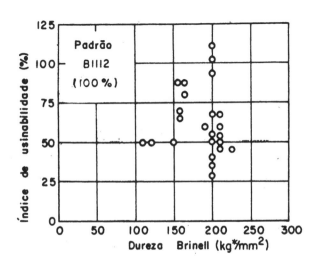

FIG. 12.4 — Relação entre a dureza *Brinell* e o índice de usinabilidade para vários aços [6].

(1948) representou a usinabilidade de um aço carbono pela chamada *usinabilidade relativa M* dada por

$$M = A_1 + K_1 . C\% - K_2 . \delta - \frac{\sigma_t}{K_3} \qquad (12.1)$$

onde A_1, K_1, K_2 e K_3 são constantes, δ é o alongamento e σ_t a resistência à ruptura.

BODART, HERBIET e CZAPLICKI (1958) procuraram obter diretamente a velocidade v_{60} dos aços carbono (C = 0,15 a 0,7%) em estado recozido, a partir da análise química do material,

$$v_{60} = 161 - 141 . C\% - 42 . Si\% - 39 . Mn\% - 179 . P\% + 121 . S\% \qquad (12.2)$$

válida para ferramentas de aço rápido.

Para as *ferramentas de metal duro*, as relações entre a usinabilidade e as propriedades mecânicas e químicas descritas acima não puderam ser observadas. Como exemplo desta afirmação pode-se examinar a figura 12.5 que fornece a velocidade v_{60} em função da resistência à ruptura σ_t, para dois critérios distintos de vida da ferramenta (critério baseado no desgaste da superfície de incidência para $l_1 = 0,4$mm; critério baseado no desgaste da cratera com $k = 0,1$ (vide § 8.2.1). Também as outras propriedades tecnológicas não permitiram estabelecer uma relação com a usinabilidade.

Nas ferramentas de aço carbono e aço rápido, a destruição da aresta cortante pode ser justificada pelo amolecimento da aresta devido a temperatura de corte. Já com as ferramentas de metal duro tal não acontece. Êste comportamento diferente é explicado pelo fato do desgaste ser função da estrutura cristalina do material usinado e não da sua resistência à ruptura [8].

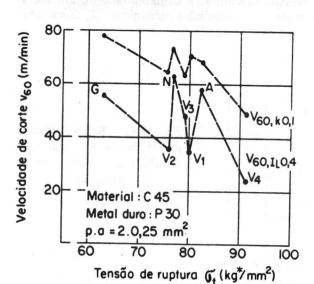

FIG. 12.5 — Velocidade de corte v_{60} para o aço Ck 45 de diferentes resistências, usinado com metal duro [7].

ENSAIOS DE USINABILIDADE DOS METAIS

12.2 — ENSAIOS DE USINABILIDADE BASEADOS NA VIDA DA FERRAMENTA

Como foi visto anteriormente, os métodos de ensaio de usinabilidade podem ser de *longa* ou *curta duração*. Êstes últimos apresentam a vantagem de necessitarem um consumo mínimo de material e de serem realizados num tempo relativamente pequeno. Porém, quando se deseja traçar as curvas de vida de uma ferramenta, para um determinado material, com uma precisão razoável, deve-se recorrer aos *ensaios de longa duração*. Nestes ensaios, a aresta cortante da ferramenta, trabalhando em condições normais de usinagem, deve ser destruída ou gasta durante o ensaio. Necessitam, portanto, um tempo de ensaio muito longo, além de um gasto elevado de material.

A precisão de um ensaio de longa duração, acima citada, tem sentido para um determinado material, quando êste material pertence a um lote de mesma corrida e mesmo tratamento térmico, no qual foi realizado o ensaio.

12.2.1 — Método de ensaio de longa duração

A obtenção das curvas de vida de um metal, num ensaio de longa duração já foi descrita no parágrafo 10.1 do Capítulo *Curvas de Vida de uma Ferramenta e Fatôres que Influem na sua Forma*.

As figuras 10.7 e 10.8 mostram as curvas de vida da ferramenta para a usinagem do aço C 68 com ferramenta de metal duro e aço rápido, respectivamente, sob determinadas condições de usinagem e determinados critérios estabelecidos para o desgaste da ferramenta. O mesmo acontece com a figura 10.9, que apresenta as curvas de vida da ferramenta para usinagem do aço AISI 4340 com dois tipos de ferramenta de cerâmica. Tais curvas são de grande importância para a determinação da velocidade econômica de corte. Além disso, permitem determinar o valor da velocidade de corte v_{60} contribuindo de forma preponderante no estabelecimento do índice de usinabilidade do metal. Baseado neste critério de ensaio, foi elaborada a tabela X.15 que fornece os valôres de v_{60}, v_{240} e v_{480} em diferentes condições de usinagem.

Como foi visto acima, para a determinação da usinabilidade de um metal, é necessário o emprêgo de vários critérios de ensaio. A utilização sòmente do critério de vida da ferramenta seria insuficiente, porém, é êste o critério que mais pesa na determinação da usinabilidade.

A figura 12.6 mostra uma comparação entre os índices comerciais de usinabilidade apresentados pelos americanos e os índices de usinabilidade calculados a partir da velocidade v_{60}, para diferentes materiais ensaiados pela *Bethlehem Steel Corporation* [9]. A tabela XII.1 apresenta as características químicas e mecânicas dêsses aços. Para índice de usinabilidade baseado sòmente no critério de vida da ferramenta, tomou-se a velocidade v_{60} do aço C 1212 ($v_{60} = 63$m/min) como 100%. Os aços com v_{60} maior teriam um índice de usinabilidade proporcionalmente maior.

TABELA XII.1

Características químicas e mecânicas dos aços ensaiados pela Bethlehem Steel Co. [9]

Aço	Estado de Fornecimento	C	Mₙ	P	S	Sᵢ	N	Pb	Dureza Brinell	Índice Comercial
Beth-Led	Laminados a quente	0,09	0,94	0,096	0,310	0,01	0,012	0,27	126	190
C 12 L 14		0,09	1,07	0,065	0,290	0,01	0,004	0,21	107	179
C 1213		0,08	0,83	0,089	0,280	0,01	0,011	—	116	130
C 1212		0,11	0,87	0,098	0,230	0,01	0,008	—	124	100
C 1117		0,17	1,09	0,009	0,087	0,01	0,003	—	114	85
C 1120	Trefilados a frio	0,18	0,85	0,100	0,093	0,01	0,004	—	111	80
C 1212		0,10	0,99	0,110	0,210	0,01	0,013	—	174	100
C 1117		0,18	1,29	0,008	0,120	0,01	0,006	—	156	89

Analisando-se a figura 12.6 nota-se que os índices de usinabilidade baseados em v_{60}, segundo os ensaios da *Bethlehem Steel Co.*, variam de 90 a 114%, enquanto que os índices comerciais variam entre 80 a 190%. Os aços ao chumbo Beth-Lead e C 12L14 não apresentam vantagens sôbre o aço C 1213 (sem chumbo) na escala v_{60}, enquanto que na escala de usinabilidade comercial a distinção é bem nítida. Embora os aços C 1212 e C 1213 diferem em 0,05% de enxôfre, os valôres correspondentes de v_{60} são pràticamente iguais, enquanto que o índice de usinabilidade comercial do aço C 1213 é bem maior que o do aço C 1212.

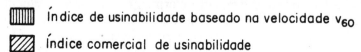

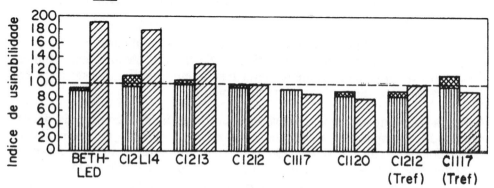

Fig. 12.6 — Comparação entre os índices comerciais de usinabilidade e a velocidade v_{60} [9].

ENSAIOS DE USINABILIDADE DOS METAIS

12.2.2 — Métodos de ensaio de curta duração

Dada a importância que os métodos de ensaio baseados na vida da ferramenta representam na usinabilidade dos metais e devido ao fato dos ensaios de longa duração serem muito onerosos, foram propostos inúmeros métodos de ensaio de curta duração, baseados no desgaste das ferramentas. Tais ensaios podem ser realizados

em condições forçadas de usinagem, ou
em condições normais de usinagem.

Os métodos de ensaio em condições forçadas de usinagem são realizados com velocidade de corte compreendidas na região c_3 da curva *desgaste-velocidade de corte* (figuras 10.2 e 10.3). Entre êstes métodos encontram-se os seguintes:

— *método do comprimento usinado*
— *método do faceamento de Brandsma*
— *método do aumento progressivo da velocidade de corte no torneamento cilíndrico.*

Em todos êstes métodos, as ferramentas são utilizadas até a sua destruição — *queima*. Uma vez que esta queima não é observada em ferramentas de metal duro e de cerâmica, *êstes métodos de ensaio servem sòmente para ferramentas de aço rápido.*

Os métodos de ensaio de curta duração em condições normais de usinagem mais significativos são os de *sangramento com ferramenta bedame* e o *radioativo*. O primeiro é utilizado nos tornos automáticos, com "bedams", enquanto que o método radioativo é empregado em ferramentas de metal duro.

12.2.2.1 — Método do comprimento usinado (1938)

Neste método de ensaio de usinabilidade empregam-se velocidades de corte elevadas, obtendo-se uma vida de poucos minutos, até à queima da ferramenta. Como a duração dêste ensaio é pequena e a sua determinação é um tanto incerta, prefere-se medir o comprimento de cavaco usinado, que é de vários metros, reduzindo, desta forma, o êrro relativo de ensaio.
A figura 12.7 *a* apresenta um diagrama dilogarítmico baseado em ensaios desta natureza. No eixo das abcissas colocou-se as velocidades de corte e no eixo das ordenadas os comprimentos de cavaco usinados, determinados pela queima da aresta cortante, correspondentes a cada velocidade de ensaio. As retas inclinadas se referem aos materiais VCN 45, C 35 e ECN 35.
A extrapolação dêste diagrama para uma vida $T = 60$ minutos é um tanto duvidosa (figura 12.7 *b*). A figura 12.8 mostra a imprecisão dêste tipo de ensaio, quando comparado à velocidade v_{60} do material, obtida num ensaio de longa duração (traço grosso da figura 12.8) [10].

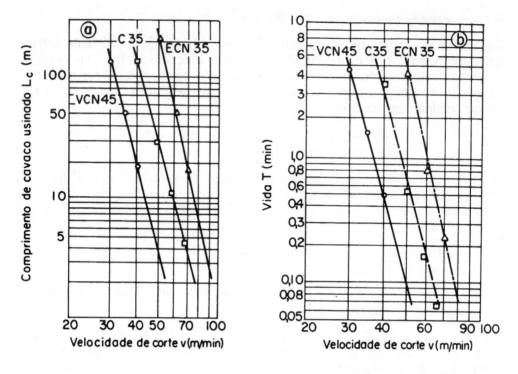

FIG. 12.7 — a) Comprimento de cavaco usinado em função da velocidade de corte para diferentes materiais, segundo W. LEYENSETTER. b) Vida da ferramenta em função da velocidade de corte (obtida do diagrama anterior). Condições de ensaio: ferramenta de aço rápido; $a.p = 0,2 . 0,43 mm^2$ [10].

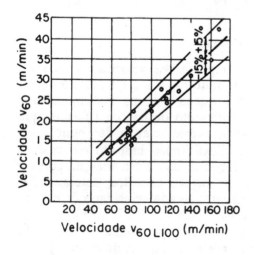

FIG. 12.8 — Comparação entre os resultados do ensaio de comprimento usinado e o ensaio de longa duração [10].

ENSAIOS DE USINABILIDADE DOS METAIS

12.2.2.2 — Método do faceamento de Brandsma (1936)

Êste método consiste em facear um disco com rotação e avanço constantes, do centro para a periferia. Inicia-se com uma velocidade pequena, correspondente ao diâmetro do furo do disco (figura 12.9), e chega-se a uma velocidade bem maior, definida pelo aparecimento da queima da aresta cortante. Desta forma, a peça de ensaio deveria ter um diâmetro relativamente grande, para permitir a destruição da ferramenta numa única operação de faceamento.

De acôrdo com a figura 12.9 tem-se as seguintes relações:

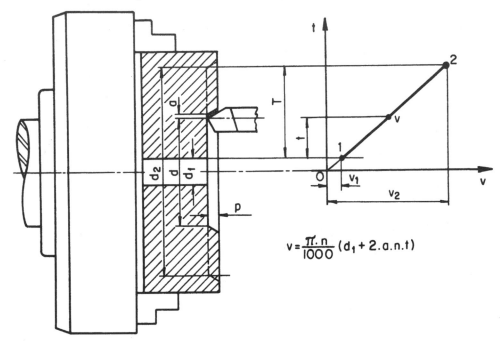

FIG. 12.9 — Representação esquemática do método de faceamento de BRANDSMA.

$$v_1 = \frac{\pi \cdot d_1 \cdot n}{1000}, \qquad v_2 = \frac{\pi \cdot d_2 \cdot n}{1000}, \qquad (12.3)$$

onde
- v_1 = velocidade inicial de ensaio, em m/min;
- v_2 = velocidade final de ensaio, correspondente à destruição da aresta cortante, em m/min;
- d_1 e d_2 = diâmetros da peça, correspondentes ao início e fim da operação, em mm;
- n = rotação de ensaio, constante, em r. p. m.

Como grandeza comparativa dêste método, utiliza-se a velocidade de corte equivalente v_r, isto é, *a velocidade de corte constante que produz, no mesmo tempo de ensaio T, o mesmo desgaste na ferramenta, desgaste êste obtido em ensaio anterior com velocidade de corte variável, nas mesmas condições de usinagem.* Podemos calcular o seu valor de uma maneira muito simples; para tanto, admitiremos que a fórmula de TAYLOR (10.2)

$$T \cdot v^x = K$$

seja válida no intervalo de tempo correspondente entre o início e o fim da operação e que exista uma correspondência biunívoca entre o desgaste convencionado e o valor de K (figura 12.10).

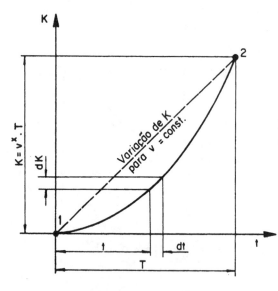

FIG. 12.10 — Variação da constante K da fórmula de TAYLOR em função do tempo de usinagem.

A velocidade de corte no instante de tempo t, a partir do início da operação é

$$v = \frac{\pi \cdot n}{1000} (d_1 + 2 \cdot v_a \cdot t) \qquad (12.4)$$

onde v_a é a velocidade de avanço, dada pela relação $v_a = a \cdot n$ (em mm/min).

Admitindo-se que no intervalo de tempo dt a velocidade seja constante, tem-se

$$v^x \cdot dt = dK. \qquad (12.5)$$

Substituindo-se (12.4) em (12.5) resulta

$$\left(\frac{\pi \cdot n}{1000} (d_1 + 2 \cdot a \cdot n \cdot t) \right)^x \cdot dt = dK$$

e integrando-se no intervalo de tempo de 0 a T, tem-se

$$\int_0^T \left(\frac{\pi \cdot n}{1000} \right)^x \cdot (d_1 + 2 \cdot a \cdot n \cdot t)^x \cdot dt = K,$$

ENSAIOS DE USINABILIDADE DOS METAIS

ou ainda

$$\left(\frac{\pi \cdot n}{1000}\right)^x \frac{(d_1 + 2\,anT)^{x+1} - d_1^{x+1}}{(x+1)\cdot 2\cdot a\cdot n} = K \qquad (12.6)$$

Sendo $d_2 = d_1 + 2\,anT$ e, de acôrdo com a definição de *velocidade de corte equivalente*, tem-se:

$$T\cdot v_r^x = \left(\frac{\pi \cdot n}{1000}\right)^x \cdot \frac{d_2^{x+1} - d_1^{x+1}}{(x+1)\cdot 2\cdot a\cdot n} \qquad (12.7)$$

ou ainda

$$v_r = \frac{\pi \cdot n}{1000} \sqrt[x]{\frac{d_2^{x+1} - d_1^{x+1}}{(x+1)\cdot 2\cdot a\cdot n\cdot T}}. \qquad (12.8)$$

O valor do expoente x pode ser fàcilmente obtido, através de uma nova operação de faceamento na mesma peça, com condição diferente de variação da velocidade de corte.

Com efeito, aplicando-se a equação (12.7) em cada operação de faceamento tem-se:

1.ª Operação $\qquad K = \left(\dfrac{\pi \cdot n_1}{1000}\right)^x \cdot \dfrac{d_2^{x+1} - d_1^{x+1}}{(x+1)\cdot 2\cdot a\cdot n_1}$

2.ª Operação $\qquad K = \left(\dfrac{\pi \cdot n_2}{1000}\right)^x \cdot \dfrac{d_3^{x+1} - d_1^{x+1}}{(x+1)\cdot 2\cdot a\cdot n_2}$

Igualando-se estas expressões resulta

$$\left(\frac{n_2}{n_1}\right)^{x-1} = \frac{\left(\dfrac{d_2}{d_1}\right)^{x+1} - 1}{\left(\dfrac{d_3}{d_1}\right)^{x+1} - 1}$$

Como d_2 e d_3 são bem maiores que d_1 e $x \geqslant 3$, tem-se aproximadamente

$$\left(\frac{n_2}{n_1}\right)^{x-1} = \left(\frac{d_2}{d_3}\right)^{x+1}$$

Tomando-se os logaritmos desta expressão resulta:

$$x = \frac{\log \dfrac{d_3 \cdot n_1}{d_2 \cdot n_2}}{\log \dfrac{d_2 \cdot n_1}{d_3 \cdot n_2}}. \qquad (12.9)$$

Quando o diâmetro da peça de ensaio não é suficientemente grande para permitir a queima da ferramenta numa só operação de faceamento, pode-se empregar várias operações parciais de faceamento. O cálculo também não oferece dificuldades.

Os resultados dêste método permitem comparar os materiais entre si, porém, não se pode aplicar os valôres aqui achados a uma operação de torneamento cilíndrico, pois o processo de usinagem não é o mesmo. Esta diferença é devida principalmente às seguintes razões:

a deformação do cavaco na operação de faceamento, do centro para a periferia da peça, não é a mesma de uma operação de torneamento cilíndrico — o grau de deformação do cavaco R_c é maior e varia com o diâmetro de faceamento (figura 12.11);

devido à variação contínua de velocidade e ao aumento do grau de deformação, o comportamento térmico desta operação de faceamento difere completamente do de uma operação de torneamento cilíndrico, em conseqüência, a vida da ferramenta não será a mesma — como já foi visto, a destruição da aresta cortante das ferramentas de aço rápido está intimamente relacionada com a temperatura de corte.

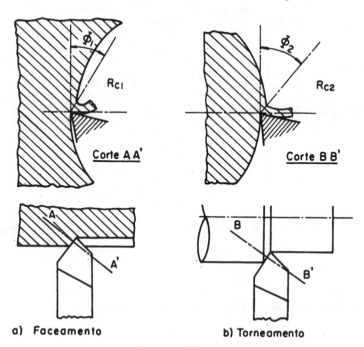

FIG. 12.11 — Diferença entre o processo de formação do cavaco na operação de faceamento do centro para a periferia e na operação normal de torneamento cilíndrico.

A variação de solicitação térmica na peça é relacionada com a variação da velocidade de corte. Esta variação depende por sua vez da rotação da peça — quanto maior a rotação, maior será a variação de velocidade e maior será a velocidade inicial v_1 de faceamento (ver fórmulas 12.3 e 12.4).

Tal ocorrência pode ser verificada na figura 12.12, onde estão representadas as velocidades de corte máximas v_2 (correspondentes às queimas das arestas cortantes) para diferentes rotações da peça. Observa-se nesta figura que aumentando-se a rotação de ensaio, a velocidade máxima v_2 aumenta e o diâmetro correspondente, no qual se dá a queima da aresta cortante, diminui. Logo, nos resultados dêste método deve ser especificada a rotação do ensaio.

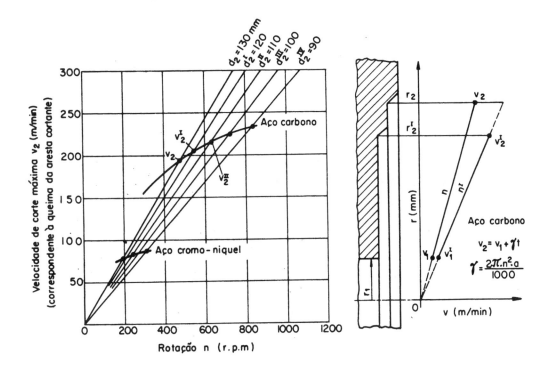

FIG. 12.12 — Comportamento da curva de velocidade v_2 máxima, correspondente à queima da aresta cortante, em função da rotação de ensaio; ferramenta de aço rápido; $a.p = 0{,}26 . 0{,}2 mm^2$ [10].

12.2.2.3 — Método do aumento progressivo da velocidade de corte no torneamento cilíndrico

Neste método de ensaio de usinabilidade, a velocidade de corte pode variar contínua ou discretamente. No primeiro caso o aumento de v é conseguido num tôrno de variação contínua de velocidades. No método de aumento discreto, a velocidade é incrementada de 5m/min após cada comprimento usinado de 25m, até destruir a aresta cortante da ferramenta.

584   FUNDAMENTOS DA USINAGEM DOS METAIS

a) *Método da variação contínua da velocidade*

Para um aumento uniformemente acelerado da velocidade de corte, tem-se
a equação

$$v = v_1 + \gamma.t, \qquad (12.10)$$

onde γ é a aceleração do movimento, constante.

De acôrdo com a equação (12.4), tem-se:

$$v = \frac{\pi.n.d_1}{1000} + \frac{2.\pi.n^2.a.t}{1000}.$$

Comparando-se esta expressão com a (12.10), tem-se:

$$\gamma = \frac{2.\pi.n^2.a}{1000}, \qquad (12.11)$$

ou ainda

$$a = \frac{1000.\gamma}{2.\pi.n^2}. \qquad (12.12)$$

Substituindo-se a equação (12.12) em (12.8) e considerando-se as equações
(12.3), obtem-se como grandeza comparativa

$$v_r = \sqrt[x]{\frac{v_2^{x+1} - v_1^{x+1}}{(1 + x).\gamma.T}} \qquad (12.13)$$

onde

    $v_1 =$ velocidade inicial da operação, em m/min;

    $v_2 =$ velocidade no fim da operação, correspondente a destruição da
        aresta cortante, em m/min;

    $T =$ vida da ferramenta, em min;

    $v_r =$ velocidade equivalente da operação no intervalo de tempo T, em
        m/min;

    $\gamma =$ aceleração da velocidade, constante, em m/min².

O expoente x pode ser obtido da mesma forma que no caso anterior, tendo-se
a fórmula:

$$x = \frac{\log \dfrac{\gamma_1.v_3}{\gamma_2.v_2}}{\log \dfrac{v_2}{v_3}} \qquad (12.14)$$

Êste método, como o anteríor, mostra boa coincidência com o ensaio de
longa duração, quando se trata de ferramenta de aço rápido.

b) *Método do aumento discreto da velocidade*

Neste método usa-se como velocidade comparativa a dada pela expressão [7 e 11]:

$$v_{comp} = v_{i-1} + \Delta v \cdot \frac{l_i}{l_o} \qquad (12.15)$$

onde

i = número de incrementos da velocidade de corte, até atingir a queima da aresta cortante;
v_{i-1} = velocidade de corte do penúltimo incremento;
Δv = salto das velocidades de corte, geralmente tomado 5m/min;
l_i = comprimento usinado na última velocidade de corte;
l_o = comprimento usinado em cada velocidade de corte.

12.2.2.4 — Ensaio de sangramento com ferramenta bedame

Êste método de ensaio pode ser empregado tanto para ferramentas de metal duro, como também para ferramentas de aço rápido. É empregado em ensaios de desgaste em materiais (geralmente aços de corte fácil) de pequeno diâmetro. Como máquina de ensaio utilizam-se os tornos automáticos com alimentação e fixação da barra por meio de pinças, regulados de maneira que se sucedam periòdicamente uma operação de sangramento e uma alimentação do material (figura 12.13). Cada operação de sangramento é conduzida até chegar a um diâmetro final na peça de aproximadamente 1mm; em seguida a ferramenta é afastada e a peça avança de um comprimento um pouco maior que a largura b da ferramenta. A largura b varia de aproximadamente 1 a 2mm, de acôrdo com o material de ensaio (figura 12.14); entre cada duas operações de sangramento sucessivas, permanece na peça uma parede de 0,1 a 0,4mm. Esta parede de separação permite um desgaste regular na ferramenta. A peça que resta, após algumas operações sucessivas, pode ser retirada através de uma segunda ferramenta.

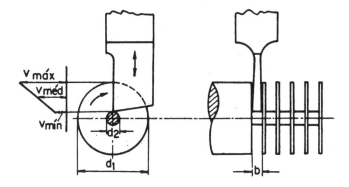

Fig. 12.13 — Ensaio de sangramento com ferramenta bedame, segundo Schaumann [10].

Após um determinado número de operações (aproximadamente 200 a 300), o processo de corte é interrompido e o desgaste da ferramenta é medido (geralmente o desgaste I_1 da superfície de incidência). Esta interrupção não altera os resultados do ensaio. Costuma-se representar gràficamente o valor dêste desgaste em função do número de operações. Verifica-se que êstes pontos de ensaio se distribuem aproximadamente numa linha reta, para uma representação logarítmica (figura 12.15).

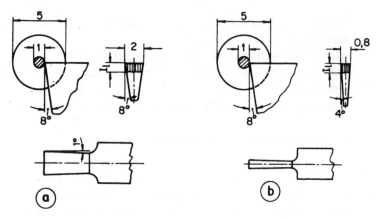

FIG. 12.14 — Forma da ferramenta de aço rápido para o ensaio de sangramento; a) em aço; b) em metal leve [10].

Como grandeza comparativa de medida, utiliza-se o desgaste I_{l1000} para 1000 operações. No entanto, o desgaste observado após 1000 peças pode ser tão pequeno que não se pode extrapolar os resultados para conhecer a vida.

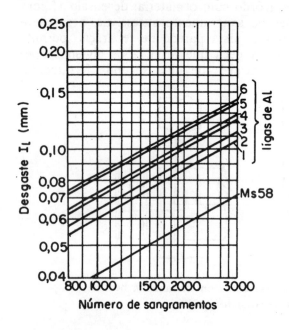

FIG. 12.15 — Ensaio de sangramento em diferentes ligas de alumínio e latão; ferramenta conforme figura 12.13 b; n = 3450 r.p.m [10].

ENSAIOS DE USINABILIDADE DOS METAIS   587

Uma alternativa dêste método é a de cortar um eixo vazado, ao invés de material cheio.

12.2.2.5 — Método radioativo de medida do desgaste

Êste método de medida já foi descrito no § 8.2.2 do Capítulo VIII. Permite determinar desgastes pequeníssimos, os quais não são acusados por outros métodos [8, 12 e 13].

Uma dificuldade que surge neste ensaio é a perturbação introduzida, quando quebram partículas maiores da ferramenta, provocando um aumento momentâneo da radioatividade. Esta quebra de partículas se observa principalmente no início do corte, motivo pelo qual se deixa a ferramenta usinar durante algum tempo (alguns minutos) antes de iniciar o ensaio.

Com relação à extrapolação dos resultados obtidos neste ensaio, deve-se considerar dois casos de medida:

a) *Medida do desgaste I_1 da superfície de incidência da ferramenta.* Dada a não linearidade dos valôres dêste desgaste em função do tempo, o método radioativo apresenta o mesmo inconveniente dos demais métodos, quanto à precisão de uma extrapolação.

b) *Medida dos desgastes C_p ou $k = C_p/C_d$ da superfície de saída da ferramenta.* Neste caso, é possível uma extrapolação, obtendo-se uma precisão na maioria das vêzes satisfatória.

Como foi visto anteriormente, obtém-se através do método radioativo de ensaio de usinabilidade o volume de material gasto na superfície de incidência e de saída da ferramenta. Em seguida, deve-se converter êstes valôres aos desgastes convencionais acima citados. Para o desgaste da superfície de incidência se obtém fàcilmente a fórmula (figura 12.16 *a*):

$$I_1 = \sqrt{\frac{2 \cdot (1 - \operatorname{tg} \alpha \cdot \operatorname{tg} \gamma) \cdot V_\alpha}{b \cdot \operatorname{tg} \alpha}} \qquad (12.16)$$

onde

V_α = volume de ferramenta gasto na superfície de incidência;
b = largura de corte.

Para valôres pequenos de α e γ, pode-se escrever

$$I_1 \cong \sqrt{\frac{2 \cdot V_\alpha}{b \cdot \operatorname{tg} \alpha}}. \qquad (12.17)$$

Com relação ao desgaste na superfície de saída pode-se assemelhar a cratera a um prisma triangular, cuja secção é dada por (figura 12.16 *b*):

$$A_\gamma = C_p \cdot C_d.$$

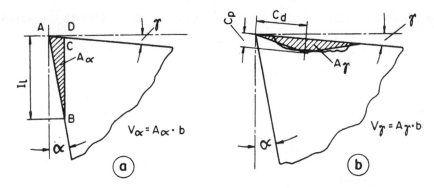

FIG. 12.16 — Esquemas ilustrativos para a determinação dos desgastes l_1 e C_p através dos volumes de desgastes V_α e V_γ respectivamente.

Planimetrando-se a secção, obteve-se através de uma série de ensaios um fator médio corretivo, de valor $0,776 \pm 0,030$. Logo, o volume da cratera será:

$$V_\gamma = \frac{C_p . C_d . b}{0,776}$$

ou ainda

$$C_p = \frac{0,776 . V_\gamma}{C_d . b}; \quad k = \frac{0,776 . V_\gamma}{C_d^2 . b} \qquad (12.18)$$

Segundo WEBER a distância C_d do vale da cratera à aresta cortante pode ser dada pela relação

$$C_d = k_c . h' \qquad (12.19)$$

onde h' é a espessura do cavaco e k_c vale aproximadamente 1,30.

Comparando-se os resultados dos ensaios radioativos com os ensaios de longa duração, obteve-se uma certa coincidência para o desgaste da cratera, enquanto que os desvios com relação ao desgaste da superfície de incidência são grandes.

12.3 — ENSAIOS DE USINABILIDADE BASEADOS NA FÔRÇA DE USINAGEM

A determinação da fôrça de usinagem constitui outro critério de ensaio de usinabilidade de curta duração, o qual permite comparar os diversos materiais, ferramentas e fluidos de corte nas várias operações de usinaçem.

Como foi visto no § 5.1 do Capítulo V, denomina-se *fôrça de usinagem* a fôrça total que atua sôbre a cunha cortante da ferramenta durante a usinagem. É obtida através da medida das suas componentes em três direções ortogonais por meio de dinamômetros especiais, colocados nas má-

ENSAIOS DE USINABILIDADE DOS METAIS 589

quinas de ensaio (ver Capítulo VI). Para os ensaios de usinabilidade, geralmente é suficiente a determinação da componente segundo a direção de corte (dada pela velocidade de corte), ou seja a *fôrça de corte* P_c (§ 5.2.2.1). É esta fôrça a principal responsável pela potência de usinagem, dada pràticamente pela fórmula (§ 5.3)

$$N_u \cong \frac{P_c \cdot v}{60.75}, \ (CV)$$

onde v é a velocidade de corte, em m/min.

Enquanto a fôrça de corte representa o papel principal na energia consumida pela máquina operatriz, a fôrça de usinagem é utilizada na obtenção de dados necessários para o projeto e escolha das máquinas-ferramentas e seus acessórios.
Como índice de usinabilidade, a fôrça de corte não desempenha uma função tão importante como a vida da ferramenta.

Os métodos de ensaio de usinabilidade baseados no critério da fôrça de usinagem mais conhecidos são:

método da pressão específica de corte

método da tensão de cisalhamento

método da fôrça de avanço constante

12.3.1 — Método da pressão específica de corte

Denomina-se pressão específica de corte a fôrça de corte P_c por unidade de área de secção de corte. No § 5.5 do Capítulo V encontram-se os valôres das pressões específicas de corte segundo diferentes pesquisadores, como também os fatôres que influem.
Conhecendo-se a pressão específica de corte, pode-se calcular fàcilmente a potência do motor necessária, ou ainda construir tabelas práticas, aproximadas (Tabela XII.2).

Procurou-se pesquisar a pressão específica de corte não sòmente como um índice de usinabilidade, mas também como uma grandeza de medida do desgaste da ferramenta e conseqüentemente sua vida. Com exceção de alguns resultados particulares de usinagem com velocidades baixas, não se obteve nenhum resultado positivo. Verificou-se que materiais com a mesma pressão específica de corte, apresentavam composição química e características mecânicas diferentes.

590 FUNDAMENTOS DA USINAGEM DOS METAIS

TABELA XII.2

Volume de cavaco usinado por CV e por minuto, calculado através da pressão específica de corte, como medida relativa de usinabilidade [14]

Material	cm³/CV.min
Liga de alumínio	98,4
Cobre	49,2
Liga de cobre-níquel	32,8
Latão mole	24,6
Ferro fundido (200 Brinell)	20,5
Ferro fundido c/ 1% níquel	20,5
Ferro fundido conquilhado	20,5
Latão fundido	19,7
Bronze fosforoso	18,8
Bronze alumínio	18,5
Bronze manganês	16,6
Aço carbono 0,3-0,4% (barras e peças forjadas)	13,9
Aço carbono 0,7% (barras e peças forjadas)	11,8
Aço fundido 0,3-0,7%	11,5
Aço cromo manganês 1%	11,5
Aço cromo 1% (85kg/mm²)	11,5
Aço cromo níquel (100-115kg/mm²)	10,6
Aço ao níquel 3%	9,75
Aço cromo níquel (155kg/mm²)	9,75
Aço inoxidável (barras e peças forjadas)	8,20
Aço inoxidável (fundido)	6,55

12.3.2 — Método da tensão de cisalhamento

WEBER [15] procurou estabelecer uma relação entre a tensão média de cisalhamento τ_z no plano de cisalhamento (§ 4.1) e o desgaste da ferramenta. Para tanto êste pesquisador calculou a tensão τ_z de diferentes materiais com auxílio das equações de HUCKS (§ 4.4.4).

De acôrdo com as fórmulas (4.69) e (4.70) tem-se

$$\tau_z = \frac{k_s}{K} = \frac{P_c}{b.h.K},$$

onde K é um coeficiente que depende do grau de recalque R_c e do ângulo de saída γ da ferramenta (vide equação 4.68). A figura 4.51 apresenta os valôres de K segundo HUCKS.

As relações entre a tensão de cisalhamento τ_z e as velocidades de corte v_{60} para o desgaste $k = 0,1$ e $l_1 = 0,4$mm, para diferentes materiais, encontram-se nas figuras 12.17 b e d respectivamente. Para o caso do desgaste k da cratera, verifica-se uma certa correlação entre as grandezas v_{60}, k e

ENSAIOS DE USINABILIDADE DOS METAIS

τ_z — os pontos de ensaio se alinham em duas retas (figura 12.17 b): a reta da esquerda para o caso de aços e aços-fundidos não ligados; a reta da direita para o caso de aços e aços fundidos ligados. Êste segundo grupo de valôres tem um índice de usinabilidade maior, para o mesmo valor de τ_z. Com relação ao gráfico da figura 12.17 d não se verifica correlação entre τ_z e a velocidade v_{60} para $I_1 = 0,4$mm. Isto indica que o processa-

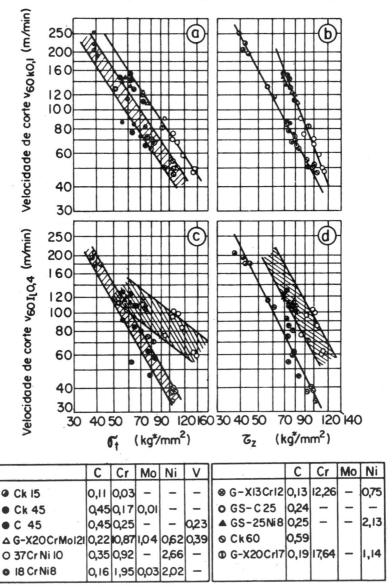

FIG. 12.17 — Relações entre as velocidades de corte v_{60}, para $k = 0,1$ e $I_1 = 0,4$mm, com a tensão de ruptura σ_r e a tensão de cisalhamento τ_z segundo WEBER [15]. Ferramenta de metal duro P 30; $a = 0,25$mm/volta; $h = 0,18$mm; $p/a = 6,5$.

mento do desgaste da superfície de incidência é realizado segundo leis diferentes do desgaste da superfície de saída. De qualquer forma, a correlação entre a velocidade de corte v_{60} com a tensão de cisalhamento τ_z do material é sempre maior que a correlação com a tensão de ruptura σ_t, como se pode verificar através da comparação com as figuras 12.17 *a* e *c*.

12.3.3 — Método da fôrça de avanço constante

O método da fôrça de avanço constante consiste na medida do avanço obtido pela ferramenta trabalhando com uma fôrça de avanço constante, pré-determinada. Dada a facilidade de aplicação dêste método em furadeira, o mesmo foi desenvolvido inicialmente (no ano de 1897) nesta máquina. Atualmente, é empregado noutros processos de usinagem, tais como torneamento, fresamento, retificação, etc.

No processo de furação o ensaio consiste em medir o avanço $l_{a\,100}$ da broca, após 100 voltas, para uma fôrça de penetração especificada (figura 12.18). Para efeito de comparação dos resultados, deverão ser utilizadas brocas de mesmo material, mesmo tamanho e geometria. A rotação e a fôrça de avanço deverão também ser especificadas. Para evitar a influência da aresta transversal de corte, é recomendável executar prèviamente uma pré-furação (por exemplo um diâmetro de pré-furação de 5mm para o caso de broca de 20mm de diâmetro). Enquanto nos métodos de ensaio de usinabilidade vistos até agora, o avanço *a* (em mm/volta) permanece constante, neste

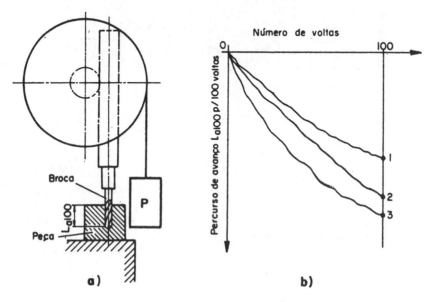

FIG. 12.18 — Ensaio de usinabilidade baseado na furação com fôrça de avanço constante [10].

caso *a* varia com a irregularidade do material, com a vibração da ferramenta, com a variação do atrito da broca com a peça e do atrito do cavaco com a broca e com a peça. A forma do cavaco, curta ou longa, influi consideràvelmente nos resultados. A curva $l_a = f$ (n.º voltas) permite uma interpretação melhor dos resultados (figura 12.18 *b*). O registro desta função pode ser obtido através da impressão num papel prêso a um tambor, que gira comandado pelo eixo do pinhão, que engrena com a cremalheira do eixo-árvore da furadeira.

Êste método apresenta as mesmas falhas do método da pressão específica de corte. Com exceção da furação em ferro-fundido, não se obteve nenhuma relação entre os resultados dêste método e o desgaste da ferramenta. Para a usinagem do ferro-fundido encontrou-se uma certa relação entre a velocidade de corte v_{2000} (para um percurso de avanço $L_a = 2000mm$) e o avanço $l_{a\,100}$. Na usinagem dêste material com ferramenta de aço rápido há uma certa relação entre a temperatura de corte e o desgaste da ferramenta; por outro lado, a influência da forma de cavaco não se faz sentir na usinagem do ferro-fundido.

Outro método baseado neste princípio consiste em determinar na operação de torneamento o *avanço* que produz uma pré-determinada *fôrça de avanço*. Êste método foi desenvolvido pela *Bethlehem Steel Corp.* [9]. Segundo êste princípio, o aço que possibilitar maior avanço para uma dada fôrça de avanço pré-determinada, terá provàvelmente uma melhor usinabilidade.

A figura 12.19 apresenta os valôres da fôrça de avanço e de corte de diferentes materiais, para diferentes avanços, segundo a *Bethlehem Steel*.

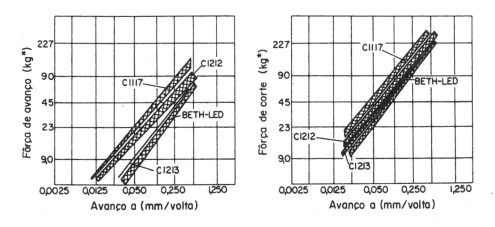

FIG. 12.19 — Fôrça de avanço e de corte em função do avanço para diferentes aços laminados a quente, segundo a *Bethlehem Steel* [9].

Observando-se a figura, nota-se uma certa faixa de dispersão dos resultados, tornando impraticável a comparação, ponto por ponto, do comportamento dos vários aços. Verifica-se ainda que as relações entre a fôrça de corte e avanço não são constantes em cada tipo de material. Uma razão de tal ocorrência é devida ao fato dos materiais ensaiados não serem da mesma corrida.

Fixando a fôrça de avanço em 45,3kg* (correspondente ao valor de 100 libras, tomado pela *Bethlehem Steel*), foi determinado através da figura 12.19 o avanço correspondente, com uma dispersão, em cada material (figura 12.20 a). Comparando-se os resultados dêste ensaio com os obtidos pelo desgaste da ferramenta (figura 12.20 b), verifica-se em alguns casos uma pequena semelhança de comportamento enquanto noutros casos uma divergência completa. Enquanto os ensaios por êste método mostram igual índice de usinabilidade dos aços ao chumbo Beth-Led e C 12 L 14, os ensaios de desgaste mostram valôres diferentes da velocidade v_{60}. Os resultados de comportamento dos aços trefilados C 1212 e C 1117 em cada método de ensaio são exatamente os inversos. Por outro lado, verifica-se em ambos métodos de ensaio que os aços C 1213 e C 1212 dão melhores resultados que os aços C 1117 e C 1120.

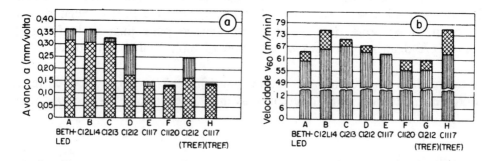

Fig. 12.20 — Comparação entre os resultados obtidos pelo ensaio de usinabilidade baseado na fôrça de avanço com o ensaio de desgaste da ferramenta, segundo a *Bethlehem Steel* [9]. a) Ensaio para a fôrça de avanço $P_a = 45,3$kg*. b) Velocidade de corte para uma vida de 60 minutos da ferramenta. As características dos materiais ensaiados encontram-se na tabela XII.1.

Os valôres dos avanços dados na figura 12.20 a foram utilizados para desenvolver os índices de usinabilidade mostrados na figura 12.21, sendo baseados no avanço para o aço C 1212 como padrão. Tais índices de usinabilidade não coincidem com os valôres dos índices de usinabilidade comerciais que se encontram nas tabelas americanas. Conclui-se desta forma que êste ensaio, como os anteriores de fôrça de usinagem, não podem ser empregados sòzinhos para avaliar a usinabilidade dos aços.

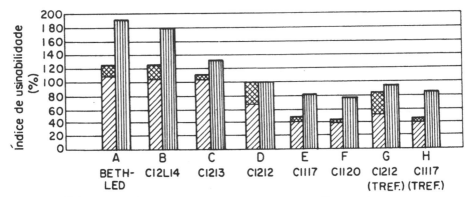

FIG. 12.21 — Comparação entre os índices de usinabilidade baseados na fôrça de avanço e os índices de usinabilidade comerciais, segundo a *Bethlehem Steel*. As características dos materiais ensaiados encontram-se na tabela XII.1 [9].

12.4 — ENSAIOS DE USINABILIDADE BASEADOS NO ACABAMENTO SUPERFICIAL

12.4.1 — Generalidades

Outra grandeza característica de grande importância na usinabilidade dos metais é a *rugosidade superficial* da peça usinada. Verifica-se experimentalmente que materiais manufaturados nas mesmas condições de usinagem, com a mesma ferramenta e máquina operatriz, apresentam rugosidades superficiais diferentes. Logo, esta grandeza constitui uma propriedade de usinagem que contribui bàsicamente na avaliação do índice de usinabilidade do metal. Para defini-la utilizam-se parâmetros e símbolos gráficos normalizados por diferentes países. No apêndice encontra-se a *Norma Brasileira NB-93* da *ABNT* sôbre *Rugosidade de Superfícies*. A medida dêstes parâmetros é realizada por aparelhos especiais denominados rugosímetros, perfilômetros, perfilógrafos, etc.

A qualidade das superfícies das peças é caracterizada pelo acabamento obtido na usinagem e pelas propriedades físicas e mecânicas do metal na camada superficial. Estas propriedades são modificadas durante o processo de usinagem devido, principalmente, à ação dos seguintes fatôres:

    pressão da ferramenta contra a peça;
    atrito da superfície de incidência da ferramenta com a peça;
    atrito interno do metal na região de deformação plástica;
    calor gerado no processo de corte;
    fenômenos específicos do processo de formação do cavaco;
    trepidação da ferramenta e da máquina.

Desta forma, além de se obter na peça usinada uma série de irregularidades geométricas, a estrutura cristalográfica da camada superficial é modificada. A composição química pode ser alterada, havendo em certos aços uma descarbonetação.

A espessura da camada superficial modificada depende do processo, das condições de usinagem e do material. Quanto mais dútil fôr o material, maior será a modificação das propriedades da camada superficial da peça.

A modificação da camada superficial altera as propriedades funcionais da peça em larga extensão. As principais propriedades funcionais dos elementos das máquinas que dependem da rugosidade superficial são:

Resistência ao desgaste das superfícies.
Capacidade de carga dos mancais (figura 12.22).
Resistência à fadiga das peças (figura 12.23).
Tolerância nas medidas das peças.
Tensões de ajustes com interferência das partes acopladas.
Resistência à corrosão das superfícies.
Grau de acabamento da peça, para permitir que elas sejam cobertas com outros metais.

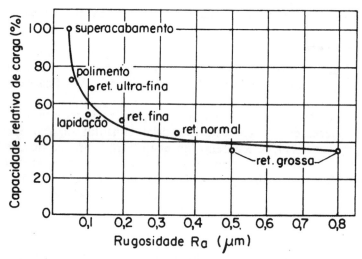

FIG. 12.22 — Influência do acabamento superficial sôbre a capacidade de carga de um mancal [16].

12.4.2 — Características geométricas das formas das superfícies

Os erros geométricos nas superfícies das peças, provenientes da usinagem, podem ser classificados em *desvios macro-geométricos, ondulações* e *desvios micro-geométricos*. A separação entre êstes desvios é arbitrária.

Os *desvios macro-geométricos* da forma ideal (erros de forma) se estendem por tôda a superfície a ser testada. São, geralmente, admitidos dentro das

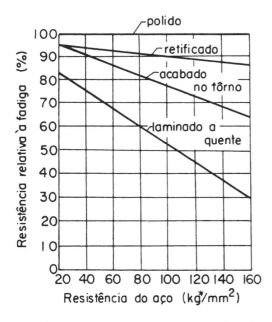

FIG. 12.23 — Influência do acabamento superficial sôbre a resistência a fadiga dos aços com diferentes resistências à tração.

tolerâncias de usinagem, especificadas pelos projetistas. Alguns autores caracterizam os desvios macro-geométricos pela relação

$$\frac{L_1}{h_1} > 1000,$$

onde h_1 é o desvio da forma ideal e L_1 é o comprimento correspondente, representado na figura 12.24.

As *ondulações da superfície* e os *erros micro-geométricos* estão diretamente ligados à qualidade superficial da peça. As ondulações referem-se às séries de desvios regularmente repetidos, de forma aproximadamente senoidal e com um comprimento de onda aproximadamente constante. A razão do seu passo L_2 com a altura h_2 está freqüentemente na gama 150 a 500 (figura 12.24). Ondulações superficiais provêm de deflexões da peça ou da máquina operatriz durante a usinagem, excentricidades da peça (caso de torneamento) ou da ferramenta (caso de fresamento), jogos no eixo árvore e nas guias da máquina, operações de desbaste com grande avanço, etc.

Os desvios micro-geométricos, ou as micro-irregularidades, constituem a *rugosidade superficial*. São caracterizados pela pequena razão entre o passo L_3 e a sua altura h_3 — por volta de 50. Êsses desvios são os de maior importância, uma vez que a rugosidade superficial é avaliada pela altura e certas características das micro-irregularidades. São originados pelo próprio processo da formação do cavaco, vibrações da ferramenta, aresta postiça de corte, marcas do avanço da ferramenta nas operações de acabamento, atrito da superfície de incidência da ferramenta com a peça, etc. A rugosidade superficial pode ser considerada como superposta a uma superfície ondulada.

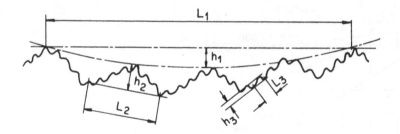

FIG. 12.24 — Representação esquemática dos erros geométricos num perfil da superfície de uma peça usinada.

A rugosidade superficial é geralmente classificada em *transversal* e *longitudinal* (figura 12.25). Micro-irregularidades transversais apresentam-se na direção do movimento de avanço da ferramenta (direção AC da figura), enquanto que micro-irregularidades longitudinais estão na direção do movimento de corte. Conforme o processo e as condições de usinagem, pode predominar um ou outro tipo de micro-irregularidade. Assim, nas operações de torneamento e aplainamento, a máxima rugosidade é encontrada geralmente na direção de avanço, isto é, a rugosidade transversal é a que caracteriza.

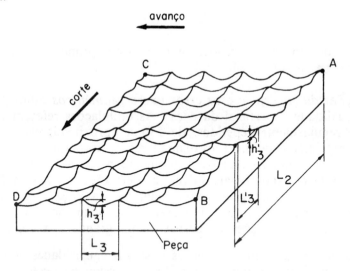

FIG. 12.25 — Representação esquemática das ondulações e das micro-irregularidades.

Vibrações autoinduzidas do sistema elástico *peça-ferramenta-máquina*, produzem um movimento oscilatório (*trepidações*) numa direção normal à superfície usinada, variando periòdicamente a posição da aresta cortante em relação a esta superfície. Dependendo da freqüência das oscilações e da velocidade de corte, haverá formação de ondulações ou micro-irregularidades longitudinais.

As grandezas normalizadas pela *ABNT* para definir a rugosidade das superfícies encontram-se no apêndice. Para um estudo mais profundo sôbre o assunto, recomenda-se consultar a literatura [16] a [25].

Um dos problemas que o engenheiro ou técnico geralmente encontra nas indústrias, que trabalham com especificações e normas de diferentes países, é a passagem de uma escala de rugosidade para outra. Assim, enquanto o *Brasil, Estados Unidos** e *Inglaterra* utilizam a grandeza R_a (desvio médio aritmético), a *Alemanha* utiliza freqüentemente a altura de rugosidade máxima R_t (representada por R_{max} pela *ABNT*). Com o intuito de se procurar uma relação entre essas grandezas, como também uma relação com o desvio médio quadrático R_q, foram realizados recentemente interessantes trabalhos [16 e 17]. Os gráficos da figura 12.26 apresentam os resultados de uma série de medidas realizadas em peças, que foram submetidas a diferentes processos de usinagem (retificação, furação, torneamento, brochamento, etc.) [16].

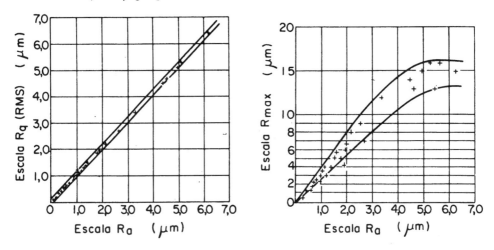

FIG. 12.26 — Variação das grandezas R_{max} e R_q em função de R_a, segundo *Nedo E. de Eston* [16].

Com relação à variação do desvio médio quadrático em função do desvio médio aritmético, pode-se estabelecer a fórmula

$$R_q = 1,05 \text{ a } 1,01 \, R_a \qquad (12.20)$$

Porém, para a altura de rugosidade máxima R_{max} não foi encontrada uma correlação com R_a tão grande como no caso anterior. Aproximadamente

---

* Nos *Estados Unidos* até 1955 era usada como grandeza de rugosidade o desvio médio quadrático *RMS — Root Mean Square Average* (representada por R_q pela ABNT); com a norma *ASA B 46.1-1955* passou a ser empregado o desvio médio aritmético *AA-Arithmetical Average*.

TABELA XII.3

Grandezas de rugosidade de superfície e correspondentes normas adotadas por alguns países

País	Norma	Sistema*	Unidade	R_a	R_q	R_{max}	R_z*	R_p*	K_p*	L_c*	T_c*	Uso
Alemanha ..	DIN 4762 — 1960	E	μm	R_a	—	R_t	—	R_p	—	t	t_p	R_a, R_t, R_p
Brasil	ABNT — NB 93 — 1964	M	μm	R_a	—	—	—	—	—	—	—	R_a
França	NF — 1961	$E(M)$	μm	R_a	—	R_{mx}	—	R_p	—	L_c	T_c	R_a
Inglaterra ..	BS 1134 — 1961	M	μin	CLA	—	—	—	—	—	—	—	CLA**
Itália	UNI 3963 — 1960	E	μm	R_a	R_{aq}	—	—	R_e	—	—	—	R_a
Suíça	VSM 58300 — 1960 ...	E	μm	R_a	R_q	R_{mx}	—	R_p	—	t	t_c	—
USA	ASA — B 46.1 — 1955	M	μin	AA	—	—	—	—	—	—	—	AA***
ISO	Draft ISO — 1958 ..... Recomm. N. 221	M	μm ou μin	R_a	—	R_{mx}	R_z	—	—	—	—	R_a, R_z

* Vide o apêndice.
** CLA = *Center Line Average.*
*** AA = *Arithmetical Average.*

ENSAIOS DE USINABILIDADE DOS METAIS   601

pode-se estabelecer para $R_a \leqslant 3\mu m$ a fórmula aproximada:

$$R_{max} \approx 3,1\ R_a. \qquad (12.21)$$

A tabela XII.3 apresenta as grandezas de rugosidade de superfície e as respectivas normas adotada por alguns países. A norma italiana *UNI* 3963 fornece as relações entre as tolerâncias *ISO* e a rugosidade R_a máxima permissível (Tabela XII.4).

TABELA XII.4

Relações entre as tolerâncias ISO e a rugosidade máxima permissível [UNI-3963]

ISO	Altura de Rugosidade R_a (μm)				
	Dimensões (mm)				
	< 3	$3 - 18$	$18 - 80$	$80 - 250$	> 250
IT 6	0,2	0,3	0,5	0,8	1,2
IT 7	0,3	0,5	0,8	1,2	2
IT 8	0,5	0,8	1,2	2	3
IT 9	0,8	1,2	2	3	5
IT 10	1,2	2	3	5	8
IT 11	2	3	5	8	11
IT 12	3	5	8	12	20
IT 13	5	8	12	20	
IT 14	8	12	20		

12.4.3 — Principais fatôres que influem sôbre a rugosidade superficial

12.4.3.1 — Avanço e raio de curvatura da ponta da ferramenta

A relação existente entre o avanço e o raio de curvatura da ponta da ferramenta representa uma das mais importantes considerações na obtenção de um desejado acabamento superficial na peça.

A influência do raio de curvatura sôbre a vida da ferramenta já foi estudada no § 10.2.6. Tratando-se de uma operação de acabamento, a relação entre o raio de curvatura e o avanço não pode ser pequena. Um raio de curvatura igual ao avanço dará origem a uma aparência de rosca na superfície da peça. Porém, uma relação r/a maior que 10 origina um atrito entre uma parte da aresta lateral de corte e a peça, podendo prejudicar o acabamento superficial da peça. BRIERLEY [26] recomenda, no ponto de vista do acabamento da peça (tanto para aço rápido, como metal duro) uma relação $r/a = 3$.

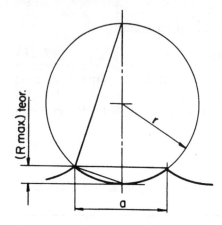

FIG. 12.27 — Altura de rugosidade R_{max} teórica, para a operação de torneamento.

O valor teórico da altura de rugosidade máxima R_{max} pode ser calculado geomètricamente. Aproximadamente tem-se para o torneamento a fórmula (figura 12.27)*:

$$(R_{max})_{teor} \cong \frac{a^2}{8.r} \quad \text{para } r > a \quad (12.22)$$

onde a é o avanço e r o raio de curvatura da ponta da ferramenta. A figura 12.28 apresenta os valôres da altura de rugosidade máxima teórica, baseados nesta fórmula.

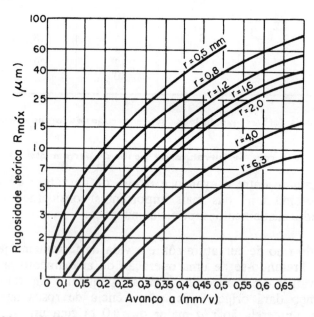

FIG. 12.28 — Variação da altura de rugosidade R_{max} teórica em função do avanço e do raio de curvatura da ponta (fórmula 12.22).

---

* O cálculo preciso de R_{max}, incluindo os ângulos da ferramenta, para a operação de torneamento, encontra-se no livro *Mikrogeometrie der Oberfläche beim Drehen*, de A. J. Issajew [27].

12.4.3.2 — Velocidade de corte

A velocidade de corte exerce uma grande influência sôbre o acabamento de superfície, principalmente nos metais onde há formação da *aresta postiça de corte*. O estudo da aresta postiça de corte foi amplamente desenvolvido nos parágrafos 8.3.1.2 a 8.3.1.4.

De acôrdo com a figura 8.29, tem-se nas baixas velocidades de corte uma formação acentuada da aresta postiça. O material depositado transitòriamente na superfície de saída da ferramenta, tende a sair sob a forma de partículas, as quais aderem ao cavaco e à superfície usinada da peça. Estas partículas, além de prejudicarem sensìvelmente o acabamento superficial da peça, contribuem para o desgaste da superfície de folga da ferramenta, a qual piora ainda mais o acabamento. Aumentando-se a velocidade de corte, acima dêste valor crítico, haverá um aumento da temperatura de corte, a qual provoca uma recristalização e uma mudança de fase do material da aresta postiça. A aresta postiça perde sua dureza, não podendo opor resistência às fôrças de usinagem. Tem-se assim o desaparecimento da aresta postiça com aumento da velocidade.

A figura 12.29 apresenta a variação da rugosidade de superfície da peça em função da velocidade de corte para o aço *ABNT* 1050. Verifica-se experimentalmente que a rugosidade máxima se obtém aproximadamente para a velocidade correspondente à máxima formação da aresta postiça.

Aumentando-se a velocidade, a rugosidade melhora e pràticamente se estabiliza para velocidades de corte maiores que 100m/min. Nestas velocidades não haverá mais formação da aresta postiça. A altura das micro-irregularidades de superfície é devida aqui a outros fatôres já apontados. Em velocidades superiores a 200m/min haverá uma diminuição da camada encruada, melhorando a qualidade da superfície.

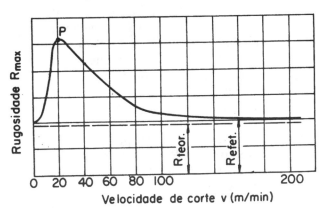

FIG. 12.29 — Variação da altura de rugosidade com a velocidade de corte; material da peça aço carbono 1050 [19].

A variação da rugosidade de superfície em função da velocidade de corte, acima descrita (figura 12.29), não é a mesma para todos os metais. Alguns materiais, como por exemplo certas ligas de alumínio, apresentam um comportamento diferente (figura 12.30) [28].

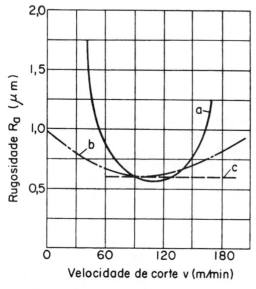

FIG. 12.30 — Influência da velocidade de corte sôbre o acabamento em alumínio. a) alumínio fundido L 33; b) alumínio fundido DTD 424; c) alumínio para extrusão (especificações do alumínio segundo a norma inglêsa) [28].

Com relação à influência do avanço, foi visto anteriormente (§ 8.3.1) que um aumento desta grandeza acarreta um aumento da temperatura de corte, resultando em conseqüência uma diminuição da *velocidade crítica,* isto é, da velocidade correspondente à máxima formação da aresta postiça de corte. Conseqüentemente, o ponto P da figura 12.29 se desloca para a esquerda. Porém, a influência significativa do avanço reside nas variações das características geométricas de usinagem, como foi visto no parágrafo anterior.

Levando em consideração na determinação da rugosidade superficial, além do avanço e do raio de curvatura da ferramenta, a influência da aresta postiça de corte de um dado material, o Departamento de Usinabilidade da *General Electric Co.* elaborou um ábaco que permite determinar gràficamente o raio de curvatura da ponta da ferramenta, para o torneamento de um dado metal, em função da velocidade de corte e avanço (figura 12.31) [26]. O exemplo abaixo servirá para ilustrar o uso do ábaco:

Determinar o raio de curvatura da ponta da ferramenta, necessário para se obter uma rugosidade $R_a = 3{,}0\mu m$, quando é torneado um aço ABNT 1095, com uma velocidade de corte $v = 110 m/min$ e um avanço $a = 0{,}38 mm/volta$.

Procedimento: Referindo-se a figura 12.31, localiza-se o ponto A, correspondente à velocidade 110m/min. Do ponto A segue-se uma linha vertical até interceptar a curva correspondente a materiais dúteis — ponto B. A linha horizontal a partir de B, determina o ponto C, que fornece a relação entre a rugosidade teórica e a desejada. O acabamento superficial esperado é localizado na escala correspondente — ponto D. Uma linha de união dos pontos C e D cruza a escala do acabamento superficial teórico no ponto E, o qual é 2,5μm. Êste valor marca-se no ábaco que fornece o raio de curvatura da ponta em função do avanço — ponto F da figura 12.31. A seguir, traça-se uma linha horizontal a partir de F, até encontrar a curva de avanço 0,38mm/volta — ponto G. Uma vertical passando por G fornece o raio de curvatura da ferramenta requerido, ou seja: $r = 2,5$mm.

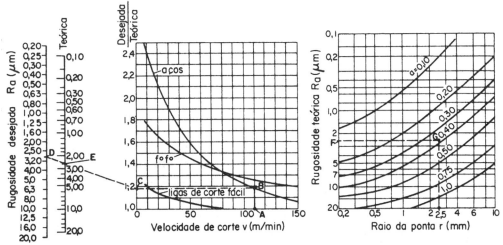

Fig. 12.31 — Determinação do raio de curvatura da ponta da ferramenta em função da rugosidade de superfície R_a, obtida na operação de torneamento para uma velocidade de corte e avanço pré-determinados [28].

Os valôres obtidos neste ábaco devem ser considerados como valôres médios aproximados, pois além dos fatôres acima, há outros que influem no acabamento da peça, tais como os ângulos da ferramenta, a rigidez da máquina operatriz, jogos no eixo árvore e nas guias, fixação e dimensões da peça, etc.

12.4.3.3 — Ângulos da ferramenta

No parágrafo 10.2.5 do Capítulo X foram apresentadas as influências dos ângulos χ, α, γ e λ sôbre os desgastes da ferramenta. Vejamos, a seguir, algumas considerações no que se refere ao acabamento de superfície da peça usinada.

Ângulos de posição χ e χ_1: A figura 12.32 apresenta a influência dêstes ângulos sôbre a rugosidade superficial R_{max} da peça. Esta influência se torna sòmente apreciável para avanços maiores que 0,25mm/volta. O ângulo de posição χ_1 deve ser sempre maior que 2°, para evitar que a aresta lateral de corte raspe na peça, prejudicando o acabamento.

Ângulo de saída γ: A diminuição do ângulo γ aumenta a solicitação da ferramenta, aumentando, em conseqüência, a temperatura de corte. O ponto

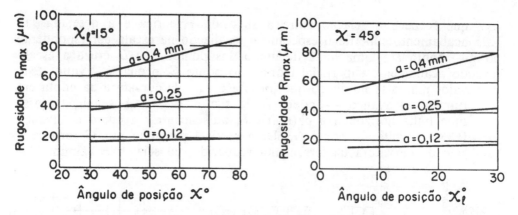

FIG. 12.32 — Influência dos ângulos de posição da ferramenta χ e χ_1 sôbre a rugosidade de superfície R_{max}; material da peça aço C 45; ferramenta de aço rápido; $v = 42$m/min; $\alpha = 6°$; $\gamma = 15°$; $r = 1$mm [29].

P (figura 12.29), corresponde à máxima formação de aresta postiça na ferramenta, é deslocado para a esquerda, resultando uma alteração da curva que fornece a variação da rugosidade superficial em função da velocidade de corte. Verifica-se ainda um aumento da rugosidade, principalmente nas baixas velocidades de corte (figura 12.33).

Com relação ao emprêgo do ângulo de saída negativo nas pastilhas de metal duro e cerâmica, em altas velocidades de corte, tem-se verificado uma melhoria do acabamento da superfície da peça usinada (§ 10.2.5.3).

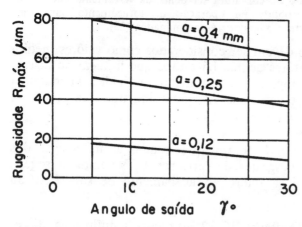

FIG. 12.33 — Influência do ângulo de saída da ferramenta γ sôbre a rugosidade de superfície R_{max}; material da peça aço C 45; ferramenta de aço rápido; $v = 42$m/min; $\alpha = 6°$; $\chi = 45°$; $r = 1$mm [29].

Ângulo de folga α: A influência do ângulo de folga no acabamento é muito pequena, porém, o desgaste da superfície de incidência da ferramenta é geralmente acompanhado com uma deterioração do acabamento.

Uma prática empregada com ferramenta de forma de aço rápido, consiste em posicioná-las de 0,1 a 2mm (de acôrdo com o diâmetro) acima da linha de centro. Tal artifício permite diminuir o ângulo efetivo de folga e através do atrito da superfície de incidência com a peça, consegue-se com ferramentas afiadas um lustramento na peça, melhorando o acabamento. Esta prática não é recomendável em ferramentas de metal duro e cerâmica, porque poderão se localizar, no contato entre a superfície de incidência da ferramenta e da peça usinada, tensões elevadas possibilitando a quebra das pastilhas.

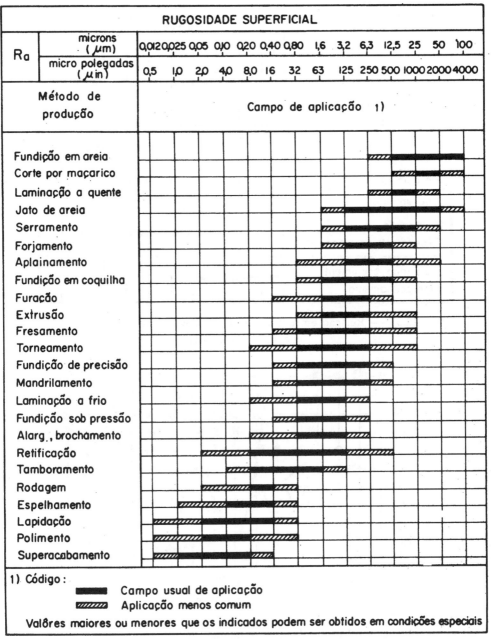

FIG. 12.34 — Rugosidades obtidas por diferentes processos de usinagem [25].

12.4.4 — Influência do processo de usinagem no acabamento superficial

Êste assunto será tratado no segundo volume, separadamente para cada processo de usinagem. A título ilustrativo a figura 12.34 fornece a rugosidade superficial atingida com um determinado processo de usinagem; a figura 12.35 apresenta as qualidades ISO que poderão ser obtidas.

FIG. 12.35 — Relação entre o processo de usinagem e a qualidade ISO que pode ser obtida.

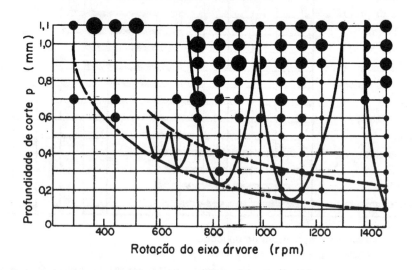

FIG. 12.36 — Diagrama de estabilidade dinâmica de um tôrno; $a = 0,043$ mm/volta. A área dos pontos é proporcional à amplitude das vibrações observadas [30].

12.4.5 — Influência de vibrações durante a usinagem

As *trepidações* caracterizadas pelas vibrações auto-induzidas de grande amplitude prejudicam enormemente o acabamento superficial da peça. Neste caso, a máquina deverá ser desligada imediatamente e as condições de usinagem devem ser alteradas. As trepidações podem ser evitadas dentro de certos limites, conhecendo-se o *diagrama de estabilidade dinâmica* da máquina, semelhante ao da figura 12.36 [30]. Esta determinação experimental é realizada em laboratórios especializados.

Jogos no eixo árvore e nas guias da máquina prejudicam o acabamento superficial. As dimensões da peça e o modo de fixação na máquina também influem no acabamento, como pode ser observado na figura 12.37.

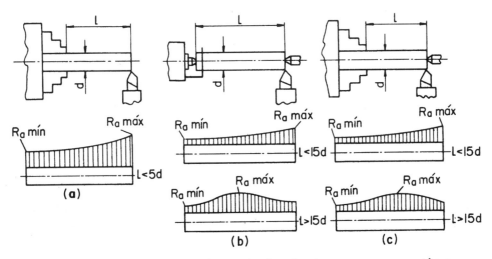

FIG. 12.37 — Diferentes métodos de fixação de uma peça num tôrno e os correspondentes diagramas da rugosidade R_a obtida [19].

12.4.6 — Influência do fluido de corte

Êste assunto encontra-se desenvolvido no parágrafo 11.3.5 do Capítulo XI — Fluidos de Corte.

12.4.7 — A rugosidade de superfície como índice de usinabilidade

Como ficou constatado no presente estudo, a rugosidade superficial obtida no torneamento de uma peça depende, além do avanço e do raio de curvatura da ferramenta, de uma série de fatôres ligados ao material da peça, à ferramenta, à máquina operatriz, à fixação e deformação da peça, ao fluido de corte, etc. Se não houvesse a influência dêstes fatôres, obter-se-ia na operação acima, uma rôsca de passo igual ao avanço e altura de rugosidade $R_{max} = (R_{max})_{teor}$, dada pela fórmula (12.22). Considerando-se agora a influência do material da peça, e fixando-se as outras variáveis, a rugosi-

610 FUNDAMENTOS DA USINAGEM DOS METAIS

dade superficial obtida poderá servir para classificar o metal, no ponto de vista do acabamento superficial.

Uma relação que se poderia tomar como índice comparativo do acabamento superficial é:

$$C_r = \frac{(R_{max})_{teor}}{R_{max}},$$

onde $(R_{max})_{teor}$ é a rugosidade máxima obtida através da fórmula (12.22) e R_{max} é a rugosidade máxima transversal obtida no ensaio*. Porém, êste índice não permite classificar plenamente o material, pois além de R_{max} depender das características do rugosímetro (raio de curvatura da ponta do captador, princípio de medida, etc.), o seu valor é insuficiente para definir de maneira completa o acabamento de superfície.

Prefere-se medir a rugosidade, sempre que possível, com dois rugosímetros (um dêles registrador), baseados em princípios de medida diferentes, e comparar os resultados.

12.5 — ENSAIOS DE USINABILIDADE BASEADOS NA PRODUTIVIDADE

Êste critério, desenvolvido pela *Bethlehem Steel Co.* [9], consiste em comparar a produtividade do material que se deseja ensaiar com a de um material considerado padrão, tomando-se como parâmetro a vida média da ferramenta de 6 a 8 horas e o acabamento superficial da peça de metal padrão. Como grandeza de comparação da produtividade, determina-se a *produção horária* de uma determinada peça usinada com os dois metais em estudo. Neste método não é necessàriamente importante para a comparação dos índices de produtividade, que as condições de usinagem do material ensaiado sejam as mesmas do material padrão. Portanto, é permitida uma flexibilidade na escolha da ferramenta, afiação, etc., enquanto que nos ensaios de curta-duração é necessário uma perfeita concordância de detalhes nas condições de operação.

Nota-se, portanto, que neste critério entram conjuntamente dois fatôres: o *acabamento superficial* e a *produtividade*. Para mostrar a influência do acabamento superficial, a figura 12.38 apresenta os resultados do ensaio de usinagem em tôrno automático de uma mesma peça em aço C 1120 e em aço B 1112. Nesta figura, verifica-se que o aço C 1120 é superior ao aço B 1112, visto que as velocidades de corte possíveis são 33% maiores para uma dada vida, o que corresponde a um índice de usinabilidade 133 para o aço C 1120 (critério velocidade de corte/vida), tomando-se como referência o índice 100 para o aço B 1112. Entretanto, observando-se as últimas peças usinadas, verifica-se que a rugosidade superficial da peça em

---

* Prefere-se a medida da rugosidade transversal (direção AC da figura 12.25), devido ao fato de ser maior que a rugosidade longitudinal e devido à maior facilidade de emprêgo do rugosímetro.

ENSAIOS DE USINABILIDADE DOS METAIS

aço C 1120 é inferior a da peça em aço B 1112. Verifica-se, portanto, que o acabamento superficial é um item que deve ser computado, desde que se considerem os índices comerciais de usinabilidade.

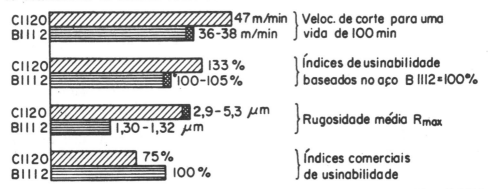

FIG. 12.38 — Comparação entre as velocidades de corte nos aços C 1120 e B 1112 e os respectivos acabamentos superficiais atingidos, para uma vida de 100 minutos; ensaio em barra de 25 mm de diâmetro estirado a frio [9].

FIG. 12.39 — Peça utilizada no ensaio de produtividade pela *Bethlehem Steel Co.* [9].

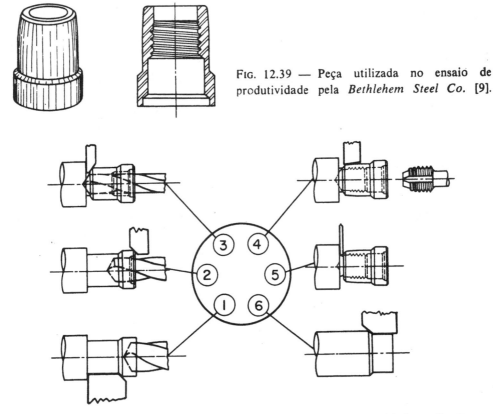

FIG. 12.40 — Seqüência de operação do ensaio de produtividade realizado pela *Bethlehem Steel Co.* [9].

612　　　　　　　　　FUNDAMENTOS DA USINAGEM DOS METAIS

A peça utilizada nos ensaios da *Bethlehem Steel* encontra-se esquematizada na figura 12.39. A sua forma é obtida através da usinagem num tôrno automático de seis árvores, montado com três ferramentas de perfil, três brocas, um macho, duas ferramentas de facear e uma de sangrar. A seqüência das operações encontra-se representada na figura 12.40. O ferramental empregado é relativamente simples para permitir um bom contrôle de afiação, assim como para facilitar o estudo nos vários tipos de aços sob diversas condições de avanços e excesso de material removido. O critério mais importante no decorrer do ensaio é que, para o aço ensaiado, a média da vida das principais ferramentas seja a mesma adotada para o aço padrão. Para exemplificar o procedimento do ensaio, a *Bethlehem Steel* apresenta em sua publicação *Machinability of Steel* [9] a usinagem de dois tipos de aço A e B, no qual B foi adotado como padrão. A composição química dêstes aços é a seguinte:

Aço	% C	% Mn	% P	% S	% N	% Pb
A	0,09	0,89	0,085	0,28	0,012	0,22
B	0,09	1,14	0,071	0,30	0,002	0,27

Inicialmente êstes aços são usinados para uma vida de 8 horas, com velocidade de corte e de avanço conhecidas, resultando uma determinada rugosidade superficial para cada tipo de aço. Verificou-se numa primeira tentativa, que as peças confeccionadas com o aço A não deram uma rugosidade superficial equivalente às peças com aço B. Foram feitas outras tentativas até se encontrar uma condição de usinagem tal (velocidade de corte e avanço), que permitisse obter para a vida média de 8 horas o mesmo acabamento superficial. Nestas condições, o aço A proporcionou uma produção de 447 peças por hora, enquanto que para o aço B a produção foi de 377 peças horárias. Logo, em têrmos de produtividade de usinagem, o aço A pøde ser considerado como tendo um índice de usinabilidade

$$\frac{447}{377} \, 100 = 119$$

em relação ao aço B.

É importante notar-se que mesmo sendo possível usinar ambos os aços em idênticas condições, êles não apresentam o mesmo índice de usinabilidade em virtude da diferença do acabamento superficial. A razão dessa diferença de comportamento é devida principalmente aos diferentes teôres de fósforo entre os metais A e B.

Êste método de ensaio depende, sobretudo, da comparação do acabamento da superfície usinada, de um lote em relação ao seguinte. É, portanto, interessante que um processo digno de confiança seja estabelecido, por meio do qual as rugosidades de superfície possam ser acuradamente medidas e em seguida comparadas. Com êsse fim, a *Bethlehem Steel* empregou dois aparelhos para medir o acabamento de superfície: um rugosímetro que permitia medir a rugosidade em micro polegadas (RMS ou média aritmética) e um integrador de feixes de luz, desenvolvido pela própria firma.

Com auxílio do método exposto, foram analisados 10 tipos de aços diferentes e comparados os resultados com os índices comerciais de usinabilidade, normalmente aceitos pelos americanos. Os valôres obtidos estão apresentados na figura 12.41, na qual verifica-se que os mesmos estão bastante próximos dos valôres dos índices comerciais. Comparando-se com os índices desenvolvidos em ensaios de curta duração, verifica-se que os valôres apresentados na figura 12.41 se aproximam mais e não mostram nenhuma discordância, inversão ou deslocamento.

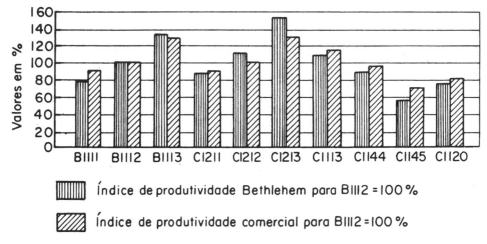

FIG. 12.41 — Comparação entre os índices de usinabilidade determinados pelo ensaio de produtividade da *Bethlehem Steel Co.* com os índices de usinabilidade comerciais [9].

Índice de produtividade* — Segundo a *Bethlehem Steel*, denomina-se índice de produtividade de um metal a relação entre a produção horária possibilitada por êsse metal e a correspondente produção de um outro metal tomado como padrão. A produção horária de ambos os metais é realizada em condições forçadas de usinagem, para uma determinada vida média da ferramenta e uma equivalência aproximada do acabamento superficial nas peças produzidas. Como peça escolhida para produção pode ser considerada a peça obtida por uma única operação de sangramento.

---

* Em inglês *MPI — Machining Productivity Index*.

A obtenção do índice de produtividade é realizada de forma mais simples que o índice de usinabilidade *Bethlehem*, visto acima. Porém, a correlação entre o índice de produtividade com o índice comercial de usinabilidade não é tão completa como a vista anteriormente, como se pode constatar comparando-se as figuras 12.41 e 12.42. Tanto o índice de produtividade como o de usinabilidade, propostos pela *Bethlehem*, não levam em consideração na sua determinação os tempos secundários de usinagem, isto é, os tempos perdidos na afiação e montagem da ferramenta na máquina.

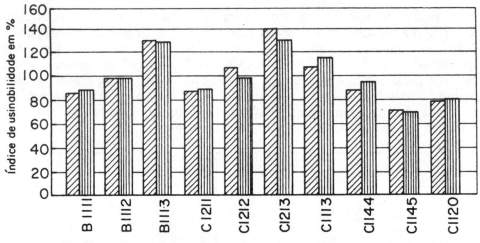

Fig. 12.42 — Comparação entre os índices de produtividade *MPI* da *Bethlehem Steel Co.* com os índices e usinabilidade comerciais [9].

O tempo gasto numa operação de sangramento em dois diferentes aços *A* e *B* pode ser fàcilmente calculado:

$$t_a = \frac{L_a}{a_a \cdot n_a} = \frac{L_a \cdot \pi \cdot d_m}{1000 \cdot a_a \cdot v_a} \quad \text{(min)} \quad (12.23)$$

$$t_b = \frac{L_a}{a_b \cdot n_b} = \frac{L_a \cdot \pi \cdot d_m}{1000 \cdot a_b \cdot v_b}, \quad \text{(min)} \quad (12.24)$$

onde

L_a = percurso de avanço para uma vida pré-estabelecida da ferramenta, em mm;
d_m = diâmetro médio da peça, em mm;
a_a e a_b = avanços para cada aço *A* e *B*, em mm/volta;
v_a e v_b = velocidades de corte para cada aço *A* e *B*, correspondentes ao diâmetro médio, em m/min;
n_a e n_b = rotações correspondentes, em r. p. m.

ENSAIOS DE USINABILIDADE DOS METAIS

A produção horária de cada material A e B é:

$$N_a = \frac{60}{t_a} = \frac{60 \cdot 1000}{\pi \cdot d_m \cdot L_a} \cdot a_a \cdot v_a \qquad (12.25)$$

$$N_b = \frac{60}{t_b} = \frac{60 \cdot 1000}{\pi \cdot d_m \cdot L_a} \cdot a_b \cdot v_b \qquad (12.26)$$

Logo, o índice de produtividade do aço A em relação ao aço B, tomado como padrão, será:

$$I = \frac{N_a}{N_b} = \frac{a_a \cdot v_a}{a_b \cdot v_b}. \qquad (12.27)$$

Em alguns aços, o índice de usinabilidade obtido através da velocidade v_{60} é aproximadamente igual à raiz quadrada do índice de produtividade:

$$I_v = \frac{v_{60,a}}{v_{60,b}} \cong \sqrt{\frac{a_a \cdot v_a}{a_b \cdot v_b}} \qquad (12.28)$$

Exemplo numérico: Para determinação do índice de produtividade do aço C 1144 em relação ao aço B 1112 (tomado como padrão), os dois materiais foram usinados partindo-se de barras de diâmetro 25mm e chegando-se a 18mm. A operação realizada foi de sangramento, com largura de corte 25mm para uma vida pré-determinada da ferramenta. Para se conseguir o mesmo acabamento superficial nas peças executadas com os dois tipos de aço, resultaram as seguintes condições de usinagem:

Aço	C 1144	B 1112
Avanço (mm/volta)	0,0432	0,0508
Rotação da peça (r. p. m.)	615	650

Aplicando-se a fórmula anterior (12.28) tem-se:

$$I = \frac{a_a \cdot v_a}{a_b \cdot v_b} = \frac{a_a \cdot n_a}{a_b \cdot n_b} = \frac{0,0432 \cdot 615}{0,0508 \cdot 650} \cong 81\%.$$

12.6 — ENSAIO DE USINABILIDADE BASEADO NA ANÁLISE DIMENSIONAL

Eng.º Carlos Amadeu Pallerosi[*]

12.6.1 — Generalidades

A análise dimensional é um importante instrumento matemático, que oferece diversas vantagens ao pesquisador, simplificando o trabalho de obtenção da

---

[*] Assistente da *Cadeira de Máquinas Operatrizes da Escola de Engenharia de São Carlos* da U. S. P.

616   FUNDAMENTOS DA USINAGEM DOS METAIS

lei física de um fenômeno, partindo-se de um conjunto de dados experimentais. Como foi exposto no parágrafo 12.1, o número de grandezas que intervêm no comportamento de um dado material em relação à sua usinabilidade é muito grande. O método matemático que se oferece para relacionar entre si êste grande número de variáveis que intervêm no processo de usinagem dos metais, de uma maneira relativamente simples, é a análise dimensional.

Esta técnica metodizada de manipulação dos dados experimentais foi desenvolvida a partir de um importante teorema, o teorema de BUCKINGHAN ou teorema dos π^*. Os métodos de análise dimensional vão, no entanto, muito além. Outras suas importantes aplicações são:

a) Apresentação das características de uma lei física por meio do relacionamento de coeficientes adimensionais, com grandes vantagens sôbre uma outra maneira muito usual de se proceder, que utiliza grandezas dimensionais.

b) Estabelecimento de escalas de proporcionalidade para as diversas grandezas envolvidas num fenômeno ou experiência, que possa ser realizada em condições de semelhança física, num modêlo ou protótipo.

A aplicação da análise dimensional aos problemas da mecânica dos fluidos e da transmissão do calor permitiu a obtenção de resultados importantes, hoje largamente difundidos. O mesmo não aconteceu com os problemas da usinagem dos metais, sendo conhecidas poucas tentativas no sentido de introduzir a análise dimensional neste ramo da ciência. Neste parágrafo serão mostradas algumas aplicações práticas da análise dimensional ao estudo da usinagem dos metais, tendo em vista o correlacionamento das grandezas físicas que intervêm no fenômeno, para estabelecer as relações existentes entre o par ferramenta-peça e o meio gasoso ou líquido que os rodeia.

As grandezas básicas (dimensões fundamentais) usualmente utilizadas são as pertencentes ao sistema *massa-comprimento-tempo-temperatura,* ou seja $M.L.T.\theta$. As dimensões das outras grandezas são obtidas das leis físicas que as correlacionam com as grandezas básicas ou suas definições. As dimensões das principais grandezas físicas que ocorrem na usinagem dos metais são dadas na tabela XII.5.

---

* Para o estudo da Análise Dimensional recomenda-se ao leitor consultar a seguinte literatura:
GIORGETTI, M. F. *Elementos de Análise Dimensional e Semelhança — Seminário apresentado ao Curso de Pós-Graduação Métodos de Pesquisas no Campo da Usinagem dos Metais. Cadeira de Máquinas Operatrizes, Escola de Engenharia de São Carlos, U. S. P.,* 1965.
MAIA, L. P .M. *Análise Dimensional.* Editôra Nacionalista, Rio, 1960.
LANGHAAR, H. L. *Dimensional Analysis and Theory of Models.* John Wiley and Sons, New York.
MURPHY, H. E. *Similitude in Engineering.* The Ronald Press Company, New York.
BEAUJOINT, N. *Similitude et Théorie des Models.* Bulletin Rilem n.º 7.

ENSAIOS DE USINABILIDADE DOS METAIS

TABELA XII.5

Dimensão dos principais fatôres que ocorrem na usinagem dos metais

Fatôres	Símbolo	Dimensão
I — Geométricos		
— Comprimento	l	L
— Profundidade de corte	p	L
— Diâmetro	d, D	L
— Área	s	L^2
— Volume	V	L^3
— Momento de inércia de áreas	J	L^4
II — Relacionados com o tempo		
— Tempo	t, T	T
— Freqüência de vibração	f	T^{-1}
— Velocidade angular	ω	T^{-1}
— Aceleração angular	$\dot{\omega}$	T^{-2}
— Velocidade linear	v	$L.T^{-1}$
— Aceleração	γ	$L.t^{-2}$
— Viscosidade cinemática	μ_c	$L^2.T^{-1}$
III — Relacionados com a massa		
— Massa	m	M
— Constante de mola	c, k	$M.T^{-2}$
— Coeficiente de rigidez ou elasticidade	ρ, e	$M.T^{-2}$
— Momento de inércia polar de áreas	J_p	$M^2.L^2.T^{-4}$
— Viscosidade	μ	$M.L^{-1}.T^{-1}$
— Pressão específica de corte, fôrça por unidade de área, tensão	k_s, σ, τ	$M.L^{-1}.T^{-2}$
— Módulo de elasticidade ou rigidez	E, G	$M.L^{-1}.T^{-2}$
— Densidade	ρ	$M.L^{-3}$
— Fôrça	P, F	$M.L.T^{-2}$
— Momento de uma fôrça, Torque	M_t	$M.L^{-2}.T^{-2}$
— Potência	N	$M.L^2.T^{-3}$
— Momento de Inércia de Sólidos	I	$M.L^2$
IV — Térmicos		
— Temperatura	t, θ	θ
— Quantidade de calor	Q	$M.L^2.T^{-2}$
— Calor específico (capacidade térmica)	c	$L^2.T^{-2}.\theta^{-1}$
— Coeficiente de condutibilidade térmica	k	$M.L.T^{-3}.\theta^{-1}$
— Calor específico volumétrico $(\rho.c)$	c_v	$M.L^{-1}.T^{-2}.\theta^{-1}$
— Valor unificado do calor $(c_v.k)$	H	$M^2.T^{-5}.\theta^{-2}$
— Entropia	S	$M.L^2.T^{-2}.\theta^{-1}$
— Coeficiente de difusividade térmica $\dfrac{k}{c_v}$	α	$L^2.T^{-1}$

618   FUNDAMENTOS DA USINAGEM DOS METAIS

Serão a seguir descritos dois exemplos de aplicação da análise dimensional,
que poderão servir como modelos para estudos semelhantes. Em ambos
os exemplos, os resultados obtidos poderão servir como índices comparativos
da usinabilidade dos vários materiais. A precisão dos resultados obtidos
será, em cada caso, função do número das principais variáveis que intervêm
na grandeza em estudo, além das inevitáveis imprecisões em qualquer processo de medida.

**12.6.2 — Aplicação da análise dimensional no cálculo do desgaste k e da velocidade
de corte de uma ferramenta, correspondentes a uma determinada vida**

12.6.2.1 — Aplicação do método

Segundo as recomendações do método de Análise Dimensional, em primeiro
lugar deve-se elaborar uma lista dos fatôres (ou grandezas) que intervêm no
fenômeno. Para o *desgaste de cratera* de uma ferramenta, êstes fatôres são:

Fatôres	*Símbolo*
Profundidade da cratera de desgaste	C_p
Distância do centro da cratera à aresta cortante	C_d
Velocidade de corte	v
Espessura de corte	h
Espessura do cavaco	h'
Largura de corte	b
Tensão de cisalhamento do material da peça	τ
Resistência ao desgaste da ferramenta	σ_t
Tempo de usinagem	t

A partir dêstes fatôres foram estabelecidas grandezas características, seguindo os métodos da Análise Dimensional, as quais foram relacionadas
num grande número de ensaios [32]. Resultou, porém, que tais grandezas
não representavam, de maneira satisfatória, o desgaste da ferramenta. Isto
significa que deve haver outras grandezas que exercem influência. Uma
influência grande sôbre o desgaste deve ser exercida pelas temperaturas nas
zonas de contato. Por êste motivo, deve-se incluir também na lista dos
fatôres o calor específico e a condutibilidade térmica da ferramenta e do
material.

Por outro lado, verificou-se que a tensão de cisalhamento τ não exercia
grande influência, podendo-se substituí-la pela espessura do cavaco h' e a
pressão específica de corte k_s. A distância C_d pode ser expressa em função
do grau de recalque do cavaco R_c e da espessura do cavaco h'. Como,
pràticamente, a profundidade da cratera C_p cresce linearmente com o tempo
de usinagem t, pode-se usar a velocidade de crescimento da cratera v_{cr}.
Os novos fatôres que intervêm no desgaste das ferramentas, bem como as
suas dimensões no sistema M, L, T serão:

ENSAIOS DE USINABILIDADE DOS METAIS

Fatôres	*Símbolo*	*Dimensão*
Velocidade de crescimento da cratera de desgaste	v_{cr}	$L.T^{-1}$
Velocidade de corte	v	$L.T^{-1}$
Espessura de corte	h	L
Resistência ao desgaste da ferramenta	σ_f	$M.L^{-1}.T^{-2}$
Calor específico volumétrico do material da ferramenta	c_{vf}	$M.L^{-1}.T^{-2}.\theta^{-1}$
Coeficiente de condutibilidade térmica da ferramenta	k_f	$M.L.T^{-3}\theta^{-1}$
Calor específico volumétrico do material usinado	c_{vm}	$M.L^{-1}.T^{-2}.\theta^{-1}$
Coeficiente de condutibilidade térmica do material	k_m	$M.L.T^{-3}.\theta^{-1}$
Pressão específica de corte	k_s	$M.L^{-1}.T^{-2}$
Espessura do cavaco	h'	L

Formando a matriz dimensional para estas grandezas, obtém-se:

	v_{cr}	v	h	σ_f	c_{vf}	k_f	c_{vm}	k_m	k_s	h'
L	1	1	1	—1	—1	1	—1	1	—1	1
T	—1	—1	0	—2	—2	—3	—2	—3	—2	0
M	0	0	0	1	1	1	1	1	1	0
θ	0	0	0	0	—1	—1	—1	—1	0	0

A disposição das grandezas na matriz dimensional seguiu os métodos da análise dimensional, que recomenda dispor em primeiro lugar a grandeza dependente, no caso v_{cr} e, em seguida, as demais variáveis de acôrdo com a facilidade com a qual podem ser relacionadas com v_{cr} em ensaios.

O determinante de maior ordem, diferente de zero, que pode ser extraído da matriz dimensional é:

$$\begin{vmatrix} —1 & 1 & —1 & 1 \\ —2 & —3 & —2 & 0 \\ 1 & 1 & 1 & 0 \\ —1 & —1 & 0 & 0 \end{vmatrix} = —2 \neq 0.$$

Desta maneira, a característica da matriz dimensional é 4.

Havendo 10 grandezas variáveis que intervêm no fenômeno do desgaste da ferramenta, o número de produtos adimensionais que devem ser formados será $10 - 6 = 4$ [31]

620 FUNDAMENTOS DA USINAGEM DOS METAIS

A matriz solução é:

	v_{cr}	v	h	σ_f	c_{vf}	k_f	c_{vm}	k_m	k_s	h'
π_1	1	0	0	0	0	0	1	—1	0	1
π_2	0	1	0	0	0	0	1	—1	0	1
π_3	0	0	1	0	0	0	0	0	0	—1
π_4	0	0	0	1	0	0	0	0	—1	0
π_5	0	0	0	0	1	0	—1	0	0	0
π_6	0	0	0	0	0	1	0	—1	0	0

Desta matriz resulta os seguintes produtos adimensionais:

$$\pi_1 = \frac{v_{cr} \cdot c_{vm} \cdot h'}{k_{vm}}; \qquad \pi_2 = \frac{v \cdot c_{vm} \cdot h'}{k_m}; \qquad \pi_3 = \frac{h}{h'};$$

$$\pi_4 = \frac{\sigma_f}{k_s}; \qquad \pi_5 = \frac{c_{vf}}{C_{vm}}; \qquad \pi_6 = \frac{k_f}{k_m}.$$

E a função característica será

$$\pi_1 = F(\pi_2; \pi_3; \pi_4; \pi_5; \pi_6)$$

ou seja,

$$\frac{v_{cr} \cdot c_{vm} \cdot h'}{k_m} = F\left(\frac{v \cdot c_{vm} \cdot h'}{k_m}; \frac{h}{h'}; \frac{\sigma_f}{k_s}; \frac{c_{vf}}{c_{vm}}; \frac{k_f}{k_m} \right). \qquad (12.29)$$

O produto adimensional π_1 é proporcional ao volume de cratera desgastado na unidade de tempo, enquanto que os produtos adimensionais π_2 e π_3 incluem a velocidade de corte bem como a deformação do material usinado; π_4 leva em conta a fôrça de corte e a resistência ao desgaste, enquanto que π_5 e π_6 consideram o comportamento térmico na zona de contato entre a ferramenta e o cavaco.

Atualmente não dispomos de dados sôbre a resistência ao desgaste da ferramenta, σ_f. Pesquisas volumosas sôbre o ensaio de materiais cortantes ainda não permitiram chegar-se a uma conclusão definitiva a respeito da resistência ao desgaste de metais duros. No entanto, para ferramentas de um mesmo lote de fabricação, σ_f pode ser admitido constante.

A respeito do calor específico volumétrico, do coeficiente de condutibilidade térmica do material usinado e da ferramenta, faltam também dados quantitativos, uma vez que em geral, desconhece-se as temperaturas exatas que reinam nas zonas de contato. Além disto, tais grandezas estarão afetadas provàvelmente das reações químicas que ocorrem na camada limite

ENSAIOS DE USINABILIDADE DOS METAIS

Devendo-se estabelecer relações entre as grandezas que aparecem na equação (12.29), tais relações sòmente serão válidas para uma determinada combinação de material usinado e ferramenta.

Pode-se introduzir aqui a hipótese das propriedades térmicas permanecerem constantes, quando são variadas as demais condições de usinagem. Cumpre frizar que tal hipótese nem sempre se verificará. As grandezas σ_f, k_f, c_{vf}, k_m e c_{vm} podem ser englobadas numa constante A, de tal modo que a equação (12.29) pode ser escrita:

$$v_{cr} \cdot h' = A \cdot F_1 \left(v \cdot h'; \; \frac{h}{h'}; \; \frac{1}{k_s} \right).$$
(12.30)

A função F_1 teve que ser estabelecida experimentalmente, sendo utilizados 25 aços diferentes [32].

Resultou uma função do tipo:

$$v_{cr} \cdot h' = A \cdot (v \cdot h')^a \cdot \left(\frac{h}{h'} \right)^b \cdot (k_s)^c$$
(12.31)

Por meio do processo da regressão linear foram determinados os seguintes expoentes:

$$a = 2,5 \qquad b = 3,3 \qquad c = 1,0.$$

Logo a equação (12.31) resulta:

$$v_{cr} = A \cdot (v)^{2,5} \cdot (h')^{-1,8} \cdot (h)^{3,3} \cdot k_s.$$
(12.32)

Segundo WEBER [15] pode-se exprimir

$$C_d = h' \cdot k_c,$$
(12.33)

onde k_c = constante da cratera.

De acôrdo com a hipótese já assumida de que a velocidade de crescimento da profundidade da cratera de desgaste seja linear, tem-se [32]

$$v_{cr} = \frac{C_p}{T},$$
(12.34)

onde T é a vida da ferramenta.

Por meio da equação (12.32) é possível calcular agora o desgaste da cratera $k = \dfrac{C_p}{C_d}$ ou a velocidade de corte v_T, correspondentes a uma vida T da ferramenta, para um determinado caso de usinagem. Considerando-se então as equações (12.33) e (12.34) segue que

$$k = \frac{C_p}{C_d} = \frac{A}{k_c} \cdot \frac{(v_T)^{2,5} \cdot h^{0,5}}{(R_c)^{2,8}} \cdot k_s \cdot T,$$
(12.35)

onde os valôres de R_c e k_s são correspondentes à velocidade v_T.

De (12.35) tem-se também

$$v_T = \left[\frac{k \cdot (R_c)^{2,8} \cdot k_c}{A_2 \cdot (h)^{0,5} \cdot k_s \cdot T} \right] \qquad (12.36)$$

As constantes A, k_c, R_c e k_s devem ser determinadas mediante um ensaio. Utiliza-se uma velocidade de corte v^*, para a qual resulta um desgaste (C_p^*, C_d e k^*) mensurável após um tempo T^* de usinagem relativamente curto (10 a 20 minutos), determinando-se também o grau de recalque R_c^*. Além disso, determina-se por meio de um dinamômetro adequado, a pressão específica de corte e o grau de recalque em função da velocidade de corte e do avanço. Para uma dada combinação de material e ferramenta, ter-se-á da equação (12.35):

$$\frac{A}{k_c} = k \cdot \frac{(R_c^*)^{2,8}}{T^* \cdot k_s^* \cdot (v^*)^{2,5} \cdot (h^*)^{0,5}}. \qquad (12.37)$$

Comparando-se as expressões (12.35) e (12.37) resulta:

$$k = k^* \cdot \left(\frac{R_c^*}{R_c} \right)^{2,8} \left(\frac{v}{v^*} \right)^{2,5} \left(\frac{h}{h^*} \right)^{0,5} \cdot \frac{k_s}{k_s^*} \cdot \frac{T}{T^*}. \qquad (12.38)$$

Substituindo-se (12.37) em (12.36) tem-se:

$$v_T = \left(\frac{k \cdot k_s^* \cdot T^*}{k^* \cdot k_s \cdot T} \right)^{0,4} \cdot \left(\frac{R_c}{R_c^*} \right)^{1,12} \cdot \left(\frac{h^*}{h} \right)^{0,2} \cdot v^*. \qquad (12.39)$$

Segundo a fórmula de KIENZLE,

$$k_s = k_{s1} \cdot (h)^{-z} \qquad \text{ou} \qquad k_s^* = k_{s1} \cdot (h^*)^{-z}$$

e supondo um valor médio para aço, $z = 0,25$, resulta de (12.38)

$$k - k^* \frac{T}{T^*} \cdot \left(\frac{R_c^*}{R_c} \right)^{2,8} \cdot \left(\frac{v}{v^*} \right)^{2,5} \cdot \left(\frac{h}{h^*} \right)^{0,25}. \qquad (12.40)$$

Substituindo-se em (12.39) tem-se:

$$v_T = v^* \left(\frac{k}{k^*} \cdot \frac{T^*}{T} \right)^{0,4} \cdot \left(\frac{R_c}{R_c^*} \right)^{1,12} \cdot \left(\frac{h^*}{h} \right)^{0,1}. \qquad (12.41)$$

Com auxílio das equações (12.40) e (12.41) pode-se calcular fàcilmente o desgaste e a velocidade de corte v_{60}, medindo-se k^*, T^*, R_c^*, o que será feito a seguir.

Para outros materiais, pode-se chegar a expressões análogas às (12.40) e (12.41), adotando-se os valôres correspondentes de z.

ENSAIOS DE USINABILIDADE DOS METAIS

12.6.2.2 — Procedimento no ensaio de usinabilidade

No primeiro ensaio usina-se o material em estudo com uma velocidade de corte $v*$ e uma espessura de corte $h*$. Após um tempo $T*$ mede-se o desgaste $k*$ e o grau de recalque do cavaco R_c*.

Num segundo ensaio medem-se os graus de recalque do cavaco com velocidades de corte e espessuras de corte variáveis.

Em posse dêstes dados pode-se calcular:

1) Com auxílio da expressão (12.40) o desgaste de cratera para qualquer tempo de usinagem.

2) Com auxílio da expressão (12.41) a velocidade de corte que produz, após um tempo prefixado T, um desgaste conhecido k.

12.6.2.3 — Aplicações práticas. Exemplos de cálculo

1.º EXEMPLO

Usinando-se o aço $Ck\ 45\ N$ com uma ferramenta de metal duro classe P 30 nas condições:

— velocidade de corte .... $v* = 100m/min$
— avanço .... $a* = 0,25mm/giro$
— profundidade de corte .... $p* = 2,00mm$
— ângulo de posição .... $\chi = 60°$

obtiveram-se após um tempo de usinagem $T* = 20min$: $k* = 0,05$ e $R_c = 2,90$. Qual o desgaste de cratera k, quando usinamos o mesmo material com $v = 60m/min$, após um tempo de usinagem $T = 240min$, mantendo-se as demais condições de usinagem e $R_c = 2,90$?

SOLUÇÃO: A equação que se aplica ao problema é:

$$k = k* \cdot \frac{T}{T*} \cdot \left(\frac{R_c*}{R_c} \right)^{2,8} \cdot \left(\frac{v}{v*} \right)^{2,5} \cdot \left(\frac{h}{h*} \right)^{0,25} \cdot$$

De acôrdo com os dados acima tem-se:

$$\frac{R_c*}{R_c} = \frac{h}{h*} = 1$$

portanto,

$$k = k* \cdot \frac{T}{T*} \cdot \left(\frac{v}{v*} \right)_{2,5}$$

$$k = 0,05 \cdot \frac{240}{20} \cdot \left(\frac{60}{100} \right)^{2,5}$$

$$k = 0,17$$

624 FUNDAMENTOS DA USINAGEM DOS METAIS

2.º EXEMPLO

Num ensaio de usinagem com aço Ck 60 N resultou os seguintes dados:

— velocidade de corte .... $v^* = 200\text{m/min}$
— espessura de corte .... $h^* = 0{,}141\text{mm}$
— tempo de usinagem .... $T^* = 10\text{min}$
— desgaste da cratera .... $k^* = 0{,}312$
— grau de recalque do cavaco ... $R_c^* = 2{,}30$

Num 2.º ensaio foram obtidos os seguintes dados:

$$v = 100\text{m/min} \qquad R_c = 2{,}60$$
$$v = 150\text{m/min} \qquad R_c = 2{,}45.$$

Qual a velocidade de corte v_{60}, correspondente a um desgaste $k = 0{,}10$, mantendo-se constantes as demais condições?

SOLUÇÃO: A equação que se aplica ao problema é:

$$v_T = v^* \cdot \left(\frac{k}{k^*} \cdot \frac{T^*}{T} \right)^{0,4} \cdot \left(\frac{R_c}{R_c^*} \right)^{1,12} \cdot \left(\frac{h^*}{h} \right)^{0,1}$$

De acôrdo com os dados acima, tem-se:

$$\frac{h^*}{h} = 1$$

$$v_T = 200 \cdot \left(\frac{0{,}10}{0{,}312} \cdot \frac{10}{60} \right)^{0,4} \cdot \left(\frac{R_c}{2{,}30} \right)^{1,12} \cdot 1$$

$$v_T = 200 \cdot 0{,}31 \cdot \left(\frac{R_c}{2{,}30} \right)^{1,12}$$

Nota-se que não se conhece o grau de recalque do cavaco R_c para a velocidade de corte v_{60}. Para obter-se esta última é necessário adotar-se o método de aproximação sucessiva. Supondo em primeira aproximação $v_{60} = 100\text{m/min}$, correspondente a um grau de recalque $R_e = 2{,}60$ segue que:

$$v_{60}' = 200 \cdot 0{,}31 \cdot \left(\frac{2{,}60}{2{,}30} \right)^{1,12} = 200 \cdot 0{,}31 \cdot 1{,}147$$

$$v_{60}' = 71\text{m/min}.$$

Adotando-se $v_{60} = 75\text{m/min}$ obtém-se:

$$R_c = \left[\frac{75 \cdot (2{,}30)^{1,12}}{200 \cdot 0{,}31} \right]^{\frac{1}{1,12}} = 2{,}68$$

ENSAIOS DE USINABILIDADE DOS METAIS

Como segunda aproximação tem-se:

$$v_{60} = 200.0,31.\left(\frac{2,68}{2,30}\right)^{1,12} = 200.0,31.1,187$$

$$v_{60} = 74\text{m/min}$$

12.6.3 — Cálculo da temperatura média na zona de contato ferramenta-peça*

12.6.3.1 — Aplicação do método

A temperatura** de uma ferramenta de corte, durante o processo de formação do cavaco, é em princípio afetada pelos seguintes fatôres [33]:

Fatôres	Símbolo	Dimensão
Temperatura	θ	θ
Área da secção de cavaco	s	L^2
Velocidade de corte	v	$L.T^{-1}$
Pressão específica de corte	k_s	$M.L^{-1}.T^{-2}$
Coeficiente de condutibilidade térmica do material da peça	k_m	$M.L.T^{-3}.\theta^{-1}$
Calor específico volumétrico do material da peça	c_{vm}	$M.L^{-1}.T^{-2}.\theta^{-1}$

A pressão específica de corte depende principalmente do valor da tensão de cisalhamento do material da peça (τ) multiplicado por um coeficiente adimensional. O coeficiente de condutibilidade térmica da ferramenta pode ser desprezado, enquanto o coeficiente de condutibilidade térmica da peça deve ser considerado, o que é verificado experimentalmente. Por outro lado, foi visto no parágrafo 4.5 que o calor gerado no processo de formação do cavaco é principalmente dissipado pelo cavaco e, portanto, a condutibilidade térmica do cavaco e da peça influi muito mais que a correspondente ao material da ferramenta.

De acôrdo com o princípio da homogeneidade dimensional, deve existir uma relação definida entre a temperatura da ferramenta e os outros cinco fatôres relacionados. Êste princípio estabelece que o produto de todos os têrmos de uma lei física deve ter a mesma dimensão do fator (ou grandeza) por êles definido.

Para encontrar esta correlação é necessário determinar a dimensão dos fatôres envolvidos no sistema $M.L.T.\theta$. No presente exemplo, onde seis

---

* Êste estudo será feito em base ao de *Kronemberg*, por ser bastante didático e atual [33].

** A expressão *"temperatura da ferramenta"* será adotada para designar a temperatura média na zona de contato ferramenta-peça. tal como a determinada pelo método do par termoelétrico.

626 FUNDAMENTOS DA USINAGEM DOS METAIS

fatôres são envolvidos, pode ser matemàticamente demonstrado, como no exemplo anterior, que existem sòmente dois coeficientes (ou produtos) adimensionais π_1 e π_2, que relacionam todos os seis fatôres. Êstes coeficientes adimensionais são expressos por:

$$\pi_1 = v^a . k_s{}^b . k_m{}^c . c_{vm}{}^d . \theta \qquad (12.42)$$
$$\pi_2 = v^e . k_s{}^f . k_m{}^g . c_{vm}{}^i . s \qquad (12.43)$$

Os expoentes das equações (12.42) e (12.43) podem ser calculados desde que π_1 e π_2 são adimensionais. Substituindo-se pelas respectivas dimensões, tem-se para o coeficiente adimensional π_1:

$$\pi_1 = L^a T^{-a} . M^b L^{-b} T^{-2b} . M^c L^c T^{-3c} \theta^{-c} . M^d L^{-d} T^{-2d} \theta^{-d} . \theta$$

ou seja:

$$\pi_1 = M^{b+c+d} . L^{a-b+c-d} . T^{-a-2b-3c-2d} . \theta^{-c-d+1}$$

Para π_1 resultar adimensional, tem-se a condição:

$$\begin{aligned} b + c + d &= 0 \\ a - b + c - d &= 0 \\ -a - 2b - 3c - 2d &= 0 \\ -c - d + 1 &= 0. \end{aligned}$$

Resolvendo-se estas quatro equações a quatro incógnitas, tem-se

$$a = 0, \quad b = -1,0, \quad c = 0, \quad d = +1,0.$$

Nota-se, portanto, que o expoente a da velocidade de corte v na equação (12.42) sendo nulo, pode-se concluir que a velocidade de corte não pode aparecer na expressão do coeficiente adimensional π_1. O mesmo deve ocorrer com o expoente c da condutibilidade térmica (k_m) do material da peça. A expressão de π_1 resulta então:

$$\pi_1 = \frac{c_v . \theta}{k_s}. \qquad (12.44)$$

O outro coeficiente adimensional π_2 pode ser calculado de maneira análoga, resultando os seguintes expoentes:

$$e = +2,0; \quad f = 0; \quad g = -2,0; \quad i = +2,0$$

ou seja:

$$\pi_2 = \frac{v^2 . (c_{vm})^2 . s}{(k_m)^2}. \qquad (12.45)$$

Os coeficientes adimensionais, tais como os dados pelas equações (12.44) e (12.45), só recentemente foram empregados nas pesquisas de usinagem dos metais, tendo um significado tão importante neste ramo da ciência, como por exemplo tem o número de REYNOLDS no estudo do escoamento laminar de fluidos.

O coeficiente térmico adimensional C_t, tal como foi sugerido por CHAO e TRIGGER é expresso pela raiz quadrada de π_2, ou seja:

$$C_t = \frac{v \cdot c_{vm} \cdot a}{k_m} \qquad (12.46)$$

onde a é o avanço por volta.

Na opinião daqueles autores, a temperatura média na zona de contato cavaco-ferramenta não depende ùnicamente do coeficiente adimensional C_t, existindo também uma relação funcional entre êste número e a energia consumida por unidade de volume de metal removido, durante o processo de formação do cavaco. Esta energia (dada em kg*mm/mm³) corresponde à pressão específica de corte k_s (dada em kg*/mm²). Esta correspondência pode ser compreendida, comparando-se os dois coeficientes adimensionais π_1 e π_2, pois π_1 contém k_s e π_2 contém C_t.

12.6.3.2 — Obtenção de dados experimentais

A relação entre π_1 e π_2 pode ser determinada experimentalmente, medindo-se para um determinado número de casos, os fatôres (ou grandezas físicas) contidos nas expressões de π_1 e π_2, a saber, temperatura, velocidade de corte, área da seção de corte, pressão específica de corte, condutividade térmica, etc.

Os dados medidos simultâneamente, são, em geral, obtidos por meio de ensaios. Resultados dêstes ensaios, para numerosos valôres de π_1 e π_2, foram computados e lançados em um diagrama dilogarítmico, como mostra a figura 12.43 [33]. Todos os valôres resultaram razoàvelmente próximos da reta média, sendo que os valôres considerados cobrem um grande intervalo de variação dos valôres da velocidade de corte, fôrças de corte, áreas da seção de cavaco, etc.

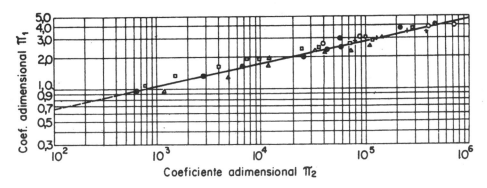

FIG. 12.43 — Dependência entre os coeficientes π_1 e π_2 [33].

628 FUNDAMENTOS DA USINAGEM DOS METAIS

Sòmente a análise dimensional possibilitou a representação de todos os resultados dos ensaios, segundo uma linha reta. De outro modo, os dados teriam que ser representados por meio de vários diagramas, os quais não revelariam a sua mútua interdependência.

Para expressar matemàticamente a relação existente entre π_1 e π_2, basta considerar a equação da reta mostrada na figura 12.43, ou seja:

$$\pi_1 = C_o \cdot (\pi_2)^n \qquad (12.47)$$

onde a constante C_o indica o valor assumido por π_1 quando $\pi_2 = 1$. Isto pode ser verificado pela linha pontilhada.

De grande importância para conclusões fundamentais e possíveis generalizações, é a análise do valor do expoente n da equação (12.47). Pela inclinação da reta da figura 12.43, resulta $n = 0,22$, valor normalmente aceito [33].

12.6.3.3 — Cálculo da temperatura

A fórmula geral que relaciona a temperatura com os outros cinco fatôres pode ser obtida substituindo-se as equações (12.44) e (12.45) na equação (12.47), obtendo-se:

$$\frac{c_{vm} \cdot \theta}{k_s} = C_o \cdot \left(\frac{v^2 \cdot (c_{vm})^2 \cdot s}{(k_m)^2} \right)^n$$

ou seja

$$\theta = \frac{C_o \cdot k_s \cdot v^{2n} \cdot s^n}{(k_m)^{2n} \cdot (c_{vm})^{1-2n}}.$$

Substituindo-se pelo valor $n = 0,22$, tem-se:

$$\theta = \frac{C_o \cdot k_s \cdot v^{0,44} \cdot s^{0,22}}{(k_m)^{0,44} \cdot (c_{vm})^{0,56}}. \qquad (12.48)$$

Desta equação pode-se tirar as seguintes conclusões:

a) O fator que mais afeta a temperatura é a pressão específica de corte k_s (e, portanto, principalmente a tensão de cisalhamento do material), uma vez que na equação (12.48) a temperatura é diretamente proporcional a êste fator.

b) Em segundo lugar, existe a influência dos fatôres térmicos (c_{vm} e k_m), desde que a temperatura varia quase que inversamente proporcional à raiz quadrada dêstes fatôres. Como exemplo, metais de baixa condutibilidade térmica, como o titânio geram altas temperaturas ao serem usinados.

Desde que o calor sepecífico cresce com o aumento da temperatura, uma equação que contivesse apenas c_{vm}, não seria uma equação independente da temperatura. Por outro lado, como o coeficiente de condutibilidade térmica k_m (por exemplo do Ferro α) decresce com o aumento da temperatura, o produto $c_{vm} . k_m$ é constante em um amplo intervalo de temperaturas, como pode ser notado na figura 12.44 [33].

Portanto, a influência da temperatura no denominador da equação (12.48) pode ser desprezada. Isto não acontece necessàriamente em todos os casos, sendo uma condição prévia de que o calor específico volumétrico não varie substancialmente com a temperatura.

c) A velocidade de corte v influi de modo mais acentuado que a área da seção de corte, desde que a influência da velocidade de corte varia quase que diretamente proporcional com a raiz quadrada, e a área da seção de cavaco s segundo a raiz quarta.

Como exemplo, quando a velocidade de corte é dobrada (relação 2:1), a temperatura, de acôrdo com a equação (12,48), será afetada pela relação $(2/1)^{0,44} = 1,36$, ou seja, aumentará de 36%. Por outro lado, dobrando-se o avanço (ou seja, dobrada a área da seção de corte, para uma mesma profundidade de corte), a temperatura será afetada pela relação $(2/1)^{0,22} = 1,17$, ou seja, aumentará de 17%.

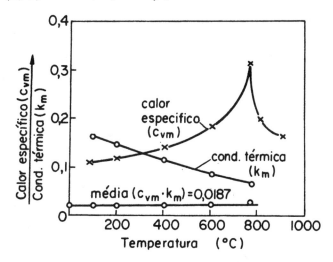

Fig. 12.44 — Variação do calor específico e do coeficiente de condutibilidade térmica em função da temperatura [33].

12.6.3.4 — Procedimento no ensaio de usinabilidade

Desde que o critério de usinabilidade dos metais baseado na temperatura é um critério específico, êle será abordado em detalhes no parágrafo 12.8.1

630 FUNDAMENTOS DA USINAGEM DOS METAIS

do presente capítulo, onde os valôres assumidos pela temperatura média na zona de contato ferramenta-peça serão relacionados com a vida da ferramenta.

12.7 — CONSIDERAÇÕES SÔBRE ALGUNS ENSAIOS DE USINABILIDADE DE CURTA DURAÇÃO

Com relação aos ensaios de usinabilidade de curta duração, foi publicado em 1963 na revista *"Stahl und Eisen"* (n.ºs 20 e 21) um interessante trabalho, no qual participaram várias escolas de engenharia e instituições da *Alemanha Ocidental* [34 e 35].

Nesse trabalho, é feita a comparação estatística dos resultados de vários ensaios de curta duração, baseados no desgaste da ferramenta, com o correspondente ensaio de longa duração. Como grandeza de comparação, foi utilizada a *determinação,* definida por:

$$D = \frac{[\Sigma(x_i - \bar{x})(y_i - \bar{y})]^2}{\Sigma(x_i - \bar{x})^2 \cdot (y_i - \bar{y})^2} \qquad (12.49)$$

onde x_i e y_i são duas variáveis quaisquer e $\bar{x}$ e $\bar{y}$ são as médias aritméticas dos valôres de x_i e y_i respectivamente. Como variável x_i pode ser tomada a velocidade $v_{60k0,1}$ determinada num ensaio de curta duração, em condições de usinagem especificadas, para um par ferramenta-peça. Como variável y_i é empregada a correspondente velocidade $v_{60k0,1}$, obtida num ensaio de longa duração, nas mesmas condições. Observa-se que, quando a função $y = f(x)$ fôr linear, $D = 1$ e quando não há nenhuma relação definida entre y e x, $D = 0$.

A tabela XII.6 apresenta a *determinação* dos diversos métodos de ensaio realizados pelo grupo de trabalho acima mencionado. Comparando-se então os resultados obtidos por meio dos diversos métodos com os resultados obtidos nos ensaios reais (de longa duração), chama-se de *concordância boa,* quando $D \geqslant 0,90$. Quando $D < 0,4$ tem-se *nenhuma concordância;* quando $0,4 < D < 0,6$ tem-se *concordância muito pequena;* quando $0,6 < D < 0,8$ tem-se *concordância pequena;* quando $0,8 < D < 0,9$ tem-se *concordância limitada.*

Observando-se a tabela XII.6 verifica-se que, nos ensaios realizados com *ferramentas de aço rápido,* o método do *comprimento usinado* (descrito no 12.2.2.1) apresentou boa concordância com o ensaio de longa duração.

TABELA XII.6

Comparação de diversos métodos de ensaio de usinabilidade de curta duração, quanto à sua concordância, com ensaios de longa duração [35]

Método de ensaio	Material da ferramenta	Desgaste	Determi-nação "D"	Concordância
Resistência σ_r	aço rápido	v_{60}; queima	0,705	pequena
	P 10	v_{60}; k0,1	0,16	nenhuma
Dureza HV 30	P 10	v_{60}; k0,1	0,409	muito pequena
	P 30	v_{60}; k0,1	0,482	muito pequena
Aumento Progressivo da velocidade de corte	aço rápido	v_{60}; k0,1	0,807	limitada
	P 30	v_{60}; k0,1	0,496	muito pequena
Comprimento usinado	aço rápido	v_{60}; queima	0,923	boa
Radioativo				
Uma ferramenta	P 10	v_{60}; k0,1	0,01	nenhuma
	P 30	v_{60}; k0,1	0,01	nenhuma
Duas ferramentas	P 10	v_{60}; k0,1	0,584	muito pequena
	P 30	v_{60}; k0,1	0,621	pequena
	aço rápido	v_{60}; k0,1	0,305	nenhuma
Fôrça de corte	P 10	v_{60}; k0,1	0,348	nenhuma
	P 30	v_{60}; k0,1	0,567	muito pequena
Baseado na teoria da análise dimensional	P 10	v_{60}; k0,1	0,951	boa
	P 30	v_{60}; k0,2	0,931	boa

Para os ensaios de usinabilidade com *ferramenta de metal duro,* o método baseado na *análise dimensional* (descrito no § 12.6.2) ofereceu boa concordância com o ensaio de longa duração. A figura 12.45 apresenta dois nomogramas, onde no eixo das abcissas foram colocadas as velocidades de corte $v_{60\,k,01}$, determinadas pela análise dimensional (equação 12.41) e no eixo das ordenadas foram colocadas as correspondentes velocidades de corte $v_{60k0,1}$, obtidas nos ensaios de longa duração.

12.8 — ENSAIOS DE USINABILIDADE BASEADOS EM CRITÉRIOS ESPECÍFICOS

12.8.1 — Método baseado na temperatura de corte

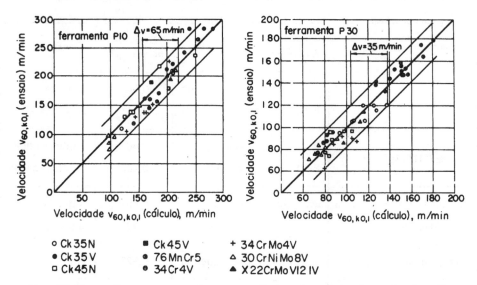

FIG. 12.45 — Comparação entre os resultados de ensaio de curta duração, obtido pela análise dimensional, com os ensaios de longa duração, para diferentes materiais; $a.p = 0,25.2$ mm² [35].

Como foi visto no § 4.5.2 do Capítulo IV — *Mecanismo da formação do cavaco,* a maior parte da energia desenvolvida durante a usinagem é transformada em calor. Conseqüentemente haverá um aumento da temperatura das superfícies de contato da ferramenta com o cavaco e com a peça. Esta temperatura representa um papel importante na vida da ferramenta.

É perfeitamente conhecido, que, por exemplo, em iguais condições de usinagem o trabalho de uma determinada ferramenta em alumínio origina uma temperatura de corte sensìvelmente menor que num aço de alta liga.

Procurando-se a razão de tal ocorrência, pode-se afirmar que o valor da temperatura de corte depende, além das características de resistência do material da peça, das suas propriedades físicas e em particular da condutibilidade térmica. Por outro lado, a vida da ferramenta no trabalho com alumínio é muito maior que na usinagem com aço. Estas características dependem meramente do material da peça. A temperatura de corte, além de representar uma grandeza de medida da solicitação térmica da ferramenta, pode ser empregada em alguns casos para medida da usinabilidade do material.

Os diferentes métodos empregados na medida da temperatura de corte já foram descritos no § 4.5.3. Dêstes métodos, o mais preciso é o dos termoelementos colocados no interior da ferramenta (figura 4.57), porém, requer uma instalação e um preparo da ferramenta relativamente caro. Um método que foi muito utilizado é o do termo-par peça-ferramenta com uma ou duas ferramentas (figuras 4.60 e 4.66). A temperatura obtida por êste

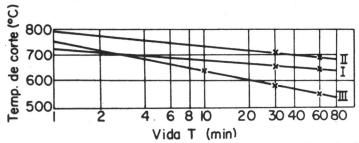

FIG. 12.46 — Curvas de vida T-t tempo-temperatura de três tipos de ferramenta de aço rápido, para usinagem em aço carbono [10].

método pode ser considerada como a temperatura média da superfície de contato ferramenta-cavaco (região essa onde se encontram as maiores temperaturas). Esta temperatura é denominada por vários pesquisadores de *temperatura de corte* [10]. O seu valor depende principalmente dos seguintes fatôres:

— quantidade de calor gerado;
— calor específico e condutibilidade térmica da ferramenta, da peça e do cavaco;
— dimensões das secções onde se escoa o calor.

Fixando-se a ferramenta e as condições de usinagem, esta dependência fica exclusivamente do material da peça. Tal relação pode ser vista na figura 4.65, que apresenta a temperatura de corte em função da velocidade de corte. Verifica-se ainda nesta figura, que nas baixas velocidades de corte há um aumento sensível da temperatura com o aumento da velocidade de corte, enquanto que em velocidades maiores a temperatura apresenta uma tendência em permanecer constante. Uma das razões dessa ocorrência é devido ao fato que nas altas velocidades de corte a maior parte da energia calorífica é dissipada pelo cavaco.

Como foi visto no Capítulo IX — *Desgaste e vida da ferramenta,* a perda da capacidade de corte da ferramenta é devida a três tipos de solicitações, cuja ação depende do material da ferramenta: nas ferramentas de aço-rápido e aço de baixa liga prevalece o efeito da *temperatura de corte*, o qual determina a destruição da aresta cortante (formação do anel brilhante); nas ferramentas de metal duro o *desgaste* desempenha o papel preponderante, o qual aumenta progressivamente, chegando a valôres que podem originar a quebra do gume cortante; nas ferramentas de cerâmica tem-se, além do desgaste na superfície de folga, a *quebra de pequenos fragmentos da aresta cortante,* limitando a vida da ferramenta. O método de ensaio

634 FUNDAMENTOS DA USINAGEM DOS METAIS

de usinabilidade baseado na temperatura de corte tem aplicação sòmente no primeiro caso, isto é, quando existe uma relação significativa entre a temperatura de corte e a vida da ferramenta.

Trabalhando-se com ferramenta de aço-rápido, em baixas velocidades de corte, verifica-se uma dependência bi-unívoca entre a temperatura de corte t e a vida T da ferramenta. Representando-se em papel dilogarítmico a curva $T = f(t)$, obtém-se uma reta cuja equação pode ser expressa pela fórmula

$$t \cdot T^{1/m} = C,$$

onde os têrmos C e m dependem do material da peça e da ferramenta.

A figura 12.46 apresenta as curvas de vida T-t de três tipos de ferramentas de aço rápido, para usinagem de aço carbono de diferentes qualidades, segundo SCHALLBROCH [10]. As constantes m e C, para os três tipos de aços rápido ensaiados, têm os seguintes valôres:

Ferra-menta	Composição %						C*	m*
tipo	W	Cr	V	Co	Mo	C		
I	16-18	4-4,5	—	—	0,8-1	0,6-0,7	740	19
II	18	4	1,2	10	0,7	0,6	785	22
III	18-19	4-4,5	1,5-1,8	2-2,6	—	0,6-0,7	770	11,5

* Valôres para t em ºC e T em minutos.

Segundo SCHALLBROCH e REICHEL, os valôres das constantes C e m, para usinagem com aço rápido (com $v < 70m/min$), pràticamente independem da área da secção de corte. Esta propriedade permite determinar, com um número pequeno de ensaios, as curvas de vida T-v do par ferramenta-peça, para diferentes áreas da secção de corte, uma vez conhecida a curva T-t e a curva de vida T-v para uma determinada condição de usinagem [10]. Para velocidades de corte maiores de 70m/min a correspondência bi-unívoca acima mencionada não foi constatada, tornando êste método inadequado para o ensaio de usinabilidade. Acima desta velocidade a temperatura de corte é pràticamente constante para uma série de materiais.

Para o trabalho com ferramenta de metal duro, a correspondência entre a vida da ferramenta e a temperatura de corte não é tão perfeita como no aço-rápido em baixa velocidade de corte. A figura 12.47 apresenta uma comparação entre a vida da ferramenta de metal duro e a temperatura de corte para quatro diferentes materiais; a temperatura foi medida pelo método do termo-par ferramenta-peça (letra E do gráfico) e pelo método do termo-elemento (letra T do gráfico) [36 e 37].

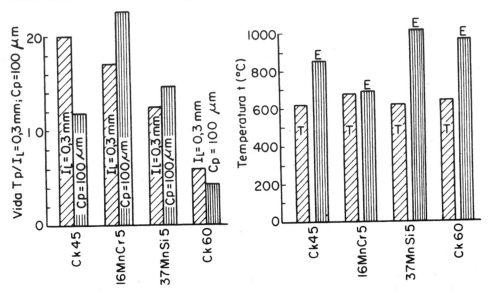

FIG. 12.47 — Comparação entre a vida da ferramenta e a temperatura de corte para quatro tipos de materiais [36 e 37]. $T=$ temperatura medida com termo elemento; $E=$ temperatura medida através do termo-par ferramenta-peça; ferramenta de metal duro $v = 120$m/min; $a.p = 0,71.3$mm²

12.8.2 — Método baseado nas características do cavaco

12.8.2.1 — Grau de recalque

No parágrafo 4.3 definiu-se grau de recalque R_c a relação entre a espessura do cavaco h' e a espessura de corte h.

$$R_c = \frac{h'}{h} = \frac{h'}{a.\operatorname{sen}\chi}$$

As figuras 4.29 e 4.30 apresentam os valôres do grau de recalque para diferentes materiais, em função da espessura de corte h e da velocidade de corte v respectivamente.

Vários pesquisadores procuraram estabelecer uma relação entre o grau de recalque e a usinabilidade dos metais. Verificou-se que com um aumento considerável de R_c, a superfície da peça usinada piora, chegando aparecer trincas superficiais, devido ao arrancamento do cavaco da peça. Conforme mostra a figura 4.30, aumentando-se a velocidade de corte, para um determinado material, o grau de recalque R_c diminui; verificou-se também que a qualidade da superfície da peça usinada melhora [10].

WEBER constatou em 1955 que entre a deformação do cavaco R_c e o desgaste de cratera C_p existe uma certa relação. A figura 12.48 mostra os resultados de ensaio do aço Ck 60 com três tratamentos térmicos diferentes. À direita da figura encontram-se representados, para uma velocidade de 100m/min e um tempo de usinagem de 10 minutos, a fôrça de corte P_c por unidade de comprimento, o recalque R_c, a tensão τ_z no plano de cisalhamento do cavaco, a distância C_d do centro da cratera à aresta cortante e a velocidade de crescimento da cratera $v_{cr} = d\,C_p/dt$. A fôrça de corte nos três estados de tratamento é aproximadamente a mesma, porém, os desgastes são diferentes. No estado recozido do material o cavaco é altamente deformado; a superfície de contato cavaco-ferramenta é grande, a pressão média de contato é pequena e a velocidade de saída do cavaco v_c é pequena. Já no estado normalizado e principalmente no revenido tem-se um comportamento inverso ao anterior. Isto mostra que entre o desgaste na superfície de saída e a formação do cavaco existe uma relação, a qual é de certa forma evidenciada pelo grau de recalque e pela tensão de cisalhamento do cavaco [38].

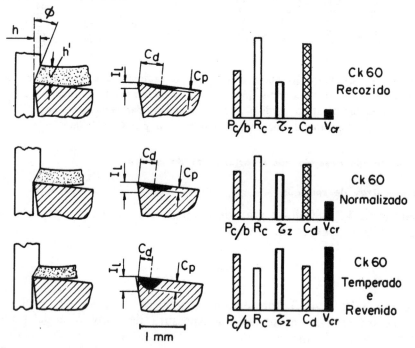

FIG. 12.48 — Comparação entre grandezas características do cavaco e o desgaste da superfície de saída da ferramenta; material aço Ck 60 com diferentes tratamentos térmicos; ferramenta de metal duro P 30; $v = 100$m/min; $t = 10$min; $k = 0,14$; $a = 0,2$mm/volta; $\chi = 45°$ [38].

12.8.2.2 — Coeficiente volumétrico e forma do cavaco

No parágrafo 4.2.2 definiu-se coeficiente volumétrico do cavaco ω a relação entre o volume ocupado pelo cavaco V_e e o volume correspondente ao seu pêso. Tal coeficiente permite caracterizar o volume ocupado pelas diferentes formas de cavaco (figuras 4.15 e 4.16).

O volume ocupado pelo cavaco é tomado em consideração principalmente nos seguintes casos:

a) Usinagem com ferramenta multicortante, onde o espaço a ser ocupado pelo cavaco é limitado (operação de brochamento e furação profunda).

b) Operação em tornos automáticos, sem inspeção contínua, onde grande volume de cavaco (principalmente com cavaco em fita) dificulta a operação.

c) Desbaste em máquinas operatrizes de grande produção.

O cavaco em fita além de apresentar o maior coeficiente volumétrico, é difícil de ser transportado e pode provocar acidentes. Logo a forma do cavaco, e conseqüentemente o volume ocupado pelo mesmo, pode contribuir na escolha do material a ser usinado, contribuindo, portanto, no índice de usinabilidade do material.

No parágrafo 4.2.2 encontram-se as diferentes formas de cavaco e os fatôres que influem na mudança de forma. A tabela XII.7 apresenta os valôres do coeficiente volumétrico ω segundo SCHALLBROCH [10] para diferentes materiais. Tais valôres são aproximados, dependem da técnica de armazenamento do cavaco, porém, permitem uma idéia comparativa bastante clara dos diferentes materiais.

TABELA XII.7

Coeficiente volumétrico ω de diferentes materiais, segundo Schallbroch [10]

Material	ω	γ^o	v (m/min)
Latão Ms 58	3,18	0	100
Liga de Al p/ máquinas automáticas	3,42	0	100
Ferro fundido	6,31	12	30
Liga de Al p/ êmbolos	8,26	25	100
Aço VCN-45	19,60	12	30
Al-Cu-Mg	24,25	25	100
Zn-Al 10-Cu 2	39,50	25	100
Al-Mg-Si fundido	39,95	25	100
Al-Mg	85,00	25	100
Al-Cu-Ni	132,00	25	100
Aço VCMo 135	182,00	12	30
Aço VCN 35	295,00	12	30
Al-Si-Mg fundido	1000,00	25	100
Al puro	1000,00	25	100

Área da secção de corte $a.p = 0,2.1,0mm^2$.

12.8.2.3 — Freqüência e amplitude de vibração da fôrça de usinagem

Conforme o que foi apresentado no parágrafo 4.1, o mecanismo de formação do cavaco, nas condições normais de usinagem com ferramentas de aço rápido e metal duro, é um fenômeno periódico. As figuras 4.8 a 4.11 apresentam gráficos da freqüência e da amplitude de variação da fôrça de usinagem, segundo ensaios realizados pelo autor [39 e 40]. Resta ainda estabelecer uma correlação entre os dois parâmetros e a usinabilidade dos metais. Com êste objetivo estão sendo iniciados pelo autor, no *Laboratório de Máquinas Operatrizes de São Carlos,* pesquisas para verificar as relações existentes entre a freqüência e a amplitude de variação da fôrça de usinagem com a vida da ferramenta e o acabamento da superfície da peça usinada. Já se constatou que o acabamento da superfície melhora com o aumento da freqüência de formação do cavaco. Pelas figuras 4.8 e 4.10 pode-se verificar que esta freqüência aumenta com a velocidade de corte e com a diminuição do avanço, propriedades estas que contribuem para a melhoria do acabamento da peça. Faltam ainda pesquisas para verificar as demais relações.

12.8.3 — Método Pendular

A utilização do método de ensaio baseado no pêndulo de CHARPY ou IZOD teve início no ano de 1921, quando AIREY e OXFORD procuraram analisar o processo de fresamento através do corte proveniente da pancada de uma ferramenta monocortante aderida a um pêndulo. A energia fornecida pela descida do pêndulo era assim aproveitada para retirar um cavaco em forma de vírgula de um corpo de prova. Posteriormente, W. LEYENSETTER procurou em 1927 medir indiretamente o desgaste da ferramenta através do aumento da fôrça de corte e de profundidade, fôrças estas medidas através de um pêndulo desenvolvido por êsse autor.

O aparelho de LEYENSETTER é constituído por um pêndulo P, cuja extremidade é prêsa uma ferramenta monocortante F (figura 12.49). Êste pêndulo é articulável no ponto O_1, cujo mancal é solidário a uma alavanca L, a

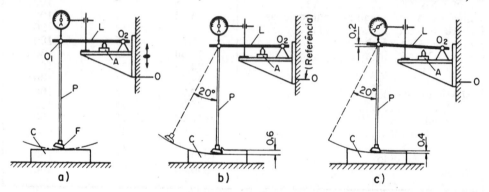

FIG. 12.49 — Esquema do *Pêndulo, de Leyensetter.*

ENSAIOS DE USINABILIDADE DOS METAIS

qual pode girar numa segunda articulação O_2. Esta alavanca apóia-se numa haste A, podendo girar sòmente para cima, cujo movimento é medido por um relógio comparador colocado em O_1.

A determinação do desgaste da ferramenta é realizada segundo LEYENSETTER em três etapas [10]:

— Primeiramente é colocada no aparelho uma ferramenta afiada e o pêndulo é regulado de modo que a aresta cortante apenas encosta numa peça de teste C (figura 12.49 a). Em seguida, o pêndulo é afastado de 20º em relação à sua posição inferior e o mancal O_1 é abaixado de 0,6mm. Soltando-se o pêndulo desta posição, a ferramenta deverá percutir a peça C e retirar um cavaco. O pêso do pêndulo deve ser regulado de tal forma que nesta primeira fase de ensaio o relógio comparador não indique deslocamento do mancal O_1 (figura 12.49 b).

— Em seguida, a ferramenta é retirada do aparelho e fixada num tôrno mecânico, onde a peça de ensaio é usinada num percurso de corte de 25 metros, em condições de usinagem pré-fixadas.

— Terminada esta operação, a ferramenta é retirada do tôrno e novamente fixada no pêndulo. Em iguais condições de ensaio, deixa-se a ferramenta cair sôbre o corpo C. Havendo um desgaste desta, durante a operação de torneamento, ter-se-á uma fôrça de profundidade maior que a obtida na primeira fase do ensaio, de maneira que a alavanca L é deslocada para cima de um certo valor medido pelo relógio comparador. Êste deslocamento servirá como grandeza comparativa do desgaste da ferramenta (figura 12.49 c).

Segue-se uma nova operação de torneamento no mesmo corpo de prova, com um percurso de corte de 25m e uma velocidade de corte de 5 a 10m/min maior; em seguida, é realizada uma nova medida pelo método pendular. Êste processo continua, cada vez com velocidades maiores, até se obter a destruição da ferramenta. A figura 12.50 apresenta gràficamente os deslocamentos da articulação O_1 do pêndulo em função da velocidade de corte para o torneamento de ferro-fundido, segundo LEYENSETTER.

O material da peça de teste C utilizado por LEYENSETTER foi aço Cr-Ni com $\sigma_t = 60$ a 70kg/mm^2; a ferramenta, de forma prismática para facilitar a operação de afiação, era de aço-ferramenta com 5% W (figura 12.51). Devido a pancada do pêndulo na peça C, não é recomendável o emprêgo de pastilha de metal duro.

Êste método permite a comparação de alguns materiais entre si, porém, os resultados não podem ser comparados com os desgastes da superfície de saída e de folga, que se processam nas ferramentas normais durante a usinagem. Não permite determinar as velocidades de corte v_{60}, v_{240} ou v_{480}, de grande importância para a usinagem. Atualmente não é mais empregado; o seu valor é apenas histórico.

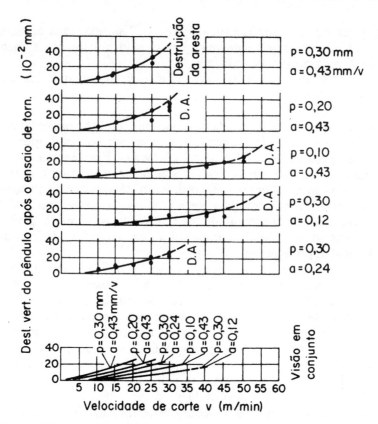

FIG. 12.50 — Influência das condições de usinagem no deslocamento do pêndulo de ensaio, segundo LEYENSETTER; material ferro-fundido; ferramenta de aço WSt/Ws.

M. EHRENREICH [41] procurou em 1958 medir a fôrça de corte por um pêndulo semelhante ao de CHARPY ou IZOD. Na extremidade do pêndulo é colocada uma ferramenta, a qual em seu movimento retira um cavaco do corpo de prova. A fôrça de corte é determinada pela diferença de energia potencial ou cinética fornecida pelo movimento pendular.

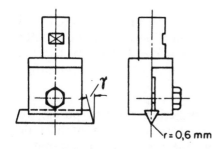

FIG. 12.51 — Ferramenta utilizada no *Pêndulo de Leyensetter*.

O pêndulo de EHRENREICH é constituído em essência por uma estrutura 1 (figura 12.52), cuja parte superior estão os mancais 2 onde gira um eixo 3 prêso a um pêndulo de secção tubular 4. Na extremidade do pêndulo há um *cone Morse* 5, onde é fixado um porta ferramenta 6 com utensílio cortante 7. O corpo de prova 8, com a forma de pente, é fixado numa mesa regulável 9, permitindo variar a profundidade de corte. No pêndulo é fixado um bloco de madeira com uma lâmina fotográfica 10. Um diapasão 11 de freqüência própria conhecida, prêso à estrutura, oscila através de uma pancada antes do ensaio. Na extremidade do diapasão encontra-se um estilete, o qual registra a vibração do diapasão na lâmina fotográfica 10, quando se desloca juntamente com o pêndulo. Analisando-se a senóide registrada na lâmina (figura 12.53) pode-se fàcilmente calcular a velocidade de início e fim de operação.

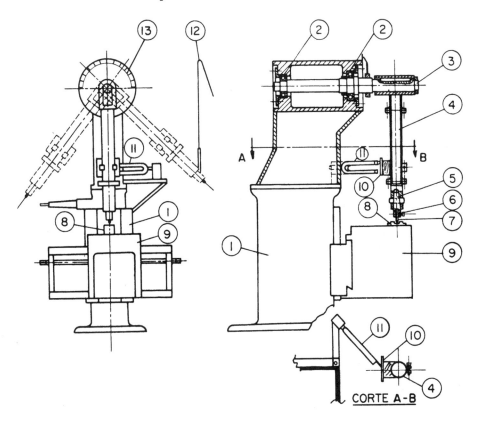

FIG. 12.52 — Esquema do *Pêndulo de Ehrenreich.*

Durante o ensaio levanta-se o pêndulo de um ângulo α_1 através de um cordão 12; soltando-se o pêndulo o cavaco é imediatamente retirado. O pêndulo prossegue o seu movimento até atingir um ângulo α_2 do outro lado do aparelho. Êstes ângulos podem ser medidos através de indicação de ponteiros sôbre o disco 13.

Seja (figura 12.54):

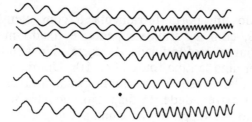

Fig. 12.53 — Sinal do diapasão registrado na lâmina fotográfica do *Pêndulo de Ehrenreich* [41].

v_{t1} = velocidade da ferramenta no início do corte (m/s);
v_{t2} = velocidade da ferramenta no fim do corte (m/s);
v_{s1} = velocidade do centro de gravidade do pêndulo no início do corte (m/s);
v_{s2} = velocidade do centro de gravidade do pêndulo no fim do corte (m/s)
G_s = pêso do pêndulo reduzido ao centro de gravidade (20,65kg*);
h_1 = altura do centro de gravidade no início de operação (m);
h_2 = altura do centro de gravidade no fim da operação (m);
b = largura de corte (mm);
p = profundidade de corte (mm);
l = percurso de corte (mm);
P_c = fôrça de corte (kg*);
k_s = pressão específica de corte (kg*/mm²);
E = trabalho de corte na retirada do cavaco de volume $b.p.l$ (kg.m).

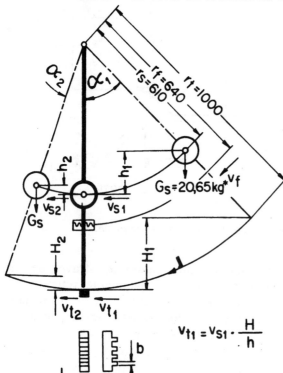

Fig. 12.54 — Esquema para o cálculo da fôrça de corte do *Pêndulo de Ehrenreich* [41].

De acôrdo com as leis do movimento pendular, tem-se na posição mais baixa do pêndulo (o ponto G_s oscila pràticamente com movimento horizontal):

$$E = G_s . h_1 - G_s . h_2$$
$$E = \frac{G_s . v_{s1}^2}{2g} - \frac{G_s . v_{s2}^2}{2g}$$

Estas velocidades podem também ser determinadas através da impressão do diapasão sôbre o filme fotográfico; os ângulos α_1 e α_2 servem para controlar os seus valôres.

Considerando-se P_c constante, independente da velocidade de corte, tem-se

$$E = P_c . l = k_s . b . p . l$$
$$k_s = \frac{E}{b . p . l}$$

Desta forma, pode-se determinar a pressão específica de corte de diferentes materiais e verificar a sua dependência com a geometria da ferramenta, profundidade de corte e velocidade de corte. Nos ensaios de EHRENREICH, l variou de 30 a 40mm, e a velocidade v_{t1} chegou até 500m/min. A figura 12.55 apresenta a variação da pressão específica de corte em função da profundidade de corte para aço SM.

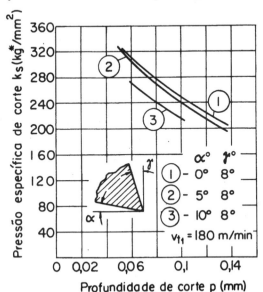

FIG. 12.55 — Variação da pressão específica de corte k_s em função da profundidade de corte p, obtida no pêndulo de EHRENREICH [41].

O método de EHRENREICH apresenta os mesmos inconvenientes do método citado no parágrafo 12.3.1. Outra desvantagem consiste no fato que as condições do ensaio pendular não são as mesmas do ensaio de torneamento, não se podendo utilizar os valores da pressão específica de corte nos casos normais da prática.

644   FUNDAMENTOS DA USINAGEM DOS METAIS

12.9 — BIBLIOGRAFIA

[1] BICKEL, E. "Die Problematik der Definition und Messung der Zerspanbarkeit metallischer Werkstoffe". *Werkstatttechnik*, Berlin, 53 (9): 429-434, Setembro, 1963.

[2] DWYER, J. J. "Cutting Fluids". *American Machnist*, New York, 16: 105-120, Março, 1964.

[3] ASME. *Manual on Cutting of Metals*. U. S. A., ASME, 1952.

[4] ASME. *Tool Engineers Handbook*. New York, McGraw-Hill Book Co. In., 1959.

[5] ERNST, H. et alli. *Machining Theory and Practice*. Cleveland, ASM, 1950.

[6] ASM. "The Selection of Steel for Economy in Machining", *in Metals Handbook*, Ohio, ASM, 1964.

[7] SIEBEL, H. "Fragen der Standzeitbestimmung". *Industrie-Anzeiger*, Essen, 36: 549-554, Maio, 1959.

[8] FLECK, R. "Untersuchung spanender Formgebungsverfahren — Bericht über das 10. Aachner Werkzeugmaschinen — Kolloquium". *Industrie-Anzeiger*, Essen, 80: 1337-1341, Outubro, 1960.

[9] MURPHY, D. W. & AYLWARD, P. T. *Machinability of Steel*. Bethlehem Steel Corp., publicação n.º 2026 — 653.

[10] SCHALBROCH, H. & BETHMANN, H. *Kurzprüfverfahren der Zerspanbarkeit*. Leipzig, B. G. Teubner Verlagsgesellschaft, 1950.

[11] KREKELER, K. *Zerspanbarkeit der metallischen und nichtmetallischen Werkstoffe*. Berlin, Springer Verlag, 1951.

[12] HAKE, O. "Zerspanungsuntersuchugen mit verschiedenen Prüfverfahren". *Industrie-Anzeiger*, Essen, 63: 950-953, Agôsto 1956.

[13] SIEBEL, H. "Methodik der Zerspanbarkeitprüfung". *Industrie-Anzeiger*, Essen, 36: 554-558, Maio, 1959.

[14] VIEREGGE, G. *Zerspanung der Eisenwerkstoffe*. Verlag Stahleisen **M. B. H.**, Düsseldorf, 1959.

[15] WEBER, G. "Neuere Untersuchungen über den Zusammenhang zwischen der Spanentstehung und dem Standzeitverhalten beim Drehen von Stahl mit Hartmetall". *Stahl und Eisen*, Düsseldorf, 78: 1678-90, 1958.

[16] ESTON, N. E. "Acabamento de superfícies e conversão de escalas de rugosidade". *Metalurgia — ABM*, São Paulo, 116 (23): 479-490, julho, 1967.

[17] OLSEN, K. V. "On the Standardization of Surface Roughness Measurements". *Technical Review — Brüel & Kjaer*, Denmark, 3: 3-34, 1961.

[18] SCHLESINGER, G. *Messung der Oberflächengüte*. Springer Verlag, Berlin, 1951.

[19] KOVAN, K. *Fundamentals of process engineering*. Foreign Languages Publishing House, Moscow.

[20] B. S. — BRITISH STANDARDS ISNT. *Surface Texture*. B. S. 1134. British Standards House, London, 1961.

[21] SCHORCH, H. "Ansprüche und Ervordernisse der Oberflächenprüfung und ihre Entsprechungen in den Nationalen Normen". *Maschinenmarkt*, Würzburg, 72 (17): 350-358, 1966.

ENSAIOS DE USINABILIDADE DOS METAIS 645

[22] WOLF, H. "Der Einfluss der Systematischen Unterschiede zwischen dem E — und dem M — System auf die Ermitlung der Rauheitskenngrössen mittels Tastschnittgeräten". *Maschinenmarkt*, Würzburg, 72 (35): 944-951, 1966.

[23] DIN 4761. *Technische Oberflächen.*

[24] DIN 4762. *Oberflächen.*

[25] ASME. *Metals Engineering Design.* McGraw-Hill Co. Inc., New York, 1953.

[26] BRIERLEY, R. G. & SIEKMANN, H. J. *Machining principles and cost control.* McGraw-Hill Book Co., New York, 1964.

[27] ISSAJEW, A. I. *Mikrogeometrie der Oberfläche beim Drehen*, Verlag Technik Berlin, 1952.

[28] TOURRET, R. *Performance of Metal-cutting Tools.* Butterworths Scientific Publications, London, 1958.

[29] ABENDROTH, A. & MENZEL. *Grundlagen der Zerspannungslehre.* Fachbuchverlag Leipzig, Leipzig, 1960, v. 1.

[30] PETERS, J. & VANHERCK, P. "Ein Kriterium für die dynamische Stabilität von Werkzeugmaschinen". *Industrie Anzeiger*, Essen, 11, 1963.

[31] GIORGETTI, M. F. "Elementos de Análise Dimensional — Seminário apresentado no *Curso de Pós-Graduação Métodos de Pesquisas no Campo da Usinagem dos Metais*" — Prof. Dino Ferraresi, Escola de Engenharia de São Carlos, U. S. P., 1964.

[32] FLECK, R. *Prüfung der Zerspanbarkeit.* Dissertação de Tese de Doutoramento, realizada na T. H. Aachen, 1961.

[33] KRONENBERG, M. *Machining Science and Application.* Pergamon Press, Oxford, 1966.

[34] OPITZ, H. et alli. "Vergleich der Ergebnisse von Zerspanbarkeitsuntersuchungen sowie von Gefüge — und Festigkeitsuntersuchungen und Einsatz — und Vergütungsstählen". Teil I. *Stahl und Eisen.* Düsseldorf, 20 (83): 1209-1226, setembro 1963.

[35] OPITZ, H. et alli. "Vergleich der Ergebnisse von Zerspanbarkeitsuntersuchungen sowie von Gefüge — und Festigkeitsuntersuchungen und Einsatz — und Vergütungsstählen". Teil II. *Stahl und Eisen.* Düsseldorf, 21 (83): 1302-1315, outubro 1963.

[36] LEHWALD, W. "Fragen der Schnittemperatur bei Zerspanung". *Industrie-Anzeiger*, Essen, 62: 997-1000, agôsto 1959.

[37] KÜSTERS, K. J. "Temperaturen im Schneidkeil spanender Werkzeuge". *Industrie-Anzeiger*, Essen, 89: 1337-1340, novembro 1956.

[38] FLECK, R. "Zusammenhang zwischen Schnitkraft, Spanbildung und Verschleiss". *Industrie-Anzeiger*, Essen, 20 — 291-294, março de 1959.

[39] FERRARESI, D. "Medidas dinâmicas da fôrça de corte durante o torneamento". *CAASO — Centro Acadêmico Armando de Salles Oliveira*, São Carlos, 1: 41-66, julho 1965.

[40] FERRARESI, D. *Dynamische Schnittkraftmessungen beim Drehen.* Tese de doutoramento apresentada na T. H. München, Alemanha, 1960.

[41] EHRENREICH, M. "Ein Pendelschlagwerk für Zerspanbarkeitprüfung". *Der Maschinenmarkt*, Würzburg, 19: 65-67, março 1958.

XIII

DETERMINAÇÃO DAS CONDIÇÕES ECONÔMICAS DE USINAGEM

13.1 — GENERALIDADES

Nos últimos 30 anos tem sido muito investigada a pergunta: Quais as condições de usinagem que acarretam o mínimo custo de fabricação? Tal pergunta se baseia essencialmente no fato que, com o aumento da velocidade de corte ou do avanço, o tempo máquina diminui, abaixando conseqüentemente a parte do custo de fabricação devido à máquina. Porém, diminui simultâneamnete a vida da ferramenta, ocasionando um aumento da parte do custo devido à ferramenta. Desta forma, devem existir condições de usinagem, nas quais o custo total de fabricação seja mínimo. Quando tal suposição fôr exata, deve-se ainda averiguar se estas condições favoráveis de custo são fàcilmente obtidas nas máquinas operatrizes utilizadas, para as ferramentas e materiais normalmente empregados na fábrica.

No ponto de vista acima, o problema é fácil de se resolver qualitativamente, porém, a solução numérica está ligada a uma série de dados, nem sempre fáceis de se obter na indústria. Quanto maior a diversidade dos produtos fabricados, mais difícil se torna a obtenção dêsses dados, exigindo uma contabilidade bastante minuciosa e subdividida para as várias secções da fábrica.

Os primeiros estudos econômicos sôbre a usinagem dos metais foram realizados por TAYLOR nos E. U. A. e SCHLESINGER na Alemanha. Seguem-se os trabalhos de LEYENSETTER, o qual publicou no ano de 1933 na Alemanha um artigo intitulado *A velocidade econômica de corte*. Nessa publicação o autor afirma que "a velocidade econômica de corte é aquela na qual é usinado o máximo volume de cavaco, num determinado tempo total de usinagem". Tal definição foi posteriormente abandonada, pois se refere à velocidade de corte para a produção máxima e não para um custo mínimo, como será visto no presente capítulo. Em seguida, foram realizados vários trabalhos por diferentes pesquisadores e atualmente *define-se a velocidade econômica de corte como aquela, na qual o custo de fabricação numa indústria é mínimo*. Nesta definição deve ser computado o custo direto e indireto da matéria prima, despesas diretas e indiretas de usinagem ou transformação [1].

DETERMINAÇÃO DAS CONDIÇÕES ECONÔMICAS DE USINAGEM

O presente capítulo tratará principalmente da determinação das condições de corte — velocidade e avanço — para o *mínimo custo* e para a *máxima produção*. Por razões didáticas, apresentaremos primeiramente o estudo para uma única ferramenta de corte, baseado nas soluções clássicas de EISELE, WITTHOFF e GILBERT [1 a 5], em que o avanço e a profundidade de corte sejam constantes (prèviamente determinados) e que seja estabelecido um único critério de desgaste da ferramenta. Em seguida, introduziremos êstes parâmetros como variáveis e trataremos também do caso de várias ferramentas de corte. Serão apresentados o estudo das condições ótimas de desgaste da ferramenta e alguns exemplos numéricos.

Para o presente estudo, admitiremos que já tenha sido escolhido a seqüência de operação e o ferramental adequado. As possibilidades de redução do custo por meio de decisões administrativas e financeiras não são os objetivos dêste trabalho.

13.2 — CICLO E TEMPOS DE USINAGEM

O ciclo de usinagem de uma peça, pertencente a um lote de Z peças, é constituído diretamente pelas seguintes fases:

a) Colocação e fixação da peça em bruto ou semi-acabada na máquina-ferramenta.

b) Aproximação ou posicionamento da ferramenta para o início do corte.

c) Corte pròpriamente dito.

d) Afastamento da ferramenta.

e) Inspeção (se necessária) e retirada da peça usinada.

Além destas fases, tomam parte indireta no ciclo de usinagem as seguintes:

f) Preparo da máquina-ferramenta para a execução de Z peças, que só ocorre no início da mesma.

g) Remoção da ferramenta do seu suporte, para afiação ou substituição.

h) Afiação da ferramenta.

i) Recolocação e ajustagem da ferramenta no seu suporte.

As fases *b*, *c*, *d*, *g*, *h* e *i* podem ser subdivididas em fases parciais, quando se tratar de máquina operatriz com várias ferramentas (por exemplo tôrno revólver). Geralmente é preferível que a substituição das ferramentas seja em grupo (ver § 13.8).

A redução do tempo correspondente à fase *f* (preparo máquina) pode ser conseguida por meio de *fôlhas de métodos* (onde é fornecido ao encarregado da preparação o melhor método), ou pelo emprêgo de dispositivos ou máquina com contrôle de programação por meio de cartão perfurado, fita perfurada ou fita magnética. A redução do custo correspondente às fases *b*, *d* e *e* pode ser obtida por meio de dispositivos especiais, contrôles de

648 FUNDAMENTOS DA USINAGEM DOS METAIS

fácil acesso e manejo, aproximação rápida da ferramenta, mudança rápida de rotações e avanços (caso de máquina multi-ferramentas ou multi-árvores). A redução dos custos correspondentes às fases a e e pode ser conseguida através de dispositivos de colocação, fixação e retirada da peça.

Para facilitar o estudo analítico, admitiremos inicialmente o caso de máquina operatriz com uma única ferramenta de corte.

Os tempos gastos nas fases de operação a a i podem ser convencionados da seguinte forma:

t_t = tempo total de confecção por peça;
t_c = tempo de corte pròpriamente dito; correspondente à fase c;
t_s = tempo secundário de usinagem, correspondente às fases a e e;
t_a = tempo de aproximação e afastamento da ferramenta, correspondente às fases b e d^*;
t_p = tempo de preparo da máquina, fase f;
t_{ft} = tempo de troca da ferramenta, correspondente às fases g e i;
t_{fa} = tempo de afiação da ferramenta, fase h.

O tempo total de confecção por peça (tempo do ciclo de usinagem de uma peça), para um lote de Z peças, será:

$$t_t = t_c + t_s + t_a + \frac{t_p}{Z} + \frac{n_t}{Z} \cdot \left[t_{ft} + (t_{fa}) \right] \qquad (13.1)$$

onde n_t é o número de trocas ou afiações da ferramenta, para a usinagem do lote Z.

A afiação da ferramenta pode ser executada pelo próprio operador da máquina operatriz ou por uma seção da fábrica especializada para êsse fim (seção de afiação das ferramentas), o que é preferível. Neste segundo caso, o tempo de afiação t_{fa} não deve ser computado no tempo total de confecção por peça t_t.

Seja Z_T o número de peças usinadas durante a vida T de uma ferramenta (ver capítulo IX e X). Admitindo-se que o preparo da máquina operatriz seja feito com ferramentas afiadas, tem-se:

$$Z = (n_t + 1) \cdot Z_T = (n_t + 1) \cdot \frac{T}{t_c} \qquad (13.2)$$

ou

$$n_t = Z \cdot \frac{t_c}{T} - 1. \qquad (13.3)$$

---

* Êste tempo pode ser incluído no tempo secundário t_s ou no tempo de corte t_c. Alguns autores definem *tempo de usinagem* à soma $t = t_c + t_a$.

DETERMINAÇÃO DAS CONDIÇÕES ECONÔMICAS DE USINAGEM 649

Substituindo-se n_t na equação (13.1), resulta:

$$t_t = t_c + \left[t_s + t_a + \frac{t_p}{Z} \right] + \left(\frac{t_c}{T} - \frac{1}{Z} \right) \cdot \left[t_{ft} + (t_{fa}) \right]. \quad (13.4)$$

Conforme mostra esta equação, o tempo de confecção por peça pode ser constituído de três parcelas:

$$t_t = t_c + t_1 + t_2, \quad (13.5)$$

onde

$t_c =$ tempo de corte pròpriamente dito.
$t_1 =$ tempo improdutivo, correspondente à colocação, fixação, inspeção e retirada da peça, aproximação e afastamento da ferramenta, preparo da máquina para usinagem do lote.
$t_2 =$ tempo de troca (e afiação) da ferramenta.

13.3 — VELOCIDADE DE CORTE PARA MÁXIMA PRODUÇÃO

Para se calcular a velocidade de corte de máxima produção, isto é, o tempo mínimo de confecção por peça, apliquemos a equação (13.4) ao caso de torneamento cilíndrico de uma peça. De acôrdo com a figura 13.1, o percurso de avanço l_a, correspondente ao tempo t_c é:

$$l_a = v_a \cdot t_c = a \cdot n \cdot t_c.$$

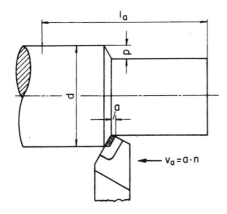

Fig. 13.1 — Torneamento cilíndrico de uma peça.

Sendo

$$n = \frac{1000 \cdot v}{\pi \cdot d},$$

tem-se

$$t_c = \frac{l_a \cdot \pi \cdot d}{1000 \cdot a \cdot v}, \quad (13.6)$$

onde

$t_c =$ tempo de corte, em min;
$l_a =$ percurso de avanço, em mm;

FUNDAMENTOS DA USINAGEM DOS METAIS

d = diâmetro da peça, em mm;

a = avanço, em mm/volta;

v = velocidade de corte, em m/min.

Substituindo-se t_c na equação (13.5), resulta:

$$t_t = \frac{l_a.\pi.d}{1000.a.v} + \left[t_s + t_a + \frac{t_p}{Z} \right] +$$

$$+ \left[\frac{l_a.\pi.d}{1000.a.v.T} - \frac{1}{Z} \right] . (t_{ft} - t_{fa}) \qquad (13.7)$$

Pela fórmula de TAYLOR (10.2), tem-se para um determinado avanço e profundidade de corte do par ferramenta-peça:

$$T.v^x = K \quad \text{ou} \quad T = \frac{K}{v^x}. \qquad (13.8)$$

Inicialmente admitiremos que no campo de variação da velocidade de corte, para a operação indicada, os têrmos x e K sejam constantes*. Isto significa admitir na determinação da vida da ferramenta um único critério de desgaste — ou o desgaste l_1 da superfície de incidência, ou o desgaste C_p da profundidade da cratera (ver § 10.1). Substituindo-se o valor de T na equação (13.7), tem-se:

$$t_t = \frac{l_a.\pi.d}{1000.a.v} + \left[t_s + t_a + \frac{t_p}{Z} \right] +$$

$$+ \left[\frac{l_a.\pi.d.v^{x-1}}{1000.a.K} - \frac{1}{Z} \right] . (t_{ft} + t_{fa}) \qquad (13.9)$$

Comparando-se esta equação com a (13.5), as três parcelas do tempo total de confecção por peça têm os seguintes valôres:

$$\left. \begin{array}{l} t_c = \dfrac{l_a.\pi.d}{1000.a.v} \\[3mm] t_1 = t_s + t_a + \dfrac{t_p}{Z} \\[3mm] t_2 = \left[\dfrac{l_a.\pi.d.v^{x-1}}{1000.a.K} - \dfrac{1}{Z} \right] . (t_{ft} + t_{fa}). \end{array} \right\} \qquad (13.10)$$

---

* Para o caso de x e $\check{K}$ variáveis, a determinação da velocidade de máxima produção e de mínimo custo deve ser feita gràficamente, utilizando-se o processo de aproximação sucessiva. **Vide** exemplo numérico n.º 2 no fim dêste capítulo.

A figura 13.2 apresenta a variação destas grandezas em função da velocidade de corte. Nota-se que o tempo de corte t_c diminui com o aumento da velocidade, o tempo t_1 permanece invariável e o tempo t_2, devido a troca e afiação da ferramenta, aumenta com a velocidade.

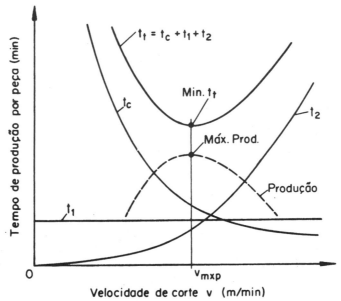

FIG. 13.2 — Representação das diferentes parcelas do tempo total de fabricação por peça, em função da velocidade de corte.

Sendo os têrmos x e K variáveis com o avanço e a profundidade de corte, para um determinado par ferramenta-peça, conclui-se que o tempo total de confecção por peça (para um desgaste da ferramenta pré-determinado) é uma função da velocidade de corte, do avanço e da profundidade.

$$t_t = f(v, a, p). \qquad (13.11)$$

Para se obter o valor mínimo desta função, deve-se igualar a zero a sua diferencial total

$$dt_t = \frac{\partial t_t}{\partial v} dv + \frac{\partial t_t}{\partial a} da + \frac{\partial t_t}{\partial p} dp.$$

Admitindo-se a e p constantes, prèviamente fixados*, a velocidade de corte para a produção máxima, isto é t_t mínimo, se dará quando a derivada de t_t em relação a v fôr nula**.

$$\frac{dt_t}{dv} = -\frac{l_a . \pi . d}{1000 . a . v^2} + (x - 1) . \frac{l_a . \pi . d . v^{x-2}}{1000 . a . K} . (t_{ft} + t_{fa}) = 0$$

---

* Para o estudo da influência do avanço e da profundidade de corte, ver §§ 13.5.2 e 13.5.3.
** Esta é uma condição de mínimo, uma vez que a segunda derivada de t_t em relação a v, no ponto v_{mx} é positiva.

652 FUNDAMENTOS DA USINAGEM DOS METAIS

ou ainda

$$-\frac{1}{v^2} + \frac{(x-1) \cdot v^{x-2}}{K} \cdot (t_{ft} + t_{fa}) = 0$$

Logo, a *velocidade para máxima produção é:*

$$v_{mxp} = \sqrt[x]{\frac{K}{(x-1) \cdot (t_{ft} + t_{fa})}}. \tag{13.12}$$

A tabela X.15 do Capítulo X fornece os valôres aproximados de x e K, calculados a partir das velocidades v_{60}, v_{240} e v_{480}, isto é, velocidades de corte admitidas para as vidas das ferramentas 60, 240 e 480 minutos. Quando para um determinado avanço houverem valôres de x_1, x_2, K_1 e K_2, utilizaremos x_1 e K_1 para uma vida $T \leqslant 240$min e x_2 e K_2 para uma vida $T \geqslant 240$min.

O ábaco da figura 13.3 e a régua de cálculo elaborada por PALLEROSI (vide o apêndice) permitem uma solução muito cômoda da equação acima. Deve-se verificar contudo se a velocidade v_{mxp} achada encontra-se no campo de validade da fórmula de TAYLOR, para o qual foram fixados os valôres de x e K. Assim, para usinagem do aço ABNT 1035 com metal duro classe P 10 e avanço $a = 0,3$mm/volta, tem-se, através da tabela X.15, (admitindo-se inicialmente $T \leqslant 240$min) os valôres $x_1 = 3,70$ e $K_1 = 8,57.10^9$ para as velocidades de corte menores e $x_1 = 3,72$ e $K_1 = 1,47.10^{10}$ para velocidades maiores. Admitindo-se que as condições de trabalho da máquina, da ferramenta e da peça permitem os valôres maiores das velocidades de corte, isto é, $x_1 = 3,72$ e $K_1 = 1,47.10^{10}$, e admitindo-se $(t_{ft} + t_{fa}) = 2$min, tem-se, através do ábaco 13.3, seguindo as setas, o valor $v_{mxp} \cong 340$ m/min. Êste valor é superior à velocidade v_{240} da tabela, logo, estamos no campo de trabalho para uma vida $T < 240$min, no qual os parâmetros admitidos são válidos.

Substituindo-se o valor v_{mxp}, obtido pela equação (13.12), na fórmula de TAYLOR (13.8), obtém-se a vida da ferramenta para a *produção máxima*.

$$T_{mxp} = (x-1) \cdot (t_{ft} + t_{fa}). \tag{13.13}$$

Logo, conhecendo-se o tempo de troca t_{ft} e o tempo de afiação t_{fa} da ferramenta, obtém-se fàcilmente a vida da ferramenta para a máxima produção. No caso da afiação da ferramenta ser executada pela seção de afiação da fábrica, ou no caso de se utilizar ferramentas com insertos reversíveis de fixação mecânica, tem-se $t_{fa} = 0$.

De acôrdo com a equação (13.13) conclui-se que a vida T_{mxp} é relativamente pequena, o que corresponde a uma velocidade de corte v_{mxp} alta.

Na figura 13.2 encontra-se representada também a *curva de produção* (número de peças produzidas por hora) em função da velocidade de corte. O seu valor será máximo, naturalmente quando o tempo total de fabricação por peça fôr mínimo.

DETERMINAÇÃO DAS CONDIÇÕES ECONÔMICAS DE USINAGEM

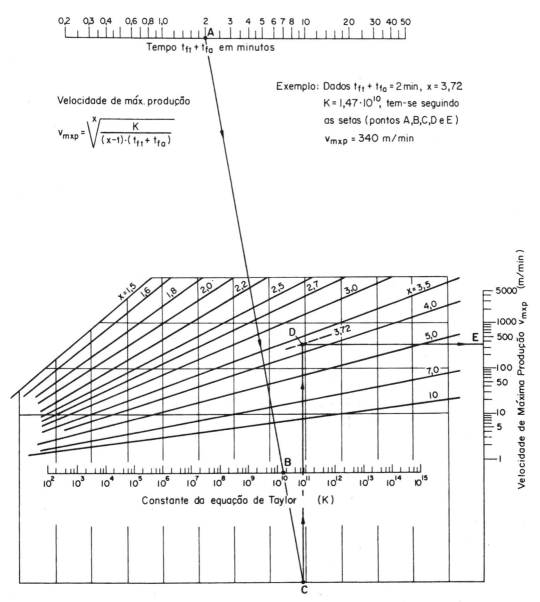

FIG. 13.3 — Ábaco para a determinação da velocidade de máxima produção. Os valôres de x e K podem ser obtidos na tabela X.15.

13.4 — CUSTOS DE PRODUÇÃO

Para o cálculo da velocidade econômica de corte, necessita-se determinar primeiramente o custo de produção. Com êsse intuito definem-se os seguintes *custos por peça:*

K_p = custo de produção = custo total de fabricação;
K_m = custo da matéria prima;

654 FUNDAMENTOS DA USINAGEM DOS METAIS

K_{mi} = custo indireto da matéria prima;
K_u = custo de usinagem ou confecção;
K_{us} = custo de mão-de-obra (ou salário) de usinagem;
K_{ui} = custo indireto de usinagem;
K_{uf} = custos das ferramentas (depreciação, troca, afiação);
K_{um} = custo da máquina (juros, depreciação, manutenção, espaço ocupado, energia consumida);
K_{cq} = custo de contrôle de qualidade;
K_{if} = custo indireto de fabricação, independente das condições de usinagem;
K_v = custo proporcional às variações de custo de operações anteriores ou posteriores, podendo ser positivo ou negativo.

Destas definições decorre:

$$K_p = \underbrace{K_m + K_{mi}}_{\substack{\text{custo total} \\ \text{da matéria} \\ \text{prima}}} + \underbrace{K_{us} + K_{ui}}_{\substack{\text{custo total} \\ \text{de usinagem}}} \qquad (13.14)$$

$$K_p = (K_m + K_{mi}) + K_{us} + K_{um} + K_{uf} + (K_{cq} + K_{if} + K_v). \qquad (13.15)$$

Nesta equação de custo, há uma parte considerável do custo indireto de usinagem que depende das condições de trabalho, em especial da velocidade de corte ou avanço, ou seja, do *tempo de usinagem*. Os demais custos podem ser admitidos constantes em primeira aproximação. No presente estudo interessa-nos particularmente os custos que dependem do tempo de usinagem, ou sejam:

$$K_{us} = \text{custo de mão-de-obra}$$
$$K_{um} = \text{custo da máquina}$$
$$K_{uf} = \text{custo das ferramentas.}$$

A rigor, deveria ser incluído neste grupo o custo K_{cq} como também o custo K_v, aqui desprezados devido à pequena influência que exercem na velocidade econômica de corte.

Para estas três grandezas, variáveis com o tempo, pode-se estabelecer as seguintes equações:

Custo de mão-de-obra, por peça

$$K_{us} = t_t \cdot \frac{S_h}{60} \qquad (Cr\$) \qquad (13.16)$$

onde:

t_t = tempo total de confecção por peça, em min;
S_h = salário mais sôbre-taxas, em Cr\$/hora*).

---

* As sobretaxas incluem os encargos sociais (aproximadamente 85% do salário base), supervisão, serviços gerais administração técnica e geral da fábrica.

DETERMINAÇÃO DAS CONDIÇÕES ECONÔMICAS DE USINAGEM 655

Custo máquina, por peça

No caso de depreciação linear tem-se:

$$K_{um} = \frac{t_t}{H.60} \cdot \left[\left(V_{mi} - V_{mi}\frac{m}{M} \right) \cdot j + \frac{V_{mi}}{M} + K_{mc} + E_m.K_e.j \right] \quad (13.17)$$

ou

$$K_{um} = \frac{t_t}{60} \cdot S_m \quad (13.18)$$

onde:

t_t = tempo total de confecção por peça, em min;
V_{mi} = valor inicial de aquisição da máquina, em Cr\$;
m = idade da máquina, em anos;
M = vida prevista para a máquina, em anos;
j = taxa de juros, por ano;
K_{mc} = custo anual de conservação da máquina, em Cr\$/ano;
E_m = espaço ocupado pela máquina, em m³;
K_e = custo do m³ ocupado pela máquina, em Cr\$/m³.ano;
S_m = custo total da máquina, em Cr\$/hora;
H = número de horas de trabalho por ano, geralmente 2.400*.

Custo ferramenta, por peça

No caso de ferramentas de aço rápido ou ferramentas com pastilhas soldadas tem-se:

$$K_{uf} = \frac{1}{Z_T} \cdot \left[\frac{1}{n_f} \cdot (V_{fi} - V_{ff}) + K_{fa} \cdot \frac{n_a}{n_f} \right] \quad (13.19)$$

ou

$$K_{uf} = \frac{1}{Z_T} \cdot K_{fT} \quad (13.20)$$

onde

$$K_{fT} = \frac{1}{n_f} \cdot (V_{fi} - V_{ff}) + K_{fa} \cdot \frac{n_a}{n_f}. \quad (13.21)$$

K_{fT} = custo da ferramenta por vida T, em Cr\$;
Z_T = número de peças usinadas durante a vida T de uma ferramenta;
n_f = número de vidas da ferramenta (vide § 13.9);
V_{fi} = valor inicial de aquisição da ferramenta, em Cr\$;
V_{ff} = valor final da ferramenta, em Cr\$;
K_{fa} = custo por afiação da ferramenta, em Cr\$;
n_a = número de afiações da ferramenta;

---

* Valor empregado para o caso de 200 horas de trabalho mensal, correspondente a apenas um turno diário.

656   FUNDAMENTOS DA USINAGEM DOS METAIS

Admitindo-se que a máquina operatriz seja montada com ferramentas já afiadas, tem-se $n_a = n_f - 1$. O custo de cada afiação da ferramenta K_{fa} será dado no parágrafo 13.9.3.

No caso de ferramentas de insertos reversíveis, de fixação mecânica, o custo da ferramenta por vida pode ser expresso pela fórmula simplificada

$$K_{fT} = \frac{1}{n_{fp}} \cdot V_{si} + \frac{K_s}{n_s}, \qquad (13.22)$$

onde

n_{fp} = vida média do porta-ferramenta, em quantidade de fios de corte, até sua possível inutilização (por exemplo 500);

V_{si} = custo de aquisição do porta-ferramenta;

K_s = custo de aquisição do inserto reversível.

n_s = número de fios de corte do inserto reversível.

NOTA: Nestas fórmulas (equações 13.21 e 13.22) não está computado o custo relativo à troca da ferramenta e do inserto.

13.5 — VELOCIDADE ECONÔMICA DE CORTE PARA O CASO DE MÁQUINA OPERATRIZ COM UMA ÚNICA FERRAMENTA DE CORTE

13.5.1 — Cálculo para o avanço e a profundidade de corte constantes

No parágrafo anterior calcularam-se os três custos que dependem essencialmente das condições de usinagem, ou seja, do tempo de usinagem. Omitindo-se os outros custos, considerados como constantes, que se anulariam na diferenciação, obtém-se a seguinte equação de custo:

$$K_p = \ldots + K_{us} + K_{um} + K_{uf} + \ldots$$

$$K_p = \ldots + t_t \cdot \frac{S_h}{60} + t_t \cdot \frac{S_m}{60} + \frac{1}{Z_T} \cdot K_{fT} + \ldots$$

$$K_p = \ldots + \frac{t_t}{60} \cdot (S_h + S_m) + \frac{t_c}{T} \cdot K_{fT} + \ldots \qquad (13.23)$$

O tempo total de confecção por peça t_t, de acôrdo com as equações (13.4) e (13.5), pode ser dado pela expressão:

$$t_t = t_c + t_1 + \left(\frac{t_c}{T} - \frac{1}{Z} \right) \cdot \left[\; t_{ft} + (t_{fa}) \; \right] .$$

Substituindo-se na equação (13.23) tem-se:

$$K_p = \ldots + \frac{t_1}{60} \cdot (S_h + S_m) + \frac{t_c}{60} \cdot (S_h + S_m) +$$

$$+ \frac{t_c}{T} \cdot \left[\; K_{ft} + \frac{t_{ft} + (t_{fa})}{60} (S_h + S_m) \right] + \ldots$$

ou ainda

$$K_p = C_1 + \frac{t_c}{60} \cdot C_2 + \frac{t_c}{T} \cdot C_3, \quad (13.24)$$

onde:

$C_1 =$ constante de custo independente da velocidade de corte, expressa em Cr$/peça;

$C_2 =$ soma das despesas totais de mão-de-obra e salário máquina, em Cr$/hora;

$C_3 =$ constante de custo relativo à ferramenta, em Cr$.

Para o caso de torneamento cilíndrico, o tempo de corte t_c é fornecido pela equação (13.6) e substituindo-se na expressão acima tem-se

$$K_p = C_1 + \frac{\pi \cdot d \cdot l_a}{60 \cdot 1000 \cdot a \cdot v} \cdot C_2 + \frac{\pi \cdot d \cdot l_a}{1000 \cdot a \cdot v \cdot T} \cdot C_3. \quad (13.25)$$

Por outro lado, a vida de uma ferramenta, para um determinado par ferramenta-peça com avanço e profundidade de corte constantes, é dada pela fórmula

$$T \cdot v^x = K.$$

Substituindo-se T na equação (13.25) tem-se

$$K_p = C_1 + \frac{\pi \cdot d \cdot l_a}{60 \cdot 1000 \cdot a \cdot v} \cdot C_2 + \frac{\pi \cdot d \cdot l_a \cdot v^{x-1}}{1000 \cdot a \cdot K} \cdot C_3. \quad (13.26)$$

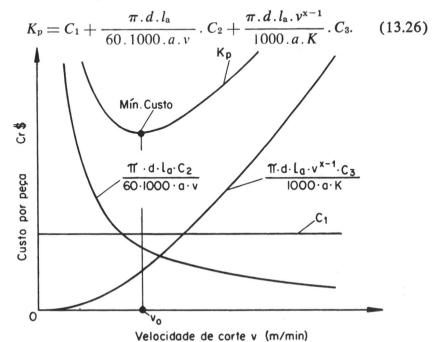

FIG. 13.4 — Representação grafica das três parcelas do custo de produção por peça (equação 13.26).

658   FUNDAMENTOS DA USINAGEM DOS METAIS

Anàlogamente à equação do tempo total de confecção (equação 13.7), o segundo membro da igualdade acima compõe-se de 3 têrmos aditivos, cuja representação gráfica encontra-se na figura 13.4. O primeiro têrmo C_1 independe da velocidade de corte; o segundo têrmo é uma hipérbole, que mostra a influência da velocidade de corte sôbre as despesas salariais da máquina e do operário; o terceiro têrmo é uma curva exponencial que representa o acréscimo das despesas relativas à ferrâmenta com a velocidade.

Admitindo-se o avanço e a profundidade de corte constantes, o custo de usinagem por peça K_p será função ùnicamente da velocidade de corte*. De acôrdo com o que foi visto no § 13.3, o valor mínimo de K_p obtém-se quando a sua derivada em relação a v fôr nula.

$$\frac{dK_p}{dv} = -\frac{\pi . d . l_a}{60 . 1000 . a . v^2} . C_2 + \frac{(x-1) . \pi . d . l_a' . v^{x-2}}{1000 . a . K} . C_3 = 0.$$

Logo, a *velocidade de corte para o mínimo custo* será:

$$v_o = \sqrt[x]{\frac{C_2 . K}{60 . (x-1) . C_3}}. \tag{13.27}$$

onde:

v_o = velocidade de corte para o mínimo custo de produção, em m/min;

$C_2 = S_h + S_m$ = soma das despesas totais de mão-de-obra e salário máquina, em NCr\$/hora;

$$C_3 = K_{fT} + \frac{t_{ft} + t_{fa}}{60} . (S_h + S_m);$$

= custo da ferramenta por vida T (vide equação 13.21), mais custo de troca (e afiação) da ferramenta, em Cr\$**.

Os valôres médios dos parâmetros x e K podem ser obtidos na tabela X.15. Com relação à escolha dêstes valôres, valem aqui as mesmas observações que foram apresentadas para a velocidade de máxima produção (equação 13.12).

Para uma vida da ferramenta $T = 60$min (portanto, menor que 240 minutos), tem-se de acôrdo com a fórmula de TAYLOR,

$$60 . v_{60}{}^{x_1} = K_1.$$

---

* Para um determinado avanço e profundidade de corte, os parâmetros x e K da fórmula de TAYLOR são admitidos constantes. No caso de x e K variáveis, a determinação da velocidade econômica de corte é feita gràficamente; vide exemplos de aplicação no fim do capítulo.

** No caso da afiação da ferramenta ser realizada pela *Secção de Afiação* da Fábrica, o tempo de afiação t_{fa} não deve constar nesta equação, pois o custo de afiação da ferramenta K_{fa} será computado na equação (13.21).

DETERMINAÇÃO DAS CONDIÇÕES ECONÔMICAS DE USINAGEM 659

Substituindo-se K_1 na equação (13.27) resulta

$$v_0 = v_{60} \cdot \sqrt[x_1]{\frac{C_2}{(x_1 - 1) \cdot C_3}}, \qquad (13.28)$$

onde v_{60} é a velocidade de corte para uma vida da ferramenta de 60 minutos; êste valor encontra-se na tabela X.15.

Para uma vida da ferramenta igual ou superior a 240 minutos, tem-se a fórmula

$$v_0 = v_{240} \cdot \sqrt[x_2]{\frac{4 \cdot C_2}{(x_2 - 1) \cdot C_3}}, \qquad (13.28\,a)$$

onde v_{240} encontra-se também na tabela X.15.

O ábaco da figura 13.5 permite resolver facilmente a equação (13.28). Assim para $C_3 = 100$ Cr\$, $C_2 = 250$ Cr\$/hora, x = 2 e $v_{60} = 80$ m/min, tem-se seguindo as setas $v_0 = 130$ m/min; conhecendo-se o diâmetro da peça $d = 50$ mm, este ábaco fornece também a rotação, $n_0 = 830$ r.p.m.

Substituindo-se o valor de v_0 na fórmula de TAYLOR, tem-se:

$$T_0 = \frac{60 \cdot (x-1) \cdot C_3}{C_2} = \frac{60 \cdot (x-1) \cdot K_{fT}}{S_h + S_m} + (x-1) \cdot [t_{ft} + (t_{fa})], \quad (13.29)$$

que nos fornece a *vida econômica* da ferramenta. Comparando-se com a fórmula (13.13), tem-se:

$$T_0 = T_{mxp} + \frac{60 \cdot (x-1) \cdot K_{fT}}{S_h + S_m}. \qquad (13.30)$$

13.5.2 — Cálculo da velocidade econômica de corte para o caso do avanço variável

Para se levar em conta a influência do avanço e da profundidade de corte na vida da ferramenta, pode-se utilizar a fórmula (10.24) do parágrafo 10.2.3.2.

$$v = \frac{C_0 \cdot \left(\dfrac{G}{5}\right)^g}{s^f \cdot \left(\dfrac{T}{60}\right)^y}$$

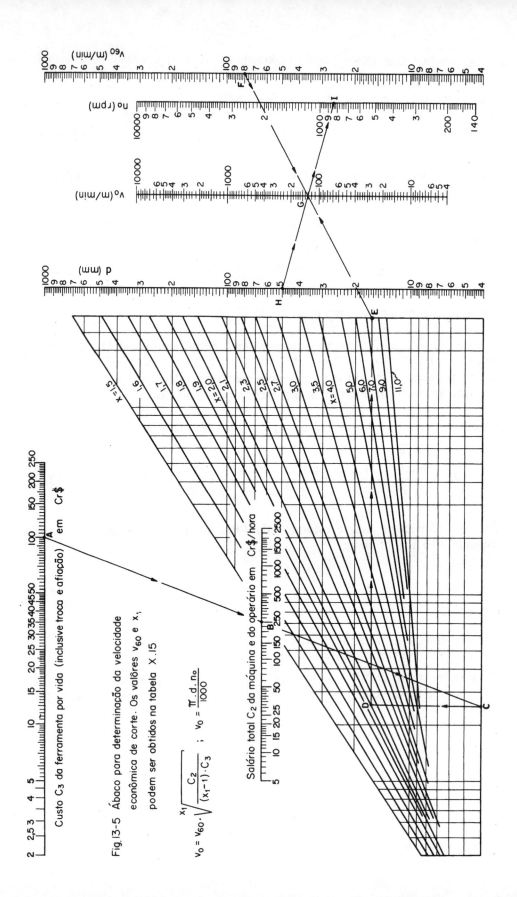

Fig.13-5 Ábaco para determinação da velocidade econômica de corte. Os valôres v_{60} e x_1 podem ser obtidos na tabela X.15

$$v_0 = v_{60} \cdot \sqrt[x_1]{\frac{C_2}{(x_1-1)\cdot C_3}} \quad ; \quad v_0 = \frac{\pi \cdot d \cdot n_0}{1000}$$

DETERMINAÇÃO DAS CONDIÇÕES ECONÔMICAS DE USINAGEM

onde.

$C_0 =$ constante que assume o valor da velocidade de corte para $T = 60\text{min}$, $s = 1\text{mm}^2$ e $G = 5$;

$G = p/a =$ índice de esbeltez da seção de corte;

$s = p.a =$ área da seção de corte, em mm^2;

$a =$ avanço, em mm/volta;

$p =$ profundidade de corte, em mm.

Os valôres de C_0 e dos expoentes f, g e y podem ser dados em primeira aproximação pelas tabelas X.13 e X.14.

Esta equação pode ser escrita sob a forma

$$v^x . T = Q . \frac{1}{a^r . p^q} = K, \qquad (13.31)$$

onde

$$Q = \frac{C_0^{\frac{1}{y}} . 60}{5^{\frac{a}{y}}} \; ; \; r = \frac{f+g}{y} \; ; \; q = \frac{f-g}{y} .$$

Substituindo-se o valor de T da equação (13.31) na equação (13.25), tem-se:

$$K_p = C_1 + \frac{\pi . d . l_a}{60 . 1000 . a . v} . C_2 + \frac{\pi . d . l_a . v^{x-1} . a^{r-1} . p^q}{1000 . Q} . C_3 \qquad (13.32)$$

Admitindo-se a profundidade de corte p constante, a função $K_p = \mathrm{F}(v, a)$ terá um mínimo, quando as suas diferenciais parciais em relação a v e a forem nulas:

$$\frac{\partial K_p}{\partial v} = -\frac{\pi . d . l_a}{60 . 1000 . v^2 . a} . C_2 + \frac{(x-1) . \pi . d . l_a . v^{x-2} . a^{r-1} . p^q}{1000 . Q} . C_3 = 0$$

$$\frac{\partial K_p}{\partial a} = -\frac{\pi . d . l_a}{60 . 1000 . v . a^2} . C_2 + \frac{(r-1) . \pi . d . l_a . v^{x-1} . a^{r-2} . p^q}{1000 . Q} . C_3 = 0$$

ou ainda

$$v^x . a^r = \frac{C_2 . Q}{60 . (x-1) . p^q . C_3} \qquad (13.33)$$

$$v^x . a^r = \frac{C_2 . Q}{60 . (r-1) . p^q . C_3} . \qquad (13.34)$$

Sendo x, r, C_2 e C_3 grandezas independentes, as equações (13.33) e (13.34) não podem ser simultâneamente verdadeiras. Logo não pode haver um valor mínimo de K_p, considerando esta grandeza como função de v e de a. A figura 13.6 mostra a representação gráfica desta função; verifica-se que não há nenhum plano horizontal tangente à superfície dada pela função $K_p = F(v, a)$.

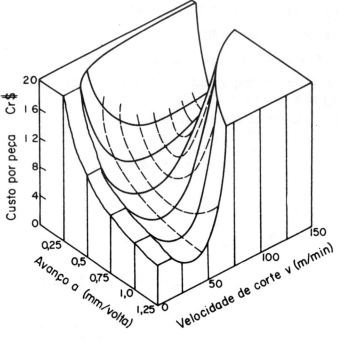

FIG. 13.6 — Representação tridimensional da relação existente entre o custo por peça, avanço e velocidade de corte. As linhas em cheio são para o avanço constante; as linhas tracejadas são para a velocidade constante [6].

Porém, para um dado valor de a, existe um valor de v, no qual a função $K_p = F(v)$ tem um mínimo, como já foi demonstrado no parágrafo anterior (equação 13.27). Além disto, aumentando-se o valor de a, a velocidade de mínimo custo v_o diminui, como pode ser fàcilmente demonstrado*. A figura 13.7 apresenta a variação do custo de fabricação K_p em função da velocidade de corte, para vários avanços a. Nota-se na figura que o valor de v_o não sòmente diminui com o aumento de a, como também o custo K_{po} decresce ligeiramente.

Conclui-se que a fórmula da velocidade de mínimo custo (13.27 ou 13.28) apresentada no parágrafo anterior é válida também para o caso de avanço

---

* Pela equação (13.31) verifica-se que aumentando-se o valor de a, K diminui, pois o expoente r é sempre positivo. Diminuindo K, o valor de v_o diminui, como pode ser observado na equação (13.27).

DETERMINAÇÃO DAS CONDIÇÕES ECONÔMICAS DE USINAGEM

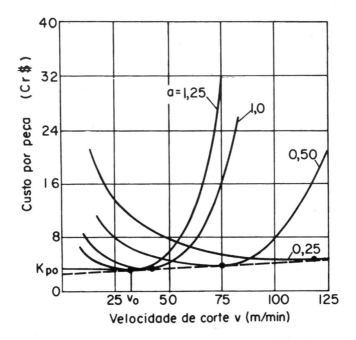

FIG. 13.7 — Variação do custo de produção por peça K_p em função da velocidade de corte para diferentes avanços [6].

variável. A cada valor de a tem-se um valor específico de K ou v_{60} (vide tabela X.15), os quais possibilitam calcular a velocidade de mínimo custo.

13.5.3 — Influência da profundidade de corte sôbre o mínimo custo

Verifica-se que a influência da variação da profundidade de corte sôbre o mínimo custo de produção é relativamente pequena, comparada com a influência de v e a, pois o expoente q da equação (13.32) é bem menor que os expoentes x e r. Além disso a profundidade de corte pode ser pré-fixada pela potência de corte disponível, rigidez da máquina e da peça, excesso de material a retirar, etc. Porém, uma pergunta fundamental que necessita ser esclarecida é a seguinte [6]:

O que é mais vantajoso? Usinar uma peça, com um determinado excesso de material, em uma ou duas passadas da ferramenta de corte?

Para se resolver a questão, pode-se aplicar a equação (13.32) nos dois casos acima, tendo-se respectivamente:

para uma única passada da ferramenta

$$K_p = C_1 + \frac{\pi \cdot d \cdot l_a}{60 \cdot 1000 \cdot a \cdot v} \cdot C_2 + \frac{\pi \cdot d \cdot l_a : v^{x-1} \cdot a^{r-1} \cdot p^q}{1000 \cdot Q} \cdot C_3 \quad (13.35)$$

664 FUNDAMENTOS DA USINAGEM DOS METAIS

para duas passadas da ferramenta

$$K'_p = C_1 + \frac{2\pi . d . l_a}{60 . 1000 . a . v} \cdot C_2 + \frac{2\pi . d . l_a . v^{x-1} . a^{r-1} . \left(\frac{p}{2}\right)^q}{1000 . Q} \cdot C_3 \qquad (13.36)$$

Calculando-se respectivamente as velocidades de mínimo custo v_0 e v_0' das curvas representadas por estas equações, tem-se a relação

$$v'_0 = v_0 . 2^{\frac{q}{x}}$$

Comparando-se agora os mínimos custos K_{po} e K_{po}', obtidos pela substituição de v por v_0 e v por v_0' nas equações (13.35) e (13.36) respectivamente, verifica-se que o valor de K_{po} é superior a K_{po}'*.

Logo, sendo $K_{po} < K_{po}'$, é mais econômica a operação com uma única passada que com duas passadas da ferramenta.

13.5.4 — Influência dos têrmos x e K da fórmula de Taylor sôbre o custo de usinagem

Até o presente admitiu-se que os valôres das velocidades v_0 ou v_{mxp} calculadas encontram-se no campo de aplicação da fórmula de TAYLOR, onde x e K foram prèviamente fixados e tomados como constantes.

De acôrdo com o que foi visto no parágrafo 10.1, conforme o critério de desgaste utilizado na obtenção da curva de vida da ferramenta (desgaste l_1 da superfície de incidência da ferramenta ou desgaste C_p da superfície de saída), teremos dois feixes de retas paralelas, com inclinações diferentes (figura 10.7). A variação de inclinação destas retas, ou seja, a variação dos parâmetros x e K da fórmula de TAYLOR, altera o custo de usinagem relativo à ferramenta, o que pode ser verificado fàcilmente analisando-se a equação (13.26):

$$K_p = C_1 + \underbrace{\frac{\pi . d . l_a}{60 . 1000 . a . v} \cdot C_2}_{\text{custo relativo à máquina}} + \underbrace{\frac{\pi . d . l_a . v^{x-1}}{1000 . a . K} \cdot C_3}_{\text{custo relativo à ferramenta}}$$

A figura 13.8 mostra a influência de x e K sôbre o custo relativo à ferramenta — curvas representadas pelas equações

$$\textit{Curva 1:} \qquad \frac{\pi . d . l_a . v^{x_1-1}}{1000 . a . K_1} \cdot C_3 \qquad (13.37)$$

---

* Para essa comparação, sabe-se que o expoente $q = (f - g)/y$ varia entre os valôres 1,2 a 1,8 e que $x \geqslant 2$.

DETERMINAÇÃO DAS CONDIÇÕES ECONÔMICAS DE USINAGEM

Curva 2: $$\frac{\pi \cdot d \cdot l_a \cdot v^{x_2 - 1}}{1000 \cdot a \cdot K_2} \cdot C_3 \qquad (13.38)$$

Conseqüentemente, para cada valor de x e K tem-se uma curva de custo de fabricação por peça (curvas K_{p1} e K_{p2} da figura), resultando valôres diferentes da velocidade econômica de corte*.

No exemplo da figura 13.8 foi considerado o torneamento cilíndrico de uma peça de aço ABNT 4135, de dimensões $d = 36$mm e $l_a = 102$mm (figura 13.1). A ferramenta empregada foi o metal duro P 20 com avanço $a = 0,3$mm/volta. Considerou-se a soma das despesas de mão-de-obra e salário máquina $C_2 = 272$ Cr\$/h e o custo da ferramenta por vida $C_3 = 92$ Cr\$ Pela tabela X.15 tem-se por exemplo os seguintes valores:

para uma vida da ferramenta $T \leqslant 240$min

$x_1 = 3,77, \; K_1 = 5,59 \cdot 10^9$

$v_{60} = 130$m/min (Curva de vida baseada no desgaste C_p).

para uma vida da ferramenta $T \geqslant 240$min

$x_2 = 2,76, \; K_2 = 5,89 \cdot 10^7$

(Curva de vida baseada no desgaste I_1).

Para simplificar o problema admitiu-se o mesmo custo da ferramenta C_3 em ambos os casos de desgaste**. Substituindo-se êstes valôres nas equações (13.37) e (13.38) obtém-se na figura 13.8 as curvas:

Curva 1: $$\frac{\pi \cdot 36 \cdot 102 \cdot v^{2,77}}{1000 \cdot 0,3 \cdot 5,59 \cdot 10^9} \cdot 92 = 63,2 \cdot 10^{-8} \cdot v^{2,77}$$

Curva 2: $$\frac{\pi \cdot 36 \cdot 102 \cdot v^{1,76}}{1000 \cdot 0,3 \cdot 5,89 \cdot 10^7} \cdot 92 = 50 \cdot 10^{-6} \cdot v^{1,76}$$

Com relação ao custo máquina tem-se a expressão (*Curva 3*)

$$\frac{\pi \cdot d \cdot l_a}{60 \cdot 1000 \cdot a \cdot v} \cdot C_2 = \frac{\pi \cdot 36 \cdot 102}{60 \cdot 1000 \cdot 0,3 \cdot v} \, 272 = 190,8 \cdot v^{-1},$$

representada pela curva 3 da figura 13.8. Nesta figura ainda está representada a curva de custo C_1, independente da velocidade de corte.

---

* A influência da variação x sôbre o custo de usinagem foi revelada primeiramente por WITTHOFF [7] e posteriormente por ERMER & WU [8], os quais apresentam um estudo experimental mostrando a influência dos parâmetros x e K sôbre a velocidade econômica de corte.

** Na realidade C_3 varia com o tipo de desgaste da ferramenta, pois para o desgaste C_p a afiação é mais cara que para o desgaste I_1.

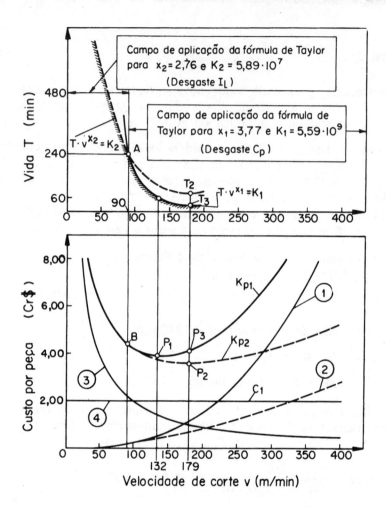

FIG. 13.8 — Influência dos parâmetros x e K da fórmula de TAYLOR sôbre as curvas de custo e de vida da ferramenta.

A soma dos valôres representados pelas curvas 1, 3 e 4 nos fornece o custo total de produção por peça K_{p1}, cujo valor mínimo corresponde à velocidade de corte $v_{o1} = 132$m/min. Êste valor pode ser obtido diretamente com auxílio da equação (13.28) ou com auxílio do ábaco 13.5.

A soma dos valôres representados pelas curvas 2, 3 e 4 nos fornece o custo total de produção por peça K_{p2}, cujo valor mínimo corresponde à velocidade de corte $v_{o2} = 179$m/min. Êste valor cai fora do campo de validade da fórmula de TAYLOR para os valôres x_2 e K_2, não devendo ser utilizado. Todos os pontos da curva K_{p2} à direita da linha AB não tem sentido.

Apesar da velocidade v_{o2} mostrar aparentemente um custo de produção menor (ponto P_2 da curva K_{p2}), a ferramenta trabalhando nestas condições

DETERMINAÇÃO DAS CONDIÇÕES ECONÔMICAS DE USINAGEM

terá uma vida menor que a prevista (ponto T_3 no lugar de T_2), resultando na realidade um custo de produção dado pelo ponto P_3. Além do custo de produção por peça ser maior, o fato da vida da ferramenta ser menor que a prevista, prejudicará completamente o estudo de previsão da troca das ferramentas numa máquina operatriz com várias ferramentas de corte.

Logo, calculada a velocidade de mínimo custo v_0, deve-se em seguida verificar se esta velocidade achada encontra-se no campo de aplicação da fórmula de TAYLOR para os parâmetros x e K admitidos inicialmente. Caso contrário, deve-se calcular novamente v_0 com novos parâmetros.

No caso em que a curva de vida, na sua representação dilogarítmica, não é uma reta, procede-se da seguinte forma: divide-se a curva de vida em segmentos, calculando-se os parâmetros x e K para cada segmento; admitindo-se inicialmente que a velocidade de máxima produção ou mínimo custo esteja contida num determinado segmento, calculam-se os valôres de v_{mxp} ou v_0 para os parâmetros x e K dêsse segmento; caso esta suposição fôr satisfeita, o problema está solucionado; em caso contrário, deve-se escolher nôvo segmento com novos valôres de x e K, até que a hipótese acima seja satisfeita. A escolha inicial do segmento da curva de vida, isto é, a escolha inicial dos valôres de x e K é facilitada com o auxílio da tabela X.15. O exemplo numérico n.º 2, no fim dêste capítulo, esclarece a aplicação do método.

13.5.5 — Influência de fatôres secundários sôbre as curvas de custo

Na determinação da velocidade econômica de corte desprezou-se alguns custos que intervêm no processo de fabricação, em virtude da sua influência (ocasionada pela variação de velocidade de corte) ser relativamente pequena, principalmente em velocidades próximas à velocidade econômica de corte.

Porém, ccm um aumento significativo da velocidade de corte, do avanço e da profundidade de corte, certos custos considerados invariáveis podem influir na curva de custo. Assim, por exemplo, com o aumento da velocidade de corte o custo de energia consumida aumenta, a vida da máquina diminui (aumentando o custo de manutenção, como também a sua depreciação). O aumento dêstes fatôres altera a forma da curva de custos relacionados com a máquina e a forma da curva de custos fixos, considerados independentes de v (trechos achuriados a e b da figura 13.9).

Com o aumento da velocidade de corte, aumenta o número de quebras prematuras da ferramenta. Isto é devido a vários fatôres, tais como: aumento da variação de solicitações térmicas, provocando o aumento da formação de trincas na ferramenta; aumento de trepidações na ferramenta, etc. Êste aumento é notado na curva de desgaste relativa à ferramenta (trecho c da figura 13.9).

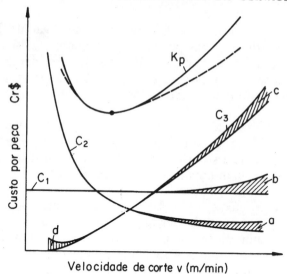

FIG. 13.9 — Influência da variação de fatôres secundários com a velocidade de corte nas curvas de custo por peça [7].

Por outro lado, em velocidades de corte muito baixas, haverá formação da aresta postiça de corte, diminuindo conseqüentemente a vida da ferramenta. Esta diminuição da vida da ferramenta, aumenta o custo relativo da ferramenta (trecho d da figura 13.9).

Conseqüentemente, a curva de custo total K_p será deformada, como mostra a figura 13.9.

13.5.6 — Determinação da rotação da peça na operação de faceamento

Seja uma operação de faceamento, na qual o avanço e a rotação são constantes durante a operação. Sejam v_1 e v_2 as velocidades de corte no início e fim de operação (figura 13.10):

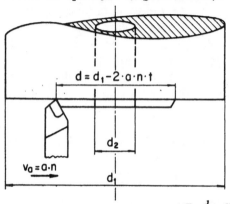

FIG. 13.10 — Faceamento de uma peça (avanço e rotação constantes).

$$v_1 = \frac{\pi \cdot d_1 \cdot n}{1000} \quad \text{e} \quad v_2 = \frac{\pi \cdot d_2 \cdot n}{1000}$$

DETERMINAÇÃO DAS CONDIÇÕES ECONÔMICAS DE USINAGEM 669

Admitindo-se por exemplo o faceamento da periferia para o centro da peça $(v_1 > v_2)$, a velocidade de corte (contida no intervalo entre v_1 e v_2) no instante de tempo t, a partir do início da operação é

$$v = \frac{\pi \cdot n}{1000}(d_1 - 2 \cdot v_a \cdot t) = \frac{\pi \cdot n}{1000}(d_1 - 2 \cdot a \cdot n \cdot t).$$

Anàlogamente ao que foi apresentado no § 12.2.2.2, admitiremos que a fórmula de TAYLOR $T \cdot v^x = K$ seja válida no intervalo compreendido entre o início e fim de operação, havendo uma correspondência biunívoca entre o desgaste (prèviamente fixado) e o valor de K.

Admitindo-se que no intervalo de tempo dt a velocidade seja constante. tem-se:

$$v^x \cdot dt = dK,$$

ou ainda

$$\left[\frac{\pi \cdot n}{1000}(d_1 - 2 \cdot a \cdot n \cdot t)\right]^x \cdot dt = dK$$

Integrando-se no intervalo ΔT compreendido entre o início e fim da operação tem-se:

$$\left(\frac{\pi \cdot n}{1000}\right)^x \cdot \int_0^{\Delta T}(d_1 - 2 \cdot a \cdot n \cdot t)^x \cdot dt = \triangle K$$

$$\left(\frac{\pi \cdot n}{1000}\right)^x \cdot \frac{d_1^{x+1} - (d_1 - 2 \cdot a \cdot n \cdot \Delta T)^{x+1}}{(x+1) \cdot 2 \cdot a \cdot n} = \triangle K$$

Introduzindo-se o conceito de *velocidade equivalente de corte,* isto é, a *velocidade constante* v_r, com a qual trabalhando-se no mesmo intervalo de tempo ΔT, nas mesmas condições de usinagem, obtém-se um desgaste igual ao originado com a velocidade de corte variável, tem-se

$$\left(\frac{\pi \cdot n}{1000}\right)^x \cdot \frac{d_1^{x+1} - (d_1 - 2 \cdot a \cdot n \cdot \Delta T)^{x+1}}{(x+1) \cdot 2 \cdot a \cdot n} = v_r^x \cdot \Delta T.$$

Sendo $d_1 = d_2 + 2 \cdot a \cdot n \cdot \Delta T$ resulta

$$v_r = \frac{\pi \cdot d_1 \, n}{1000} \cdot \left[\frac{1 - \left(\dfrac{d_2}{d_1}\right)^{x+1}}{(x+1)\left(1 - \dfrac{d_2}{d_1}\right)}\right]^{\frac{1}{x}}$$

Chamando-se D a parte entre colchêtes da equação acima, tem-se

$$v_r = \frac{\pi \cdot d_1 \cdot n}{1000} D. \qquad (13.39)$$

A velocidade equivalente v_r é obtida pela condição de mínimo custo (13.28) ou de máxima produção (13.12). Logo, resta sòmente calcular o valor da rotação da peça, dada pela equação

$$n_r = \frac{1000 \cdot v_r}{\pi \cdot d_1 \cdot D} = \frac{1000 \cdot v_r}{\pi \cdot d_r} \qquad (13.40)$$

A tabela XIII.1 apresenta os valôres de D para diferentes relações de diâmetros e diferentes valôres de x. Ao produto $d_1 \cdot D$ denomina-se *diâmetro equivalente* d_r.

13.5.7 — Determinação da rotação da peça, quando a mesma é torneada em diferentes diâmetros com uma única ferramenta

Geralmente, nos tornos copiadores (ou em tornos mecânicos com dispositivo copiador) aparece o problema da usinagem de uma peça com diâmetros diferentes (figura 13.11). Sendo a rotação constante, a velocidade de corte variará de acôrdo com os diâmetros da peça. Neste caso, a velocidade de corte, calculada para o mínimo custo ou a máxima produção, será a velocidade de uma peça com um diâmetro e rotação a serem determinados, que satisfaça a condição da vida da ferramenta ser a mesma. O diâmetro e a rotação calculados nesta condição são denominados *equivalentes*.

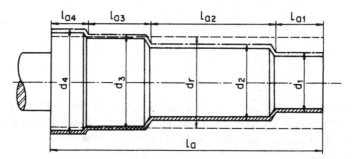

FIG. 13.11 — Torneamento de uma peça onde a mesma ferramenta trabalha com diferentes velocidades de corte (rotação e avanço constantes).

Seja por exemplo a peça da figura 13.11 que deve ser usinada nos diâmetros $d_1, d_2, \ldots, d_m$ com os percursos de avanço $l_{a1}, l_{a2}, \ldots, l_{am}$ respectivamente. Admitindo-se a rotação e o avanço constantes e desprezando-se a influência da profundidade de corte, tem-se as seguintes relações:

trecho 1 $t_{c1} = l_{a1}/a \cdot n$;
trecho 2 $t_{c2} = l_{a2}/a \cdot n$;
....
trecho m $t_{cm} = l_{am}/a \cdot n$.

onde $t_{c1}, t_{c2} \ldots t_{cm}$ são os tempos de corte nos diferentes trechos da peça.

Neste caso, admitindo-se que as velocidades de corte correspondentes a

DETERMINAÇÃO DAS CONDIÇÕES ECONÔMICAS DE USINAGEM

TABELA XIII.1

Correção D do diâmetro para o cálculo da velocidade equivalente na operação de faceamento (equação 13.39)

d_1/d_2	$x=$ 1,78	2,00	2,24	2,51	2,82	3,16	3,55	3,98	4,47	5,01	5,62	6,31	7,08	7,94	8,91	10,00	11,20	12,60
1,12	0,946	0,946	0,947	0,947	0,947	0,947	0,947	0,947	0,948	0,948	0,948	0,949	0,949	0,949	0,950	0,950	0,951	0,952
1,19	0,921	0,921	0,921	0,921	0,922	0,922	0,923	0,923	0,924	0,924	0,925	0,926	0,927	0,928	0,929	0,930	0,931	0,932
1,26	0,898	0,898	0,899	0,899	0,900	0,901	0,901	0,902	0,903	0,904	0,905	0,907	0,908	0,910	0,911	0,913	0,915	0,918
1,33	0,878	0,878	0,879	0,880	0,881	0,882	0,883	0,884	0,885	0,887	0,889	0,891	0,893	0,895	0,897	0,900	0,903	0,906
1,41	0,857	0,858	0,859	0,860	0,862	0,863	0,864	0,866	0,868	0,870	0,872	0,875	0,878	0,881	0,884	0,888	0,891	0,895
1,50	0,837	0,838	0,840	0,841	0,843	0,845	0,847	0,849	0,852	0,854	0,857	0,861	0,864	0,868	0,872	0,877	0,881	0,886
1,58	0,821	0,823	0,824	0,826	0,828	0,831	0,833	0,836	0,839	0,842	0,846	0,850	0,854	0,859	0,864	0,869	0,874	0,880
1,68	0,804	0,806	0,808	0,810	0,812	0,815	0,818	0,822	0,825	0,829	0,834	0,839	0,844	0,849	0,855	0,860	0,866	0,873
1,78	0,788	0,791	0,793	0,796	0,799	0,802	0,806	0,810	0,814	0,819	0,824	0,829	0,835	0,841	0,847	0,854	0,860	0,867
1,88	0,775	0,777	0,780	0,783	0,787	0,790	0,795	0,799	0,804	0,809	0,815	0,821	0,827	0,834	0,841	0,848	0,855	0,863
2,00	0,760	0,763	0,766	0,770	0,774	0,778	0,783	0,788	0,794	0,800	0,806	0,813	0,820	0,827	0,835	0,843	0,850	0,858
2,11	0,749	0,752	0,756	0,760	0,764	0,769	0,774	0,780	0,786	0,792	0,799	0,807	0,814	0,822	0,830	0,838	0,847	0,855
2,24	0,736	0,740	0,744	0,749	0,754	0,759	0,765	0,771	0,778	0,785	0,792	0,800	0,809	0,817	0,826	0,834	0,843	0,851
2,37	0,726	0,730	0,734	0,739	0,745	0,750	0,757	0,764	0,771	0,779	0,787	0,795	0,804	0,813	0,822	0,831	0,839	0,849
2,51	0,715	0,720	0,725	0,730	0,736	0,742	0,749	0,757	0,764	0,773	0,781	0,790	0,799	0,809	0,818	0,827	0,836	0,846
2,66	0,706	0,711	0,716	0,722	0,728	0,735	0,742	0,750	0,759	0,767	0,776	0,786	0,795	0,805	0,815	0,824	0,834	0,843
2,82	0,697	0,702	0,708	0,714	0,721	0,728	0,736	0,744	0,753	0,762	0,772	0,781	0,791	0,801	0,811	0,822	0,831	0,841
2,99	0,688	0,694	0,700	0,707	0,714	0,722	0,730	0,739	0,748	0,758	0,767	0,778	0,788	0,798	0,809	0,819	0,829	0,839
3,16	0,681	0,687	0,693	0,700	0,708	0,716	0,725	0,734	0,744	0,754	0,764	0,774	0,785	0,796	0,806	0,817	0,827	0,837
3,35	0,673	0,680	0,686	0,694	0,702	0,711	0,720	0,729	0,739	0,750	0,760	0,771	0,782	0,793	0,804	0,815	0,825	0,836
3,55	0,666	0,673	0,680	0,688	0,697	0,706	0,715	0,725	0,736	0,746	0,757	0,768	0,780	0,791	0,802	0,813	0,823	0,834
3,76	0,660	0,667	0,675	0,683	0,692	0,701	0,711	0,721	0,732	0,743	0,754	0,766	0,777	0,789	0,800	0,811	0,822	0,833
3,98	0,654	0,661	0,669	0,678	0,687	0,697	0,707	0,718	0,729	0,740	0,752	0,763	0,775	0,787	0,798	0,809	0,820	0,831
4,47	0,643	0,651	0,660	0,669	0,679	0,689	0,700	0,711	0,723	0,735	0,747	0,759	0,771	0,783	0,795	0,806	0,818	0,829
5,01	0,633	0,642	0,651	0,661	0,672	0,683	0,694	0,706	0,718	0,730	0,743	0,755	0,768	0,780	0,792	0,804	0,815	0,827
5,62	0,625	0,634	0,644	0,655	0,666	0,677	0,689	0,701	0,714	0,726	0,739	0,752	0,765	0,777	0,790	0,802	0,813	0,825
6,31	0,618	0,628	0,638	0,649	0,660	0,672	0,685	0,697	0,710	0,723	0,736	0,749	0,762	0,775	0,788	0,800	0,812	0,824
7,08	0,611	0,622	0,632	0,644	0,656	0,668	0,681	0,694	0,707	0,720	0,734	0,747	0,760	0,773	0,786	0,798	0,810	0,822
7,94	0,606	0,616	0,627	0,639	0,652	0,664	0,677	0,691	0,704	0,718	0,731	0,745	0,758	0,771	0,784	0,797	0,809	0,821
8,91	0,601	0,612	0,623	0,635	0,648	0,661	0,674	0,688	0,702	0,715	0,729	0,743	0,757	0,770	0,783	0,796	0,808	0,820
10,00	0,596	0,608	0,620	0,632	0,645	0,658	0,672	0,685	0,700	0,713	0,727	0,741	0,755	0,769	0,782	0,795	0,807	0,819
11,20	0,593	0,604	0,616	0,629	0,642	0,656	0,670	0,683	0,698	0,712	0,726	0,740	0,754	0,767	0,781	0,794	0,806	0,818
12,60	0,589	0,601	0,613	0,626	0,640	0,653	0,667	0,682	0,696	0,710	0,724	0,739	0,753	0,766	0,780	0,793	0,805	0,818
14,10	0,586	0,598	0,611	0,624	0,638	0,651	0,666	0,680	0,695	0,709	0,723	0,738	0,752	0,765	0,779	0,792	0,805	0,817
15,80	0,583	0,596	0,609	0,622	0,636	0,650	0,664	0,679	0,693	0,708	0,722	0,737	0,751	0,765	0,778	0,791	0,804	0,817
17,80	0,581	0,594	0,607	0,620	0,634	0,648	0,663	0,677	0,692	0,707	0,721	0,736	0,750	0,764	0,778	0,791	0,803	0,816
20,00	0,579	0,592	0,605	0,618	0,633	0,647	0,662	0,676	0,691	0,706	0,720	0,735	0,749	0,763	0,777	0,790	0,803	0,816

672 FUNDAMENTOS DA USINAGEM DOS METAIS

êstes diâmetros estejam no intervalo de aplicação da fórmula de TAYLOR, para o qual foram admitidos constantes os parâmetros x e K, teremos

$$K = v_r{}^x . T = v_r{}^x . t_c . Z_T = [v_1{}^x . t_{c1} + v_2{}^x . t_{c2} + \ldots + v_m{}^x . t_{cm}] . Z_T$$

onde

Z_T = número de peças usinadas na vida T da ferramenta;
t_c = tempo total de corte
$\quad = t_{c1} + t_{c2} + \ldots + t_{cm}$
v_r = velocidade equivalente de corte = velocidade correspondente ao diâmetro equivalente d_r da peça, usinada com rotação constante n_r.

A igualdade acima admite que haja uma correspondência biunívoca entre o desgaste convencionado na ferramenta e o parâmetro K, de acôrdo com o que foi visto anteriormente.

Sendo $v = \pi . d . n / 1000$, resulta da equação acima

$$d_r{}^x . t_c = d_1{}^x . t_{c1} + d_2{}^x . t_{c2} + \ldots + d_m{}^x . t_{cm},$$

ou ainda

$$d_r{}^x . l_a = d_1{}^x . l_{a1} + d_2{}^x . l_{a2} + \ldots + d_m{}^x . l_{am}.$$

Logo,

$$d_r = \left[\frac{1}{l_a} . \sum_{i=1}^{m} d_i^x . l_{ai} \right]^{\frac{1}{x}} \tag{13.41}$$

A rotação equivalente correspondente será:

$$n_r = \frac{1000 . v_r}{\pi . d_r} = \frac{1000 . v_r}{\pi} . \left[\frac{l_a}{\sum\limits_{i=1}^{m} d_i^x . l_{ai}} \right]^{\frac{1}{x}}. \tag{13.42}$$

A velocidade v_r neste caso será a velocidade de mínimo custo ou de máxima produção, calculada de acôrdo com as considerações anteriores. A rotação n_r será, então, a rotação correspondente, que deverá ser ajustada no tôrno para satisfazer as condições de mínimo custo ou máxima produção.

13.6 — INTERVALO DE MÁXIMA EFICIÊNCIA

Na figura 13.12 encontra-se a representação da curva do custo total de usinagem por peça K_p e da curva do tempo total de confecção t_t (equações 13.9 e 13.26). Define-se *intervalo de máxima eficiência* o intervalo compreendido entre as velocidades de corte v_{mxp} e v_o.
É muito importante que os valôres utilizados da velocidade de corte estejam compreendidos neste intervalo. Para velocidades de corte menores que v_o, tem-se um aumento do custo de produção por peça e uma queda da produção (figura 13.12). Anàlogamente, para valôres da velocidade de corte maiores que v_{mxp}, há um acréscimo do custo de produção e uma

redução da produção. Porém, para os valôres crescentes de v, a partir de v_0 até v_{mxp}, haverá um aumento do custo por peça e um correspondente *aumento de produção*.

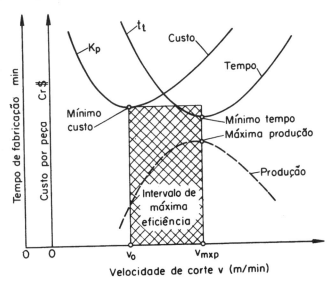

FIG. 13.12 — Determinação do intervalo de máxima eficiência.

A aplicação do intervalo de máxima eficiência é de grande interêsse prático, pois muitas vêzes a velocidade calculada de mínimo custo v_0 corresponde a uma rotação que não pode ser fornecida pela máquina. Outras vêzes, no emprêgo de máquinas operatrizes pluriferramentas, é necessário alterar as velocidades de corte v_0 de algumas ferramentas, para uma melhor programação. A alteração de v_0 deve ser sempre feita de maneira que os seus valôres caiam no intervalo acima.

Na figura 13.12, no lugar de representarmos no eixo das abcissas as velocidades de corte, pode-se colocar as rotações do tôrno utilizado, facilitando a escolha da rotação mais conveniente, que esteja no intervalo de máxima eficiência[*].

As equações (13.13) e (13.30), abaixo reproduzidas, permitem uma avaliação rápida das vidas da ferramenta para o intervalo de máxima eficiência:

$$T_{mxp} = (x-1).(t_{ft} + t_{fa}); \quad T_0 = T_{mxp} + \frac{60.(x-1).K_{fT}}{S_h + S_m}$$

---

[*] Vide exemplos de aplicação, no fim dêste capítulo.

O valor de T_{mxp} é fàcilmente determinável, não oferecendo dificuldades.

O mesmo acontece com T_o, se admitirmos aproximadamente o salário máquina S_m (grandeza mais difícil de ser calculada) igual a $2 . S_h$. Obtém-se assim um valor aproximado do valor de T_o, o qual permite avaliar o intervalo $T_o - T_{mxp}$. Esta avaliação rápida do intervalo de máxima eficiência permite uma visualização do problema.

13.7 — DETERMINAÇÃO DO CAMPO DE TRABALHO EFICIENTE DA MÁQUINA PARA UM DETERMINADO PAR FERRAMENTA-PEÇA

De acôrdo com o que foi demonstrado no parágrafo 13.5.2, a cada valor do avanço a, para uma determinada profundidade de corte p da ferramenta, existe uma velocidade v_o, na qual o custo de produção K_p é mínimo.

Através da equação (13.33) tem-se

$$v_0 = \left[\frac{Q . C_2}{60 . (x-1) . p^q . C_3} \right]^{\frac{1}{x}} . a^{-\frac{r}{x}},$$

ou ainda

$$v_0 = A . a^{-\frac{r}{x}}. \qquad (13.43)$$

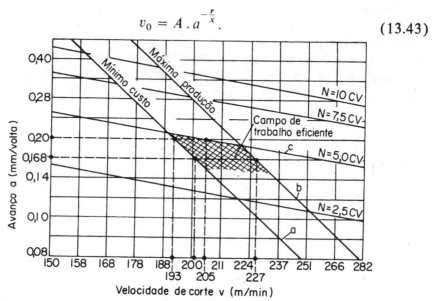

FIG. 13.13 — Determinação do campo de trabalho eficiente de um tôrno mecânico, para as condições: potência do motor $N = 5\,CV$, material da peça aço ABNT 1050, ferramenta de metal duro P 20, profundidade de corte $p = 3mm$.

DETERMINAÇÃO DAS CONDIÇÕES ECONÔMICAS DE USINAGEM

A representação gráfica desta função num sistema de coordenadas, cujos valôres nos eixos das ordenadas e abcissas estejam em progressões geométricas, é uma reta fàcilmente obtida através de dois valôres do avanço (reta a da figura 13.13). A sua obtenção se simplifica utilizando-se, por exemplo, os valôres fornecidos pela tabela X.15 e a fórmula (13.28)

$$v_0 = v_{60,a} \cdot x_1 \sqrt{\frac{C_2}{(x_1 - 1) . C_3}},$$

cuja solução gráfica encontra-se na figura 13.5*.

Anàlogamente ao que foi feito para a velocidade econômica de corte, pode-se calcular a *velocidade de corte de máxima produção* para diferentes valôres do avanço, chegando-se à equação

$$v_{mxp} = \left[\frac{Q}{(x-1) . p^q . (t_{tf} + t_{fa})} \right]^{\frac{1}{x}} . a^{-\frac{r}{x}}$$

ou ainda

$$v_{mxp} = B . a^{-\frac{r}{x}}. \tag{13.44}$$

Esta função encontra-se representada na figura 13.13 pela reta b. Os pontos pertencentes a esta reta representam valôres do par (a, v_{mxp}), para os quais o tempo total de usinagem é mínimo (produção horária máxima). A obtenção desta reta pode ser conseguida utilizando-se a tabela X.15 e a fórmula (13.12).

$$v_{mxp, a} = x \sqrt{\frac{K}{(x-1) . (t_{ft} + t_{fa})}},$$

cuja solução gráfica encontra-se na figura 13.3.

A potência fornecida pelo motor da máquina operatriz é dada pela equação (§ 5.3.3/4):

$$N = \frac{P_c . v}{60 . 75} . \frac{1}{\eta} = \frac{k_s . a . p . v}{60 . 75} . \frac{1}{\eta},$$

onde k_s é a pressão específica de corte, dada pela fórmula de KIENZLE (5.28):

$$k_s = k_{s1} . h^{-z} = k_{s1} . (a . \text{sen} \chi)^{-z}.$$

---

* Admitiu-se aqui o caso em que os valôres de v_0 achados estejam no campo de variação da velocidade, para os quais são válidos os parâmetros x_1 e K_1.

676   FUNDAMENTOS DA USINAGEM DOS METAIS

Substituindo-se k_s na equação acima resulta

$$v = \frac{60 \cdot 75 \cdot (\text{sen } \chi)^z \cdot N \cdot \eta}{k_{s1} \cdot p} \cdot a^{z-1},$$

ou ainda

$$v = C \cdot a^{z-1}. \tag{13.45}$$

Na figura 13.13 encontra-se também a representação gráfica desta função, para as potências do motor, $N = 2,5$, $5,0$, $7,5$ e 10 C. V. Por exemplo, para um tôrno mecânico, cuja potência nominal do motor é 5 CV, a reta c para $N = 5$ CV representa a linha limite, onde o avanço a não pode ser ultrapassado para uma velocidade de corte v do par ferramenta-peça, fixada a profundidade de corte. Nestas condições, deve-se, portanto, trabalhar com valôres do avanço e da velocidade de corte, cuja representação gráfica esteja abaixo desta linha limite.

Conforme foi visto no parágrafo anterior, os valôres da velocidade de corte devem estar no *intervalo de máxima eficiência*. Logo, para um aproveitamento racional da máquina operatriz, no ponto de vista econômico e produtivo, os valôres do avanço e velocidade de corte escolhidos devem cair no trecho achuriado da figura 13.13, denominado *campo de trabalho eficiente da máquina* para uma determinada profundidade de corte do par ferramenta-peça.

Assim, na figura 13.13, para uma avanço $a = 0,2$mm/volta, a velocidade de corte deve estar compreendida entre os valôres 193 e 205m/min. Para valôres de v inferiores a 193m/min haverá um aumento do custo de produção e uma diminuição da produção horária; para valôres de v acima de 205m/min, o tôrno não poderá funcionar, pois a potência fornecida pelo motor será maior de 5 CV, superior à sua capacidade. Para o caso do avanço $a = 0,168$mm/volta a velocidade deverá estar compreendida entre os valôres 200 e 227m/min, definidos pelo intervalo de máxima eficiência. Não é interessante que o ponto de trabalho (a, v) determinado no gráfico se afaste muito da linha C; neste caso a máquina operatriz não está sendo aproveitada.

A determinação do campo de trabalho eficiente de uma máquina ferramenta é de grande importância na prática. Para a usinagem em série de uma peça de determinado material, deve-se primeiramente determinar as curvas de vida para diferentes avanços do par ferramenta-peça. Desta forma, tem-se os valôres de x e K e através da potência do tôrno empregado pode-se determinar fàcilmente o campo de trabalho eficiente da máquina, o qual facilitará enormemente na determinação racional das condições de usinagem mais interessantes. Na representação gráfica da figura 13.13 pode-se colocar

DETERMINAÇÃO DAS CONDIÇÕES ECONÔMICAS DE USINAGEM 677

no eixo das abcissas as rotações da máquina, facilitando mais ainda a determinação da rotação*.

13.8 — DETERMINAÇÃO DAS CONDIÇÕES ECONÔMICAS DE USINAGEM E DE MÁXIMA PRODUÇÃO PARA O CASO DE VÁRIAS FERRAMENTAS DE CORTE

13.8.1 — Generalidades

As equações para o cálculo da *velocidade econômica de corte* e de *máxima produção*, e conseqüentemente as equações das vidas correspondentes das ferramentas, serão agora generalizadas para o caso de várias ferramentas de corte.

Apresentaremos algumas soluções dos casos mais comuns de torneamento, a fim de possibilitar uma avaliação razoàvelmente correta das condições de usinagem que definem o *intervalo de máxima eficiência*. A precisão dos resultados obtidos por êstes métodos dependerá das simplificações introduzidas. A extensão destas soluções a outras é fàcilmente obtida, não oferecendo dificuldades.
No fim dêste capítulo, serão apresentados exemplos numéricos, mostrando a aplicação dos diferentes métodos.

13.8.2 — Cálculo da velocidade de corte e da vida da ferramenta para a máxima produção

No caso de usinagem com máquina multiferramenta devem ser consideradas três possibilidades de trabalho:

a) Cada ferramenta trabalha com um determinado avanço, profundidade de corte e velocidade de corte (usinagem com ferramentas atuando separadamente).

b) As ferramentas trabalham simultâneamente com mesmo avanço e rotação da peça (usinagem com ferramentas múltiplas). É admitido que as características das ferramentas sejam semelhantes, de maneira que os parâmetros x e K da fórmula de TAYLOR sejam aproximadamente os mesmos para tôdas as ferramentas.

c) Determinados grupos de ferramentas múltiplas trabalham com mesmo avanço e rotação da peça.

13.8.2.1 — Cada ferramenta trabalha com um determinado avanço, profundidade e velocidade de corte (condição de máxima produção)

Esta solução prevê o emprêgo de máquina operatriz multiferramentas e multiárvores com a possibilidade de variar o avanço e a rotação da peça para cada ferramenta.

---

* Vide exemplo numérico n.º 4 no fim dêste capítulo.

678   FUNDAMENTOS DA USINAGEM DOS METAIS

De acôrdo com o que foi visto no parágrafo 13.2, sejam:

t_t = tempo total de confecção por peça = tempo do ciclo de usinagem;
t_{ci} = tempo de corte de cada ferramenta;
t_{ai} = tempo de aproximação e afastamento de cada ferramenta;
t_s = tempo de colocação, retirada e inspeção da peça;
t_p = tempo de preparo da máquina;
t_{fti} = tempo de troca de cada ferramenta;
t_{fai} = tempo de afiação de cada ferramenta*.

O tempo total de confecção por peça será:

$$t_t = \sum_1^m t_{ci} + \left[t_s + \frac{t_p}{Z} + \sum_1^m t_{ai} \right] + \frac{1}{Z} \cdot \sum_1^m n_{ti} \cdot (t_{fti} + t_{fai}) \qquad (13.46)$$

onde n_{ti} é o número de trocas de cada ferramenta para a confecção de Z
peças.
Sendo Z_{Ti} o número de peças usinadas numa vida T_i de cada ferramenta,
tem-se as relações (ver § 13.2):

$$\left. \begin{array}{l} Z = (n_{t1} + 1) \cdot Z_{T1} = (n_{t1} + 1) \cdot \dfrac{T_1}{t_{c1}} \\[3mm] Z = (n_{t2} + 1) \cdot Z_{T2} = (n_{t2} + 1) \cdot \dfrac{T_2}{t_{c2}} \\[1mm] \cdots\cdots\cdots\cdots\cdots\cdots\cdots\cdots\cdots\cdots\cdots\cdots \\[1mm] Z = (n_{tm} + 1) \cdot Z_{Tm} = (n_{tm} + 1) \cdot \dfrac{T_m}{t_{cm}} \end{array} \right\} \qquad (13.47)$$

Os percursos de avanço realizados pelas ferramentas satisfazem às condições

ou ainda $\qquad l_{ai} = n_i \cdot a_i \cdot t_{ci} = \dfrac{1000 \cdot v_i}{\pi \cdot d_i} \cdot a_i \cdot t_{ci} ,$

$$t_{ci} = \frac{\pi \cdot d_i \cdot l_{ai}}{1000 \cdot a_i \cdot v_i} . \qquad (13.48)$$

Aplicando-se a fórmula de TAYLOR em cada ferramenta e admitindo-se que
os parâmetros x e K sejam constantes nos campos de variação de velocidade de cada ferramenta, tem-se:

$$v_1^{x_1} \cdot T_1 = K_1 \; ; \; v_2^{x_2} \cdot T_2 = K_2 \; \cdots\cdots\cdots\cdots \; v_m^{x_m} \cdot T_m = K_m . \qquad (13.49)$$

---

* No caso das ferramentas serem afiadas em seção especializada da fábrica, ou no caso de
emprêgo de insertos reversíveis, de fixação mecânica, $t_{fai} = 0$.

DETERMINAÇÃO DAS CONDIÇÕES ECONÔMICAS DE USINAGEM

Através das equações (13.46) a (13.49) tem-se:

$$t_t = \sum_1^m \frac{\pi \cdot d_i \cdot l_{ai}}{1000 \cdot a_i \cdot v_i} + \left[\begin{array}{c} \text{constante} \\ \text{indep. de } v \end{array} \right] + \sum_1^m \frac{\pi \cdot d_i \cdot l_{ai} \cdot v_i^{x_i - 1}}{1000 \cdot a_i \cdot K_i} (t_{fti} + t_{fai}) \quad (13.50)$$

Conforme foi visto no parágrafo 13.3, o valor mínimo desta função se obtém igualando a zero sua diferencial total. Admitindo-se os avanços e as profundidades de corte constantes para cada ferramenta (prèviamente fixados), os valôres das velocidades de corte para a *produção máxima*, isto é, t_t *mínimo*, se darão quando as diferenciais parciais de t_t em relação a v_i forem nulas:

$$\frac{\partial t_t}{\partial v_1} = - \frac{\pi \cdot d_1 \cdot l_{a1}}{1000 \cdot a_1 \cdot v_1} + (x_1 - 1) \cdot \frac{\pi \cdot d_1 \cdot l_{a1} \cdot v_1^{x_1 - 2}}{1000 \cdot a_1 \cdot K_1} (t_{ft1} + t_{fa1}) = 0$$

$$\frac{\partial t_t}{\partial v_2} = - \frac{\pi \cdot d_2 \cdot l_{a2}}{1000 \cdot a_2 \cdot v_2} + (x_2 - 1) \cdot \frac{\pi \cdot d_2 \cdot l_{a2} \cdot v_2^{x_2 - 2}}{1000 \cdot a_2 \cdot K_2} (t_{ft2} + t_{fa2}) = 0$$

$$\dotsb\dotsb\dotsb\dotsb\dotsb\dotsb\dotsb\dotsb$$

$$\frac{\partial t_t}{\partial v_m} = - \frac{\pi \cdot d_m \cdot l_{am}}{1000 \cdot a_m \cdot v_m} + (x_m - 1) \cdot \frac{\pi \cdot d_m \cdot l_{am} \cdot v_m^{x_m - 2}}{1000 \cdot a_m \cdot K_m} (t_{ftm} + t_{fam}) = 0$$

Através destas relações obtém-se as velocidades de corte das ferramentas para a máxima produção:

$$\left. \begin{array}{c} v_{mxp1} = x_1 \sqrt{\dfrac{K_1}{(x_1 - 1)(t_{ft1} + t_{fa1})}} \\[2em] v_{mxp2} = x_2 \sqrt{\dfrac{K_2}{(x_2 - 1)(t_{ft2} + t_{fa2})}} \\[1em] \dotsb\dotsb\dotsb\dotsb\dotsb \\[1em] v_{mxpm} = x_3 \sqrt{\dfrac{K_m}{(x_m - 1)(t_{ftm} - t_{fam})}} \end{array} \right\} \quad (13.51)$$

Conhecendo-se os diâmetros da peça d_i em cada operação, calculam-se fàcilmente as rotações que a máquina deverá fornecer para o trabalho de cada ferramenta. Com auxílio da fórmula de TAYLOR (13.49) e das equações (13.51), calculam-se as vidas das ferramentas:

$$T_{mxp1} = (x_1 - 1) \cdot (t_{ft1} + t_{fa1})$$

$$T_{mxp2} = (x_2 - 1) \cdot (t_{ft2} + t_{fa2})$$

$$\dotsb\dotsb\dotsb\dotsb\dotsb\dotsb\dotsb \quad (13.52)$$

$$T_{mxpm} = (x_m - 1) \cdot (t_{ftm} + t_{fam}).$$

Para diminuir o tempo de troca das ferramentas, é interessante que as mesmas sejam substituídas em grupos (veja exercícios no fim dêste capítulo). Neste caso, os avanços e as características das ferramentas devem ser estudados de tal forma a se obter as vidas mais convenientes.

Do exposto acima, conclui-se que no caso de usinagem com ferramentas atuando separadamente, as velocidades e as vidas das ferramentas para a máxima produção são obtidas aplicando-se as fórmulas (13.12) e (13.13) separadamente para cada ferramenta.

13.8.2.2 — As ferramentas trabalham simultâneamente com o mesmo avanço e rotação da peça (condição de máxima produção)

Neste caso, para simplificação dos cálculos, devem ser feitas as seguintes restrições:

a) O avanço permanece constante em cada ciclo de usinagem, realizado pelas ferramentas múltiplas*.
b) A equação de TAYLOR, com os parâmetros x e K fixados prèviamente, deve ser válida no intervalo de velocidades em que operam as várias ferramentas. Deve predominar um tipo de desgaste da ferramenta, o qual definirá as vidas das ferramentas econômicamente mais importantes. Portanto, as ferramentas devem apresentar os parâmetros x e K aproximadamente iguais.

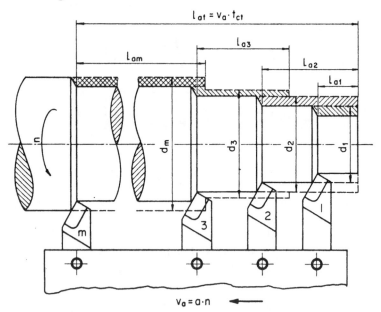

FIG. 13.14 — Torneamento cilíndrico de uma peça com multiferramentas. Avanço e rotação constantes.

---

* Geralmente o avanço mais econômico pode ser definido como o máximo avanço permitido pelas exigências quanto a rigidez da ferramenta, da peça e da máquina, pelas tolerâncias das dimensões e rugosidade superficial da peça.

DETERMINAÇÃO DAS CONDIÇÕES ECONÔMICAS DE USINAGEM   681

c) A rotação do eixo árvore deve permanecer constante enquanto atuam tôdas as ferramentas, se bem que ela é uma das variáveis no início da solução do problema.

Aplicando-se a equação (13.46) para o caso da figura 13.14, tem-se:

$$t_t = t_{ct} + \left[\begin{array}{c} \text{constante} \\ \text{ind. de } v \end{array}\right] + \frac{1}{Z} \cdot \sum_1^m n_{ti}(t_{fti} + t_{fai}), \qquad (13.53)$$

onde t_{ct} é o tempo total de corte em cada ciclo de usinagem, relativo às m ferramentas, dependendo exclusivamente do tempo em que a peça gira.

Na figura 13.14 tem-se

$$t_{ct} = \frac{l_{at}}{a \cdot n}. \qquad (13.54)$$

Êste tempo de corte é geralmente menor que a soma dos tempos parciais t_{ci}, devido ao fato que simultâneamente podem trabalhar duas ou mais ferramentas.

Pela equação (13.47) tem-se

$$n_{ti} = Z \cdot \frac{t_{ci}}{T_i} - 1 \qquad (13.55)$$

e substituindo-se em (13.53) resulta

$$t_t = t_{ct} + \left[\begin{array}{c} \text{constante} \\ \text{ind. de } v \end{array}\right] + \sum_1^m \frac{t_{ci}}{T_i}(t_{fti} + t_{fai}). \qquad (13.56)$$

Pela fórmula de TAYLOR tem-se

$$v_i^x \cdot T_i = K \quad \text{ou} \quad \left[\frac{\pi \cdot d_i \cdot n}{1000}\right]^x \cdot T_i = K. \qquad (13.57)$$

Sendo $t_{ci} = l_{ai}/a \cdot n$, tem-se através da substituição de (13.54) e (13.57) em (13.56):

$$t_t = \frac{l_{at}}{a \cdot n} + \left[\begin{array}{c} \text{constante} \\ \text{ind. de } v \end{array}\right] + \left(\frac{\pi}{1000}\right)^x \cdot \frac{n^{x-1}}{a \cdot K} \cdot \sum_1^m l_{ai} \cdot d_i^x \cdot (t_{fti} + t_{fai}). \qquad (13.58)$$

Na equação (13.53) ou (13.56) os tempos de troca e afiação estão computados separadamente para cada ferramenta. Executando-se as trocas das ferramentas em grupos, o tempo de troca t_{ft} das ferramentas diminuirá; porém, tal imposição implica que o número Z_{Ti} de peças usinadas por vida de cada ferramenta do grupo seja o mesmo. Isto acarreta uma alteração das vidas de cada ferramenta, diminuindo o número de peças Z_{Ti} de algumas ferramentas. Desta forma, o estudo de agrupamento de ferramenta, para efeito de troca, deve ser executado criteriosamente para cada caso.

FUNDAMENTOS DA USINAGEM DOS METAIS

A rotação da peça para a qual t_t é mínimo (máxima produção) se obtém derivando a equação (13.58) em relação a n e igualando a zero. Disto resulta:

$$n_{mxp} = \frac{1000}{\pi} \cdot \left[\frac{K \cdot l_{at}}{(x-1) \cdot \sum_{1}^{m} d_i^x \cdot l_{ai} \cdot (t_{ft} + t_{fa})} \right]^{\frac{1}{x}}. \tag{13.59}$$

Com auxílio da fórmula de TAYLOR calculam-se as vidas de cada ferramenta para a máxima produção:

$$T_{mxpi} = \frac{(x-1) \cdot \sum_{1}^{m} d_i^x \cdot l_{ai} \cdot (t_{ft} + t_{fa})}{d_i^x \cdot l_{at}} \tag{13.60}$$

NOTA: No caso particular de trabalho de uma única ferramenta em diferentes diâmetros, o têrmo $(t_{fti} + t_{fai})$ é constante, obtendo-se

$$n_{mxp} = \frac{1000}{\pi} \cdot \left[\frac{K}{(x-1)(t_{ft} + t_{fa})} \right]^{\frac{1}{x}} \cdot \left[\frac{l_a}{\sum_{1}^{m} d_i^x \cdot l_{ai}} \right]^{\frac{1}{x}}$$

e, de acôrdo com a definição de *diâmetro equivalente* (§ 13.5.7),

$$n_{mxp} = \frac{1000}{\pi \cdot d_r} \cdot \sqrt[x]{\frac{K}{(x-1)(t_{ft} + t_{fa})}} = \frac{1000 \cdot v_r}{12\pi \cdot d_r},$$

coincidindo com a equação (13.42), deduzida para uma única ferramenta.

O cálculo acima se simplifica com a introdução do conceito de *ferramenta padrão*. Esta ferramenta, escolhida para referência, pode ser definida como *aquela que mais influi* nos custos de operação e que a produção e os custos relacionados com a mesma sejam mais dependentes da velocidade de corte. A escolha de qualquer uma das ferramentas como padrão não afeta em essência a validez matemática das fórmulas, porém, influi na precisão dos resultados obtidos. Em geral, escolhe-se como ferramenta padrão aquela cujo tempo de corte é maior.

Representaremos com asterisco (*) tôdas as grandezas relativas à ferramenta padrão. Para êste estudo torna-se necessário a introdução de duas relações:

$$R = \frac{t_c^*}{t_{ct}}; \quad r_i = \frac{Z_T^*}{Z_{Ti}} = \frac{\left(\dfrac{T^*}{t_c^*} \right)}{\left(\dfrac{T_i}{t_{ci}} \right)}. \tag{13.61}$$

DETERMINAÇÃO DAS CONDIÇÕES ECONÔMICAS DE USINAGEM

Tem-se ainda para a ferramenta padrão as propriedades

$$l_a^* = a \cdot n \cdot t_c^* \quad \therefore \quad t_c^* = \frac{l_a^*}{a \cdot n} \;;$$

$$v^{*x} \cdot T^* = K \quad \therefore \quad T^* = \frac{K}{v^{*x}} \;; \tag{13.62}$$

$$v^* = \frac{\pi \cdot d^* \cdot n}{1000} \quad \therefore \quad T^* = K \left[\frac{1000}{\pi \cdot d^* \cdot n} \right]^x.$$

Através das equações (13.61) e (13.62) tem-se

$$\frac{t_{ci}}{T_i} = r_i \cdot \frac{t_c^*}{T^*} = r_i \cdot \frac{l_a^* \cdot \pi^x \cdot d^{*x} \cdot n^{x-1}}{a \cdot K \cdot 1000^x}. \tag{13.63}$$

Substituindo-se (13.61), (13.62) e (13.63) na equação (13.56) resulta

$$t_t = \frac{l_a^*}{a \cdot n \cdot R} + \left[\begin{array}{c} \text{constante} \\ \text{ind. de } v \end{array} \right] + \left(\frac{\pi \cdot d^*}{1000} \right)^x \cdot \frac{l_a^* \cdot n^{x-1}}{a \cdot K} \cdot \sum_1^m r_1 \left(t_{fti} - t_{fai} \right) \tag{13.64}$$

A rotação da peça para t_t mínimo, isto é, máxima produção, é calculada da mesma forma como foi feito anteriormente, tendo-se

$$n_{mxp} = \frac{1000}{\pi \cdot d^*} \cdot \left[\frac{K}{(x-1) \cdot R \cdot \sum_1^m r_i \cdot (t_{fti} + t_{fai})} \right]^{\frac{1}{x}}. \tag{13.65}$$

Com auxílio da fórmula de TAYLOR calcula-se a vida da ferramenta padrão para a máxima produção,

$$T_{mxp}^* = (x-1) \cdot R \cdot \sum_1^m r_i \cdot (t_{fti} + t_{fai}). \tag{13.66}$$

Logo, conhecendo-se os tempos de troca e afiação das m ferramentas obtém-se fàcilmente a vida da ferramenta padrão para a máxima produção. As relações R e r_i são fàcilmente determináveis, conhecendo-se as operações de cada ferramenta. Através das equações (13.61) e (13.62) tem-se

$$r_i = \frac{\left(\dfrac{T^*}{t_c^*} \right)}{\left(\dfrac{T_i}{t_c^*} \right)} = \frac{l_{ai}}{l_a^*} \cdot \left(\frac{d_i}{d^*} \right)^x \tag{13.67}$$

Uma vez conhecida a vida da ferramenta padrão, obtém-se fàcilmente as vidas das m—1 ferramentas restantes através da equação (13.67). O número de peças usinadas obtém-se com auxílio da equação

$$Z = (n_{ti} + 1) . Z_{Ti} = (n_{ti} + 1) . \frac{1}{r_i} . \frac{T^*}{t_c^*} .$$

13.8.2.3 — Determinados grupos de ferramentas múltiplas trabalham com o mesmo avanço e rotação da peça (condição de máxima produção)

Geralmente no trabalho em máquinas multiferramentas com muitas operações de usinagem há vários grupos de ferramentas semelhantes que atuam com o mesmo avanço e rotação da peça. Desta forma, tem-se vários grupos de ferramentas múltiplas, cujas rotações da peça devem ser calculadas pela condição de máxima produção. O problema se resume na aplicação das equações e considerações vistas no parágrafo anterior a cada grupo de ferramentas múltiplas. A solução se simplifica com a determinação das ferramentas padrões (uma para cada grupo de ferramentas múltiplas). A figura 13.15 apresenta um caso de usinagem com vários grupos de ferramentas múltiplas. No caso de uma ferramenta facear ou tornear a peça em diferentes diâmetros, deverá ser calculado o diâmetro equivalente da peça para a ferramenta em questão.

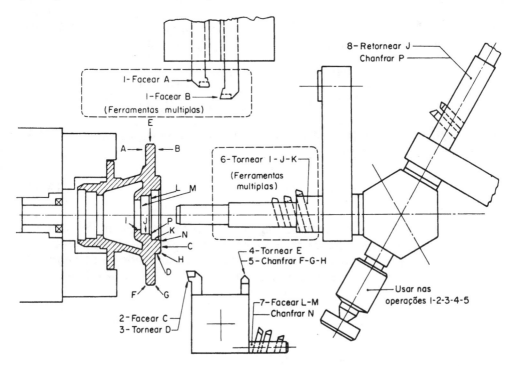

FIG. 13.15 — Usinagem de cubo de roda em tôrno revólver. Ciclo constituído por grupos de ferramentas múltiplas (atuando com mesmo avanço e rotação da peça) e ferramentas que trabalham separadamente. (Cortesia de Indústrias Romi S. A.).

DETERMINAÇÃO DAS CONDIÇÕES ECONÔMICAS DE USINAGEM

13.8.3 — Cálculo da velocidade de corte e da vida da ferramenta para a condição de mínimo custo

O desenvolvimento analítico da determinação da velocidade de corte e da vida da ferramenta, para a condição de mínimo custo, é semelhante ao apresentado no parágrafo 13.8.2, para a condição de máxima produção. Limitar-nos-emos apenas à apresentação do formulário e seu significado. Como foi visto no parágrafo 13.8.2, devem-se considerar três casos de trabalho.

13.8.3.1 — Cada ferramenta trabalha com um determinado avanço, profundidade e velocidade de corte (condição de mínimo custo)

As velocidades econômicas de corte, de cada ferramenta, são dadas pelas relações:

$$\left. \begin{array}{c} v_{01} = \sqrt[x_1]{\dfrac{C_2 . K_1}{60 . (x_1 - 1) . C_{31}}} \\[3ex] v_{02} = \sqrt[x_2]{\dfrac{C_2 . K_2}{60 . (x_2 - 1) . C_{32}}} \\[3ex] \dots\dots\dots\dots\dots\dots\dots \\[1ex] v_{0m} = \sqrt[x_m]{\dfrac{C_2 . K_m}{60 . (x_m - 1) . C_{3m}}} \end{array} \right\} \qquad (13.68)$$

onde

C_2 = soma das despesas totais de mão-de-obra e salário máquina, em NCr\$/hora

= $S_h + S_m$ (vide § 13.4).

C_{3i} = constante de custo relativa a cada ferramenta, em NCr\$.

= $K_{fTi} + \dfrac{t_{fti} + (t_{fai})}{60} (S_h + S_m)$*

K_{fTi} = custo de cada ferramenta por vida (Vide equação 13.21).

x_i e K_i = parâmetros da fórmula de TAYLOR para cada par ferramenta-peça (vide considerações anteriores).

As vidas correspondentes das ferramentas são:

$$\left. \begin{array}{c} T_{01} = \dfrac{60 . (x_1 - 1) . C_{31}}{C_2} \\[3ex] T_{02} = \dfrac{60 . (x_2 - 1) . C_{32}}{C_2} \\[3ex] \dots\dots\dots\dots\dots\dots\dots \\[1ex] T_{0m} = \dfrac{60 . (x_m - 1) . C_{3m}}{C_2} . \end{array} \right\} \qquad (13.69)$$

---

* No caso das ferramentas serem afiadas em secção especializada da fábrica, ou no caso de utilização de insertos reversíveis, de fixação mecânica, $t_{fai} = 0$.

686 FUNDAMENTOS DA USINAGEM DOS METAIS

13.8.3.2 — As ferramentas trabalham simultâneamente com o mesmo avanço e rotação da peça (condição de mínimo custo)

Neste caso, a rotação da peça para o mínimo custo é dada pela expressão

$$n_0 = \frac{1000}{\pi} \cdot \left[\frac{C_2 \cdot K \cdot l_{at}}{60 \cdot (x-1) \cdot \sum_1^m d_i^x \cdot l_{ai} \cdot C_{3i}} \right]^{\frac{1}{x}}, \qquad (13.70)$$

onde:

l_{at} = comprimento total de avanço em cada ciclo de usinagem, relativo às m ferramentas, de acôrdo com a figura 13.14;

d_i = diâmetro de torneamento da peça para cada ferramenta;

l_i = percurso de avanço correspondente a cada ferramenta.

Através da fórmula de TAYLOR obtém-se as vidas de cada ferramenta para a máxima economia de usinagem

$$T_{0i} = \frac{60 \cdot (x-1) \cdot \sum_1^m d_i^x \cdot l_{ai} \cdot C_{3i}}{C_2 \cdot d_i^x \cdot l_{at}} \qquad (13.71)$$

Introduzindo-se o conceito de *ferramenta padrão*, tem-se as fórmulas

$$n_0 = \frac{1000}{\pi \cdot d^*} \cdot \left[\frac{C_2 \cdot K}{60 \cdot (x-1) \cdot R \cdot \sum_1^m r_i \cdot C_{3i}} \right]^{\frac{1}{x}} \qquad (13.72)$$

$$T_0^* = \frac{60 \cdot (x-1) \cdot R}{C_2} \cdot \sum_1^m r_i \cdot C_{3i} \qquad (13.73)$$

13.8.3.3 — Determinados grupos de ferramentas múltiplas trabalham com o mesmo avanço e rotação da peça (condições de mínimo custo)

No caso de haver grupos de ferramentas múltiplas, a determinação das condições de mínimo custo se resume na aplicação das fórmulas do parágrafo anterior à cada grupo de ferramentas, separadamente.

13.9 — DETERMINAÇÃO DO DESGASTE ECONÔMICO DA FERRAMENTA

13.9.1 — Generalidades

Nas operações de desbaste, principalmente com ferramentas de metal duro, torna-se necessário determinar qual o desgaste mais econômico da ferramenta. Como é conhecido, o aumento do desgaste admissível da ferramenta

DETERMINAÇÃO DAS CONDIÇÕES ECONÔMICAS DE USINAGEM

permite a usinagem de um maior número de peças por vida da ferramenta, diminuindo o custo de usinagem; porém, um desgaste maior necessita maior tempo de afiação, aumenta a possibilidade de quebra da ferramenta. Esta ocorrência contribui para o aumento do custo de usinagem. Logo, deverá existir um *desgaste ótimo* da ferramenta, para o qual o custo de usinagem é mínimo.

Nas operações de acabamento o desgaste da ferramenta é limitado pelas condições de rugosidade de superfície e tolerância das dimensões da peça. O seu valor é bem inferior do desgaste ótimo acima mencionado.

No presente parágrafo serão abordados os problemas relacionados com a determinação do desgaste econômico da ferramenta e em particular da ferramenta com pastilha de metal duro. Serão apresentadas também considerações sôbre a inutilização prematura da ferramenta.

No caso de emprêgo de pastilhas fixadas mecânicamente, com a possibilidade de se utilizar várias arestas cortantes da mesma, jogando-se fora após a sua utilização (sem reafiação da pastilha), o desgaste econômico será o desgaste médio máximo permitido, sem que haja uma possível quebra do gume cortante.

13.9.2 — Custo da ferramenta por peça

Como foi visto no parágrafo 13.4 (equações 13.20 e 13.21), o custo de usinagem por peça, relativo à ferramenta, pode ser expresso pela fórmula

$$K_{uf} = \frac{1}{Z_T} \cdot \left[\frac{1}{n_f} (V_{fi} - V_{ff}) + K_{fa} \cdot \frac{n_a}{n_f} \right]. \qquad (13.74)$$

Incluindo-se o custo devido à troca da ferramenta e sendo $Z_T = T/t_c$, tem-se

$$K_{uf} = \frac{t_c}{T} \cdot \left[\frac{1}{n_f} (V_{fi} - V_{ff}) + K_{fa} \frac{n_a}{n_f} + t_{ft} (S_h + S_m) \frac{n_a}{n_f} \right].$$

Neste estudo, o tempo de corte t_c pode ser considerado como o tempo necessário para se usinar um quilo de material; logo

$$t_c = \frac{1000}{a \cdot p \cdot v \cdot \rho}, \qquad (13.75)$$

onde:

$t_c =$ tempo de corte, em min;
$a =$ avanço, em mm/volta;

p = profundidade de corte, em mm;
v = velocidade de corte, em m/min;
ρ = pêso específico do material, em kg*/dm³ ou g*/cm³.

Logo o custo relativo à ferramenta, para a usinagem de um quilo de material vale

$$K_{uf1} = \frac{1000}{a.p.v.\rho.T} \cdot \left[\frac{1}{n_f}(V_{fi} - V_{ff}) + K_{fa}\frac{n_a}{n_f} + t_t(S_h + S_m)\frac{n_a}{n_f} \right]. \quad (13.76)$$

No caso de ferramentas de insertos reversíveis, de fixação mecânica, tem-se, de acôrdo com a fórmula (13.22)

$$K_{uf1} = \frac{1000}{a.p.v.\rho.T} \cdot \left[\frac{1}{n_{fp}} \cdot V_{si} + \frac{K_s}{n_s} \right], \quad (13.77)$$

onde:

n_{fp} = vida média do porta-ferramenta, em quantidade de fios de corte, até a sua possível inutilização;
V_{si} = custo de aquisição do porta-ferramenta;
K_s = custo de aquisição do insêrto reversível;
n_s = número de fios de corte do insêrto reversível.

13.9.3 — Custo de afiação

Afiação da superfície de incidência

De acôrdo com a figura 13.16, a espessura e de material da ferramenta que deve ser removido para cada afiação é

$$e \cong l_1.\operatorname{sen} \alpha + j, \quad (13.78)$$

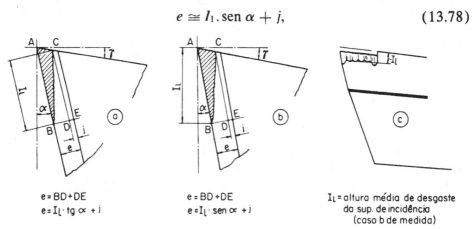

FIG. 13.16 — Determinação da espessura e de material a ser retirado da ferramenta. a) Caso de l_1 medido com lupa de retículo em oficina. b) e c) Caso de l_1 obtido geralmente com miscroscópio de oficina. O valor de l_1 medido é sempre o valor médio; aproximadamente tem-se nos casos a) e b) $e = l_1.\operatorname{sen} \alpha + j$.

onde j é uma correção introduzida no valor de e, devido ao fato da superfície gasta da ferramenta não ser plana. Para o metal duro $j = 0,1$ a 0,3mm.

Representando-se por C_4 o custo de afiação da superfície de incidência da ferramenta, em Cr$ por mm, tem-se

$$K_{fa} = (l_1 . \text{sen } \alpha + j) . C_4 + C_5 \qquad (13.79)$$

onde C_5 é um custo adicional devido aos seguintes fatôres: leve afiação (*limpeza*) na superfície de incidência, fixação e remoção da ferramenta na afiadora, contrôle e lapidação. A grandeza C_4 para ferramentas com pastilhas de metal duro não é perfeitamente constante, pois após um certo número de afiações, torna-se necessário remover também material do cabo, aumentando o valor de C_4.

Uma fórmula mais simples, porém muito prática, é a seguinte:

$$K_{fa} \doteq \frac{t_{fa} . S_{ha}}{60} . A, \qquad (13.80)$$

onde:

t_{fa} = tempo de afiação da ferramenta, em min;
S_{ha} = salário por hora do afiador da ferramenta, em Cr$/hora;
A = sobretaxa do setor em que a ferramenta é afiada (variando de 200 a 500%).

Afiação da superfície de incidência e de saída

Incluindo-se na equação (13.79) a afiação da superfície de saída da ferramenta (figura 13.17 *a*), o custo total de afiação será

$$K_{fa} = (l_1 . \text{sen } \alpha + j) . C_4 + h . C_6 + C_7, \qquad (13.81)$$

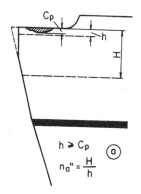
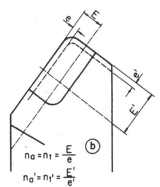

Fig. 13.17 — Determinação do número de afiações da ferramenta. *a*) Para o desgaste na superfície de saída da ferramenta. *b*) Para os desgastes nas superfícies de incidência da ferramenta. O número de afiações é dado pelo menor número fornecido nestes casos.

onde C_6 é o custo de afiação da superfície de saída (incluindo o quebra cavaco) em Cr$/mm e C_7 é um custo adicional.

A fórmula (13.80) pode também ser usada neste caso, tendo-se os seguintes valôres do tempo de afiação:

690   FUNDAMENTOS DA USINAGEM DOS METAIS

$t_{fa} = 6$ a 8min para afiação da superfície de incidência e limpeza da superfície de saída;

$t_{fa} = 8$ a 11min para afiação da superfície de incidência e de saída da ferramenta;

$t_{fa} = 11$ a 13 min para afiação da superfície de incidência e de saída da ferramenta, havendo quebra cavaco.

Êstes valôres são aproximados, dependendo das máquinas e da técnica empregada na afiação.

13.9.4 — Número de afiações da ferramenta

Geralmente o número de afiações ou trocas possíveis da ferramenta é dado pelo menor número fornecido pelas relações (figura 13.17 b):

para a superfície de incidência

$$n_a = n_t = E/e \qquad (13.82)$$
$$n_a' = n_t' = E'/e' \qquad (13.83)$$

para a superfície de saída

$$n_a'' = n_t'' = H/h \qquad (13.84)$$

onde E, E' e H são as espessuras máximas de material possível de se retirar na afiação, de maneira que a ferramenta continua realizando a sua função de corte, sem perda da rigidez. Geralmente o número de afiações possíveis é dado pelo valor de n_a.

13.9.5 — Determinação do desgaste econômico da ferramenta

O estudo que se segue será feito para o desgaste da superfície de incidência da ferramenta. Para a superfície de saída o desenvolvimento analítico é semelhante, apenas com a modificação dos valôres de K_{fa} e n_a.

A figura 13.18 apresenta o comportamento do desgaste I_1 em função do tempo de corte*. Para efeito dêste cálculo, pode-se linearizar a curva no trecho de trabalho da ferramenta, tendo-se a expressão

$$I_1 = I_{lo} + \eta . T$$

ou

$$T = \frac{I_l - I_{l0}}{\eta}, \qquad (13.85)$$

Substituindo-se as equações (13.78, 13.79, e 13.85) em (13.76) obtém-se

$$K_{uf1} = 1000\eta . \frac{(V_{fi} - V_{ff} + E . C_4)(I_l \operatorname{sen} \alpha + j) + (C_5 + t_{ft} . S_b + t_{ft} . S_m) . E}{a . p . v . \rho . (I_l - I_{l0})(I_l . \operatorname{sen} \alpha + j + E)}, \qquad (13.86)$$

---

* Ver capítulos IX e X.

DETERMINAÇÃO DAS CONDIÇÕES ECONÔMICAS DE USINAGEM

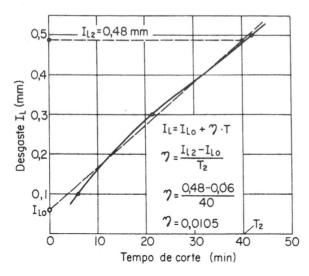

Fig. 13.18 — Relação entre o desgaste da superfície de incidência da ferramenta e tempo de corte. Material aço ABNT 1060; ferramenta de metal duro P 20; $a = 0,4$mm/volta; $p = 3$mm; $v = 81$m/min.

que representa o custo da ferramenta por quilo de material usinado em função do desgaste I_1, para uma determinada velocidade, avanço e profundidade de corte.

A função (13.86) não apresenta matemàticamente um valor mínimo $(dK_{ufl}/d_I \neq 0)$. A figura 13.19 mostra os valôres de K_{uf} em função do desgaste I_1 para diferentes avanços e velocidades de corte. Porém, a medida que o desgaste I_1 aumenta, a probabilidade de quebra da aresta de corte da ferramenta também aumenta e acima de um determinado valor de I_1' haverá a destruição do gume cortante (ver capítulo IX). O valor matemático do desgaste, para o qual K_{ufl} é mínimo, só se obtém introduzindo-se

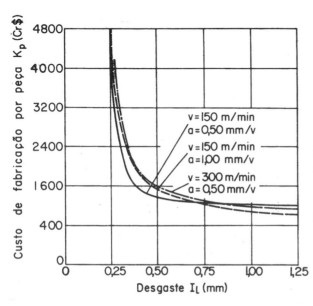

Fig. 13.19 — Variação do custo da ferramenta por peça em função do desgaste I_1, para diferentes avanços e velocidades de corte. Material aço cromo níquel; ferramenta de metal duro; $p = 2,5$mm; $C_4 = 100,00$ Cr\$/mm; $C_3 = 32,00$ Cr\$ $V_{fl} = 760,00$ Cr\$; $V_{ft} = 0$; $t_{ft} = 2$min; $E = 5$mm; $I_1 = 0,2$mm [10].

na equação (13.86) a correção devida à inutilização prematura da ferramenta. Antes de tratarmos destas considerações vejamos um exemplo numérico.

Exemplo numérico: Para a determinação da curva de custo da ferramenta por quilo de material usinado em função do desgaste I_1 realizou-se um ensaio, cujos dados e condições de usinagem encontram-se na tabela XIII.2

Através do ensaio de desgaste (item 6 da tabela XIII.2), construiu-se a curva representada na figura 13.18. Para simplificar o problema linearizou-se a mesma, obtendo-se de acôrdo com a equação (13.85):

$$\eta = \frac{I_{l2} - I_{l0}}{T_2} = \frac{0{,}48 - 0{,}06}{40} = 0{,}0105. \qquad (13.87)$$

Esta constante permite calcular a vida T da ferramenta para um determinado desgaste I_1.

Com auxílio das equações (13.78), (13.82) e dos itens 7 e 8 da tabela XIII.2, determinou-se o número de trocas ou afiações da ferramenta em função do desgaste I_1 (curva n_t da figura 13.20). Através da equação (13.79) e dos dados fornecidos na tabela (item 10) construiu-se a curva de custo de afiação da ferramenta K_{fa} por fio de corte.

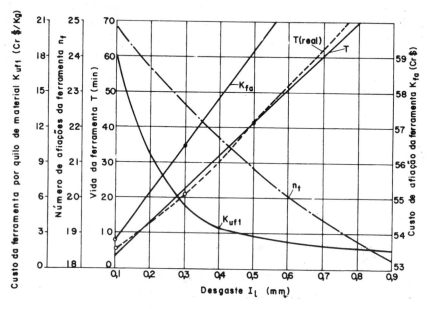

FIG. 13.20 — Variação dos fatôres K_{uf1}, K_{fa}, $n_t = n_a$ e T em função do desgaste I_1 da superfície de incidência da ferramenta. Dados e condições de usinagem fornecidos na tabela XIII.2.

DETERMINAÇÃO DAS CONDIÇÕES ECONÔMICAS DE USINAGEM 693

A curva de custo da ferramenta por quilo de material usinado pode ser obtida diretamente através das equações (13.86) e (13.87) e dos valôres da tabela XIII.2, ou através da equação (13.76) e dos valôres de T, n_t e K_{fa} determinados na figura 13.20. Analisando-se esta figura, verifica-se que com o aumento do desgaste da ferramenta, aumenta o custo de afiação K_{fa} e diminui o número n_a de afiações possíveis da ferramenta; porém, a vida T da ferramenta (por fio de corte) aumenta numa razão muito alta, resultando numa diminuição do custo da ferramenta por quilo de material usinado K_{ufl}. Verificou-se analìticamente que não há um valor de I_1 para o qual K_{ufl} é mínimo.

TABELA XIII.2

**Ensaio de determinação do custo da ferramenta por quilo de material usinado
Caso de desgaste da superfície de incidência da ferramenta**

	Dados Gerais			
1 2	Operação Peça	Torneamento cilíndrico — desbaste Barra de aço ABNT 1060 $\sigma_r = 78kg/mm^2$; $\rho = 7,85kg^*/dm^3$		
3	Máquina de ensaio	Tôrno mecânico *MKD-Romi,* com variação contínua de velocidade; $N = 30$ C. V.		
4	Ferramenta	Ferramenta com pastilha de metal duro soldada, classe P 20. Dimensões ISO B 20; cabo ISO 25 q. Geometria: $\alpha = = 7°$, $\gamma = 10°$, $\lambda = -4°$.		
5	Condições de usinagem	$a = 0,4mm/volta$ $p = 3mm$ $v = 81m/min$ sem refrigerante de corte.		
	Ensaio de desgaste da ferramenta			
6	Tempo de ensaio $T(min)$	6	21,5	42
	Desgaste $I_1(mm)$	0,1	0,3	0,5
	Afiação da ferramenta			
7	Espessura de material removido	$e = I_1 . \operatorname{sen} \alpha + j$ $j = 0,25mm$		
8	Espessura máxima de material removido	$E = 6,5mm$		
	Dados econômicos			
9	Valor aquisitivo da ferramenta V_{fi} Valor final da ferramenta V_{ff}	Cr$ 350,00 0		
10	Custo de afiação (Eq. 13.79) C_4 Custo adicional de afiação (Eq. 13.79) C_5	Cr$ 110,00/mm Cr$ 25,00		
11	Tempo de troca da ferramenta t_{ft}	2,5 min		
12	Salário total do operário S_h Salário total da afiadora S_m	Cr$ 166,50 Cr$ 260,00		

694 FUNDAMENTOS DA USINAGEM DOS METAIS

13.9.6 — Considerações sôbre a quebra prematura da ferramenta

A introdução de coeficientes corretivos, devidos à inutilização prematura da ferramenta na equação (13.86), permite determinar teòricamente o desgaste ótimo da ferramenta. Segundo alguns autores [6] esta correção pode ser feita também nas fórmulas de mínimo custo, vistas anteriormente, quando se tratar de emprêgo de ferramentas frágeis em máquinas multiferramentas. Pois, admitindo-se que uma ferramenta possa se inutilizar antes de atingir o desgaste normal, para ser novamente afiada, a probabilidade de se alcançar a vida prevista é menor. Neste caso, o número médio de peças usinadas por vida da ferramenta será menor e conseqüentemente o custo médio por peça sofrerá um acréscimo.

Neste estudo, admite-se que a inutilização prematura é independente do número de afiações da ferramenta [6]. Desta forma, existindo inicialmente m ferramentas e se $(100.u)$ por cento delas se inutilizam entre cada afiação, haverá na primeira afiação sòmente $m.(1-u)$ ferramentas que não se inutilizaram. As $m.u$ ferramentas que se inutilizaram são consideradas sem serventia na operação de corte. Na segunda afiação haverá sòmente $m.(1-u)^2$ ferramentas e para a n_a ésima afiação haverá $m.(1-u)^{n_a}$ ferramentas que não se inutilizaram. Após a n_a ésima afiação as ferramentas não poderão ser mais afiadas. O número de peças usinadas pelas ferramentas que não se inutilizaram será:

$$m[(1-u) + (1-u)^2 + (1-u)^3 + \ldots + (1-u)^{n_a+1}] . Z_T$$

$$= m . Z_T . (1-u) . \left[\frac{1-(1-u)^{n_a}}{1-(1-u)} \right], \tag{13.88}$$

onde Z_T é o número de peças usinadas por qualquer uma das ferramentas entre duas afiações sucessivas.

É difícil estimar o número de peças produzidas pelas ferramentas que se inutilizaram prematuramente. BREWER cita os trabalhos de BURMESTER, o qual admite que em média cada ferramenta, antes de se inutilizar, produziu 80% das peças previstas, usinadas pela ferramenta que não se inutilizou, isto é, cada afiação de uma ferramenta corresponde a $0,8.Z_T$ peças usinadas. Com base nesta hipótese, pode-se proceder como segue: no período anterior à 1.ª reafiação se inutilizaram $m.u$ ferramentas, produzindo $0,8.Z_T.m.u$ peças. Entre a 1.ª e a 2.ª afiação há inicialmente $m.(1-u)$ ferramentas, das quais $(100\,u)\%$ se inutilizarão, isto é $u.m(1-u)$, correspondente a $0,8.Z_T.m.u(1-u)$ peças produzidas antes da inutilização. Procedendo-se desta maneira chega-se a uma progressão geométrica que fornecerá o número total de peças usinadas pelas ferramentas que se inutilizaram:

$$0,8 . m . u . Z_T . [1 + (1-u) + (1-u)^2 + \ldots + (1-u)^{n_a}] =$$

$$= 0,8 . m . u . Z_T . \left[\frac{1-(1-u)^{n_a}}{1-(1-u)} \right] \tag{13.89}$$

Somando-se as equações (13.88) e (13.89) obtém-se o número total de peças usinadas por m ferramentas:

$$m \cdot Z_T \cdot \left[\frac{1-(1-u)^{n_a}}{1-(1-u)} \right] \cdot [(1-u) + 0{,}8\,u] =$$

$$= m \cdot Z_T \cdot \left[\frac{1-(1-u)^{n_a}}{1-(1-u)} \right] \cdot (1-0{,}2\,u). \tag{13.90}$$

Logo, o número de peças usinadas para cada ferramenta será:

$$Z_T \cdot (1-0{,}2 \cdot u) \cdot \left[\frac{1-(1-u)^{n_a}}{u} \right]. \tag{13.91}$$

Desta forma, o acréscimo do custo devido à ferramenta poderá ser dado pela relação

$$\sigma = \frac{\text{N.}^\circ \text{ de peças usinadas s/inutilização prematura}}{\text{N.}^\circ \text{ de peças usinadas c/inutilização prematura}}.$$

$$\sigma = \frac{Z_T \cdot (n_a + 1)}{Z_T \cdot (1-0{,}2 \cdot u) \cdot \left[\frac{1-(1-u)^{n_a}}{u} \right]} = \frac{u \cdot (n_a + 1)}{(1-0{,}2\,u) \cdot [1-(1-u)^{n_a}]}. \tag{13.92}$$

O valor de u deve ser determinado experimentalmente para cada caso. BREWER, baseado nos trabalhos de BURMESTER, apresenta a fórmula:

$$u = 0{,}2 \cdot I_1^{2{,}78}, \tag{13.93}$$

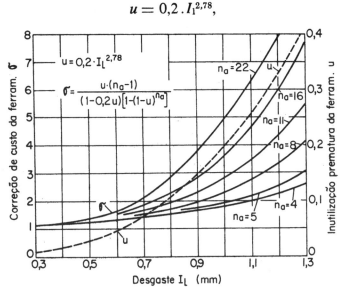

FIG. 13.21 — Valôres das grandezas u e σ em função do desgaste I_1 para usinagem de aços com ferramentas frágeis (pastilhas de metal duro P 01 e P 10). Êstes valôres estão baseados na equação (13.93).

onde l_1 é o desgaste da superfície de incidência (em mm), para ferramentas frágeis. Porém, êste pesquisador não cita nos seus trabalhos as condições de ensaio, para as quais foi obtida esta equação. A figura 13.21 apresenta os valôres de u e σ em função do desgaste l_1, valôres êsses baseados na fórmula acima.

Introduzindo-se a correção σ nos valôres de K_{uf1} da figura 13.20, obtém-se a curva corrigida de custo da ferramenta, representada na figura 13.22, a qual mostra que há um valor do desgaste, para o qual o custo da ferramenta é mínimo. Os valôres de σ aqui utilizados são relativamente menores que os do gráfico 13.21, devido ao fato de se tratar de ferramenta mais tenaz (metal duro classe P 20). O desgaste econômico da ferramenta se obtém para $l_1 = 0{,}8$mm.

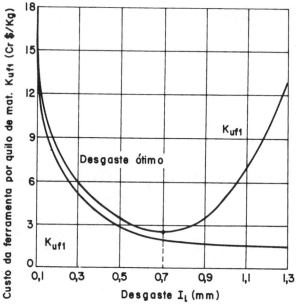

FIG. 13.22 — Influência da correção σ sôbre o custo da ferramenta por quilo de material usinado. Obtida através da figura 13.20.

A correção σ introduzida na fórmula (13.86) para a determinação do desgaste econômico da ferramenta, baseada no desgaste da superfície de incidência da ferramenta, pode ser feita também com relação à superfície de saída, utilizando-se, neste caso, a fórmula geral (13.76) no lugar da (13.86).

O interêsse no cálculo de σ reside principalmente na determinação do desgaste econômico da ferramenta. Com relação ao emprêgo de σ na determinação da velocidade econômica de corte ou de máxima produção, para o caso de máquina operatriz com uma única ferramenta de corte, verifica-se o seguinte: como algumas das ferramentas podem se inutilizar antes da vida prevista, para a usinagem de um lote de Z peças, há também ferramentas que produzem um número de peças Z_T maior que o previsto (tendo, portanto, uma vida maior). Neste caso não há interêsse prático na introdução da correção σ.

Enquanto BREWER, na sua primeira publicação em 1958 [6] apresenta a correção σ para a determinação da velocidade de mínimo custo, a sua segunda publicação em 1964 [10] mostra uma crítica substancial para o emprêgo desta correção. Os resultados de pesquisas realizadas com inúmeras ferramentas revelaram que a vida da ferramenta, para o desgaste pré-determinado, segue uma distribuição normal. A figura 13.23 apresenta a curva de distribuição de GAUSS com um valor médio T_o da vida. Representando por T_o a vida econômica e por σ_o o desvio padrão, verifica-se que pràticamente a faixa de variação de T_o se encontra compreendida no campo $T_o \pm 3.\sigma_o$. Se forem satisfeitas as condições

$$T_o + 3.\sigma_o \leqslant T_2 \quad \text{e} \quad T_o - 3.\sigma_u \geqslant T_1,$$

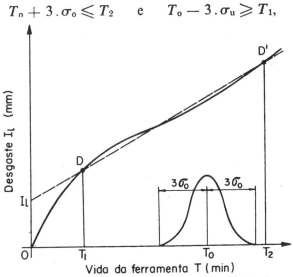

FIG. 13.23 — Variação do desgaste em função da vida da ferramenta para uma determinada velocidade de corte. Representação da curva de distribuição normal do número de ferramentas que atingem uma determinada vida.

a faixa de dispersão fica compreendida no trecho DD' onde a curva de desgaste $I_1 = f(T)$ foi linearizada. Logo, devido à distribuição simétrica de T_o e à variação linear da curva de desgaste em função do tempo, há uma igualdade entre o número de ferramentas que não atingem a vida T_o e as ferramentas que ultrapassam T_o. A determinação experimental de σ_o não é, porém, tão simples, devendo serem realizadas pesquisas para diferentes ferramentas.

A tabela XIII.3 apresenta os valôres recomendáveis do desgaste I_1 para ferramentas de metal duro em operação de desbaste, segundo WITTHOFF [9]. Êstes valôres são aproximados, devendo ser utilizados quando não se possui dados de ensaio para a operação em questão. Com relação ao desgaste da superfície de saída da ferramenta, WEBER recomenda a relação $k =$

698 FUNDAMENTOS DA USINAGEM DOS METAIS

$= C_p/C_d \leqslant 0,4$ para o trabalho com avanço inferior a 0,5mm, máquina operatriz e ferramentas perfeitamente rígidas. Em condições menos favoráveis e para avanços maiores, k varia de 0,2 a 0,3, para ferramentas de metal duro.

TABELA XIII.3
Valôres máximos recomendáveis do desgaste l_1 da superfície de incidência de ferramentas de metal duro, segundo Witthoff

Operação	Material usinado	l_1 (mm)
Torneamento com secções de corte médias ...	todos	0,7
Torneamento com secções de corte grandes ..	todos	1,0
Descascar laminados	aço	1,2
Torneamento de rodas		1,4
Torneamento de cilindros de laminação	aço, f. f. cinzento e branco	1,2
Fresamento	f. f. cinzento ...	0,4
	aço	0,8
Aplainamento	todos	0,8
Brochamento	todos	0,6

Trabalho com máquina operatriz e ferramentas perfeitamente rígidas

13.10 — EXEMPLOS DE APLICAÇÃO *

Eng.º C. A. PALLEROSI

13.10.1 — Exemplo n.º 1

Pretende-se tornear uma peça, cujos dados e condições de usinagem encontram-se na tabela XIII.4.

TABELA XIII.4
Dados e condições de usinagem para o exemplo n.º 1

Dados gerais	
Peça Material	Fornecida faceada e centrada nos topos (figura 13.25) Aço ABNT 8640, ϕ 100mm, laminado, 190 Brinell
Operação	Com a peça prêsa em placa universal e em ponto giratório, desbastar para $d_1 = 95$mm, em um único passe, no comprimento $l_a = 300$mm.
Máquina	Tôrno paralelo universal. Gama de rotações do eixo árvore: 25 — 40 — 50 — 63 — 80 — 100 — 125 — 160 — 200 — 250 — 315 — 400 — 500 — 630 — 800 — 1.000 — 1.250 — 1.600 r. p. m.
Ferramenta	Formato ISO-6, 25 q, com pastilha de metal duro soldada, classe P 20. Geometria: $\chi = 90^\circ$, $\alpha = 6^\circ$, $\gamma = 6^\circ$, $\chi_1 = 5^\circ$, $\lambda = 0^\circ$, $r = 1$mm.
Condições de usinagem	$a = 0,40$mm/volta $p = 2,5$mm sem refrigerante de corte.

* Os dados econômicos foram obtidos em agosto de 1980.

DETERMINAÇÃO DAS CONDIÇÕES ECONÔMICAS DE USINAGEM

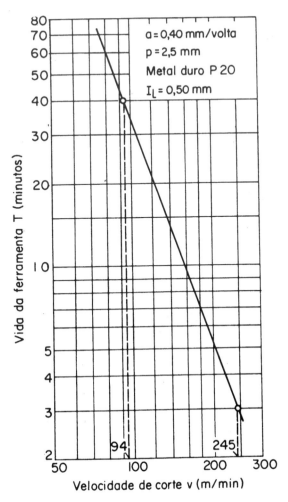

FIG. 13.24 — Curva de vida da ferramenta utilizada no exemplo n.º 1.

TABELA XIII.5
Dados econômicos e auxiliares para o exemplo n.º 1

Máquina e mão-de-obra	Valor
Salário do operário + salário máquina, inclusive sobretaxas, $C_2 = S_h + S_m$ Cr$/hora	350,00
Ferramenta	
Custo da ferramenta por vida. K_{fT}, Cr$/gume	40,00
Dados auxiliares	
Tempo de troca da ferramenta, t_{ft}, minutos	3,60
Tempo de aproximação e afastamento, t_a, minutos/peça	0,21
Tempos secundários, t_s, minutos/peça	0.36
Tempo de preparo da máquina, t_p, minutos	25
Número total de peças do lote, Z	800

700 FUNDAMENTOS DA USINAGEM DOS METAIS

Calcular o "Intervalo de máxima eficiência", conhecendo-se a curva de vida da ferramenta (figura 13.24) e os dados fornecidos pela tabela XIII.5. Numa primeira análise, desprezar a influência da potência de corte necessária.

Solução

a) *Cálculo do expoente* x *e constante* K *da equação de Taylor, a partir da curva de vida*

No diagrama dilogarítmico da figura 13.24, a curva de vida da ferramenta sendo uma reta, a relação existente entre a vida da ferramenta e a velocidade de corte empregada pode ser expressa por

$$T_1 \cdot v_1^x = T_2 \cdot v_2^x = K.$$

Da figura 13.24, tem-se:

$$T_1 = 40 \quad \text{min}, \quad v_1 = 94 \text{m/min}$$
$$T_2 = 3,0 \text{ min}, \quad v_2 = 245 \text{m/min}$$

Substituindo-se na expressão acima, resulta

$$\frac{40}{3,0} = \left(\frac{245}{94}\right)^x$$

$$x = 2,71$$

$$K = T_1 \cdot v_1^x = 40 \cdot (94)^{2,71} = 8,8 \cdot 10^6.$$

A velocidade de corte correspondente a uma vida T da ferramenta será

$$v = \sqrt[x]{\frac{K}{T}}$$

e para $T = 30$ min resulta

$$v_{30} = \sqrt[2,71]{\frac{8,8 \cdot 10^6}{30}} = 104 \text{ m/minuto}$$

b) *Cálculo das condições de mínimo custo e máxima produção*

Tratando-se de uma única ferramenta e uma única operação de corte, o método de cálculo a ser aplicado é o proposto nos parágrafos 13.2 a 13.5.4. Utilizando-se os dados fornecidos, a tabela XIII.6 mostra o roteiro de cálculo das condições de mínimo custo e máxima produção, assim como as correspondentes condições operacionais. O modêlo da tabela poderá ser utilizado para resolver problemas semelhantes ao aqui apresentado.

TABELA XIII.6

Cálculo das condições de mínimo custo e máxima produção do exemplo n.º 1

Cálculo do mínimo custo e máxima produção			Valor calculado
Elemento Calculado		Equação	calculado
Custo por vida + troca da ferramenta, C_3, Cr$		(13.24)	61,00
Máxima	Vida da ferramenta, T_{mxp}, minutos	(13.13)	6,2
produção	Velocidade de corte, m/min[1]	$v_{mxp} = v_{30} \cdot \sqrt[x]{\dfrac{30}{T_{mxp}}}$	186
Mínimo	Vida da ferramenta, T_o, min	(13.29)	17,88
custo	Velocidade de corte m/min[1]	$v_o = v_{30} \cdot \sqrt[x]{\dfrac{30}{T_o}}$	127,67
Condições operacionais			
	Rotação da peça, r. p. m.	$n_{mxp} = \dfrac{1.000 \cdot v_{mxp}}{\pi \cdot d}$	590
	Tempo de corte, min/peça	$t_c = \dfrac{l_a}{a \cdot n_{mxp}}$	1,27
	N.º de peças usinadas por vida da ferramenta[2]	$Z_T = \dfrac{T_{mxp}}{t_c}$	5
Máxima	Tempo de troca da ferramenta, min/peça	$t_2 = \left(\dfrac{1}{Z_T} - \dfrac{1}{Z} \right) \cdot (t_{ft} + t_{fa})$	0,72
produção	Tempos não-produtivos, min/peça	$t_1 = t_s + t_a + \dfrac{t_p}{Z}$	0,60
	Tempo total de confecção, t_t min/peça	(13.4)	2,59
	Produção horária, 100% eficiência, peças/hora	$P_{h\,100} = \dfrac{60}{t_t}$	23,2
	Produção horária, 85% eficiência, peças/hora	$P_{h\,85} = \dfrac{60}{t_t} \cdot 0,85$	19,7
Mínimo custo	Rotação da peça, r. p. m.	$n_o = \dfrac{1.000 \cdot v_o}{\pi \cdot d}$	406,38

702 FUNDAMENTOS DA USINAGEM DOS METAIS

Cálculo das condições de mínimo custo e máxima produção do exemplo n.º 1
(continuação)

Mínimo custo	Tempo de corte, min/peça	$t_c = \dfrac{l_a}{a \cdot n_o}$	1,85
	N.º de peças usinadas por vida da ferramenta[2]	$Z_T = \dfrac{T_o}{t_c}$	9,66
	Tempo de troca da ferramenta, min/peça	$t_2 = \left(\dfrac{1}{Z_T} - \dfrac{1}{Z} \right) \cdot (t_{ft} + t_{fa})$	0,37
	Tempos não-produtivos, min/peça	$t_1 = t_s + t_a + \dfrac{t_p}{Z}$	0,60
	Tempo total de confecção, t_t min/peça	(13.4)	2,82
	Produção horária, peças/hora	$P_{h\,100} = \dfrac{60}{t_t}$	21,28
	Produção horária, peças/hora	$P_{h\,85} = \dfrac{60}{t_t} \cdot 0{,}85$	18,10

1 No presente caso, v_{mxp} e v_o podem ser obtidas diretamente da curva de vida, (figura 13.24), conhecendo-se os valôres de T_o e T_{mxp}.

2 O número de peças usinadas por vida da ferramenta em geral é um número inteiro. Em alguns casos de desbaste de peças longas, a ferramenta pode ser substituída antes de completar a operação, sendo portanto Z_T um número fracionário. Em outros casos, Z_T está tão próximo do número inteiro que pràticamente pode coincidir com o mesmo, desde que a vida prevista da ferramenta seja considerada a favor da segurança.

Como as rotações disponíveis do eixo árvore não coincidem com as rotações calculadas para o mínimo custo e máxima produção, o Intervalo de máxima eficiência, será o que contém as rotações mais próximas das rotações limites.

Para uma perfeita compreensão do comportamento dos tempos e custos de confecção por peça, é necessário calculá-los em função das rotações disponíveis do eixo árvore, nas vizinhanças daquele intervalo. A tabela XIII.7 apresenta o roteiro de cálculo das condições operacionais e custos de confecção por peça, em função das rotações disponíveis do eixo-árvore.

Em problemas semelhantes, poderá ser utilizado êste modêlo de tabela, alterando-se os valôres das rotações disponíveis.

As figuras 13.25 e 13.26 mostram em gráfico cartesiano a variação dos tempos e custos de confecção por peça, em função das rotações disponíveis. Nota-se que ambos passam por um valor mínimo, já calculado na tabela XIII.6.

DETERMINAÇÃO DAS CONDIÇÕES ECONÔMICAS DE USINAGEM

TABELA XIII.7

Cálculo das condições operacionais e custos de confecção, por peça, em função das rotações disponíveis no eixo árvore, para o exemplo n.° 1

Rotações disponíveis no eixo árvore, n . rpm		250	315	400	500	630	800
Elemento calculado	Equação	Valor calculado					
Velocidade de corte, m/minuto	$v = \dfrac{\pi \cdot d \cdot n}{1000}$	78	99	126	157	198	252
Vida da ferramenta, min	$T = \dfrac{K^1}{v^x}$	65	34	18	9,8	5,2	2,8
Tempo de corte por peça, minutos	$t_c = \dfrac{l_a}{a \cdot n}$	3,00	2,38	1,88	1,50	1,19	0,94
N.° de peças usinadas por vida	$Z_T = \dfrac{T}{t_c}$	21	14	9	6	4	2
Tempo de troca da ferramenta, min/peça	$t_2 = \left(\dfrac{1}{Z_T} - \dfrac{1}{Z} \right) \cdot (t_{ft} + t_{fa})$	0,17	0,26	0,40	0,60	0,90	1,80
Tempos não-produtivos, minutos/peça	$t_1 = t_s + t_a + \dfrac{t_p}{Z}$	0,60	0,60	0,60	0,60	0,60	0,60
Tempo total de confecção, t_t, minutos/peça	(13.4)	3,77	3,24	2,88	2,70	2,69	3,34
Produção horária, 100% eficiência	$P_{h\,100} = \dfrac{60}{t_t}$	15,9	18,5	20,8	22,2	22,3	18,0
Produção horária, 85% eficiência	$P_{h\,85} = \dfrac{60}{t_t} \cdot 0,85$	13,5	15,7	17,6	18,9	19,0	15,3
Custos de confecção por peça Cr\$							
Tempo de corte	$K_{uc} = t_c \cdot \dfrac{C_2}{60}$	17,50	13,88	10,97	8,75	6,94	5,48
Ferramenta	$K_{uf} = \dfrac{K_{ft}}{Z_T}$	1,90	2,86	4,44	6,67	10,00	20.00
Tempo de troca	$K_{ft} = t_2 \cdot \dfrac{C_2}{60}$	0,99	1,52	2,33	3,50	5,25	10,50
Tempos não-produtivos	$K_{un} = t_1 \cdot \dfrac{C_2}{60}$	3,50	3,50	3,50	3,50	3,50	3,50
Custo total de confecção, $K_{uc} + K_{uf} + K_{ft} + K_{un}$		23,89	21,76	21,24	22,42	25,69	39,48

1 Pode ser obtido diretamente da figura 13.24, conhecendo-se os valôres de T.

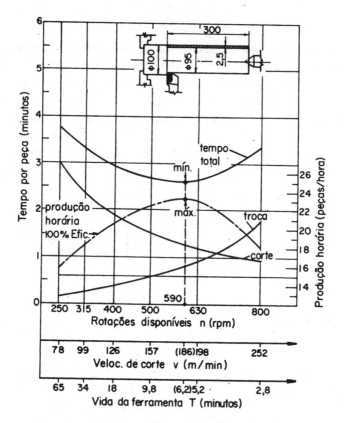

Fig. 13.25 — Influência da rotação da peça nas diferentes parcelas do tempo total de confecção por peça (exemplo n.º 1).

c) *Determinação do "Intervalo de máxima eficiência"*

De acôrdo com a tabela XIII.6, o "Intervalo de máxima eficiência", é delimitado pelas rotações (velocidade de corte) limites,

mínimo custo: $n_0 = 406,38$ rpm ($v_0 = 127,67$ m/min)
máxima produção: $n_{mxp} = 590$ rpm ($v_{mxp} = 186$ m/min),

representadas (figura 13.27) pelos pontos A_1 e B_1 na curva do custo por peça e pelos pontos A_2 e B_2 na curva da produção horária.
Como as rotações disponíveis no eixo árvore não satisfazem as condições calculadas de mínimo custo e máxima produção, é necessário escolher aquelas que estejam compreendidas no "Intervalo de máxima eficiência", ou sejam:

mínimo custo: 400 rpm
máxima produção: 500 rpm.

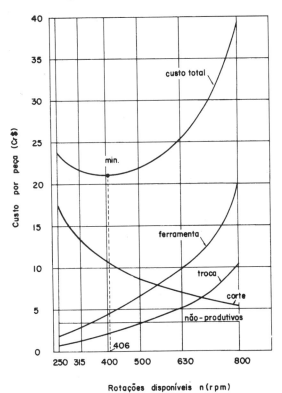

F1G. 13.26 — Representação dos diversos componentes do custo total de confecção por peça em função das rotações da peça (exemplo n.º 1).

Os pontos C_1, D_1 da curva de custo e C_2, D_2 da curva de produção horária (figura 13.27) definem as condições pelas quais o "Intervalo de máxima eficiência" é satisfeito pelas rotações disponíveis.

d) *Considerações sôbre os resultados obtidos*

Comparando-se os resultados obtidos tem-se:

Fatôres	*Mínimo custo*	*Máxima produção*	*Diferença porcentual*
tempo de corte, t_c	1,88	1,50	—25,3%
tempo de troca, t_2	0,40	0,60	+50 %
tempo total, t_t	2,88	2,70	— 6,7%
custo do tempo de corte, K_{uc}	10,97	8,75	— 25,3 %
custo da ferramenta, K_{uf}	4,44	6,67	+ 50 %
custo do tempo de troca, K_{ft}	2,33	3,50	+ 50 %
custo total, $K_{uc} + K_{uf} + K_{ft} + K_{un}$	21,24	22,42	+ 5,5 %
produção horária, 100% eficiência	20,8	22,2	+ 6,7 %

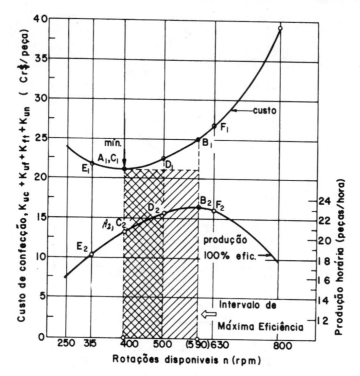

FIG. 13.27 — Determinação do intervalo de máxima eficiência (exemplo n.º 1).

Observa-se desta comparação, que passando-se das condições de mínimo custo para máxima produção, ocorrem os seguintes fatos:

— a redução no tempo de corte foi em parte atenuada pelo aumento do tempo de troca, permanecendo no cômputo final uma redução de 6,7% no tempo total de confecção por peça;
— a redução do custo do tempo de corte foi compensada pelo aumento dos custos relativos à ferramenta e à sua troca, permanecendo no cômputo final um aumento de 5,5% no custo total por peça.

Na figura 13.27, os pontos E_1 e E_2, localizados à esquerda do intervalo de máxima eficiência, mostram claramente que para a rotação disponível 315 rpm, embora o custo seja pràticamente o mesmo que o correspondente à rotação 400 rpm, a produção horária é 12,4% menor.
Anàlogamente, para os pontos F_1 e F_2, localizados à direita do intervalo de máxima eficiência, ter-se-á para a rotação 630 rpm uma produção horária praticamente igual à rotação 500 rpm, mas um acréscimo de 11,6% no custo por peça.

13.10.2 — Exemplo n.º 2

Calcular a vida prevista da ferramenta para as condições de máxima produção e mínimo custo, sendo dada a curva de vida de ferramenta (fig.

13.28) para o avanço $a = 0,25$ mm/volta. Adotar os mesmos dados do exemplo n.º 1, porém, um custo por vida da ferramenta $K_{fT} = 38,00$ Cr\$/gume.

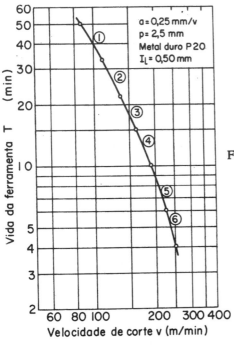

FIG. 13.28 — Curva de vida da ferramenta utilizada no exemplo n.º 2.

Solução

a) *Cálculo do expoente x da equação de Taylor a partir da curva de vida*

Verifica-se no diagrama dilogarítmico da figura 13.28 que a curva de vida da ferramenta não é uma reta. Neste caso deve-se dividir a curva de vida em segmentos de retas, calculando-se os valôres de x para cada segmento. Dividindo-se então a curva de vida em seis segmentos, tem-se por processo análogo ao do item *a)* do exemplo n.º 1:

Segmento	$T_1 - T_2$	$v_1 - v_2$	x
1	50 — 33	86 — 110	1,70
2	33 — 22	110 — 135	1,95
3	22 — 15	135 — 160	2,25
4	15 — 10	160 — 190	2,35
5	10 — 6,0	190 — 225	2,95
6	6,0 — 4,0	225 — 250	3,90

708 FUNDAMENTOS DA USINAGEM DOS METAIS

b) *Cálculo das condições de mínimo custo e máxima produção.*

Para o cálculo da vida da ferramenta para o mínimo custo ou máxima produção, quando não é válida a equação de Taylor em um dado intervalo, deve ser adotado o método de aproximações sucessivas*.

Máxima produção

1.ª tentativa: Adotando-se o valor médio de x fornecido pela tabela X.5, tem-se

$$x = \frac{1}{y} = \frac{1}{0,30} = 3,33 \, .$$

Para $t_{ft} = 3,60$ e $t_{fa} = 0$, obtém-se através da equação (13.13)

$$T_{mxp} = (3,33 - 1) \cdot 3,6 = 8,4 \text{ minutos.}$$

Como êste valor corresponde ao segmento 5 onde x = 2,95 (diferente de 3,33) é necessario nova tentativa.

2.ª tentativa: Adotando-se x = 2,95, tem-se

$$T_{mxp} = (2,95 - 1) \cdot 3,6 = 7,0 \text{ minutos}$$

Êste valor satisfaz a correspondência biunívoca entre T_{mxp} e x no segmento 5.

Mínimo custo

De acôrdo com os dados fornecidos, tem-se (equação 13.24),

$$C_3 = K_{fT} + \frac{(t_{ft} + t_{fa})}{60} \cdot C_2 = 42 + \frac{3,60 \cdot 350}{60} = 63 \text{ Cr\$}$$

1.ª tentativa: Adotando-se o valor médio x = 3,33 (tabela X.15) segue,

$$T_0 = \frac{60(3,33 - 1) \cdot 63}{350} = 25,16 \text{ minutos.}$$

correspondente ao setor 2 onde x = 1,95.

2.ª tentativa:

$$T_0 = \frac{60(1,95 - 1) \cdot 63}{350} = 10,26 \text{ minutos}$$

---

* Êste método consiste no seguinte: adota-se inicialmente um valor médio de x (fornecido pelas tabelas X.3 a X.9 e X.15) e calculam-se as vidas da ferramenta para as condições de máxima produção e mínimo custo. Se o valor calculado da vida da ferramenta estiver contido no segmento correspondente ao valor de x adotado, estará satisfeita a necessária correspondência biunívoca entre *T* e x. Em caso negativo, prossegue-se o método, adotando-se novos valôres de x até ser satisfeita a correspondência biunívoca entre a vida calculada e o expoente x do segmento considerado.

correspondente ao setor 4 onde x = 2,35.
3.ª tentativa:

$$T_0 = \frac{60(2{,}35 - 1) \cdot 63}{350} = 14{,}58 \text{ minutos}$$

correspondente ao setor 4 onde x = 2,35
4.ª tentativa:

$$T_0 = \frac{60(2{,}25 - 1) \cdot 1{,}86}{8{,}50} = 16{,}4 \text{ minutos}$$

que satisfaz a correspondência biunívoca entre T_0 e x no setor 4.

c) *Considerações sôbre os resultados obtidos*

Por processo de cálculo análogo ao do exemplo n.º 1, determinam-se os tempos e custos de confecção por peça, para as rotações disponíveis mais próximas do Intervalo de máxima eficiência calculado. As figuras 13.29 e 13.30 fornecem os resultados assim obtidos.

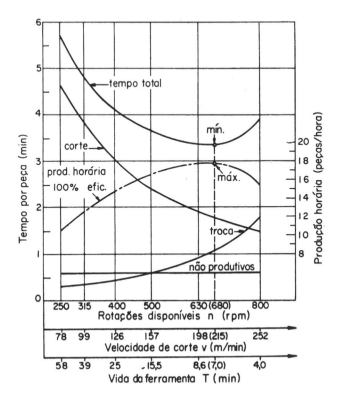

FIG. 13.29 — Influência da rotação da peça nas diferentes parcelas do tempo total de confecção por peça (exemplo n.º 2).

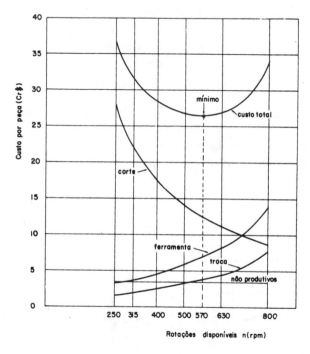

FIG. 13.30 — Representação dos diversos componentes do custo total de confecção por peça em função das rotações da peça (exemplo n.º 2).

Através destas figuras, as rotações que detinem o intervalo de máxima eficiência serão:

mínimo custo: $n_o = 500$ rpm
máxima produção: $n_{mxp} = 630$ rpm.

Comparando-se os resultados obtidos neste exemplo com os obtidos no exemplo n.º 1, verifica-se que com a diminuição do avanço de 0,4 para 0,25mm/volta, houve um acréscimo do custo total de confecção por peça e uma diminuição na produção horária.

13.10.3 — Exemplo n.º 3

Deseja-se tornear uma peça (figura 13.31), cujos dados e condições de usinagem encontram-se na tabela XIII.8.

DETERMINAÇÃO DAS CONDIÇÕES ECONÔMICAS DE USINAGEM

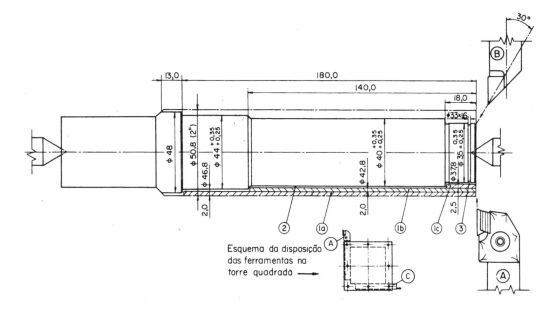

FIG. 13.31 — Peça a ser usinada no exemplo n.º 3.

TABELA XIII.8
Dados e condições de usinagem para o exemplo n.º 3

	Dados gerais
Peça Material	Fornecida para a operação faceada e centrada nos topos, com um lado torneado para centralização. Material: ABNT 1045 ($\sigma_t = 70 kg^*/mm^2$), laminado.
Operação	Com a peça fixada em placa universal e ponto giratório: a) Desbastar com a ferramenta *A*, na tôrre quadrada (3 passes), fases *1a, 1b,* e *1c*. b) Copiar com a ferramenta *B* (1 passe), executando chanfros e saídas para rebôlo, fase *2*. c) Sangrar para anel elástico com a ferramenta *C*, fase *3*.
Máquina	Tôrno paralelo universal, modêlo HBX, fabricação PROMECA, com variação contínua de velocidades (40 a 2.400 rpm), equipado com Copiador hidráulico universal.
Ferramentas	Ferramenta *A*: Porta-ferramentas tipo T-MAX, n.º PTGNR 2020K16 com insertos reversíveis de metal duro classe P 10. bedame de aço rápido com 10% Co. Ferramenta *B*: especial para a copiagem da peça em estudo, com pastilha de metal duro soldada, classe P 10. Ferramenta *C*: Porta-bedame, para bedame de aço rápido com 10% Co.

712 FUNDAMENTOS DA USINAGEM DOS METAIS

TABELA XIII.8
Dados e condições de usinagem para o exemplo n.º 3 (continuação)

Condições de usinagem			A	0,30
	a, mm/volta	Ferramenta	B	0,20
			C	$\sim$0,10 (manual)
	$P =$ de acôrdo com a figura 13.31.			
	O método de usinagem pressupõe o emprêgo de rotação constante para cada ferramenta, embora em cada ciclo de usinagem a mesma trabalhe com diferentes velocidades de corte.			
	Não é empregado refrigerante de corte.			

TABELA XIII.9
Dados econômicos e auxiliares para o exemplo n.º 3

Dados econômicos			
Máquina e mão-de-obra			*Valor*
Salário do operário + salário máquina, inclusive sobretaxas, $C_2 =$ $= S_h + S_m$, Cr\$/hora			400,00
Ferramentas	A	B	C
Depreciação $V_{fi} - V_{ff}$, Cr\$	4300,00	350,00	220,00
Número de vidas, n_f	3 [3]	8	25
Número de afiações, n_a	—	7	24
Custo de cada afiação, K_{fa}, Cr\$	—	54,00	38,00
Custo de cada inserto reversível, K_s, Cr\$	162,00	—	—
Tempo de troca, t_{ft}, min[4]	1,50	3,80	3,10
Dados auxiliares			*Valor*
Tempos não-produtivos, $t_s + t_a$, min			1,05
Tempo de preparo da máquina, t_p, min			75
Número total de peças do lote, Z			500

1 Referente à depreciação do Porta-ferramenta. cuja vida média em número de fios de corte é $n_{fp} = 400$.
2 Referente apenas à depreciação do bedame de aço rápido.
3 Este número de vidas corresponde ao inserto triangular, corte positivo, formato TNMM 160308
4 O tôrno é preparado com as ferramentas B e C já afiadas, sendo as afiações posteriores executadas na seção de afiação, ou seja $t_{fa} = 0$.

DETERMINAÇÃO DAS CONDIÇÕES ECONÔMICAS DE USINAGEM

Calcular para esta operação, em função dos dados econômicos e auxiliares da tabela XIII.9, as condições de usinagem que definem o mínimo custo e a máxima produção por peça. Desprezar a influência da potência de corte necessária. Comparar os resultados obtidos em relação a uma condição de usinagem arbitràriamente escolhida, cujos valôres das velocidades de corte sejam inferiores aos obtidos para o mínimo custo por peça.

Solução

a) *Escolha dos parâmetros da equação de Taylor*

Adotando-se os valôres fornecidos pela tabela X.15* tem-se

	x	v_{60}	K
Ferramenta A	3,99	150	$2,93 . 10^{10}$
Ferramenta B	3,84	175	$2,50 . 10^{10}$

Para a ferramenta C, pode-se adotar para as condições de usinagem estabelecidas, os valôres aproximados:

$$v_{60} = 35m/min$$
$$x = 8.0$$

b) *Cálculo do "Intervalo de máxima eficiência" e das condições operacionais.*

O método a ser empregado é o proposto no parágrafo 13.8.3.1.
De acôrdo com os dados fornecidos, pode-se resumir os resultados na tabela XIII.10, que fornece, para cada ferramenta, as vidas das ferramentas e as correspondentes velocidades de corte para as condições de mínimo custo e máxima produção, assim como as correspondentes condições operacionais.
No caso em estudo, como as ferramentas A, B e C trabalham em diâmetros diferentes, com a mesma rotação, foi necessário calcular os correspondentes diâmetros equivalentes.

c) *Cálculo das condições operacionais adotando-se para as rotações da peça valôres menores que os calculados para o mínimo custo*

A tabela XIII.11 apresenta o roteiro de cálculo das condições operacionais em função das rotações arbitràriamente escolhidas para as ferramentas A, B e C, cujos valôres são menores do que os calculados para a condição de mínimo custo por peça.

---

* Ver parágrafo 10.2.4.

TABELA XIII.10

Cálculo das condições de mínimo custo, máxima produção e operacionais para o exemplo n.º 3

Condições de mínimo custo e máxima produção				
Elemento calculado	Equação	Valor calculado Ferramenta		
		A	B	C
Custo por vida da ferramenta K_{fr}, Cr$	Ferr. A: (13.22) Ferr. B e C: (13 21)	64,70	91,00	42,00
Custo por vida + troca da ferramenta, C_3, Cr$	(13.24)	74,70	116,30	62,67
Máxima produção — Vida da ferramenta, T_{mxpi}, min	(13.52)	4,5	10,8	21,7
Máxima produção — Velocidade de corte, m/min	$v_{mxpi} = v_{60} \cdot \sqrt[x]{\dfrac{60}{T_{mxpi}}}$	287	274	40
Mínimo custo — Vida da ferramenta, T_o, min	(13.69)	33,5	49,5	65,8
Mínimo custo — Velocidade de corte, min	$v_{oi} = v_{60} \cdot \sqrt[x]{\dfrac{60}{T_{oi}}}$	173,8	184	34,6
Condições operacionais				
Diâmetros a serem torneados, d_i, mm — d_1		35,8	37,8	35,3
d_2		46,8	42,8	33,0
d_3		42,8	46,8	—
d_4		—	50,8	—
Percurso de avanço, correspondente a cada diâmetro, l_{ai}, mm — l_{a1}		179,5	18,0	1,2
l_{a2}		139,0	122,0	—
l_{a3}		17,5	40,0	—
l_{a4}		—	13,0	—
Percurso total de avanço l_a, mm	$l_a = \Sigma l_{ai}$	336,0	193,0	1,2
Diâmetro equivalente da peça, d_r, mm	Ferr. A e B: Eq. 13.41 Ferr. C: Eq. 13.40	49,0	44,0	34,2

DETERMINAÇÃO DAS CONDIÇÕES ECONÔMICAS DE USINAGEM

TABELA XIII.10
**Cálculo das condições de mínimo custo, máxima produção e operacionais
para o exemplo n.º 3 (continuação)**

	Rotação da peça, rpm	$n_{mxp} = \dfrac{1000 . v_{mxp}}{\pi . d_r}$	1860	1980	370
Máxima produção	Tempo de corte, min	$t_c = \dfrac{l_a}{a . n_{mxp}}$	0,60	0,49	0,03
	N.º de peças usinadas por vida da ferramenta	$Z_T = \dfrac{T_{mxp}}{t_c}$	7	21	720
	N.º total de trocas para a usinagem de lote Z	$n_t = \dfrac{Z}{Z_T} - 1$	71	23	0
	Tempo total de confecção, t_t, min	(13.46)	2,71		
	Produção horária, para 85% eficiência	$P_{h\ 85} = \dfrac{60}{t_t} . 0,85$	18,8		
Mínimo custo	Rotação da peça, rpm	$n_o = \dfrac{1000 . v_o}{\pi . d_r}$	1129	1331	322
	Tempo de corte, min	$t_c = \dfrac{l_a}{a . n_o}$	0,99	0,73	0,04
	N.º de peças usinadas por vida da ferramenta	$Z_T = \dfrac{T_o}{t_c}$	34	68	1645
	N.º total de trocas para a usinagem do lote $Z = 500$ peças	$n_t = \dfrac{Z}{Z_T} - 1$	14	6	0
	Tempo total de confecção, t_t, min	(13.46)	3,29		
	Produção horária, para 85% eficiência	$P_{h\ 85} = \dfrac{60}{t_t} . 0,85$	15,50		

d) *Cálculo dos custos de confecção por peça*

A tabela XIII.12 apresenta o roteiro de cálculo dos custos de confecção
por peça para as rotações calculadas (condições de mínimo custo e máxima
produção) e para as rotações escolhidas (tabela XIII.11). Na figura
13.32 é feita a comparação dos custos relativos às ferramentas A e B,
onde nota-se que a ferramenta A é economicamente mais importante.
Nesta comparação, foram desprezados os custos da ferramenta C por in-
fluírem muito pouco no custo total de confecção.

716 FUNDAMENTOS DA USINAGEM DOS METAIS

TABELA XIII.11
Cálculo das condições operacionais adotando-se para as rotações da peça, valôres menores do que os calculados para o mínimo custo por peça

Elemento calculado	Equação	Valor calculado Ferramenta		
		A	B	C
Rotação da peça, rpm	— 1	800	1000	322
Velocidade de corte, m/min	$v = \dfrac{\pi \cdot d_r \cdot n}{1000}$	123	138	34,60
Vida da ferramenta, min	$T = \dfrac{K}{v^x}$	130	151,64	64,56
Tempo de corte, min	$t_c = \dfrac{l_a}{a \cdot n}$	1,40	0,97	0,04
N.º de peças usinadas por vida	$Z_T = \dfrac{T}{t_c}$	92	156	1614
N.º total de trocas para a usinagem do lote Z	$n_t = \dfrac{Z}{Z_T} - 1$	5	4	0
Tempo total de confecção, min	(13.46)	3,65		
Produção horária, 85% eficiência	$P_{h\,85} = \dfrac{60}{t_t} \cdot 0,85$	14,0		

1 Rotações arbitràriamente escolhidas, cujos valôres das correspondentes velocidades de corte são da mesma ordem de grandeza dos valôres médios recomendados em muitos manuais práticos.
2 Esta rotação foi escolhida igual à calculada para o mínimo custo porque a ferramenta C influi pouco no custo total de confecção.

Para avaliar-se a variação dos custos totais de confecção e sua correspondente produção horária, na figura 13.33 é feita sua comparação gráfica. Nota-se que a pior condição é a da tabela XIII.11, cujas condições de usinagem correspondem a valôres situados à esquerda do "Intervalo de máxima eficiência".

e) *Considerações sôbre os resultados obtidos*

O tôrno empregado, possuindo variação contínua de velocidades facilita a obtenção das condições de usinagem calculadas. Caso seja empregado um tôrno com variação discreta, as rotações correspondentes às condições de mínimo custo e máxima produção devem estar compreendidas no Intervalo de máxima eficiência e o mais próximo possível dos pontos limites calculados para o intervalo.

DETERMINAÇÃO DAS CONDIÇÕES ECONÔMICAS DE USINAGEM

TABELA XIII.12
Cálculo dos custos de confecção por peça para o exemplo n.º 3

Custo por peça Cr$	Equação	Ferra- menta	Tabela XIII.11	Mínimo custo	Máxima produção
Tempo de corte	$K_{uc} = t_c \cdot \dfrac{C_2}{60}$	A	9,33	6,60	4,00
		B	6,47	4,83	3,27
		C	0,27	0,27	0,20
Ferramenta	$K_{uf} = \dfrac{K_{fT}}{Z_T}$	A	0,703	1,903	9,243
		B	0,583	1,338	4,333
		C	0,026	0,026	0,058
Tempo de troca	$K_{ft} = t_2 \cdot \dfrac{C_2}{60}$	A	0,09	0,27	1,41
		B	0,11	0,32	1,15
		C	0,03	0,03	0,01
Soma dos custos de confecção que dependem essencialmente das condições de usinagem	$K_{uc} + K_{uf} + K_{ft}$	A	10,123	8,773	14,653
		B	7,163	6,488	8,753
		C	0,326	0,326	0,268
Tempos não-produtivos	$K_{un} = t_1 \cdot \dfrac{C_2}{60}$ [1]	—	8,00	8,00	8,00
Custo total de confecção por peça	$K_{uc} + K_{uf} + K_{ft} + H_{un}$	—	25,61	23,59	31,67
Produção horária	$P_{h\,85} = \dfrac{60}{t_t} \cdot 0,85$ [2]	—	14,0	15,5	18,8

1 O tempo t_1 corresponde aos tempos não-produtivos, dado por

$$t_1 = t_s + t_a + \frac{t_p}{z} = 1,05 + \frac{75}{500} = 1,20 \text{min/peça}$$

2 A produção horária foi calculada nas tabelas XIII.10 e XIII.11.

O processo de torneamento utilizado, mantendo constante a rotação da peça em cada fase da operação, poderá ser modificado para velocidade de corte constante em cada ferramenta. Neste caso, o processo de cálculo é muito mais simples, não sendo necessário o cálculo dos diâmetros equivalentes. Êste segundo método apresenta a vantagem de custos e tempos de confecção ligeiramente menores, exigindo porém, no tôrno utilizado, um grande esfôrço e concentração do operário. Os valôres calculados para as vidas previstas das ferramentas e correspondentes condições operacionais devem ser entendidos como valôres médios, porque o tôrno empregado não permite uma seleção precisa de velocidades de rotação, devido ao próprio sistema de variação contínua de velocidades.

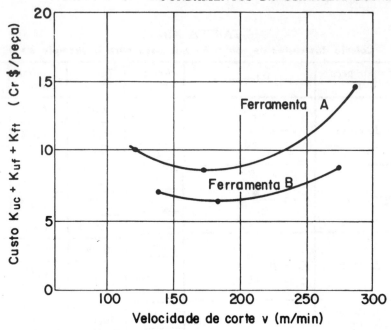

FIG. 13.32 — Influência da velocidade de corte nos custos de confecção por peça, para as ferramentas A e B.

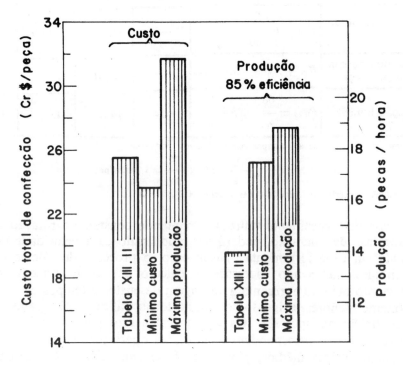

FIG. 13.33 — Comparação do custo total de confecção e produção horária para várias condições de usinagem.

DETERMINAÇÃO DAS CONDIÇÕES ECONÔMICAS DE USINAGEM 719

A possibilidade de redução dos tempos que pràticamente independem da velocidade de corte não foi considerada, pois sua redução implicaria num esfôrço extra do operário.

Verifica-se pelos resultados obtidos, que passando-se da condição de mínimo custo para a de máxima produção haverá um acréscimo de 16,1% no custo de confecção por peça, correspondente a um aumento de 7,4% na produção horária.

13.10.4 — Exemplo n.º 4

Para a usinagem da peça mostrada na figura 13.34, dispõe-se dos dados e condições de usinagem fornecidos pela tabela XIII.13.

TABELA XIII.13

Dados e condições de usinagem para o exemplo n.º 4

	Dados gerais									
Peça	Fornecida para a 3.ª operação de copiagem (fig. 13.35 c), após o desbaste (fig. 13.35 a).									
Material	Aço ABNT 4130 ($\sigma_t = 85\text{kg}^*/\text{mm}^2$, laminado, ϕ 2¾").									
Operação	Com a peça fixada entre pontas, copiar acabado (1 passe) inclusive chanfros e saídas para rebôlo, para as dimensões da figura 13.34.									
Máquina	Tôrno tìpicamente copiador, com as seguintes características:									
	Gama de rotações do eixo-árvore (rpm)									
	Baixa	50	64	80	100	125	160	200	250	320	400
	Alta	450	560	720	900	1120	1400	1800	2240	2800	3600
	Gama de avanços longitudinais (mm/volta)									
	0,02	0,03	0,04	0,05	0,06	0,08	0,10	0,13	0,16	0,20	0,25
	0,09	0,11	0,14	0,18	0,22	0,28	0,35	0,45	0,56	0,72	0,90
	Potência do motor: 20 CV Rendimento médio $\eta = 0,75$									
Ferramenta	Porta-ferramentas com insertos reversíveis de fixação mecânica, de metal duro classe P 10. Geometria: $\gamma = 12º$, $\alpha = 6º$, $\chi = 93º$ $\chi_1 = 32º$, $\lambda = 0º$, $r = 1,0\text{mm}$.									
Condições de usinagem	a: a ser calculado. $p = 3\text{mm}$ (ϕ 30); 2,5mm (demais diâmetros)									

Calcular para a 3.ª operação de copiagem (figura 13.35 c) as condições ótimas de usinagem (avanço e rotação da peça) que definem o "Intervalo

720   FUNDAMENTOS DA USINAGEM DOS METAIS

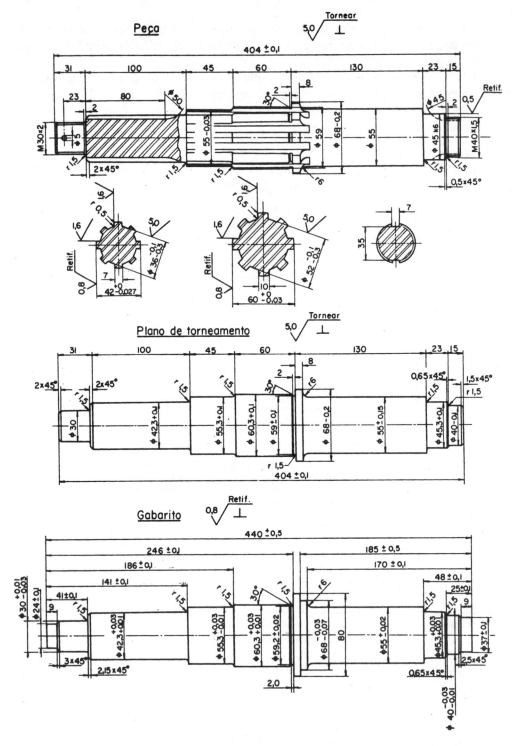

FIG. 13.34 — Peça a ser usinada no exemplo n.º 4.

a) 1ª Operação de copiagem

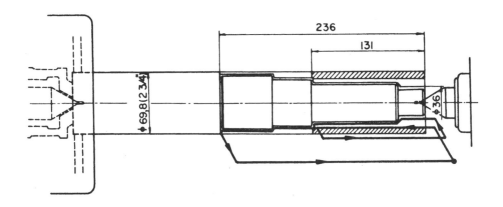

b) 2ª Operação de copiagem

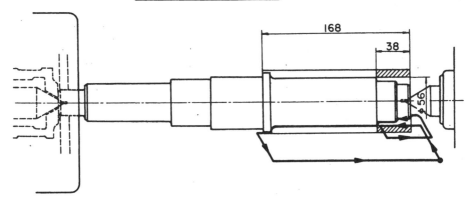

c) 3ª Operação de copiagem

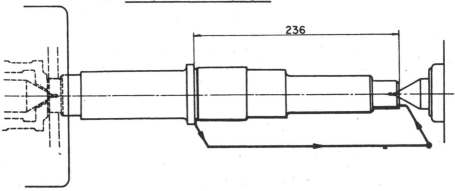

FIG. 13.35 — Seqüência de operações para o torneamento da peça representada na figura 13.34.

722   FUNDAMENTOS DA USINAGEM DOS METAIS

de máxima eficiência", em função dos dados fornecidos pela tabela XIII.14 e do acabamento superficial especificado na figura 13.34. Desprezar o custo do modêlo (gabarito) da peça.

TABELA XIII.14

Dados econômicos e auxiliares para o exemplo n.º 4

Dados econômicos	
Máquina e mão-de-obra	*Valor*
Salário do operário + salário máquina, inclusive sobretaxas, $C_2 = S_h + S_m$, Cr\$/hora	550,00
Ferramenta	
Depreciação do porta-ferramenta, $V_{si} - V_{sf}$	4500,00
N.º de vidas do porta-ferramenta, em n.º de fios de corte, n_f	400
Custo de cada inserto reversível, K_s, Cr\$	125,00
Número de vidas de cada inserto reversível n_s	2
Tempo de troca, t_{ft}, min	2,50
Dados auxiliares	
Tempos não-produtivos, $t_s + t_a$, minutos	0,36
Tempo de preparo da máquina, t_p, min[1]	10
Número total de peças do lote, Z	500

1 Relativo à preparação do tôrno copiador para a execução da 3.ª operação (fig. 13.35 *c*) logo após a execução da 2.ª operação (fig. 13.35 *b*).

Solução

a) *Cálculo do campo de trabalho eficiente da máquina.*

O método de cálculo a ser aplicado é o proposto no parágrafo 13.7. Utilizando-se os dados fornecidos, a tabela XIII.15 resume o roteiro de cálculo das condições de usinagem, em função das quais pode-se construir gràficamente o campo de trabalho eficiente (figura 13.36). Adotou-se para o cálculo das condições de mínimo custo e máxima produção os dados fornecidos pelas tabelas XIII.13, XIII.14 e XIII.15. A potência de corte foi calculada segundo KIENZLE, com os dados fornecidos pela tabela V.4. Utilizou-se na determinação dos pontos de referência, necessários para construção das curvas de mínimo custo e máxima produção, os avanços

DETERMINAÇÃO DAS CONDIÇÕES ECONÔMICAS DE USINAGEM

$a = 0,20$ e $a = 0,30$mm/volta, constantes da tabela X.15, para maior facilidade de cálculo. Na figura 13.36 as linhas tracejadas significam extrapolações de menor precisão.

TABELA XIII.15

Cálculo do campo de trabalho eficiente para o exemplo n.º 4

Cálculo do custo da ferramenta			Valor calculado	
			Avanço, mm/volta	
Elemento		Equação	$a = 0,20$	$a = 0,30$
Custo da ferramenta por vida, K_{fr}, Cr$/gume		(13.21)	73,75	
Custo por vida + troca da ferramenta, C_3, Cr$		(13.24)	96,67	
Dados auxiliares				
Velocidade de corte para uma vida de 60 minutos, v_{60}, m/min		(tabela X.15)	150	138
Equação de TAYLOR	Expoente x	(tabela X.15)	3,69	3,71
	Constante K		$6,36.10^9$	$5,29.10^9$
Pressão específica de corte, k_{s1}		(tabela V.4)	224	
Coeficiente angular da reta, z			0,21	
Cálculo do campo de trabalho eficiente				
Mínimo custo	Velocidade de corte, v_0 m/min	(13.28)	183,8	168,5
Máxima produção	Velocidade de corte, v_{mxp}, m/min	(13.12)	278	256
Potência de corte	Max. velocidade de corte disponível, v, m/min	(13.45)	430	313

b) *Cálculo do avanço máximo correspondente ao acabamento superficial exigido na peça*

Como foi visto no capítulo XII (parágrafo 12.4.3.2) pode-se determinar o avanço máximo permissível para o acabamento superficial desejado, $R_a = 5\mu m$, em função das condições de usinagem, material da peça e geometria da ferramenta. Utilizando-se o ábaco da figura 12.31, encontra-se o valor $a_{max} = 0,37$mm/volta. Verifica-se nesta figura que o acabamento superficial no torneamento de aços, com velocidades de corte superiores a 150m/min, pràticamente independe de *v* (desde que não apareçam vibrações indesejáveis). Pode-se representar no diagrama da figura 13.36 essa condição limite (avanço máximo) por uma reta paralela ao eixo das abcissas (velocidade de corte). O avanço disponível na máquina (ver tabela XIII.14), que satisfaz esta condição limite, corresponde ao valor $a = 0,35$m/volta.

c) *Cálculo das rotações disponíveis na máquina, que definem o "Intervalo de máxima eficiência"*

Para o avanço disponível na máquina, $a = 0,35$mm/volta, o diagrama da figura 13.36 fornece os seguintes valôres das velocidades de corte limites:

mínimo custo: $v_0 = 160$ min
máxima produção: $v_{mxp} = 250$m/min.

Para o cálculo das rotações correspondentes a estas condições, é necessário determinar o diâmetro equivalente da peça, pois na operação em estudo a ferramenta trabalha em diferentes diâmetros, com a mesma rotação da peça. A tabela XIII.16 fornece o roteiro de cálculo e os valôres calculados das rotações disponíveis que definem o "Intervalo de máxima eficiência". Êstes valôres são:

mínimo custo: 900 rpm (160 m/min)
máxima produção: 1400 rpm (248m/min).

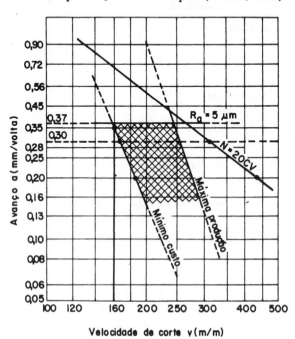

FIG. 13.36 — Campo de trabalho eficiente para a operação indicada na figura 13.35 c.

DETERMINAÇÃO DAS CONDIÇÕES ECONÔMICAS DE USINAGEM

TABELA XIII.16

**Cálculo das rotações correspondentes às condições de mínimo custo
e máxima produção para o exemplo n.º 4**

Elemento calculado		Equação	Valor calculado
Diâmetro equivalente, d_r, mm [1]		(13.41)	56,5
Máxima produção	Rotação desejada, rpm	$n_{mxp} = \dfrac{1000 \cdot v_{mxp}}{\pi \cdot d_r}$	1410
	Rotação disponível, n, rpm	(tabela XIII.13)	1400
	Velocidade de corte disponível, m/min	$v_{mxp} = \dfrac{\pi \cdot d_r \cdot n}{1000}$	248
Mínimo custo	Rotação desejada, rpm	$n_o = \dfrac{1000 \cdot v_o}{\pi \cdot d_r}$	900
	Rotação disponível, n, rpm	(tabela XIII.13)	900
	Velocidade de corte disponível, m/min	$v_o = \dfrac{\pi \cdot d_r \cdot n}{1000}$	160

[1] Considerando-se uma inclinação de 30º para o copiador hidráulico, tem-se os percursos de avanço: $l_{a1} = 31$mm; $l_{a2} = 103$mm; $l_{a3} = 48$mm; $l_{a4} = 62$mm. O percurso de avanço total será: $l_a = \Sigma l_{ai} = 31 + 103 + 48 + 62 = 244$mm. Os diâmetros correspondentes serão: $d_1 = 36$mm; $d_2 = 47,3$mm; $d_3 = 60,3$mm; $d_4 = 65,3$mm.

d) *Cálculo das condições operacionais e do custo total de confecção por peça*

Para o avanço $a = 0,35$mm/volta, extrapolando-se gràficamente os valôres fornecidos pela Tabela X.15, tem-se:

x	v_{60}	v_{240}	K
3,70	(m/min) 131	(m/min) 90	$4,15 \cdot 10^9$

Para o cálculo das condições operacionais e custos de confecção por peça, a tabela XIII.17 fornece o roteiro seguido.

TABELA XIII.17
Cálculo das condições operacionais e custos de confecção por peça para o exemplo n.º 4

Cálculo das condições operacionais			
Elemento calculado	**Equação**	**Valor calculado**	
		Mínimo custo	**Máxima produção**
Rotação da peça, n rpm	(tabela XIII.16)	1120	1400
Velocidade de corte, v, m/min	(tabela XIII.16)	198	248
Vida da ferramenta, min	$T = \dfrac{K}{v^x}$	13,3	5,8
Tempo de corte, min	$t_c = \dfrac{l_a}{a \cdot n}$	0,62	0,50
N.º de peças usinadas por vida	$Z_T = \dfrac{T}{t_c}$	21	11
Tempo por peça relativo à troca da ferramenta, min	$t_2 = \left(\dfrac{1}{Z_T} - \dfrac{1}{Z} \right) \cdot (t_{ft} + t_{fa})$	0,11	0,22
Tempos não-produtivos, min	$t_1 = t_s + t_a + \dfrac{t_p}{Z}$	0,38	0,38
Tempo total de confecção, min	$t_t = t_c + t_1 + t_2$	1,11	1,10
Produção horária, 85% eficiência	$P_{h\,85} = \dfrac{60}{t_t} \cdot 0,85$	45,95	46,36
Cálculo dos custos de confecção (Cr\$/peça)			
Tempo de corte	$K_{uc} = t_c \cdot \dfrac{C_2}{60}$	5,68	4,58
Ferramenta	$K_{uf} = \dfrac{K_{fT}}{Z_T}$	3,51	6,70
Tempo de troca	$K_{ft} = t_2 \cdot \dfrac{C_2}{60}$	1,01	2,02
Tempos não-produtivos	$K_{un} = t_1 \cdot \dfrac{C_2}{60}$	3,48	3,48
Custo total de confecção, $K_{uc} + K_{uf} + K_{ft} + K_{un}$		13,68	16,78

DETERMINAÇÃO DAS CONDIÇÕES ECONÔMICAS DE USINAGEM

e) *Considerações sôbre os resultados obtidos*

Comparando-se os resultados obtidos na tabela XIII.17, nota-se que, para as condições de mínimo custo e máxima produção os tempos totais de confecção são pràticamente iguais. Isto é devido ao fato do menor tempo de corte (para a condição de máxima produção) ser amplamente compensado pelo grande aumento do tempo relativo à troca da ferramenta. Embora tenha resultado uma pequena diferença no tempo total de confecção, é significativa a diferença 23% no custo total de confecção por peça.

13.10.5 — Exemplo n.º 5

Pretende-se tornear a mesma peça do exemplo n.º 4 em um tôrno semi-automático multiferramenta (figura 13.37), utilizando-se os dados fornecidos pela tabela XIII.18.

TABELA XIII.18

Dados e condições de usinagem para o exemplo n.º 5

	Dados gerais	
Peça Material	Fornecida para a operação após o desbaste (executada na mesma máquina em operação anterior). Aço ABNT 4130 ($\sigma_t = 85kg^*/mm^2$).	
Operação	Com a peça prêsa entre pontas executar a operação indicada na figura 13.38: *a*) Tornear com o carro anterior utilizando-se as ferramentas n.º 2, 3 e 4. Após um percurso de avanço de 30mm da ferramenta n.º 2, iniciar o corte com a ferramenta n.º 1, empregando o carro vertical. *b*) Com o carro posterior, facear e sangrar (para saída de rebôlo), com a ferramenta n.º 7 e chanfrar com as ferramentas n.º 5 e 6	
Máquina	Tôrno semi-automático multiferramenta, com carros anterior, posterior e vertical (figura 13.37). Gama de rotações do eixo-árvore 40 — 50 — 63 — 80 — 100 — 125 — 160 — 200 — 250 — 315 — 400 — 500 — 630 — 800 — 1.000 — 1.250 — 1.600 — 2.000 rpm.	
Ferramentas	Ferramentas n.ᵒˢ 1, 2, 3 e 4: Porta-ferramentas com insertos reversíveis de metal duro classe P 10. Ferramentas n.ᵒˢ 5, 6 e 7: Aço rápido tipo 12-1-4-5.	
Condições de usinagem	Ferramentas de metal duro: $a = 0,35mm/volta$ $p = 1,5mm$ (ferramentas n.ᵒˢ 2 e 4) $p = 2,5mm$ (ferramenta n.º 3) $p = 6,15mm$ (ferramenta n.º 1) Ferramentas de aço rápido: $a = 0,20mm/volta$ $p = 4,4mm$ (ferramenta n.º 7) $p = 2.0mm$ (ferramentas n.ᵒˢ 5 e 6)	

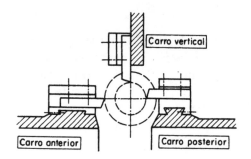

FIG. 13.37 — Esquema da disposição dos carros do tôrno semi-automático multi-ferramenta empregado para a operação indicada na figura 13.38.

TABELA XIII.19
Dados econômicos e auxiliares para o exemplo n.º 5

Dados econômicos		
Máquina e mão-de-obra		
Salário do operário + salário máquina, inclusive sobretaxas, $C_2 = S_h + S_m$, Cr$/hora		600,00
Ferramentas		
Metal duro	Custo de aquisição do porta-ferramenta, V_{si}, Cr$ ...	4300,00
	Vida média do porta-ferramenta, em número de fios de corte, n_{fp}	400
	Custo de cada inserto reversível, K_s, Cr$	162,00
	Número de vidas, n_s	3
	Tempo de troca, t_{ft}	3,2
Aço rápido	Depreciação, $V_{fi} - V_{ff}$	220,00
	Número de vidas, n_f	25
	Custo de cada afiação, K_{fa}, Cr$	38,00
	Tempo de troca, t_{ft}	2,4
Dados auxiliares		
Tempos não-produtivos, $t_s + t_a$		0,39
Tempo de preparo da máquina, t_p, min		150
Número total de peças do lote, Z		500

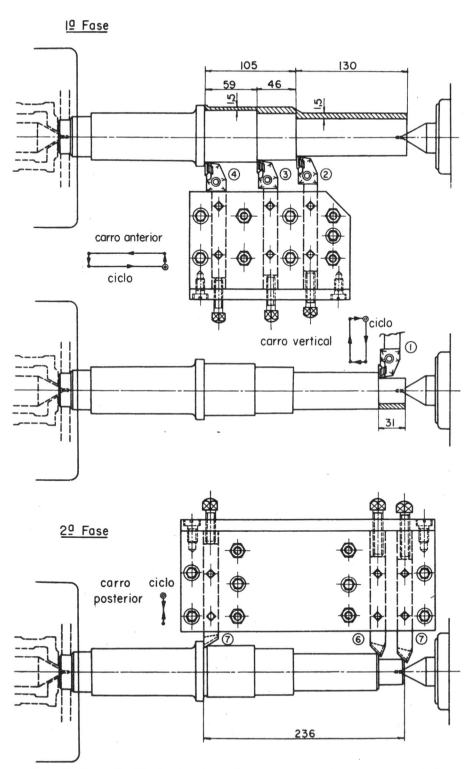

FIG. 13.38 — Seqüência das fases de torneamento da peça representada na figura 13.34, utilizando-se o tôrno semi-automático multi-ferramenta.

730 FUNDAMENTOS DA USINAGEM DOS METAIS

Calcular com os dados econômicos e auxiliares fornecidos pela tabela XIII.19 as condições que definem o Intervalo de máxima eficiência. Desprezar a influência do consumo de energia e supor que a máquina tenha potência suficiente. Comparar os resultados obtidos com os do exemplo n.º 4.

Solução

a) *Escolha dos parâmetros da equação de Taylor*

Utilizando-se os dados fornecidos pela tabela X.15, tem-se:

	x	v_{60}	v_{240}	K
M. D. P 10, $a = 0,35^*$	3,70	131	90	$4,15 . 10^9$
A. R., $a = 0,20$	6,21	25	20	$2,90 . 10^{10}$

b) *Cálculo do intervalo de máxima eficiência e das condições operacionais*

Como no presente caso as ferramentas de metal duro e aço rápido trabalham simultâneamente, com o mesmo avanço e rotação da peça, o método de cálculo a ser adotado é o proposto nos parágrafos 13.8.2.3 e 13.8.3.3. Adotando-se o critério do maior percurso de avanço, para cada grupo de ferramentas resultam as seguintes ferramentas-padrões:

Metal duro: ferramenta n.º 2
Aço rápido: ferramenta n.º 7

Desta escolha resulta $R = 1$, o que facilita o cálculo a ser desenvolvido. Os resultados obtidos para as rotações da peça, que definem o intervalo de máxima eficiência, estão resumidos na tabela XIII.20, que fornece o roteiro de cálculo seguido.

TABELA XIII.20

Cálculo das rotações da peça para as condições de mínimo custo e máxima produção

Elemento calculado	Equação	Ferramenta	
		Metal duro	*Aço rápido*
Custo por vida da ferramenta, K_{rr}, Cr$	M.D. (13.22) A.R. (13,21)	64,70	60,75
Custo por vida + troca da ferramenta, C_3, Cr$	(13.24)	96,70	800

---

* Neste caso, os parâmetros são obtidos por extrapolação gráfica.

DETERMINAÇÃO DAS CONDIÇÕES ECONÔMICAS DE USINAGEM

TABELA XIII.20
Cálculo das rotações da peça para as condições de mínimo custo e máxima produção (continuação)

Diâmetro equivalente para cada ferramenta de aço rápido, d_r, mm	N.º 5	(13.40)	—			28,1	
	N.º 6					40,3	
	N.º 7					63,9	
Relação r_i para cada ferramenta[1]		(13.67)	n.º 1	0,184	n.º 5	0,003	
			n.º 2	1,000	n.º 6	0,026	
			n.º 3	1,009	n.º 7	1,000	
			n.º 4	3,290	—	—	
Fator r_1			——		5,483		1,029
Máxima produção (ferramenta padrão)	Vida da ferramenta, T_{mxp}^*, min	(13.66)			47		12,8
	Velocidade de corte, m/min	$v_{mxp}^* = \sqrt[x]{\dfrac{K}{T_{mxp}^*}}$			141		32,1
	Rotação calculada, rpm	$n_{mxp}^* = \dfrac{1000 \cdot v_{mxp}^*}{\pi \cdot d^*}$			990		161
	Rotação disponível, rpm	(tabela XIII.18)			1000		160
Mínimo custo (ferramenta padrão)	Vida da ferramenta T_o^*, min	(13.73)			143		50
	Velocidade de corte, m/min	$v_o^* = \sqrt[x]{\dfrac{K}{T_o^*}}$			103,50		25,24
	Rotação calculada, rpm	$n_o^* = \dfrac{1000 \cdot v_o^*}{\pi \cdot d^*}$			727		126
	Rotação disponível, rpm	(tabela XIII.18)					125

1 Os percursos de avanço e diâmetros correspondentes à cada ferramenta são:

	n.º 1	n.º 2	n.º 3	n.º 4	n.º 5	n.º 6	n.º 7
d_i (mm)	42,3	45,3	60,3	63,3	28,1	40,3	63,9
l_{ai} (mm)	31	130	46	105	2,0	2,0	4,4

732 · FUNDAMENTOS DA USINAGEM DOS METAIS

c) *Cálculo dos tempos e custos de confecção por peça*

A tabela XIII.21 resume o roteiro seguido. Para a execução da mesma, adotam-se as condições que definem o intervalo de máxima eficiência calculadas na tabela XIII.20.

TABELA XIII.21

Cálculo dos tempos e custos de confecção por peça para o exemplo n.º 5

	Elemento calculado	Equação	Ferramenta						
			Metal duro				Aço rápido		
			n.º 1	n.º 2	n.º 3	n.º 4	n.º 5	n.º 6	n.º 7
Máxima produção	Tempo de corte para cada ferramenta, min	$t_{ci} = \dfrac{l_{ai}}{a \cdot n_{mxp}}$	0,089	0,372	0,132	0,300	0,063	0,063	0,138
	Tempo de corte por peça, min	$t_c = \dfrac{l_a{}^*}{a \cdot n_{mxp}}$	0,372				0,138		
	Velocidade de corte em cada ferramenta, m/min	$v_i = \dfrac{\pi \cdot d_i \cdot n_{mxp}}{1000}$	133	141	190	199	14,1	20,2	32,0
	Vida de cada ferramenta, min	$T_i = \dfrac{K}{v_i{}^x}$	57	47	15,5	12,7	2120 [1]	220	12,9
	N.º de peças usinadas por vida	$Z_{Ti} = \dfrac{T_i}{t_{ci}}$	640	126	117	42	—.	3500	93
	Tempo de troca de cada ferramenta, t_{2i}, min	(13.4)	0,005	0,025	0,027	0,076	—	0,001	0,026
	Tempo total de troca, min/peça	$t_2 = \Sigma t_{2i}$	0,160						
	Tempos não-produtivos, min/peça	$t_1 = t_s + t_a + \dfrac{t_p}{Z}$	0,690						
	Tempo total de confecção, min/peça	$t_t = t_c + t_1 + t_2$	1,360						
Mínimo custo	Tempo de corte para cada ferramenta, min	$t_{ci} = \dfrac{l_{ai}}{a \cdot n_o}$	0,011	0,465	0,165	0,385	0,063	0,063	0,138
	Tempo de corte por peça, min	$t_c = \dfrac{l_a{}^*}{a \cdot n_o}$	0,465				0,138		
	Velocidade de corte em cada ferramenta, m/min	$v_i = \dfrac{\pi \cdot d_i \cdot n_o}{1000}$	106	114	152	159	14,1	20,2	32,0

1 A vida calculada $T = 2120$min é excessiva, pois, para velocidades de corte baixas ($T \geqslant 240$min), aparecem outros fatôres que prejudicam a vida da ferramenta. Para uma perfeita compreensão dêste fato, vide capítulo X — Curva de vida de uma ferramenta e fatôres que influem na sua forma.

TABELA XIII.21

Cálculo dos tempos e custos de confecção por peça para o exemplo n.º 5 (continuação)

Vida de cada ferramenta, min	$T_i = \dfrac{K}{v_i^x}$	134	102	34,6	22,5	—[1]	220	12,9
N.º de peças usinadas por vida	$Z_{Ti} = \dfrac{T_i}{t_{ci}}$	1220	220	210	58	—	3500	93
Tempo de troca de cada ferramenta, t_{2i}, min/peça	(13.4)	0,003	0,014	0,015	0,055	—	0,001	0,026
Tempo total de troca, min/peça	$t_2 = \Sigma t_{2i}$	0,114						
Tempos não-produtivos, min/peça	$t_1 = t_s + t_a + \dfrac{t_p}{Z}$	0,690						
Tempo total de confecção, min/peça	$t_t = t_c + t_1 + t_2$	1,407						

Cálculo dos custos de confecção, Cr$/peça

Máxima produção

Tempo de corte	$K_{uc} = t_c^* \cdot \dfrac{C_2}{60}$	3,72				1,38		
Ferramenta	$K_{ufi} = \dfrac{K_{fTi}}{Z_{Ti}}$	0,10	0,51	0,55	1,54	—	0,02	0,65
Tempo de troca	$K_{ft} = t_2 \cdot \dfrac{C_2}{60}$	1,60						
Tempos não-produtivos	$K_{un} = t_1 \cdot \dfrac{C_2}{60}$	6,90						
Custo total de confecção, $K_{uc} + K_{ufi} + K_{ft} + K_{un}$		16,97						

Mínimo custo

Tempo de corte	$K_{uc} = t_c^* \cdot \dfrac{C_2}{60}$	4,65				1,38		
Ferramenta	$K_{ufi} = \dfrac{K_{fTi}}{Z_{Ti}}$	0,05	0,29	0,31	1,12	—	0,02	0,65
Tempo de troca	$K_{ft} = t_2 \cdot \dfrac{C_2}{60}$	1,14						
Tempos não-produtivos	$K_{un} = t_1 \cdot \dfrac{C_2}{60}$	6,90						
Custo total de confecção, $K_{uc} + K_{ufi} + K_{ft} + K_{un}$		16,51						

(coluna lateral: Mínimo custo — Máxima produção — Mínimo custo)

734 FUNDAMENTOS DA USINAGEM DOS METAIS

d) *Considerações sôbre os resultados obtidos*

Comparando-se os resultados obtidos na tabela XIII.21, tem-se

Fatôres	Mínimo custo	Máxima produção	Diferença percentual
tempo de corte, t_c	0,603	0,510	— 18,2%
tempo de troca, t_2	0,114	0,160	+ 40,4%
tempo total, t_t	1,407	1,360	— 3,5%
custo do tempo de corte, K_{uc}	6,030	5,100	— 18,2%
custo das ferramentas, K_{ufi}	2,440	3,370	+ 38 %
custo do tempo de troca, K_{ft}	1,140	1,600	+ 40,3%
custo total	16,510	16,970	+ 2,8%
produção horária, 85% eficiência	36,250	37,500	+ 3,5%

Nota-se, desta comparação, que a diminuição do tempo de corte (18,2%) foi amplamente compensada pelo aumento do tempo de troca das ferramentas, permanecendo no cômputo final uma redução de 3,5% no tempo total de confecção por peça. Anàlogamente, nota-se que a redução do custo dos tempos de corte (18,2%) foi compensada pelo aumento dos custos relativos às ferramentas e à sua troca, permanecendo no cômputo final uma redução de apenas 2,8% no custo total de confecção por peça.

É interessante que a troca das ferramentas seja em grupos. Desta forma, pode-se limitar o número de peças Z_T, para a troca das ferramentas de metal duro n.º 2 e n.º 3, em 210 peças (condição de mínimo custo). Isto corresponde a alterar a vida da ferramenta n.º 2 para o valor:

$$T_2' = Z_T . t_{c2} = 210 . 0,465 \cong 100 \text{ minutos.}$$

O aumento correspondente do custo de produção por peça será:

$$\frac{C_3}{Z_{T_2}'} - \frac{C_3}{Z_{T_2}} = \frac{96,70}{210} - \frac{96,70}{220} = 0,020 \text{ Cr\$}$$

Por outro lado, o tempo de troca das duas ferramentas em conjunto é reduzido, de maneira que o aumento de custo acima é pràticamente compensado. O mesmo método poderá ser aplicado para a troca em conjunto de outras ferramentas. Pode-se portanto estabelecer o seguinte quadro de trocas das ferramentas, de maneira a evitar paradas freqüentes da máquina:

DETERMINAÇÃO DAS CONDIÇÕES ECONÔMICAS DE USINAGEM 735

Paradas	n.º de peças	Troca das ferramentas
1	58	n.º 4 e 7
2	116	n.º 4 e 7
3	174	n.º 4
4	210	n.º 2, 3, 4 e 7
5	268	n.º 4 e 7
6	326	n.º 4 e 7
7	384	n.º 4
8	420	n.º 2, 3 e 7
9	442	n.º 4

Comparando-se os custos por peça (condição de mínimo custo) obtidos nos exemplos n.º 4 e 5, verifica-se que para a usinagem de um lote $Z = 500$ peças é mais vantajosa a escolha do tôrno copiador, pois êste proporciona um custo por peça 20,7% menor e uma produção horária 26,8% maior. Para lotes maiores de 500 peças, há uma diminuição do tempo total de confecção por peça no tôrno semi-automático. Isto é devido à influência do tempo de preparação da máquina.

13.11 — BIBLIOGRAFIA

[1] EISELE, F. "Die Wirtschaftlichkeit der Zerspanung". *Maschinenmarkt*, Coburg. 61 (69/70): 99-105, setembro de 1955.

[2] WITTHOFF, J. "Die Ermittlung der günstigen Arbeitsbedingungen bei der spanabhebenden Formgebung". *Werkstatt und Betrieb*, München, 85 (10): 521-526, 1952.

[3] WITTHOFF, J. "Über die Kosten und die Wirtschaftlichkeit automatisierter Fertigungen". Conferência apresentada no *8.º Coloquium de Máquinas Operatrizes de Aachen*, 24 de maio de 1956.

[4] VIEREGGE, G. *Zerspanung der Eisenwerkstoffe*. Verlag Stahleisen, Düsseldorf, 1959.

[5] GILBERT, W. "Economics of Machining *in ASTME — Machining with Carbides and Oxides*". McGraw-Hill Book Co. Inc., New York, 1962.

[6] BREWER, R.C. "On the Economics of the Basic Turning Operation". *Journal of engineering for industry, Transactions of the ASME*, New York, 1479-1489, outubro de 1958.

[7] WITTHOFF, J. "Ergänzende Betrachtungen zur Ermittlung der günstigsten Arbeitsbedingungen bei der spanenden Formgebund". *Werkstatt und Betrieb*, München, 90 (1): 61-68, 1957.

736 FUNDAMENTOS DA USINAGEM DOS METAIS

[8] EMER, D. R. & WU. S. M. "The Effect of Experimental Error on the Determination of the Optimum Metal-Cutting Conditions". *Journal of engineering for industry — Transactions of the ASME*. New York, 89: 315-321, maio de 1967.

[9] WITTHOFF, J. "Uber den Einfluss der Grösse der Verschleissmarkenbreite. *Werkstatt und Betrieb*, München, 88 (5): 223-227, 1955.

[10] BREWER, R. C. & RUEDA, R. "Die Ermittlung der wirtschaftlichsten Arbeitsbedingungen beim Drehen". *Werkstattstechnik*, Stuttgart, 54 (6): 257-263, janeiro, 1964.

APÊNDICE

A — TABELA DE MATERIAIS

TABELA A.1

Composição química dos aços carbonos segundo a Norma Brasileira NB-81 da A. B. N. T. (equivalente à SAE e AISI)

Classificação A. B. N. T.	Limites da composição química do produto acabado, em %	
	C	Mn
1006	0,08 máx.	0,25-0,40
1008	0,10 máx.	0,25-0,50
1010	0,08-0,13	0,30-0,60
1015	0,13-0,18	0,30-0,60
1020	0,18-0,23	0,30-0,60
1022	0,18-0,23	0,70-1,00
1025	0,22-0,28	0,30-0,60
1030	0,28-0,34	0,60-0,90
1035	0,32-0,38	0,60-0,90
1038	0,35-0,42	0,60-0,90
1040	0,37-0,44	0,60-0,90
1041	0,36-0,44	1,35-1,65
1045	0,43-0,50	0,60-0,90
1050	0,48-0,55	0,60-0,90
1060	0,55-0,65	0,60-0,90
1070	0,65-0,75	0,60-0,90
1080	0,75-0,88	0,60-0,90
1095	0,90-1,03	0,30-0,50

O teor máximo de fósforo é de 0,040%. No caso dos aços Bessemer 1006 e 1010 o teor de fósforo deve estar entre os limites 0,07 e 0,12%, devendo-se identificar o processo de refino com a letra B antes do número. Ex.: B 1010.
O teor máximo de enxôfre é de 0,050%.

TABELA A.2

Composição química dos aços liga segundo a Norma Brasileira NB-82 da A. B. N. T. (equivalente à SAE e AISI)

Classificação A. B. N. T.	Limites da composição química do produto acabado, em %				
	C	Mn	Ni	Cr	Mo
4320	0,17-0,22	0,45-0,65	1,65-2,00	0,40-0,60	0,20-0,30
8615	0,13-0,18	0,70-0,90	0,40-0,70	0,40-0,60	0,15-0,25
8620	0,18-0,23	0,70-0,90	0,40-0,70	0,40-0,60	0,15-0,25
1340	0,38-0,43	1,60-1,90	—	—	—
4140	0,38-0,43	0,75-1,00	—	0,80-1,10	0,15-0,25
4340	0,38-0,43	0,60-0,80	1,65-2,00	0,70-0,90	0,20-0,30
5140	0,38-0,43	0,70-0,90	—	0,70-0,90	—

738 FUNDAMENTOS DA USINAGEM DOS METAIS

TABELA A.2

Composição química dos aços liga segundo a Norma Brasileira NB-82 da A. B. N. T. (equivalente à SAE e AISI) (Tabela A.2 — Continuação)

Classificação A.B.N.T.	Limites da composição química do produto acabado, em %				
	C	Mn	Ni	Cr	Mo
8640	0,38-0,43	0,75-1,00	0,40-0,70	0,40-0,60	0,15-0,25
5160	0,55-0,65	0,75-1,00	—	0,70-0,90	
6150	0,48-0,53	0,70-0,90	—	0,80-1.10	0,15min V
8660	0,55-0,65	0,75-1,00	0,40-0,70	0,40-0,60	0,15-0,25
52100 E	0.95-1.10	0.25-0.45	—	1.30-1,60	—

O teor máximo de fósforo é de 0,040%, exceto para os aços com o número seguido da letra E, nos quais o teor máximo será de 0,025%.
O teor máximo de enxôfre é de 0,040%, exceto para os aços com o número seguido da letra E, nos quais o teor máximo será de 0,025%.
Todos os aços liga da tabela acima deverão ter teor de silício compreendido entre 0,20 e 0,35%.

TABELA A.3

Composição química dos aços de corte fácil (ressulfurados) segundo a Norma Brasileira, NB-80 da A. B. N. T. (equivalente à SAE e AISI)

Classificação A. B. N. T.	Limites da composição química do produto acabado, em %		
	C	Mn	S
1109	0,08-0,13	0,60-0,90	0,08-0,13
1111	0,13 máx.	0,60-0,90	0,08-0,15
1112	0,13 máx.	0,70-1,00	0,16-0,23
1113	0,13 máx.	0,70-1,00	0,24-0,33
1115	0,13-0,18	0,60-0,90	0,08-0,13
1117	0,14-0,20	1,00-1,30	0,08-0,13
1118	0,14-0,20	1,30-1,60	0,08-0,13
1120	0,18-0,23	0,70-1,00	0,08-0,13
1126	0,23-0,29	0,70-1,00	0,08-0,13
1137	0,32-0,39	1,35-1,65	0,08-0,13
1140	0,37-0,44	0,70-1,00	0.08-0,13
1144	0,40-0,48	1,35 1,65	0.24-0.33
1146	0,42-0,49	0,70-1,00	0,08-0,13

O teor máximo de fósforo é de 0,040%. No caso dos aços 1111, 1112, 1113, produzidos pelo processo Bessemer, o teor de fósforo deverá estar entre os limites 0,07 e 0,12%, devendo-se identificar o processo de refino com a letra B antes do número. Ex.: B 1111.

TABELA A.4

Características mecânicas dos aços fundidos segundo Projeto de Especificação Brasileira P-EB-125 da A. B. N. T.

Designação A. B. N. T.	σ_t (kg/mm^2)	σ_e [1] (kg/mm^2)	δ_{4D} [1] %
3525 AF	35	18	25
5024 AF	50	28	24
6320 AF	63	42	20
7415 AF	74	60	15

[1] Para obtenção das grandezas σ_t, σ_e e δ_{4D} vide Método de Ensaio MB-4 da A. B. N. T.

APÊNDICE

739

TABELA A.5

Características mecânicas dos ferros fundidos segundo o Projeto de Especificação Brasileira P-EB-126 da A. B. N. T.

Designação A. B. N. T.	σ_t [1] (kg/mm^2) mínima	Dureza Brinell (kg/mm^2)
15 FF	15	180 máx.
20 FF	20	170-220
25 FF	25	190-240
30 FF	30	210-260

1 Para obtenção do limite de resistência, vide Método de Ensaio MB-4 da A. B. N. T.

TABELA A.6

Características mecânicas do ferro maleável de núcleo branco, segundo o Projeto de Especificação Brasileira P-EB-127 da A. B. N. T.

Tipo A. B. N. T.	Diâmetro do corpo de prova (mm)	σ_t (kg/mm^2)	σ_e (0,2) (kg/mm^2)	δ_{3d} %	Dureza Brinell típica
FMB-3504	9	34	—	6	220
	12	35	—	4	
	15	36	—	3	
FMB-4005	9	36	20	10	220
	12	40	22	5	
	15	42	23	3	
FMB-4507	9	40	23	12	200
	12	45	26	7	
	15	48	28	5	
FMB-5505	9	52	34	7	240
	12	55	36	5	
	15	57	37	4	
FMB-6503	9	62	41	4	270
	12	65	43	3	
	15	67	44	2	
FMB-3812	9	32	17	15	200
	12	38	20	12	
	15	40	21	8	

740 FUNDAMENTOS DA USINAGEM DOS METAIS

TABELA A.7

Características mecânicas do ferro maleável de núcleo prêto, segundo o Projeto de Especificação Brasileira P-EB-128 da A. B. N. T.

Tipo A. B. N. T.	Diâmetro do corpo de prova (mm)	σ_t (kg/mm²)	σ_e (0,2) (kg/mm²)	δ_{3d} %	Dureza Brinell típica
FMP-2805*	12 16	28	—	5	—
FMP-3512	12 16	35	20	12	até 150
FMP-4507	12 16	45	30	7	160-200
FMP-5505	12 16	55	36	5	180-220
FMP-6503	12 16	65	43	3	210-250
FMP-7002	12 16	70	55	2	240-270

* Ferro maleável prêto de cubilô, para fins não estruturais.

TABELA A.8

Aço para construção em geral, segundo a norma DIN 17.100

Designação	C[1] % máx.	P % máx.	S % máx.	σ_e kg/mm² min.	σ_t kg/mm²	δ_5 % min.	Observações
St 33	—	—	—	—	33-50	18	—
St 34	0,17	0,08	0,05	21	34-42	27	cementável, soldável
St 37	0,20	0,08	0,05	24	37-45	25	cementável, soldável
St 42	0,25	0,08	0,05	26	42-50	22	em geral soldável
St 50	~0,30	0,08	0,05	30	50-60	20	beneficiável
St 52	0,20	0,08	0,05	36	52-62	22	soldável
St 60	~0,40	0,08	0,05	34	60-72	15	temperável, beneficiável
St 70	~0,50	0,08	0,05	37	70-85	10	temperável, beneficiável

1 Valor para análise da corrida. Para análise da peça êste valor pode ser aumentado de 10 a 25%.

TABELA A.9

Composição química de aços especificados pela norma DIN 17.200

Designação		C %	Si %	Mn %	P % máx.	S % máx.	Cr %	Mo %	Ni %	V %
segundo DIN 17.200	antiga DIN 1.663									
Aços Carbono										
C 22	C 22	0,18-0,25	0,15-0,35	0,30-0,60	0,045	0,045	—	—	—	—
C 35	C 35	0,32-0,40	0,15-0,35	0,40-0,70	0,045	0,045	—	—	—	—
C 45	C 45	0,42-0,50	0,15-0,35	0,50-0,80	0,045	0,045	—	—	—	—
C 60	C 60	0,57-0,65	0,15-0,35	0,50-0,80	0,045	0,045	—	—	—	—
Ck 22 [1]	—	0,18-0,25	0,15-0,35	0,30-0,60	0,035	0,035	—	—	—	—
Ck 35	—	0,32-0,40	0,15-0,35	0,40-0,70	0,035	0,035	—	—	—	—
Ck 45	—	0,42-0,50	0,15-0,35	0,50-0,80	0,035	0,035	—	—	—	—
Ck 60	—	0,57-0,65	0,15-0,35	0,50-0,80	0,035	0,035	—	—	—	—
Aços Manganês										
40 Mn 4	—	0,36-0,44	0,25-0,50	0,80-1,1	0,035	0,035	—	—	—	—
30 Mn 5	32 Mn 5	0,27-0,34	0,15-0,35	1,2 -1,5	0,035	0,035	—	—	—	—
37 MnSi 5	37 MnSi 5	0,33-0,41	1,1-1,4	1,1 -1,4	0,035	0,035	—	—	—	—
42 MnV 7	42 MnV 7	0,38-0,45	0,15-0,35	1,6 -1,9	0,035	0,035	—	—	—	0,07-0,12
Aços Cromo										
34 Cr 4	—	0,30-0,37	0,15-0,35	0,50-0,80	0,035	0,035	0,90-1,2	—	—	—
41 Cr 4	—	0,38-0,44	0,15-0,35	0,50-0,80	0,035	0,035	0,90-1,2	—	—	—

TABELA A.9

Composição química de aços especificados pela norma DIN 17.200 (continuação)

Designação segundo DIN 17.200	antiga DIN 1.663	C %	Si %	Mn %	P % máx.	S % máx.	Cr %	Mo %	Ni %	V %
\multicolumn{11}{c}{Aços Cromo-Molibdênio}										
25 CrMo 4	VCMo 125	0,22-0,29	0,15-0,35	0,50-0,80	0,035	0,035	0,90-1,2	0,15-0,25	—	—
34 CrMo 4	VCMo 135	0,30-0,37	0,15-0,35	0,50-0,80	0,035	0,035	0,90-1,2	0,15-0,25	—	—
42 CrMo 4	VCMo 140	0,38-0,45	0,15-0,35	0,50-0,80	0,035	0,035	0,90-1,2	0,15-0,25	—	—
50 CrMo 4	—	0,46-0,54	0,15-0,35	0,50-0,80	0,035	0,035	0,90-1,2	0,15-0,25	—	—
30 CrMoV 9	—	0,26-0,34	0,15-0,35	0,40-0,70	0,035	0,035	2,3 -2,7	0,15-0,25	—	0,10-0,20
\multicolumn{11}{c}{Aços Cromo-Níquel-Molibdênio}										
36 CrNiMo 4	—	0,32-0,40	0,15-0,35	0,50-0,80	0,035	0,035	0,90-1,2	0,15-0,25	0,90-1,2	—
34 CrNiMo 6	—	0,30-0,38	0,15-0,35	0,40-0,70	0,035	0,035	1,4 -1,7	0,15-0,25	1,4 -1,7	—
30 CrNiMo 8	—	0,26-0,34	0,15-0,35	0,30-0,60	0,035	0,035	1,8 -2,1	0,25-0,35	1,8 -2,1	—
\multicolumn{11}{c}{Aços Cromo-Vanádio}										
42 CrV 6	—	0,38-0,46	0,15-0,35	0,50-0,80	0,035	0,035	1,4 -1,7			0,07-0,12
50 CrV 4	—	0,47-0,55	0,15-0,35	0,80-1.10	0,035	0,035	0,9 -1,2			0,07-0,12

1 Os aços com o índice k e os aços liga contêm menor porcentagem de P e S, maior homogeneidade e menor porcentagem de inclusões não metálicas.

APÊNDICE

TABELA A.10

Características mecânicas de aços especificados pela DIN 17.200

Designação	Dureza Brinell (recozido) kg/mm^2 máx.	Revenido, para um diâmetro							
		até 16mm		16 a 40mm		40 a 100mm		100 a 250mm	
		σ_e kg/mm^2	σ_t kg/mm^2	σ_e kg/mm^2	σ_t kg/mm^2	σ_e kg/mm^2	σ_t kg/mm^2	σ_e kg/mm^2	σ_t kg/mm^2
C 22	155	36	55- 65	30	50- 60	—	—	—	—
C 35	172	42	75- 80	37	60- 72	33	55- 65	—	—
C 45	206	48	75- 90	40	65- 80	36	60- 72	—	—
C 60	243	57	85-105	49	75- 90	44	70- 85	—	—
40 Mn 4	217	65	90-105	55	80- 95	45	70- 85	—	—
30 Mn 5	217	—	—	55	80- 95	45	70- 85	42	65- 80
25 CrMo 4	217	65	90-105	55	80- 95	45	70- 85	42	65- 80
37 MnSi 5	217	80	100-120	65	90-105	55	80- 95	45	70- 85
34 Cr 4	217	80	100-120	65	90-105	55	80- 95	—	—
41 Cr 4	217	80	100-120	65	90-105	55	80- 95	—	—
34 CrMo 4	217	80	100-120	65	90-105	55	80- 95	45	70- 85
42 MnV 7	217	90	110-130	80	100-120	70	90-105	—	—
42 CrMo 4	217	90	110-130	80	100-120	70	90-105	55	75- 90
36 CrNiMo 4	217	90	110-130	80	100-120	70	90-105	55	75- 90
50 CrNiMo 6	235	—	—	90	110-130	80	100-120	60	80-100
34 CrNiMo 6	235	—	—	90	110-130	80	100-120	60	80-100
30 CrMoV 9	248	—	—	105	125-145	90	110-130	70	90-110
30 CrNiMo 8	248	—	—	105	125-145	90	110-130	70	90-110

744 FUNDAMENTOS DA USINAGEM DOS METAIS

TABELA A.11

Característica dos aços de corte fácil segundo a norma DIN 1651

Designação	C %	Si %	Mn %	S %	Pb %	σ_t [1] kg/mm² min	δ_5 [1] %
9 S 23	0,12	—	0,50-0,90	0,20-0,27	—	37	25
9 SPb 23	0,12	—	0,50-0,90	0,20-0,27	0,15-0,30	37	25
9 SMn 23	0,13	—	0,90-1,3	0,20-0,27	—	38	23
9 SMnPb 23	0,13	—	0,90-1,3	0,20-0,27	0,15-0,30	38	23
10 S 20	0,06-0,12	0,10-0,40	0,50-0,90	0,18-0,26	—	37	25
15 S 20	0,12-0,18	0,10-0,40	0,50-0,90	0,18-0,26	—	38	23
22 S 20	0,18-0,25	0,10-0,40	0,50-0,90	0,15-0,25	—	42	20
35 S 20	0,32-0,40	0,10-0,40	0,50-0,90	0,15-0,25	—	50	18
45 S 20	0,42-0,50	0,10-0,40	0,50-0,90	0,15-0,25	—	60	13
60 S 20	0,57-0,65	0,10-0,40	0,50-0,90	0,15-0,25	—	70	8

1 Os valôres são válidos para o estado recozido. Para aços trefilado a frio σ_t é maior e δ é menor.

TABELA A.12

Aços para cementação segundo a norma DIN 17.210

Designação	C %	Mn %	Cr %	Si %	Ni %	P % máx.	S % máx.	Dureza Brinell (recozido) kg/mm²	σ_e [1] kg/mm²	σ_t [1] kg/mm²
C 10	0,06-0,12	0,25-0,50	—	0,15-0,35	—	0,045	0,045	131	25	42-52
C 15	0,12-0,18	0,25-0,50	—	0,15-0,35	—	0,045	0,045	140	30	50-65
Ck 10	0,06-0,12	0,25-0,50	—	0,15-0,35	—	0,035	0,035	131	25	42-52
Ck 15	0,12-0,18	0,25-0,50	—	0,15-0,35	—	0,035	0,035	140	30	50-65
15 Cr 3	0,12-0,18	0,40-0,60	0,50-0,80	0,15-0,35	—	0,035	0,035	187	40	60-85
16 MnCr 5	0,14-0,19	1,00-1,30	0,80-1,10	0,15-0,35	—	0,035	0,035	207	60	80-110
20 MnCr 5	0,17-0,22	1,10-1,40	1,00-1,30	0,15-0,35	—	0,035	0,035	217	70	100-130
15 CrNi 6	0,12-0,17	0,40-0,60	1,40-1,70	0,15-0,35	1,40-1,70	0,035	0,035	217	65	90-120
18 CrNi 8	0,15-0,20	0,40-0,60	1,80-2,10	0,15-0,35	1,80-2,10	0,035	0,035	235	80	120-145

1 Os valôres de σ_e e σ_t valem para o núcleo de uma barra temperada de 30mm de diâmetro.

TABELA A.13

Equivalência entre materiais especificados pela norma DIN e os correspondentes das normas ABNT, SAE ou AISI (equivalência baseada na composição química do material)

Aço para construção em geral		Aço trefilado	
Norma DIN 17.100	ABNT, SAE ou AISI	Norma DIN 1.652	ABNT, SAE ou AISI
St 34, 34-2 ou 34-3 [1] ..	1010	St 34 K ou 34 KG [3] ..	1010
St 37, 37-2 ou 37-3 ...	1015-1020	St 37 K ou C 15 K (K, KG ou KV)	1010-1015
St 42, 42-2 ou 42-3 ...	1020-1025	St 42 K ou C 22 K (K, KG ou KV)	1020-1025
St 50, 50-2 ou 50-3 ...	1030-1035	St 50 K ou C 35 K (K, KG ou KV)	1035
St 60, 60-2 ou 60-3 ...	1040-1045	St 60K ou C 45 K (K, KG ou KV)	1045
St 70-2	1050	St 70 K ou C 60 K (K, KG ou KV)	1060

Aço para construção mecânica; chapas de aço, parafusos		Aço de corte fácil	
Norma DIN 1611, 1612, 1613, 1621 e 1622	ABNT, SAE ou AISI	Norma DIN 1651	ABNT, SAE ou AISI
St 34.11, 34.12, 34.13, 34.22 [2]	1010	9 S 20, 10 S 20	~B-1112
St 35.13	1010	9 S 27	~B-1113
St 37.12, 37.21, 37.22	1010-1015	15 S 20	~B-1115
St 38.13	1015-1020	22 S 20	~B-1120
St 42.11, 42.12, 42.21, 42.22	1020-1025	35 S 20	~B-1140
St 50.11, 50.22	1030-1035	45 S 20	~B-1146
St 60.11, 60.22	1040-1045		
St 70.11, 70.22	1060	60 S 20	~B-1160

1 Os coeficientes —2 e —3 indicam um aço de melhor qualidade, no qual as porcentagens de P e S são menores.
2 A classe .11 indica aço carbono forjado ou laminado para construção de máquinas; a classe .12 indica aço laminado, para perfis e barras; a classe .13 indica aço laminado, para parafusos; classe .21 indica aço laminado, para chapa grossa; a classe .22 indica aço laminado para chapa de 3 a 4,75mm.
3 O coeficiente K indica laminado a frio, KG trefilado a frio e recozido, KV trefilado a frio e beneficiado (revenido).

APÊNDICE 747

TABELA A.13
Equivalência entre materiais especificados pela norma DIN e os correspondentes das normas ABNT, SAE ou AISI (continuação)

Aços carbono		Aços para cementação	
Norma DIN 17.200	ABNT, SAE ou AISI	Norma DIN 17.200	ABNT, SAE ou AISI
C 22 ou Ck 22	1020 [4]	C 10 ou Ck 10	1010
C 35 ou Ck 35	1035-(1038)	C 15 ou Ck 15	1015-(1016)
C 45 ou Ck 45	1045	15 Cr 3	(5115)
C 60 ou Ck 60	1060	16 Mn Cr 5	(8620)
C 67	1070	15 Cr Ni 6	(4320)
C 79	1070		

Aços liga		Aços para molas	
Norma DIN 17.200	ABNT, SAE ou AISI	Norma DIN 17.221, 17.222, 17.224	ABNT, SAE ou AISI
34 Cr 4	5135 (8640 H)	55 Si 7 (ou 55 S 7, DIN 1669)	9255
41 Cr 4	5140 (8640 H)	66 Si 7	(9260)
25 Cr Mo 4 ou VC Mo 125	4130	50 Cr V 4 (ou 50 CV 4, DIN 1669)	(6150)
34 Cr Mo 4 ou VC Mo 135	4137	C 53, Ck 53	1050
42 Cr Mo 4 ou VC Mo 140	4140	C 67, Ck 67	1070
50 Cr Mo 4	4150	X 12 Cr Ni 177 (aço inoxidável)	30301-(30302)
36 Cr Ni Mo 4	4340	X 5 Cr Ni Mo 1810 (aço inoxidável)	30316
50 Cr V 4	6150		
VCN 15 w (DIN 1662 de 1930)	3130	Aço trefilado para parafuso	
VCN 15 h (DIN 1662 de 1930)	3140	Norma DIN 1654	ABNT, SAE ou AISI
100 Cr 6	52100	Cq 15	1015
14 Ni Cr 14	9315	Cq 22	1020
		Cq 35	1035
		Cq 45	1045

4 Os números entre parênteses se referem a uma equivalência aproximada.

B — CONSIDERAÇÕES SÔBRE A NORMA DE RUGOSIDADE DAS SUPERFÍCIES NB-93 DA ABNT

B.1 — Generalidades e definições

Nesta norma é adotado o *Sistema M*, que tem por base a linha média, adiante definida. Os têrmos e expressões usados são definidos como indicado a seguir:

748 FUNDAMENTOS DA USINAGEM DOS METAIS

Superfície real — Superfície que limita um corpo e o separa do meio ambiente.

Superfície geométrica — Superfície ideal prescrita no projeto, na qual não existem erros de forma e de acabamento. Exemplos: superfície plana; superfície cilíndrica; superfície esférica.

Superfície efetiva — Superfície obtida por meio de instrumentos analisadores de superfície.

Perfil real — Intersecção da superfície real com um plano perpendicular à superfície geométrica.

Perfil geométrico — Intersecção da superfície geométrica com um plano a ela perpendicular.

Perfil efetivo — Intersecção da superfície efetiva com um plano perpendicular à superfície geométrica.

Irregularidade das superfícies — Saliências e reentrâncias existentes na superfície real.

Passo das irregularidades — Média das distâncias entre as saliências mais pronunciadas do perfil efetivo, situadas num comprimento de amostragem (critério válido sòmente quando as irregularidades apresentam uma certa periodicidade).

Comprimento de amostragem — *L* — Comprimento, medido na direção geral do perfil, suficiente para a avaliação dos parâmetros da rugosidade (figuras B.2 e B.6).

Linha média — Linha paralela à direção geral do perfil, no comprimento de amostragem, colocada de tal modo que a soma das áreas superiores, compreendidas entre ela e o perfil efetivo seja igual à soma das áreas inferiores (figura B.2).

Desvio médio aritmético — R_a — (CLA)* média dos valôres absolutos das ordenadas do perfil efetivo em relação à linha média, num comprimento de amostragem.

$$R_a = \frac{1}{L} \int_0^L |y| \,. dx$$

ou aproximadamente

$$R_a = \frac{1}{n} \sum_1^n |yi|$$

Avaliação da rugosidade — Nesta Norma a rugosidade é avaliada pelo valor do parâmetro R_a.

---

* CLA — Center Line Average.

APÊNDICE

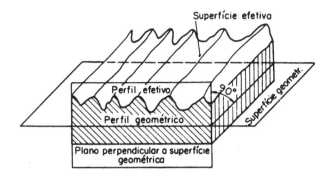

Fig. B.1 — Representação esquemática da superfície de uma peça.

B.2 — Classificação da rugosidade — parâmetros normalizados

A fim de limitar o número de valôres dos parâmetros a serem usados nos desenhos e especificações, esta Norma recomenda os seguintes valôres de R_a, baseados na NB-71.

PARÂMETROS NORMALIZADOS R_a (micron)					
0,008	0,040	0,20	1,00	5,0	25,0
0,010	0,050	0,25	1,25	6,3	32,0
0,012	0,063	0,32	1,60	8,0	40,0
0,016	0,080	0,40	2,00	10,0	50,0
0,020	0,100	0,50	2,50	12,5	63,0
0,025	0,125	0,63	3,20	16,0	80,0
0,032	0,160	0,80	4,00	20,0	100,0

Na medição da rugosidade são recomendados os seguintes valôres mínimos de comprimento de amostragem:

Rugosidade, R_a (micron)	Mínimo comprimento de amostragem, L (mm)
De 0 até 0,3	0,25
Maior que 0,3 até 3,0	0,80
Maior que 3,0	2,50

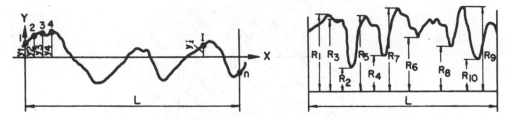

FIG. B.2 — Perfil efetivo de uma peça.   FIG. B.3 — Indicação das saliências e reentrâncias.

B.3 — Simbologia

Para a indicação, nos desenhos. da rugosidade das superfícies, deve ser usado o símbolo da figura B.4.

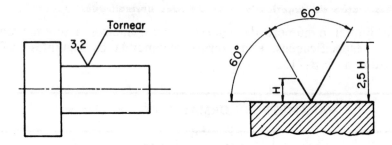

FIG. B.4 — Simbologia.

B.4 — Considerações suplementares

A seguir são indicados outros parâmetros que também servem para caracterizar a rugosidade das superfícies:

Desvio médio quadrático — R_q — (RMS)* raiz quadrada da média dos quadrados das ordenadas do perfil efetivo em relação à linha média num comprimento de amostragem (figura B.2).

$$R_q = \sqrt{\frac{1}{L} \int_0^L y^2 \, dx}$$

ou aproximadamente

$$R_q = \sqrt{\frac{\sum_1^n y^2}{n}}$$

Altura das irregularidades dos 10 pontos — R_z — diferença entre o valor médio das ordenadas dos cinco pontos mais salientes e o valor médio das ordenadas dos 5 pontos mais reentrantes, medidas a partir de uma linha

---

* RMS — Root Mean Square Average.

paralela à linha média, não interceptando o perfil no comprimento de amostragem (figura B.3).

$$R_z = \frac{R_1 + R_3 + R_5 + R_7 + R_9}{5} - \frac{R_2 + R_4 + R_6 + R_8 + R_{10}}{5}$$

Altura máxima das irregularidades R_{max} — Distância entre duas linhas paralelas à linha média e que tangenciam à saliência mais pronunciada e a reentrância mais profunda, no comprimento de amostragem. A figura B.5 indica R_{max} em dois comprimentos de amostragem.

Profundidade média R_p — Ordenada da saliência mais pronunciada, com origem na linha média, no comprimento de amostragem (figura B.5).

Coeficiente de esvaziamento K_e — Relação entre a profundidade média e a altura máxima das irregularidades. $K_e = R_p/R_{max}$.

Coeficiente de enchimento K_p — Diferença entre a unidade e o coeficiente de esvaziamento. $K_p = 1 - K_e$.

Comprimento de contato a uma profundidade c, L_c — Soma dos segmentos de uma linha, paralela à direção geral do perfil, situada a uma profundidade c abaixo da saliência mais alta, interceptados pelo perfil efetivo, no comprimento de amostragem (figura B.6).

$$L_c = A + B + C + D.$$

Fração de contato, T_c — Relação entre o comprimento de contato e o comprimento de amostragem, $T_c = L_c/L$.

FIG. B.5 — Indicação de R_{mx}.

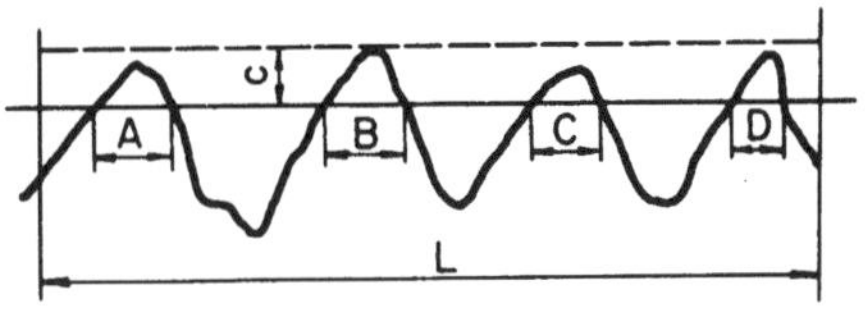

FIG. B.6 — Segmentos a uma profundidade "c" da saliência mais alta.

GRÁFICA PAYM
Tel. [11] 4392-3344
paym@graficapaym.com.br